U0962537

“十三五”全国各类高等院校应用型教学精品课程规划教材配套辅导书

《应用数学——微积分》

教学辅导书

总主编　李秀玲　王　雷　郑　佳
主　编　郑　佳　李秀玲
副主编　崔立芝　赵启明

中国商业出版社

图书在版编目(CIP)数据

《应用数学—微积分》教学辅导书/郑佳，李秀玲主编. -北京：中国商业出版社，2018.9

ISBN 978-7-5044-9434-4

Ⅰ. ①应… Ⅱ. ①郑… ②李… Ⅲ. ①应用数学-高等学校-教学参考资料②微积分-高等学校-教学参考资料 Ⅳ. ①O29②O172

中国版本图书馆 CIP 数据核字(2016)第 109271 号

责任编辑:蔡凯

中国商业出版社出版发行

010-63180647 www.c-cbook.com

(100053 北京广安门内报国寺1号)

新华书店经销

北京世嘉印刷有限公司印刷

* * * * *

787×1092 毫米 开本:1/16 印张:24 字数:320 千字

2018 年 9 月第 1 版 2018 年 9 月第 2 次印刷

定价:46.00 元

* * * *

(如有印装质量问题可更换)

前 言

本书是与中国商业出版社出版的何英凯、郑佳等编写的《应用数学——微积分》教材配套的教学辅导书。在编写过程中，我们兼顾了其他传统教材的知识要点，让本书更具通用性。

编写此书的初衷是帮助不同层次的学生提高数学解题能力，为此我们对其框架结构进行了精心的设计。全书总共十章，沿用教材各章名称并保持原有顺序编排，其中第一章属于预备知识，第二、三、四、七章属于微分学的内容，第五、六、八章属于积分学内容，第九章是级数理论，第十章是微分方程和差分方程的初步介绍本书。不同于单纯的习题集，每章除了固定设有“教材练习题详解”外，额外增添了“教学基本要求与内容提要”、“典型方法与范例”以及“自测题及答案”三部分内容，以便于读者查阅知识、总结规律、检验效果。这种刻意安排出来的“结构”对解题行为而言是封闭的，因为读者不必依赖任何外部资源，便可自学本书。

“内容提要”不是对教材的简单重复，而是有针对性地回顾重点难点，主要包括微积分中的基本概念、重要定理、性质与常用计算方法以及其在经济领域的应用。

书中所编录的例题、练习题、自测题都是典型的、有趣的，部分题目还有较强的应用背景，考点完全覆盖了教学大纲与考研大纲，常规基础题与考研拔高题搭配合理(约为7:3)。遵循思维规律，对于例题，我们将解决问题的过程细分成“分析”、“解”、“总结”三步，并尽量做到分析到位，解题规范，归纳系统，希望给“新手”以启发和示范。此外，出于锻炼思维能力的考量，我们不但注重反问题、抽象问题、综合性问题的独特作用，而且提倡多角度切入，鼓励一题多解。事实上，很多例题都反映了我们的上述想法。

本书具有多方面用途，既可供初学者作为同步练习之用，亦可供考研同学作为备考复习资料使用，即使对教师讲习题课也是有益的。

为了达到预期效果，请读者务必先行完成教材对应内容的学习后再读此书，切不可本末倒置。若遇到难题一时解不了，首要的是反复思考争取独立求解，切不可急于查阅“详解”或“答案”。

书中带“ * ”号练习题已超出教学大纲要求，可酌情选做。

本书由吉林财经大学教师郑佳（第一章、第二章、第三章）、赵启明（第四章、第五章、第六章）、崔立芝（第七章、第八章、第九章）、李秀玲（第十章）负责编写，由郑佳统筹定稿，并经李秀玲审阅。

我们将多年的教学经验融入书中，希望读者获益。若有疏漏之处，敬请大家指正。

编者

2018 年 9 月

目 录

第一章　函 数

一、教学基本要求与内容提要

（一）教学基本要求

1. 理解函数的概念，掌握函数的表示法.
2. 了解函数的有界性、单调性、周期性与奇偶性.
3. 掌握函数关系的建立.
4. 理解复合函数、反函数、隐函数和分段函数的概念.
5. 掌握基本初等函数的性质及图形，理解初等函数的概念及应用.
6. 会建立简单应用问题的函数关系，熟悉几种常用的经济函数.

（二）内容提要

1. **集合的基本概念**

集合　具有某种属性的事物集体.

元素　集合中的每个个体.

常用集合　**实数集** R；**有理数集** Q；**整数集** Z；**非负整数集**（或**自然数集**）N.

集合的表示方法

列举法　把集合的元素一一列举出来，并用“{ }”括起来，如 $A = \{a,b,c\cdots\}$.

描述法　用所有元素的共同特征来表示集合，如方程 $x^2 - 2x - 3 = 0$ 的根 $M = \{x \mid x^2 - 2x - 3 = 0\}$

集合的基本关系

子集　集合 A 中的所有元素都是集合 B 的元素，称 A 为集合 B 的子集，记作 $A \subseteq B$，称 A 包含于 B. 或 $B \supseteq A$，称 B 包含 A.

真子集　集合 A 是集合 B 的子集，但至少存在一个元素属于 B 但不属于 A，我们称集合 A 是集合 B 的真子集，记作 $A \subset B$.

空集　不包含任何元素的集合，记作 Φ. 并规定，空集是任何集合的子集.

相等　$A \subseteq B$ 且 $B \subseteq A$，记作 $A = B$.

集合的基本运算

并集　$A + B$ 或 $A \cup B = \{x \mid x \in A$ 或 $x \in B\}$

交集 AB 或 $A \cap B = \{x \mid x \in A 且 x \in B\}$.

差集 $A - B$ 或 $A \setminus B = \{x \mid x \in A 且 x \notin B\}$.

全集或基本集 集合 I

余集或补集 $I \setminus A$, A^C 或 $\overline{A}$.

集合的运算满足下列法则

(1) **交换律** $A \cup B = B \cup A$, $A \cap B = B \cap A$;

(2) **结合律** $(A \cup B) \cup C = A \cup (B \cup C)$, $(A \cap B) \cap C = A \cap (B \cap C)$;

(3) **分配律** $(A \cup B) \cap C = (A \cap C) \cup (B \cap C)$,

$(A \cap B) \cup C = (A \cup C) \cap (B \cup C)$;

(4) **对偶律** $(A \cup B)^C = A^C \cap B^C$, $(A \cap B)^C = A^C \cup B^C$.

2. **区间与邻域**

有限区间

闭区间 $[a,b] = \{x \mid a \leqslant x \leqslant b\}$; **开区间** $(a,b) = \{x \mid a < x < b\}$;

半开区间 $(a,b] = \{x \mid a < x \leqslant b\}$, $[a,b) = \{x \mid a \leqslant x < b\}$;

无限区间

$$(-\infty,b] = \{x \mid x \leqslant b\}; \quad (-\infty,b) = \{x \mid x < b\};$$

$$[a,+\infty) = \{x \mid a \leqslant x\}; \quad (a,+\infty) = \{x \mid a < x\};$$

$$R = (-\infty, +\infty).$$

点 x_0 的 δ 邻域 $U_{(x_0,\delta)} = \{x \mid x_0 - \delta < x < x_0 + \delta\}$;

点 x_0 的左邻域 $(x_0 - \delta, x_0) = \{x \mid 0 < x_0 - x < \delta\}$;

点 x_0 的右邻域 $(x_0, x_0 + \delta) = \{x \mid 0 < x - x_0 < \delta\}$;

点 x_0 的去心 δ 邻域 $\overset{0}{U}_{(x_0,\delta)} = \{x \mid (x_0 - \delta, x_0 + \delta) \setminus \{x_0\}\}$;

点 x_0 的空心左邻域 $(x_0 - \delta, x_0)$;

点 x_0 的空心右邻域 $(x_0, x_0 + \delta)$.

3. **函数**

设 x 和 y 是两个变量, D 为一个非空的实数集合，如果存在一个对应规则 f，对于 $\forall x \in D$，按照对应法则 f 有唯一变量 y 与 x 相对应，则称对应规则 f 为定义在实数集合 D 上的函数. 记作

$$y = f(x), x \in D_f$$

称数集 D 为函数 f 的定义域，记做 D_f，其中 x 为自变量, y 为因变量.

全体函数值所构成的集合，称为函数的值域，记为 Z 或 Z_f，即

$$Z = Z_f = \{y \mid y = f(x), x \in D_f\}.$$

注 ①函数的定义域与对应法则称为**函数的两个要素**. 两个函数相等的充要条件是它们的定义域和对应法则均相同. 例如，函数 $y = x + 1$ 的自然定义域为 $(-\infty, +\infty)$；而函数 $y = \dfrac{x^2 - 1}{x - 1}$ 的自然定义域为 $(-\infty, 1) \cup (1, +\infty)$，由于定义域不同，因此这是两个不同的函数;

②函数的定义域和值域必须是非空集合，否则集合中没有元素就不可能构成映射，函数

也就不存在了；

③自变量的任一数值只有唯一的函数值与之对应，这类函数称为**单值函数**．例如 $y = \sqrt{1 - x^2}$．相反，自变量的任一数值有多个函数值与之对应，称为**多值函数**．例如 $y^2 = 1 - x^2$．可以将其分解成两个单值函数 $y = \sqrt{1 - x^2}$ 和 $y = -\sqrt{1 - x^2}$ 来讨论．

4．**分段函数**

在其定义域的不同部分，对应法则由不同的算式表达．

绝对值函数

$$y = |x| = \begin{cases} x, & x \geq 0, \\ -x, & x < 0. \end{cases}$$

它的定义域 $D_f = (-\infty, +\infty)$，值域 $Z_f = [0, +\infty)$．

符号函数

$$y = \operatorname{sgn}x = \begin{cases} 1, & x > 0, \\ 0, & x = 0, \\ -1, & x < 0. \end{cases}$$

对于任意实数 x，都有 $x = \operatorname{sgn}x \cdot |x|$．它的定义域 $D_f = (-\infty, +\infty)$，值域 $Z_f = \{-1,1\}$．

取整函数　$y = [x] = n, n \leqslant x < n+1, n = 0, \pm 1, \pm 2 \cdots$．

其中 $[x]$ 表示不超过 x 的最大整数，称为 x 的整数部分．例如 $[2.6] = 2$，$[\pi] = 3$，$\left[\frac{2}{3}\right] = 0$，$[-2.6] = -3$．可以证明，对任意实数 x，有不等式 $[x] \leqslant x \leqslant [x] + 1$ 成立．它的定义域 $D_f = (-\infty, +\infty)$，值域 Z_f 为正整数集．

5．**函数的基本特性**

（1）**有界性**　若存在常数 $M > 0$，使得对任意的 $x \in M$，恒有 $|f(x)| \leqslant M$，则称函 $f(x)$ 在 X 上有界．

（2）**单调性**　设函数 $y = f(x)$ 在实数集 D 上有定义，若 $\forall x_1 < x_2 (x_1 > x_2) \in D$，若总有 $f(x_1) < f(x_2)$（或（$f(x_1) > f(x_2)$））成立，则称 $f(x)$ 在 D 内是单调的．

（3）**奇偶性**　设函数 $f(x)$ 在一个关于原点对称的实数集合 D 内有定义，$\forall x \in D$，若恒有 $f(-x) = f(x)$，则称函数 $f(x)$ 为**偶函数**；恒有 $f(-x) = -f(x)$，则称函数 $f(x)$ 为**奇函数**；

（4）**周期性**　设函数 $f(x)$ 在集合 D 内有定义，如果存在常数 $T > 0$，使得对任意的 $x \in D$，恒有 $x + T \in D$，且

$$f(x + T) = f(x)$$

成立，则称 $f(x)$ **为周期函数**．满足上式的最小正数 T_0，称为 $f(x)$ **的周期**．

6．**初等函数**

（1）**基本初等函数**　常函数、幂函数、指数函数、对数函数、三角函数与反三角函数这六类函数称为基本初等函数．

（2）**初等函数**　由基本初等函数经过有限次四则运算和有限次复合，并且在其定义域内具有一个统一的解析表达式，这样的函数统称为初等函数．

注①复合函数　设函数 $y = f(u)$，定义域为 D_f，而函数 $u = \varphi(x)$，值域为 R_φ，如果

$D_f \cap R_\varphi = \Phi$（空集），则称函数 $y = f[g(x)], x \in (\{x | g(x) \in D_f\}$ 为复合函数. 其中 y 为因变量, x 为自变量, u 称为中间变量.

②不是任何两个函数都可以复合成一个复合函数，例如 $y = \arcsin u$ 和 $u = 2 + x^2$ 就不能构成一个复合函数，因为前者定义域 $[-1,1]$ 与后者的值域 $[2, +\infty]$ 的交集为空集，从而复合函数不存在.

③在分解复合结构时，必须遵循两个原则 一是由表及里，逐层分解；二是每一层都不再是复合函数.

④基本初等函数经过无限次复合和四则运算得到的函数和分段函数等都是非初等函数. 例如, $y = x + x^2 + x^3 + \cdots$ 和 $y = \sqrt{x\sqrt{x\sqrt{x\cdots}}}$.

7. **简单经济函数**

总成本函数 是指在一定时期内，生产产品时所消耗的生产费用之总和. 常用 C 表示，可以看作是产量 x 的函数，记作

$$C = C(x) = FC + VC.$$

其中 FC 为**固定成本**指在一定时期内不随产量变动而支出的费用，如厂房、设备的固定费用和管理费用等；**可变成本** VC 是指随产品产量变动而变动的支出费用，如税收、原材料、电力燃料等.

平均成本 每个单位产品的成本，即 $\overline{C} = \dfrac{C(x)}{x}$.

总收益函数 是指生产者出售一定产品数量 x 所得到的全部收入，常用 R 表示，即

$$R = R(x),$$

其中 x 为销售量. 显然, $R|_{Q=0} = R(0) = 0$，即未出售商品时，总收益为0.

若已知需求函数 $Q = Q(p)$，则总收益的为 $R = R(Q) = P \cdot Q = Q^{-1}(p) \cdot Q$.

平均收益 $\overline{R} = \dfrac{R(x)}{x}$，若单位产品的销售价格为 p，则 $R = p \cdot x$，且 $\overline{R} = p$.

总利润函数 是指生产中获得的纯收入，为总收益与总成本之差，常用 L 表示，即

$$L(x) = R(x) - C(x).$$

需求量 指的是在一定时间内，消费者对某商品愿意而且有支付能力购买的商品数量.

需求函数 将需求量 Q_d 看作价格 p 的函数，即 $Q_d = Q_d(p)$，通常需求函数单调递减.

供给量 在一定时期内生产者愿意生产并可向市场提供出售的商品量.

供给价格 是指生产者为提供一定量商品愿意接受的价格.

供给函数 供给量 Q_s 看作价格 p 的函数, $Q_s = Q_s(p)$. 一般说来，价格上涨刺激生产者向市场提供更多的商品，使供给量增加，价格下跌使供给量减少，即供给函数是价格 p 的单调增加函数.

均衡价格 商品的市场需求量与供给量相等的价格，即 $Q_d = Q_s$ 通常记均衡价格为 p_0 或

p_e，对应的需求量与供给量称为**均衡数量**，记为 Q_0 或 Q_e.

当市场价格高于 p_0 时，需求量减少而供给量增加，反之，当市场价格低于 p_0 时，需求量增加而供给量减少. 市场价格的调节就是利用供需均衡来实现的.

二、典型方法与范例

1. 利用函数概念解题

例1　求函数 $y = e^x + \arcsin\ln\sqrt{1-x}$ 的定义域.

分析　根据基本初等函数的定义域列出自变量满足的不等式组，并求解.

解　由 $-1 \leqslant \ln\sqrt{1-x} \leqslant 1$ 得到 $e^{-1} \leqslant \sqrt{1-x} \leqslant e$，解出定义域 $[1-e^2, 1-e^{-2}]$

例2　设函数 $f(x)$ 的定义域是 $[0,1)$，求 $f\left(\dfrac{x}{x+1}\right)$ 的定义域.

解　因为函数 $f(x)$ 的定义域是 $[0,1)$，所以 $0 \leqslant \dfrac{x}{x+1} < 1$，所以定义域为 $[0, +\infty)$.

例3　函数 $y = \dfrac{\sqrt{x-3}}{\sqrt{x-2}}$ 与函数 $y = \sqrt{\dfrac{x-3}{x-2}}$ 是否表示同一函数?

分析　当且仅当其定义域和对应法则完全相同时，两个函数才表示同一个函数，否则表示两个不同函数.

解　要使 $y = \dfrac{\sqrt{x-3}}{\sqrt{x-2}}$ 有意义，则要求 $\begin{cases} x-3 \geq 0 \\ x-2 > 0 \end{cases}$，即定义域为 $[3, +\infty)$；要使 $y = \sqrt{\dfrac{x-3}{x-2}}$ 有意义，则要求 $\begin{cases} \dfrac{x-3}{x-2} \geq 0 \\ x-2 \neq 0 \end{cases}$，即定义域为 $(-\infty, 2] \cup [3, +\infty)$，故两个函数不等价.

2. 反函数与复合函数.

例4 求函数 $y = \dfrac{1+x}{1-x}$ 的反函数.

解　当 $x \in (-\infty, 1) \cup (1, +\infty)$ 时，原式变形为

$$y - xy = 1 + x,$$

即

$$x = \frac{1-y}{1+y},$$

故反函数为

$$y = \frac{1-x}{1+x}.$$

例5　求函数 $y = \dfrac{2^x}{2^x+1}$ 的反函数.

解　当 $x \in (-\infty, +\infty)$ 时，原式变形为

$$2^x(1-y) = y,$$

即

$$x = \log_2 \frac{y}{1-y},$$

故反函数为

$$y = \log_2 \frac{x}{1-x}.$$

*例6　已知$f(x-1) = \lg \frac{x}{x-2}$，且$f[\varphi(x)] = \lg x$，求$\varphi(x)$.

分析　将给出的表达式$\lg \frac{x}{x-2}$凑成对应$x-1$的表达式的形式，然后利用函数与自变量表示的字母无关特性求解.

解　$f(x-1) = \lg \frac{x}{x-2} = \lg \frac{x-1+1}{x-1-1}$，故$f(x) = \lg \frac{x+1}{x-1}$，则

$$f[\varphi(x)] = \lg \frac{\varphi(x)+1}{\varphi(x)-1} = \lg x,$$

所以

$$\frac{\varphi(x)+1}{\varphi(x)-1} = x,$$

解得

$$\varphi(x) = \frac{x+1}{x-1}.$$

例7　设$f\left(\frac{1}{x}\right) = x + \sqrt{1+x^2}\ (x>0)$，求$f(x)$.

分析　变量替换.

解　令$t = \frac{1}{x}$，即$x = \frac{1}{t}(t>0)$，代入原方程得

$$f(t) = \frac{1}{t} + \sqrt{1+\frac{1}{t^2}} = \frac{1+\sqrt{1+t^2}}{t},$$

得

$$f(x) = \frac{1+\sqrt{1+x^2}}{x}.$$

例8　设$f(x) = \frac{1}{1-x^2}$，求$f[f(x)]$，$f\left[\frac{1}{f(x)}\right]$.

解　$f[f(x)] = \frac{1}{1-f^2(x)} = \frac{1}{1-\left(\frac{1}{1-x^2}\right)^2} = \frac{(1-x^2)^2}{x^2(x^2-2)}$，

$$f\left[\frac{1}{f(x)}\right] = \frac{1}{1-\left(\frac{1}{f(x)}\right)^2} = \frac{1}{1-(1-x^2)^2} = \frac{1}{x^2(2-x^2)}.$$

*例9　$f(x) = \begin{cases} e^x, & x<1, \\ x, & x \geq 1, \end{cases}$ $\varphi(x) = \begin{cases} x+2, & x<0, \\ x^2-1, & x \geq 0, \end{cases}$ 求$f[\varphi(x)]$.

解　$f[\varphi(x)] = \begin{cases} e^{\varphi(x)}, & \varphi(x)<1, \\ \varphi(x), & \varphi(x) \geq 1. \end{cases}$

(1)当 $\varphi(x)<1$ 时，$x<0$，$\varphi(x)=x+2<1$，即 $x<-1$；$x\geq 0$，$\varphi(x)=x^2-1<1$，即 $0\leqslant x<\sqrt{2}$；

(2) 当 $\varphi(x)\geq 1$ 时，$x<0$，$\varphi(x)=x+2\geq 1$，即 $-1\leqslant x<0$；$x\geq 0$，$\varphi(x)=x^2-1\geqslant 1$，即 $x\geqslant\sqrt{2}$.

综上

$$f[\varphi(x)]=\begin{cases} e^{x+2}, & x<-1, \\ x+2, & -1\leqslant x<0, \\ e^{x^2-1}, & 0\leqslant x<\sqrt{2}, \\ x^2-1, & x\geq\sqrt{2}. \end{cases}$$

3. **函数特性的判断与证明**

＊**例 10**　判别下列函数的奇偶性

(1) $f(x)=x\dfrac{a^x-1}{a^x+1}$；(2) $f(x)=F(x)\left(\dfrac{1}{a^x-1}+\dfrac{1}{2}\right)$，其中 $a>0,a\neq 1,F(x)$ 为奇函数.

解　(1) $f(-x)=(-x)\dfrac{a^{-x}-1}{a^{-x}+1}=(-x)\dfrac{1-a^x}{1+a^x}=f(x)$，所以 $f(x)$ 为偶函数；

(2) $f(x)=x\sin x$

解　(2) $f(-x)=(-x)\sin(-x)=x\sin=f(x)$，所以 $f(x)$ 为偶函数.

方法总结：判定函数**奇偶性**的思路

(1) 依据函数奇偶性的定义.

(2) 用奇偶函数的运算性质. 奇函数 + 奇函数 = 奇函数，偶函数 + 偶函数 = 偶函数，奇函数 × 偶函数 = 奇函数，奇函数 × 奇函数 = 偶函数，偶函数 × 偶函数 = 偶函数.

(3) 由奇偶函数构成的复合函数的奇偶性 若 $f(x)$ 为偶函数，$\varphi(x)$ 是奇函数，则 $f[\varphi(x)]$，$f[f(x)]$，$\varphi[f(x)]$ 为偶函数，而 $\varphi[\varphi(x)]$ 为奇函数.

(4) 用函数图形的对称性.

注　任意一个定义在对称区间上的函数，都可以写成一个奇函数与偶函数之和（习题 B 第 3 题）.

例 11　判别函数 $f(x)=2^{\cos x}$，$g(x)=\left(\dfrac{1}{2}\right)^{\sin x}$，在区间 $\left(0,\dfrac{\pi}{2}\right)$ 内的单调性.

解　在区间 $\left(0,\dfrac{\pi}{2}\right)$ 内，2^x 是增函数，而 $\cos x$ 是减函数，故 $2^{\cos x}$ 是减函数；在区间 $\left(0,\dfrac{\pi}{2}\right)$ 内，$\left(\dfrac{1}{2}\right)^x$ 是减函数，而 $\sin x$ 是增函数，故 $\left(\dfrac{1}{2}\right)^{\sin x}$ 是减函数.

方法总结：函数在某区间**单调性**判别的思路

(1) 单调性定义；

(2) 奇偶函数的单调性；

(3) 复合函数的单调性 若 $f(x)$ 是增函数，$\varphi(x)$ 是减函数，则 $f[\varphi(x)]$，$\varphi[f(x)]$ 是减函数，$f[f(x)]$，$\varphi[\varphi(x)]$ 是增函数.

例 12　判断函数 $f(x)=1+|\sin 2x|$ 的周期.

解　$f(x)=1+|\sin 2x|=1+\sqrt{\sin^2 2x}=1+\sqrt{\dfrac{1-\cos 4x}{2}}$，所以 $T=\dfrac{2\pi}{4}=\dfrac{\pi}{2}$.

方法总结：求解给定函数**周期或周期性**证明的思路

（1）依据函数周期性定义；

（2）若函数 $f(x)$ 的周期为 T，则函数 $f(ax+b)$ 的周期为 $\frac{T}{|a|}$.

（3）若函数 $f(x)$，$g(x)$ 的周期都是 T，则 $f(x)\pm g(x)$ 的周期也是 T；

（4）若函数 $f(x)$，$g(x)$ 的周期分别是 T_1，T_2，则 $f(x)\pm g(x)$ 和 $f(x)\cdot g(x)$ 都以是 T_1，T_2 的最小公倍数为周期的函数.

例 13 证明函数 $f(x)=\frac{\ln x}{x}$ 在区间 $\left[\frac{1}{2},1\right]$ 有界.

证明 因为 $\ln\frac{1}{2}\leqslant\ln x\leqslant 0, x\in\left[\frac{1}{2},1\right]$，且 $1\leqslant\frac{1}{x}\leqslant 2$，所以 $2\ln\frac{1}{2}\leqslant\frac{1}{x}\ln x=f(x)\leqslant 0$.

方法总结：函数**有界性**的判别思路

（1）在第一章中证明或判别函数有界，只能利用有界性的定义；

（2）利用闭区间上连续函数的有界性定理；

（3）利用有极限的数列必有界；

（4）若 $\lim\limits_{x\to x_0}f(x)$ 存在，则函数 $f(x)$ 在 x_0 充分小邻域内必有界.

4. **常用经济函数**

例 14 设某商品的需求量 Q 是价格 P 的线性函数 $Q=a+bP$，已知该商品的最大需求量为 40000 件（价格为零时的需求量），最高价格为 40 元/件（需求量为零时的价格）. 求该商品的需求函数与收益函数.

解 当 $P=0$ 时，$Q=40000$，代入 $Q=a+bP$ 得，$a=40000$；当 $Q=0$ 时，$p=40$，代入 $Q=a+bP$ 得 $b=-1000$. 故需求函数 $Q=40000-1000P$. 收益函数

$$R=PQ=Q\left(\frac{40000-Q}{1000}\right)=40Q-\frac{Q^2}{1000}.$$

例 15 设某商品的成本函数和收入函数分别为

$$C(q)=7+2q+q^2, R(q)=10q,$$

求（1）该商品的利润函数；

（2）销量为 4 时的总利润及平均利润；

（3）销量为 10 时是盈利还是亏损？

解 （1）利润函数 $L(q)=R(q)-C(q)=8q-7-q^2$.

（2）$L(4)=8\times 4-7-4^2=9$. $\bar{L}(4)=\frac{L(4)}{4}=\frac{9}{4}$.

（3）因为 $L(10)=8\times 10-7-10^2=-27<0$，所以销售量为 10 时时亏损.

例 16 某工厂生产某种产品年产量为 x 台，每台售价 500 元，当年产量超过 800 台时，超过部分只能按 9 折出售，这样可多售出 200 台，如果再多生产，本年就销售不出去了，试写出本年的收益函数.

分析 因为产量超过 800 台时售价要按照 9 折出售，又超过 1000 台时，多余部分销售不出去，从而超出部分无收益. 因此要把产量份三阶段来考虑.

解 依题意有

$$R=\begin{cases}500x, & 0\leqslant x\leqslant 800,\\ 500\times 800+0.9\times 500(x-800), & 800<x\leqslant 1000,\\ 500\times 800+0.9\times 500\times 200, & x>1000,\end{cases}$$

$$=\begin{cases}500x, & 0\leqslant x\leqslant 800,\\ 400000+450(x-800), & 800<x\leqslant 1000,\\ 490000, & x>1000.\end{cases}$$

三、教材习题详解

习题一

(A)

1. 求下列函数的定义域.

(1) $y=\sqrt{x^2-2x-15}$；　(2) $y=\begin{cases}x+3, 2<|x|\leqslant 4,\\ 2x^2+1, |x|\leqslant 2;\end{cases}$

(3) $y=\lg(x-1)+\dfrac{1}{x-2}$；　(4) $y=\sqrt{1-\left(\dfrac{x-1}{x+1}\right)^2}$；

(5) $y=e^{\frac{1}{\sqrt{x}}}+\dfrac{1}{1-\ln x}$；　(6) $y=\arcsin\dfrac{x-1}{2}$.

解　(1) 因为 $x^2-2x-15\geq 0$ 所以 $x\geq 5$ 或 $x\leqslant -3$，即 $D_f=(-\infty,-3]\cup[5,+\infty)$.

(2) 因为 $2<|x|\leqslant 4$ 或 $|x|\leqslant 2$，所以 $D_f=[-4,4]$

(3) 因为 $\begin{cases}x-1>0\\ x-2\neq 0\end{cases}$，即 $\begin{cases}x>1\\ x\neq 2\end{cases}$，所以 $D_f=(1,2)\cup(2,+\infty)$.

(4) 因为 $y=\sqrt{1-\left(\dfrac{x-1}{x+1}\right)^2}=\sqrt{\dfrac{4x}{(x+1)^2}}$，所以 $x\neq -1$，且 $x\geq 0$，因此

$$D_f=[0,+\infty).$$

(5) 因为 $\begin{cases}x>0\\ x\neq e\end{cases}$，所以 $D_f=(0,e)\cup(e,+\infty)$.

(6) 因为 $-1\leqslant\dfrac{x-1}{2}\leqslant 1$，所以 $D_f=[-1,3]$.

2. 已知函数 $f(x)$ 满足 $2f(x)+f(-x)=3x+4$，求 $f(x)$.

解　令 $t=-x$，则有 $2f(-t)+f(t)=-3t+4$，即 $2f(-x)+f(x)=-3x+4$ 又有 $2f(x)+f(-x)=3x+4$，解得 $f(x)=3x+\dfrac{4}{3}$.

3. 已知 $f(x)=\dfrac{4x}{x-1}$，求 $f^{-1}(3)$.

解　令 $y=f(x)$ 则 $x=\dfrac{y}{y-4}$，即 $y=\dfrac{x}{x-4}$，所以 $f^{-1}(3)=-3$.

4. 讨论下列函数的单调性（指出其单调增加区间和单调减少区间）.

(1) $y=x^3+1$；　(2) $y=2x+\ln x$；

解　(1) 定义域为 $(-\infty,+\infty)$，设 $\forall x_1<x_2\in(-\infty,+\infty)$，

$$y_2 - y_1 = {x_2}^3 - {x_1}^3 > 0,$$

故单调增加区间为 $(-\infty, +\infty)$.

（2）定义域为 $(0, +\infty)$，$\forall x_1 < x_2 \in (0, +\infty)$，

$$y_2 - y_1 = 2x_1 + \ln x_1 - 2x_2 - \ln x_2 = 2(x_1 - x_2) + \ln\frac{x_1}{x_2} < 0,$$

故函数单调减少，单调减少区间为 $(0, +\infty)$.

5. 函数 $f(x)$ 在 $[0, +\infty)$ 上是单调递减函数，求 $f(1-x^2)$ 的单调区间.

解 $\forall x_1 < x_2 \in [-1,0]$，$1 - x_1^2 \leqslant 1 - x_2^2$，又因为函数 $f(x)$ 在 $[0, +\infty)$ 上是单调递减函数，所以 $[-1,0]$ 是函数 $f(1-x^2)$ 单调递减区间. $\forall x_1 < x_2 \in [0,1]$，$1 - {x_1}^2 \geqslant 1 - {x_2}^2$ 又因为函数 $f(x)$ 在 $[0, +\infty)$ 上是单调递减函数，所以 $[0,1]$ 是函数 $f(1-x^2)$ 单调递增区间.

6. 判别下列函数的奇偶性.

(1) $f(x) = x^3\cos x$；

(2) $f(x) = \lg\dfrac{1-x}{1+x}$；

(3) $f(x) = \dfrac{e^x + e^{-x}}{e^x - e^{-x}}$；

(4) $f(x) = \begin{cases} \cos x - x, & -\pi \leqslant x < 0, \\ \cos x + x, & 0 \leqslant x < \pi. \end{cases}$

解 (1) $f(-x) = (-x)^3\cos(-x) = -x^3\cos x = -f(x)$，所以 $f(x) = x^3\cos x$ 为奇函数.

（2）因为 $f(-x) = \lg\dfrac{1+x}{1-x} = -\lg\dfrac{1-x}{1+x} = -f(x)$，所以 $y = \lg\dfrac{1-x}{1+x}$ 为奇函数.

（3）因为 $f(-x) = \dfrac{e^{-x} + e^x}{e^{-x} - e^x} = -\dfrac{e^x + e^{-x}}{e^x - e^{-x}} = -f(x)$，所以 $y = \dfrac{e^x + e^{-x}}{e^x - e^{-x}}$ 为奇函数.

（4）因为 $f(-x) = \begin{cases} \cos(-x) + x, & -\pi \leqslant -x < 0, \\ \cos(-x) - x & 0 \leqslant -x \leqslant \pi, \end{cases}$ 即

$$f(-x) = \begin{cases} \cos x + x, & 0 < x \leqslant \pi, \\ \cos x - x & -\pi \leqslant x \leqslant 0, \end{cases}$$

因为

$$f(-x) = f(x),$$

所以 $y = \begin{cases} \cos x - x, & -\pi \leqslant x < 0, \\ \cos x + x & 0 \leqslant x \leqslant \pi, \end{cases}$ 为偶函数.

7. 设函数 $f(x)$ 在 $(-\infty, +\infty)$ 内有定义，证明：函数 $f(x) + f(-x)$ 为偶函数，而函数 $f(x) - f(-x)$ 为奇函数.

证明 设 $F(x) = f(x) + f(-x)$，而 $F(-x) = f(-x) + f(x) = F(x)$，所以函数 $f(x) + f(-x)$ 为偶函数.

设 $G(x) = f(x) - f(-x)$，而 $G(-x) = f(-x) - f(x) = -G(x)$，所以函数 $f(x) - f(-x)$ 为奇函数.

8. 判断下列函数是否为周期函数，如果是周期函数，求其周期.

(1) $y=\sin(3x-2)$； (2) $y=\cos^2 x$；

(3) $y=\pi+|\sin 3x|$； (4) $y=x\cos x$.

解 (1) 因为 $\sin x$ 的最小正周期为 2π，所以 $y=\sin(3x-2)$ 的周期为 $T=\dfrac{2\pi}{3}$.

(2) 因为 $y=\cos^2 x=\dfrac{1}{2}(\cos 2x+1)$，所以 $y=\cos^2 x$ 的周期为 $T=\dfrac{2\pi}{2}=\pi$.

(3) 因为 $|\sin x|$ 的最小正周期为 π，所以 $y=\pi+|\sin 3x|$ 的周期为 $T=\dfrac{\pi}{3}$.

(4) 不是周期函数.

9. 在下列各题中，求由给定函数复合而成的复合函数，并确定定义域.

(1) $y=10^u, u=1+x^2$； (2) $y=\sqrt{u}$，$u=e^x-1$；

(3) $y=u^2+1, u=\sin v, v=\ln x$；

(4) $y=\arctan u^2, u=\tan v, v=\sqrt{a^2+x^2}$.

解 (1) $y=10^{1+x^2}$，$D_f=(-\infty,+\infty)$；

(2) $y=\sqrt{e^x-1}$，因为 $e^x\geq 1$ 所以 $x\geq 0$，即 $D_f=[0,+\infty)$；

(3) $y=\sin^2\ln x+1$，$D_f=(0,+\infty)$；

(4) $y=\arctan[\tan^2\sqrt{a^2+x^2}]$，$D_f=\left\{x\,|\,x\in R, x^2\neq\left(k\pi+\dfrac{\pi}{2}\right)^2-a^2, k\in Z\right\}$.

10. 设 $f(e^x)=a^x(x^2-1)$，求 $f(x)$.

解 设 $t=e^x$，则 $x=\ln t$，$f(t)=a^{\ln t}[(\ln t)^2-1]$，所以 $f(x)=a^{\ln x}[(\ln x)^2-1]$，其中 $D_f=(0,+\infty)$.

11. 已知 $f(x)=\begin{cases}x^2+2, & x\leqslant 0,\\ x-1, & x>0,\end{cases}$ 求 $f(x+1)$ 及 $f(x)+f(-x)$.

解 $f(x+1)=\begin{cases}(x+1)^2+2, & x+1\leqslant 0,\\ x, & x+1>0,\end{cases}$ 则

$f(x+1)=\begin{cases}x^2+2x+3, & x\leqslant -1,\\ x, & x>-1,\end{cases}$

$f(-x)=\begin{cases}x^2+2, & -x\leqslant 0,\\ -x-1, & -x>0,\end{cases}$ 则 $f(-x)=\begin{cases}x^2+2, & x\geq 0,\\ -x-1, & x<0,\end{cases}$ 所以

$$f(x)+f(-x)=\begin{cases}x^2+x+1, & x>0,\\ 4, & x=0,\\ x^2-x+1, & x<0.\end{cases}$$

12. 已知 $f(x)=\begin{cases}-x^2, & x\geq 0,\\ e^x, & x<0,\end{cases}$ $\varphi(x)=\ln x$，求 $f[\varphi(x)]$，$\varphi[f(x)]$.

解 $f[\varphi(x)]=\begin{cases}-(\ln x)^2, & \ln x\geq 0,\\ x, & \ln x<0,\end{cases}$ 则 $f[\varphi(x)]=\begin{cases}-(\ln x)^2, & x\geq 1,\\ x, & 0<x<1,\end{cases}$

$\varphi[f(x)]=x$，$x<0$.

13. (1) 已知 $f\left(x+\dfrac{1}{x}\right)=x^2+\dfrac{1}{x^2}$，求 $f(x)$.

(2) 已知 $f(x^2-1)=\ln\frac{x^2}{x^2-2}$，且 $f[\varphi(x)]=\ln x$，求 $\varphi(x)$.

解 (1) $f\left(x+\frac{1}{x}\right)=x^2+2+\frac{1}{x^2}-2=\left(x+\frac{1}{x}\right)^2-2$，令 $t=x+\frac{1}{x}$，则 $f(t)=t^2-2$，由此 $f(x)=x^2-2$

(2) 令 $t=x^2-1$，则 $f(t)=\ln\frac{t+1}{t-1}$，所以 $f[\varphi(x)]=\ln\frac{\varphi(x)+1}{\varphi(x)-1}=\ln x$，由此 $\varphi(x)=\frac{x+1}{x-1}$.

14. 指出下列各函数是由哪些简单函数复合而成的.

(1) $y=\log_a\sqrt{x}$； (2) $y=\arctan(e^{x^2})$；

(3) $y=\sin^2\sqrt{1-x-x^2}$； (4) $y=\arcsin^2\left(\frac{2x}{1-x^2}\right)$.

解 (1) $y=\log_a u, u=\sqrt{x}$；

(2) $y=\arctan u, u=e^v, v=x^2$；

(3) $y=u^2, u=\sin v, v=\sqrt{w}, w=1-x-x^2$；

(4) $y=u^2, u=\arcsin v, v=\frac{2x}{1-x^2}$.

15. 求下列反函数及反函数的定义域.

(1) $y=\lg(1-2x)$，$D_f=(-\infty,0)$； (2) $y=\sqrt{4-x^2}$，$D_f=[0,2]$；

(3) $y=\begin{cases}\frac{x}{2}, & -2<x<1,\\ x^2, & 1\leqslant x\leqslant 2,\\ 2^x, & 2<x\leqslant 4;\end{cases}$

(4) $y=\frac{e^x}{e^x+1}$.

解 (1) $y=\lg(1-2x)$，则 $10^y=1-2x$，即 $x=\frac{1-10^y}{2}$，所以 $y=\lg(1-2x)$ 的反函数为 $y=\frac{1}{2}(1-10^x)$，$D_{f^{-1}}=(0,+\infty)$.

(2) 反函数 $y=\sqrt{4-x^2}$，$D_{f^{-1}}=[0,2]$.

(3) $f^{-1}(x)=\begin{cases}2x, & -1<x<\frac{1}{2},\\ \sqrt{x}, & 1\leqslant x\leqslant 4,\\ \log_2 x, & 4<x\leqslant 16,\end{cases}$ $D_{f^{-1}}=\left(-1,\frac{1}{2}\right)\cup(1,16]$.

(4) 因为 $e^x=(e^x+1)y$，有 $e^x=\frac{y}{1-y}$，所以 $x=\ln\frac{y}{1-y}$ 函数 $y=\frac{e^x}{e^x+1}$ 的反函数为 $y=\ln\frac{x}{1-x}$，$D_{f^{-1}}=(0,1)$.

16. 某玩具厂每天生产 60 个玩具的成本为 300 元，每天生产 80 个玩具的成本为 340 元，求其线性成本函数，并求每天的固定成本和生产一个玩具的可变成本.

解　设每天的固定成本为 x，生产一个玩具的可变成本为 y，依题意有

$$\begin{cases}60y + x = 300,\\80y + x = 340,\end{cases}$$

解得

$$\begin{cases}x = 180,\\y = 2,\end{cases}$$

答 固定成本为180（元/每天），可变成本为2（元/每个）.

17. 某公司全年需购某商品2000台，每台购进价为5000元，分若干批进货. 每批进货台数相同，一批商品售完后马上进下一批. 每进货一次需消耗费用1000元，商品均匀投放市场（即平均年库存量为批量的一半），该商品每年每台库存费为进货价格的4%. 试将公司全年在该商品上的投资总额表示为批量的函数.

解　设分 x 批进货，每批 $\frac{2000}{x}$ 台，平均年库存量 $\frac{1000}{x}$，则库存费总额 $\frac{1000}{x} \times 5000 \times 4\%$，所以 投资总额为

$$y = 2000 \times 5000 + \frac{1000}{x} \times 5000 \times 4\% + 1000x = 10^7 + \frac{2 \times 10^5}{x} + 1000x$$

18. 某产品每件售价为90元，成本60元. 厂方为鼓励经销商大量采购，决定凡是订购量超过100件以上的，每多定一件售价就降低一元，但最低价为每台75元.

（1）将每件的实际售价 p 表示为订购量 x 的函数；

（2）将厂方所获收益用 q 表示订购量 x 的函数；

（3）某一商行订购了1000件，厂方可获利多少?

解　(1) $p = \begin{cases}90, & x \leqslant 100,\\190 - x, & 100 < x \leqslant 115,\\75, & x > 115;\end{cases}$

(2) $q = \begin{cases}90x, & x \leqslant 100,\\90x - x^2, & 100 < x \leqslant 115,\\75x, & x > 115;\end{cases}$

(3) $q = 15 \times 1000 = 15000$.

答 厂方可获利15000元.

19. 已知下列需求函数和供给函数，求相应的市场均衡价格 p_e.

(1) $Q_d = \frac{100}{3} - \frac{2}{3}P$, $Q_s = -10 + 5P$;

(2) $Q_d{}^2 + P^2 = 58$, $P = Q_s + 4$.

解　(1) 令 $Q_d = Q_s$，则 $\frac{100}{3} - \frac{2}{3}P = -10 + 5P$，解得 $P_e = \frac{130}{17}$.

(2) 将 $P = Q_s + 4$ 代入 $Q_d{}^2 + P^2 = 58$，并令 $Q_d = Q_s$，得 $Q_s{}^2 + (Q_s + 4)^2 = 58$，解得 $Q_s = 3$，$Q_s = -7$（舍去）得到 $P_e = 7$.

(B)

1. 设$f(\frac{x+1}{2x-1})-2f(x)=x$，求$f(x)$.

解 令$t=\frac{x+1}{2x-1}$，得$x=\frac{t+1}{2t-1}$，有$f(t)-2f\left(\frac{t+1}{2t-1}\right)=\frac{t+1}{2t-1}$，于是有

$$\begin{cases} f\left(\frac{x+1}{2x-1}\right)-2f(x)=x, \\ f(x)-2f\left(\frac{x+1}{2x-1}\right)=\frac{x+1}{2x-1}, \end{cases}$$

将$f(x)$和$f\left(\frac{x+1}{2x-1}\right)$看作未知数，解此线性方程组，可求得

$$f(x)=\frac{4x^2-x+1}{3-6x}.$$

2. 设$f(x)$与$g(x)$的定义域是$\{x|x\in R,x\neq\pm1\}$，$f(x)$是偶函数，$g(x)$是奇函数，且$f(x)+g(x)=\frac{1}{x-1}$，求$f(x)$与$g(x)$的解析表达式.

解 因为$f(-x)=f(x)$，$g(-x)=-g(x)$，则把$-x$代入$f(x)+g(x)=\frac{1}{x-1}$，得到$f(x)-g(x)=-\frac{1}{x+1}$，于是有方程组$\begin{cases} f(x)+g(x)=\frac{1}{x-1} \\ f(x)-g(x)=-\frac{1}{x+1} \end{cases}$，解此方程组，可求得

$$f(x)=\frac{1}{x^2-1},\ g(x)=\frac{x}{x^2-1}.$$

3. 设函数$f(x)$在$[-a,a]\ (a>0)$上有定义，证明：$f(x)$等于一个奇函数与一个偶函数的和.

证明 因为$f(x)$在$[-a,a]\ (a>0)$上有定义，则$f(x)$可以分解为

$$f(x)=\frac{1}{2}(f(x)-f(-x))+\frac{1}{2}(f(x)+f(-x)),$$

令$g(x)=\frac{1}{2}(f(x)+f(-x))$，$h(x)=\frac{1}{2}(f(x)-f(-x))$，显然$g(x)$是偶函数，$h(x)$为奇函数，题目得证.

4. 已知函数$f(x)$的定义域是$(0,1]$，求函数$g(x)=f(x+a)\cdot f(x-a)$的定义域，其中$-\frac{1}{2}<a\leqslant0$.

解 因为函数$f(x)$的定义域是$(0,1]$，$f(x+a)$的定义域为$(-a,1-a]$；$f(x-a)$的定义域为$(a,1+a]$. 又因为$a\in(-\frac{1}{2},0]$，所以$1-a\in(1,\frac{3}{2}]$，$1+a\in(\frac{1}{2},1]$，解得$g(x)$的定义域为$(-a,a+1](-\frac{1}{2}<a\leqslant0)$.

5. 函数$f(x)=\begin{cases} x^2, & x\leqslant0, \\ -x^3, & x>0, \end{cases}$ 求$f^{-1}(3)$.

解 求分段函数的反函数时，只要分别求出各区间段相对应函数的反函数表达式及其自

变量的取值范围即可.

由 $y = x^2$，$x \leqslant 0$，得 $x = -\sqrt{y}$，$y \geq 0$；

由 $y = -x^3$，$x > 0$，得 $x = -\sqrt[3]{y}$，$y < 0$；

将以上各式中的 x 与 y 互换，得所求反函数为

$$y = f^{-1}(x) = \begin{cases} -\sqrt{x}, & x \geq 0, \\ -\sqrt[3]{x}, & x < 0, \end{cases}$$

综上 $y = f^{-1}(3) = -\sqrt{3}$.

6. 设函数 $f(x)$ 和 $g(x)$ 在 D 上有界，试证：函数 $f(x) \pm g(x)$ 和 $f(x) \cdot g(x)$ 在 D 上也有界.

解　因为函数 $f(x)$ 和 $g(x)$ 在 D 上有界，则存在正实数 M_1 和 M_2 使得 $|f(x)| \leqslant M_1$，$|g(x)| \leqslant M_2$ 在 D 上成立. 记 $M = \max\{M_1, M_2\}$，则 $|f(x) \pm g(x)| \leqslant |f(x)| + |\pm g(x)| \leqslant 2M$ $|f(x) \cdot g(x)| \leqslant |f(x)| \cdot |g(x)| \leqslant M^2$，所以 $f(x) \pm g(x)$ 和 $f(x) \cdot g(x)$ 在 D 上也有界.

7. 证明：函数 $y = x\sin x$ 在 $(0, +\infty)$ 上无界.

证明　对任意 $M > 0$，都存在 $x_0 \in [M, M + 2\pi]$ 使得 $\sin x_0 = 1$，则 $|x_0 \sin x_0| = |x_0| > M$，即函数 $y = x\sin x$ 在 $(0, +\infty)$ 上无界.

8. 设 $f(x) = \begin{cases} \dfrac{1}{x}, & x < 0, \\ x, & x \geq 0, \end{cases}$ 求 $f[f(x)]$.

解　$f[f(x)] = \begin{cases} f(x), & f(x) \geq 0, \\ \dfrac{1}{f(x)}, & f(x) < 0, \end{cases}$ 而 $f(x) \geq 0$ 时，$x \geq 0$；$f(x) < 0$ 时，$x < 0$，所以有

$$f[f(x)] = \begin{cases} f(x), & x \geq 0, \\ \dfrac{1}{f(x)}, & x < 0, \end{cases}$$

即

$$f[f(x)] = \begin{cases} x, & x \geq 0, \\ x, & x < 0, \end{cases}$$

综上有 $f[f(x)] = x$.

9. 已知函数 $f(x)$ 满足方程 $af(x) + bf\left(\dfrac{1}{x}\right) = \dfrac{c}{x}$，$x \neq 0$，其中 a, b, c 为常数，且 $|a| \neq |b|$. 求 $f(x)$，并讨论函数 $f(x)$ 的奇偶性.

解　令 $t = \dfrac{1}{x}$，则有 $af\left(\dfrac{1}{t}\right) + bf(t) = ct$，即 $af\left(\dfrac{1}{x}\right) + bf(x) = cx$ 有由已知，$af(x) + bf\left(\dfrac{1}{x}\right) = \dfrac{c}{x}$，可解得 $f(x) = \dfrac{c}{b^2 - a^2}\left(bx - \dfrac{a}{x}\right)$，而 $f(-x) = -f(x)$，故 $f(x)$ 是奇函数.

四、自测题及答案

自测题

一、填空题（本大题共10题，每小题3分，共30分）

1. 设$A=\{1,2,3\}$，$B=\{1,3,5\}$，$C=\{2,4,6\}$，则$A\cup B\cup C=$________________.

2. 设全集$U=\{1,2,3,4,5,6\}$，$A=\{1,2,3\}$，$B=\{2,4,6\}$，则$\overline{A}\cap\overline{B}=$________.

3. 设$f(x)=\dfrac{1}{x}-\sqrt{1-x^2}$，则$D_f=$________________.

4. 设$f(x)=\arcsin\dfrac{x-1}{2}$，则$D_f=$____________.

5. 函数$y=\dfrac{1+2x}{1-x}$的反函数是________________.

6. 已知$f\left(\dfrac{1}{t}\right)=\dfrac{1}{t}+2t^2$，则$f(t)=$________________.

7. 设$\varphi(x)=\begin{cases}|\sin x|, & |x|<\dfrac{\pi}{3},\\ 0, & |x|\geq\dfrac{\pi}{3},\end{cases}$ 则$\varphi\left(\dfrac{\pi}{4}\right)=$________________.

8. 集合$I=\{x|1<|x-2|<3\}$用区间表示为________________.

9. 设$y=\cos(x-2)$，则周期为________________.

10. 设$f(x)=x-4$，$g(x)=x^2$，则$f[g(x)]=$________________.

二、计算题（本大题共6题，每小题10分，共60分）

1. 解不等式$|x-4|<7$.

2. $\varphi(x+1)=\begin{cases}x^2, & 0\leq x\leq 1,\\ 2x, & 1<x\leq 2,\end{cases}$ 求$\varphi(x)$.

3. 设$f(x)=\begin{cases}1, & x<0,\\ 0, & x=0,\\ -1, & x>0,\end{cases}$ 求$f(x^2-1)$.

4. 设$F(x)=f(x)\left(\dfrac{1}{2^x+1}-\dfrac{1}{2}\right)$，已知$f(x)$为奇函数，判断$F(x)$的奇偶性.

5. 求函数$y=\cos^4x-\sin^4x$的周期.

6. 已知$f(x+2)=x^2-2x+3$求$f(x+2)$.

三、应用题（本大题10分）

某厂家生产一种新产品，在定价时不单是根据生产成本而定，还要请消费单位来出价，即他们愿意以什么价格来购买. 根据调查得出的需求函数为$x=-900P+45000$，该厂生产该产品的固定成本是270000元，而单位产品的变动成本为10元. 为获得最大利润，出厂价格应为多少？

答案

一、1. $\{1,2,3,4,5,6\}$；

2. $\{5\}$；

3. $[-1,0)\cup(0,1]$；

4. $[-1,3]$；

5. $y=\dfrac{x-1}{2+x}$；

6. $t+\dfrac{2}{t^2}$；

7. $\dfrac{\sqrt{2}}{2}$；

8. $(-1,1)\cup(3,5)$；

9. 2π；

10. x^2-4.

二、1. $-3<x<11$；

2. $\varphi(x)=\begin{cases}(x-1)^2, & 1\leqslant x\leqslant 2,\\ 2(x-1), & 2<x\leqslant 3;\end{cases}$

3. $f(x^2-1)=\begin{cases}1, & -1<x<1,\\ 0, & x=\pm 1,\\ -1, & x>1\text{ 或 }x<-1;\end{cases}$

4. 偶函数；

5. π；

6. $x^2+6x+11$.

三、30 元. 提示：利润函数是个二次函数，可以利用二次函数的性质求其最大值点.

第二章　极限与连续

一、教学基本要求与内容提要

（一）教学基本要求

1. 理解数列极限和函数极限（包括左、右极限）的概念.

2. 理解无穷小的概念和基本性质，掌握无穷小的阶的比较方法，理解无穷大的概念及及其与无穷小的关系.

3. 理解极限的性质，掌握极限存在的两个准则，熟练掌握极限的四则运算法则，熟练掌握两个重要极限的应用.

4. 理解函数连续性的概念（包括左、右极限）与函数间断的概念，熟练掌握函数连续判别方法，掌握间断点的分类.

5. 理解连续函数的性质和初等函数的连续性，理解闭区间上连续函数的性质（有界性定理、最值定理、零值定理和介值定理）及其简单应用.

（二）内容提要

1. 数列极限的基本概念

（1）数列极限（描述性定义）　对于数列 $\{u_n\}$，存在一个常数 A，如果当 n 无限增大时 u_n 无限趋近于 A，则称 $n\to+\infty$ 时，数列 $\{u_n\}$ 的极限为 A. 记作

$$\lim_{n\to+\infty} u_n = A \text{ 或 } u_n \to A(n\to+\infty).$$

此时，称 $\{u_n\}$ 为**收敛数列**，或称**极限** $\lim\limits_{n\to+\infty} u_n$ **存在**. 反之，称 $\{u_n\}$ 为**发散数列**，或称**极限** $\lim\limits_{n\to+\infty} u_n$ **不存在**.

（2）数列极限（$\varepsilon - N$ 分析定义）　设有数列 $\{u_n\}$ 和常数 A，如果对任意给定的 $\varepsilon>0$，存在正整数 N，使当 $n>N$ 时，恒有

$$|u_n - A| < \varepsilon$$

成立，则称常数 A 为数列 $\{u_n\}$ 的极限，记为

$$\lim_{n\to+\infty} u_n = A \text{ 或 } \quad u_n \to A(n\to+\infty).$$

如果数列 $\{u_n\}$ 有极限，则称数列 $\{u_n\}$ **收敛**，或称**极限** $\lim\limits_{n\to+\infty} u_n$ **存在**；如果数列 $\{u_n\}$ 无极限，则称数列 $\{u_n\}$ **发散**，或称**极限** $\lim\limits_{n\to+\infty} u_n$ **不存在**.

注　①定义中所谓数列 $\{u_n\}$ 无限趋近于 A，意思是说，当 n 充分大时，数列 $\{u_n\}$ 可以与 A 任意地靠近，而且要多靠近就能多靠近，即数列 $\{u_n\}$ 与 A 之间的距离可以达到任意的小，要多小，就有多小；

② A 与 u_n 的距离越来越近，A 未必就是 $\{u_n\}$ 的极限，例如随着 n 的增大，$\frac{1}{n}$ 与 -0.1 的距离也是越来越近，但是并没有极限关系.”极限”描述的距离应该是“要多小有多小”，但这种要多小有多小无法用生活语言说得透彻，所以应该用严格的数学语言来描述；

③ ε 衡量的是因变量，N 衡量的是自变量. N 与 ε 有关，但是却不能说 N 是 ε 的函数. 因为对任意给定的 $\varepsilon > 0$，如果存在一个满足定义要求的 N_0，那么任何一个大于 N_0 的正整数都可作为 N. 这就是说 N 的值并不由给定的 ε 的值唯一确定，因此 N 不是 ε 的函数；

④收敛与发散，是数列自身的属性，从哲学角度讲这就是一种存在.

2. **数列的几何意义**

$\lim\limits_{n\to\infty} u_n = A \Leftrightarrow A$ 的任一 ε 邻域内都含有 $\{u_n\}$ 的几乎所有项，即除至多有限项外的所有项都在该邻域内.

3. **收敛数列的性质**

唯一性　收敛数列 $\{u_n\}$ 的极限必唯一.

有界性　收敛数列 $\{u_n\}$ 必有界.

保号性　如果数列 $\{u_n\}$ 收敛于 A，且 $A > 0$（或 $A < 0$），那么存在正整数 N，当 $n > N$ 时，有 $u_n > 0$（或 $u_n < 0$）.

保序性　若 $\lim\limits_{n\to\infty} u_n = A$，$\lim\limits_{n\to\infty} v_n = B$，且存在正整数 N，当 $n > N$ 时，恒有 $u_n > v_n$，则 $A \geq B$.

注　收敛数列一定有界，但有界数列未必收敛，所以数列有界是数列收敛的必要条件.

4. **数列极限的运算**

设有数列 $\lim\limits_{n\to\infty} u_n = A$，$\lim\limits_{n\to\infty} v_n = B$，那么

(1) $\lim\limits_{n\to\infty}(u_n \pm v_n) = A \pm B$；(2) $\lim\limits_{n\to\infty}(u_n v_n) = A \cdot B$；(3) $v_n \neq 0 (n = 1,2\cdots)$，$B \neq 0$，$\lim\limits_{n\to\infty} \frac{u_n}{v_n} = \frac{A}{B}$.

注　①运算法则可以扩展到有限个数列的运算，但是不适用于无穷多个数列；

②该结论是充分条件，只有在极限均存在时才能适用；

③收敛数列加、减发散数列后，必定发散；若 $\{u_n\}$ 发散，而 $\{u_n + v_n\}$ 收敛，则 $\{v_n\}$ 必定发散；

④若 $\{u_n\}$ 发散，而 $\{v_n\}$ 收敛，而 $\{u_n v_n\}$ 收敛，则必有 $\lim\limits_{n\to\infty} v_n = 0$，但未必 $\lim\limits_{n\to\infty} u_n v_n = 0$. 如 $u_n = n, v_n = \frac{1}{n}$.

5. **数列极限存在准则**

准则Ⅰ（夹逼准则）　如果存在正整数 n_0，使当 $n \geq n_0$ 时，恒有

$$x_n \leq y_n \leq z_n,$$

且 $\lim\limits_{n\to+\infty} x_n = \lim\limits_{n\to+\infty} z_n = A$，则 $\lim\limits_{n\to+\infty} y_n$ 存在，且有 $\lim\limits_{n\to+\infty} y_n = A$.

准则 II 单调有界数列必有极限.

注 ①夹逼准则是充分条件，所以在 $\lim\limits_{n\to\infty} y_n$ 不存在时，不能用夹逼准则.

②若夹逼准则中 $A = \pm\infty$，则有 $\lim\limits_{n\to\infty} y_n = \pm\infty$.

③ $\{x_n\}$，$\{z_n\}$ 都发散时，$\{y_n\}$ 未必不收敛.

6. 函数极限的基本概念

(1) 函数极限定义

自变量趋于**有限值**的情况

$\lim\limits_{x\to x_0} f(x) = A \Leftrightarrow \forall\varepsilon > 0, \exists\delta > 0$，当 $0 < |x - x_0| < \delta$，恒有 $|f(x) - A| < \varepsilon$.

自变量趋于**无穷**的情况

$\lim\limits_{x\to\infty} f(x) = A \Leftrightarrow \forall\varepsilon > 0, \exists M > 0$，当 $|x| > M$，恒有 $|f(x) - A| < \varepsilon$.

$\lim\limits_{x\to+\infty} f(x) = A \Leftrightarrow \forall\varepsilon > 0, \exists M > 0$，当 $x > M$，恒有 $|f(x) - A| < \varepsilon$.

$\lim\limits_{x\to-\infty} f(x) = A \Leftrightarrow \forall\varepsilon > 0, \exists M > 0$，当 $x < -M$，恒有 $|f(x) - A| < \varepsilon$.

(2) 单侧极限

若当 $x\to x_0^-$ 时，函数 $f(x)$ 无限趋近于某一个确定的常数 A，则称常数 A 为 $x\to x_0^-$ 时，**函数 $f(x)$ 的左极限，**又记 $\lim\limits_{x\to x_0^-} f(x)$ 为 $f(x_0 - 0)$.

$\lim\limits_{x\to 0^-} f(x) = A \Leftrightarrow \lim\limits_{x\to x_0^-} f(x) = A \Leftrightarrow \forall\varepsilon > 0, \exists\delta > 0$，当 $x_0 - \delta < x < x_0$，恒有 $|f(x) - A| < \varepsilon$.

若当时 $x\to x_0^+$，函数 $f(x)$ 无限趋近于某一个确定的常数 A，则称常数 A 为 $x\to x_0^+$ 时，函数 $f(x)$ 的右极限，又记 $\lim\limits_{x\to x_0^+} f(x)$ 为 $f(x_0 + 0)$.

$\lim\limits_{x\to x_0^+} f(x) = A \Leftrightarrow \forall\varepsilon > 0, \exists\delta > 0$，当 $x_0 < x < x_0 + \delta$，恒有 $|f(x) - A| < \varepsilon$.

7. 函数极限存在的两个充要条件

① $\lim\limits_{x\to x_0} f(x) = A \Leftrightarrow \lim\limits_{x\to x_0^+} f(x) = \lim\limits_{x\to x_0^-} f(x) = A$.

② $\lim\limits_{x\to x_0} f(x) = A \Leftrightarrow f(x) = A + \alpha, \lim\limits_{x\to x_0} \alpha = 0$

注 ①对于分段函数，往往考察左右极限；若单侧极限不存在，则整体极限不存在.

②根据第二个充要条件，常常将一些极限问题转化为无穷小量的运算.

8. 函数极限的性质

唯一性 若极限 $\lim f(x)$ 存在，则极限值唯一.

局部有界性 若极限 $\lim\limits_{x\to x_0} f(x)$ 存在，则函数 $f(x)$ 在 x_0 的某个空心邻域内有界.

局部保号性 若 $\lim\limits_{x\to x_0} f(x) = A$，

(1) 若 $A > 0$（或 $A < 0$），则函数 $f(x)$ 在 x_0 的某个空心邻域内恒有 $f(x) > 0$（或 $f(x) < 0$）.

(2) 若 x_0 的某个空心邻域内恒有 $f(x) \geq 0$（或 $f(x) \leqslant 0$），则有 $A \geq 0$（或 $A \leqslant 0$）.

保序性 若 $\lim\limits_{x\to x_0} f(x) = A$，$\lim\limits_{x\to x_0} g(x) = B$，且在 x_0 的某空心邻域内恒有 $f(x) \geq g(x)$，则 $A \geq B$.

注 这里只介绍 $x\to x_0$ 形式的极限，其他形式的极限性质类似. 函数极限与数列极限虽说在形式上十分类似，但是在本质上还是有区别的，主要在于两种极限的自变量的“活动范围”上，函数极限的性质只是“局部”的性质.

9. **无穷小与无穷大**

(1) **无穷小量**　极限为零的变量，记为 $\lim f(x)=0$.

注　①根据定义无穷小的本质上是这样一个变量（函数），它在某个自变量变化过程中，该变量的绝对值能小于任意给定的正数 ε. 无穷小是个极限为零的变量，不能与绝对值很小很小的常量相混淆；

②定义中所说的极限包括数列极限和所有类型的函数极限，例如 $n\to+\infty$，$\frac{1}{n^2}$ 是无穷小量；

③无穷小量是相对于自变量的某一变化过程而言的，不能脱离自变量的变化过程，如 $x\to\infty$ 时，$y=\frac{1}{x}$ 是无穷小量，而当 $x\to0$ 时，$y=\frac{1}{x}$ 就不是无穷小量，而是无穷大量；

④因 $\lim 0=0$，故常数 0 在自变量的所有变化过程中都是无穷小量. 但是，无穷小量却不一定是零.

(2) **无穷大量**　在自变量的某一变化过程中，若函数 $f(x)$ 的绝对值无限地增大，则 $f(x)$ 为**无穷大量**，记为 $\lim f(x)=\infty$.

若 $f(x)$ 恒为正且 $f(x)$ 无限地增大，则称 $f(x)$ 为**正无穷大**，记为 $\lim f(x)=+\infty$.

若 $f(x)$ 恒为负且 $f(x)$ 的绝对值无限地增大，则称 $f(x)$ 为**负无穷大**，记为 $\lim f(x)=-\infty$.

注　①当自变量在某个变化过程中，无穷大量 $f(x)$，按通常的意义来说是，极限是不存在的，但为了叙述函数这一性态的方便，我们也说函数的极限是无穷大. “$\lim f(x)=\infty$”只是一个记号，其含义是极限不存在且在自变量的此种变化过程中，$f(x)$ 的绝对值无限地增大；

②关于无穷大量的定义，对数列也适用，例如 $\lim\limits_{n\to+\infty} n^2=+\infty$；

③无穷大量是相对于自变量的某一变化过程而言的，不能脱离自变量的变化过程. 如 $x\to0$ 时，$y=\frac{1}{x}$ 是无穷大量，而当时 $x\to1$，$y=\frac{1}{x}$ 就不是无穷大量；

④无穷大量是指自变量的某个变化过程中，其绝对值无限增大的变量，而不是绝对值很大很大的常量.

⑤无穷大量与无界变量是两个不同的概念. 例如函数 $f(x)=e^x\cos x$ 是一个无界变量 $x\to+\infty$，但是当 时，$f(x)$ 不是无穷大量.

(3) **无穷大量与无穷小量的关系**

在自变量的同一变化过程中，无穷大量的倒数是无穷小量，无穷小量（不取零值）的倒数是无穷大量，即有

①若 $\lim f(x)=\infty$，则 $\lim\frac{1}{f(x)}=0$；

②若 $\lim f(x)=0$，且 $f(x)\neq0$，则 $\lim\frac{1}{f(x)}=\infty$.

(4) 无穷小阶的比较

设 α 与 β 是同一变化过程中的两个无穷小量，

①如果 $\lim\dfrac{\alpha}{\beta}=0$，则称 α 是比 β 高阶的无穷小量，记作 $\beta=o(\alpha)$；

②如果 $\lim\dfrac{\alpha}{\beta}=\infty$，则称 α 是比 β 低阶的无穷小量；

③如果 $\lim\dfrac{\alpha}{\beta}=A\neq0$，则称 α 是与 β 同阶的无穷小量；

④如果 $\lim\dfrac{\alpha}{\beta}=1$，则称 α 是与 β 等价的无穷小量，记为 $\alpha\sim\beta$；

⑤如果 $\lim\dfrac{\alpha}{\beta^k}=A\neq0, k>0$，则称 α 是关于 β 的 k 阶无穷小.

注 并不是任意两个无穷小量都可以进行阶的比较.

10. 函数极限的运算

(1) 函数极限的运算法则

①四则运算

如果 $\lim f(x)=A$ 与 $\lim g(x)=B$，则 $\lim[f(x)\pm g(x)]$ 与 $\lim[f(x)g(x)]$ 和 $\lim\dfrac{f(x)}{g(x)}$ 也都存在，且有

$$\lim[f(x)\pm g(x)]=\lim f(x)\pm\lim g(x)=A\pm B,$$
$$\lim[f(x)g(x)]=\lim f(x)\lim g(x)=AB.$$

特别地，$\lim[cf(x)]=c[\lim f(x)]=cA$，$\lim\dfrac{f(x)}{g(x)}=\dfrac{\lim f(x)}{\lim g(x)}=\dfrac{A}{B}$，其中 $B\neq0$.

注 四则运算法则中要求 $\lim f(x)=A$，$\lim g(x)=B$，如果 $f(x)$，$g(x)$ 的极限不存在，则法则不能应用.

②复合运算

$y=f(u)$ 与 $u=\varphi(x)$ 构成复合函数 $y=f[\varphi(x)]$，若 $\lim\limits_{u\to u_0}f(u)=A$，$\lim\limits_{x\to x_0}\varphi(x)=u_0$，且在点 x_0 的某个空心邻域内 $\varphi(x)\neq u_0$，则有复合函数 $y=f[\varphi(x)]$ 当 $x\to x_0$ 时极限也存在，且

$$\lim_{x\to x_0}f[\varphi(x)]=\lim_{u\to u_0}f(u)=A.$$

(2) 两个重要极限

$$\lim_{x\to0}\frac{\sin x}{x}=1,\ \lim_{x\to\infty}\left(1+\frac{1}{x}\right)^x=e \text{ 或 } \lim_{x\to0}(1+x)^{\frac{1}{x}}=e$$

推广 $\lim\limits_{x\to0}\dfrac{\sin\varphi(x)}{\varphi(x)}=1$，$\lim\limits_{x\to x_0}[1+\varphi(x)]^{\frac{1}{\varphi(x)}}=e$，其中 $\lim\limits_{x\to x_0}\varphi(x)=0$.

(3) 无穷小的运算规则

①有限个无穷小量的代数和仍为无穷小量.

②有限个无穷小量的乘积仍为无穷小量.

③无穷小量与有界变量的乘积仍为无穷小量.

④无穷小量除以极限不为零的变量，其商仍为无穷小量.

(4) 无穷大的运算规则

①一个无穷大量与一个有界变量之和仍是无穷大量.

②两个无穷大量的乘积仍是无穷大量.

③两个正（负）无穷大之和仍为正（负）无穷大.

(5) 常用的等价无穷小

当 $x \to 0$ 时，常用的无穷小量有

$\sin x \sim x$，$\tan x \sim x$，$\arctan x \sim x$，$\ln(1+x) \sim x$，$e^x - 1 \sim x$，$a^x - 1 \sim x\ln a$，$1-\cos x \sim \frac{1}{2}x^2$，$(1+x)^\alpha - 1 \sim \alpha x$.

注　使用上述等价无穷小量时一般要广义化，即在 x 的某种变化趋势下，若 $\varphi(x) \to 0$，则将上述公式中的 x 换为 $\varphi(x)$ 时都是成立的.

(6) 等价无穷小的替换

如果 $\alpha_1 \sim \beta_1$，$\alpha_2 \sim \beta_2$，且极限 $\lim \frac{\beta_1}{\beta_2}$ 存在，则有 $\lim \frac{\alpha_1}{\alpha_2} = \lim \frac{\beta_1}{\beta_2}$.

注　被替换的无穷小量与其他变量是乘除关系时，可以应用等价无穷小替换定理，否则会出现计算错误.

11. 函数的连续性

(1) 连续的定义　设函数 $y=f(x)$ 在点 x_0 的某个邻域内有定义，那么函数 $f(x)$ 在点 x_0 处连续 $\Leftrightarrow \lim\limits_{\Delta x \to 0}\Delta y = \lim\limits_{\Delta x \to 0}[f(x_0+\Delta x) - f(x_0)] = 0$.

$\Leftrightarrow \lim\limits_{x \to x_0} f(x) = f(x_0)$.

注　①由于连续是通过函数在该点的极限来定义的，所以，连续性的本质就是极限问题，这是代数解释；从几何上讲，就是连绵不断之意.

②连续定义表明函数在一点连续的本质特征是 自变量变化很小时，对应的函数值的变化也很小.

③由于 $\lim\limits_{x \to x_0} x = x_0$，所以 $f(x)$ 在点 x_0 处连续时，有 $\lim\limits_{x \to x_0} f(x) = f(\lim\limits_{x \to x_0} x) = f(x_0)$，也可以理解为 在函数连续点处，求该点的极限就是该点的函数值.

④若函数 $f(x)$ 在点 x_0 处连续，则 $|f(x)|$ 在点 x_0 处连续.

(2) 单侧连续

左连续　若函数 $y=f(x)$ 在点 x_0 的某左邻域内有定义，且

$$f(x_0-0) = \lim_{x \to x_0^-} f(x) = f(x_0).$$

右连续　若函数 $y=f(x)$ 在点 x_0 的某右邻域内有定义，且

$$f(x_0+0) = \lim_{x \to x_0^+} f(x) = f(x_0)$$

(3) 连续的充要条件

$$\lim_{x \to x_0} f(x) = f(x_0) \Leftrightarrow f(x_0-0) = f(x_0) = f(x_0+0).$$

(4) 区间连续

如果函数 $y=f(x)$ 在开区间 (a,b) 内每点都连续，则称函数 $f(x)$ 在 (a,b) 内**连续**. (a,b) 为函数 $f(x)$ 的**连续区间**.

若函数 $f(x)$ 在闭区间 $[a,b]$ 上有定义，在开区间 (a,b) 内连续，且在点 a 右连续，在点 b 左连续，则称**函数 $f(x)$ 在闭区间 $[a,b]$ 上连续**，称 $[a,b]$ **为函数 $f(x)$ 的连续区间**.

12. **间断点及分类**

若函数 $f(x)$ 在点 x_0 处不连续，称**点 x_0 是函数 $f(x)$ 的间断点**.

间断点的分类如下

- **间断点** x_0
  - **第一类间断点** $f(x_0-0)$，$f(x_0+0)$ 均存在
    - **可去间断点** $f(x_0-0)=f(x_0+0)$
    - **跳跃间断点** $f(x_0-0)\neq f(x_0+0)$
  - **第二类间断点** $f(x_0-0)$，$f(x_0+0)$ 至少有一个不存在
    - **无穷间断点** $f(x_0-0)=\infty$ 或 $f(x_0+0)=\infty$
    - **振荡间断点** $\lim\limits_{x\to x_0}f(x_0)$ 不存在（$\neq\infty$）

13. **连续函数的运算**

①**四则运算**　设 $f(x)$ 与 $g(x)$ 在点 x_0（或区间 D 上）连续，则 $f(x)\pm g(x)$、$f(x)g(x)$、$\dfrac{f(x)}{g(x)}$（$g(x_0)\neq 0$ 或 $g(x)\neq 0, x\in D$）在点 x_0 处（或区间 D 上）也连续.

②**复合运算**　设 $\lim\limits_{x\to x_0}\varphi(x)=u_0$，函数 $y=f(u)$ 在点 u_0 连续，则复合函数 $y=f[\varphi(x)]$ 在点 u_0 连续，即有

$$\lim_{x\to x_0}f[\varphi(x)]=f(u_0)=f[\lim_{x\to x_0}\varphi(x)].$$

注　函数 $f(x)$ 在点 x_0 连续时，函数符号"f"和极限符号"lim"可以交换.

③**反函数运算**　设函数 $y=f(x)$ 在区间 $[a,b]$ 上单调、连续，且 $f(a)=\alpha$，$f(b)=\beta$，则其反函数 $y=f^{-1}(x)$ 在区间 $[\alpha,\beta]$ 或 $[\beta,\alpha]$ 上单调、连续.

14. **初等函数的连续性**

基本初等函数在其**定义域**上连续，初等函数在其**定义区间**内连续.

注　①定义区间是指包含在定义域内的区间，初等函数在整个定义域内未必有此结论.

②分段函数除了分段点之外的定义区间上都是初等函数，所以除分段点之外的所有点都连续，在分段点上的连续性需用定义来判别.

15. **闭区间上连续函数的性质**

(1) **最值定理**　闭区间的上连续函数一定有最大值和最小值.

注　定理的条件如果不满足，则最大值与最小值就不一定存在了.

（2）**有界性定理**　闭区间上的连续函数一定在该区间上有界.

（3）**介值定理**　设函数 $f(x)$ 在闭区间 $[a,b]$ 上连续，则对于 $f(a)$ 和 $f(b)$ 之间的任何一个数 C，在开区间 (a,b) 内至少有一点 ξ，使得 $f(\xi)=C$.

（4）**零点定理**　设函数 $f(x)$ 在闭区间 $[a,b]$ 上连续，且 $f(a)f(b)<0$，则在开区间 (a,b) 内至少有函数 $f(x)$ 的一个零点，即至少存在一点 $\xi\in(a,b)$，使得

$$f(\xi)=0.$$

二、典型方法与范例

1. 求数列的极限

例 1　证明：$\lim\limits_{n\to+\infty}q^n=0$，其中 $|q|<1$.

分析　用数学极限的定义证明，$\forall\varepsilon>0$，存在正整数 N，当 $n>N$ 时，有 $|u_n-A|<\varepsilon$，然后直接解不等式 $|u_n-A|<\varepsilon$，求出 n 与 ε 的关系，从而找出 N.

证明　$\forall\varepsilon>0$，若 $q=0$，则 $\lim\limits_{n\to+\infty}q^n=0$；若 $0<|q|<1$，要使 $|u_n-0|=|q^n|<\varepsilon$，只要 $n\ln|q|<\ln\varepsilon$，解得 $n>\dfrac{\ln\varepsilon}{\ln|q|}$，因此 $\forall\varepsilon>0$，取 $N=\left[\dfrac{\ln\varepsilon}{\ln|q|}\right]$，则当 $n>N$ 时，就有 $|q^n|<\varepsilon$，得证.

例 2 求极限 $\lim\limits_{n\to+\infty}\left(\dfrac{1}{2}+\dfrac{1}{6}+\cdots+\dfrac{1}{n^2-n}\right)$.

分析利用恒等变形（拆项、分解）使之在求和和求积的过程中抵消中间项，达到化简目的.

解

$$\begin{aligned}\lim_{n\to+\infty}\left(\frac{1}{2}+\frac{1}{6}+\cdots+\frac{1}{n^2-n}\right)&=\lim_{n\to+\infty}\left(1-\frac{1}{2}+\frac{1}{2}-\frac{1}{3}+\cdots+\frac{1}{n-1}-\frac{1}{n}\right)\\&=\lim_{n\to+\infty}\left(1-\frac{1}{n}\right)\\&=1.\end{aligned}$$

例 3　设 $a_n=\dfrac{2+\dfrac{1}{3}+\dfrac{1}{3^2}\cdots+\dfrac{1}{3^n}}{\dfrac{1}{5}+\dfrac{1}{5^2}\cdots+\dfrac{1}{5^n}}$，求极限 $\lim\limits_{n\to+\infty}a_n$.

分析　利用等比数列求和.

解　$a_n=\dfrac{2+\dfrac{1}{3}+\dfrac{1}{3^2}\cdots+\dfrac{1}{3^n}}{\dfrac{1}{5}+\dfrac{1}{5^2}\cdots+\dfrac{1}{5^n}}=\dfrac{2+\dfrac{1}{3}\times\dfrac{1-\dfrac{1}{3^n}}{1-\dfrac{1}{3}}}{\dfrac{1}{5}\times\dfrac{1-\dfrac{1}{5^n}}{1-\dfrac{1}{5}}}$，故

$$\lim_{n\to+\infty} a_n = \frac{\lim\limits_{n\to+\infty} 2+\frac{1}{3}\times\frac{1-\frac{1}{3^n}}{1-\frac{1}{3}}}{\lim\limits_{n\to+\infty}\frac{1}{5}\times\frac{1-\frac{1}{5^n}}{1-\frac{1}{5}}} = \frac{2+\frac{1}{2}}{\frac{1}{4}} = 10.$$

例 4 设 $u_n = \frac{1}{n^2+1}+\frac{2}{n^2+2}+\cdots+\frac{n}{n^2+n}$，求极限 $\lim\limits_{n\to+\infty} u_n$.

分析 对数列进行缩放，再结合夹逼定理.

解 $\frac{1}{n^2+n}+\frac{2}{n^2+n}+\cdots+\frac{n}{n^2+n}\leqslant\frac{1}{n^2+1}+\frac{2}{n^2+2}+\cdots+\frac{n}{n^2+n}\leqslant\frac{1}{n^2+1}+\frac{2}{n^2+1}+\cdots+\frac{n}{n^2+1}$

又

$$\frac{1}{n^2+n}+\frac{2}{n^2+n}+\cdots+\frac{n}{n^2+n}=\frac{n(1+n)}{2(n^2+n)}=\frac{1}{2},$$

$$\frac{1}{n^2+1}+\frac{2}{n^2+1}+\cdots+\frac{n}{n^2+1}=\frac{n^2+n}{2(n^2+1)},$$

$$\lim_{n\to+\infty}\left(\frac{1}{n^2+1}+\frac{2}{n^2+1}+\cdots+\frac{n}{n^2+1}\right)=\lim_{n\to+\infty}\frac{n^2+n}{2(n^2+1)}=\frac{1}{2},$$

由夹逼定理得

$$\lim_{n\to+\infty} u_n=\frac{1}{2}.$$

例 5 设 $a>0, a_1>0, a_{n+1}=\frac{1}{2}\left(a_n+\frac{a}{a_n}\right), n=1,2\cdots$，证明：$\lim\limits_{n\to+\infty} a_n$ 存在.

分析 先用单调有界数列存在极限，证明数列存在；然后再递推公式两边同时取极限，求解方程，得出极限值.

解 (1) $a_{n+1}=\frac{1}{2}\left(a_n+\frac{a}{a_n}\right)\geq\sqrt{a_n\cdot\frac{a}{a_n}}=\sqrt{a}>0\Rightarrow a_n\geq\sqrt{a}(n\geq2)$，即 $\{a_n\}$ 有下界.

又 $a_{n+1}-a_n=\frac{a-a^2{}_n}{2a_n}\leqslant0\Rightarrow a_{n+1}\leqslant a_n$，即 $\{a_n\}$ 单调递减，所以 $\lim\limits_{n\to+\infty} a_n$ 存在.

方法总结：求数列极限主要有以下几种思路

(1) 利用极限定义证明极限；

(2) 求 n 项和或积的极限：

①利用恒等变形（拆项、分解）使之在求和求积的过程中抵消中间项，达到化简目的；

②利用不等式缩放后化为易求和或求积的数列，再结合夹逼定理；

③对有些 n 项积的极限，在分子或分母同乘一个引子，或取对数将其化为 n 项和；

(3) 利用夹逼定理；

(4) 递推数列的极限：单调有界数列必有极限.

2. 求分式函数的极限

例6　求下列极限.

(1) $\lim\limits_{x\to -1}\dfrac{x^2+3x+2}{x^2-2x-3}$；　(2) $\lim\limits_{x\to 5}\dfrac{1-\sqrt{x-4}}{x-5}$；　(3) $\lim\limits_{x\to 1}\dfrac{\sqrt[3]{x}-1}{\sqrt{x}-1}$；　(4) $\lim\limits_{x\to\frac{\pi}{2}}\dfrac{\cos x}{x-\dfrac{\pi}{2}}$.

解　(1) **分析**　这是$\dfrac{0}{0}$型. 分子分母因式分解，消去零因式.

$$\lim_{x\to -1}\frac{x^2+3x+2}{x^2-2x-3}=\lim_{x\to -1}\frac{(x+1)(x+2)}{(x-3)(x+1)}=\lim_{x\to -1}\frac{x+2}{x-3}=-\frac{1}{4}.$$

(2) **分析**　这是$\dfrac{0}{0}$型. 分子分母有理化，消去零因式.

$$\lim_{x\to 5}\frac{1-\sqrt{x-4}}{x-5}=\lim_{x\to 5}\frac{(1-\sqrt{x-4})(1+\sqrt{x-4})}{(x-5)(1+\sqrt{x-4})}=\lim_{x\to 5}\frac{-1}{(1+\sqrt{x-4})}=-\frac{1}{2}.$$

(3) **分析**　先换元然后进行因式分解消去零因子.

令$\sqrt[6]{x}=t$，则$x\to 1$时，$t\to 1$. 于是

$$\lim_{x\to 1}\frac{\sqrt[3]{x}-1}{\sqrt{x}-1}=\lim_{t\to 1}\frac{t^2-1}{t^3-1}=\lim_{t\to 1}\frac{t+1}{t^2+t+1}=\frac{2}{3}.$$

(4) **分析**　这是$\dfrac{0}{0}$型. 先换元然后进行因式分解消去零因子.

令$t=x-\dfrac{\pi}{2}$，则$x\to\dfrac{\pi}{2}$时，$t\to 0$，于是

$$\lim_{x\to\frac{\pi}{2}}\frac{\cos x}{x-\dfrac{\pi}{2}}=\lim_{t\to 0}\frac{\cos\left(t+\dfrac{\pi}{2}\right)}{t}=\lim_{t\to 0}\frac{-\sin t}{t}=-1.$$

例7　求下列极限.

(1) $\lim\limits_{x\to 0}\dfrac{\tan 3x}{5x}$；　(2) $\lim\limits_{x\to 0}\dfrac{\sin^2 3x}{\ln^2(1+2x)}$；

(3) $\lim\limits_{x\to 0}\dfrac{(1+ax)^{\frac{1}{n}}-1}{x}$；　(4) $\lim\limits_{x\to 0}\dfrac{\sin x-\tan x}{(\sqrt[3]{1+x^2}-1)(\sqrt{1+\sin x}-1)}$；

(5) $\lim\limits_{x\to 0}\dfrac{2^x+3^x-2}{x}$；　(6) $\lim\limits_{x\to 0}\dfrac{e^{\alpha x}-e^{\beta x}}{\sin\alpha x-\sin\beta x}$；

(7) $\lim\limits_{x\to 0}\dfrac{\cos x\,(e^{\sin x}-1)^4}{\sin^2 x(1-\cos x)}$；　(8) $\lim\limits_{x\to+\infty}\dfrac{x^2+1}{x^3+x}(3+\cos x)$；

解　(1) **分析**　这是$\dfrac{0}{0}$型. $x\to 0$时，$\tan 3x\sim 3x$，利用等价无穷小替换.

$$\lim_{x\to 0}\frac{\tan 3x}{5x}=\lim_{x\to 0}\frac{3x}{5x}=\frac{3}{5}.$$

(2) **分析**　这是$\dfrac{0}{0}$型. $x\to 0$时，$\sin 3x\sim 3x$，$\ln(1+2x)\sim 2x$利用等价无穷小替换.

$$\lim_{x\to 0}\frac{\sin^2 3x}{\ln^2(1+2x)}=\lim_{x\to 0}\frac{(3x)^2}{(2x)^2}=\frac{9}{4}.$$

(3) **分析** 这是 $\frac{0}{0}$ 型. $x \to 0$ 时, $(1+ax)^{\frac{1}{n}}-1 \sim \frac{ax}{n}$, 利用等价无穷小替换.

$$\lim_{x\to 0}\frac{(1+ax)^{\frac{1}{n}}-1}{x}=\lim_{x\to 0}\frac{\frac{ax}{n}}{x}=\frac{a}{n}.$$

(4) **分析** 这是 $\frac{0}{0}$ 型. $x \to 0$ 时, 利用等价无穷小替换. $(1+x^2)^{\frac{1}{3}}-1 \sim \frac{x^2}{3}$, $(1+\sin x)^{\frac{1}{2}}-1 \sim \frac{\sin x}{2}$, $1-\cos x \sim \frac{x^2}{2}$

$$\lim_{x\to 0}\frac{\sin x-\tan x}{(\sqrt[3]{1+x^2}-1)(\sqrt{1+\sin x}-1)}=\lim_{x\to 0}\frac{\sin x-\tan x}{\frac{1}{3}x^2\cdot\frac{1}{2}\sin x}=\lim_{x\to 0}\frac{\sin x\left(1-\frac{1}{\cos x}\right)}{\frac{1}{3}x^2\cdot\frac{1}{2}\sin x}$$

$$=\lim_{x\to 0}\frac{-\frac{x^2}{2}}{\frac{1}{6}x^2}=-3.$$

(5) **分析** 这是 $\frac{0}{0}$ 型. $x \to 0$ 时, $a^x-1 \sim x\ln a$, , 利用等价无穷小替换.

$$\lim_{x\to 0}\frac{2^x+3^x-2}{x}=\lim_{x\to 0}\frac{2^x-1}{x}+\lim_{x\to 0}\frac{3^x-1}{x}=\lim_{x\to 0}\frac{x\ln 2}{x}+\lim_{x\to 0}\frac{x\ln 3}{x}=\ln 6.$$

(6)

$$\lim_{x\to 0}\frac{e^{\alpha x}-e^{\beta x}}{\sin\alpha x-\sin\beta x}=\lim_{x\to 0}\frac{(e^{\alpha x}-1)-(e^{\beta x}-1)}{\sin\alpha x-\sin\beta x}=\lim_{x\to 0}\frac{\frac{(e^{\alpha x}-1)}{x}-\frac{(e^{\beta x}-1)}{x}}{\frac{\sin\alpha x}{x}-\frac{\sin\beta x}{x}}=\frac{\alpha-\beta}{\alpha-\beta}=1.$$

(7) **分析** 这是 $\frac{0}{0}$ 型. $x \to 0$ 时, $e^x-1 \sim x$, $1-\cos x \sim \frac{x^2}{2}$, 利用等价无穷小替换.

$$\lim_{x\to 0}\frac{\cos x\,(e^{\sin x}-1)^4}{\sin^2 x(1-\cos x)}=\lim_{x\to 0}\frac{\cos x\sin^4 x}{\frac{x^4}{2}}=2.$$

(8) **分析** 这是 $\frac{0}{0}$ 型. $\lim\limits_{x\to+\infty}\frac{x^2+1}{x^3+x}=0$. $|3+\cos x|\leqslant 4$ 利用无穷小量的性质：无穷小量与有界变量的积仍是无穷小量.

$$\lim_{x\to+\infty}\frac{x^2+1}{x^3+x}(3+\cos x)=0.$$

方法总结：求“$\frac{0}{0}$”型未定式极限要有以下几种思路

(1) 消去零因式：a. 因式分解；b. 有理化；c. 换元；

(2) 利用等价无穷小量替换；

(3) 利用无穷小量的性质，比如有限个无穷小量的和或积仍是无穷小量；无穷小量与有界变量的积仍是无穷小量；无穷大量的倒数为无穷小量等.

例 8　求下列极限.

(1) $\lim\limits_{x\to\infty}\dfrac{x^7(1-2x)^8}{(3x+2)^{15}}$；　　(2) $\lim\limits_{x\to+\infty}\dfrac{\ln(1+\sqrt{x}+\sqrt[3]{x})}{\ln(1+\sqrt[3]{x}+\sqrt[4]{x})}$；

解　(1) $\lim\limits_{x\to\infty}\dfrac{x^7(1-2x)^8}{(3x+2)^{15}}=\lim\limits_{x\to\infty}\dfrac{\left(\dfrac{1}{x}-2\right)^8}{\left(3+\dfrac{2}{x}\right)^{15}}=\dfrac{2^8}{3^{15}}$；

(2) **分析**　这是 $\dfrac{\infty}{\infty}$ 型. 利用“抓大头”方法，关键是找到“$\to\infty$”速度最快也就是最高阶的无穷大.

$$\lim_{x\to+\infty}\frac{\ln(1+\sqrt{x}+\sqrt[3]{x})}{\ln(1+\sqrt[3]{x}+\sqrt[4]{x})}=\lim_{x\to0}\frac{\ln\left(\dfrac{1+\sqrt{x}+\sqrt[3]{x}}{\sqrt{x}}\right)+\dfrac{1}{2}\ln x}{\ln\left(\dfrac{1+\sqrt[3]{x}+\sqrt[4]{x}}{\sqrt[3]{x}}\right)+\dfrac{1}{3}\ln x}=\frac{\dfrac{1}{2}}{\dfrac{1}{3}}=\frac{3}{2}；$$

方法总结：求“$\dfrac{\infty}{\infty}$”型未定式极限主要应用“抓大头”的方法，分子分母同除以最高阶的无穷大量，将无穷大量都转化为无穷小量，即极限为零，再进行计算.

设 $P_n(x)$ 和 $Q_m(x)$ 是两个多项式函数

$$P_n(x)=a_0x^n+a_1x^{n-1}+\cdots+a_{n-1}x+a_n,$$
$$Q_m(x)=b_0x^m+b_1x^{m-1}+\cdots+b_{m-1}x+b_m,$$

则有如下结论：

$$\lim_{x\to\infty}\frac{P_n(x)}{Q_n(x)}=\begin{cases}\dfrac{a_0}{b_0}, & n=m,\\ 0, & n<m,\\ \infty, & n>m.\end{cases}$$

3. **其他形式的未定式**

例 9　求下列极限.

(1) $\lim\limits_{n\to\infty}n[\ln(n+2)-\ln n]$；　　(2) $\lim\limits_{x\to+\infty}\ln(1+2^x)\ln\left(1+\dfrac{1}{x}\right)$；

(3) $\lim\limits_{x\to+\infty}\dfrac{3x^2+5}{5x+3}\sin\dfrac{2}{x}$；　　(4) $\lim\limits_{x\to+\infty}x(a^{\frac{1}{x}}-b^{\frac{1}{x}})$；

(5) $\lim\limits_{x\to-1}\left(\dfrac{1}{x+1}+\dfrac{2}{x^2-1}\right)$.

解　(1) **方法一 分析**　这是 $\infty\cdot0$ 型未定式. 方法一先把其中一个因子转化成分母，原式就整理成 $\dfrac{\infty}{\infty}$ 型或者 $\dfrac{0}{0}$ 型，然后再用等价无穷小替换.

$$\lim_{n\to\infty}n[\ln(n+2)-\ln n]=\lim_{n\to\infty}n\ln\left(1+\frac{2}{n}\right)=\lim_{n\to\infty}\frac{\ln\left(1+\dfrac{2}{n}\right)}{\dfrac{1}{n}}=\lim_{n\to\infty}\frac{\dfrac{2}{n}}{\dfrac{1}{n}}=2.$$

方法二 分析 转化成第二个重要极限 $\lim\limits_{x\to 0}(1+x)^{\frac{1}{x}}=e$.

$$\lim_{n\to\infty} n[\ln(n+2)-\ln n]=\lim_{n\to\infty}\ln\left(1+\frac{2}{n}\right)^n=\lim_{n\to\infty}\ln\left[\left(1+\frac{2}{n}\right)^{\frac{n}{2}}\right]^2=\ln e^2=2.$$

(2)
$$\begin{aligned}\lim_{x\to+\infty}\ln(1+2^x)\ln\left(1+\frac{1}{x}\right)&=\lim_{x\to+\infty}\ln\left[2^x\left(1+\frac{1}{2^x}\right)\right]\ln\left(1+\frac{1}{x}\right)\\&=\lim_{x\to+\infty}\left[\ln 2^x+\ln\left(1+\frac{1}{2^x}\right)\right]\ln\left(1+\frac{1}{x}\right)\\&=\lim_{x\to+\infty}\left[x\ln 2+\ln\left(1+\frac{1}{2^x}\right)\right]\frac{1}{x}\\&=\lim_{x\to+\infty}\ln 2+\lim_{x\to+\infty}\frac{\ln\left(1+\frac{1}{2^x}\right)}{x}\\&=\ln 2.\end{aligned}$$

(3) $$\lim_{x\to+\infty}\frac{3x^2+5}{5x+3}\sin\frac{2}{x}=\lim_{x\to+\infty}\frac{3x^2+5}{5x^2+3}\frac{\sin\frac{2}{x}}{\frac{2}{x}}\cdot 2=\frac{6}{5}.$$

(4) **分析** 这是 $\infty\cdot 0$ 型未定式. 变量替换，然后利用等价无穷小替换.

令 $t=\dfrac{1}{x}$，则

$$\lim_{x\to+\infty}x\left(a^{\frac{1}{x}}-b^{\frac{1}{x}}\right)=\lim_{t\to 0^+}\frac{a^t-b^t}{t}=\lim_{t\to 0^+}\frac{a^t-1-(b^t-1)}{t}=\lim_{t\to 0^+}\frac{a^t-1}{t}-\lim_{t\to 0^+}\frac{b^t-1}{t}=\ln\frac{a}{b}.$$

(5) **分析** 这是 $\infty-\infty$ 型未定式. 通分转化为成 $\dfrac{\infty}{\infty}$ 型或者 $\dfrac{0}{0}$ 型，然后再用相应方法来计算极限.

$$\lim_{x\to-1}\left(\frac{1}{x+1}+\frac{2}{x^2-1}\right)=\lim_{x\to-1}\left(\frac{x-1+2}{x^2-1}\right)=\lim_{x\to-1}\frac{1}{x-1}=-\frac{1}{2}.$$

方法总结：对于 $\infty-\infty$ 型未定式，如果函数中有分母，则通分，将加减法变形为乘除法，转化为成 $\dfrac{\infty}{\infty}$ 型或者 $\dfrac{0}{0}$ 型；如果函数中没有分母，则可以通过提取公因式或者倒代换，出现分母，再通分等恒等变形的方法，将加减法转化为乘除法.

***例 10** 求下列极限.

(1) $\lim\limits_{x\to 1}(1+2\ln x)^{\frac{1}{\ln x}}$； (2) $\lim\limits_{x\to 3}\left(\dfrac{x}{3}\right)^{\frac{1}{x-3}}$；

(3) $\lim\limits_{x\to 0}\dfrac{\ln(1+2x)}{\sin 3x}$； (4) $\lim\limits_{n\to+\infty}\ln\left[\dfrac{n-2na+1}{n(1-2a)}\right]^n$；

解 (1) **分析** 这是 1^∞ 型未定式. 转化为第二个重要极限来计算.

$$\lim_{x\to 1}(1+2\ln x)^{\frac{1}{\ln x}}=\lim_{x\to 1}[(1+2\ln x)^{\frac{1}{2\ln x}}]^2=e^2.$$

(2) $$\lim_{x\to 3}\left(\frac{x}{3}\right)^{\frac{1}{x-3}}=\lim_{x\to 3}\left[1+\left(\frac{x}{3}-1\right)\right]^{\frac{3}{x-3}\cdot\frac{1}{3}}=e^{\frac{1}{3}}.$$

(3) $\lim\limits_{x\to0}\dfrac{\ln(1+2x)}{\sin3x}=\lim\limits_{x\to0}\ln(1+2x)^{\frac{1}{\sin3x}}=\lim\limits_{x\to0}\ln(1+2x)^{\frac{1}{2x}\cdot\frac{2x}{\sin3x}}=\lim\limits_{x\to0}\ln(1+2x)^{\frac{1}{2x}\cdot\frac{2x}{3x}}=\dfrac{2}{3}$.

（4）**方法一　分析**　这是 1^{∞} 型未定式．转化为第二个重要极限来计算，也可以利用等价无穷小替换．凑成第二个重要极限

$$\begin{aligned}\lim_{n\to+\infty}\ln\left[\frac{n-2na+1}{n(1-2a)}\right]^{n}&=\lim_{n\to+\infty}\ln\left[1+\frac{1}{n(1-2a)}\right]^{n}\\&=\ln\left\{\lim_{n\to+\infty}\left[1+\frac{1}{n(1-2a)}\right]^{n}\right\}\\&=\ln\left\{\lim_{n\to+\infty}\left[1+\frac{1}{n(1-2a)}\right]^{n(1-2a)\frac{1}{1-2a}}\right\}\\&=\ln e^{\frac{1}{1-2a}}=\frac{1}{1-2a}.\end{aligned}$$

方法二　利用等价无穷小替换．因为 $n\to\infty$ 时，$\ln\left[1+\dfrac{1}{n(1-2a)}\right]\sim\dfrac{1}{n(1-2a)}$，所以

$$\lim_{n\to+\infty}\ln\left[\frac{n-2na+1}{n(1-2a)}\right]^{n}=\lim_{n\to+\infty}n\ln\left[1+\frac{1}{n(1-2a)}\right]=\lim_{n\to+\infty}n\frac{1}{n(1-2a)}=\frac{1}{1-2a}.$$

例 11　已知 $\lim\limits_{x\to\infty}\left(\dfrac{x+c}{x-c}\right)^{\frac{x}{2}}=3$，求 c．

分析　这是 1^{∞} 型未定式．转化为第二个重要极限来计算．

解　$\lim\limits_{x\to\infty}\left(\dfrac{x+c}{x-c}\right)^{\frac{x}{2}}=\lim\limits_{x\to\infty}\left(\dfrac{1+\frac{c}{x}}{1-\frac{c}{x}}\right)^{\frac{x}{2}}=\dfrac{\lim\limits_{x\to\infty}\left(1+\frac{c}{x}\right)^{\frac{x}{2}}}{\lim\limits_{x\to+\infty}\left(1-\frac{c}{x}\right)^{\frac{x}{2}}}=\dfrac{e^{\frac{c}{2}}}{e^{-\frac{c}{2}}}=e^{c}=3$，解得 $c=\ln3$．

方法总结：1^{∞} 型未定式．可以转化为第二个重要极限来计算，也可以利用等价无穷小替换．

4．**用单侧极限准则求极限**

例 12　设 $f(x)=\begin{cases}\dfrac{x}{1-\sqrt{1-x}}, & x<0,\\ \dfrac{\ln(1+2x)}{x}, & x>0,\end{cases}$ 求 $\lim\limits_{x\to0}f(x)$．

分析　求分段函数在分段点处的极限，只能用单侧极限．

解　$x=0$ 是函数的分段点，所以

$$f(0-0)=\lim_{x\to0^-}f(x)=\lim_{x\to0^-}\frac{x}{1-\sqrt{1-x}}=2;$$

$$f(0+0)=\lim_{x\to0^+}f(x)=\lim_{x\to0^+}\frac{\ln(1+2x)}{x}=2;$$

由 $f(0-0)=f(0+0)$，知 $\lim\limits_{x\to0}f(x)=2$．

＊**例 13**　求下列极限．

(1) $\lim\limits_{x\to0}\dfrac{e^{\frac{1}{x}}+1}{e^{\frac{1}{x}}-1}\arctan\dfrac{1}{x}$；　　(2) $\lim\limits_{x\to0}\left[\dfrac{2+e^{\frac{1}{x}}}{1+e^{\frac{4}{x}}}+\dfrac{\sin x}{|x|}\right]$．

分析 因为 $\lim\limits_{x\to0^-}e^{\frac{1}{x}}=0,\lim\limits_{x\to0^+}e^{\frac{1}{x}}=+\infty,\lim\limits_{x\to0^-}\arctan\frac{1}{x}=-\frac{\pi}{2},\lim\limits_{x\to0^+}\arctan\frac{1}{x}=\frac{\pi}{2}$，所以要用单侧极限来计算.

解 （1）$f(0-0)=\lim\limits_{x\to0^-}\frac{e^{\frac{1}{x}}+1}{e^{\frac{1}{x}}-1}\arctan\frac{1}{x}=\frac{0+1}{0-1}\left(-\frac{\pi}{2}\right)=\frac{\pi}{2}$.

$$f(0+0)=\lim_{x\to0^+}\frac{e^{\frac{1}{x}}+1}{e^{\frac{1}{x}}-1}\arctan\frac{1}{x}=\lim_{x\to0^+}\frac{1+e^{-\frac{1}{x}}}{1-e^{-\frac{1}{x}}}\arctan\frac{1}{x}=\frac{1+0}{1-0}\frac{\pi}{2}=\frac{\pi}{2};$$

由 $f(0-0)=f(0+0)$，所以，原式 $=\frac{\pi}{2}$.

分析 因为 $\lim\limits_{x\to0^-}e^{\frac{1}{x}}=0,\lim\limits_{x\to0^+}e^{\frac{1}{x}}=+\infty$，，所以要用单侧极限来计算.

（2）

$$\lim_{x\to0^-}\left[\frac{2+e^{\frac{1}{x}}}{1+e^{\frac{4}{x}}}-\frac{\sin x}{x}\right]=\frac{2+0}{1+0}-1=1;$$

$$\lim_{x\to0^+}\left[\frac{2+e^{\frac{1}{x}}}{1+e^{\frac{4}{x}}}-\frac{\sin x}{x}\right]=\lim_{x\to0^+}\left[\frac{2e^{-\frac{4}{x}}+e^{-\frac{3}{x}}}{e^{-\frac{4}{x}}+e}-\frac{\sin x}{x}\right]=0+1=1.$$

所以

$$\lim_{x\to0}\left[\frac{2+e^{\frac{1}{x}}}{1+e^{\frac{4}{x}}}+\frac{\sin x}{|x|}\right]=1.$$

5. 极限式中常数的确定

例 14 若 $\lim\limits_{x\to2}\frac{x^2+ax+b}{x^2-3x+2}=8$，求 a,b 的值.

分析 约去零因子法. 因为分子的极限为0，而分式的极限为一个非零常数，所以分子的极限必为0.

解 因为 $\lim\limits_{x\to2}(x^2-3x+2)=\lim\limits_{x\to2}(x-2)(x-1)=0$，所以一定有 $\lim\limits_{x\to2}(x^3+ax^2+b)=0$，且 x^3+ax^2+b 一定含有 $x-2$，故

$$\lim_{x\to2}\frac{x^2+ax+b}{x^2-3x+2}=\lim_{x\to2}\frac{(x-2)(x+k)}{(x-2)(x-1)}=\lim_{x\to2}\frac{x+k}{x-1}=2+k=8,$$

因此 $k=6$，所以 $\lim\limits_{x\to2}(x^3+ax^2+b)=\lim\limits_{x\to2}(x+6)(x-2)$，解得 $a=4,b=-12$.

例 15 若 $\lim\limits_{x\to\infty}\left(\frac{x^2}{1+x}-ax+b\right)=1$，求 a,b 的值.

分析 通分后，得到 $\frac{\infty}{\infty}$ 型，然后进行待定系数比较，得出结果.

解 $\lim\limits_{x\to\infty}\left(\frac{x^2}{1+x}-ax+b\right)=\lim\limits_{x\to\infty}\frac{(1-a)x^2+(b-a)x+b}{1+x}=1$，因为分母为无穷大量，所以分子必为无穷大量，而且 x^2 的系数必为1，解得 $a=1$，极限为1，故 $b-a=1$，解得 $b=2$.

例 16 若 $\lim\limits_{x\to0}\left[\frac{1}{x}-\left(\frac{1}{x}-a\right)e^x\right]=1$，求 a 的值.

解 因为 $\lim\limits_{x\to0}\left[\dfrac{1-e^x}{x}+ae^x\right]=\lim\limits_{x\to0}\dfrac{1-e^x}{x}+\lim\limits_{x\to0}ae^x=-1+a\lim\limits_{x\to0}e^x=a-1=1$，解得 $a=2$.

例 17 若 $\lim\limits_{x\to0}\dfrac{\sin x}{e^x-a}(\cos x-b)=5$，求 a,b 的值.

解 由题设知 $\lim\limits_{x\to0}e^x-a=0$，则 $a=1$，所以

$$\lim_{x\to0}\frac{\sin x}{e^x-a}(\cos x-b)=\lim_{x\to0}\frac{\sin x}{e^x-1}(\cos x-b)=1-b=5,$$

解得 $b=-4$.

6. **函数连续性的讨论**

例 18 设 $f(x)=\begin{cases}x^2+1, & |x|\leqslant c,\\ \dfrac{2}{|x|}, & |x|>c.\end{cases}$，在 $(-\infty,+\infty)$ 上连续. 求 c.

分析 函数必定在分段点 c 处连续，分段函数在分段点处连续，必定有左右极限存在且相等，根据这个定理列出关于 c 的等式，从而求解.

解 $\lim\limits_{x\to c^+}f(x)=\dfrac{2}{c}=\lim\limits_{x\to c^-}f(x)=c^2+1$，解得 $c=1$.

例 19 设 $f(x)=\begin{cases}\dfrac{2^{\frac{1}{x}}-1}{2^{\frac{1}{x}}+1}, & x\neq0,\\ 1, & x=0.\end{cases}$，讨论函数在 $x=0$ 处的连续性.

分析 虽然函数在 $x=0$ 处左右两侧的表达式相同，但是 $\lim\limits_{x\to0^-}2^{\frac{1}{x}}=0,\lim\limits_{x\to0^+}2^{\frac{1}{x}}=+\infty$，因此先计算函数在 $x=0$ 处的左右极限.

解 $\lim\limits_{x\to0^-}f(x)=\lim\limits_{x\to0^-}\dfrac{2^{\frac{1}{x}}-1}{2^{\frac{1}{x}}+1}=-1$，$\lim\limits_{x\to0^+}\dfrac{2^{\frac{1}{x}}-1}{2^{\frac{1}{x}}+1}=\lim\limits_{x\to0^+}\dfrac{1-2^{-\frac{1}{x}}}{1+2^{-\frac{1}{x}}}=1$. 因为 $\lim\limits_{x\to0^-}f(x)\neq\lim\limits_{x\to0^+}f(x)$，故此函数在点 $x=0$ 处的极限不存在，因此函数在 $x=0$ 处不联系.

7. **函数间断点的讨论**

例 20 求下列函数的间断点，并指出其类型.

(1) $f(x)=\dfrac{e^x}{x(x-1)}$；(2) $f(x)=\dfrac{\ln(1-x^2)}{x(1-3x)}$；

(3) $f(x)=\begin{cases}\dfrac{1-x^2}{1+x}, & x<-1,\\ x+3, & -1\leqslant x<1,\\ \arctan x, & 1\leqslant x,\end{cases}$

解 (1) **分析** 先确定函数定义域，无定义点则为间断点.

$f(x)=\dfrac{e^x}{x(x-1)}$；无定义点为 $x=0,1$.

$\lim\limits_{x\to0}f(x)=\lim\limits_{x\to0}\dfrac{e^x}{x(x-1)}=\infty$，故 $x=0$ 是函数 $f(x)$ 的无穷间断点；

$\lim\limits_{x\to1}f(x)=\lim\limits_{x\to1}\dfrac{e^x}{x(x-1)}=\infty$，故 $x=1$ 是函数 $f(x)$ 的无穷间断点.

（2）**分析** 先确定函数定义域，无定义点则为间断点

由 $\ln(1-x^2)$ 定义域知 $|x|<1$，又由 $x(1-3x)=0$，得 $x_1=0, x_2=\frac{1}{3}$，而函数 $f(x)$ 在 $(-1,0),\left(0,\frac{1}{3}\right),\left(\frac{1}{3},1\right)$ 内是初等函数，所以在以上区间上 $f(x)$ 连续，故函数 $f(x)$ 的可能间断点是 $x=0,\frac{1}{3}$.

$\lim\limits_{x\to0}f(x)=\lim\limits_{x\to0}\frac{\ln(1-x^2)}{x(1-3x)}=\lim\limits_{x\to0}\frac{-x^2}{x(1-3x)}=0$，故 $x=0$ 是函数 $f(x)$ 的可去间断点；

$\lim\limits_{x\to\frac{1}{3}}f(x)=\lim\limits_{x\to\frac{1}{3}}\frac{\ln(1-x^2)}{x(1-3x)}=\infty$，故 $x=\frac{1}{3}$ 是函数 $f(x)$ 的无穷间断点.

（3）分段函数在定义区间内都是初等函数，所以在定义区间上连续. 只有分段点是可能的间断点.

因为

$$\lim_{x\to-1^-}f(x)=\lim_{x\to-1^-}\frac{1-x^2}{1+x}=2,$$
$$\lim_{x\to-1^+}f(x)=\lim_{x\to-1^+}(x+3)=2,$$

所以 $x=-1$ 不是间断点.

因为

$$\lim_{x\to1^-}f(x)=\lim_{x\to1^-}(x+3)=4,$$
$$\lim_{x\to1^+}f(x)=\lim_{x\to1^+}\arctan x=\frac{\pi}{4}$$

所以 $x=1$ 是跳跃间断点.

方法总结：确定函数间断点及其类型的步骤：

Ⅰ确定函数的定义域，如果在点 $x=x_0$ 处函数无定义，则 $x=x_0$ 为函数的一个间断点；如果在点 $x=x_0$ 处函数有定义，再按下一步进行检验；

Ⅱ如果 $x=x_0$ 是初等函数定义区间内的点，则 $x=x_0$ 为函数连续点；否则检查极限 $\lim\limits_{x\to x_0}f(x)$ 是否存在，如果 $\lim\limits_{x\to x_0}f(x)$ 不存在，则 $x=x_0$ 是函数的间断点，如果 $\lim\limits_{x\to x_0}f(x)$ 存在，再按下一步进行检验；

Ⅲ如果 $\lim\limits_{x\to x_0}f(x)=f(x_0)$，则 $x=x_0$ 为函数的连续点，否则为间断点.

8. 用连续函数的性质讨论方程的根

例 21 试证方程 $x=a\sin x+b(a>0,b>0)$，至少有一个正根，且不超过 $a+b$.

证明 设函数 $F(x)=x-a\sin x-b$. $F(x)$ 是初等函数，在闭区间 $[0,a+b]$ 上连续，由于 $F(0)=-b<0, F(a+b)=a[1-\sin(a+b)]\geq0(a>0,\sin(a+b)\leq1)$.

若 $F(a+b)>0$，则由零值定理知，至少存在一点 $\xi\in(0,a+b)$，使 $F(\xi)=0$，得证.

若 $F(a+b)=0$，则 $a+b$ 为方程 $F(x)=0$ 的根，得证.

方法总结：（1）证明方程 $F(x)=0$ 根的存在性用连续函数的零值定理；证明方程 $F(x)=0$ 根的唯一性有两个思路

①先证明方程 $F(x)=0$ 在开区间内存在根，再验证 $F(x)$ 在闭区间上单调；

②用反证法 设方程 $F(x)=0$ 有两个以上实根，而导出矛盾.

(2) 证明函数 $f(x)$ 在点 $x=\xi$ 处函数值等于某一确定的常数 C，即 $f(\xi)=C$，思路有两个

①用零值定理. 将 $f(\xi)=C$ 写成 $f(\xi)-C=0$，作辅助函数 $F(\xi)=f(\xi)-C$，转化为证明方程 $F(x)=0$ 有根；

②用介值定理. 若函数 $f(x)$ 在闭区间 $[a,b]$ 上连续，则存在最大值和最小值，只要能证明 c 介于最大值和最小值之间，有连续函数的介值定理便得欲证结论.

三、教材习题详解

习题二

(A)

1. 判别下列数列的敛散性；若收敛，求其极限值.

(1) $u_n=\dfrac{1}{e^n}$； (2) $u_n=\dfrac{n-1}{n+1}$；

(3) $u_n=2+\dfrac{1}{n^2}$； (4) $u_n=\dfrac{1}{n}\cos n\pi$；

(5) $u_n=\dfrac{n^2-1}{2n}$； (6) $u_n=a^n$；

(7) $u_n=(-1)^n n$； (8) $u_n=(-1)^n\dfrac{1}{n}$.

解 (1) 因为数列 $\left\{\dfrac{1}{e^n}\right\}$ 无限趋近于零 0，与 0 之间的距离可以达到任意小，所以此数列收敛于 0.

(2) 因为数列 $\left\{\dfrac{n-1}{n+1}\right\}$ 无限趋近于零 1，与 1 之间的距离可以达到任意小，所以此数列收敛于 1.

(3) 因为数列 $\left\{2+\dfrac{1}{\mathrm{n}^2}\right\}$ 无限趋近于零 2，与 2 之间的距离可以达到任意小，所以此数列收敛于 2.

(4) 因为数列 $\left\{\dfrac{1}{n}\cos n\pi\right\}$ 无限趋近于零 0，与 0 之间的距离可以达到任意小，所以此数列收敛于 0.

(5) 因为数列 $\left\{\dfrac{n^2-1}{2n}\right\}$ 无限增大，不能无限趋近于一个确定的常数，所以数列发散.

(6) 当 $a>1$ 时，因为数列 $\{a^n\}$ 无限增大，不能无限趋近于一个确定的常数，所以数列发散；当 $0<a<1$ 时，因为数列 $\{a^n\}$ 无限趋近于零 0，与 0 之间的距离可以达到任意小，所以此数列收敛于 0；当 $a=1$ 时，数列为常值数列，此时数列收敛于 1.

(7) 因为数列 $(-1)^n n$ 在 1 和 -1 之间不停震荡不能无限趋近于一个确定的常数，所以数列发散.

(8) 因为数列 $\left\{(-1)^n\dfrac{1}{n}\right\}$ 无限趋近于零 0，与 0 之间的距离可以达到任意小，所以此数

列收敛于0.

2. 利用数列极限的分析定义证明下列极限.

(1) $\lim\limits_{n\to+\infty}\frac{1}{\sqrt{n+1}}=0$； (2) $\lim\limits_{n\to\infty}\frac{3n+1}{4n}=\frac{3}{4}$；

(3) $\lim\limits_{n\to\infty}\frac{(-1)^n}{(n+1)^2}=0$； (4) $\lim\limits_{n\to+\infty}\frac{n+(-1)^{n-1}}{n}=1$.

证明(1) $\forall\varepsilon>0$, 要使

$$\left|\frac{1}{\sqrt{n+1}}\right|=\frac{1}{\sqrt{n+1}}<\varepsilon,$$

只要 $\sqrt{n+1}>\frac{1}{\varepsilon}$，即 $n>\frac{1}{\varepsilon^2}-1$，取 $N=\left[\frac{1}{\varepsilon^2}-1\right]$，当 $|n|>N$ 时，总有 $\left|\frac{1}{\sqrt{n+1}}\right|<\varepsilon$，根据数列极限，所以

$$\lim_{n\to+\infty}\frac{1}{\sqrt{n+1}}=0.$$

(2) $\forall\varepsilon>0$, 要使

$$\left|\frac{3n+1}{4n}-\frac{3}{4}\right|=\frac{1}{4n}<\varepsilon,$$

只要 $n>\frac{1}{4\varepsilon}$，取 $N=\left[\frac{1}{4\varepsilon}\right]+1$，当 $|n|>N$时，总有 $\left|\frac{3n+1}{4n}-\frac{3}{4}\right|<\varepsilon$，根据数列极限，所以

$$\lim_{n\to\infty}\frac{3n+1}{4n}=\frac{3}{4}.$$

(3) $\forall\varepsilon>0$, 要使

$$|u_n-0|=\left|\frac{(-1)^n}{(n+1)^2}\right|=\frac{1}{(n+1)^2}<\frac{1}{n^2}<\varepsilon,$$

只要 $n>\frac{1}{\varepsilon}$，取 $N=\left[\frac{1}{\varepsilon}\right]+1$，当 $|n|>N$时，总有 $\left|\frac{(-1)^n}{(n+1)^2}-0\right|<\varepsilon$，根据数列极限，所以

$$\lim_{n\to\infty}\frac{(-1)^n}{(n+1)^2}=0.$$

(4) $\forall\varepsilon>0$, 要使

$$\left|\frac{n+(-1)^{n-1}}{n}-1\right|<\varepsilon,$$

只要 $\left|\frac{(-1)^{n-1}}{n}\right|<\varepsilon$，$\left|\frac{(-1)^{n-1}}{n}\right|=\left|\frac{1}{n}\right|$ 即 $n>\frac{1}{\varepsilon}$，取 $N=[\varepsilon]$，当 $|n|>N$时，总有 $\left|\frac{n+(-1)^{n-1}}{n}-1\right|<\varepsilon$，根据数列极限，所以

$$\lim_{n\to+\infty}\frac{n+(-1)^{n-1}}{n}=1.$$

3. 求下列数列的极限.

(1) $\lim\limits_{n\to\infty}(\sqrt{n-1}-\sqrt{n})$；　　(2) $\lim\limits_{n\to\infty}\dfrac{\sqrt{9n^2+n}}{2n+5}$；

(3) $\lim\limits_{n\to\infty}\sqrt{n}(\sqrt{n^2-1}-\sqrt{n^2+2})$；　　(4) $\lim\limits_{n\to+\infty}\dfrac{n\arctan n}{\sqrt{n^2+n}}$；

(5) $\lim\limits_{n\to\infty}\left(1+\dfrac{1}{3}+\dfrac{1}{3^2}+\cdots+\dfrac{1}{3^n}\right)$；　　(6) $\lim\limits_{n\to\infty}(1+2^n+3^n+4^n)^{\frac{1}{n}}$；

(7) $\lim\limits_{n\to\infty}\left(\dfrac{1}{1\cdot 3}+\dfrac{1}{3\cdot 5}+\ldots+\dfrac{1}{(2n-1)(2n+1)}\right)$.

解 (1) $\lim\limits_{n\to\infty}(\sqrt{n-1}-\sqrt{n})=\lim\limits_{n\to\infty}\dfrac{-1}{\sqrt{n}+\sqrt{n-1}}=0$

(2) $\lim\limits_{n\to\infty}\dfrac{\sqrt{9n^2+n}}{2n+5}=\lim\limits_{n\to\infty}\dfrac{\sqrt{9+\dfrac{1}{n}}}{2+\dfrac{5}{n}}=\dfrac{3}{2}$.

(3)
$$\begin{aligned}\lim_{n\to\infty}\sqrt{n}(\sqrt{n^2-1}-\sqrt{n^2+2})&=\lim_{n\to\infty}\frac{\sqrt{n}(n^2-1-n^2-2)}{\sqrt{n^2-1}+\sqrt{n^2+2}}\\&=\lim_{n\to\infty}\frac{-3\sqrt{n}}{\sqrt{n^2-1}+\sqrt{n^2+2}}\\&=\lim_{n\to\infty}\frac{-3\sqrt{\dfrac{1}{n}}}{\sqrt{1-\dfrac{1}{n^2}}+\sqrt{1+\dfrac{2}{n^2}}}=0.\end{aligned}$$

(4) $\lim\limits_{n\to+\infty}\dfrac{n\arctan n}{\sqrt{n^2+n}}=\lim\limits_{n\to+\infty}\dfrac{\arctan n}{\sqrt{1+\dfrac{1}{n}}}=\dfrac{\pi}{2}$.

(5) $\lim\limits_{n\to\infty}\left(1+\dfrac{1}{3}+\dfrac{1}{3^2}+\cdots+\dfrac{1}{3^n}\right)=\lim\limits_{n\to\infty}\dfrac{1-(\frac{1}{3})^n}{1-\dfrac{1}{3}}=\dfrac{3}{2}$.

(6) $\lim\limits_{n\to\infty}(1+2^n+3^n+4^n)^{\frac{1}{n}}$

方法一 因为$(4^n\cdot 4)^{\frac{1}{n}}>(1+2^n+3^n+4^n)^{\frac{1}{n}}>(4^n)^{\frac{1}{n}}$，而$\lim\limits_{n\to\infty}(4^n)^{\frac{1}{n}}=4$，且

$$\lim_{n\to\infty}(4^n\cdot 4)^{\frac{1}{n}}=\lim_{n\to\infty}4^{\frac{n+1}{n}}=4;$$

所以

$$\lim_{n\to\infty}(1+2^n+3^n+4^n)^{\frac{1}{n}}=4;$$

方法二 $\lim\limits_{n\to\infty}(1+2^n+3^n+4^n)^{\frac{1}{n}}=\lim\limits_{n\to\infty}4\left[\left(\dfrac{1}{4}\right)^n+\left(\dfrac{2}{4}\right)^n+\left(\dfrac{3}{4}\right)^n+1\right]^{\frac{1}{n}}=4$.

(7)

$$\lim_{n\to\infty}\left[\frac{1}{1\cdot 3}+\frac{1}{3\cdot 5}+\cdots+\frac{1}{(2n-1)(2n+1)}\right]=\lim_{n\to\infty}\frac{1}{2}\left[1-\frac{1}{3}+\frac{1}{3}-\frac{1}{5}+\cdots+\frac{1}{2n-1}-\frac{1}{2n+1}\right]$$

$$=\frac{1}{2}\lim_{n\to\infty}\frac{2n}{2n+1}$$

$$=\frac{1}{2}.$$

4. 设数列 $\{x_n\}$ 有界，又 $\lim\limits_{n\to\infty}y_n=0$，证明：$\lim\limits_{n\to\infty}x_ny_n=0$.

证明 若数列 $\{x_n\}$ 有界，$\exists M>0$，$|x_n|\leqslant M$，$\forall n$，有 $-My_n\leqslant x_ny_n\leqslant My_n$，又因为 $\lim\limits_{n\to\infty}y_n=0$ 所以 $\lim\limits_{n\to\infty}My_n=0$. 根据夹逼定理

$$\lim_{n\to\infty}x_ny_n=0.$$

5. 利用函数极限的分析定义证明下列极限.

(1) $\lim\limits_{x\to 3}\dfrac{x^2-4}{x+2}=1$；　(2) $\lim\limits_{x\to 1}\sqrt{x-1}=0$；

(3) $\lim\limits_{x\to-\infty}e^x=0$；　(4) $\lim\limits_{x\to+\infty}\left(\dfrac{1}{2}\right)^x=0$. .

证明 (1) 对于任意给定的 $\varepsilon>0$，要使 $\left|\dfrac{x^2-4}{x+2}-1\right|<\varepsilon$，只要 $|x-3|<\varepsilon$，取 $\delta=\varepsilon$，则当 $0<|x-3|<\delta$ 时，总有 $\left|\dfrac{x^2-4}{x+2}-1\right|<\varepsilon$，根据函数极限定义，有

$$\lim_{x\to 3}\frac{x^2-4}{x+2}=1.$$

(2) 对于任意给定的 $\varepsilon>0$，要使 $\left|\sqrt{x-1}-0\right|<\varepsilon$，只要 $|x-1|<\varepsilon^2$，取 $\delta=\varepsilon^2$，则当 $0<|x-1|<\delta$ 时，总有 $\left|\sqrt{x-1}-0\right|<\varepsilon$，根据函数极限定义，有

$$\lim_{x\to 1}\sqrt{x-1}=0.$$

(3) 对于任意给定的 $\varepsilon>0$，要使 $|e^x-0|<\varepsilon$，只要 $x<\ln\varepsilon$，取 $M=-\ln\varepsilon$，则当 $x<-M$ 时，总有 $|e^x-0|<\varepsilon$，根据函数极限定义，有

$$\lim_{x\to-\infty}e^x=0.$$

(4) 对于任意给定的 $\varepsilon>0$，要使 $\left|\left(\dfrac{1}{2}\right)^x-0\right|=\left(\dfrac{1}{2}\right)^x<\varepsilon$，只要 $2^x>\dfrac{1}{\varepsilon}$ 即 $x<\dfrac{\ln\frac{1}{\varepsilon}}{\ln 2}$，取 $M=\dfrac{\ln\frac{1}{\varepsilon}}{\ln 2}$，则当 $x>M$ 时，总有 $\left|\left(\dfrac{1}{2}\right)^x-0\right|<\varepsilon$，根据函数极限定义，有

$$\lim_{x\to+\infty}\left(\frac{1}{2}\right)^x=0.$$

6. 下列数列在 $n\to\infty$ 时是否为无穷小量.

(1) $y_n=\dfrac{1}{n^2}$；　(2) $y_n=(-1)^{n+1}\dfrac{1}{2^n}$；

(3) $y_n=\dfrac{1+(-1)^n}{n}$；　(4) $y_n=e^{\frac{1}{n}}$.

解(1) $\lim\limits_{n\to\infty}\frac{1}{n^2}=0$，是无穷小量.

(2) $\lim\limits_{n\to\infty}(-1)^{n+1}\frac{1}{2^n}=0$，是无穷小量.

(3) $\lim\limits_{n\to\infty}\frac{1+(-1)^n}{n}=0$，是无穷小量.

(4) $\lim\limits_{n\to\infty}e^{\frac{1}{n}}=1$，不是无穷小量.

7. 求下列函数的极限.

(1) $\lim\limits_{x\to1}(3x^2+4\sqrt{x}-5)$；

(2) $\lim\limits_{x\to1}\frac{x^2+1}{x-2}$；；

(3) $\lim\limits_{x\to2}\frac{x-2}{2\sqrt[3]{x}+7\sqrt{x}+x^3}$；；

(4) $\lim\limits_{x\to+\infty}\frac{\cos x}{e^x+e^{-x}}$；

(5) $\lim\limits_{x\to\infty}\frac{\arctan x}{x}$；

(6) $\lim\limits_{x\to1}\frac{x^2+6x-7}{x^2-1}$；

(7) $\lim\limits_{h\to0}\frac{(x+h)^2-x^2}{h}$；

(8) $\lim\limits_{x\to1}\frac{x^m-1}{x^n-1}$（$m,n$ 为正整数）；

(9) $\lim\limits_{x\to1}\frac{\sqrt{2x+7}-3}{\sqrt[3]{x}-1}$；

(10) $\lim\limits_{x\to1}\frac{x+x^2+\cdots+x^n-n}{x-1}$；

(11) $\lim\limits_{x\to0}\frac{x^2}{1-\sqrt{1+x^2}}$；

(12) $\lim\limits_{x\to0}\frac{\sqrt{x^2+p^2}-p}{\sqrt{x^2+q^2}-q}$　$(p>0,q>0)$；

(13) $\lim\limits_{x\to\infty}\frac{2x}{\sqrt{1+x^2}}\arctan\frac{1}{x}$；

(14) $\lim\limits_{x\to\infty}\frac{2x+\cos x}{3x-\sin x}$；

(15) $\lim\limits_{x\to\infty}\frac{x^2+1}{2x^3-5x+8}(\cos x+3)$；

(16) $\lim\limits_{x\to\infty}\sqrt[3]{\frac{2+3x-27x^2}{1+8x^2}}$；

(17) $\lim\limits_{x\to\infty}\frac{(2x-1)^5}{(3x^2+2x-7)(x^3-9x)}$；

(18) $\lim\limits_{x\to+\infty}(\sqrt{x^2+ax}-\sqrt{x^2+bx})$；

(19) $\lim\limits_{x\to+\infty}\frac{e^x+e^{-x}}{e^x-e^{-x}}$；

(20) $\lim\limits_{x\to\infty}(x+\sqrt[3]{1-x^3})$；

(21) $\lim\limits_{x\to0^+}\frac{1-e^{\frac{1}{x}}}{x+e^{\frac{1}{x}}}$；

(22) $\lim\limits_{x\to1}\left(\frac{x}{x-1}-\frac{2}{x^2-1}\right)$.

解　(1) $\lim\limits_{x\to1}(3x^2+4\sqrt{x}-5)=3\times1^2+4\times1-5=2$.

(2) $\lim\limits_{x\to1}\frac{x^2+1}{x-2}=\frac{1^2+1}{1-2}=-2$.

(3) $\lim\limits_{x\to2}\frac{x-2}{2\sqrt[3]{x}+7\sqrt{x}+x^3}=\frac{2-2}{2\times\sqrt[3]{2}+7\times\sqrt{2}+2^3}=0$.

(4) 因为 $\lim\limits_{x\to+\infty}\frac{1}{e^x+e^{-x}}=0$，$|\cos x|\leqslant1$，所以 $\lim\limits_{x\to+\infty}\frac{\cos x}{e^x+e^{-x}}=0$.

(5) 因为 $\lim\limits_{x\to\infty}\frac{1}{x}=0$，$|\arctan x|\leqslant\frac{\pi}{2}$，所以 $\lim\limits_{x\to\infty}\frac{\arctan x}{x}=0$.

(6) $\lim\limits_{x\to1}\dfrac{x^2+6x-7}{x^2-1}=\lim\limits_{x\to1}\dfrac{(x+7)(x-1)}{(x-1)(x+1)}=\lim\limits_{x\to1}\dfrac{x+7}{x+1}=4$.

(7) $\lim\limits_{h\to0}\dfrac{(x+h)^2-x^2}{h}=\lim\limits_{h\to0}\dfrac{2xh+h^2}{h}=\lim\limits_{h\to0}(2x+h)=2x$.

(8) $\lim\limits_{x\to1}\dfrac{x^m-1}{x^n-1}=\lim\limits_{x\to1}\dfrac{(x-1)(x^{m-1}+x^{m-2}+\cdots+x+1)}{(x-1)(x^{n-1}+x^{n-2}+\cdots+x+1)}=\dfrac{m}{n}$.

(9) $\lim\limits_{x\to1}\dfrac{\sqrt{2x+7}-3}{\sqrt[3]{x}-1}=\lim\limits_{x\to1}\dfrac{(\sqrt{2x+7}-3)(\sqrt{2x+7}+3)(\sqrt[3]{x^2}+\sqrt[3]{x}+1)}{(\sqrt[3]{x}-1)(\sqrt[3]{x^2}+\sqrt[3]{x}+1)(\sqrt{2x+7}+3)}$

$=\lim\limits_{x\to1}\dfrac{2(x-1)(\sqrt[3]{x^2}+\sqrt[3]{x}+1)}{(x-1)(\sqrt{2x+7}+3)}=1$.

(10) $\lim\limits_{x\to1}\dfrac{x+x^2+\cdots+x^n-n}{x-1}=\lim\limits_{x\to1}\dfrac{(x-1)+(x^2-1)+\cdots+(x^n-1)}{x-1}$

$=\lim\limits_{x\to1}[1+(1+x)+\cdots+(1+x+\cdots+x^{n-1})]$

$=1+2+\cdots+n=\dfrac{n(n+1)}{2}$.

(11) $\lim\limits_{x\to0}\dfrac{x^2}{1-\sqrt{1+x^2}}=\lim\limits_{x\to0}\dfrac{x^2(1+\sqrt{1+x^2})}{(1-\sqrt{1+x^2})(1+\sqrt{1+x^2})}=\lim\limits_{x\to0}\dfrac{x^2(1+\sqrt{1+x^2})}{-x^2}=-2$.

(12) $\lim\limits_{x\to0}\dfrac{\sqrt{x^2+p^2}-p}{\sqrt{x^2+q^2}-q}\quad(p>0,q>0)$

$=\lim\limits_{x\to0}\dfrac{(\sqrt{x^2+p^2}-p)(\sqrt{x^2+p^2}+p)(\sqrt{x^2+q^2}+q)}{(\sqrt{x^2+q^2}-q)(\sqrt{x^2+q^2}+q)(\sqrt{x^2+p^2}+p)}$

$=\lim\limits_{x\to0}\dfrac{x^2(\sqrt{x^2+q^2}+q)}{x^2(\sqrt{x^2+p^2}+p)}=\dfrac{q}{p}$.

(13) $\lim\limits_{x\to\infty}\dfrac{2x}{\sqrt{1+x^2}}\arctan\dfrac{1}{x}=\lim\limits_{x\to\infty}\dfrac{2}{\sqrt{\dfrac{1}{x^2}+1}}\arctan\dfrac{1}{x}=0$.

(14) $\lim\limits_{x\to\infty}\dfrac{2x+\cos x}{3x-\sin x}=\lim\limits_{x\to\infty}\dfrac{2+\dfrac{\cos x}{x}}{3-\dfrac{\sin x}{x}}=\dfrac{2}{3}$.

(15) $\lim\limits_{x\to\infty}\dfrac{x^2+1}{2x^3-5x+8}=0$，而 $\cos x+3$ 是有界变量，根据无穷小乘以有界变量仍然是无穷小的性质，所以原式 $=0$.

(16) $\lim\limits_{x\to+\infty}\sqrt[3]{\dfrac{2+3x-27x^2}{1+8x^2}}=\lim\limits_{x\to+\infty}\sqrt[3]{\dfrac{\dfrac{2}{x^2}+\dfrac{3}{x}-27}{\dfrac{1}{x^2}+8}}=-\dfrac{3}{2}$.

(17) $\lim\limits_{x\to\infty}\dfrac{(2x-1)^5}{(3x^2+2x-7)(x^3-9x)}=\lim\limits_{x\to\infty}\dfrac{\left(2-\dfrac{1}{x}\right)^5}{\left(3+\dfrac{2}{x}-\dfrac{7}{x^2}\right)\left(1-\dfrac{9}{x^2}\right)}=\dfrac{32}{3}$.

(18) $\lim\limits_{x\to+\infty}(\sqrt{x^2+ax}-\sqrt{x^2+bx})=\lim\limits_{x\to+\infty}\dfrac{x^2+ax-x^2-bx}{\sqrt{x^2+ax}+\sqrt{x^2+bx}}$

$$=\lim_{x\to+\infty}\frac{a-b}{\sqrt{1+\dfrac{a}{x}}+\sqrt{1+\dfrac{b}{x}}}$$

$$=\frac{a-b}{2}.$$

(19) $\lim\limits_{x\to+\infty}\dfrac{e^x+e^{-x}}{e^x-e^{-x}}=\lim\limits_{x\to+\infty}\dfrac{e^{2x}+1}{e^{2x}-1}=\lim\limits_{x\to+\infty}\dfrac{1+\dfrac{1}{e^{2x}}}{1-\dfrac{1}{e^{2x}}}=1$.

(20) $\lim\limits_{x\to\infty}(x+\sqrt[3]{1-x^3})=\lim\limits_{x\to\infty}\dfrac{(x+\sqrt[3]{1-x^3})(x^2-x\cdot\sqrt[3]{1-x^3}+\sqrt[3]{(1-x^3)^2})}{x^2-x\cdot\sqrt[3]{1-x^3}+\sqrt[3]{(1-x^3)^2}}$

$$=\lim_{x\to\infty}\frac{1}{x^2-x\cdot\sqrt[3]{1-x^3}+\sqrt[3]{(1-x^3)^2}}$$

$$=0.$$

(21) $\lim\limits_{x\to0^+}\dfrac{1-e^{\frac{1}{x}}}{x+e^{\frac{1}{x}}}=\lim\limits_{x\to0^+}\dfrac{e^{-\frac{1}{x}}-1}{xe^{-\frac{1}{x}}+1}=-1$.

(22) $\lim\limits_{x\to1}\left(\dfrac{x}{x-1}-\dfrac{2}{x^2-1}\right)=\lim\limits_{x\to1}\dfrac{x^2+x-2}{x^2-1}=\lim\limits_{x\to1}\dfrac{(x+2)(x-1)}{(x+1)(x-1)}=\lim\limits_{x\to1}\dfrac{x+2}{x+1}=\dfrac{3}{2}$.

8. 求下列各题中的常数 a 和 b.

(1) $\lim\limits_{x\to+\infty}(3x-\sqrt{ax^2+bx+1})=2$;　　(2) $\lim\limits_{x\to+\infty}(\sqrt{2x^2+4x-1}-ax-b)=0$;

(3) $\lim\limits_{x\to\infty}\left(\dfrac{x^2+x+1}{x-1}-ax-b\right)=0$;　　(4) $\lim\limits_{x\to1}\dfrac{x^2+ax+b}{\sin(x^2-1)}=3$.

解　(1) $\lim\limits_{x\to+\infty}(3x-\sqrt{ax^2+bx+1})=\lim\limits_{x\to+\infty}\dfrac{9x^2-ax^2-bx-1}{3x+\sqrt{ax^2+bx+1}}=2$，当 $x\to\infty$ 时，分子和分母的最高次项的指数必须相同，则该极限才能为2，故必有 $a=9$，分母的最高次项为一次项，系数为6，那么分子的最高次项必为一次项，即 $b\neq0$，因为极限为2，故 $b=-12$.

(2) $\lim\limits_{x\to+\infty}(\sqrt{2x^2+4x-1}-ax-b)=\lim\limits_{x\to+\infty}\dfrac{(2-a^2)x^2+(4-2ab)x-(b^2+1)}{\sqrt{2x^2+4x-1}+ax+b}=0$，因为极限为0，所以分子中 x^2 的系数必为0，故 $a=\sqrt{2}$；分母最高次项的指数必高于分子最高次项的指数，所以分子中 x 的系数为0，故有 $b=\sqrt{2}$.

(3) $\lim\limits_{x\to\infty}\left(\dfrac{x^2+x+1}{x-1}-ax-b\right)=\lim\limits_{x\to\infty}\dfrac{(1-a)x^2+(1+a-b)x+(b+1)}{x-1}=0$ 因为极限为0，所以分子中 x^2 的系数必为0，故 $a=1$；分母中 x 的系数为0，故有 $b=2$.

(4) 因为分式极限为0，而分母极限为0，故分子极限必为0，所以 $a+b+1=0$，即 $a=-1-b$，$\lim\limits_{x\to1}\dfrac{x^2+bx+a}{\sin(x^2-1)}=\lim\limits_{x\to1}\dfrac{x^2-(1+b)x+b}{x^2-1}=\lim\limits_{x\to1}\dfrac{(x-1)(x-b)}{(1+x)(x-1)}=\dfrac{1-b}{2}=3.$ 故 $a=4$，$b=-5$.

9. 求下列函数极限.

(1) $\lim\limits_{x\to0}\dfrac{\arctan 4x}{\sin 3x}$　　(2) $\lim\limits_{x\to\infty}\dfrac{5x^2+1}{3x-1}\sin\dfrac{1}{x}$;

(3) $\lim\limits_{x\to0}\dfrac{x^2}{\sin^2\left(\dfrac{x}{3}\right)}$;　　(4) $\lim\limits_{x\to0}\dfrac{e^{5x}-1}{x}$;

(5) $\lim\limits_{x\to0}\dfrac{1-\cos 5x}{\sin^2 x}$;　　(6) $\lim\limits_{x\to\infty}x^2(1-\cos\dfrac{1}{x})$;

(7) $\lim\limits_{x\to0}\dfrac{\sqrt{1+\tan x}-\sqrt{1+\sin x}}{x^3}$;　　(8) $\lim\limits_{x\to0}\dfrac{2x-\sin x}{3x+\sin x}$;

(9) $\lim\limits_{x\to0^+}\dfrac{1-\sqrt{\cos x}}{x(1-\cos\sqrt{x})}$;　　(10) $\lim\limits_{x\to0}\dfrac{\tan 5x-\sin 2x}{x}$;

(11) $\lim\limits_{h\to0}\dfrac{\sin(x+h)-\sin x}{h}$;　　(12) $\lim\limits_{x\to0}\dfrac{\sin x^n}{(\sin x)^m}$.

解　(1) $\lim\limits_{x\to0}\dfrac{\arctan 4x}{\sin 3x}=\lim\limits_{x\to0}\dfrac{4x}{3x}=\dfrac{4}{3}$

(2) $\lim\limits_{x\to\infty}\dfrac{5x^2+1}{3x-1}\sin\dfrac{1}{x}=\lim\limits_{x\to\infty}\dfrac{5x^2+1}{3x^2-x}\cdot\dfrac{\sin\dfrac{1}{x}}{\dfrac{1}{x}}=\dfrac{5}{3}$

(3) $\lim\limits_{x\to0}\dfrac{x^2}{\sin^2\left(\dfrac{x}{3}\right)}=\lim\limits_{x\to0}\dfrac{x^2}{\left(\dfrac{x}{3}\right)^2}=9$.

(4) $\lim\limits_{x\to0}\dfrac{e^{5x}-1}{x}=\lim\limits_{x\to0}\dfrac{5x}{x}=5$.

(5) $\lim\limits_{x\to0}\dfrac{1-\cos 5x}{\sin^2 x}=\lim\limits_{x\to0}\dfrac{\dfrac{1}{2}(5x)^2}{x^2}=\dfrac{25}{2}$.

(6) $\lim\limits_{x\to\infty}x^2(1-\cos\dfrac{1}{x})=\lim\limits_{x\to\infty}x^2\cdot\dfrac{1}{2x^2}=\dfrac{1}{2}$.

(7)

$$\begin{aligned}\lim_{x\to0}\frac{\sqrt{1+\tan x}-\sqrt{1+\sin x}}{x^3}&=\lim_{x\to0}\frac{\tan x(1-\cos x)}{x^3(\sqrt{1+\tan x}+\sqrt{1+\sin x})}\\&=\lim_{x\to0}\frac{x\cdot\frac{1}{2}x^2}{x^3(\sqrt{1+\tan x}+\sqrt{1+\sin x})}\\&=\frac{1}{4}\end{aligned}$$

(8) $\lim\limits_{x\to0}\dfrac{2x-\sin x}{3x+\sin x}=\lim\limits_{x\to0}\dfrac{2-(\sin x)/x}{3+(\sin x)/x}=\dfrac{1}{4}$.

(9) $\lim\limits_{x\to0^+}\dfrac{1-\sqrt{\cos x}}{x(1-\cos\sqrt{x})}=\lim\limits_{x\to0^+}\dfrac{(1-\sqrt{\cos x})(1+\sqrt{\cos x})}{x(1-\cos\sqrt{x})(1+\sqrt{\cos x})}$

$=\lim\limits_{x\to0^+}\dfrac{1-\cos x}{x(1-\cos\sqrt{x})(1+\sqrt{\cos x})}$

$=\lim\limits_{x\to0^+}\dfrac{\frac{1}{2}x^2}{x\,\frac{1}{2}x(1+\sqrt{\cos x})}$

$=\dfrac{1}{2}$.

(10) $\lim\limits_{x\to0}\dfrac{\tan5x-\sin2x}{x}=\lim\limits_{x\to0}\left(\dfrac{\tan5x}{x}-\dfrac{\sin2x}{x}\right)=5-2=3$.

(11) $\lim\limits_{x\to0}\dfrac{\sin(x+h)-\sin x}{h}=\lim\limits_{x\to0}\dfrac{2\cos(x+\frac{h}{2})\sin\frac{h}{2}}{h}=\lim\limits_{x\to0}\dfrac{h\cos(x+\frac{h}{2})}{h}=\cos x$.

(12) $\lim\limits_{x\to0}\dfrac{\sin x^n}{(\sin x)^m}=\lim\limits_{x\to0}\dfrac{x^n}{x^m}=\begin{cases}1, & m=n,\\ 0, & m<n,\\ \infty, & m>n.\end{cases}$

10. 求下列函数极限.

(1) $\lim\limits_{x\to\frac{\pi}{2}}(1+\cos x)^{2\sec x}$;　　(2) $\lim\limits_{x\to0}(1+xe^x)^{\frac{1}{x}}$;

(3) $\lim\limits_{x\to\infty}\left(\dfrac{2x-1}{2x+2}\right)^x$;　　(4) $\lim\limits_{x\to0}(\cos x)^{1+\cot^2x}$.

解　(1) $\lim\limits_{x\to\frac{\pi}{2}}(1+\cos x)^{2\sec x}=\lim\limits_{x\to\frac{\pi}{2}}(1+\cos x)^{\frac{2}{\cos x}}=e^2$.

(2) $\lim\limits_{x\to0}(1+xe^x)^{\frac{1}{x}}=\lim\limits_{x\to0}(1+xe^x)^{\frac{1}{xe^x}\frac{xe^x}{x}}=e$.

(3) $\lim\limits_{x\to\infty}\left(\dfrac{2x-1}{2x+2}\right)^x=\lim\limits_{x\to\infty}\left(1-\dfrac{3}{2x+2}\right)^{-\frac{2x+2}{3}\cdot\left(-\frac{3x}{2x+2}\right)}=e^{-\frac{3}{2}}$.

(4) $\lim\limits_{x\to0}(\cos x)^{1+\cot^2x}=\lim\limits_{x\to0}(1+\cos x-1)^{\frac{1}{\cos x-1}\cdot\frac{-(1-\cos x)}{\sin^2x}}=e^{\lim\limits_{x\to0}\frac{-\frac{1}{2}x^2}{x^2}}=e^{-\frac{1}{2}}$

11. 求下列函数极限.

(1) $\lim\limits_{x\to\frac{\pi}{6}}\dfrac{1-2\sin x}{\sin(x-\frac{\pi}{6})}$;　　(2) $\lim\limits_{x\to0}\dfrac{\ln\sqrt{1+5x}}{2x}$;

(3) $\lim\limits_{x\to0}\dfrac{\ln(x^2+e^x)}{\ln(x^4+e^{2x})}$;　　(4) $\lim\limits_{x\to0}\dfrac{e^{\sin2x}-e^{\sin x}}{x}$;

(5) $\lim\limits_{x\to0}\dfrac{\sqrt{1-2x^2}-1}{x\ln(1-x)}$;　　(6) $\lim\limits_{x\to0^+}\dfrac{1-e^{\frac{1}{x}}}{x+e^{\frac{1}{x}}}$;

(7) $\lim\limits_{x\to0^+}(1+2\tan x)^{\frac{1}{x}}$;　　(8) $\lim\limits_{x\to0}(x+e^x)^{\frac{1}{x}}$;

(9) $\lim\limits_{x\to 0}\dfrac{\ln(1+3x\sin x)}{\tan x^2}$； (10) $\lim\limits_{x\to\frac{\pi}{4}}\tan(2x)\cdot\tan(\dfrac{\pi}{4}-x)$；

(11) $\lim\limits_{x\to 0}\dfrac{x\ln(1+x)}{1-\cos x}$； (12) $\lim\limits_{x\to 0}\dfrac{e^{5x}-1}{x}$.

解 (1) 令 $t=x-\dfrac{\pi}{6}$，$x\to\dfrac{\pi}{6}$ 时 $t\to 0$，原式化为

$$\lim_{x\to\frac{\pi}{6}}\frac{1-2\sin x}{\sin(x-\frac{\pi}{6})}=\lim_{t\to 0}\frac{1-2\sin(t+\pi/6)}{\sin t}$$

$$=\lim_{t\to 0}\frac{1-2[\sqrt{3}(\sin t)/2+(\cos t)/2]}{t}$$

$$=\lim_{t\to 0}\frac{1-\cos t}{t}+\lim_{t\to 0}(-\sqrt{3}\frac{\sin t}{t})$$

$$=-\sqrt{3}.$$

(2) $\lim\limits_{x\to 0}\dfrac{\ln\sqrt{1+5x}}{2x}=\lim\limits_{x\to 0}\dfrac{\ln(1+5x)/2}{2x}=\dfrac{1}{2}\cdot\dfrac{5}{2}=\dfrac{5}{4}$；

(3)
$$\lim_{x\to 0}\frac{\ln(x^2+e^x)}{\ln(x^4+e^{2x})}=\lim_{x\to 0}\frac{\ln[1+(x^2+e^x-1)]}{\ln[1+(x^4+e^{2x}-1)]}$$

$$=\lim_{x\to 0}\frac{x^2+e^x-1}{x^4+e^{2x}-1}$$

$$=\lim_{x\to 0}\frac{x+\dfrac{e^x-1}{x}}{x^3+2\dfrac{e^{2x}-1}{2x}}$$

$$=\frac{1}{2}.$$

(4)
$$\lim_{x\to 0}\frac{e^{\sin 2x}-e^{\sin x}}{x}=\lim_{x\to 0}\frac{(e^{\sin 2x}-1)-(e^{\sin x}-1)}{x}$$

$$=\lim_{x\to 0}\frac{(e^{\sin 2x}-1)}{x}-\lim_{x\to 0}\frac{(e^{\sin x}-1)}{x}$$

$$=\lim_{x\to 0}\frac{\sin 2x}{x}-\lim_{x\to 0}\frac{\sin x}{x}=1.$$

(5) $\lim\limits_{x\to 0}\dfrac{\sqrt{1-2x^2}-1}{x\ln(1-x)}=\lim\limits_{x\to 0}\dfrac{(-2x^2)/2}{-x^2}=1.$

(6) $\lim\limits_{x\to 0^+}\dfrac{1-e^{\frac{1}{x}}}{x+e^{\frac{1}{x}}}=\lim\limits_{x\to 0^+}\dfrac{e^{-\frac{1}{x}}-1}{xe^{-\frac{1}{x}}+1}=-1.$

(7)
$$\lim_{x\to 0^+}(1+2\tan x)^{\frac{1}{x}}=\lim_{x\to 0^+}(1+2\tan x)^{\frac{1}{2\tan x}\cdot\frac{2\tan x}{x}}$$

$$=e^{\lim\limits_{x\to 0^+}\frac{2\tan x}{x}}$$

$$=e^2.$$

(8) $\lim\limits_{x\to 0}(x+e^x)^{\frac{1}{x}}=\lim\limits_{x\to 0}(1+x+e^x-1)^{\frac{1}{x+e^x-1}\cdot\frac{x+e^x-1}{x}}=e^2.$

(9) $\lim\limits_{x\to 0}\dfrac{\ln(1+3x\sin x)}{\tan x^2}=\lim\limits_{x\to 0}\dfrac{3x^2}{x^2}=3.$

(10) 令 $t=\dfrac{\pi}{4}-x$，$x\to\dfrac{\pi}{4}$ 时 $t\to 0$，

$$\begin{aligned}\lim_{x\to\frac{\pi}{4}}\tan(2x)\cdot\tan\left(\frac{\pi}{4}-x\right)&=\lim_{t\to 0}\tan(\pi/2-2t)\cdot t\\&=\lim_{t\to 0}t\cot 2t\\&=\lim_{t\to 0}t\cdot\frac{1-\tan^2 t}{2\tan t}\\&=\frac{1}{2}.\end{aligned}$$

(11) $\lim\limits_{x\to 0}\dfrac{x\ln(1+x)}{1-\cos x}=\lim\limits_{x\to 0}\dfrac{x^2}{\frac{1}{2}x^2}=2.$

(12) $\lim\limits_{x\to 0}\dfrac{e^{5x}-1}{x}=\lim\limits_{x\to 0}\dfrac{5x}{x}=5$.

12. 证明：$\lim\limits_{n\to\infty}\left(\dfrac{1}{\sqrt{n^2+1}}+\dfrac{1}{\sqrt{n^2+2}}+\cdots+\dfrac{1}{\sqrt{n^2+n}}\right)=1$.

证明 因为 $\dfrac{n}{\sqrt{n^2+n}}\leqslant\dfrac{1}{\sqrt{n^2+1}}+\dfrac{1}{\sqrt{n^2+2}}+\cdots+\dfrac{1}{\sqrt{n^2+n}}\leqslant\dfrac{n}{\sqrt{n^2+1}}$，而

$$\lim_{n\to\infty}\frac{n}{\sqrt{n^2+1}}=\lim_{n\to\infty}\frac{n}{\sqrt{n^2+n}}=1,$$

由夹逼准则有

$$\lim_{n\to\infty}\left(\frac{1}{\sqrt{n^2+1}}+\frac{1}{\sqrt{n^2+2}}+\cdots+\frac{1}{\sqrt{n^2+n}}\right)=1.$$

13. 求下列函数的间断点，并判断类型.

(1) $f(x)=\dfrac{2^{\frac{1}{x}}-1}{2^{\frac{1}{x}}+1}$；　　(2) $f(x)=\dfrac{\ln(1-x^2)}{x}$；

(3) $f(x)=\begin{cases}\arctan\dfrac{1}{x^2}, & x\neq 0,\\ 1, & x=0;\end{cases}$　　(4) $f(x)=\cos^2\dfrac{1}{x}$.

解 (1) $\lim\limits_{x\to 0^-}\dfrac{2^{\frac{1}{x}}-1}{2^{\frac{1}{x}}+1}=-1$，$\lim\limits_{x\to 0^+}\dfrac{2^{\frac{1}{x}}-1}{2^{\frac{1}{x}}+1}=1$，所以 $x=0$ 为函数 $f(x)=\dfrac{2^{\frac{1}{x}}-1}{2^{\frac{1}{x}}+1}$ 的跳跃间断点.

(2) $\lim\limits_{x\to 0^+}\dfrac{\ln(1-x^2)}{x}=\lim\limits_{x\to 0^+}\dfrac{-x^2}{x}=0$，$\lim\limits_{x\to 0^-}\dfrac{\ln(1-x^2)}{x}=\lim\limits_{x\to 0^-}\dfrac{-x^2}{x}=0$，所以 $x=0$ 为函数 $f(x)=\dfrac{\ln(1-x^2)}{x}$ 的可去间断点.

(3) $\lim\limits_{x\to 0}f(x)=\lim\limits_{x\to 0}\arctan\dfrac{1}{x^2}=\dfrac{\pi}{2}\neq f(0)$ 所以 $x=0$ 为函数的可去间断点.

(4) 当 $x\to 0$ 时，$f(x)=\cos^2\dfrac{1}{x}$ 的值在 0 与 1 之间来回振荡，$\lim\limits_{x\to 0}\cos^2\dfrac{1}{x}$ 不存在，所以 $x=0$ 为函数的振荡间断点.

14. 讨论下列函数的连续性.

(1) $f(x)=\begin{cases} e^{\frac{1}{x-1}}, & x>0, \\ \ln(x+1), & -1<x\leqslant 0; \end{cases}$

(2) $f(x)=\begin{cases} e^{-\frac{1}{x}}, & x\neq 0, \\ 0, & x=0; \end{cases}$

(3) $f(x)=\begin{cases} \dfrac{\sin x}{|x|}, & x\neq 0, \\ 1, & x=0. \end{cases}$

解 (1) $f(x)$ 的定义域为 $(-1,+\infty)$，在 $(-1,0)$，$(0,+\infty)$ 内 $f(x)$ 为连续函数.

因为 $\lim\limits_{x\to 0^+}f(x)=\lim\limits_{x\to 0^+}e^{\frac{1}{x-1}}=e^{-1}$，$\lim\limits_{x\to 0^-}f(x)=\lim\limits_{x\to 0^-}\ln(x+1)=0$，$\lim\limits_{x\to 0^+}f(x)\neq\lim\limits_{x\to 0^-}f(x)$ 所以在分段点 $x=0$ 处 $f(x)$ 不连续. 所以函数 $f(x)$ 的连续区间为 $(-1,0)\cup(0,+\infty)$.

(2) $f(x)$ 的定义域为 $(-\infty,+\infty)$，在 $(-\infty,0)$ 和 $(0,+\infty)$ 内 $f(x)$ 为连续函数. 因为 $\lim\limits_{x\to 0^+}f(x)=\lim\limits_{x\to 0^+}e^{-\frac{1}{x}}=0$，$\lim\limits_{x\to 0^-}f(x)=\lim\limits_{x\to 0^-}e^{-\frac{1}{x}}=+\infty$，$\lim\limits_{x\to 0^+}f(x)\neq\lim\limits_{x\to 0^-}f(x)$，所以在分段点 $x=0$ 处 $f(x)$ 不连续. 所以函数 $f(x)$ 的连续区间为 $(-\infty,0)\cup(0,+\infty)$.

(3) $f(x)$ 的定义域为 $(-\infty,+\infty)$，在 $(-\infty,0)$ 和 $(0,+\infty)$ 内 $f(x)$ 为连续函数. 因为 $\lim\limits_{x\to 0^+}f(x)=\lim\limits_{x\to 0^+}\dfrac{\sin x}{x}=1$，$\lim\limits_{x\to 0^-}f(x)=\lim\limits_{x\to 0^-}-\dfrac{\sin x}{x}=-1$，$\lim\limits_{x\to 0^+}f(x)\neq\lim\limits_{x\to 0^-}f(x)$，所以在分段点 $x=0$ 处 $f(x)$ 不连续. 所以函数 $f(x)$ 的连续区间为 $(-\infty,0)\cup(0,+\infty)$.

15. 确定常数 a,b 使下列函数连续.

(1) $f(x)=\begin{cases} a+x^2, & x<0, \\ 1, & x=0, \\ \ln(b+x+x^2), & x>0; \end{cases}$

(2) $f(x)=\begin{cases} \dfrac{1}{x}\sin x, & x<0, \\ a-1, & x=0, \\ x\sin\dfrac{1}{x}+b, & x>0; \end{cases}$

(3) $f(x)=\begin{cases} \dfrac{\sin ax}{x}, & x<0, \\ 2, & x=0, \\ (1+bx)^{\frac{1}{x}}, & x>0. \end{cases}$

解 (1) 要使函数 $f(x)$ 在 $x=0$ 处连续，所以有 $f(0)=\lim\limits_{x\to 0^-}f(x)=\lim\limits_{x\to 0^+}f(x)$，即 $\lim\limits_{x\to 0^-}(a+x^2)=1=\lim\limits_{x\to 0^+}\ln(b+x+x^2)$，得出 $a=1,b=e$.

(2) 要使函数 $f(x)$ 在 $x=0$ 处连续，所以有 $f(0)=\lim\limits_{x\to 0^-}f(x)=\lim\limits_{x\to 0^+}f(x)$，即 $\lim\limits_{x\to 0^-}f(x)=\lim\limits_{x\to 0^-}\dfrac{1}{x}\sin x=1$，$\lim\limits_{x\to 0^+}f(x)=\lim\limits_{x\to 0^+}\left(x\sin\dfrac{1}{x}+b\right)=b$，$f(0)=a-1$，得出 $a=2,b=1$.

(3) 要使函数 $f(x)$ 在 $x=0$ 处连续，所以有 $f(0)=\lim\limits_{x\to0^-}f(x)=\lim\limits_{x\to0^+}f(x)$，即 $\lim\limits_{x\to0^-}f(x)=\lim\limits_{x\to0^-}\frac{1}{x}\sin ax=a$，$\lim\limits_{x\to0^+}f(x)=\lim\limits_{x\to0^+}(1+bx)^{\frac{1}{x}}=e^b$，$f(0)=2$，得出 $a=2,b=\ln2$.

16. 试证方程 $x^5-3x=1$ 在区间 $(1,2)$ 内至少有一个实根.

证明　设 $f(x)=x^5-3x-1$，则 $f(x)$ 在 $[1,2]$ 上连续，又 $f(1)=-3<0$，$f(2)=25>0$，由零点定理知，至少存在一点 $\xi\in(1,2)$，使得 $f(\xi)=0$.

(B)

1. 求极限 $\lim\limits_{n\to+\infty}\left(1+\frac{2}{n}+\frac{2}{n^2}\right)^n$.

解　因为

$$1+\frac{2}{n}<1+\frac{2}{n}+\frac{2}{n^2}<1+\frac{2}{n}+\frac{2}{n^2-n}$$

又由于

$$1+\frac{2}{n}+\frac{2}{n^2-n}=1+\frac{2}{n}+2\left(\frac{1}{n-1}-\frac{1}{n}\right)=1+\frac{2}{n-1}.$$

所以有

$$\left(1+\frac{2}{n}\right)^n<\left(1+\frac{2}{n}+\frac{2}{n^2}\right)^n<\left(1+\frac{2}{n-1}\right)^n,$$

而 $\lim\limits_{n\to\infty}\left(1+\frac{2}{n}\right)^n=\lim\limits_{n\to\infty}\left(1+\frac{2}{n-1}\right)^n=e^2$，由夹逼定理得

$$\lim_{n\to+\infty}\left(1+\frac{2}{n}+\frac{2}{n^2}\right)^n=e^2.$$

2. 求极限 $\lim\limits_{n\to\infty}\sqrt[n]{a_1{}^n+a_2{}^n+\cdots+a_m{}^n}$，其中 $a_1,a_2\cdots a_m$ 是 m 个正数.

解　令 $A=\max\{a_1,a_2\cdots a_m\}$，则 $A^n\leqslant a_1{}^n+a_2{}^n+\cdots+a_m{}^n\leqslant mA^n$，进而

$$A\leqslant\sqrt[n]{a_1{}^n+a_2{}^n+\cdots+a_m{}^n}\leqslant A\sqrt[n]{m},$$

因为 $\lim\limits_{n\to\infty}A=A$，$\lim\limits_{n\to\infty}A\sqrt[n]{m}=A$，由夹逼准则，$\lim\limits_{n\to\infty}\sqrt[n]{a_1{}^n+a_2{}^n+\cdots+a_m{}^n}=A$

3. 设数列 $\{u_n\}$：$\sqrt{2},\sqrt{2+\sqrt{2}},\sqrt{2+\sqrt{2+\sqrt{2}}},\cdots,\sqrt{2+u_{n-1}},\cdots$，证明：$\lim\limits_{n\to+\infty}u_n$ 存在，并求此极限值.

分析　单调有界数列必有极限.

证明　先利用数学归纳法证明数列 $\{u_n\}$ 有界. 显然 $u_1=\sqrt{2}<2$，假设 $u_{n-1}<2$，下面证明 $u_n<2$. 因为 $u_n=\sqrt{2+u_{n-1}}<\sqrt{2+2}=2$，由数学归纳法，可知数列 $\{u_n\}$ 有界，即 $u_n<2$.

再证明数列 $\{u_n\}$ 单调. 因为

$$u_{n+1}=\sqrt{2+u_n}>\sqrt{u_n+u_n}=\sqrt{2u_n}>\sqrt{u_nu_n}=u_n,$$

所以数列 $\{u_n\}$ 单调递增. 综上，数列 $\{u_n\}$ 单调递增有上界，所以该数列收敛.

设 $\lim\limits_{n\to\infty}u_n=A$，$u_{n+1}=\sqrt{2+u_n}$，两边同时取极限，得 $A^2=2+A$，解得 $A=2$

因此 $\lim\limits_{n\to\infty} u_n = 2$.

4. 讨论函数 $f(x) = \lim\limits_{n\to+\infty}\dfrac{x + x^2 e^{-\frac{n}{x}}}{1 + e^{\frac{n}{x}}}$ 的连续性，若有间断点，判别其类型.

解 $x > 0$ 时，$f(x) = \lim\limits_{n\to+\infty}\dfrac{x + x^2 e^{n/x}}{1 + e^{n/x}} = \lim\limits_{n\to+\infty}\dfrac{x/e^{-n/x} + x^2}{e^{-n/x} + 1} = x^2$，$x < 0$ 时，$f(x) = \lim\limits_{n\to+\infty}\dfrac{x + x^2 e^{n/x}}{1 + e^{n/x}} = x$. 所以点 $x = 0$ 为函数 $f(x) = \begin{cases} x, & x < 0, \\ x^2, & x > 0 \end{cases}$ 的可去间断点.

5. 求函数 $\lim\limits_{x\to0}\left[\dfrac{f(x) - 1}{x} - \dfrac{\sin x}{x^2}\right] = 2$，求 $\lim\limits_{x\to0} f(x)$.

解 因为

$$\lim_{x\to0}\left[\frac{f(x) - 1}{x} - \frac{\sin x}{x^2}\right] = \lim_{x\to0}\frac{xf(x) - x - \sin x}{x^2}$$

$$= \lim_{x\to0}\frac{f(x) - 1 - \dfrac{\sin x}{x}}{x}$$

$$= 2,$$

由于分母极限为0，则分子极限必为0，所以有

$$\lim_{x\to0} f(x) = \lim_{x\to0}\left(1 + \frac{\sin x}{x}\right) = 2.$$

6. 已知 $\lim\limits_{x\to\infty}[f(x) - ax - b] = 0$，求 $\lim\limits_{x\to\infty}\dfrac{f(x)}{x}$.

解 已知 $\lim\limits_{x\to\infty}[f(x) - ax - b] = 0$，得到 $\lim\limits_{x\to\infty}[f(x) - ax] = b$，所以有 $\lim\limits_{x\to\infty}\left[\dfrac{f(x)}{x} - a\right] = 0$ 即 $\lim\limits_{x\to\infty}\dfrac{f(x)}{x} = a$.

7. 求极限 $\lim\limits_{x\to\infty}\left(\dfrac{2^{\frac{1}{x}} + 3^{\frac{1}{x}}}{2}\right)^x$.

解 $\lim\limits_{x\to\infty}\left(\dfrac{2^{\frac{1}{x}} + 3^{\frac{1}{x}}}{2}\right)^x = \lim\limits_{x\to\infty} e^{x\ln\left(\frac{2^{\frac{1}{x}} + 3^{\frac{1}{x}}}{2}\right)}$，而

$$\lim_{x\to\infty} x\ln\left(\frac{2^{\frac{1}{x}} + 3^{\frac{1}{x}}}{2}\right) = \lim_{x\to\infty} x\ln\left(1 + \frac{2^{\frac{1}{x}} + 3^{\frac{1}{x}} - 2}{2}\right)$$

$$= \lim_{x\to\infty} x\,\frac{(2^{\frac{1}{x}} - 1) + (3^{\frac{1}{x}} - 1)}{2}$$

$$= \lim_{x\to\infty}\frac{1}{2}\,\frac{(2^{\frac{1}{x}} - 1) + (3^{\frac{1}{x}} - 1)}{\dfrac{1}{x}}$$

$$= \frac{\ln2 + \ln3}{2} = \frac{\ln6}{2},$$

所以 $\lim\limits_{x\to\infty}\left(\dfrac{2^{\frac{1}{x}} + 3^{\frac{1}{x}}}{2}\right)^x = \lim\limits_{x\to\infty} e^{x\ln\left(\frac{2^{\frac{1}{x}} + 3^{\frac{1}{x}}}{2}\right)} = e^{\frac{\ln6}{2}} = \sqrt{6}$.

8. 设函数$f(x)=\lim\limits_{n\to+\infty}\dfrac{x^{2n}-1}{x^{2n}+1}x$，求函数$f(x)$的连续区间和间断点，并对间断点分类.

解　当$|x|<1$时，$f(x)=\lim\limits_{n\to+\infty}\dfrac{x^{2n}-1}{x^{2n}+1}x=-x$；当$|x|>1$时，$f(x)=\lim\limits_{n\to+\infty}\dfrac{x^{2n}-1}{x^{2n}+1}x=\lim\limits_{n\to+\infty}\dfrac{1-x^{-2n}}{1+x^{-2n}}x=x$；当$|x|=1$时，$f(x)=\lim\limits_{n\to+\infty}\dfrac{x^{2n}-1}{x^{2n}+1}x=0$；
因此

$$f(x)=\begin{cases}-x, & |x|<1,\\ 0, & |x|=1,\\ x, & |x|>1.\end{cases}$$

因为$\lim\limits_{x\to1^+}f(x)=\lim\limits_{x\to1^+}x=1$，$\lim\limits_{x\to1^-}f(x)=\lim\limits_{x\to1^-}(-x)=-1$，所以点$x=1$为跳跃间断点；又因为$\lim\limits_{x\to-1^+}f(x)=\lim\limits_{x\to-1^+}-x=-1$，$\lim\limits_{x\to-1^-}f(x)=\lim\limits_{x\to-1^-}x=1$，所以点$x=-1$为跳跃间断点.

9. 设函数$f(x)=\lim\limits_{n\to\infty}(x-1)\arctan|x|^n$，并求其间断点，并对间断点进行分类.

解　当$|x|<1$时，$f(x)=\lim\limits_{n\to+\infty}(x-1)\arctan|x|^n=0$；当$|x|>1$时，$f(x)=\lim\limits_{n\to+\infty}(x-1)\arctan|x|^n=\dfrac{\pi}{2}(x-1)$；当$|x|=1$时，$f(x)=\lim\limits_{n\to+\infty}(x-1)\arctan|x|^n=\dfrac{\pi}{4}(x-1)$；因此

$$f(x)=\begin{cases}0, & |x|<1,\\ \dfrac{\pi}{4}(x-1), & |x|=1,\\ \dfrac{\pi}{2}(x-1), & |x|>1.\end{cases}$$

因为$\lim\limits_{x\to1^+}f(x)=\lim\limits_{x\to1^+}\dfrac{\pi}{4}(x-1)=0$，$\lim\limits_{x\to1^-}f(x)=0$，$f(1)=0$所以函数在点$x=1$连续. 又因为$\lim\limits_{x\to-1^+}f(x)=\lim\limits_{x\to-1^+}\dfrac{\pi}{2}(x-1)=-\pi$，$\lim\limits_{x\to-1^-}f(x)=0$，所以点$x=-1$为函数跳跃间断点.

10. 证明：方程$|x|^{\frac{1}{4}}+|x|^{\frac{1}{2}}-\dfrac{1}{2}\cos x=0$在$(-\infty,+\infty)$内仅有两个实根.

证明　由于$|x|^{\frac{1}{4}}+|x|^{\frac{1}{2}}-\dfrac{1}{2}\cos x=0$为偶函数，只要证明所给方程在$(0,+\infty)$仅有一个实根即可.

设$F(x)=x^{\frac{1}{4}}+x^{\frac{1}{2}}-\dfrac{1}{2}\cos x$，因为$F(0)=-\dfrac{1}{2}<0$，可知$x=0$不是方程$F(x)=0$的根，又因为$\lim\limits_{x\to+\infty}F(x)=+\infty$，故存在一点$x_0>0$，使得$F(x_0)>0$. 例如取$x_0=1$，有$F(1)=\dfrac{5}{2}>0$. 于是，由零点定理，在区间$(0,1)$内$F(x)=0$至少存在一个根.

注意到当$x>1$时，$F(x)$恒大于零，故在区间$(1,+\infty)$内方程$F(x)=0$不可能有根.

又因为$0<x<1<\dfrac{\pi}{2}$时，函数$F(x)$单调增加，从而$F(x)=0$在在区间$(0,1)$内有

且仅有一个实根.

11. 设函数$f(x)$在$[0,1]$上连续，且$f(0)=f(1)$，证明 一定存在$x_0\in\left[0,\frac{1}{2}\right]$，使得

$$f(x_0)=f\left(x_0+\frac{1}{2}\right).$$

证明 令$F(x)=f(x)-f\left(x+\frac{1}{2}\right)$，由于$f(0)=f(1)$，所以

$$F(0)=f(0)-f\left(\frac{1}{2}\right),$$

$$F\left(\frac{1}{2}\right)=f\left(\frac{1}{2}\right)+f(1),$$

有

$$F(0)=-F\left(\frac{1}{2}\right).$$

在区间$\left[0,\frac{1}{2}\right]$上，$F(x)=f(x)+f\left(x+\frac{1}{2}\right)$连续，且在区间断点函数值互为相反数，根据零值定理，一定存在一点$x_0\in\left[0,\frac{1}{2}\right]$，使得$F(x_0)=0$，即$f(x_0)=f\left(x_0+\frac{1}{2}\right)$

12. 设$f(x)$在$[a,b]$上连续，$a<c<d<b$，证明：

(1) 在(a,b)内至少存在一点ξ，使得$f(c)+f(d)=2f(\xi)$；

(2) 在(a,b)内至少存在一点ξ，使得

$$mf(c)+nf(d)=(m+n)f(\xi)，其中 m,n 为正数.$$

证明 (1) 因为函数$f(x)$在区间$[a,b]$上连续，且$a<c<d<b$，所以函数$f(x)$也在区间$[c,d]$上连续. 根据最值定理，函数$f(x)$在$[c,d]$存在最大值T和最小值t，则有$t\leqslant\frac{f(c)+f(d)}{2}\leqslant T$，根据介值定理，至少存在一点$\xi\in(c,d)$，使得

$$f(\xi)=\frac{f(c)+f(d)}{2},$$

证毕.

(2) 由 (1) 证明过程知，$(m+n)t\leqslant mf(c)+nf(d)\leqslant(m+n)T$，即

$$t\leqslant\frac{mf(c)+nf(d)}{m+n}\leqslant T,$$

根据介值定理，至少存在一点$\xi\in(c,d)$，使得

$$f(\xi)=\frac{mf(c)+nf(d)}{m+n}.$$

13. 已知函数$f(x)=\frac{px^2-2}{x^2+1}+3qx+5$，当$x\to\infty$时，$p,q$取何值时，$f(x)$为无穷小量.

解 $\lim\limits_{x\to\infty}f(x)=\lim\limits_{x\to\infty}\left(\frac{px^2-2}{x^2+1}+3qx+5\right)=\lim\limits_{x\to\infty}\left[3qx+\frac{(p+5)x^2+3}{x^2+1}\right]=0$，因为$x\to\infty$，所以要使$f(x)$为无穷小量，则$\begin{cases}p+5=0\\q=0\end{cases}\Rightarrow\begin{cases}p=-5\\q=0\end{cases}$.

四、自测题及答案

自测题

一、填空题（本大题共10题，每小题3分，共30分）

1. $\lim\limits_{x\to0}\left(2-\dfrac{1}{1+x}\right)=$ ________.

2. 当 $x\to1^+$ 时 $e^{\frac{1}{1-x}}$ 是无穷________量.

3. 函数 $\lim\limits_{x\to\infty}\dfrac{\sin x}{x}=$ ________.

4. $\lim\limits_{x\to2}\dfrac{x^2-4}{x-3}=$ ________.

5. $\lim\limits_{n\to+\infty}\sqrt{n}(\sqrt{n+1}-\sqrt{n-2})=$ ________.

6. 若 $\lim\limits_{n\to+\infty}\left(1+\dfrac{5}{n}\right)^{-kn}=e^{-10}$，则 $k=$ ________.

7. $\lim\limits_{n\to+\infty}\dfrac{3n^2+5}{5n+3}\sin\dfrac{2}{n}=$ ________.

8. 已知当 $x\to0$ 时，$(1+ax^2)^{\frac{1}{3}}-1$ 与 $\cos x-1$ 是等价无穷小，则常数 $a=$ ________.

9. $\lim\limits_{x\to+\infty}\dfrac{1}{x}e^{\frac{1}{x}}=$ ________.

10. 设 $\lim\limits_{n\to+\infty}\left(\dfrac{n+2a}{n-a}\right)^{\frac{n}{3}}=8$，则 $a=$ ________.

二、计算题（本大题共6题，每小题10分，共60分）

1. 求 $\lim\limits_{x\to0}\dfrac{1-\cos x}{\sqrt{1+x^2}-1}$.

2. $\lim\limits_{n\to+\infty}(\sqrt{n^2+3n-1}-\sqrt{n^2-5n+2})$.

3. $\lim\limits_{x\to+\infty}\dfrac{\ln(x+1)-\ln x}{x}$

4. $\lim\limits_{x\to0}\dfrac{\ln\left[1+\dfrac{f(x)}{\sin 3x}\right]}{3^x-1}=3$，求 $\lim\limits_{x\to0}\dfrac{f(x)}{x^2}$.

5. 设 $\lim\limits_{x\to0}\dfrac{\sqrt{1+\dfrac{1}{x}f(x)}-1}{x^2}=b$ 求常数 a,k，使得当 $x\to0$ 时，函数 $f(x)\sim ax^k$.

6. 求 $y=\lim\limits_{n\to+\infty}(x-1)\arctan|x|^n$ 的表达式，并求出其间断点.

三、证明题（本大题10分）

证明方程 $e^x-2=x$ 在 $(0,2)$ 内至少有一个实根.

答案

一、1. 1

2. 小

3. 0

4. 0；

5. $\frac{3}{2}$；

6. 2；

7. $\frac{6}{5}$；

8. $\frac{3}{2}$；

9. 0；

10. ln8 .

二、1. 1；

2. 4；

3. 0；

4. 9ln3 ；

5. $k = 3, a = 2b$ ；

6. $f(x) = \begin{cases} \frac{\pi}{2}(x-1), & |x| > 1, \\ \frac{\pi}{4}(x-1), & |x| = 1, \\ 0, & |x| < 1. \end{cases}$ $x = -1$ 是跳跃间断点.

三、略.

第三章　导数与微分

一、教学基本要求与内容提要

（一）教学基本要求

1. 理解导数的概念；理解导数的几何意义，会求平面曲线的切线方程和法线方程；理解函数的可导性与连续性之间的关系.

2. 掌握导数的四则运算法则和符合函数的求导法则；熟练掌握基本初等函数的导数公式；会求反函数的导数及复合函数导数.

3. 了解高阶导数的概念，掌握初等函数一阶、二阶导数的求法；会求一些简单函数的n阶导数.

4. 会求隐函数方程所确定的函数的一阶、二阶导数.

5. 理解微分的概念；微分与导数的关系及几何意义；了解微分的四则运算法则和一阶微分形式不变性；会利用微分近似计算原理求一些函数值的近似值.

（二）内容提要

1. 导数的基本概念

（1）导数

设函数 $f(x)$ 在点 x_0 的某邻域内有定义，若极限

$$\lim_{\Delta x\to 0}\frac{\Delta y}{\Delta x}=\lim_{\Delta x\to 0}\frac{f(x_0+\Delta x)-f(x_0)}{\Delta x} \tag{3.1}$$

存在，则称函数 $y=f(x)$ 在点 x_0 处可导，此极限为函数 $f(x)$ 在点 x_0 处的**导数**，记为

$$f'(x_0)\ ,\ y'|_{x=x_0}\ ,\ \left.\frac{dy}{dx}\right|_{x=x_0}\ ,\ \left.\frac{df(x)}{dx}\right|_{x=x_0}.$$

若记 $x=x_0+\Delta x$，则等价定义式

$$f'(x_0)=\lim_{x\to x_0}\frac{f(x)-f(x_0)}{x-x_0}. \tag{3.2}$$

（2）单侧导数

左导数　$$f'_-(x_0)=\lim_{x\to x_0^-}\frac{f(x)-f(x_0)}{x-x_0}=\lim_{\Delta x\to 0^-}\frac{\Delta y}{\Delta x}. \tag{3.3}$$

右导数 $$f'_{+}(x_0)=\lim_{x\to x_0^+}\frac{f(x)-f(x_0)}{x-x_0}=\lim_{\Delta x\to 0^+}\frac{\Delta y}{\Delta x}. \tag{3.4}$$

(3) 导函数 如果函数 $y=f(x)$ 在开区间 (a,b) 内每一点处都可导，则称 $y=f(x)$ 在 (a,b) 内可导.

$$f'(x)=\lim_{\Delta x\to 0}\frac{f(x+\Delta x)-f(x)}{\Delta x} \tag{3.5}$$

$f'(x)$ 在 (a,b) 内是 x 的函数，称为 $f(x)$ 的导函数，简称为导数. 导函数 $f'(x)$ 也可记为 y' 或 $\frac{dy}{dx}$，$\frac{df}{dx}$.

(4) 区间可导 如果 $y=f(x)$ 在 (a,b) 内可导，且 $f'_{+}(a)$ 及 $f'_{-}(b)$ 都存在，则称 $y=f(x)$ 在闭区间 $[a,b]$ 上可导.

注 ① 研究函数在某点的可导性，该函数必须在此点有定义.

② 单侧导数常用于函数在某点两侧表达式不同，而讨论函数在该点的导数问题，比如讨论分段函数在分段点处的可导性.

③在导数存在的情况下，函数 $f(x)$ 在点 x_0 处的导数就是导函数 $f'(x)$ 在 x_0 点的函数值，即 $f'(x_0)=f'(x)\big|_{x=x_0}$. 这是求函数在一点的导数的常用方法.

④导数 $f'(x_0)$ 则是函数 $y=f(x)$ 在点 x_0 处的变化率，它反映了函数在点 x_0 处随自变量变化而变化的快慢程度.

2. **导数的几何意义**

如果函数 $y=f(x)$ 在点 x_0 处可导，则其导数 $f'(x_0)$ 为曲线 $y=f(x)$ 在点 $(x_0,f(x_0))$ 处的切线斜率.

曲线 $y=f(x)$ 在点 $(x_0,f(x_0))$ 处的切线方程为

$$y-y_0=f'(x_0)(x-x_0). \tag{3.6}$$

曲线 $y=f(x)$ 在点 $(x_0,f(x_0))$ 处的法线方程为

$$y-y_0=-\frac{1}{f'(x_0)}(x-x_0) \quad (f'(x_0)\neq 0). \tag{3.7}$$

3. **可导的判别**

(1) 必要条件 若函数 $y=f(x)$ 在点 x_0 处可导，则 $f(x)$ 在点 x_0 处一定连续.

(2) 充要条件 $f'(x_0)$ 存在 $\Leftrightarrow f'_{+}(x_0)$ 和 $f'_{-}(x_0)$ 都存在，且 $f'_{+}(x_0)=f'_{-}(x_0)$.

4. **导数的运算**

基本导数公式

(1) $C'=0$ (2) $(x^{\alpha})'=\alpha x^{\alpha-1}$

(3) $(a^x)'=a^x\ln a$， $(e^x)'=e^x$

(4) $(\log_a|x|)'=\frac{1}{x\ln a}$， $(\ln|x|)'=\frac{1}{x}$

(5) $(\sin x)'=\cos x$ (6) $(\cos x)'=\sin x$

(7) $(\tan x)'=\sec^2 x$ (8) $(\cot x)'=-\csc^2 x$

(9) $(\sec x)'=\sec x\cdot\tan x$ (10) $(\csc x)'=-\csc x\cdot\cot x$

(11) $(\arcsin x)' = \dfrac{1}{\sqrt{1-x^2}}$　　(12) $(\arccos x)' = -\dfrac{1}{\sqrt{1-x^2}}$

(13) $(\arctan x)' = \dfrac{1}{1+x^2}$　　(14) $(\operatorname{arccot} x)' = -\dfrac{1}{1+x^2}$

四则运算法则

设 $u = u(x)$，$v = v(x)$ 都可导，则

(1) $(au)' = au'$（a 为常数）；　　(2) $(au \pm bv)' = au' \pm bv'$；

(3) $(uv)' = u'v + uv'$；　　(4) $\left(\dfrac{u}{v}\right)' = \dfrac{u'v - uv'}{v^2}$ $(v \neq 0)$；

(5) $\left(\dfrac{c}{v}\right)' = -\dfrac{cv'}{v^2}$；

(6) $(f_1 f_2 \cdots f_n)' = f'_1 f_2 \cdots f_n + f_1 f'_2 \cdots f_n + \cdots + f_1 f_2 \cdots f_n'$.

反函数的求导法则

设函数 $x = \varphi(x)$ 在某区间单调且连续，又在该区间内某点 y_0 处有导数 $\varphi'(y_0) \neq 0$，则其反函数 $y = f(x)$ 在 y_0 的对应点 x_0（$x_0 = \varphi(y_0)$）处有导数，且

$$f'(x_0) = \frac{1}{\varphi(y_0)} \tag{3.8}$$.

复合函数的求导法则

链式求导法则　设 $y = f(u)$，而 $u = \varphi(x)$，且 $f(u)$ 及 $\varphi(x)$ 都可导，则复合函数 $y = f[\varphi(x)]$ 的导数为 $\dfrac{dy}{dx} = \dfrac{dy}{du} \cdot \dfrac{du}{dx}$ 或 $y' = f'[\varphi(x)] \cdot \varphi'(x)$，

去掉中间变量可表示为

$$\{f[\varphi(x)]\}' = f'[\varphi(x)] \cdot \varphi'(x) \tag{3.9}$$.

注　记号 $f'[\varphi(x)]$ 表示对中间变量 $\varphi(x)$ 求导，也就是把 $\varphi(x)$ 看做一个整体，当做基本求导公式中的 x；而记号 $\{f[\varphi(x)]\}'$ 表示复合函数 $\{f[\varphi(x)]\}$ 对自变量 x 求导. 从链式求导法则中可以看出二者并不相等.

隐函数的导数

求由方程 $F(x,y) = 0$ 所确定的隐函数 $y = y(x)$ 的导数 $\dfrac{dy}{dx}$ 时，应对方程 $F(x,y) = 0$ 两端同时对自变量 x 求导，然后解出 $\dfrac{dy}{dx}$.

注　方程 $F(x,y) = 0$ 两边对自变量 x 求导时，注意将 $y = y(x)$，即将 y 看做中间变量，得到一个关于 y' 的方程.

对数求导法　对于多项相乘、相除、开方、乘方的式子，一般先取对数再求导. 设函数 $y = f(x)$，先等式两边取对数 $\ln y = \ln f(x)$；然后两边对自变量 x 求导，注意将 y 看做中间变量，得 $\dfrac{1}{y}y' = [\ln f(x)]' \Rightarrow y' = y[\ln f(x)]'$.

幂指函数的导数　设幂指 $y = u(x)^{v(x)}$ 函数为，

(1) 对数求导法　等式两边同时取对数，然后再求导，可得

$$\frac{dy}{dx} = \left[v'(x)\ln u(x) + \frac{v(x)}{u(x)}u'(x)\right]u(x)^{v(x)}. \qquad (3.10)$$

（2）**指数函数法** 将幂指函数 $y = u(x)^{v(x)}$ 化为指数函数 $u(x)^{v(x)} = e^{v(x)\ln u(x)}$，然后再求导可以得到（3.10）式.

5. **高阶导数** 函数 $y = f(x)$ 的导数 $y' = f'(x)$ 仍然是 x 的函数. 我们将 $y' = f'(x)$ 的导数称为函数 $y = f(x)$ 的二阶导函数. 记作 y''，$f''(x)$，$\frac{d^2y}{dx^2}$ 或 $\frac{d^2f(x)}{dx^2}$.

三阶导数记作 y'''，$f'''(x)$，$\frac{d^3y}{dx^3}$ 或 $\frac{d^3f(x)}{dx^3}$.

$n \geq 4$ 时，n 阶导数记作 $y^{(n)}$，$f^{(n)}(x)$，$\frac{d^ny}{dx^n}$ 或 $\frac{d^nf(x)}{dx^n}$.

或统一表示为

$$f^{(n)}(x_0) = \lim_{\Delta x \to 0}\frac{f^{(n-1)}(x_0 + \Delta x) - f^{(n-1)}(x_0)}{\Delta x}, \qquad (3.11)$$

且 $f^{(n-1)}(x)$ 在 x_0 的某邻域内有定义，$x_0 + \Delta x$ 也在该邻域内.

注 几个常用函数的 n 阶导数公式

$(a^x)^{(n)} = a^x(\ln a)^n$，特别的 $(e^x)^{(n)} = e^x$；

$(\sin x)^{(n)} = \sin\left(x + n\frac{\pi}{2}\right)$，$(\cos x)^{(n)} = \cos\left(x + n\frac{\pi}{2}\right)$；

$(x^\alpha)^{(n)} = \alpha(\alpha - 1)\cdots(\alpha - n + 1)x^{\alpha - n}$；特别

$(x^n)^{(n)} = n(n-1)(n-2)\cdots 3 \cdot 2 \cdot 1 = n!$，

$(x^n)^{(n+1)} = (n!)' = 0$，$\left(\frac{1}{x}\right)^{(n)} = (-1)^n\frac{n!}{x^{n+1}}$；

6. **微分的基本概念**

（1）**微分** 设函数 $y = f(x)$ 在点 x_0 处的改变量为 Δx，若函数的改变量

$$\Delta y = f(x + \Delta x) - f(x)$$

可以表示为

$$\Delta y = A\Delta x + \alpha\Delta x,$$

其中 A 与 Δx 无关，α 是 $\Delta x \to 0$ 时的无穷小量，则称函数 $y = f(x)$ 在点 x_0 处可微，并称 Δx 的线性主部 $A\Delta x$ 为函数 $y = f(x)$ 在点 x_0 处的微分，记为 dy 或 $df(x)$，即

$$dy\big|_{x=x_0} = A\Delta x \text{ 或 } df(x)\big|_{x=x_0} = A\Delta x.$$

注 ① dy 是 Δx 的线性函数.

② $\Delta y - dy = o(x)$ 是较 x 高阶的无穷小量，即函数增量与微分之差是个非常小的量. 同时也说明，用形式简单的"线性增量 $A\Delta x$，即 dy"，代替形式复杂的"函数增量 Δy"，其误差"$\Delta y - A\Delta x$"是 $o(x)$. 即用"简单的量"代替"复杂的量"，且产生的误差可以忽略不计，这就是可微的含义.

③函数 $f(x)$ 在点 x_0 可导 $\Leftrightarrow$ 函数 $f(x)$ 在点 x_0 可微，且 $dy = f(x_0)\Delta x = f(x_0)dx$ 所以导数及微商，即 $\frac{dy}{dx} = f'(x)$.

④“可微”与“可导”不是在任何条件下都等价，这关系只对一元函数成立.

(2) 微分的几何意义

函数 $y=f(x)$ 的图形是一条曲线. Δy 是曲线 $y=f(x)$ 上点的纵坐标的增量, dy 就是曲线切线上点的纵坐标的增量.

以直代曲　若函数 $f(x)$ 在点 x_0 可微，则在点 (x_0,y_0) 附近可以用切线（直线）$y-y_0=f'(x_0)(x-x_0)$ 近似代替曲线 $y=f(x)$.

7. 微分的运算

微分的运算法则

(1) $d(u\pm v)=du\pm dv$;　(3.12)

(2) $d(uv)=udv+vdu$;　(3.13)

(3) $d\left(\dfrac{u}{v}\right)=\dfrac{vdu-udv}{v^2}, v\neq 0$.　(3.14)

微分形式的不变性

$$dy=\{f[\varphi(x)]\}'dx=f'[\varphi(x)]\varphi'(x)dx=f'(u)u'dx=f'(u)du \quad (3.15)$$

对于函数 $y=f(u)$，不论 u 是自变量还是另一变量 x 的函数 $u=\varphi(x)$，$f(u)$ 的微分形式 $dy=f'(u)du$ 总保持不变.

注　由微分定义可知 $\{f[\varphi(x)]\}'=\dfrac{df[\varphi(x)]}{dx}$，而 $f'[\varphi(x)]=\dfrac{df[\varphi(x))}{d\varphi(x)}$，进一步说明二者并不相等.

函数的线性近似　若函数 $f(x)$ 在点 x_0 可微，则在该点附近有

$$f(x_0+\Delta x)\approx f(x_0)+f'(x_0)\Delta x. \quad (3.16)$$

线性函数 $L(x)=f(x_0)+f'(x_0)(x-x_0)$ 称为函数 $f(x)$ 在点 x_0 处的线性化.
特别地

$$f(x)\approx f(0)+f'(0)\cdot x. \quad (3.17)$$

当 $|x|$ 充分小时，得到下列近似公式

$(1+x)^\alpha\approx 1+\alpha x$; $\sin x\approx x$; $\tan x\approx x$; $e^x\approx 1+x$;. $\ln(1+x)\approx x$

二、典型方法与范例

1. 利用导数概念解题

例 1　已知 $f'(a)$ 存在，求 $\lim\limits_{x\to 0}\dfrac{f(a-2x^2)-f(a)}{\tan^2 x}$.

分析　利用导数定义 $\lim\limits_{x\to x_0}\dfrac{f(x)-f(x_0)}{x-x_0}=f'(x_0)$.

解　$\lim\limits_{x\to 0}\dfrac{f(a-2x^2)-f(a)}{\tan^2 x}=\lim\limits_{x\to 0}\dfrac{f(a-2x^2)-f(a)}{-2x^2}\cdot\dfrac{-2x^2}{\tan^2 x}=-2f'(a)$.

例 2　设 $f(0)=1, f'(0)=-1$，求 $\lim\limits_{x\to 1}\dfrac{f(\ln x)-1}{1-x}$.

解　$\lim\limits_{x\to 1}\dfrac{f(\ln x)-1}{1-x}=\lim\limits_{x\to 1}\dfrac{f(\ln x)-f(0)}{\ln x}\cdot\dfrac{\ln(1+x-1)}{1-x}=-f'(0)\cdot 1=1$.

例 3　设 $f(x)$ 在 $x=2$ 处连续，且 $\lim\limits_{x\to 2}\dfrac{f(x)}{x-2}=2$ 求 $f'(2)$.

分析　利用连续定义转换成导数定义形式.

解　$f(2)=\lim\limits_{x\to2}f(x)=\lim\limits_{x\to2}(x-2)\dfrac{f(x)}{x-2}=\lim\limits_{x\to2}(x-2)\lim\limits_{x\to2}\dfrac{f(x)}{x-2}=0$，所以有

$$f'(2)=\lim_{x\to2}\frac{f(x)-f(2)}{x-2}=\lim_{x\to2}\frac{f(x)}{x-2}=2.$$

2. **利用导数求曲线的切线、法线方程**

例4　求过点(0,2)且与曲线 $y=2x-x^3$ 相切的直线方程.

解设所求直线与曲线 $y=2x-x^3$ 的切点坐标为(x_0,y_0)，其中 $y_0=2x_0-x_0^3$，则所求直线方程的斜率为

$$k=y'\Big|_{x=x_0}=2-3x_0^2,$$

所以，通过点(x_0,y_0)的曲线的切线斜率方程为

$$y-(2x_0-x_0^3)=(2-3x_0^2)(x-x_0).$$

已知切线通过点(0,2)，故将点(0,2)带入切线方程得

$$0-(2x_0-x_0^3)=(2-3x_0^2)(2-x_0)$$

解得

$$x_0=1,y_0=1,k=-1.$$

故所求切线方程为

$$y=-x+2.$$

例5　求 α，使得直线 $y=\alpha x$ 成为曲线 $y=-x^2+3x-2$ 的切线.

解　设切线 $y=\alpha x$ 与曲线 $y=-x^2+3x-2$ 都经过同一点$(x_0,f(x_0))$，并且切线斜率就是导数

$$\alpha=f'(x_0)=-2x_0+3.$$

另外，

$$-x_0^2+3x_0-2=(-2x_0+3)x_0,$$

解得

$$x_0=\pm\sqrt{2},$$

斜率

$$\alpha=f'(x_0)=3\pm2\sqrt{2},$$

这样的切线有两条.

3. **复合函数求导**

例6　求下列函数在点 $x=0$ 处的导数

(1) $f(x)=\arctan\dfrac{x}{x^2-1}$;　　　　(2) $f(x)=x(x+1)(x+2)\cdots(x+n)$.

分析　显然可按复合函数求导法则先计算 $f'(x)$，再求 $f'(0)$. 但那样做较为麻烦. 如果用函数在一点的导数定义 来计算，会更简便.

解　(1)　**方法一**　**分析**　链式求导法则

$$f'(x)=\left(\arctan\frac{x}{x^2-1}\right)'$$

$$= \frac{1}{1+\left(\frac{x}{x^2-1}\right)^2}\left(\frac{x}{x^2-1}\right)'$$

$$= \frac{(x^2-1)^2}{(x^2-1)^2+x^2} \cdot \frac{(x^2-1)-2x^2}{(x^2-1)^2}$$

$$= \frac{-x^2-2x-1}{2x^2-2x+1}$$

因此

$$f'(0) = f'(x)\Big|_{x=0} = -1$$

方法二　分析　利用导数定义

因为$f(0)=0$，则

$$f'(0) = \lim_{x\to 0}\frac{f(x)-f(0)}{x-0} = \lim_{x\to 0}\frac{\arctan\frac{x}{x^2-1}}{x} = \lim_{x\to 0}\frac{\frac{x}{x^2-1}}{x} = -1.$$

(2) **方法一　分析**　利用导数定义.

因为$f(0)=0$，则

$$f'(0) = \lim_{x\to 0}\frac{f(x)-f(0)}{x-0} = \lim_{x\to 0}\frac{x(x+1)(x+2)\cdots(x+n)}{x} = n!.$$

方法二　分析　因为函数为多个因子幂的连乘积，所以可以采用对数求导法.

两端同时取对数

$$\ln f(x) = \ln x + \ln(x+1) + \cdots + \ln(x+n),$$

然后两端同时求导

$$\frac{f'(x)}{f(x)} = \frac{1}{x} + \frac{1}{x+1} + \cdots + \frac{1}{x+n},$$

整理得

$$f'(x) = (x+1)(x+2)\cdots(x+n) + x(x+2)\cdots(x+n) + \cdots + x(x+1)\cdots(x+n),$$

所以

$$f'(0) = n!.$$

例7　求下列函数的导数.

(1) $y = e^{\tan x}\sin\frac{1}{x}$；(2) $y = \ln\frac{a+x}{a-x}$.

解(1) 分析 按照复合函数求导链式法则求导.

$$y' = (e^{\tan x})'\sin\frac{1}{x} + e^{\tan x}\left(\sin\frac{1}{x}\right)'$$

$$= e^{\tan x}\sec^2 x + e^{\tan x}\cos\frac{1}{x}\left(\frac{1}{x}\right)'$$

$$= e^{\tan x}\left(\sec^2 x - \frac{1}{x^2}\cos\frac{1}{x}\right).$$

(2) 分析 按照复合函数求导链式法则求导.

$$y' = \frac{a-x}{a+x}\cdot\left(\frac{a+x}{a-x}\right)'$$
$$= \frac{a-x}{a+x}\cdot\frac{(a-x)+(a+x)}{(a-x)^2}$$
$$= \frac{2a}{a^2-x^2}.$$

例 8 已知$f\left(\frac{1}{2}x\right) = \sin x$，求$f'(x)$，$f'(f(x))$，$[f(f(x))]'$.

分析 先求出$f(x)$，注意$f'(f(x)) = \frac{df(f(x))}{df(x)}$，而$[f(f(x))]' = \frac{df(f(x))}{dx}$，二者并不相同.

解 $f(x) = \sin 2x$，$f'(x) = 2\cos 2x$；$f'(f(x)) = f'(t)|_{t=f(x)} = 2\cos(2\sin 2x)$；

$$[f(f(x))]' = \frac{df[f(x)]}{df(x)}\frac{df(x)}{dx} = f'(f(x))\cdot f'(x) = 4\cos 2x\cdot\cos(2\sin 2x).$$

注 复合函数求导法则中的条件 在$u = \varphi(x)$点x_0可导，$y = f(u)$在点$u_0 = \varphi(x_0)$可导是$f[\varphi(x)]$在点x_0可导的充分而非必要条件，即当条件不满足时，$f[\varphi(x)]$在点x_0也可能可导.

4. 分段函数求导

例 9 讨论函数$f(x) = x|x|$在$x = 0$处可导性.

分析 $f(x) = x|x|$是分段函数，在分段点$x = 0$处可导性一般用定义来讨论.

解 因为

$$f'_-(0) = \lim_{x\to 0^-}\frac{f(x)-f(0)}{x} = \lim_{x\to 0^-}\frac{-x^2}{x} = 0;$$
$$f'_+(0) = \lim_{x\to 0^+}\frac{f(x)-f(0)}{x} = \lim_{x\to 0^+}\frac{x^2}{x} = 0;$$

$f'_-(0) = f'_+(0)$，所以函数$f(x) = x|x|$在$x = 0$处可导.

例 10 设$f(x) = \begin{cases}1+\ln(1-4x), & x\leqslant 0,\\ a+be^x, & x>0,\end{cases}$试确定$a,b$的值，使$f(x)$在$x = 0$处可导，并求$f'(0)$.

分析 要确定两个待定参数，需要有两个等式，按题设，分段函数在分段点$x = 0$可导，必有$f'_-(0) = f'_+(0)$，另一个条件隐含在题设中，可导必连续.

解 由于$f(0) = 1$，且

$$\lim_{x\to 0^-}f(x) = \lim_{x\to 0^-}(a+be^x) = a+b,$$
$$\lim_{x\to 0^+}f(x) = \lim_{x\to 0^-}[1+\ln(1-4x)] = 1,$$

有$a+b = 1$；又由于$f(x)$在$x = 0$处可导，有

$$f'_-(0) = \lim_{x\to 0^-}\frac{f(x)-f(0)}{x} = \lim_{x\to 0^-}\frac{\ln(1-4x)}{x} = -4;$$
$$f'_+(0) = \lim_{x\to 0^+}\frac{f(x)-f(0)}{x} = \lim_{x\to 0^+}\frac{a+be^x-a-b}{x} = b;$$

解得 $b=4$，代入 $a+b=1$，解得 $a=-3$.

例 11 求下列函数的导数

(1) $f(x)=\begin{cases}\dfrac{1-\cos x}{x}, & x\neq 0,\\ 0, & x=0;\end{cases}$ (2) $f(x)=2^{|x-1|}$.

分析 此题中的两个函数均为分段函数，分段函数要分段求导，在分段点的导数可以用定义来计算.

解 (1) 当 $x\neq 0$ 时，$f'(x)=\left(\dfrac{1-\cos x}{x}\right)'=\dfrac{x\sin x+\cos x-1}{x^2}$.

当 $x=0$ 时，$f'(0)=\lim\limits_{x\to 0}\dfrac{f(x)-f(0)}{x}=\lim\limits_{x\to 0}\dfrac{1-\cos x}{x^2}=\dfrac{1}{2}$.

所以

$$f'(x)=\begin{cases}\dfrac{x\sin x+\cos x-1}{x^2}, & x\neq 0,\\ \dfrac{1}{2}, & x=0.\end{cases}$$

(2) 由于 $f(x)=2^{|x-1|}=\begin{cases}2^{x-1}, & x\geq 1,\\ 2^{1-x}, & x<1.\end{cases}$

故当 $x\neq 1$ 时，$f'(x)=\begin{cases}2^{x-1}\ln 2, & x>1,\\ -2^{1-x}\ln 2, & x<1.\end{cases}$ 而

$$f'_-(1)=\lim_{x\to 0^-}\frac{f(x)-f(1)}{x-1}=\lim_{x\to 0^-}\frac{2^{1-x}-1}{x-1}=\lim_{x\to 0^-}\frac{(1-x)\ln 2}{x-1}=-\ln 2,$$

$$f'_+(1)=\lim_{x\to 0^+}\frac{f(x)-f(1)}{x-1}=\lim_{x\to 0^+}\frac{2^{x-1}-1}{x-1}=\lim_{x\to 0^+}\frac{(x-1)\ln 2}{x-1}=\ln 2,$$

因为 $f'_-(0)\neq f'_+(0)$，故 $f'(1)$ 不存在.

例 12 设 $f(x)=\begin{cases}\dfrac{3}{4}x^4, & x<1,\\ x^3, & x\geq 1,\end{cases}$ 则 $f'_-(1)$ 与 $\lim\limits_{x\to 1^-}f'(1)$ 是否都存在且相等?

分析 这是一个关于左导数 $f'_-(1)$ 与导数的左极限 $\lim\limits_{x\to 1^-}f'(1)$ 的问题，关键要弄清左与导数的左极限的定义，并注意二者的区别.

解 因为 $f(x)=\begin{cases}\dfrac{3}{4}x^4, & x<1,\\ x^3, & x\geq 1,\end{cases}$ 当 $x<1$ 时 $f'(x)=3x^3$，故 $f'(1-0)=\lim\limits_{x\to 1^-}f'(x)=3$；而 $f'_-(1)=\lim\limits_{\Delta x\to 0^-}\dfrac{f(1+\Delta x)-f(1)}{\Delta x}=\lim\limits_{\Delta x\to 0^-}\dfrac{\frac{3}{4}(1+x)^4-1}{\Delta x}$ 不存在. 当然二者并不相等.

方法总结： 分段函数要分段求导，在分段点的导数需要用定义来计算，即左右导数是否相等来判别分段点处是否可导. 从 例 12 看出，函数在一点的左（右）导数 $f'_-(x_0)$（$f'_+(x_0)$）与导数的左（右）极限 $\lim\limits_{x\to x_0^-}f'(x)$（$\lim\limits_{x\to x_0^-}f'(x)$）并不是同一概念，所以他们未必相等. 但是当

$f(x)$ 在点 x_0 处连续时，由后面要学习的拉格朗日中值定理可以证明它们是相等的.

例 13 设 $f(x)=|x|^3$，求 $f'(x)$.

分析 分段函数在各分段的开区间内可导，则按照导数的运算法则直接求导，而在分段点处连续，可以利用导数的左、右极限与左、右导数相等.

解 因为函数在分段点 $x=0$ 处连续，而

$$f(x)=\begin{cases}-x^3, & x\leqslant 0,\\ x^3, & x>0;\end{cases}\quad f'(x)=\begin{cases}-3x^2, & x<0,\\ 3x^2, & x>0;\end{cases}$$

所以有

$$\lim_{x\to 0^+}f'(x)=\lim_{x\to 0^+}3x^2=0=f'_+(0),$$

$$\lim_{x\to 0^-}f'(x)=\lim_{x\to 0^-}(-3x^2)=0=f'_-(0),$$

知 $f'(0)=0$，故 $f'(x)=\begin{cases}-3x^2, & x\leqslant 0,\\ 3x^2, & x>0.\end{cases}$

例 14 设 $f(x)=\begin{cases}\ln(1-x^3), & x\leqslant 0,\\ x^2\sin\dfrac{1}{x}, & x>0,\end{cases}$ 求 $f'(x)$.

分析 分段函数在各分段的开区间内可导，则按照导数的运算法则直接求导，而在分段点处可以按定义求左、右导数.

解 先求 $f'(0)$. 因为 $f(0+0)=f(0-0)=f(0)$，即 $f(x)$ 在点 $x=0$ 处连续.

$$f'_-(0)=\lim_{x\to 0^-}\frac{f(x)-f(0)}{x-0}=\lim_{x\to 0^-}\frac{\ln(1-x^3)}{x}=0;$$

$$f'_+(0)=\lim_{x\to 0^+}\frac{f(x)-f(0)}{x-0}=\lim_{x\to 0^+}\frac{x^2\sin\frac{1}{x}}{x}=0;$$

从而 $f'(0)=0$. 故

$$f'(x)=\begin{cases}\dfrac{3x^2}{x^3-1}, & x\leqslant 0,\\ 2x\sin\dfrac{1}{x}-x^2\cos\dfrac{1}{x}, & x>0.\end{cases}$$

注 因为 $f(x)$ 在点 $x=0$ 处连续. 所以 $f(x)$ 在点 $x=0$ 处的导数也可以根据例 16 的方法总结，有

$$f'_-(0)=\lim_{x\to 0^-}f'(x)=\lim_{x\to 0^-}\frac{3x^2}{x^3-1}=0,$$

$$f'_+(0)=\lim_{x\to 0^+}f'(x)=\lim_{x\to 0^-}2x\sin\frac{1}{x}-x^2\cos\frac{1}{x}=0.$$

方法总结：分段函数求导，若函数在个分段的开区间内可导，则按导数的运算法则直接求导，而在分段点处的导数可按三种方法求

（1）按定义求分段点处的左、右导数；

（2）按求导法则分别求分段点处的左右导数；

（3）在分段点连续时，求导函数在分段点处的极限值.

5. **求高阶导数**

例 15 已知函数 $y=\cos^2 x\ln x$ 求 y''.

分析 逐阶求出高阶导.

解

$$y'=-2\cos x\sin x\ln x+\frac{\cos^2 x}{x}=-\sin 2x\ln x+\frac{\cos^2 x}{x};$$

$$y''=-2\cos 2x\ln x-\frac{2\sin 2x}{x}-\frac{\cos^2 x}{x^2}.$$

例 16 设函数 $f(x)$ 在 $x=2$ 的某邻域内可导，且 $f'(x)=e^{f(x)}$，$f(2)=1$，求 $f'''(2)$.

解 已知数 $f(x)$ 在 $x=2$ 的某邻域内可导，且 $f'(x)=e^{f(x)}$，所以 $f'(x)$ 在 $x=2$ 的同一邻域内可导，即该邻域内函数 $f(x)$ 二阶可导，且

$$f''(x)=[e^{f(x)}]'=f'(x)e^{f(x)}=e^{2f(x)}.$$

于是 $f''(x)$ 也在 $x=2$ 的同一邻域内可导，即该邻域内函数 $f(x)$ 二阶可导，且

$$f'''(x)=[e^{2f(x)}]'=2f'(x)e^{2f(x)}=2e^{3f(x)}.$$

将 $f(2)=1$ 代入可得 $f'''(2)=2e^3$.

例 17 求下列函数的 n 阶导函数.

(1) $y=\sin^3 x$； (2) $y=\dfrac{1}{2x+3}$.

解 (1) 因为 $\sin^3 x=\dfrac{1}{2}(1-\cos 2x)\sin x=\dfrac{3}{4}\sin x-\dfrac{1}{4}\sin 3x$，所以

$$y^{(n)}=\frac{3}{4}(\sin x)^{(n)}-\frac{1}{4}(\sin 3x)^{(n)}=\frac{3}{4}\sin\left(x+\frac{n\pi}{2}\right)-\frac{3^n}{4}\sin\left(3x+\frac{n\pi}{2}\right).$$

(2) $y'=\dfrac{2\times(-1)}{(2x+3)^2}$，$y''=\dfrac{2^2\times 2}{(2x+3)^3}$，$y'''=\dfrac{2^3\times(-3)}{(2x+3)^4}$，…. 观察规律可得

$$y^{(n)}=\frac{2^n\times(-1)^n n!}{(2x+3)^{n+1}}.$$

方法总结：求函数的高阶导数主要有以下三种思路

(1) 对给定的函数，逐阶求出函数的高阶导数；

(2) 求出所给函数的前几阶导数后，分析所得结果的规律，归纳出 n 阶导数的表达式，再用数学归纳法证明；

6. **隐函数求导.**

例 18 已知 $y=y(x)$ 由方程 $\sqrt{x^2+y^2}=e^{\arctan\frac{y}{x}}$ 所确定，求 y'.

分析 隐函数求导，方程两端取对数其形式会更简单，然后两端同时求导. 或者可以用隐函数微分法，两边同时微分

解 两端同时取对数

$$\frac{1}{2}\ln(x^2+y^2)=\arctan\frac{y}{x}$$

$$\frac{x+yy'}{x^2+y^2}=\frac{1}{1+\left(\frac{y}{x}\right)^2}\cdot\frac{y'x-y}{x^2}$$

整理得

$$y' = \frac{x+y}{x-y}.$$

例 19 求由方程 $x - y + \frac{1}{2}\sin y = 0$ 所确定隐函数 $y = f(x)$ 的二阶导."

解 两端同时对 x 求导，得

$$1 - y' + \frac{1}{2}y'\cos y = 0,$$

整理的

$$y' = \frac{2}{2-\cos y}.$$

从而

$$y'' = \frac{-2(2-\cos y)'}{(2-\cos y)^2} = -\frac{4\sin y}{(2-\cos y)^2}.$$

方法总结：隐函数求导有两种思路

（1）两端同时对 x 求导，得到一个关于 y' 的方程，再由此方程中解出 y' 即可；

（2）利用隐函数微分法进行求导.

如果需要取对数，可以方程两端同时取对数再采用上述方法求导.

7. 对数求导法

例 20 求下列函数的导数.

（1）$y = \sqrt{x\sin x\sqrt{1-e^x}}$；（2）$y = (\tan x)^{\sin x} + x^x$.

分析 若干个因子幂的连乘积的形式，所以用对数求导法.

解 （1）两端同时取对数

$$\ln y = \frac{1}{2}\left[\ln|x| + \ln|\sin x| + \frac{1}{2}\ln(1-e^x)\right],$$

两边同时对 x 求导，得

$$\frac{y}{y} = \frac{1}{2}\left[\frac{1}{x} + \frac{\cos x}{\sin x} - \frac{1}{2}\frac{e^x}{1-e^x}\right],$$

解得

$$y' = \frac{1}{2}\left[\frac{1}{x} + \cot x - \frac{e^x}{2(1-e^x)}\right]\sqrt{x\sin x\sqrt{1-e^x}}.$$

（2）设 $u = (\tan x)^{\sin x}$，$v = x^x$，则

$$\ln u = \sin x\ln\tan x, \ln v = x\ln x.$$

两端同时对 x 求导，得 $\frac{u'}{u} = \cos x\ln\tan x + \sin x\sec x$. $\frac{v'}{v} = \ln x + x\frac{1}{x}$，所以

$$y' = u' + v' = (\tan x)^{\sin x}(\cos x\ln\tan x + \sec x) + x^x(\ln x + 1).$$

方法总结：对数求导法的程序就是将所给的显函数 $y = f(x)$，两端同时取对数，得到隐函数 $\ln y = \ln f(x)$ 的形式，然后按隐函数求导得思路求出 y 对 x 的导数.

根据对数性质，对数求导法则最适用于两种形式的函数

（1）形如 $y = f(x)^{g(x)}$ 的幂指函数，两端取对数，得

$$\ln y = g(x)\ln f(x)$$

这就化为积的导数运算.

(2) 若干个因子幂的连乘积的形式，取对数后可化为和差的导数运算.

8. **微分**

例 21　设 $y = f(\ln x)e^{f(x)}$，其中 f 可微，求 dy.

解

$$\begin{aligned} dy &= f(\ln x)d(e^{f(x)}) + e^{f(x)}d(f(\ln x)) \\ &= f(\ln x)e^{f(x)}df(x) + f'(\ln x)e^{f(x)}d(\ln x) \\ &= f(\ln x)e^{f(x)}f'(x)dx + f'(\ln x)e^{f(x)}\frac{1}{x}dx \\ &= e^{f(x)}\left[f(\ln x)f'(x) + f'(\ln x)\frac{1}{x}\right]dx. \end{aligned}$$

三、教材习题详解

习题三

(A)

1. 利用导数定义求下列函数的导数.

(1) $y = 10x^2$；　　(2) $y = \dfrac{1}{x}$；

(3) $y = \sqrt{x}$；　　(4) $y = \begin{cases} \cos x, & x \geq 0, \\ -x, & x < 0. \end{cases}$

解　(1) $y' = \lim\limits_{\Delta x \to 0}\dfrac{\Delta y}{\Delta x}$

$$\lim_{\Delta x \to 0}\frac{f(x+\Delta x) - f(x)}{\Delta x}$$

$$= \lim_{\Delta x \to 0}\frac{10(x^2 + 2x\Delta x + \Delta x^2) - 10x^2}{\Delta x}$$

$$= 20x$$

(2) $y' = \lim\limits_{\Delta x \to 0}\dfrac{f(x+\Delta x) - f(x)}{\Delta x} = \lim\limits_{\Delta x \to 0}\dfrac{\dfrac{1}{x+\Delta x} - \dfrac{1}{x}}{\Delta x} = \lim\limits_{\Delta x \to 0}\dfrac{-1}{x(x+\Delta x)} = -\dfrac{1}{x^2}$

(3) $y' = \lim\limits_{\Delta x \to 0}\dfrac{\Delta y}{\Delta x}$

$$= \lim_{\Delta x \to 0}\frac{f(x+\Delta x) - f(x)}{\Delta x}$$

$$= \lim_{\Delta x \to 0}\frac{(\sqrt{x+\Delta x} - \sqrt{x})(\sqrt{x+\Delta x} + \sqrt{x})}{\Delta x(\sqrt{x+\Delta x} + \sqrt{x})}$$

$$= \lim_{\Delta x \to 0}\frac{\Delta x}{\Delta x(\sqrt{x+\Delta x} + \sqrt{x})}$$

$$= \lim_{\Delta x \to 0}\frac{1}{\sqrt{x+\Delta x} + \sqrt{x}}$$

$$=\frac{1}{2\sqrt{x}}.$$

（4）当 $x\geq 0$ 时，$f'(x)=\lim\limits_{\Delta x\to 0}\frac{f(x+\Delta x)-f(x)}{\Delta x}$

$$=\lim_{\Delta x\to 0}\frac{\cos(x+\Delta x)-\cos x}{\Delta x}$$

$$=\lim_{\Delta x\to 0}\frac{\cos x\cos\Delta x-\sin x\sin\Delta x-\cos x}{\Delta x}$$

$$=\lim_{\Delta x\to 0}\frac{\cos x(\cos\Delta x-1)}{\Delta x}-\lim_{\Delta x\to 0}\frac{\sin x\sin\Delta x}{\Delta x}$$

$$=\cos x\cdot 0-\sin x$$

$$=-\sin x$$

当 $x<0$ 时，$f'(x)=\lim\limits_{\Delta x\to 0}\frac{\Delta y}{\Delta x}=\lim\limits_{\Delta x\to 0}\frac{f(x+\Delta x)-f(x)}{\Delta x}=\lim\limits_{\Delta x\to 0}\frac{-(x+\Delta x)-(-x)}{\Delta x}=-1$，

综上 $f'(x)=\begin{cases}-\sin x, & x>0,\\ -1, & x\leqslant 0.\end{cases}$

2．设下列极限均存在，且函数 $f(x)$ 在 x_0、$2x_0$ 均可导，求出极限值.

（1）$\lim\limits_{\Delta x\to 0}\frac{f(x_0-\Delta x)-f(x_0)}{\Delta x}$；　　（2）$\lim\limits_{\Delta x\to 0}\frac{f(x_0+\Delta x)-f(x_0-\Delta x)}{\Delta x}$；

（3）$\lim\limits_{x\to x_0}\frac{f(2x)-f(2x_0)}{x-x_0}$；　　（4）$\lim\limits_{h\to\infty}h[f(x_0-\frac{1}{h})-f(x_0)]$.

解　（1）$\lim\limits_{\Delta x\to 0}\frac{f(x_0-\Delta x)-f(x_0)}{\Delta x}=\lim\limits_{\Delta x\to 0}\frac{f(x_0-\Delta x)-f(x_0)}{-\Delta x}\cdot\frac{-\Delta x}{\Delta x}=-f'(x_0)$.

（2）$\lim\limits_{\Delta x\to 0}\frac{f(x_0+\Delta x)-f(x_0-\Delta x)}{\Delta x}=\lim\limits_{\Delta x\to 0}\frac{f(x_0+\Delta x)-f(x_0)+f(x_0)-f(x_0+\Delta x)}{\Delta x}$

$$=f'(x_0)-\lim_{\Delta x\to 0}\frac{f(x_0-\Delta x)-f(x_0)}{\Delta x}$$

$$=f'(x_0)+f'(x_0)$$

$$=2f'(x_0).$$

（3）$\lim\limits_{x\to x_0}\frac{f(2x)-f(2x_0)}{x-x_0}=2\lim\limits_{x\to x_0}\frac{f(2x)-f(2x_0)}{2x-2x_0}=2f'(2x_0)$

（4）$\lim\limits_{h\to\infty}h[f(x_0-\frac{1}{h})-f(x_0)]=\lim\limits_{h\to\infty}\frac{f(x_0-\frac{1}{h})-f(x_0)}{\frac{1}{h}}=-f'(x_0)$

3．设函数 $f(x)=|x-a|\varphi(x)$，其中函数 $\varphi(x)$ 在点 $x=a$ 连续，讨论 $f(x)$ 在 $x=a$ 点处的可导性.

解　因为 $\varphi(x)$ 在点 $x=a$ 处连续，所以有 $\lim\limits_{x\to a}\varphi(x)=\varphi(a)$，因此

$$f'_-(a)=\lim_{x\to a^-}\frac{f(x)-f(a)}{x-a}=\lim_{x\to a^-}\frac{-(x-a)\varphi(x)}{x-a}=-\varphi(a);$$

$$f'_+(a)=\lim_{x\to a^+}\frac{f(x)-f(a)}{x-a}=\lim_{x\to a^+}\frac{(x-a)\varphi(x)}{x-a}=\varphi(a);$$

若 $\varphi(a)\neq 0$，则 $f'_-(a)\neq f'_+(a)$，故 $f'(a)$ 不存在．若 $\varphi(a)=0$，则 $f'_-(a)=f'_+(a)=0$，故 $f'(a)=0$．

4．求曲线 $y=e^x$ 在点 $(0,1)$ 处的切线方程和法线方程．

解　切线斜率 $y'|_{x=0}=e^x|_{x=0}=1$，切线方程 $y-x-1=0$．法线斜率 $-\dfrac{1}{y'}=-1$，法线方程 $y+x-1=0$．

5．写出曲线 $y=x-\dfrac{1}{x}$ 与 x 轴交点处的切线方程．

解　令 $y=0$，则 $x=\pm1$，$y'=1+\dfrac{1}{x^2}$．当交点为 $(1,0)$ 时，$y'|_{x=1}=2$，切线方程为 $y=2(x-1)$．当交点为 $(-1,0)$ 时，$y'|_{x=-1}=2$，切线方程为 $y=2(x+1)$．

6．讨论下列函数在 $x=0$ 处的连续性和可导性；若可导，求出 $f'(0)$．

(1) $f(x)=x|x|$；　　(2) $f(x)=\begin{cases}x^2, & x\leqslant 0,\\ xe^x, & x>0;\end{cases}$

(3) $f(x)=|\sin x|$；　　(4) $f(x)=\begin{cases}x, & x>0,\\ \ln(x+1), & x\leqslant 0;\end{cases}$

解　(1) $\lim\limits_{x\to0^+}\dfrac{f(x)-f(0)}{x-0}=\lim\limits_{x\to0^+}\dfrac{x|x|}{x}=0$ 且 $\lim\limits_{x\to0^-}\dfrac{f(x)-f(0)}{x-0}=\lim\limits_{x\to0^-}\dfrac{x|x|}{x}=0$，$f'_+(0)=f'_-(0)$ 所以函数 $f(x)$ 在点 $x=0$ 处可导．

(2) $\lim\limits_{x\to0^+}f(x)=\lim\limits_{x\to0^+}x^2=0$ 且 $\lim\limits_{x\to0^-}f(x)=\lim\limits_{x\to0^-}xe^x=0$，$f(0+0)=f(0-0)$ 所以函数 $f(x)$ 在点 $x=0$ 处连续；

$\lim\limits_{x\to0^+}\dfrac{f(x)-f(0)}{x-0}=\lim\limits_{x\to0^+}\dfrac{xe^x}{x}=1$ 且 $\lim\limits_{x\to0^-}\dfrac{f(x)-f(0)}{x-0}=\lim\limits_{x\to0^-}\dfrac{x^2}{x}=0$，$f'_+(0)\neq f'_-(0)$ 所以函数 $f(x)$ 在点 $x=0$ 处不可导．

(3) $\lim\limits_{x\to0^+}f(x)=\lim\limits_{x\to0^+}\sin x=0$ 且 $\lim\limits_{x\to0^-}f(x)=\lim\limits_{x\to0^-}(-\sin x)=0$，$f(0+0)=f(0-0)$ 所以函数 $f(x)$ 在点 $x=0$ 处连续；

$\lim\limits_{x\to0^+}\dfrac{f(x)-f(0)}{x-0}=\lim\limits_{x\to0^+}\dfrac{\sin x}{x}=1$ 且 $\lim\limits_{x\to0^-}\dfrac{f(x)-f(0)}{x-0}=\lim\limits_{x\to0^-}\dfrac{-\sin x}{x}=-1$，$f'_+(0)\neq f'_-(0)$ 所以函数 $f(x)$ 在点 $x=0$ 处不可导．

(4) $\lim\limits_{x\to0^+}f(x)=\lim\limits_{x\to0^+}x=0$ 且 $\lim\limits_{x\to0^-}f(x)=\lim\limits_{x\to0^-}\ln(x+1)=0$，$f(0+0)=f(0-0)$ 所以函数 $f(x)$ 在点 $x=0$ 处连续；

$\lim\limits_{x\to0^+}\dfrac{f(x)-f(0)}{x-0}=\lim\limits_{x\to0^+}\dfrac{x}{x}=1$ 且 $\lim\limits_{x\to0^-}\dfrac{f(x)-f(0)}{x-0}=\lim\limits_{x\to0^-}\dfrac{\ln(x+1)}{x}=1$，$f'_+(0)=f'_-(0)$ 所以函数 $f(x)$ 在点 $x=0$ 处可导．

7．设函数 $f(x)=\begin{cases}b(1+\sin x)+a+2, & x>0,\\ e^{ax}-1, & x\leqslant 0,\end{cases}$ 若使函数 $f(x)$ 在 $x=0$ 处可导，a,b 应取何值？

解　若使函数 $f(x)$ 在 $x=0$ 处可导，则 $f(x)$ 连续，有 $\lim\limits_{x\to0^+}f(x)=\lim\limits_{x\to0^-}f(x)$，得到 b

$+a+2=0$ 即 $a=-2-b$. 因为 $\lim\limits_{x\to0^-}\dfrac{f(x)-f(0)}{x-0}=\lim\limits_{x\to0^-}\dfrac{e^{ax}-1}{x}=a$，所以有

$$\lim_{x\to0^+}\frac{b(1+\sin x)+a+2}{x}=\lim_{x\to0^+}\frac{b(1+\sin x)-b}{x}=b$$

得到 $a=b=-1$.

8. 设函数 $f(x)$ 具有一阶导数，且 $f(0)=0, f'(0)=1$. 设另有一函数

$$F(x)=\begin{cases}\dfrac{f(x)-x}{x}, & x\neq0,\\ A, & x=0,\end{cases}$$

问 A 为何值时函数 $F(x)$ 在 $x=0$ 处连续.

解 因为 $f(0)=0, f'(0)=1$，所以

$$\lim_{x\to0}F(x)=\lim_{x\to0}\frac{f(x)-x}{x}=\lim_{x\to0}\frac{f(x)-f(0)}{x-0}-1=f'(0)-1=0$$

若 $\lim\limits_{x\to0}F(x)=F(0)$，则 $\lim\limits_{x\to0}F(x)=\lim\limits_{x\to0}\dfrac{f(x)-x}{x}=A=0$，即 $A=0$ 时函数 $F(x)$ 在 $x=0$ 处连续.

9. 若 $\lim\limits_{x\to0}\dfrac{x[f(x)-f(0)]}{1-\cos x}=1$，求 $f'(0)$.

解 $\lim\limits_{x\to0}\dfrac{x[f(x)-f(0)]}{1-\cos x}=\lim\limits_{x\to0}\dfrac{x[f(x)-f(0)]}{\frac{1}{2}x^2}=2\lim\limits_{x\to0}\dfrac{f(x)-f(0)}{x}=2f'(0)=1$，即 $f'(0)=\dfrac{1}{2}$.

10. 求下列函数的导数.

(1) $y=3\sec x+\cot x$; (2) $y=2x^4-\dfrac{3}{x^2}+5$;

(3) $y=\ln(2x)+\lg x^2$; (4) $y=\sin x\tan x$;

(5) $y=e^x\sin x$; (6) $y=(x^2+x+1)(x-1)^2$;

(7) $y=\dfrac{\sin x}{x}$; (8) $y=\dfrac{e^x}{x^2+2x+1}$;

(9) $y=x^2e^x\cos x$; (10) $y=\dfrac{x+\ln x}{x+e^x}$.

解 (1) $y'=3\sec x\tan x-\csc^2x$.

(2) $y'=8x^3+\dfrac{6}{x^3}$.

(3) $y'=\dfrac{2}{2x}+\dfrac{2x}{x^2\ln10}=\dfrac{1}{x}\left(1+\dfrac{2}{\ln10}\right)$.

(4) $y'=\cos x\tan x+\sin x\sec^2x=\sin x(1+\sec^2 2)$.

(5) $y'=e^x\sin x+e^x\cos x=e^x(\sin x+\cos x)$.

(6) $y'=(2x+1)(x-1)^2+(x^2+x+1)2(x-1)=(4x^2+x+1)(x-1)$

(7) $y'=\dfrac{x\cos x-\sin x}{x^2}$

(8) $y' = \frac{e^x(x^2+2x+1)-e^x(2x+2)}{(x^2+2x+1)^2} = \frac{e^x(x-1)}{(x+1)^3}$.

(9) $y' = (2xe^x + x^2e^x)\cos x + x^2e^x(-\sin x) = xe^x[(2+x)\cos x - x\sin x]$.

(10) $y' = \frac{\left(1+\frac{1}{x}\right)(x+e^x)-(x+\ln x)(1+e^x)}{(x+e^x)^2}$

$= \frac{x+1}{x(x+e^x)} - \frac{(x+\ln x)(1+e^x)}{(x+e^x)^2}$.

11. 求下列函数的导数.

(1) $y = e^{-\frac{x}{2}}\cos 3x$;

(2) $y = (x^2+1)^{10}$;

(3) $y = (x+\sin x)^3$;

(4) $y = \cos(4-3x)$;

(5) $y = e^{-3x^2}$;

(6) $y = \sqrt{a^2-x^2}$;

(7) $y = \tan x^2$;

(8) $y = \arctan e^x$;

(9) $y = \arcsin(1-2x)$;

(10) $y = \arccos\frac{1}{x}$;

(11) $y = \ln(\sec x + \tan x)$;

(12) $y = \ln(\csc x - \cot x)$;

(13) $y = (\arccos x)^3$;

(14) $y = \log_a(x^2+1)$;

(15) $y = \ln(x+\sqrt{a^2+x^2})$;

(16) $y = \sec^2\frac{x}{a} + \csc^2\frac{x}{a}$;

(17) $y = \ln\frac{1+\sqrt{x}}{1-\sqrt{x}}$;

(18) $y = \ln\tan\frac{x}{2}$;

(19) $y = \ln\ln x$;

(20) $y = x\sqrt{1-x^2}\arcsin x$;

(21) $y = \left(\arcsin\frac{x}{2}\right)^2$;

(22) $y = \sqrt{1+\ln^2 x}$;

(23) $y = e^{\arctan\sqrt{x}}$;

(24) $y = 10^{x\tan x}$;

(25) $y = \arcsin\sqrt{\frac{1-x}{1+x}}$;

(26) $y = \sqrt{\frac{4e^{4x}}{e^{4x}+1}}$.

解 (1) $y' = -\frac{1}{2}e^{-\frac{x}{2}}\cos 3x + 3e^{-\frac{x}{2}}(-\sin 3x) = -\frac{e^{-\frac{x}{2}}}{2}\cos 3x - 3e^{-\frac{x}{2}}\sin 3x$.

(2) $y' = 10(x^2+1)^9 \cdot 2x = 20x(x^2+1)^9$.

(3) $y' = 3(x+\sin x)^2(1+\cos x)$.

(4) $y = -\sin(4-3x)\cdot(4-3x)' = 3\sin(4-3x)$.

(5) $y = e^{-3x^2}(-3x^2)' = -6xe^{-3x^2}$

(6) $y = \frac{1}{2\sqrt{a^2-x^2}}\cdot(a^2-x^2)' = -\frac{x}{\sqrt{a^2-x^2}}$.

(7) $y' = 2x\sec^2 x^2$.

(8) $y' = \frac{e^x}{1+(e^x)^2} = \frac{e^x}{1+e^{2x}}$.

(9) $y' = \frac{-2}{\sqrt{1-(1-2x)^2}} = -\frac{2}{\sqrt{4x-4x^2}} = -\frac{1}{\sqrt{x-x^2}}$.

(10) $y' = -\dfrac{-\dfrac{1}{x^2}}{\sqrt{1-\dfrac{1}{x^2}}} = \dfrac{|x|}{x^2\sqrt{x^2-1}}$.

(11) $y' = \dfrac{\tan x\sec x + sec^2x}{\sec x + \tan x} = \sec x$.

(12) $y' = \dfrac{-\cot x\csc x + csc^2x}{\csc x - \cot x} = \csc x$.

(13) $y = 3(\arccos x)^2(\arccos x)' = \dfrac{-3(\arccos x)^2}{\sqrt{1-x^2}}$.

(14) $y = \dfrac{(x^2+1)'}{(x^2+1)\ln a} = \dfrac{2x}{(x^2+1)\ln a}$.

(15) $y' = \dfrac{1+\dfrac{1}{2}\cdot 2x\dfrac{1}{\sqrt{a^2+x^2}}}{x+\sqrt{a^2+x^2}} = \dfrac{\dfrac{\sqrt{a^2+x^2}+x}{\sqrt{a^2+x^2}}}{x+\sqrt{a^2+x^2}} = \dfrac{1}{\sqrt{a^2+x^2}}$.

(16) $y' = 2\dfrac{1}{a}\sec\dfrac{x}{a}\sec\dfrac{x}{a}\tan\dfrac{x}{a} - \dfrac{2}{a}\csc\dfrac{x}{a}\csc\dfrac{x}{a}\cot\dfrac{x}{a}$

$= \dfrac{2}{a}\left(\sec^2\dfrac{x}{a}\tan\dfrac{x}{a} - \csc^2\dfrac{x}{a}\cot\dfrac{x}{a}\right)$.

(17) $y' = \dfrac{1-\sqrt{x}}{1+\sqrt{x}}\left[\dfrac{\dfrac{1}{2\sqrt{x}}(1-\sqrt{x})+(1+\sqrt{x})\dfrac{1}{2\sqrt{x}}}{(1-x)^2}\right] = \dfrac{1-\sqrt{x}}{1+\sqrt{x}}\cdot\dfrac{\dfrac{1}{\sqrt{x}}}{(1-\sqrt{x})^2} = \dfrac{1}{\sqrt{x}(1-x)}$.

(18) $y' = \dfrac{1}{2\tan\dfrac{x}{2}}\cdot\sec^2\dfrac{x}{2} = \dfrac{1}{2\sin\dfrac{x}{2}\cos\dfrac{x}{2}} = \csc x$.

(19) $y' = \dfrac{1}{\ln x}\cdot\dfrac{1}{x} = \dfrac{1}{x\ln x}$.

(20) $y' = \left(\sqrt{1-x^2} + x\dfrac{-2x}{2\sqrt{1-x^2}}\right)\arcsin x + x\sqrt{1-x^2}\dfrac{1}{\sqrt{1-x^2}} = \dfrac{1-2x^2}{\sqrt{1-x^2}}\cdot\arcsin x + x$.

(21) $y' = 2\left(\arcsin\dfrac{x}{2}\right)\dfrac{\dfrac{1}{2}}{\sqrt{1-\dfrac{x^2}{4}}} = \dfrac{2}{\sqrt{4-x^2}}\arcsin\dfrac{x}{2}$.

(22) $y' = \dfrac{2\ln x\cdot\dfrac{1}{x}}{2\sqrt{1+\ln^2x}} = \dfrac{\ln x}{x\sqrt{1+\ln^2x}}$.

(23) $y' = e^{\arctan\sqrt{x}}\cdot\dfrac{\dfrac{1}{2\sqrt{x}}}{1+x} = \dfrac{e^{\arctan\sqrt{x}}}{2\sqrt{x}(1+x)}$.

(24) $y' = 10^{x\tan x}(\tan x + x\sec^2 x)\ln 10.$

(25)

$$y' = \frac{1}{\sqrt{1-\frac{1-x}{1+x}}}\cdot\left(\sqrt{\frac{1-x}{1+x}}\right)'$$
$$= \frac{1}{2}\cdot\sqrt{\frac{1+x}{2x}}\cdot\sqrt{\frac{1+x}{1-x}}\cdot\left(\frac{1-x}{1+x}\right)'$$
$$= \frac{-1}{(1+x)\sqrt{2x(1-x)}}$$

(26) $y' = \frac{1}{2}\left(\frac{4e^{4x}}{e^{4x}+1}\right)^{-\frac{1}{2}}\cdot\frac{16e^{4x}(e^{4x}+1)-16e^{8x}}{(1+e^{4x})^2}$

$$= \frac{16e^{8x}+16e^{4x}-16e^{8x}}{2(e^{4x}+1)^{\frac{3}{2}}\cdot 2e^{2x}}$$
$$= \frac{16e^{4x}}{4e^{2x}(e^{4x}+1)^{\frac{3}{2}}}$$
$$= \frac{4e^{2x}}{(1+e^{4x})^{\frac{3}{2}}}.$$

12．设函数$f(u)$可导，且$f(x+3)=x^5$，求$f'(x)$，$f'(x+3)$．

解　令$u=x+3$，则$x=u-3$，有$f(u)=(u-3)^5$，则$f'(u)=5(u-3)^4$，即$f'(x)=5(x-3)^4$，所以$f'(x+3)=5x^4$．

13．求下列函数的二阶导数.

(1) $y=2x^2+\ln x$；　(2) $y=e^{2x-1}$；

(3) $y=x\cos x$；　(4) $y=e^t\sin t$；

(5) $y=\sqrt{a^2-x^2}$；　(6) $y=\ln(1-x^2)$；

(7) $y=\tan x$；　(8) $y=\frac{1}{x^3+1}$；

(9) $y=xe^{x^2}$；　(10) $y=(1+x^2)\ln(1+x^2)$．

解　(1) $y'=4x+\frac{1}{x}$，$y''=4-\frac{1}{x^2}$．

(2) $y'=2e^{2x-1}$，$y''=4e^{2x-1}$．

(3) $y'=\cos x-x\sin x$，$y''=-\sin x-\sin x-x\cos x=-2\sin x-x\cos x$．

(4) $y'=e^t\sin t+e^t\cos t.$

$y''=e^t\sin t+e^t\cos t+e^t\cos t-e^t\sin t=2e^t\cos t.$

(5) $y'=\frac{-2x}{2\sqrt{a^2-x^2}}=-\frac{x}{\sqrt{a^2-x^2}}$，$y''=-\frac{\sqrt{a^2-x^2}+\frac{2x^2}{2\sqrt{a^2-x^2}}}{a^2-x^2}=-\frac{a^2}{(a^2-x^2)^{\frac{3}{2}}}$．

(6) $y'=\frac{-2x}{1-x^2}$，$y''=\frac{-2x(1-x^2)+2x(-2x)}{(1-x^2)^2}=\frac{-2-2x^2}{(1-x^2)^2}=\frac{-2(1+x^2)}{(1-x^2)^2}$．

(7) $y' = \sec^2 x$, $y'' = 2\sec x\tan x\sec x = 2\sec^2 x\tan x$.

(8) $y' = -\dfrac{3x^2}{(x^3+1)^2}$, $y'' = -\dfrac{6x(x^3+1)^2 - 3x^2 2(x^3+1)\cdot 3x^2}{(x^3+1)^4} = \dfrac{12x^7+6x^4-6x}{-(x^3+1)^4} = \dfrac{6x(2x^3-1)}{(x^3+1)^3}$.

(9) $y' = e^{x^2} + x e^{x^2} 2x = e^{x^2} + 2x^2 e^{x^2}$;

$y'' = 2x e^{x^2} + 4x e^{x^2} + 2x^2 2x e^{x^2} = 6x e^{x^2} + 4x^3 e^{x^2}$.

(10) $y' = 2x\ln(1+x^2) + (1+x^2)\dfrac{2x}{1+x^2} = 2x\ln(1+x^2) + 2x$;

$$y'' = 2\ln(1+x^2) + 2x\frac{2x}{1+x^2} + 2 = 2\ln(1+x^2) + \frac{4x^2}{1+x^2} + 2.$$

14. 设函数 $f(x)$ 可导，求解下列各题.

(1) $f(1-x) = xe^{-x}$，求 $f'(x)$；

(2) $y = \ln[f(x)]$，求 $\dfrac{dy}{dx}$；

(3) $y = \arctan[f(x)]$，求 $\dfrac{dy}{dx}$；

(4) $y = xf\left(\dfrac{1}{x}\right)$，求 $\dfrac{dy}{dx}$；

(5) $y = f(e^{-x})$，求 $\dfrac{dy}{dx}$；

(6) $y = f[(x^3 + 3^{3x})^n]$，求 $\dfrac{dy}{dx}$；

(7) $y = [f(3^{x^3}\cos x)]^n$，求 $\dfrac{dy}{dx}$；

(8) $y = f(e^x)e^{f(x)}$，求 $\dfrac{dy}{dx}$；

(9) $y = f(e^x + x^e)$，求 $\dfrac{dy}{dx}$；

(10) $y = f(\sin^2 x) + f(\cos^2 x)$，求 $\dfrac{dy}{dx}$.

解　(1) 令 $t = 1 - x$，则 $x = 1 - t$，所以有

$$f(t) = (1-t)e^{t-1},$$

即

$$f(x) = (1-x)e^{x-1},$$

由此

$$f'(x) = -xe^{x-1}.$$

(2) $\dfrac{dy}{dx} = \dfrac{f'(x)}{f(x)}$.

(3) $\dfrac{dy}{dx} = \dfrac{f'(x)}{1+f^2(x)}$.

(4) $\dfrac{dy}{dx} = f\left(\dfrac{1}{x}\right) - xf'\left(\dfrac{1}{x}\right)\dfrac{1}{x^2} = f\left(\dfrac{1}{x}\right) - \dfrac{1}{x}f'\left(\dfrac{1}{x}\right)$.

(5) $\frac{dy}{dx}=-f'(e^{-x})e^{-x}$.

(6) $\frac{dy}{dx}=f'[(x^3+3^{3x})^n][(x^3+3^{3x})^n]'$

$=f'[(x^3+3^{3x})^n]n(x^3+3^{3x})^{n-1}(x^3+3^{3x})'$

$=f'[(x^3+3^{3x})^n]n(x^3+3^{3x})^{n-1}(3x^2+3^{3x+1}\ln 3)$.

(7) $\frac{dy}{dx}=nf(3^{x^3}\cos x)^{n-1}[f(3^{x^3}\cos x)]'$

$=nf(3^{x^3}\cos x)^{n-1}f'(3^{x^3}\cos x)(3^{x^3}\cos x)'$

$=nf(3^{x^3}\cos x)^{n-1}f'(3^{x^3}\cos x)(3^{x^3+1}x^2\cos x\ln 3-3^{x^3}\sin x)$.

(8) $\frac{dy}{dx}=f'(e^x)e^{x+f(x)}+f(e^x)e^{f(x)}f'(x)$.

(9) $\frac{dy}{dx}=f'(e^x+x^e)(e^x+x^e)'=f'(e^x+x^e)(e^x+x^{e-1})$.

(10) $\frac{dy}{dx}=f'(\sin^2x)(\sin^2x)'+f'(\cos^2x)(\cos^2x)'$

$=f'(\sin^2x)2\sin x\cos x-f'(\cos^2x)2\cos x\sin x$

$=f'(\sin^2x)\sin 2x-f'(\cos^2x)\sin 2x$

15. 设函数$f(x)=\arcsin x$，$g(x)=x^2$，求

$$f[g'(x)],f'[g(x)],\{f[g(x)]\}'.$$

解　因为$f'(x)=\frac{1}{\sqrt{1-x^2}}$，$g'(x)=2x$，所以有$f[g'(x)]=\arcsin 2x$；

$$f'[g(x)]=\frac{1}{\sqrt{1-(x^2)^2}}=\frac{1}{\sqrt{1-x^4}};$$

$$\{f[g(x)]\}'=(\arcsin x^2)'=\frac{2x}{\sqrt{1-x^4}}.$$

16. 求下列函数的n阶导数.

(1) $y=\cos(ax+b)$；　　(2) $y=xe^x$；

(3) $y=\sin^2x$；　　(4) $y=x\ln x$；

(5) $y=\ln(ax+b)$；　　(6) $y=e^{ax+b}$.

解　(1) 因为

$$y'=-a\sin(ax+b),$$
$$y''=-a^2\cos(ax+b),$$
$$y'''=a^3\sin(ax+b),$$

以此类推

$$y^{(n)}=a^n\cos\left(ax+b+n\frac{\pi}{2}\right).$$

(2) 因为

$$y'=e^x+xe^x,$$

$$y'' = e^x + e^x + x e^x = 2e^x + x e^x,$$
$$y''' = e^x + e^x + e^x + x e^x = 3e^x + x e^x,$$

以此类推

$$y^{(n)} = n e^x + x e^x = (x+n)e^x .$$

（3）因为

$$y' = 2\sin x\cos x = \sin 2x ,$$
$$y'' = 2\cos^2 x - 2\sin^2 x = 2\cos 2x ,$$
$$y''' = -4\sin 2x,$$

以此类推

$$y^{(n)} = 2^{n-1}\sin\left[2x + (n-1)\frac{\pi}{2}\right].$$

（4）因为

$$y' = \ln x + 1,$$
$$y'' = \frac{1}{x},$$
$$y''' = -\frac{1}{x^2},$$

以此类推

$$y^{(n)} = (-1)^n (n-2)!\frac{1}{x^{n-1}};n > 2.$$

（5）因为

$$y' = \frac{a}{(ax+b)},$$
$$y'' = -\frac{a^2}{(ax+b)^2},$$
$$y''' = \frac{2(ax+b)\cdot a^3}{(ax+b)^4} = \frac{2a^3}{(ax+b)^3},$$
$$y^{(4)} = -\frac{2a^3 3(ax+b)^2\cdot a}{(ax+b)^6} = -\frac{6x^4}{(ax+b)^4},$$

以此类推

$$y^{(n)} = (-1)^{n-1}(n-1)!\frac{a^n}{(ax+b)^n}.$$

（6）因为

$$y' = a e^{ax+b},$$
$$y'' = a^2 e^{ax+b},$$
$$y''' = a^3 e^{ax+b},$$

以此类推

$$y^{(n)} = a^n e^{ax+b}.$$

17. 求由下列方程确定的隐函数 $y = y(x)$ 的导数.

(1) $y^2-2xy+9=0$；　　(2) $x^3+y^3-3axy=0$；

(3) $xy=e^{x+y}$；　　(4) $\arctan\frac{y}{x}=\ln\sqrt{x^2+y^2}$.

解　(1) 把方程 $y^2-2xy+9=0$ 两端同时对 x 求导，得

$$2y\cdot y'-2y-2xy=0,$$

于是有

$$y'=\frac{y}{y-x}.$$

(2) 把方程 $x^3+y^3-3axy=0$ 两端同时对 x 求导，得

$$3x^2+3y^2\cdot y'-3ay-3axy'=0,$$

于是有

$$y'=\frac{ay-x^2}{y^2-ax}.$$

(3) 把方程 $xy=e^{x+y}$ 两端同时对 x 求导，得

$$y+xy'=e^{x+y}(1+y'),$$

于是有

$$y'=\frac{y-e^{x+y}}{e^{x+y}-x}.$$

(4) 把方程 $\arctan\frac{y}{x}=\ln\sqrt{x^2+y^2}$ 两端同时对 x 求导，得

$$\frac{\frac{y'x-y}{x^2}}{1+\frac{y^2}{x^2}}=\frac{\frac{2x+2y\cdot y'}{2\sqrt{x^2+y^2}}}{\sqrt{x^2+y^2}},$$

于是有

$$y'=\frac{x+y}{x-y}.$$

18. 求由下列方程确定的隐函数 $y=y(x)$ 的二阶导数.

(1) $b^2x^2+a^2y^2=a^2b^2$；　　(2) $y=1+xe^y$.

解　(1) 把方程 $b^2x^2+a^2y^2=a^2b^2$ 两端同时对 x 求导，得

$$2b^2x+2a^2y\cdot y'=0,$$

于是有

$$y'=-\frac{b^2x}{a^2y},$$

把 $y'=-\frac{b^2x}{a^2y}$ 的两端同时再对 x 求导，得

$$2b^2+2a^2y^2+2a^2y\cdot y''=0,$$

于是有

$$y''=-\frac{b^2+a^2y'^2}{a^2y},$$

由 $y' = -\dfrac{b^2x}{a^2y}$ 得

$$y'' = -\frac{b^2 + \dfrac{b^4x^2}{a^2y^2}}{a^2y} = -\frac{b^2\dfrac{b^2(a^2b^2 - a^2y^2)}{a^2y^2}}{a^2y} = -\frac{b^4}{a^2y^3}.$$

（2）把方程 $y = 1 + xe^y$ 两端同时对 x 求导，得

$$y' = e^y + xe^y \cdot y',$$

于是有

$$y' = \frac{e^y}{1 - xe^y},$$

把 $y' = \dfrac{e^y}{1 - xe^y}$ 的两端同时再对 x 求导，得

$$y'' = e^y \cdot y' + (e^y + xe^y \cdot y') \cdot y' + xe^y \cdot y'',$$

于是有

$$y'' = \frac{(2e^y + xy'e^y) \cdot y'}{1 - xe^y},$$

由 $y' = \dfrac{e^y}{1 - xe^y}$ 得

$$y'' = \frac{\left(2e^y + xe^y\dfrac{e^y}{1 - xe^y}\right)\dfrac{e^y}{1 - xe^y}}{1 - xe^y} = \frac{(3 - y)e^{2y}}{(2 - y)^3}.$$

19. 验证函数 $y = C_1e^{\lambda x} + C_2e^{-\lambda x}$（$\lambda, C_1, C_2$ 是常数）满足关系式 $y'' - \lambda^2y = 0$.

证明

$$y' = C_1\lambda e^{\lambda x} - C_2\lambda e^{-\lambda x},$$
$$y'' = C_1\lambda^2e^{\lambda x} - C_2\lambda^2e^{-\lambda x},$$

显然满足等式 $y'' - \lambda^2y = 0$.

20. 设函数 $f(x) = (x + 10)^6$，求 $f'''(2)$.

解 因为 $f'(x) = 6(x + 10)^5$, $f''(x) = 30(x + 10)^4$, $f'''(x) = 120(x + 10)^3$，所以 $f'''(2) = 120(2 + 10)^3 = 207360$.

21. 已知 $x - y + \dfrac{1}{2}\sin y = 0$，求 $\dfrac{d^2y}{dx^2}$.

解 把方程 $x - y + \dfrac{1}{2}\sin y = 0$ 两端同时对 x 求导，得

$$1 - y' + \frac{1}{2}y'\cos y = 0,$$

于是有

$$y' = \frac{2}{2 - \cos y},$$

把 $y' = \dfrac{2}{2 - \cos y}$ 的两端同时再对 x 求导，得

$$\frac{d^2y}{dx^2}=\frac{-2(2-\cos y)'}{(2-\cos y)^2}=\frac{-2y'\sin y}{(2-\cos y)^2}$$

于是有

$$\frac{d^2y}{dx^2}=\frac{-4\sin y}{(2-\cos y)^3}.$$

22. 利用对数求导法求下列函数的导数.

(1) $y=\left(\frac{x}{1+x}\right)^x$;　　(2) $y=\sqrt[5]{\frac{x-5}{\sqrt[5]{x^2+2}}}$;

(3) $y=\frac{\sqrt{x+2}(3-x)^4}{(x+1)^5}$;　　(4) $y=(\sin x)^{\alpha x}$.

解　(1) 对 $y=\left(\frac{x}{1+x}\right)^x$ 两边取对数

$$\ln y=x\ln\left(\frac{x}{1+x}\right),$$

等式两边同时对 x 求导，得

$$\frac{y'}{y}=\ln\frac{x}{1+x}+(1+x)\left(1-\frac{1}{1+x}\right)'=\ln\frac{x}{1+x}+\frac{1}{1+x},$$

于是

$$y'=\left(\frac{x}{1+x}\right)^x\left(\ln\frac{x}{1+x}+\frac{1}{1+x}\right).$$

(2) 对 $y=\sqrt[5]{\frac{x-5}{\sqrt[5]{x^2+2}}}$ 两边取对数

$$\ln y=\frac{1}{5}\ln(x-5)-\frac{1}{25}\ln(x^2+2),$$

等式两边同时对 x 求导，得

$$\frac{y}{y'}=\frac{1}{5}\cdot\frac{1}{x-5}-\frac{1}{25}\cdot\frac{2x}{x^2+2},$$

于是

$$y'=\sqrt[5]{\frac{x-5}{\sqrt[5]{x^2+2}}}\left(\frac{5(x^2+2)-2x(x-5)}{25(x-5)(x^2+2)}\right)=\sqrt[5]{\frac{x-5}{\sqrt[5]{x^2+2}}}\left(\frac{3x^2+10x+10}{25(x-5)(x^2+2)}\right).$$

(3) 对 $y=\frac{\sqrt{x+2}(3-x)^4}{(x+1)^5}$ 两边取对数

$$\ln y=\frac{1}{2}\ln(x+2)+4\ln(3-x)-5\ln(x+1),$$

等式两边同时对 x 求导，得

$$\frac{y}{y'}=\frac{1}{2}\cdot\frac{1}{x+2}-\frac{4}{3-x}-\frac{5}{x+1},$$

于是

$$y'=\frac{\sqrt{x+2}(3-x)^4}{(x+1)^5}\left(\frac{1}{2x+4}-\frac{4}{3-x}-\frac{5}{x+1}\right).$$

(4) 对 $y=(\sin x)^{\alpha x}$ 两边取对数

$$\ln y=\alpha x\ln\sin x,$$

等式两边同时对 x 求导，得

$$\frac{y'}{y}=\alpha\ln\sin x+\alpha x\tan x,$$

于是

$$y'=\alpha(\sin x)^{\alpha x}(\ln\sin x+x\tan x)$$

23. 求下列函数的微分.

(1) $y=\ln\sqrt{1-x^2}$;　　(2) $y=e^{\sin^2 x}$;

(3) $y=e^{-2x}\cos 3x$;　　(4) $y=e^x\arctan x$;

(5) $y=e^{-x}\sin(3-x)$;　　(6) $y=\tan(1+x^2)$.

解　(1) **方法一** 先求导，再求微分.

$$y'=\frac{\frac{-2x}{2\sqrt{1-x^2}}}{\sqrt{1-x^2}}=-\frac{x}{1-x^2}.$$

$$dy=\frac{x}{x^2-1}dx.$$

方法二 直接微分.

$$dy=d\ln\sqrt{1-x^2}=\frac{1}{\sqrt{1-x^2}}d\sqrt{1-x^2}=\frac{1}{2(1-x^2)}d(1-x^2)=\frac{-2x}{2(1-x^2)}dx=\frac{x}{x^2-1}dx$$

.

(2) **方法一** 先求导，再求微分.

$$y'=e^{\sin^2 x}(\sin^2 x)'=e^{\sin^2 x}2\sin x\cos x=e^{\sin^2 x}\sin 2x,$$

$$dy=e^{\sin^2 x}\sin 2x dx.$$

方法二　直接微分.

$$dy=e^{\sin^2 x}d(\sin^2 x)=e^{\sin^2 x}2\sin x d\sin x=e^{\sin^2 x}\sin 2x dx.$$

(3) **方法一**　先求导，再微分.

$$y'=-2e^{-2x}\cos 3x-3e^{-2x}\sin 3x,$$

$$dy=-e^{-2x}(2\cos 3x+3\sin 3x)dx.$$

方法二　直接微分.

$$dy=\cos 3x de^{-2x}-e^{-2x}d\cos 3x=(-2e^{-2x}\cos 3x-3e^{-2x}\sin 3x)dx$$
$$=-e^{-2x}(2\cos 3x+3\sin 3x)dx.$$

(4) **方法一** 先求导，再求微分.

$$y'=e^x\arctan x+\frac{e^x}{1+x^2},$$

$$dy=\left(e^x\arctan x+\frac{e^x}{1+x^2}\right)dx.$$

方法二　直接微分.

$$dy=\arctan x de^x+e^x d\arctan x=\left(e^x\arctan x+\frac{e^x}{1+x^2}\right)dx.$$

（5）**方法一** 先求导，再求微分.

$$y' = -e^{-x}\sin(3-x) - e^{-x}\cos(3-x),$$
$$dy = (-e^{-x}\sin(3-x) - e^{-x}\cos(3-x))dx.$$

方法二　直接微分.

$$dy = \sin(3-x)de^{-x} + e^{-x}d\sin(3-x) = (-e^{-x}\sin(3-x) - e^{-x}\cos(3-x))dx.$$

（6）**方法一** 先求导，再求微分.

$$y' = 2x\sec^2(1+x^2),$$
$$dy = 2x\sec^2(1+x^2)dx.$$

方法二　直接微分.

$$dy = \sec^2(1+x^2)d(1+x^2) = 2x\sec^2(1+x^2)dx.$$

24. 求由下列方程确定的隐函数 $y = y(x)$ 的微分.

(1) $xe^y - \ln y + 5 = 0$；　　(2) $x^2y^2 = \cos(xy)$；

(3) $y = \tan(x+y)$；　　(4) $x - y + \frac{1}{2}\sin y = 0$.

解　（1）在等式两边同时微分，得

$$xde^y + e^ydx - \frac{1}{y}dy = 0,$$

整理有

$$dy = \frac{e^yy}{1-xe^yy}dx.$$

（2）在等式两边同时微分，得

$$x^2dy^2 + y^2dx^2 = -\sin(xy)d(xy),$$
$$2yx^2dy + 2xy^2dx = -\sin(xy)(xdy + ydx),$$

整理有

$$dy = -\frac{2xy^2 + y\sin(xy)}{2yx^2 + x\sin(xy)}dx.$$

（3）在等式两边同时微分，得

$$dy = \sec^2(x+y)d(x+y),$$
$$dy = \sec^2(x+y)(dx+dy),$$

整理有

$$dy = \frac{\sec^2(x+y)}{1-\sec^2(x+y)}dx = -\csc^2(x+y)dx.$$

（4）在等式两边同时微分，得

$$dx - dy + \frac{1}{2}\cos y dy = 0,$$

整理有

$$dy = \frac{2}{\cos y - 2}dx.$$

25. 设函数 $y = f(\ln x)e^{f(x)}$，其中 $f(x)$ 可微，求 dy.

解　对函数 $y = f(\ln x)e^{f(x)}$ 两边同时求微分，得

$$\begin{aligned} dy &= e^{f(x)}df(\ln x)+f(\ln x)de^{f(x)} \\ &= e^{f(x)}f'(\ln x)d\ln x+f(\ln x)e^{f(x)}df(x) \\ &= \left[\frac{1}{x}e^{f(x)}f'(\ln x)+f(\ln x)e^{f(x)}f'(x)\right]dx. \end{aligned}$$

26. 当 $|x|$ 较小时，证明下列近似公式.

$\sin x \approx x$；　　(2) $e^x \approx 1+x$；　　(3) $\sqrt[n]{1+x} \approx 1+\frac{1}{n}x$.

证明　(1) 令 $f(x)=\sin x$，则 $f'(0)=\cos 0=1$，由公式 $f(x)\approx f(0)+f'(0)x$ 得

$$\sin x \approx x.$$

(2) 令 $f(x)=e^x$，则 $f'(0)=e^0=1$，由公式 $f(x)\approx f(0)+f'(0)x$ 得

$$e^x \approx 1+x.$$

(3) 令 $f(x)=\sqrt[n]{1+x}$，则 $f'(0)=\frac{1}{n}(1+x)^{-\frac{n-1}{n}}\Big|_{x=0}=\frac{1}{n}$，由公式

$$f(x)\approx f(0)+f'(0)x$$

得

$$\sqrt[n]{1+x}\approx 1+\frac{1}{n}x.$$

27. 利用微分近似运算求下列个数的近似值.

(1) $\sin 29^\circ$；　　(2) $e^{1.01}$；

(3) $\sqrt[3]{8.01}$.

解　(1) 令 $f(x)=\sin x$，$x_0=30^\circ$，$\Delta x=-1^\circ$，由公式

$$f(x_0+\Delta x)\approx f(x_0)+f'(x_0)\Delta x$$

得

$$\sin 29^\circ \approx \sin 30^\circ+\cos 30^\circ\cdot\left(-\frac{3.14}{180}\right)=0.4849.$$

(2) 令 $f(x)=e^x$，$x_0=1$，$\Delta x=0.01$，由公式

$$f(x_0+\Delta x)\approx f(x_0)+f'(x_0)\Delta x$$

得

$$e^{1.01}\approx e+e\cdot 0.01=2.7455.$$

(3) 令 $f(x)=\sqrt[3]{x}$，$x_0=8$，$\Delta x=0.1$，由公式

$$f(x_0+\Delta x)\approx f(x_0)+f'(x_0)\Delta x$$

得

$$\sqrt[3]{8.01}\approx\sqrt[3]{8}+\frac{1}{3}8^{-\frac{2}{3}}\cdot 0.1=2+\frac{0.1}{12}=2.0083.$$

(B)

1. 设函数 $f(x)=2^{|x-a|}$，求 $f'(x)$.

$f(x)=\begin{cases}2^{x-a}, & x\geq a,\\ 2^{a-x}, & x<a,\end{cases}$，因为 $f'(a)=\lim\limits_{x\to a}\frac{f(x)-f(a)}{x-a}$，所以有

$$f'_-(a)=\lim_{x\to a^-}\frac{f(x)-f(a)}{x-a}=\lim_{x\to a^-}\frac{2^{a-x}-f(a)}{x-a}=-\ln 2$$

$$f'_-(a)=\lim_{x\to a^+}\frac{f(x)-f(a)}{x-a}=\lim_{x\to a^-}\frac{2^{x-a}-1}{x-a}=\ln 2$$

因为

$$f'_-(a)\neq f'_+(a)$$

所以$f'(a)$不存在，因此

$$f'(x)=\begin{cases}2^{x-a}\ln 2, & x>a,\\ -2^{a-x}\ln 2, & x<a.\end{cases}$$

2. 设$f'=\frac{1}{x^2}$，$y=f\left(\frac{x+1}{x-1}\right)$，求$\frac{dy}{dx}$.

解　令$t=\frac{x+1}{x-1}$，则$y=f(t)$，$t=\frac{x+1}{x-1}$，根据链式求导法则有$\frac{dy}{dx}=\frac{dy}{dt}\cdot\frac{dt}{dx}$，即
$$\frac{dy}{dx}=f'(t)\frac{(x-1)-(x+1)}{(x-1)^2}=-\frac{1}{t^2}\frac{2}{(x-1)^2}=-\frac{(x-1)^2}{(x+1)^2}\frac{2}{(x-1)^2}=-\frac{2}{(x+1)^2}.$$

3. 设函数$f(t)=\lim\limits_{x\to\infty}t\left(\frac{x+t}{x-t}\right)^x$，求$f'(t)$.

解　因为$f(t)=\lim\limits_{x\to\infty}t\left[\left(1+\frac{2t}{x-t}\right)^{\frac{x-t}{2t}}\right]^{\frac{2xt}{x-t}}=te^{2t}$，所以

$$f'(t)=e^{2t}+2te^{2t}=e^{2t}(1+2t).$$

4. 设函数$u=f[\varphi(x)+y^2]$，其中函数$f(v)$，$\varphi(x)$均可微. 又函数$y=y(x)$由方程$y+e^y=x$确定，求$\frac{du}{dx}$.

解　因为$y+e^y=x$，两边同时求导得到

$$y'+y'e^y=1,$$

所以有

$$\frac{dy}{dx}=\frac{1}{1+e^y}.$$

令$v=\varphi(x)+y^2$，则$u=f(v)$，$v=\varphi(x)+y^2$，则有
$$\frac{du}{dx}=\frac{df}{dv}\cdot\frac{dv}{dx}=f'(v)[\varphi'(x)+2y\frac{dy}{dx}]=f'(v)[\varphi'(x)+2y\frac{1}{e^y+1}]=f'[\varphi(x)+y^2]$$
$$[\varphi'(x)+\frac{2y}{e^y+1}].$$

5. 设$f(x)$在$x=0$的某邻域内可导，且$f(0)=1$，$f'(0)=2$，求$\lim\limits_{x\to 0}(f(x))^{\frac{2x}{1-\cos x}}$.

解　$\lim\limits_{x\to 0}(f(x))^{\frac{2x}{1-\cos x}}=\lim\limits_{x\to 0}[(1+f(x)-1)^{\frac{1}{f(x)-1}}]^{\frac{2(f(x)-1)x}{1-\cos x}}$，因为$f(0)=1$，$f'(0)=2$，于是

$$\lim_{x\to 0}\frac{2[f(x)-1]x}{1-\cos x}=\lim_{x\to 0}\frac{2[f(x)-1]x}{\frac{1}{2}x^2}=4\lim_{x\to 0}\frac{f(x)-1}{x}=4\lim_{x\to 0}\frac{f(x)-f(0)}{x}=4f'(0)=8$$

所以

$$\lim_{x\to 0}[f(x)]^{\frac{2x}{1-\cos x}}=e^8.$$

6. 设函数 $f(x)=\lim_{n\to\infty}\dfrac{x^2e^{n(x-1)}+ax+b}{1+e^{n(x-1)}}$ 可导，试确定 a,b；并求 $f'(x)$.

解 根据题目中的式子可知 $f(x)$ 为分段函数，

$$f(x)=\lim_{n\to\infty}\frac{x^2e^{n(x-1)}+ax+b}{1+e^{n(x-1)}}=\begin{cases}x^2, & x>1,\\ \dfrac{a+b+1}{2}, & x=1,\\ ax+b, & x<1,\end{cases}$$

因为函数 $f(x)=\lim_{n\to\infty}\dfrac{x^2e^{n(x-1)}+ax+b}{1+e^{n(x-1)}}$ 可导，则函数 $f(x)$ 在点 $x=1$ 处连续，即 $\lim_{x\to1^+}f(x)=\lim_{x\to1^-}f(x)=f(1)$，即 $1=a+b=\dfrac{a+b+1}{2}$，得到 $a+b=1$；又因为 $f'_+(1)=f'_-(1)$ 得到 $a=2$，所以综上 $b=-1$.

所以函数 $f(x)$ 为 $f(x)=\begin{cases}x^2,x>1,\\2x-1,x\leqslant 1,\end{cases}$ 所以 $f'(x)=\begin{cases}2x,x>1,\\2,x\leqslant 1.\end{cases}$

7. 已知 $f(x)$ 是周期为 5 的连续函数，在 $x=1$ 点可导，且在 $x=0$ 的某邻域内满足 $f(1+\sin x)-3f(1-\sin x)=8x+o(x)$，求曲线 $y=f(x)$ 在点 $(6,f(6))$ 处的切线方程.

解 由 $\lim_{x\to0}[f(1+\sin x)-3f(1-\sin x)]=\lim_{x\to0}[8x+o(x)]$，得到

$$f(1)=0.$$

又因为

$$\lim_{x\to0}\frac{[f(1+\sin x)-3f(1-\sin x)]}{\sin x}=\lim_{x\to0}\left[\frac{8x}{\sin x}+\frac{o(x)}{x}\frac{x}{\sin x}\right]=8.$$

由于 $f(1)=0$，所以有

$$\lim_{x\to0}\left[\frac{f(1+\sin x)-f(1)}{\sin x}+3\frac{f(1-\sin x)-f(1)}{-\sin x}\right]=4f'(1).$$

得到

$$f'(1)=2.$$

由于 $f(x+5)=f(x)$，所以 $f'(x+5)=f'(x)$ 从而 $f(6)=f(1)=0$，$f'(6)=f'(1)=2$，所求的切线方程为 $y=2(x-6)$.

8. 设函数 $f(x)$ 在区间 $(-\infty,+\infty)$ 内有定义，对任何实数 x,y 有 $f(x+y)=f(x)f(y)$，且 $f(0)=1$，$f'(0)=a$. 证明：$f(x)$ 在区间 $(-\infty,+\infty)$ 内可导，并求 $f'(x)$ 及 $f(x)$.

证明

$$\begin{aligned}f'(x)&=\lim_{h\to0}\frac{f(x+h)-f(x)}{h}\\&=\lim_{h\to0}\frac{f(x)\cdot f(h)-f(x)}{h}\\&=\lim_{h\to0}\frac{f(x)(f(h)-1)}{h}\end{aligned}$$

$$=\lim_{h\to 0}\frac{f(x)(f(h)-f(0))}{h}$$

$$=f(x)\lim_{h\to 0}\frac{f(h)-f(0)}{h}$$

$$=f(x)\cdot f'(0)$$

$$=a\cdot f(x),$$

所以$f(x)$在区间$(-\infty,+\infty)$内可导，且$f(x)=a\cdot f(x)$．则$f(x)=e^{ax}$．

9．动点$M(x,y)$到点$A(1,1)$的距离是到直线$x+y+2=0$的距离的一半，点$M(x,y)$的轨迹与x轴有交点，试求以该交点为切点的点$M(x,y)$的轨迹的切线方程.

解 依题意，点$M(x,y)$的坐标满足方程

$$\sqrt{(x-1)^2+(y-1)^2}=\frac{1}{2}\left|\frac{x+y+2}{\sqrt{1+1}}\right|,$$

两端平方整理得

$$7x^2-2xy+7y^2-20x-20y+12=0.$$

令$y=0$得轨迹与x轴交点坐标为$(2,0)$和$\left(\frac{6}{7},0\right)$．

上式对x求导，得$14x-2y-2xy'+14yy'-20-20y'=0$．由此得

$$y'\Big|_{\substack{x=2\\y=0}}=\frac{1}{3},\ y'\Big|_{\substack{x=\frac{6}{7}\\y=0}}=-\frac{7}{19}$$

所求切线方程为

$$y=\frac{1}{3}(x-2);$$

$$y=-\frac{7}{19}\left(x-\frac{6}{7}\right).$$

10．设曲线$f(x)=x^n$在点$(1,1)$处的切线与x轴的交点为$(x_n,0)$，计算$\lim\limits_{n\to\infty}f(x_n)$．

解 $f'(x)=nx^{n-1}$，$x=1$，$f'(1)=n$，所以曲线$f(x)=x^n$在点$(1,1)$处的切线方程为 $y=nx-(n-1)$．该切线与x轴的交点为$(1-\frac{1}{n},0)$，所以$x_n=1-\frac{1}{n}$，则

$$\lim_{n\to\infty}f(x_n)=\lim_{n\to\infty}f(1-\frac{1}{n})$$

$$=\lim_{n\to\infty}(1-\frac{1}{n})^n$$

$$=\lim_{n\to\infty}\left[(1+(-\frac{1}{n}))^{-n}\right]^{-1}$$

$$=\frac{1}{e}.$$

四、自测题及答案

自测题

一、填空题（本大题共10题，每小题3分，共30分）

1．设$f'(x_0)=2$，则$\lim\limits_{h\to 0}\frac{f(x_0-h)-f(x_0+2h)}{2h}=$ ________．

2. 曲线 $y = \sqrt[3]{x^2}$ 上点 (1,1) 处的切线方程为__________.

3. 设函数 $f(x) = \frac{e^x}{e^x + 1}$，则 $[f^{-1}(x)]' =$ __________.

4. 已知 $f\left(\frac{1}{t}\right) = \frac{1}{t} + 2t^2$，则 $f'(2t) =$ __________.

5. 设函数 $f(x)$ 为可导函数，已知 $y = f(e^x + x^e)$，则 $\frac{dy}{dx} =$ __________.

6. 设 $f(x) = x(x-1)(x-2)\cdots(x-1000)$，则 $f'(0) =$ __________.

7. 由方程 $x^2 + y^2 - xy = 1$ 确定的函数 $y = y(x)$，则 $\frac{dy}{dx} =$ __________.

8. 由方程 $y = x + \ln y$ 确定的函数 $y = y(x)$，则 $dy =$ __________.

9. $\frac{d(\arcsin x)}{d(\arccos x)} =$ __________.

10. 设 $f(x) = \frac{1-x}{1+x}$，则 $f^{(n)}(x) =$ __________.

二、计算题（本大题共 7 题，每小题 10 分，共 70 分）

1. 曲线 $y = \frac{1}{\sqrt{x}}$ 的切线与 x 轴和 y 轴围成一个图形，记切点的横坐标为 a，试求切线方程和这个图形的面积，当切点沿曲线趋于无穷远时，该面积的变化趋势如何？

2. 设 $f'(x) = \frac{1}{x^2}, y = f\left(\frac{x+1}{x-1}\right)$，求 $\frac{dy}{dx}$.

3. $y = (1+x)\ln(1 + x + \sqrt{2x + x^2}) - \sqrt{2x + x^2}$，求 dy.

4. $f(x) = 2^{|x-a|}$，求 $f'(x)$.

5. 设 $f(x) = \begin{cases} |x|^{\alpha}\sin\frac{1}{x}, & x \neq 0, \\ 0, & x = 0, \end{cases}$ α 为常数，试问在什么范围内 $f(x)$ 存在以下性质：（1）连续；（2）可导；（3）导函数连续.

6. 设 $f(x) = \sqrt{\frac{(1+x)\sqrt{x}}{e^{x-1}}} + \arcsin\frac{1-x}{\sqrt{1+x^2}}$，求 $f'(1)$.

7. 设函数 $f(x) = \begin{cases} x^2 + ax + b, & x \leq 0, \\ x^2(\ln x + 1), & x > 0. \end{cases}$ 在点 $x = 0$ 处可微，求 a, b.

答案

一、1. -3；

2. $3y - 2x = 1$；

3. $e^x + 2 + e^{-x}$；

4. $-\frac{1}{2t^3}$；

5. $f'(e^x + x^e)(e^x + ex^{e-1})$；

6. $1000!$；

7. $\dfrac{y-2x}{2y-x}$；

8. $\dfrac{y}{y-1}dx$；

9. -1；

10. $(-1)^n \dfrac{2n!}{(1+x)^{n+1}}$.

二、1. $\lim\limits_{x\to+\infty} S=+\infty$；$\lim\limits_{a\to0^+} S=0$；

2. $-\dfrac{2}{(x+1)^2}$；

3. $dy=\ln(1+x+\sqrt{2x+x^2})dx$；

4. $f'(x)=\begin{cases} 2^{x-a}\ln2, & x>a, \\ -2^{x-a}\ln2, & x<a; \end{cases}$

5. (1) $\alpha>0$；(2) $\alpha>1$；(3) $\alpha>2$.

6. $-\dfrac{1}{\sqrt{2}}$.

7. $a=b=0$.

第四章　微分中值定理与导数的应用

一、教学基本要求与内容提要

（一）教学基本要求

1. 了解微分中值定理的基本概念，能熟练运用中值定理证等式与不等式.
2. 掌握罗必塔法则求未定式极限的要领.
3. 掌握求函数单调性，极值，最值的方法，能利用函数的单调性与极值证不等式.
4. 掌握曲线的凹凸性与拐点的求法，会判断函数的渐近线.
5. 能熟练的利用导数做出函数的图形.
6. 了解导数概念在经济学中的两个应用－边际分析与弹性分析.

（二）内容提要

1. 微分中值定理

（1）罗尔定理

设函数 $y=f(x)$ 满足下列条件：

①在闭区间 $[a,b]$ 内连续；

②在开区间 (a,b) 内可导；

③在区间端点处的函数值相等，即 $f(a)=f(b)$，

则在开区间 (a,b) 内至少存在一点 ξ，使得

$$f'(\xi)=0,\quad \xi\in(a,b).$$

罗尔定理的几何意义 对于闭区间上一条连续曲线，如果其上各点（端点除外）都有不垂直于 x 轴的切线，且曲线两端点的纵坐标相等，那么在曲线上至少存在一点，在该点处的切线平行于 x 轴.

（2）拉格朗日中值定理

如果函数 $y=f(x)$ 满足下列条件：

①在闭区间 $[a,b]$ 上连续；

②在开区间 (a,b) 内可导，

则在开区间 (a,b) 内至少存在一点 ξ，使得

$$f'(\xi)=\frac{f(b)-f(a)}{b-a},\quad \xi\in(a,b).$$

如果函数 $y=f(x)$ 在区间 I 内可导，且导数恒为零，则 $y=f(x)$ 在区间 I 上是一个常量函数.

若函数 $f(x),g(x)$ 在区间 I 内可导，且 $f'(x)=g'(x)\quad x\in I$，则有

$$f(x)=g(x)+C\qquad x\in I,\quad 其中 C 为常数.$$

拉格朗日中值定理的等价形式

$$f(b)=f(a)+(b-a)f'(\xi)\qquad \xi\in(a,b),$$

$$f(b)=f(a)+(b-a)f'[a+\theta(b-a)]\qquad \theta\in(0,1),$$

$$f(x+\Delta x)=f(x)+\Delta x f'(x+\theta\Delta x)\qquad \theta\in(0,1).$$

拉格朗日中值定理的几何意义 如果连续曲线 $y=f(x)$ 在区间 (a,b) 内每一点都有不垂直于 x 轴的切线，那么在曲线上至少有一点的切线平行于两个端点连线.

拉格朗日中值定理反映了可导函数在区间 $[a,b]$ 上整体平均变化率与在 (a,b) 内某点 ξ 处函数的局部变化率的关系. 因此，拉格朗日中值定理是联结局部与整体的纽带.

(3) 柯西中值定理

设函数 $f(x)$ 与 $g(x)$ 满足下列条件：

①在闭区间 $[a,b]$ 上连续；

②在开区间 (a,b) 内可导；

③在开区间 (a,b) 内 $g'(x)\neq 0$，

则在开区间 (a,b) 内至少存在一点 ξ，使得

$$f'(\xi)=\frac{f(b)-f(a)}{g(b)-g(a)},\quad \xi\in(a,b).$$

2. 洛必达法则

当 $x\to a$ 时，极限 $\lim f(x)=\lim g(x)=0$（或 ∞），则极限 $\lim\frac{f(x)}{g(x)}$ 可能存在也可能不存在. 通常，称这种极限为未定式，记为 $\frac{0}{0}$ 型或 $\frac{\infty}{\infty}$ 型.

洛必达法则　设函数 $f(x),g(x)$ 满足以下条件：

(1) $\lim\limits_{x\to a}f(x)=\lim\limits_{x\to a}g(x)=0$；

(2) 在点 a 的某个空心邻域内可导，且 $g'(x)\neq 0$；

(3) $\lim\limits_{x\to a}\frac{f'(x)}{g'(x)}=A$（或 ∞），

则

$$\lim_{x\to a}\frac{f(x)}{g(x)}=\lim_{x\to a}\frac{f'(x)}{g'(x)}=A\text{（或 }\infty\text{）}.$$

洛必达法则　设函数 $f(x),g(x)$ 满足以下条件：

(1) $\lim\limits_{x\to\infty}f(x)=\lim\limits_{x\to\infty}g(x)=0$；

(2) 当 $|x|>X$ 时 $f'(x)$ 与 $g'(x)$ 都存在，且 $g'(x)\neq 0$；

(3) $\lim\limits_{x\to\infty}\frac{f'(x)}{g'(x)}=A$（或 ∞），

则

$$\lim_{x\to\infty}\frac{f(x)}{g(x)}=\lim_{x\to\infty}\frac{f'(x)}{g'(x)}=A\text{（或}\infty\text{）}.$$

对于 $x\to a$ 或 $x\to\infty$ 的过程中，若 $\lim\frac{f(x)}{g(x)}$ 为 $\frac{\infty}{\infty}$ 型未定式，则洛必达法则仍然成立.

对于 $0\cdot\infty$ 型、$\infty-\infty$ 型、0^0 型、1^∞ 型和 ∞^0 型的未定式，求解这些未定式，可以先将它们化为 $\frac{0}{0}$ 或 $\frac{\infty}{\infty}$ 型未定式，然后用洛必达法则求解.

注（1）在运用洛必达法则求极限时，一定要先判断所求极限是否满足洛必达法则的条件.

（2）如果 $\lim\frac{f'(x)}{g'(x)}$ 仍为 $\frac{0}{0}$ 型或 $\frac{\infty}{\infty}$ 型未定式，可继续应用洛必达法则求极限，且可以依次类推.

（3）运用洛必达法则求极限，还可以结合等价无穷小替换、两个重要的极限、换元等手段使问题简化.

3. 函数的单调性的判别

设函数 $y=f(x)$ 在 $[a,b]$ 上连续，在 (a,b) 内可导.

（1）如果在 (a,b) 内恒有 $f'(x)>0$，则 $f(x)$ 在 $[a,b]$ 上单调增加；

（2）如果在 (a,b) 内恒有 $f'(x)<0$，则 $f(x)$ 在 $[a,b]$ 上单调减少.

4. 函数的极值与最值

（1）函数的极值

设函数 $y=f(x)$ 在点 x_0 的某邻域内有定义，如果对该邻域内的任一点 x（$x\neq x_0$），均有 $f(x)<f(x_0)$（或 $f(x)>f(x_0)$），则称 $f(x_0)$ 是 $f(x)$ 的极大值（或极小值），称 x_0 是 $f(x)$ 的极大值点（或极小值点）.

函数的极大值与极小值统称为函数的**极值**，极大值点与极小值点统称为**极值点**.

极值点的必要条件 点 x_0 是函数 $f(x)$ 的极值点的必要条件是：

$$f'(x_0)=0\text{ 或者 }f'(x_0)\text{ 不存在}.$$

极值点的第一判别法 设函数 $f(x)$ 在点 x_0 的某一空心邻域内可导，且在点 x_0 连续.

①如果在点 x_0 的左邻域内 $f'(x)>0$，在点 x_0 的右邻域内有 $f'(x)<0$，则 x_0 是 $f(x)$ 的极大值点；

②如果在点 x_0 的左邻域内 $f'(x)<0$，在点 x_0 的右邻域内有 $f'(x)>0$，则 x_0 是 $f(x)$ 的极小值点；

③如果在点 x_0 的空心邻域内 $f'(x)$ 恒为正或恒为负，则 x_0 不是 $f(x)$ 的极值点.

满足方程 $f'(x)=0$ 的点 x_0 称为函数 $f(x)$ 的**驻点**.

极值点的第二判别法 设 x_0 是函数 $f(x)$ 的驻点（即 $f'(x_0)=0$），且有二阶导数 $f''(x_0)\neq 0$.

①当 $f''(x_0)>0$ 时，x_0 是 $f(x)$ 的极小值点；

②当 $f''(x_0)<0$ 时，x_0 是 $f(x)$ 的极大值点.

（2）函数的最值

由于在闭区间上连续的函数必能在该区间上取得最大值和最小值，求连续函数 $f(x)$ 在闭区间 $[a,b]$ 上的最值时，只需分别计算 $f(x)$ 在其驻点、导数不存在点、以及端点 a 和 b

处的函数值，然后再加以比较，其中最大者为$f(x)$在$[a,b]$上的最大值，最小者为$f(x)$在$[a,b]$上的最小值.

设函数$f(x)$在闭区间$[a,b]$上连续，在开区间(a,b)内可导，且x_0是$f(x)$在(a,b)内的唯一驻点. 则当x_0为$f(x)$的极大值点（或极小值点）时，x_0必同时为$f(x)$在$[a,b]$上的最大值点（或最小值点）.

5. 函数的凹凸性与拐点

设$f(x)$在区间$[a,b]$上连续，如果对于任意的$x_1, x_2 \in [a,b]$都有

$$f\left(\frac{x_1+x_2}{2}\right) < \frac{f(x_1)+f(x_2)}{2},$$

则称$f(x)$在区间$[a,b]$上的图形是**下凸的（或凹弧）**，区间$[a,b]$是$f(x)$的**下凸区间**；反之，若恒有

$$f\left(\frac{x_1+x_2}{2}\right) > \frac{f(x_1)+f(x_2)}{2},$$

则称$f(x)$在区间$[a,b]$上的图形是**上凸的（或凸弧）**，区间$[a,b]$是$f(x)$的**上凸区间**.

凹凸性判别定理 设$f(x)$在区间$[a,b]$上连续，在(a,b)内具有一阶和二阶导数，那么

(1) 若在(a,b)内，$f''(x)>0$，则$f(x)$在$[a,b]$上的图形是凹的；

(2) 若在(a,b)内，$f''(x)<0$，则$f(x)$在$[a,b]$上的图形是凸的.

曲线上凸弧与凹弧的分界点称为曲线的**拐点**.

6. 曲线的渐近线与函数作图

如果曲线$y=f(x)$上的一动点p沿曲线无限远离原点时，若动点p与某直线L的距离无限趋近于零，则称此直线L为曲线$y=f(x)$的**渐近线**.

渐近线可分为**水平渐近线**、**垂直渐近线**和**斜渐近线**三种.

如果函数$f(x)$有$\lim\limits_{x\to\infty}f(x)=C$，则称直线$y=C$为曲线$y=f(x)$的**水平渐近线**.

如果函数$f(x)$有$\lim\limits_{x\to x_0}f(x)=\infty$，则称直线$x=x_0$为曲线$y=f(x)$的**垂直渐近线**.

如果函数$f(x)$有$\lim\limits_{x\to\infty}[f(x)-(kx+b)]=0$（其中$k,b$为常数，且$k\neq 0$），则称直线$y=kx+b$为曲线$y=f(x)$的**斜渐近线**.

作出函数$y=f(x)$图形的一般步骤：

(1) 确定函数$f(x)$的定义域，研究函数的特性，如奇偶性、周期性等；

(2) 计算函数的一阶导数$f'(x)$和二阶导数$f''(x)$，求出$f'(x)=0$和$f''(x)=0$在函数定义域内的全部实根及$f'(x)$和$f''(x)$不存在的点，用这些点把函数定义域划分成若干个部分区间；

(3) 列表讨论在这些部分区间内$f'(x)$和$f''(x)$的符号，并由此确定函数的单调性和凹凸性，极值点和拐点；

(4) 确定函数图形的水平、垂直、斜渐近线；

(5) 计算极值点和拐点的坐标，并在坐标平面上作出图形上相应的点；有时还需适当补充一些辅助作图点（如与坐标轴的交点和曲线的端点等）；然后根据第3、4步中得到的结果，用平滑曲线联接而画出函数的图形.

7. **导数的经济应用——边际分析与弹性分析**

(1) **边际成本**

在经济学中，边际成本定义为产量增加一个单位时所增加的总成本.

设某产品产量为 x 单位时所需的总成本为 $C = C(x)$，当产量由 x 变为 $x + \Delta x$ 时，总成本函数的改变量为

$$\Delta C = C(x + \Delta x) - C(x),$$

这时，总成本函数的平均变化率为

$$\frac{\Delta C}{\Delta x} = \frac{C(x + \Delta x) - C(x)}{\Delta x},$$

它表示产量由 x 变为 $x + \Delta x$ 时，在平均意义下的边际成本.

当总成本函数 $C(x)$ 可导时，其变化率

$$C'(x) = \lim_{\Delta x \to 0} \frac{\Delta C}{\Delta x} = \lim_{\Delta x \to 0} \frac{C(x + \Delta x) - C(x)}{\Delta x},$$

表示该产品产量为 x 时的边际成本，即边际成本是总成本函数关于产量的导数. 其经济意义是 $C'(x)$ 近似等于产量为 x 时再生产一个单位产品所需增加的成本.

(2) **边际收入**

在经济学中，边际收入定义为多销售一个单位产品所增加的销售总收入.

设某产品的销售量为 x 时的总收入为 $R = R(x)$，当 $R(x)$ 可导时，收入函数的变化率

$$R'(x) = \lim_{\Delta x \to 0} \frac{\Delta R}{\Delta x} = \lim_{\Delta x \to 0} \frac{R(x + \Delta x) - R(x)}{\Delta x},$$

称为销售量为 x 时该产品的边际收入. 它近似等于销售量为 x 时再销售一个单位产品所增加（或减少）的收入.

(3) **边际利润**

设某产品销售量为 x 时的总利润为 $L = L(x)$，当 $L(x)$ 可导时，称 $L'(x)$ 为销售量为 x 时的边际利润，它近似等于销售量为 x 时再多销售一个单位产品所增加（或减少）的利润.

由于总利润为总收入与总成本之差. 即有

$$L(x) = R(x) - C(x).$$

由导数运算法则可知

$$L'(x) = R'(x) - C'(x),$$

即边际利润为边际收入与边际成本之差.

(4) **弹性分析**

设函数 $y = f(x)$ 在点 x_0 ($x_0 \neq 0$) 的某邻域内有定义，且 $f(x_0) \neq 0$. 如果极限

$$\lim_{\Delta x \to 0} \frac{\Delta y / f(x_0)}{\Delta x / x_0} = \lim_{\Delta x \to 0} \frac{f(x_0 + \Delta x) - f(x_0) / f(x_0)}{\Delta x / x_0}$$

存在，则称此极限值为函数 $y = f(x)$ 在点 x_0 处的**点弹性**，记为 $\left.\frac{Ey}{Ex}\right|_{x = x_0}$；而称比值

$$\frac{\Delta y / f(x_0)}{\Delta x / x_0} = \frac{f(x_0 + \Delta x) - f(x_0)}{\Delta x} \cdot \frac{x_0}{f(x_0)}$$

为函数 $y = f(x)$ 在点 x_0 与点 $x_0 + \Delta x$ 之间的**弧弹性**.

如果函数 $y = f(x)$ 在区间 (a, b) 内可导且 $f(x) \neq 0$，则称

$$\frac{Ey}{Ex}=\frac{x}{f(x)}f'(x)$$

为函数 $y=f(x)$ 在区间 (a,b) 内的**点弹性函数**，简称为**弹性函数**.

函数的弹性（点弹性与弧弹性）与量纲无关，即弹性与各有关变量所用的计量单位无关. 这使弹性概念在经济学中得到广泛的应用，这是因为经济中各种商品的计量单位是不尽相同的，比较不同商品的弹性时，可不受计量单位的限制.

设某商品的市场需求量为 Q，价格为 p，需求函数 $Q=Q(p)$ 可导，则称

$$\frac{EQ}{Ep}=\frac{p}{Q(p)}\frac{dQ}{dp}$$

为该商品的需求价格弹性，简称为**需求弹性**.

当 $\frac{EQ}{Ep}=-1$（即 $\left|\frac{EQ}{Ep}\right|=1$ 时），称为**单位弹性**，此时商品需求量变动的百分比与价格变动的百分比相等；当 $\frac{EQ}{Ep}<-1$（即 $\left|\frac{EQ}{Ep}\right|>1$ 时），称为**高弹性**，此时商品需求量变动的百分比高于价格变动的百分比，价格的变动对需求量的影响较大；当 $-1<\frac{EQ}{Ep}<0$（即 $\left|\frac{EQ}{Ep}\right|<1$）时，称为**低弹性**，此时商品需求量变动的百分比低于价格变动的百分比，价格的变动对需求量的影响不大.

二、典型方法与范例

1. 中值定理证明等式与不等式

例 1　设 $f(x)$ 在 $[0,1]$ 上连续，在 $(0,1)$ 内可导，且 $f(1)=0$. 证明：至少存在一点 $\xi\in(0,1)$，使 $f'(\xi)=-\frac{f(\xi)}{\xi}$.

分析　从 $f'(\xi)=-\frac{f(\xi)}{\xi}$ 结论出发，变形为 $f'(\xi)\xi+f(\xi)=0$，构造辅助函数使其导函数为 $xf'(x)+f(x)$，然后再利用罗尔中值定理，便得结论. 构造辅助函数是利用中值定理解决问题时常用的方法，辅助函数的构造方法一般可通过结论倒推.

证明　构造辅助函数 $F(x)=xf(x)$，根据题意，$F(x)=xf(x)$ 在 $[0,1]$ 上连续，在 $(0,1)$ 内可导，且 $F(1)=1\cdot f(1)=0$，$F(0)=0\cdot f(0)=0$，从而由罗尔中值定理知，至少存在一点 $\xi\in(0,1)$，使得 $F'(\xi)=f'(\xi)\xi+f(\xi)=0$，即 $f'(\xi)=-\frac{f(\xi)}{\xi}$.

例 2　已知 $a_0+a_1+a_2+\cdots+a_n=0$，证明方程 $a_0+2a_1x+3a_2x^2+\cdots+(n+1)a_nx^n=0$ 在 $(0,1)$ 内至少有一实根.

分析　显然此题不能应用零点定理，则应根据已知条件，构造辅助函数，用罗尔定理证明.

证明　构造辅助函数 $F(x)=a_0x+a_1x^2+a_2x^3+\cdots+a_nx^{n+1}$，根据题意，

$F(1)=a_0+a_1+a_2+\cdots+a_n=0$，$F(0)=0$.

因为 $F(x)$ 在 $[0,1]$ 上连续，在 $(0,1)$ 内可导，且 $F(0)=F(1)=0$，从而由罗尔中值定理知，至少存在一点 $\xi\in(0,1)$，使得 $F'(\xi)=a_0+2a_1\xi+3a_2\xi^2+\cdots+(n+1)a_n\xi^n=0$，即方程 $a_0+2a_1x+3a_2x^2+\cdots+(n+1)a_nx^n=0$ 在 $(0,1)$ 内至少有一实根.

例3 证明方程 $3x^9+7x^5+x-3=0$ 有且仅有一个正根.

分析 讨论方程根的唯一性，可利用反证法，结合零点定理和罗尔定理得出结论.

证明 $f(x)=3x^9+7x^5+x-3$，因为 $f(x)$ 在 $[0,1]$ 上连续，且 $f(0)=-3<0, f(1)=8>0$，所以由零点定理知，至少存在一点 $\eta\in(0,1)$，使得 $f(\eta)=0$.

假设 $3x^9+7x^5+x-3=0$ 有两个不同正根，分别设为 $\xi_1,\xi_2(\xi_1<\xi_2)$，因为 $f(x)$ 在 $[\xi_1,\xi_2]$ 上连续，在 (ξ_1,ξ_2) 内可导，且 $f(\xi_1)=f(\xi_2)=0$，所以由罗尔定理知，至少存在一点 $\xi\in(\xi_1,\xi_2)$，使得 $f'(\xi)=0$.

而 $f'(x)=27x^8+35x^4+1>0$，矛盾.

综上，方程 $3x^9+7x^5+x-3=0$ 有且仅有一个正根.

例4 设函数 $y=f(x)$ 在闭区间 $[a,b]$ 上连续，在开区间 (a,b) 内可导，且 $f(a)=f(b)=0$，证明：对于任意的 $\lambda\in R$，至少存在一点 $\xi\in(a,b)$，使得 $f'(\xi)+\lambda f(\xi)=0$.

分析 构造辅助函数 $F(x)=f(x)e^{\lambda x}$，应用罗尔定理即可.

证明 对于任意的 $\lambda\in R$，构造函数 $F(x)=f(x)e^{\lambda x}$，则 $F(x)$ 在 $[a,b]$ 上连续，在 (a,b) 内可导，且 $F(a)=F(b)=0$，由罗尔中值定理知，至少存在一点 $\xi\in(a,b)$，使得 $F'(\xi)=0$. 即 $[f'(\xi)+\lambda f(\xi)]e^{\lambda\xi}=0$，而 $e^{\lambda\xi}>0$，故 $f'(\xi)+\lambda f(\xi)=0$.

例5 设函数 $y=f(x)$ 在闭区间 $[a,b]$ 上连续，在开区间 (a,b) 内可导，$f(a)=f(b)=0$，且在 (a,b) 内恒有 $f(x)\neq0$，证明：对任意实数 k，存在 $\xi(a<\xi<b)$，使得 $k=\dfrac{f'(\xi)}{f(\xi)}$.

分析 构造辅助函数 $F(x)=e^{-kx}f(x)$，应用罗尔定理即可.

证明 对任意实数 k，构造辅助函数 $F(x)=e^{-kx}f(x)$，则 $F(x)$ 在 $[a,b]$ 上连续，在 (a,b) 内可导，且 $F(a)=F(b)=0$，由罗尔中值定理知，至少存在一点 $\xi\in(a,b)$，使得 $F'(\xi)=0$. 即 $[f'(\xi)-kf(\xi)]e^{-k\xi}=0$，整理得 $k=\dfrac{f'(\xi)}{f(\xi)}$.

方法总结： 应用罗尔定理证明等式，一般步骤为

(1) 由待证等式出发，构造辅助函数 $F(x)$；

(2) 验证 $F(x)$ 在待证区间内满足罗尔定理的所有条件；

(3) 由罗尔定理的结论即得问题的的证明.

辅助函数 $F(x)$ 的构造是证明的关键，有时需要对待证等式进行通分，移项或简单的恒等变形，也有一些题需要在待证结论的两端乘以一个新函数 $g(x)$，才能构造出 $F(x)$.

例6 证明下列不等式成立.

(1) $|\arctan a-\arctan b|\leq|a-b|$；　　(2) 当 $x>1$ 时，$e^x>ex$；

(3) 设 $x>0$，$\ln(1+x)<x$；　　(4) 当 $x>0$ 时，$\ln(1+\dfrac{1}{x})>\dfrac{1}{1+x}$.

分析 寻找函数 $y=f(x)$ 和相应区间，运用拉格朗日中值定理证明.

证明 (1) 令 $f(x)=\arctan x$，因为 $f(x)$ 在 $[a,b]$ 上连续，在 (a,b) 内可导，所以由拉格朗日中值定理，得

$$|\arctan a-\arctan b|=|f'(\xi)(b-a)|=\left|\frac{1}{1+\xi^2}\right||b-a|\leq|b-a|.$$

(2) 令$f(x)=e^{x}(x>1)$，因为$f(x)$在$[1,x]$上连续，在$(1,x)$内可导，由拉格朗日中值定理，得

$$e^{x}-ex=e^{\xi}(x-1)>e(x-1)=ex-e,$$

因为$1<\xi<x$，所以$x>1$时，$e^{x}>ex$.

(3) 令$f(x)=\ln(1+x)(x>0)$，因为$f(x)$在$[0,x]$上连续，在$(0,x)$内可导，由拉格朗日中值定理，得

$$\ln(1+x)=\ln(1+x)-\ln(1+0)=f'(\xi)(x-0)=\frac{x}{1+\xi},$$

因为$0<\xi<x$，所以$\frac{x}{1+\xi}<x$，即$x>0$，$\ln(1+x)<x$.

(4) 令$f(x)=\ln x(x>0)$，因为$f(x)$在$[x,1+x]$上连续，在$(x,1+x)$内可导，由拉格朗日中值定理，得

$$\ln(1+\frac{1}{x})=\ln(1+x)-\ln(x)=f'(\xi)(1-0)=\frac{1}{\xi},$$

因为$x<\xi<1+x$，所以$\frac{1}{\xi}>\frac{1}{1+x}$，即当$x>0$时，$\ln(1+\frac{1}{x})>\frac{1}{1+x}$.

例7　证明：$2\arctan x+\arcsin\frac{2x}{1+x^{2}}=\pi(x\geq1)$.

证明　令$f(x)=2\arctan x+\arcsin\frac{2x}{1+x^{2}}(x\geq1)$.

当$x=1$时，有$f(1)=2\arctan1+\arcsin1=2\cdot\frac{\pi}{4}+\frac{\pi}{2}=\pi$；

当$x>1$时，有

$$f'(x)=\frac{2}{1+x^{2}}+\frac{1}{\sqrt{1-(\frac{2x}{1+x^{2}})^{2}}}\cdot\frac{2(1+x^{2})-2x\cdot2x}{(1+x^{2})^{2}}$$

$$=\frac{2}{1+x^{2}}+\frac{1+x^{2}}{(x^{2}-1)}\cdot\frac{2(1-x^{2})}{(1+x^{2})^{2}}$$

$$=\frac{2}{1+x^{2}}-\frac{2}{1+x^{2}}=0.$$

由于$f(x)=2\arctan x+\arcsin\frac{2x}{1+x^{2}}$在$[1+\infty)$上连续，由推论1知，

$$f(x)=C=f(1)=\pi,$$

所以$2\arctan x+\arcsin\frac{2x}{1+x^{2}}=\pi(x\geqslant1)$成立.

例8　证明：$\frac{x}{1+x}<\ln(1+x)<x$，$(x>0)$.

分析　构造函数$f(x)=\ln(1+x)$，$f(x)$在区间$[0,x]$上满足拉格朗日中值定理.

证明　设函数$f(x)=\ln(1+x)$，则对任意$x>0$，$f(x)$在区间$[0,x]$上满足拉格朗日中值定理. 于是，至少存在一点$\xi\in(0,x)$，使得

$$f'(\xi)=\frac{1}{1+\xi}=\frac{f(x)-f(0)}{x-0}=\frac{\ln(1+x)}{x},$$

即

$$\ln(1+x)=\frac{x}{1+\xi},\xi\in(0,x).$$

显然有

$$\frac{x}{1+x}<\frac{x}{1+\xi},\xi\in(0,x),$$

即得

$$\frac{x}{1+x}<\ln(1+x)<x,(x>0).$$

例 9 设函数 $f(x)$ 是定义在 $(-\infty,+\infty)$ 处处可导的奇函数，试证：对任意正数 a，存在 $\xi\in(-a,a)$，使 $f(a)=af'(\xi)$.

分析 应用拉格朗日中值定理与奇函数的性质.

证明 因为 $f(x)$ 在 $(-\infty,+\infty)$ 内处处可导，则 $f(x)$ 在 $[-a,a]$ 上应用拉格朗日中值定理得，至少存在一点 $\xi\in(-a,a)$，使得

$$f(a)-f(-a)=2af'(\xi).$$

已知 $f(x)$ 是奇函数，则

$$f(a)+f(a)=2af'(\xi),$$

即

$$f(a)=af'(\xi).$$

例 10 证明：若函数 $f(x)$ 在 $(-\infty,\infty)$ 内满足关系式 $f'(x)=2f(x)$，且 $f(0)=e$，则 $f(x)=e^{1+2x}$.

分析 设 $F(x)=e^{-2x}f(x)$，证 $F'(x)=0$ 即可.

证明 构造辅助函数 $F(x)=e^{-2x}f(x)$，则

$$F'(x)=e^{-2x}f'(x)-2e^{-2x}f(x)=0,$$

所以由拉格朗日中值定理的推论知，

$$F(x)=C=F(0)=e,$$

移项得 $f(x)=e^{1+2x}$.

例 11 设函数 $f(x)$ 在 $[a,b]$ 上连续，在 (a,b) 内有二阶导数，且有

$$f(a)=0,f(b)>0,f(c)<0(a<c<b),$$

证明：在 (a,b) 内至少存在一点 ξ，使 $f''(\xi)>0$.

分析 多次应用拉格朗日中值定理.

证明 因为 $f(x)$ 在 $[a,c]$、$[c,b]$ 上连续，在 (a,c)、(c,b) 内可导，所以由拉格朗日中值定理知，至少存在点 $\xi_1\in(a,c)$、$\xi_2\in(c,b)$，使得

$$f'(\xi_1)=\frac{f(c)-f(a)}{c-a}<0,f'(\xi_2)=\frac{f(b)-f(c)}{b-c}>0,$$

又 $f'(\xi)$ 在 $[\xi_1,\xi_2]$ 上连续，在 (ξ_1,ξ_2) 内可导，由拉格朗日中值定理，至少存在一点 $\xi\in(\xi_1,\xi_2)$，使得

$$f''(\xi)=\frac{f'(\xi_2)-f'(\xi_1)}{\xi_2-\xi_1}>0.$$

例 12 设 $a<b<0$，证明：至少存在一点 $\xi\in(a,b)$，使得 $ae^b-be^a=(1-\xi)e^{\xi}(a-b)$.

分析　将等式变形得 $\frac{1}{b}e^{b}-\frac{1}{a}e^{a}=(1-\xi)e^{\xi}(\frac{1}{b}-\frac{1}{a})$，作辅助函数 $f(x)=xe^{\frac{1}{x}}$.

证明　作辅助函数 $f(x)=xe^{\frac{1}{x}}$，则 $f(x)$ 在 $\left[\frac{1}{b},\frac{1}{a}\right]$ 上连续，在 $(\frac{1}{b},\frac{1}{a})$ 内可导. 由拉格朗日定理知，在 $(\frac{1}{b},\frac{1}{a})$ 内至少存在一点 $\frac{1}{\xi}$，使得

$$\frac{f(\frac{1}{a})-f(\frac{1}{b})}{\frac{1}{a}-\frac{1}{b}}=f'(\frac{1}{\xi}),\frac{1}{\xi}\in(\frac{1}{b},\frac{1}{a}),$$

即

$$\frac{\frac{1}{b}e^{b}-\frac{1}{b}e^{a}}{\frac{1}{b}-\frac{1}{a}}=(1-\xi)e^{\xi},\frac{1}{\xi}\in(\frac{1}{b},\frac{1}{a}),$$

整理得

$$ae^{b}-be^{a}=(1-\xi)e^{\xi}(a-b),\xi\in(a,b).$$

例 13　设函数 $f(x)$ 在 $[a,b]$ 上满足 $f(a)=f(b)=0,f''(x)>0$, 试证：存在唯一的一点 $\xi\in(a,b)$, 使得 $f'(\xi)=0$.

分析　证唯一性的问题一般利用反证法，此题用反证法和罗尔中值定理得出结论.

证明　已知函数 $f(x)$ 在 $[a,b]$ 上连续，在 (a,b) 内可导, $f(a)=f(b)=0$, 则由罗尔中值定理知，至少存在一点 $\xi\in(a,b)$, 使得 $f'(\xi)=0$.

假设存在不等于 ξ 的一点 $\eta\in(a,b)$, 使得 $f'(\eta)=0$, 不妨设 $\xi<\eta$.

因为函数 $f'(x)$ 在 $[\xi,\eta]$ 上连续，在 (ξ,η) 内可导, $f'(\xi)=f'(\eta)=0$，所以由罗尔中值定理知，至少存在一点 $\mu\in(\xi,\eta)\subset(a,b)$, 使得 $f''(\mu)=0$，这与已知 $f(x)$ 在闭区间 $[a,b]$ 上 $f''(x)>0$ 矛盾.

综上，存在唯一的一点 $\xi\in(a,b)$, 使得 $f'(\xi)=0$.

例 14　设函数 $y=f(x)$ 在闭区间 $[a,b]$ 上连续，在 (a,b) 内可导, $f(a)=f(b)=1$，试证：存在 $\xi,\eta\in(a,b)$，使得 $e^{\xi-\eta}[f(\xi)+f'(\xi)]=1$.

分析　构造辅助函数 $F(x)=e^{x}f(x)$ 与 $G(x)=e^{x}$，在闭区间 $[a,b]$ 上分别应用拉格朗日中值定理.

证明　设 $F(x)=e^{x}f(x)$，显然 $F(x)$ 在闭区间 $[a,b]$ 上连续，在开区间 (a,b) 内可导，由拉格朗日中值定理知，至少存在一点 $\xi\in(a,b)$，使得

$$F'(\xi)=\frac{e^{b}f(b)-e^{a}f(a)}{b-a},$$

即

$$e^{\xi}[f(\xi)+f'(\xi)]=\frac{e^{b}-e^{a}}{b-a}.$$

同理，令 $G(x)=e^{x}$，在闭区间 $[a,b]$ 上应用拉格朗日中值定理知，至少存在一点 $\eta\in(a,b)$，使得

$$G'(\eta) = e^{\eta} = \frac{e^b - e^a}{b - a}.$$

则有

$$e^{\xi}[f(\xi) + f'(\xi)] = e^{\eta},$$

整理得

$$e^{\xi-\eta}[f(\xi) + f'(\xi)] = 1, \xi, \eta \in (a,b).$$

例 15 设$f(x)$在$[0,1]$上连续，在$(0,1)$内可导，且$f(0)=f(1)$．试证：存在ξ和η，满足$0<\xi<\eta<1$，使$f'(\xi)+f'(\eta)=0$．

分析 两次应用拉格朗日中值定理.

证明 $f(x)$在$\left[0,\frac{1}{2}\right]$应用拉格朗日中值定理知，至少存在一点$\xi \in (0,\frac{1}{2})$，使得

$$f'(\xi) = \frac{f(\frac{1}{2}) - f(0)}{\frac{1}{2} - 0}.$$

同理知，至少存在一点$\eta \in (\frac{1}{2},1)$，使得

$$f'(\eta) = \frac{f(1) - f(\frac{1}{2})}{1 - \frac{1}{2}}.$$

整理得

$$f'(\xi) + f'(\eta) = 0.$$

例 16 设函数$y=f(x)$在闭区间$[a,b]$上连续，在(a,b)内二阶可导，连接点$(a,f(a))$，$(b,f(b))$的直线和曲线$y=f(x)$交于点$(c,f(c))$，$a<c<b$，试证：在(a,b)内至少存在一点ξ，使$f''(\xi)=0$．

分析 两次应用拉格朗日中值定理，找到$f'(\xi_1)=f'(\xi_2)$，再由罗尔定理得到结论.

证明 因为$f(x)$在$[a,b]$上连续，在(a,b)内可导，且$a<c<b$，所以由拉格朗日中值定理知，至少存在一点$\xi_1 \in (a,c)$，使得

$$f'(\xi_1) = \frac{f(c) - f(a)}{c - a}.$$

同理，至少存在一点$\xi_2 \in (c,b)$，使得

$$f'(\xi_2) = \frac{f(b) - f(c)}{b - c}.$$

因为点$(a,f(a))$，$(b,f(b))$，$(c,f(c))$在同一直线上，所以$f'(\xi_1)=f'(\xi_2)$．又因为$f'(x)$在$[\xi_1,\xi_2]$上连续，在(ξ_1,ξ_2)内可导，且$f'(\xi_1)=f'(\xi_2)$，由罗尔定理知，至少存在一点$\xi \in (\xi_1,\xi_2) \in (a,b)$，使得$f''(\xi)=0$．

方法总结：应用拉格朗日中值定理证明等式或不等式，常见方法为

（1）由问题出发，首先确定函数$f(x)$与区间$[a,b]$；

（2）在待证结论中寻找或者构造$\frac{f(b)-f(a)}{b-a}$；

(3) 由拉格朗日中值定理的结论知 $\frac{f(b)-f(a)}{b-a}=f'(\xi)$，用 $f'(\xi)$ 替代问题中的 $\frac{f(b)-f(a)}{b-a}$ 来进行比较或证明.

例 17　设 $f(x)$ 在 $[0,1]$ 上连续，在 $(0,1)$ 内可导，证明：至少存在一点 $\xi\in(0,1)$，使得

$$f'(\xi)=2\xi[f(1)-f(0)].$$

分析　构造辅助函数 $g(x)=x^2$，应用柯西中值定理.

证明　作辅助函数 $g(x)=x^2$，则 $f(x),g(x)$ 在 $[0,1]$ 上满足柯西中值定理的条件，故在 $(0,1)$ 内至少存在一点 ξ，使得

$$\frac{f(1)-f(0)}{1-0}=\frac{f'(\xi)}{2\xi},$$

整理得

$$f'(\xi)=2\xi[f(1)-f(0)].$$

***例 18**　设函数 $y=f(x)$ 在 $x=0$ 的某个邻域内具有 n 阶导数，且

$$f(0)=f'(0)=f''(0)=\cdots f^{(n-1)}(0)=0,$$

试用柯西中值定理证明：$\frac{f(x)}{x^n}=\frac{f^{(n)}(\theta x)}{n!}\qquad(0<\theta<1)$.

分析　对 $f(x)$，$g(x)=x^n$ 在 $[0,x]$ 上连续使用 n 次柯西中值定理便可得结论.

证明　因为 $f(x)$，$g(x)=x^n$ 及其各阶导数在 $[0,x]$ 上连续，在 $(0,x)$ 上可导，且在 $(0,x)$ 每一点处，$g^{(n-1)}(x)=n!$，又 $f(0)=f'(0)=f''(0)=\cdots f^{(n-1)}(0)=0$，所以连续使用 n 次柯西中值定理得

$$\frac{f(x)}{x^n}=\frac{f(x)-f(0)}{x^n-0}=\frac{f'(\xi_1)}{n\xi_1{}^{n-1}}=\frac{f'(\xi_1)-f'(0)}{n\xi_1{}^{n-1}-g'(0)}\cdots\frac{f^{(n-1)}(\xi_{n-1})-f^{(n-1)}(0)}{n!\xi_{n-1}-g^{(n-1)}(0)}$$

$$=\frac{f^{(n)}(\theta x)}{n!},\qquad(0<\theta<1).$$

从而结论成立.

例 19　已知 $0<a<b$，函数 $y=f(x)$ 在 $[a,b]$ 上连续，在 (a,b) 内可导，试证：至少存在两点 $\xi,\eta\in(a,b)$，使得 $f'(\xi)=\frac{\eta^2f'(\eta)}{ab}$.

分析　分别应用拉格朗日中值定理和柯西中值定理，寻找导数相同的点即可.

证明　已知函数 $y=f(x)$ 在 $[a,b]$ 上连续，在 (a,b) 内可导，则由拉格朗日中值定理知在 (a,b) 内至少存在一点 ξ 使得

$$f'(\xi)=\frac{f(b)-f(a)}{b-a}.$$

因为 $f(x)$，$g(x)=\frac{1}{x}$ 在 (a,b) 上满足柯西中值定理的条件，故在 (a,b) 内至少存在一点 η，使得

$$\frac{f(b)-f(a)}{\frac{1}{b}-\frac{1}{a}}=\frac{f'(\eta)}{-\frac{1}{\eta^2}}$$

整理得

$$\frac{f(b)-f(a)}{b-a}=\frac{\eta^2 f'(\eta)}{ab}.$$

因此，至少存在两点 $\xi,\eta\in(a,b)$，使得 $f'(\xi)=\dfrac{\eta^2 f'(\eta)}{ab}$.

方法总结：应用柯西中值定理证明问题，关键在于由待证结论确定合适的 $f(x)$ 与 $g(x)$，再应用柯西中值定理 $\dfrac{f(b)-f(a)}{g(b)-g(a)}=\dfrac{f'(\xi)}{g'(\xi)}$ 来进行证明.

2. 洛必达法则求未定式极限

例 20 求 $\lim\limits_{x\to 0}\dfrac{x-\arcsin x}{\sin^3 x}$.

分析 所求极限为 $\dfrac{0}{0}$ 型未定式，可用洛必达法则求极限，但可先用等价无穷小代换使求解过程简化.

解
$$\lim_{x\to 0}\frac{x-\arcsin x}{\sin^3 x}=\lim_{x\to 0}\frac{x-\arcsin x}{x^3}=\lim_{x\to 0}\frac{1-\dfrac{1}{\sqrt{1-x^2}}}{3x^2}=\lim_{x\to 0}\frac{\dfrac{1}{2}(1-x^2)^{-\frac{3}{2}}(-2x)}{6x}=-\frac{1}{6}.$$

例 21 求 $\lim\limits_{x\to 0}\left(\dfrac{2^x+3^x+4^x}{3}\right)^{\frac{1}{x}}$.

分析 此极限为 1^∞ 型，可先取对数，在运用洛必达法则求极限.

解 设 $y=\left(\dfrac{2^x+3^x+4^x}{3}\right)^{\frac{1}{x}}$，则 $\ln y=\dfrac{\ln\dfrac{2^x+3^x+4^x}{3}}{x}$，

$$\lim_{x\to 0}\ln y=\lim_{x\to 0}\frac{\ln\dfrac{2^x+3^x+4^x}{3}}{x}=\lim_{x\to 0}\frac{\dfrac{3}{2^x+3^x+4^x}\cdot\dfrac{2^x\ln 2+3^x\ln 3+4^x\ln 4}{3}}{1}=\frac{1}{3}\ln 24=\ln\sqrt[3]{24},$$

所以，$\lim\limits_{x\to 0}\left(\dfrac{2^x+3^x+4^x}{3}\right)^{\frac{1}{x}}=e^{\ln\sqrt[3]{24}}=\sqrt[3]{24}$.

例 22 求 $\lim\limits_{x\to+\infty}\left(\dfrac{2}{\pi}\arctan x\right)^x$.

分析 此极限为 1^∞ 型，可先取对数，在运用洛必达法则求极限.

解 令 $y=\left(\dfrac{2}{\pi}\arctan x\right)^x$，则 $\ln y=x\ln\left(\dfrac{2}{\pi}\arctan x\right)$，

$$\lim_{x\to+\infty}\ln y = \lim_{x\to+\infty}\frac{\ln(\frac{2}{\pi}\arctan x)}{\frac{1}{x}}$$

$$= \lim_{x\to+\infty}\frac{\frac{\pi}{2\arctan x}\cdot\frac{2}{\pi(1+x^2)}}{-\frac{1}{x^2}}$$

$$= -\frac{2}{\pi},$$

所以 $\lim\limits_{x\to+\infty}(\frac{2}{\pi}\arctan x)^x = e^{-\frac{2}{\pi}}$.

例 23 求极限 $\lim\limits_{x\to0^+}(\cot x)^{\frac{1}{\ln x}}$.

分析 此极限为 ∞^0 型，可先取对数，在运用洛必达法则求极限.

解 令 $y=(\cot x)^{\frac{1}{\ln x}}$，则 $\ln y = \frac{\ln(\cot x)}{\ln x}$，

$$\lim_{x\to0^+}\ln y = \lim_{x\to0^+}\frac{\ln(\cot x)}{\ln x}$$

$$= \lim_{x\to0^+}\frac{\tan x(-\csc^2 x)}{\frac{1}{x}}$$

$$= \lim_{x\to0^+}\frac{x\tan x}{-\sin^2 x} = -1,$$

所以 $\lim\limits_{x\to0^+}(\cot x)^{\frac{1}{\ln x}} = e^{-1}$.

例 24 求极限 $\lim\limits_{x\to0}\left[\frac{a}{x}-(\frac{1}{x^2}-a^2)\ln(1+ax)\right](a\neq1)$.

分析 洛必达法则求极限，需要熟练的掌握各种未定式极限的类型和解决方法. 本题为 $(\infty-\infty)$ 型未定式，首先要化成比值形式，但是要注意 $\lim\limits_{x\to0}a^2\ln(1+ax)=0$，可将此极限分离出去，简化计算.

解 $\lim\limits_{x\to0}\left[\frac{a}{x}-(\frac{1}{x^2}-a^2)\ln(1+ax)\right] = \lim\limits_{x\to0}\left[\frac{a}{x}-\frac{1}{x^2}\ln(1+ax)\right]+\lim\limits_{x\to0}a^2\ln(1+ax)$

$$= \lim_{x\to0}\frac{ax-\ln(1+ax)}{x^2}$$

$$= \lim_{x\to0}\frac{a-\frac{a}{1+ax}}{2x}$$

$$= \lim_{x\to0}\frac{a^2x}{2x(1+ax)}$$

$$= \frac{a^2}{2}.$$

例 25 求极限 $\lim\limits_{x\to1}\frac{(1-\sqrt{x})(1-\sqrt[3]{x})\cdots(1-\sqrt[n]{x})}{(1-x)^{n-1}}$.

x	$(-\infty,0)$	$(0,1)$	$(1,+\infty)$
$f'(x)$	+	−	+
$f(x)$	↑	↓	↑

由上表可知，区间 $(-\infty,0)$ 和 $(1,+\infty)$ 是函数的单调增加区间，$(0,1)$ 是函数的单调减少区间.

例 31 证明：当 $0<x<\dfrac{\pi}{2}$ 时，$\sin x+\tan x>2x$.

分析 欲证 $f(x)\geq g(x)$，只需构造辅助函数 $\varphi(x)=f(x)-g(x)$，将问题转化为证明 $\varphi(x)\geq 0$，然后在定义域上讨论 $\varphi(x)$ 的单调性即可.

证明 作辅助函数 $f(x)=\sin x+\tan x-2x$，$0<x<\dfrac{\pi}{2}$，则

$$f'(x)=\cos x+\sec^2 x-2$$

$$=\cos x+\frac{1}{\cos^2 x}-2>\cos^2 x+\frac{1}{\cos^2 x}-2=(\cos x-1)^2>0,$$

所以 $f(x)$ 在 $\left(0,\dfrac{\pi}{2}\right)$ 上单调递增.

又因为 $f(0)=0$，$f(x)$ 在 $\left(0,\dfrac{\pi}{2}\right)$ 上连续，故

$$f(x)>f(0)=0,$$

即

$$\sin x+\tan x>2x \qquad 0<x<\frac{\pi}{2}.$$

例 32 证明：当 $x>0$ 时，$x\geq 1+\ln x$.

分析 构造辅助函数 $f(x)=x-\ln x-1$，但此题不能直接由函数单调性得到结论，需要分区间讨论或应用定理 4.10.

证明 令 $f(x)=x-\ln x-1$，则当 $x>0$ 时，

$$f'(x)=1-\frac{1}{x},$$

令 $f'(x)=0$，解得驻点 $x=1$.

当 $x\in(0,1)$ 时，$f'(x)<0$，所以 $f(x)$ 在 $(0,1]$ 区间上单调递减，从而当 $x\in(0,1)$ 时，$f(x)>f(1)$.

当 $x\in(1,+\infty)$ 时，$f'(x)>0$，所以 $f(x)$ 在 $[1,+\infty)$ 区间上单调递增，从而当 $x\in(1,+\infty)$ 时，$f(x)>f(1)$.

所以当 $x>0$ 时，$f(x)\geq f(1)=0$，即当 $x>0$ 时，$x\geq 1+\ln x$.

例 33 证明：当 $x>4$ 时，$2^x>x^2$.

分析 令 $f(x)=2^x-x^2$，利用 $f''(x)$ 的符号判断 $f'(x)$ 的单调性，利用 $f'(x)$ 的单调性求出其在区间 $x>4$ 上的符号，从而得出 $f(x)$ 的单调性.

证明 令 $f(x)=2^x-x^2$，则当 $x>4$ 时，$f'(x)=2^x\ln 2-2x$，

$$f''(x)=2^x(\ln 2)^2-2>f''(4)=16(\ln 2)^2-2>0,$$

所以$f'(x)=2^x\ln2-2x$在$[4,+\infty)$内单调递增，从而

$$f'(x)=2^x\ln2-2x>f'(4)=8(\ln4-1)>0,$$

所以$f(x)=2^x-x^2$在$[4,+\infty)$内单调递增，所以在$[4,+\infty)$内

$$f(x)=2^x-x^2>f(4)=0,$$

即

$$2^x>x^2\qquad x>4.$$

例 34　证明：方程$3x^9+2x^5+x^3+x-1=0$有且只有一个小于1的正根.

分析　利用导数的符号判断函数的单调性，进而讨论方程的根.

证明　令$f(x)=3x^9+2x^5+x^3+x-1$，则$f(x)$在闭区间$[0,1]$连续，且在两端点处函数值异号，由零点定理知，$f(x)$在区间$(0,1)$内至少有一个零点，即方程$x^5+2x^3+x-1=0$至少有一个小于1的正根.

又因为$f'(x)=27x^8+10x^4+3x^2+1>0$，所以$f(x)$在闭区间$[0,1]$内单调增加，即曲线$f(x)=3x^9+2x^5+x^3+x-1$在$(0,1)$内与$x$轴至多只有一个交点.

综上所述，方程$3x^9+2x^5+x^3+x-1=0$有且只有一个小于1的正根.

例 35　在$(0,+\infty)$内$f''(x)>0$，$f(0)=0$，证明：$F(x)=\dfrac{f(x)}{x}$在$(0,+\infty)$内单调递增.

分析　因为$F'(x)=\dfrac{xf'(x)-f(x)}{x^2}$，要证$F(x)$单调递增，只需证$F'(x)>0$，即证$xf'(x)-f(x)>0$.

证明　$F'(x)=\dfrac{xf'(x)-f(x)}{x^2}$，设$G(x)=xf'(x)-f(x)$，则

$$G'(x)=xf''(x)+f'(x)-f'(x)=xf''(x),$$

因为在$(0,+\infty)$内$f''(x)>0$，故$G(x)$是单调递增函数，而$G(0)=0$，因此$G(x)>G(0)=0$，所以$F'(x)>0$，则$F(x)=\dfrac{f(x)}{x}$在$(0,+\infty)$内单调递增.

方法总结：单调性是证不等式的常用方法．相同定义域区间上，欲证$f(x)\geq g(x)$，只需构造辅助函数$\varphi(x)=f(x)-g(x)$，将问题转化为证明$\varphi(x)\geq0$，然后在定义域上讨论$\varphi(x)$的单调性即可.

4．函数的极值与最值

例 36　求下列函数的极值

(1) $f(x)=\dfrac{1}{3}x^3-x^2-3x$；

(2) $f(x)=\dfrac{x}{1+x^2}$.

分析　求函数$y=f(x)$的极值，需要求$y'=0$的点和y'不存在的点，然后利用极值点的判别定理进行判断.

解　**(1) 方法一**　$f(x)=\dfrac{1}{3}x^3-x^2-3x$的定义域为$(-\infty,+\infty)$，

令$f'(x)=x^2-2x-3=0$，得驻点$x_1=-1,x_2=3$.

现列表讨论如下

x	$(-\infty,-1)$	-1	$(-1,3)$	3	$(3,+\infty)$
$f'(x)$	+	0	−	0	+
$f(x)$	↑	极大值点	↓	极小值点	↑

由上表知，$f(x)=\frac{1}{3}x^3-x^2-3x$ 在 $x_1=-1$ 处取得极大值为 $f(-1)=\frac{5}{3}$，在 $x_2=3$ 处取得极小值为 $f(3)=-9$.

方法二 令 $f'(x)=x^2-2x-3=0$，得驻点 $x_1=-1, x_2=3$．由 $f''(x)=2x-2$ 得 $f''(-1)<0, f''(3)>0$，所以由极值点的第二判别法知，$f(x)=\frac{1}{3}x^3-x^2-3x$ 在 $x_1=-1$ 处取得极大值为 $f(-1)=\frac{5}{3}$，在 $x_2=3$ 处取得极小值为 $f(3)=-9$.

(2) $f(x)=\frac{x}{1+x^2}$，令 $f'(x)=0$ 得驻点 $x_1=-1, x_2=1$

列表讨论如下

x	$(-\infty,-1)$	-1	$(-1,1)$	1	$(1,+\infty)$
$f'(x)$	−	0	+	0	−
$f(x)$	↓	极小值点	↑	极大值点	↓

所以，极小值 $f(-1)=-\frac{1}{2}$，极大值 $f(1)=\frac{1}{2}$.

例 37 求函数 $f(x)=x+\sqrt{1-x}$ 的极值点与极值.

分析 此题中 $f''(x)$ 的表达式比较繁琐，所以优先考虑第一判别法.

解 $f(x)=x+\sqrt{1-x}$ 的定义域为 $(-\infty,1]$，令 $f'(x)=\frac{2\sqrt{1-x}-1}{2\sqrt{1-x}}=0$，得驻点 $x=\frac{3}{4}$.

当 $x<\frac{3}{4}$ 时，有 $f'(x)>0$；当 $\frac{3}{4}<x<1$ 时，有 $f'(x)<0$，所以由极值的第一判别法知，$f(x)=x+\sqrt{1-x}$ 在 $x=\frac{3}{4}$ 处取得极大值为 $f(\frac{3}{4})=\frac{5}{4}$.

例 38 求函数 $y=e^x\cos x$ 的极值点与极值.

分析 此题的单调区间有无穷多个，所以优先考虑极值点的第二判别法.

解 函数 $y=e^x\cos x$ 的定义域为 $(-\infty,+\infty)$，令 $y'=e^x(\cos x-\sin x)=0$，得驻点 $x=k\pi+\frac{\pi}{4}, k\in Z$.

由 $y'' = -2e^x\sin x$，得

$y''(2k\pi + \frac{\pi}{4}) = -\sqrt{2}e^{2k\pi+\frac{\pi}{4}} < 0$，$y''((2k+1)\pi + \frac{\pi}{4}) = \sqrt{2}e^{(2k+1)\pi+\frac{\pi}{4}} > 0$，$k \in Z$，

所以由极值点的第二判别法知，$y = e^x\cos x$ 在 $x = 2k\pi + \frac{\pi}{4}$ 处取得极大值为

$$y(2k\pi + \frac{\pi}{4}) = \frac{\sqrt{2}}{2}e^{2k\pi+\frac{\pi}{4}},$$

在 $x = (2k+1)\pi + \frac{\pi}{4}$ 处取得极小值为

$$y((2k+1)\pi + \frac{\pi}{4}) = -\frac{\sqrt{2}}{2}e^{(2k+1)\pi+\frac{\pi}{4}}, \qquad k \in Z.$$

例 39　求函数 $f(x) = (x-1)\sqrt[3]{x^2}$ 的极值点与极值.

分析　此题中的函数具有不可导点，所以用极值点的第一判别法.

解　$f(x) = (x-1)\sqrt[3]{x^2}$ 的定义域为 $(-\infty, +\infty)$，且 $f'(x) = \frac{5x-2}{3\sqrt[3]{x}} = 0$，得驻点 $x_1 = \frac{2}{5}$ 和不可导点 $x_2 = 0$.

列表讨论如下

x	$(-\infty, 0)$	0	$(0, \frac{2}{5})$	$\frac{2}{5}$	$(\frac{2}{5}, +\infty)$
$f'(x)$	+	0	−	0	+
$f(x)$	↑	极大值点	↓	极小值点	↑

由上表知，$f(x) = (x-1)\sqrt[3]{x^2}$ 在 $x = 0$ 处取得极大值为 $f(0) = 0$，在 $x = \frac{2}{5}$ 处取得极小值为 $f(\frac{2}{5}) = -\frac{3}{5}\sqrt[3]{\frac{4}{25}}$.

例 40　试证：当 $a + b + 1 > 0$ 时，$f(x) = \frac{x^2 + ax + b}{x - 1}$ 一定存在极值点.

分析　利用极值点的充分条件进行判断.

证明　$f(x) = \frac{x^2 + ax + b}{x - 1}$ 的定义域为 $(-\infty, 1) \cup (1, +\infty)$，令

$$f'(x) = \frac{x^2 - 2x - a - b}{(x-1)^2} = 0,$$

方程 $x^2 - 2x - a - b = 0$ 根的判别式

$$\Delta = 4 + 4(a+b) = 4(a+b+1),$$

所以当 $a + b + 1 > 0$ 时，得驻点为 $x_{1,2} = 1 \pm \sqrt{a+b+1}$. 因为

$$f''(x) = \frac{2(a+b+1)}{(x-1)^3},$$

代入得

$$f''(1+\sqrt{a+b+1})=\frac{2(a+b+1)}{(\sqrt{a+b+1})^3}=\frac{2}{\sqrt{a+b+1}}>0,$$

$$f''(1-\sqrt{a+b+1})=\frac{2(a+b+1)}{(-\sqrt{a+b+1})^3}=-\frac{2}{\sqrt{a+b+1}}<0,$$

所以当 $a+b+1>0$ 时，$f(x)=\dfrac{x^2+ax+b}{x-1}$ 在 $x=1+\sqrt{a+b+1}$ 处取得极小值，在 $x=1-\sqrt{a+b+1}$ 处取得极大值.

例 41 设 A,B 两个工厂共用一台变压器，其位置如右图所示，问变压器设在输电干线的什么位置时，所需电线最短？

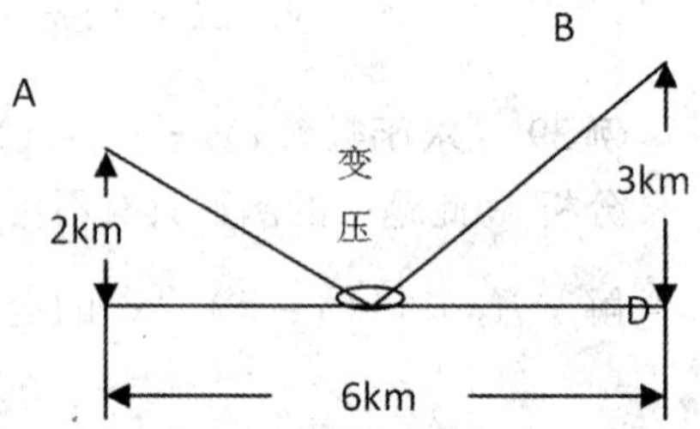

分析 实际应用问题中，唯一极值点即为所求最值点.

解 设变压器设在输电干线距 C 点 $x(km)$ 处，由已知条件可得电线的总长度为

$$f(x)=\sqrt{2^2+x^2}+\sqrt{3^2+(6-x)^2}\qquad 0\leqslant x\leqslant 6,$$

所以

$$f'(x)=\frac{x}{\sqrt{4+x^2}}-\frac{6-x}{\sqrt{9+(6-x)^2}}=0,$$

在 $[0,6]$ 内，得 $x=2.4$ 为唯一驻点.

因为 $f''(2.4)>0$，所以 $x=2.4$ 为极小值点，即为所求最小值点. 故变压器设在输电干线距 C 点 $2.4km$ 处，所需电线最短.

例 42 某地区防空洞的截面积拟建成矩形加半圆〔如右图〕，截面的面积为 $5m^2$，问底宽为多少时才能使截面的周长最小，从而使建造时所用的材料最省.

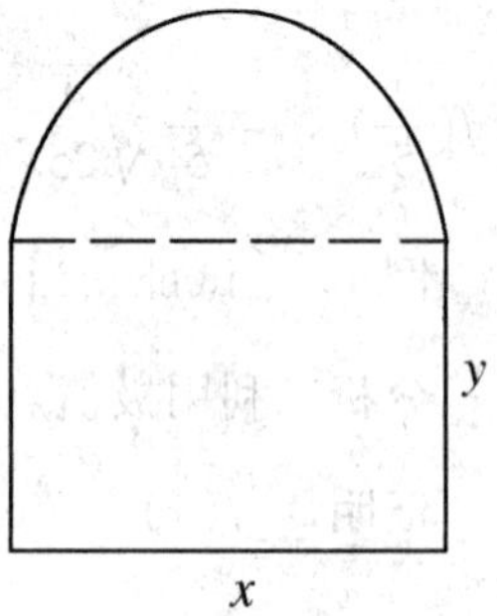

分析 求截面周长函数，再找唯一极值点即为所求最值点.

解 由已知条件可得 $5=xy+\dfrac{1}{2}\pi\left(\dfrac{x}{2}\right)^2$，

解得 $y=\dfrac{5}{x}-\dfrac{1}{8}\pi x$.

截面周长为

$$L(x)=x+2y+\frac{1}{2}\pi x=\left(\frac{\pi}{4}+1\right)x+\frac{10}{x},$$

所以

$$L'(x)=\left(\frac{\pi}{4}+1\right)-\frac{10}{x^2},$$

令 $L'(x)=0$ 解得唯一驻点 $x=\sqrt{\dfrac{40}{\pi+4}}$.

因为 $L''\left(\sqrt{\frac{40}{\pi+4}}\right) > 0$，所以 $x = \sqrt{\frac{40}{\pi+4}}$ 为极小值点，即为所求最小值点，所以当 $x = \sqrt{\frac{40}{\pi+4}}$ 时，材料最省.

例 43　要造一圆柱形油罐，体积为 V，问应半径 r 和高 h 等于多少时，才能使表面积最小？

分析　$S(r) = 2\pi r^2 + 2\pi rh$，实际应用问题中，唯一极值点即为所求最值点.

解　已知 $h = \frac{V}{\pi r^2}$，所以

$$S(r) = 2\pi r^2 + 2\pi rh = 2\pi r^2 + \frac{2V}{r}$$

则

$$S'(r) = 4\pi r - \frac{2V}{r^2},$$

令 $S'(r) = 0$，解得唯一驻点 $r = \left(\frac{V}{2\pi}\right)^{\frac{1}{3}}$.

因为 $S''(r) > 0$，所以 $r = \left(\frac{V}{2\pi}\right)^{\frac{1}{3}}$ 为极小值点，即为所求最小值点，所以 $r = \left(\frac{V}{2\pi}\right)^{\frac{1}{3}}$ 时，表面积最小，此时 $h = 2\left(\frac{V}{2\pi}\right)^{\frac{1}{3}}$.

方法总结：(1) 求函数的极值点或极值，一般先确定函数的定义域，再令 $f'(x) = 0$，求出定义域内的所有驻点和导数不存在的点，用这些点为分段点，把函数定义域分成若干个开区间；计算 $f'(x) = 0$ 在这些点左右两端开区间的符号，用极值点的第一判别法来判别这些点是否为极值点，从而求出函数极值. 若只有 $f'(x) = 0$ 的点，也可用极值点的第二判别法来直接判别这些点是否为极值点.

(2) 闭区间上的连续函数一定能取到最大值与最小值，故求连续函数 $f(x)$ 在闭区间 $[a, b]$ 上的最值时，先求出 $f(x)$ 在开区间 (a,b) 上的所有驻点和导数不存在点，再比较 $f(x)$ 在驻点、导数不存在点以及端点 a 和 b 处的函数值的大小，其中最大者为 $f(x)$ 在 $[a,b]$ 上的最大值，最小者为 $f(x)$ 在 $[a,b]$ 上的最小值. 当解决实际应用问题求最值时，经常遇见仅有一个极值点的情形，此时可由定理 4.10 知，唯一极值点即为所求最值点.

6. 判断函数的凹凸性与拐点

例 44　求下列曲线的凹凸区间及拐点

(1) $y = (x+1)^4 + e^x$；　(2) $y = \ln(x^2+1)$；　(3) $y = e^{\arctan x}$.

分析　确定曲线 $y = f(x)$ 的凹凸区间和拐点的步骤：

(1) 确定函数 $y = f(x)$ 的定义域；

(2) 求出二阶导数 $f''(x)$；

(3) 求使二阶导数为零的点和使二阶导数不存在的点，并用这些点把定义区间分成若干个小区间；

(4) 列表或直接判断，确定出曲线的凹凸区间并由此确定拐点.

解　(1) $y = (x+1)^4 + e^x$ 的定义域为 $(-\infty, +\infty)$，

$$y' = 4(x+1)^3 + e^x,\ y'' = 12(x+1)^2 + e^x > 0,$$

所以 $y = (x+1)^4 + e^x$ 在整个定义域上为凹函数，没有拐点.

(2) $y = \ln(x^2+1)$ 的定义域为 $(-\infty, +\infty)$，

$$y' = \frac{2x}{1+x^2},\ y'' = \frac{2(1-x^2)}{(1+x^2)^2},$$

令 $y'' = 0$，解得 $x_1 = -1, x_2 = 1$.

列表讨论如下

x	$(-\infty, -1)$	-1	$(-1,1)$	1	$(1, +\infty)$
$f''(x)$	$-$	0	$+$	0	$-$
$f(x)$	$\cap$		$\cup$		$\cap$

由上表可知，$y = \ln(x^2+1)$ 的凸区间为 $(-\infty, -1)$ 和 $(1, +\infty)$，凹区间为 $(-1,1)$，拐点为 $(-1, \ln 2)$ 及 $(1, \ln 2)$.

(3) $y = e^{\arctan x}$ 的定义域为 $(-\infty, +\infty)$，

$$y' = \frac{e^{\arctan x}}{1+x^2},\ y'' = \frac{e^{\arctan x}(1-2x)}{(1+x^2)^2},$$

令 $y'' = 0$，解得 $x = \frac{1}{2}$. 当 $x < \frac{1}{2}$ 时，$y'' > 0$；当 $x > \frac{1}{2}$ 时，$y'' < 0$.

综上，$y = e^{\arctan x}$ 的凹区间为 $(-\infty, \frac{1}{2})$，凸区间为 $(\frac{1}{2}, +\infty)$，拐点为 $(\frac{1}{2}, e^{\arctan\frac{1}{2}})$.

例 45 证明：若 $x, y > 0, x \neq y$，则 $xe^x + ye^y > (x+y)e^{\frac{x+y}{2}}$.

分析 令 $f(t) = te^t\ (t > 0)$，则所要证的不等式改写为 $\frac{f(x)+f(y)}{2} < f(\frac{x+y}{2})$，因此问题转化为要证 $f(t) = te^t$ 在 $(0, +\infty)$ 内为凹函数.

证明 令 $f(t) = te^t\ ((t > 0))$，则

$$f'(t) = te^t + e^t,\ f''(t) = te^t + 2e^t,$$

因为 $t > 0$，所以 $f''(t) > 0$，故 $f(t) = te^t$ 在 $(0, +\infty)$ 内为凹函数，所以

$$\frac{f(x)+f(y)}{2} < f(\frac{x+y}{2}),$$

整理得

$$xe^x + ye^y > (x+y)e^{\frac{x+y}{2}}.$$

例 46 试确定曲线 $y = ax^3 + bx^2 + cx + d$ 中的 a, b, c, d，使得曲线在 $x = -2$ 处有水平切线，$(1, -10)$ 为拐点，且点 $(-2, 44)$ 在曲线上.

分析 可导函数的在某点处的导数值等于该点处切线的斜率，拐点一定是二阶导数的零点.

解 $y' = 3ax^2 + 2bx + c$，$y'' = 6ax + 2b$. 将 $(-2, 44)$ 代入 $y = ax^3 + bx^2 + cx + d$，得

$$44 = -8a + 4b - 2c + d; \tag{1}$$

将 $(1, -10)$ 分别代入 $y = ax^3 + bx^2 + cx + d$ 与 $y'' = 6ax + 2b$ 中，得

$$-10 = a + b + c + d; \tag{2}$$

$$0=6a+2b\ ;\qquad (3)$$

将 $x=-2$ 代入 $y'=3ax^2+2bx+c$ 中，得

$$0=12a-4b+c\ ;\qquad (4)$$

由（1）（2）（3）（4）联立方程得，$a=1,b=-3,c=-24,d=16$.

方法总结：求曲线 $y=f(x)$ 的凹凸区间和拐点，首先要先确定函数 $y=f(x)$ 的定义域，再求定义域内使函数二阶导数为零的点和二阶导数不存在的点，并用这些点把定义区间分段，由各个小区间内二阶导数的符号确定出曲线的凹凸区间并由此确定拐点.

7. 函数的渐近线与函数作图

例 47　求曲线 $f(x)=\dfrac{1}{x-1}+2$ 的渐近线 .

分析　由渐近线定义，依次察看

$$\lim_{x\to\infty}f(x)\ ,\ \lim_{x\to x_0}f(x)=\infty\ ,\ k=\lim_{x\to\infty}\frac{f(x)}{x}\ ,\ b=\lim_{x\to\infty}[f(x)-kx]$$

的极限是否存在.

解　因为 $\lim\limits_{x\to\infty}(\dfrac{1}{x-1}+2)=2$ ，所以 $y=2$ 为水平渐近线.

因为 $\lim\limits_{x\to 1}(\dfrac{1}{x-1}+2)=\infty$ ，所以 $x=1$ 为垂直渐近线.

因为 $\lim\limits_{x\to\infty}\dfrac{f(x)}{x}=0$ ，所以无斜渐近线.

例 48　求曲线 $f(x)=\dfrac{x^3}{x^2+2x-3}$ 的渐近线.

分析　由渐近线定义，依次察看

$$\lim_{x\to\infty}f(x)\ ,\ \lim_{x\to x_0}f(x)=\infty\ ,\ k=\lim_{x\to\infty}\frac{f(x)}{x}\ ,\ b=\lim_{x\to\infty}[f(x)-kx]$$

的极限是否存在.

解　因为 $\lim\limits_{x\to\infty}f(x)=\infty$ ，所以无水平渐近线；

因为

$$\lim_{x\to 1}\frac{x^3}{x^2+2x-3}=\infty\ ,$$

$$\lim_{x\to -3}\frac{x^3}{x^2+2x-3}=\infty\ ,$$

所以有垂直渐近线 $x=1$ 及 $x=-3$.

又因为

$$k=\lim_{x\to\infty}\frac{f(x)}{x}=\lim_{x\to\infty}\frac{x^2}{x^2+2x-3}=1\ ,$$

$$b=\lim_{x\to\infty}[f(x)-kx]=\lim_{x\to\infty}\frac{-2x^2+3x}{x^2+2x-3}=-2,$$

所以 $y=x-2$ 为曲线的斜渐近线 .

例 49　作出函数 $f(x)=x+\dfrac{1}{x}$ 的图形.

解 定义域为 $(-\infty,0)\cup(0,+\infty)$，$f'(x)=1-\dfrac{1}{x^2}$，$f''(x)=\dfrac{2}{x^3}$.

令 $f'(x)=0$ 得驻点 $x_1=-1, x_2=1$，导数不存在点为 $x_3=0$；无 $f''(x)=0$ 的点.

列表得

x	$(-\infty,-1)$	-1	$(-1,0)$	$(0,1)$	1	$(1,+\infty)$
$f'(x)$	+	0	−	−	0	+
$f''(x)$	−	−	−	+	+	+
$f(x)$	↑∩	极大值点	↓∩	↓∪	极小值点	↑∪

因为 $\lim\limits_{x\to\infty}\left(x+\dfrac{1}{x}\right)=\infty$，所以无水平渐近线.

因为 $\lim\limits_{x\to 0}\left(x+\dfrac{1}{x}\right)=\infty$ 所以 $x=0$ 为垂直渐近线.

因为 $k=\lim\limits_{x\to\infty}\dfrac{f(x)}{x}=\lim\limits_{x\to\infty}\left(1+\dfrac{1}{x^2}\right)=1$，$b=\lim\limits_{x\to\infty}[f(x)-kx]=\lim\limits_{x\to\infty}\dfrac{1}{x}=0$，所以 $y=x$ 为斜渐近线.

做出图形如下图

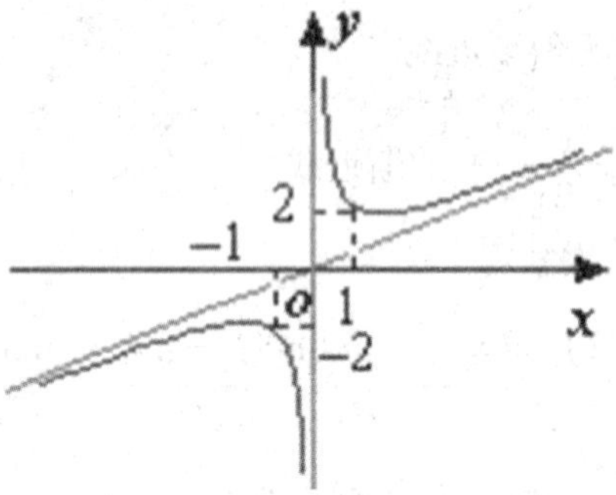

例 50 作函数 $f(x)=1+\dfrac{36x}{(x+3)^2}$ 的图形.

解 定义域 $(-\infty,-3)\cup(-3,+\infty)$，$f'(x)=\dfrac{36(3-x)}{(x+3)^3}$，$f''(x)=\dfrac{72(x-6)}{(x+3)^4}$.

令 $f'(x)=0$ 得 $x_1=3$；$f''(x)=0$ 得 $x_2=6$.

列表得

x	$(-\infty,-3)$	$(-3,3)$	3	$(3,6)$	6	$(6,+\infty)$
$f'(x)$	−	+	0	−	−	−
$f''(x)$	−	−	−	−	0	+
$f(x)$	↓∩	↑∩	极大值点	↓∩	拐点	↓∪

因为 $\lim\limits_{x\to\infty}f(x)=1$，$\lim\limits_{x\to-3}f(x)=\infty$，$\lim\limits_{x\to\infty}\dfrac{f(x)}{x}=0$，所以有水平渐进线 $y=1$ 和垂直渐近

线 $x=-3$，无斜渐近线.

由 $f(3)=4$，$f(6)=\frac{11}{3}$，故有极大值点 $(3,4)$ 和拐点 $(6,\frac{11}{3})$.

做出图形如下图

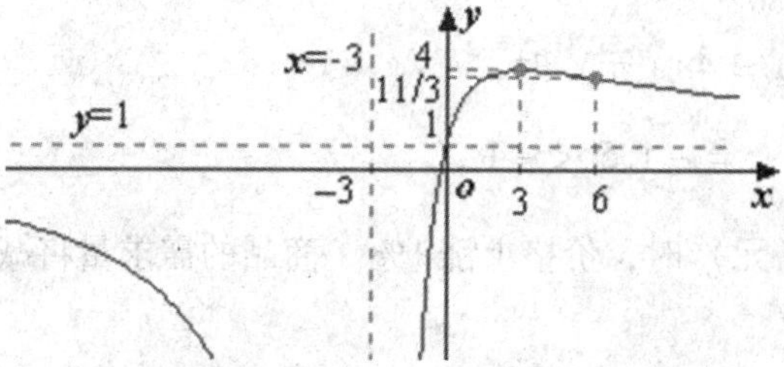

方法总结：利用导数来描绘函数 的图形，其一般步骤如下：

(1) 确定函数 的定义域，研究函数的特性，如奇偶性、周期性等；

(2) 计算函数的一阶导数 和二阶导数，求出 $f'(x)=0$ 和 $f''(x)=0$ 在函数定义域内的全部实根及使 $f'(x)$ 和 $f''(x)$ 不存在的点，用这些点把函数定义域划分成若干个部分区间；

(3) 列表讨论在这些部分区间内 $f'(x)$ 和 $f''(x)$ 的符号，并由此确定函数的单调性和凹凸性，极值点和拐点；

(4) 确定函数图形的水平、垂直、斜渐近线；

(5) 计算极值点和拐点的坐标，并在坐标平面上定出图形上相应的点；有时还需适当补充一些辅助作图点（如与坐标轴的交点和曲线的端点等）；然后根据第(3)、(4) 步中得到的结果，用平滑曲线联接而画出函数的图形.

8. 边际分析与弹性分析

例 51　设某种商品的需求函数为 $Q=1000-100p$，求当需求量 $Q=300$ 时的边际收入，并解释其经济意义.

分析　由需求函数出发，求出边际收入函数即可.

解　需求函数 $Q=1000-100p$，得

$$p=10-0.01Q,$$

代入得总收入函数

$$R(Q)=(10-0.01Q)Q,$$

边际收入函数为

$$R'(Q)=10-0.02Q.$$

当 $Q=300$ 时的边际收入为 $R'(300)=10-6=4$，其经济意义是：当需求量为 300 件时，再增加 1 个单位商品的需求，将增加 4 元的收入.

例 52　设某商品的需求量 Q 与价格 p 的关系为 $Q=20-\frac{p}{4}$，

(1) 求需求弹性 $\frac{EQ}{Ep}$；

(2) 当商品的价格 $p=48$（元）时，若价格上涨 1%，则该商品需求量和总收益变化情况如何？

分析 由 $\frac{EQ}{Ep}=\frac{p}{Q(p)}\frac{dQ}{dp}$，求出需求弹性即可.

解 (1) 需求弹性为

$$\frac{EQ}{Ep}=\frac{p}{Qp}\frac{dQ}{dp}=\frac{p}{p-80}.$$

(2) 当商品价格 $p=48$（元）时，

$$\left.\frac{EQ}{Ep}\right|_{p=48}=\left.\frac{p}{p-80}\right|_{p=48}=-1.5<-1,$$

这表示价格 $p=48$（元）时，价格上涨1%，商品的需求量将减少1.5%. 而收益弹性为

$$\frac{ER}{Ep}=\frac{p}{R}\frac{dR}{dp}=\frac{p}{(20-\frac{p}{4})p}(20p-\frac{p^2}{4})'=\frac{1}{(20-\frac{p}{4})}(20-\frac{p}{2}),$$

所以

$$\left.\frac{ER}{Ep}\right|_{p=48}=\left.\frac{1}{(20-\frac{p}{4})}(20-\frac{p}{2})\right|_{p=48}=-0.5.$$

这表示价格 $p=48$（元）时，价格上涨1%，商品的总收益将减少0.5%.

例53 某商品的需求函数为 $Q=e^{-\frac{p}{3}}$（Q 是需求量，p 是价格），求

(1) 需求弹性 $\eta(p)$；

(2) 当商品的价格 $p=2,3,4$ 时的需求弹性，并解释其经济意义.

分析 由 $\frac{EQ}{Ep}=\frac{p}{Q(p)}\frac{dQ}{dp}$ 求出需求弹性，再根据实际价格讨论即可.

解 (1) 需求弹性为 $\eta(p)=p\frac{Q'(p)}{Q(p)}=p\frac{(e^{-\frac{p}{3}})'}{e^{-\frac{p}{3}}}=-\frac{p}{3}$.

(2) $|\eta(2)|=\frac{2}{3}<1$，说明当 $p=2$ 时，价格上涨1%，需求减少0.67%；$|\eta(3)|=1$，说明当 $p=3$ 时，价格与需求变动幅度相同；$|\eta(4)|=\frac{4}{3}>1$，说明当 $p=4$ 时，价格上涨1%，需求减少1.33%.

方法总结：(1) 边际函数，通常指经济变量函数的变化率. 边际成本是总成本函数关于产量的导数，它的经济意义是：产量为 x 时再多生产一个单位产品所需增加的总成本；边际收入是总收入函数关于产量的导数，其经济意义是：销售量为 x 时再销售一个单位产品所增加（或减少）的总收入；边际利润是利润函数的导数，其经济意义是：销售量为 x 时再多销售一个单位产品所增加（或减少）的利润.

(2) 弹性概念是经济学中的重要概念，用来定量地描述一个经济变量对另一个经济变量变化的反应程度，即函数 $y=f(x)$ 在点 x 处的弹性 $\frac{Ey}{Ex}=\frac{x}{f(x)}f'(x)$ 反映了 x 变动百分之一会使 $f(x)$ 变动百分之几.

三、教材习题详解

习题四

(A)

1. 验证下列各题的正确性，并求满足结论的 ξ 的值.

(1) 验证函数 $f(x) = \cos 2x$ 在区间 $\left[-\frac{\pi}{4},\frac{\pi}{4}\right]$ 上满足罗尔定理；

(2) 验证函数 $f(x) = \sqrt{x}$ 在 $[4,9]$ 上满足拉格朗日中值定理；

(3) 验证函数 $f(x) = x^3+1, g(x) = x^2$ 在区间 $[1,2]$ 上满足柯西中值定理.

解　(1) 显然 $f(x) = \cos 2x$ 在 $\left[-\frac{\pi}{4},\frac{\pi}{4}\right]$ 上连续，在 $(-\frac{\pi}{4},\frac{\pi}{4})$ 内可导，且 $f(\frac{\pi}{4}) = f(-\frac{\pi}{4}) = 0$，又 $f'(x) = -2\sin 2x$，可见在 $(-\frac{\pi}{4},\frac{\pi}{4})$ 内，存在一点 $\xi = 0$ 使 $f'(0) = 0$.

(2) $f(x) = \sqrt{x}$ 在 $[4,9]$ 上连续，$f'(x) = \frac{1}{2\sqrt{x}}$，即知 $f(x) = \sqrt{x}$ 在 $(4,9)$ 内可导，由

$$\frac{f(9)-f(4)}{9-4} = \frac{1}{5} = \frac{1}{2\sqrt{x}},$$

得 $x = \frac{25}{4}$，即在 $(4,9)$ 内存在 $\xi = \frac{25}{4}$ 使拉格朗日中值公式成立.

(3) 显然函数 $f(x) = x^3+1, g(x) = x^2$ 在区间 $[1,2]$ 上连续，在开区间 $(1,2)$ 内可导，且 $g'(x) = 2x \neq 0$ 于是 $f(x), g(x)$ 满足柯西中值定理的条件. 由于

$$\frac{f(2)-f(1)}{g(2)-g(1)} = \frac{7}{3} = \frac{f'(x)}{g'(x)} = \frac{3}{2}x,$$

得 $x = \frac{14}{9}$. 取 $\xi = \frac{14}{9} \in (1,2)$，则等式 $\frac{f(2)-f(1)}{g(2)-g(1)}\frac{f'(\xi)}{g'(\xi)}$ 成立. 这就验证了柯西中值定理对所给函数在所给区间上的正确性.

2. 不用求出函数 $f(x) = x(x-1)(x-2)(x-3)$ 的导数，说明方程 $f'(x) = 0$ 有几个实根，并指出它们所在的区间.

解　$f(x) = x(x-1)(x-2)(x-3)$ 的导数为三次多项式，则 $f'(x) = 0$ 最多有三个解，因为

$$f(0) = f(1) = f(2) = f(3) = 0,$$

分别应用罗尔定理知，存在 $\xi_1 \in (0,1)$ 使得 $f'(\xi_1) = 0$；存在 $\xi_2 \in (1,2)$ 使得 $f'(\xi_2) = 0$；存在 $\xi_3 \in (2,3)$ 使得 $f'(\xi_3) = 0$.

3. 证明：方程 $x^7+x^5+x^3+7x-9 = 0$ 只有一个正根.

证明　设 $f(x) = x^7+x^5+x^3+7x-9$，$f(x)$ 在 R 上连续.

由于 $f(0) = -9$，$f(1) = 1$，由零点定理知，至少存在一点 $x_1 \in (0,1)$，使得 $f(x_1) = 0$.

假设方程 $x^7+x^5+x^3+7x-9 = 0$ 除 x_1 外还有一正根 x_2. 不妨假设 $x_1 < x_2$，则 $f(x)$ 在闭区间 $[x_1,x_2]$ 上连续，在开区间 (x_1,x_2) 内可导，$f(x_1) = f(x_2)$. 因此，由罗尔定理知，至少存在一点 $\xi \in (x_1,x_2)$，满足 $f'(\xi) = 0$. 而 $f'(x) = 7x^6+5x^4+3x^2+7 > 0$，矛盾.

所以方程 $x^7+x^5+x^3+7x-9 = 0$ 只有一个正根.

4. 证明：方程 $x^5+x^3+x+5=0$ 有且仅有一个实根.

证明 设函数 $f(x)=x^5+x^3+x+5$，则 $f(x)$ 在 R 上连续.

由于 $f(-2)=-37$，$f(0)=5$，由零点定理知，至少存在一点 $x_1\in(-2,0)$，使得 $f(x_1)=0$.

假设 $x^5+x^3+x+5=0$ 除 x_1 外还有一根 x_2，不妨假设 $x_1<x_2$，则 $f(x)$ 在闭区间 $[x_1,x_2]$ 上连续，在开区间 (x_1,x_2) 内可导，$f(x_1)=f(x_2)$. 因此，由罗尔定理知，至少存在一点 $\xi\in(x_1,x_2)$，满足 $f'(\xi)=0$. 而 $f'(x)=5x^4+3x^2+1>0$，矛盾.

综上，方程 $x^5+x^3+x+5=0$ 有且仅有一个实根.

5. 若4次方程 $a_0x^4+a_1x^3+a_2x^2+a_3x+a_4=0$ 有4个不同的实根，证明

$$4a_0x^3+3a_1x^2+2a_2x+a_3=0$$

有3个不同的实根.

证明 令 $f(x)=a_0x^4+a_1x^3+a_2x^2+a_3x+a_4$，则由题意，$f(x)$ 有4个不同的实根，分别设为 x_1,x_2,x_3,x_4，因为 $f(x)$ 在 $[x_1,x_2]$、$[x_2,x_3]$、$[x_3,x_4]$ 上连续，在 (x_1,x_2)、(x_2,x_3)、(x_3,x_4) 上可导，又

$$f(x_1)=f(x_2)=f(x_3)=f(x_4),$$

所以分别应用罗尔中值定理知，至少有点 $\xi_1\in(x_1,x_2)$、$\xi_2\in(x_2,x_3)$、$\xi_3\in(x_3,x_4)$，使得

$$f'(\xi_1)=f'(\xi_2)=f'(\xi_3)=0,$$

即方程 $4a_0x^3+3a_1x^2+2a_2x+a_3=0$ 有3个不同的实根.

6. 试证明对函数 $y=px^2+qx+r$（p,q,r 为常数且 $p\neq0$）应用拉格朗日中值定理时所求得的点 ξ 总是位于区间的正中间.

证明 不妨设所讨论的区间为 $[a,b]$，则函数 $y=px^2+qx+r$ 在 $[a,b]$ 上连续，在 (a,b) 内可导，从而有

$$f'(\xi)=\frac{f(b)-f(a)}{b-a},$$

即

$$2p\xi+q=\frac{(pb^2+qb+r)-(pa^2+qa+r)}{b-a},$$

解得 $\xi=\dfrac{a+b}{2}$，结论成立.

7. 证明：$\arctan x+\arccos\dfrac{x}{\sqrt{1+x^2}}=\dfrac{\pi}{2}$.

证明 设 $f(x)=\arctan x+\arccos\dfrac{x}{\sqrt{1+x^2}}$，

因为

$$f'(x)=\left(\arctan x+\arccos\frac{x}{\sqrt{1+x^2}}\right)'$$

$$=\frac{1}{1+x^2}-\frac{1}{\sqrt{1-\left(\frac{x}{\sqrt{1+x^2}}\right)^2}}\cdot\frac{\sqrt{1+x^2}-\frac{x^2}{\sqrt{1+x^2}}}{1+x^2}=0,$$

所以 $f(x)=C$，C 是常数.

又因为 $f(1)=\arctan 1+\arccos\frac{1}{\sqrt{2}}=\frac{\pi}{2}$，则 $C=\frac{\pi}{2}$.

所以

$$\arctan x+\arccos\frac{x}{\sqrt{1+x^2}}=\frac{\pi}{2}.$$

8. 设 $a>b>0,n>1$，证明：$nb^{n-1}(a-b)<a^n-b^n<na^{n-1}(a-b)$.

证明　设函数 $f(x)=x^n$，在区间 $[b,a]$ 上应用拉格朗日定理，得

$$\frac{f(a)-f(b)}{a-b}=n\xi^{n-1}\quad \xi\in(b,a),$$

因为

$$nb^{n-1}<n\xi^{n-1}<na^{n-1},$$

所以

$$nb^{n-1}<\frac{a^n-b^n}{a-b}<na^{n-1},$$

整理得

$$nb^{n-1}(a-b)<a^n-b^n<na^{n-1}(a-b).$$

9. 设 $f(x)$ 在 $[0,1]$ 上连续，在 $(0,1)$ 内可导，且 $f(1)=0$，求证：至少存在一点 $\xi\in(0,1)$，使得 $f'(\xi)=-\frac{f(\xi)}{\xi}$.

证明　构造辅助函数 $F(x)=xf(x)$，则 $F(x)$ 在 $[0,1]$ 上连续，在 $(0,1)$ 内可导，且 $F(0)=F(1)=0$，由罗尔中值定理知，至少存在一点存在 $\xi\in(0,1)$，使得

$$F'(\xi)=\xi f'(\xi)+f(\xi)=0,$$

即

$$f'(\xi)=-\frac{f(\xi)}{\xi}.$$

10. 证明：若函数 $f(x)$ 在 $(-\infty,\infty)$ 内满足关系式 $f'(x)=f(x)$，且 $f(0)=1$，则 $f(x)=e^x$.

分析　设 $F(x)=e^{-x}f(x)$，证 $F'(x)=0$ 即可.

证明　构造辅助函数 $F(x)=e^{-x}f(x)$，则

$$F'(x)=e^{-x}f'(x)-e^{-x}f(x)=0,$$

所以

$$F(x)=e^{-x}f(x)=C=F(0)=1,$$

即

$$f(x)=e^x.$$

11. 若函数 $f(x)$ 在 (a,b) 内具有二阶导函数，且

$$f(x_1)=f(x_2)=f(x_3)\ (a<x_1<x_2<x_3<b),$$

证明：在 (x_1,x_3) 内至少有一点 ξ，使得 $f''(\xi)=0$.

证明　因为 $f(x)$ 在 (a,b) 内具有二阶导函数，所以 $f(x)$ 在 (x_1,x_2)、(x_2,x_3) 内连续，在 (x_1,x_2)、(x_2,x_3) 内可导，又已知 $f(x_1)=f(x_2)=f(x_3)$，所以由罗尔定理知，至少存

在点 $\xi_1 \in (x_1,x_2)$、$\xi_2 \in (x_2,x_3)$，使得

$$f'(\xi_1)=0, f'(\xi_2)=0.$$

又因为 $f'(x)$ 在 $[\xi_1,\xi_2]$ 上连续，在 (ξ_1,ξ_2) 内可导，从而由罗尔定理知，至少有一点 $\xi \in (\xi_1,\xi_2) \subset (x_1,x_3)$，使得

$$f''(\xi)=0.$$

12. 若方程 $a_0x^n+a_1x^{n-1}+\cdots a_{n-1}x=0$ 有一个正根 $x=x_0$，证明：方程

$$a_0nx^{n-1}+a_1(n-1)x^{n-2}+\cdots a_{n-1}=0$$

必有一个小于 x_0 的正根.

证明 设函数 $F(x)=a_0x^n+a_1x^{n-1}+\cdots a_{n-1}x$，$F(x)$ 在区间 $[0,x_0]$ 上连续，在 $(0,x_0)$ 上可导，$F(0)=0$，$F(x_0)=0$，由罗尔定理知，至少存在一点 $\xi \in (0,x_0)$，使得 $F'(\xi)=0$，即

$$a_0n\xi^{n-1}+a_1(n-1)\xi^{n-2}+\cdots a_{n-1}=0, \xi \in (0,x_0).$$

所以方程 $a_0nx^{n-1}+a_1(n-1)x^{n-2}+\cdots a_{n-1}=0$ 必有一个小于 x_0 的正根.

13. 设函数 $f(x)$ 在 $[a,b]$ 上连续，在 (a,b) 内可导，并且有 $f(a)=f(b)=0$，证明：至少存在一点 $\xi \in (a,b)$，使得 $f'(\xi)-f(\xi)=0$.

证明 设函数 $F(x)=e^{-x}f(x)$，$F(x)$ 在闭区间 $[a,b]$ 上连续，在开区间 (a,b) 内可导，$F(a)=F(b)=0$，由罗尔中值定理知，至少存在一点 $\xi \in (a,b)$，使得

$$F'(\xi)=0,$$

整理得

$$f'(\xi)-f(\xi)=0.$$

14. 设 $f(x)$ 在 $[0,1]$ 上连续，在 $(0,1)$ 内可导，且 $f(0)=0, f(\frac{1}{2})=1, f(1)=-1$，求证：至少存在一点 $\xi \in (0,1)$，使得 $f'(\xi)=2\xi f(\xi)$.

证明 设函数 $F(x)=e^{-x^2}f(x)$，因为 $F(\frac{1}{2})=e^{-\frac{1}{4}}>0$，$F(1)=-e^{-1}<0$ 所以由零值定理知，至少存在一点 $\eta \in (\frac{1}{2},1)$，使得

$$F(\eta)=0.$$

因为 $F(x)$ 在 $[0,\eta]$ 上连续，在 $(0,\eta)$ 内可导，$F(0)=0$，$F(\eta)=0$. 所以由罗尔中值定理知，至少存在一点 $\xi \in (0,\eta) \subset (0,1)$，使得

$$F'(\xi)=0,$$

即

$$[f'(\xi)-2\xi f(\xi)]e^{\xi^2}=0,$$

整理得

$$f'(\xi)=2\xi f(\xi).$$

15. 设函数 $f(x)$ 在闭区间 $[a,b]$ 上满足 $f''(x)>0$，试证：存在唯一的一点 $c(a<c<b)$，使得

$$f'(c)=\frac{f(b)-f(a)}{b-a}.$$

证明　已知函数$f(x)$在$[a,b]$上连续，在(a,b)内可导，则由拉格朗日中值定理知，至少存在一点$c\in(a,b)$，使得

$$f'(c)=\frac{f(b)-f(a)}{b-a}.$$

假设另外存在不等于c的一点$d\in(a,b)$，假设$c<d$使得

$$f'(d)=\frac{f(b)-f(a)}{b-a},$$

因为$f'(x)$在$[c,d]$上连续，在(c,d)内可导，所以由罗尔中值定理知，至少存在一点$\xi\in(c,d)\subset(a,b)$，使得$f''(x)=0$，这与$f(x)$在闭区间［a，b］上满足$f''(x)>0$矛盾.

综上，存在唯一的一点$c(a<c<b)$，使得$f'(c)=\dfrac{f(b)-f(a)}{b-a}$.

16. 求下列极限.

(1) $\lim\limits_{x\to0}\dfrac{e^x-e^{-x}}{\sin x}$；　(2) $\lim\limits_{x\to0}\dfrac{\ln(1+x)}{x}$；

(3) $\lim\limits_{x\to\frac{\pi}{2}}\dfrac{\ln\sin x}{(\pi-2x)^2}$；　(4) $\lim\limits_{x\to\pi}\dfrac{\ln\cos2x}{(x-\pi)^2}$；

(5) $\lim\limits_{x\to0}\dfrac{e^x-e^{-x}-2x}{x-\sin x}$；　(6) $\lim\limits_{x\to+\infty}\dfrac{\ln\left(1+\dfrac{1}{x}\right)}{\dfrac{\pi}{2}-\arctan x}$；

(7) $\lim\limits_{x\to0^+}\dfrac{\ln\tan7x}{\ln\tan2x}$；　(8) $\lim\limits_{x\to1}\dfrac{x^3-1+\ln x}{e^x-e}$；

(9) $\lim\limits_{x\to0}\dfrac{\cos x-\sqrt{1+x}}{x^3}$；　(10) $\lim\limits_{x\to0}\dfrac{a^x-b^x}{x}(a,b>0)$；

(11) $\lim\limits_{x\to0}\dfrac{x^2\tan x}{\tan x-x}$；　(12) $\lim\limits_{x\to0}\dfrac{e^{-x^2}+x^2-1}{x\sin^32x}$；

(13) $\lim\limits_{x\to0}x^2e^{\frac{1}{x^2}}$；　(14) $\lim\limits_{x\to1}\left(\dfrac{x}{x-1}-\dfrac{1}{\ln x}\right)$；

(15) $\lim\limits_{x\to0^+}(\tan x)^{\sin x}$；　(16) $\lim\limits_{x\to0}x\cot2x$；

(17) $\lim\limits_{x\to\infty}x(e^{\frac{1}{x}}-1)$；　(18) $\lim\limits_{x\to0}(1+\sin x)^{\frac{1}{x}}$；

(19) $\lim\limits_{x\to0}\left(\dfrac{1}{x^2}-\dfrac{1}{x\sin x}\right)$；　(20) $\lim\limits_{x\to0}\left(\dfrac{1}{e^x-1}-\dfrac{1}{x}\right)$；

(21) $\lim\limits_{x\to0^+}x^{\sin x}$；　(22) $\lim\limits_{x\to+\infty}(x+\sqrt{1+x^2})^{\frac{1}{x}}$；

(23) $\lim\limits_{x\to\infty}\left(1+\dfrac{a}{x}\right)^x$；　(24) $\lim\limits_{x\to0^+}\left(\dfrac{1}{x}\right)^{\tan x}$；

(25) $\lim\limits_{x\to+\infty}(\ln x)^{\frac{1}{x-1}}$；　(26) $\lim\limits_{x\to0}(\cos2x)^{\frac{1}{x^2}}$；

(27) $\lim\limits_{x\to+\infty}\dfrac{e^x-e^{-x}}{e^x+e^{-x}}$；　(28) $\lim\limits_{x\to\infty}\dfrac{x-\sin x}{x+\sin x}$.

解　(1) $\lim\limits_{x\to0}\dfrac{e^x-e^{-x}}{\sin x}=\lim\limits_{x\to0}\dfrac{e^x+e^{-x}}{\cos x}=2$.

(2) $\lim\limits_{x\to 0}\dfrac{\ln(1+x)}{x}=\lim\limits_{x\to 0}\dfrac{\frac{1}{1+x}}{1}=1.$

(3) $\lim\limits_{x\to\frac{\pi}{2}}\dfrac{\ln\sin x}{(\pi-2x)^2}=\lim\limits_{x\to\frac{\pi}{2}}\dfrac{\cot x}{-4(\pi-2x)}=\lim\limits_{x\to\frac{\pi}{2}}\dfrac{-\csc^2 x}{8}=-\dfrac{1}{8}.$

(4) $\lim\limits_{x\to\pi}\dfrac{\ln\cos 2x}{(x-\pi)^2}=\lim\limits_{x\to\pi}\dfrac{-2\tan 2x}{2(x-\pi)}=\lim\limits_{x\to\pi}\dfrac{-2\sec^2 2x}{1}=-2.$

(5) $\lim\limits_{x\to 0}\dfrac{e^x-e^{-x}-2x}{x-\sin x}=\lim\limits_{x\to 0}\dfrac{e^x+e^{-x}-2}{1-\cos x}=\lim\limits_{x\to 0}\dfrac{e^x-e^{-x}}{\sin x}=\lim\limits_{x\to 0}\dfrac{e^x+e^{-x}}{\cos x}=2.$

(6) $\lim\limits_{x\to+\infty}\dfrac{\ln(1+\frac{1}{x})}{\frac{\pi}{2}-\arctan x}=\lim\limits_{x\to+\infty}\dfrac{\frac{1}{x}}{\frac{\pi}{2}-\arctan x}=\lim\limits_{x\to+\infty}\dfrac{-\frac{1}{x^2}}{-\frac{1}{1+x^2}}=1.$

(7) $\lim\limits_{x\to 0^+}\dfrac{\ln\tan 7x}{\ln\tan 2x}=\lim\limits_{x\to 0^+}\dfrac{\frac{7\sec^2 7x}{\tan 7x}}{\frac{2\sec^2 2x}{\tan 2x}}=\lim\limits_{x\to 0^+}\dfrac{7\cdot 2x\cdot\cos^2 7x}{2\cdot 7x\cdot\cos^2 7x}=1.$

(8) $\lim\limits_{x\to 1}\dfrac{x^3-1+\ln x}{e^x-e}=\lim\limits_{x\to 1}\dfrac{3x^2+\frac{1}{x}}{e^x}=\dfrac{4}{e}.$

(9) $\lim\limits_{x\to 0}\dfrac{\cos x-\sqrt{1+x}}{x^3}=\lim\limits_{x\to 0}\dfrac{-\sin x-\frac{1}{2\sqrt{1+x}}}{3x^2}=\infty.$

(10) $\lim\limits_{x\to 0}\dfrac{a^x-b^x}{x}=\lim\limits_{x\to 0}\dfrac{a^x\ln a-b^x\ln b}{1}=\ln\dfrac{a}{b}.$

(11) $\lim\limits_{x\to 0}\dfrac{x^2\tan x}{\tan x-x}=\lim\limits_{x\to 0}\dfrac{x^3}{\tan x-x}=\lim\limits_{x\to 0}\dfrac{3x^2}{\sec^2 x-1}=\lim\limits_{x\to 0}\dfrac{3x^2}{\tan^2 x}=3.$

(12) $\lim\limits_{x\to 0}\dfrac{e^{-x^2}+x^2-1}{x\sin^3 2x}=\lim\limits_{x\to 0}\dfrac{e^{-x^2}+x^2-1}{8x^4}=\lim\limits_{x\to 0}\dfrac{-2xe^{-x^2}+2x}{32x^3}=\lim\limits_{x\to 0}\dfrac{1-e^{-x^2}}{16x^2}=\dfrac{1}{16}.$

(13) $\lim\limits_{x\to 0}x^2e^{\frac{1}{x^2}}=\lim\limits_{x\to 0}\dfrac{e^{\frac{1}{x^2}}}{\frac{1}{x^2}}=\lim\limits_{x\to 0}\dfrac{e^{\frac{1}{x^2}}(-2\frac{1}{x^3})}{-2\frac{1}{x^3}}=\infty.$

(14) $\lim\limits_{x\to 1}(\dfrac{x}{x-1}-\dfrac{1}{\ln x})=\lim\limits_{x\to 1}\dfrac{x\ln x-x+1}{(x-1)\ln x}=\lim\limits_{x\to 1}\dfrac{\ln x}{\ln x+1-\frac{1}{x}}=\lim\limits_{x\to 1}\dfrac{\frac{1}{x}}{\frac{1}{x}+\frac{1}{x^2}}=\dfrac{1}{2}.$

(15) $\lim\limits_{x\to 0^+}(\tan x)^{\sin x}=e^{\lim\limits_{x\to 0^+}\frac{\ln\tan x}{\frac{1}{\sin x}}}=e^{\lim\limits_{x\to 0^+}\frac{\ln\tan x}{\frac{1}{x}}}=e^{\lim\limits_{x\to 0^+}\frac{\frac{\sec^2 x}{\tan x}}{-\frac{1}{x^2}}}=1.$

(16) $\lim\limits_{x\to 0}x\cot 2x=\lim\limits_{x\to 0}\dfrac{x}{\tan 2x}=\lim\limits_{x\to 0}\dfrac{x}{2x}=\dfrac{1}{2}.$

(17) $\lim\limits_{x\to\infty} x(e^{\frac{1}{x}}-1)=\lim\limits_{x\to\infty}\dfrac{e^{\frac{1}{x}}-1}{\frac{1}{x}}=\lim\limits_{x\to\infty}\dfrac{e^{\frac{1}{x}}(-\frac{1}{x^2})}{-\frac{1}{x^2}}=1.$

(18) $\lim\limits_{x\to0}(1+\sin x)^{\frac{1}{x}}=\lim\limits_{x\to0}(1+\sin x)^{\frac{1}{\sin x}\cdot\frac{\sin x}{x}}=e^1=e.$

(19) $\lim\limits_{x\to0}(\dfrac{1}{x^2}-\dfrac{1}{x\sin x})=\lim\limits_{x\to0}\dfrac{\sin x-x}{x^2\sin x}=\lim\limits_{x\to0}\dfrac{\cos x-1}{3x^2}=-\dfrac{1}{6}.$

(20) $\lim\limits_{x\to0}(\dfrac{1}{e^x-1}-\dfrac{1}{x})=\lim\limits_{x\to0}\dfrac{x-e^x-1}{x(e^x-1)}=\lim\limits_{x\to0}\dfrac{x-e^x-1}{x^2}=\lim\limits_{x\to0}\dfrac{1-e^x}{2x}=-\dfrac{1}{2}.$

(21) $\lim\limits_{x\to0^+}x^{\sin x}=e^{\lim\limits_{x\to0^+}\frac{\ln x}{\csc x}}=e^{\lim\limits_{x\to0^+}\frac{\frac{1}{x}}{-\csc x\cot x}}=e^0=1.$

(22) $\lim\limits_{x\to+\infty}(x+\sqrt{1+x^2})^{\frac{1}{x}}=e^{\lim\limits_{x\to+\infty}\frac{\ln(x+\sqrt{1+x^2})}{x}}=e^{\lim\limits_{x\to+\infty}\frac{1+\frac{x}{\sqrt{1+x^2}}}{x+\sqrt{1+x^2}}}=1.$

(23) $\lim\limits_{x\to\infty}(1+\dfrac{a}{x})^{x}=\lim\limits_{x\to\infty}(1+\dfrac{a}{x})^{\frac{x}{a}\cdot a}=e^a.$

(24) $\lim\limits_{x\to0^+}(\dfrac{1}{x})^{\tan x}=e^{\lim\limits_{x\to0^+}\frac{-\ln x}{\cot x}}=e^{\lim\limits_{x\to0^+}\frac{-\frac{1}{x}}{-\csc^2x}}=e^0=1.$

(25) $\lim\limits_{x\to+\infty}(\ln x)^{\frac{1}{x-1}}=e^{\lim\limits_{x\to+\infty}\frac{\ln\ln x}{x-1}}=e^{\lim\limits_{x\to+\infty}\frac{\frac{1}{x\ln x}}{1}}=e^0=1.$

(26) $\lim\limits_{x\to0}(\cos2x)^{\frac{1}{x^2}}=e^{\lim\limits_{x\to0}\frac{\ln\cos2x}{x^2}}=e^{\lim\limits_{x\to0}\frac{-2\tan2x}{2x}}=e^{-2}.$

(27) $\lim\limits_{x\to+\infty}\dfrac{e^x-e^{-x}}{e^x+e^{-x}}=\lim\limits_{x\to+\infty}\dfrac{1-e^{-2x}}{1+e^{-2x}}=1.$

(28) $\lim\limits_{x\to\infty}\dfrac{x-\sin x}{x+\sin x}=\lim\limits_{x\to\infty}\dfrac{1-\frac{\sin x}{x}}{1+\frac{\sin x}{x}}=1.$

17. 确定下列函数单调区间

(1) $y=x^3-3x^2-9x+2$；　　(2) $y=(x-1)(x+1)^3$；

(3) $y=2x^2-\ln x$；　　(4) $y=x-e^x$.

解　(1) $y=x^3-3x^2-9x+2$，令 $y'=3x^2-6x-9=0$，解得 $x_1=-1, x_2=3$.

列表讨论

x	$(-\infty,-1)$	$(-1,3)$	$(3,+\infty)$
$f'(x)$	+	−	+
$f(x)$	↑	↓	↑

由上表可知，区间 $(-\infty,-1)$ 和 $(3,+\infty)$ 是函数的单调增加区间，$(-1,3)$ 是函数的单调减少区间.

(2) $y=(x-1)(x+1)^3$，令 $y'=(x+1)^2(4x-2)=0$，解得 $x_1=-1, x_2=\dfrac{1}{2}$.

列表讨论

x	$(-\infty,-1)$	$(-1,\frac{1}{2})$	$(\frac{1}{2},+\infty)$
$f'(x)$	−	−	+
$f(x)$	↓	↓	↑

由上表可知，区间$(\frac{1}{2},+\infty)$是函数的单调增加区间，$(-\infty,\frac{1}{2})$是函数的单调减少区间.

（3）$y=2x^2-\ln x$，令$y'=4x-\frac{1}{x}=0$，解得$x_1=\frac{1}{2}$，$x_2=-\frac{1}{2}$（舍）.

当$0<x<\frac{1}{2}$时，$y'<0$；当$x>\frac{1}{2}$时，$y'>0$，因此区间$(\frac{1}{2},+\infty)$为函数的单调增加区间，区间$(0,\frac{1}{2})$为函数的单调减少区间.

（4）$y=x-e^x$，令$y'=1-e^x=0$，解得$x=0$. 当$x<0$时，$y'>0$；当$x>0$时，$y'<0$，因此区间$(-\infty,0)$为函数的单调增加区间，区间$(0,+\infty)$为函数的单调减少区间.

18. 证明下列不等式成立.

（1）当$x\geq 0$时，$(1+x)\ln(1+x)\geq \arctan x$；

（2）$0<x<\frac{\pi}{2}$时，$\tan x>x+\frac{1}{3}x^3$；

（3）当$x>1$时，$\frac{x-1}{x+1}<\frac{\ln x}{2}$.

证明 （1） 令$f(x)=(1+x)\ln(1+x)-\arctan x$，则当$x\geq 0$时有

$$f'(x)=\ln(1+x)+1-\frac{1}{1+x^2}\geq 0\ (\text{仅在} x=0 \text{时}, f'(x)=0).$$

所以$f(x)$在$[0,+\infty)$上单调递增，从而有

$$f(x)\geq f(0)=0,$$

即

$$(1+x)\ln(1+x)\geq \arctan x.$$

（2）令$f(x)=\tan x-x-\frac{1}{3}x^3$，则

$$f'(x)=\sec^2 x-1-x^2=\tan^2 x-x^2,$$

当$x\in(0,\frac{\pi}{2})$时，$\tan x>x>0$，所以，$f'(x)>0$，即$f(x)$在$(0,\frac{\pi}{2})$单调递增，从而有$f(x)>f(0)=0$，

即

$$\tan x>x+\frac{1}{3}x^3.$$

（3）令$f(x)=\frac{x-1}{x+1}-\frac{\ln x}{2}$，则当$x>1$时，有

$$f'(x)=\frac{2}{(x+1)^2}-\frac{1}{2x}=\frac{-(x-1)^2}{2x(x+1)^2}<0,$$

所以 $f(x)$ 在 $(1, +\infty)$ 上单调递减，从而有

$$f(x) < f(0) = 0,$$

即

$$\frac{x-1}{x+1} < \frac{\ln x}{2}.$$

19. 求下列函数的极值：

(1) $y = (x^2-1)^3 + 2$；

(2) $y = x - \ln(1+x)$；

(3) $y = x^2e^{-x}$；

(4) $y = x + \sqrt{1-x}$.

解　(1) $y = (x^2-1)^3+2$ 的定义域为 $(-\infty, +\infty)$；令 $y' = 6x(x^2-1)^2 = 0$，得驻点 $x_1 = 0, x_2 = -1, x_3 = 1$. 列表讨论如下

x	$(-\infty, -1)$	-1	$(-1,0)$	0	$(0,1)$	1	$(1, +\infty)$
$f'(x)$	$-$	0	$-$	0	$+$	0	$+$
$f(x)$	↓	非极值	↓	极小值	↑	非极值	↑

所以由极值的第一判别法知，$y = (x^2-1)^3+2$ 在 $x = 0$ 处取得极小值为 $f(0) = 1$.

(2) $y = x - \ln(1+x)$ 的定义域为 $(-1, +\infty)$，令 $y' = 1 - \frac{1}{1+x} = 0$，得 $x = 0$；又由 $y'' = \frac{1}{(1+x)^2} > 0$，所以由极值的第二判别法知，$y = x - \ln(1+x)$ 在 $x = 0$ 处取得极小值为 $f(0) = 0$.

(3) $y = x^2e^{-x}$ 的定义域为 $(-\infty, +\infty)$，令 $y' = 0$，得驻点 $x_1 = 0, x_2 = 2$；又由 $y'' = (2-4x+x^2)e^{-x}$，得 $y''(0) > 0$，$y''(2) < 0$. 所以由极值的第二判别法知，$y = x^2e^{-x}$ 在 $x = 0$ 处取得极小值为 $f(0) = 0$，在 $x = 2$ 处取得极大值为 $f(2) = 4e^{-2}$.

(4) $y = x + \sqrt{1-x}$ 的定义域为 $(-\infty, 1]$，令 $y' = 0$，得 $x_1 = \frac{3}{4}$.（导数不存在点 $x_2 = 1$，但在区间端点，不予讨论）. 又由 $y'' = -\frac{1}{4}(1-x)^{-\frac{3}{2}}$，得 $y''(\frac{3}{4}) < 0$. 所以由极值的第二判别法知，$y = x + \sqrt{1-x}$ 在 $x = \frac{3}{4}$ 处取得极大值为 $f(\frac{3}{4}) = \frac{5}{4}$.

20. 试问 a 为何值时，函数 $f(x) = 2\sin x + a\sin 3x$ 在 $x = \frac{\pi}{3}$ 取得极值，并求极值.

解　$f'(x) = 2\cos x + 3a\cos 3x$，无不可导点.

已知 $x = \frac{\pi}{3}$ 是极值点，故

$$f'(\frac{\pi}{3}) = 2\cos\frac{\pi}{3} + 3a\cos\pi = 0,$$

解得 $a = \frac{1}{3}$.

因为

$$f''(x) = -2\sin x - 3\sin 3x,$$

所以

$$f''(\frac{\pi}{3}) = -2\sin\frac{\pi}{3} - 3\sin\pi = -\sqrt{3} < 0,$$

故由极值的第二判别法知，$x = \frac{\pi}{3}$ 是极大值点，极大值为 $f(\frac{\pi}{3}) = \sqrt{3}$.

21. 求下列函数在给定区间上的最值

(1) $y = 2x^3 - 3x^2, x \in [-1,4]$；　　(2) $y = x^{\frac{1}{x}}, x \in (0, +\infty)$；

(3) $y = x + \sqrt{1+x}, x \in [-1,10]$.

解　(1) 令 $y' = 6x^2 - 6x = 0$，解得 $x_1 = 0, x_2 = 1$，

$$f(-1) = -5, f(0) = 0, f(1) = -1, f(4) = 80,$$

所以函数的最大值为 $f(4) = 80$，函数最小值为 $f(-1) = -5$.

(2) 令 $y' = e^{\frac{\ln x}{x}}(\frac{1-\ln x}{x^2}) = 0$，得唯一驻点 $x = e$，而 $y''(e) < 0$，所以 $x = e$ 为极大值点，即为最大值点，函数的最大值为 $f(e) = e^{\frac{1}{e}}$.

(3) 令 $y' = 1 + \frac{1}{2\sqrt{1+x}} > 0$，则函数在区间 $[-1,10]$ 上单调递增，所以最小值 $f(-1) = -1$，最大值 $f(10) = 10 + \sqrt{11}$.

22. 在半径为 R 的半圆内，内接一矩形，问矩形的边长为何值时，矩形的周长最大？

解　设矩形底边长 $2x$，高为 y，则 $y = \sqrt{R^2 - x^2}$，所以周长函数

$$L(x) = 4x + 2y = 4x + 2\sqrt{R^2 - x^2},$$

令

$$L'(x) = 4 - \frac{2x}{\sqrt{R^2 - x^2}} = 0,$$

解得 $x_1 = \frac{2\sqrt{5}}{5}R$，$x_2 = -\frac{2\sqrt{5}}{5}R$ (舍).

又因为 $L''(\frac{2\sqrt{5}}{5}R) < 0$，所以 $x = \frac{2\sqrt{5}}{5}R$ 为极大值点，于是由定理4.10知，$x = \frac{2\sqrt{5}}{5}R$ 即为所求最大值点. 所以矩形两边分别为 $\frac{4\sqrt{5}}{5}R, \frac{\sqrt{5}}{5}R$ 时，矩形的周长最大.

23. 将边长为 $2a$ 的正方形铁皮的四角各剪去一个边长相等的小正方形，做成一个无盖的铁盒，问剪去的小正方形边长为多少时，铁盒容积最大？

解　设剪去小正方形边长为 x，纸盒的容积为 V. 则

$$V(x) = x(2a - 2x)^2$$

令

$$V'(x) = 4a^2 - 16ax + 12x^2 = 0,$$

得驻点 $x_1 = \frac{a}{3}, x_2 = a$（舍）.

因为 $V''\left(\frac{a}{3}\right) = -8a < 0$，所以 $x = \frac{a}{3}$ 为极大值点，于是由定理 4.10 知，$x = \frac{a}{3}$ 即为所求最大值点，所以剪去小正方形边长为 $\frac{a}{3}$ 时纸盒容积最大，最大容积为 $\frac{16a^3}{27}$.

24. 要制作一个容积为 V 的圆柱形有盖容器，问容器的高和底面半径各为多少时，用料最省？

解　依题意，用料最省就是要求表面积最小，设该容器的高为 h，底圆半径为 r，则表面积为 $S = 2\pi r^2 + 2\pi rh$

依题设有 $V = \pi r^2 h$，于是 $h = \frac{V}{\pi r^2}$，代入上式得

$$S(r) = 2\pi r^2 + \frac{2V}{r},$$

令 $S'(r) = 4\pi r - \frac{2V}{r^2} = 0$，解得唯一的驻点 $r_0 = \left(\frac{V}{2\pi}\right)^{\frac{1}{3}}$.

又由 $S''(r) = 4\pi + \frac{4V}{r^3} > 0$ 可知，$r_0 = \left(\frac{V}{2\pi}\right)^{\frac{1}{3}}$ 为 $S(r)$ 的极小值点，于是由定理 4.10 可知，$r_0 = \left(\frac{V}{2\pi}\right)^{\frac{1}{3}}$ 即为所求最小值点. 此时，容器的高 $h = 2\left(\frac{V}{2\pi}\right)^{\frac{1}{3}}$

25. 某钟表厂生产某类型手表日产量为 Q 件的总成本为

$$C(Q) = \frac{1}{40}Q^2 + 200Q + 1000\ (\text{元}).$$

求（1）日产量为 100 件的总成本和平均成本为多少？

（2）最低平均成本及相应的产量？

（3）若每件手表要以 400 元售出，要使利润最大，日产量应为多少？并求最大利润及相应的平均成本？

解　（1）日产量为 100 件的总成本为

$$C(100) = \frac{1}{40}100^2 + 200 \times 100 + 1000 = 21250\ (\text{元}),$$

平均成本为 $\overline{C}(100) = 212.5$（元）.

（2）日产量为 Q 件的平均成本为

$$\overline{C}(Q) = \frac{C(Q)}{Q} = \frac{1}{40}Q + 200 + \frac{1000}{Q},$$

所以

$$\overline{C}'(Q) = \frac{1}{40} - \frac{1000}{Q^2},$$

令 $\overline{C}'(Q) = 0$，故得唯一驻点 $Q = 200$.

又 $\overline{C}''(200) > 0$，故 $Q = 200$ 是 $\overline{C}(Q)$ 的极小值点，于是由定理 4.10 可知，$Q = 200$ 即

为最小值点．即当日产量为200件时，平均成本最低，最低平均成本为

$$\overline{C}(200)=210\ (\text{元}).$$

（3）若每件手表以400元售出，此时利润为

$$L(Q)=400Q-C(Q)=200Q-\frac{1}{40}Q^2-1000,$$

$$L'(Q)=200-\frac{1}{20}Q,$$

令 $L'(Q)=0$，得唯一驻点 $Q=4000$．因为 $L''(4000)=-\frac{1}{20}<0$，所以 $Q=4000$ 为极大值点，由定理4．10知，$Q=4000$ 即为所求最大值点．即日产量为4000件时，总利润最大．此时的最大利润为

$$L(4000)=399000\ (\text{元}),$$

相应的平均成本为

$$\overline{C}(4000)=300.25\ (\text{元}).$$

26．设某厂每天生产某种产品 x 单位时的总成本函数为

$$C(x)=0.5x^2+36x+9800\ (\text{元})$$

问每天生产多少个单位的产品时，其平均成本最低？

解 平均成本函数

$$\overline{C}(x)=\frac{C(x)}{x}=0.5x+36+\frac{9800}{x},$$

则

$$\overline{C}'(x)=0.5-\frac{9800}{x^2},$$

令 $\overline{C}'(x)=0$ 解得唯一驻点 $x=140$．因为 $\overline{C}''(140)>0$，所以 $x=140$ 为极小值点，由定理4.10知，$x=140$ 即为所求最小值点，所以每天生产140单位的产品时，其平均成本最低．

27．设大型超市通过测算，已知某种手巾的销量 Q（条）与其成本 C 的关系为 $C(Q)=1000+6Q-0.003Q^2+(0.01Q)^3$（元），现每条手巾的定价为6元，求使利润最大的销量．

解 利润函数

$$L(Q)=6Q-C(Q)=-1000+0.003Q^2-(0.01Q)^3$$

令

$$L'(Q)=0.006Q-0.03\,(0.01Q)^2=0$$

解得唯一驻点 $Q=2000$．因为 $L''(2000)=-0.006<0$ 所以 $Q=2000$ 为极小值点，由定理4.10知，$Q=2000$ 即为所求最小值点，因此，要使利润最大，销量应为2000条，此时的最大利润为3000元.

28．设某商品的需求量 Q 与价格 p 的关系为 $Q=\dfrac{1600}{4^p}$，

（1）求需求弹性 $\eta(p)$，并解释其经济含义；

（2）当商品的价格 $p=10$（元）时，若价格降低1%，则该商品需求量变化情况如何？

解 （1）需求弹性为

$$\eta(p)=p\frac{Q'(p)}{Q(p)}=p\frac{\left(\frac{1600}{4^p}\right)'}{\frac{1600}{4^p}}=-p\ln4\approx-1.39p,$$

需求弹性为负，说明商品价格 p 上涨1% 时，商品需求量 Q 将减少 $1.39p\%$.

（2）当商品价格 $p=10$（元）时，$\eta(10)\approx-13.9$，这表示价格 $p=10$（元）时，价格上涨1%，商品的需求量将减少13.9%．若价格降低1%，商品的需求量将增加13.9%．

29. 问 a,b,c 为何值时，点 $(-1,1)$ 是曲线 $y=x^3+ax^2+bx+c$ 的驻点，且是拐点?

解　$y=x^3+ax^2+bx+c$，$y'=3x^2+2ax+b$．$y''=6x+2a$，

已知点 $(-1,1)$ 是曲线 $y=x^3+ax^2+bx+c$ 的驻点，且是拐点，所以

$$y'(-1)=3-2a+b=0,$$
$$y''(-1)=2a-6=0,$$

解得 $a=3,b=3$．将点 $(-1,1)$ 代入曲线方程，得 $c=2$．

30. 求下列函数图形的拐点及凹凸区间

（1）$y=x+\frac{1}{x}(x>0)$；　　（2）$y=x+\frac{x}{x^2-1}$；

（3）$y=x\arctan x$；　　（4）$y=(x+1)^4+e^x$；

（5）$y=\ln(x^2+1)$；　　（6）$y=e^{\arctan x}$．

解　（1）$y'=1-\frac{1}{x^2}$，$y''=\frac{2}{x^3}$，因为当 $x>0$ 时，$y''>0$，所以 $y=x+\frac{1}{x}$ 在 $(0,+\infty)$ 上恒为凹函数，没有拐点.

（2）$y=x+\frac{x}{x^2-1}$ 的定义域为 $(-\infty,-1)\cup(-1,1)\cup(1,+\infty)$，

$$y'=1-\frac{1+x^2}{(x^2-1)^2},y''=1-\frac{2x(x^2+3)}{(x^2-1)^3},$$

令 $y''=0$，得 $x_1=0$；不可导点 $x_2=-1,x_3=1$．当 $x<-1$ 或 $0<x<1$ 时，$y''<0$；当 $-1<x<0$ 或 $x>1$ 时，$y''>0$.

综上，$y=x+\frac{x}{x^2-1}$ 的凹区间为 $(-1,0)$ 和 $(1,+\infty)$，凸区间为 $(-\infty,-1)$ 和 $(0,1)$；拐点为 $(0,0)$．

（3）$y=x\arctan x$ 的定义域为 $(-\infty.+\infty)$，

$$y'=\arctan x+\frac{x}{1+x^2},y''=\frac{2}{(1+x^2)^2}>0$$

所以 $y=x\arctan x$ 在整个定义域上恒为凹函数，没有拐点.

（4）　$y=(x+1)^4+e^x$ 的定义域为 $(-\infty,+\infty)$，

$$y'=4(x+1)^3+e^x,y'=12(x+1)^2+e^x>0,$$

所以 $y=(x+1)^4+e^x$ 在整个定义域上恒为凹函数，没有拐点.

（5）$y=\ln(x^2+1)$ 的定义域为 $(-\infty,+\infty)$，$y'=\frac{2x}{1+x^2}$，$y''=\frac{2(1-x^2)}{(1+x^2)^2}$，令 $y''=0$，得 $x_1=-1$，$x_2=1$．列表讨论如下

x	$(-\infty, -1)$	-1	$(-1,1)$	1	$(1, +\infty)$
$f''(x)$	$-$	0	$+$	0	$-$
$f(x)$	$\cap$	拐点	$\cup$	拐点	$\cap$

由上表可知，$y = \ln(x^2+1)$ 的凸区间为 $(-\infty, -1)$ 和 $(1, +\infty)$，凹区间为 $(-1,1)$，拐点为 $(-1,\ln 2)$ 和 $(1,\ln 2)$．

(6) $y = e^{\arctan x}$ 的定义域为 $(-\infty, +\infty)$，

$$y' = \frac{e^{\arctan x}}{1+x^2}, y'' = \frac{e^{\arctan x}(1-2x)}{(1+x^2)^2},$$

令 $y''=0$，得 $x = \frac{1}{2}$．当 $x < \frac{1}{2}$ 时，$y''>0$；当 $x > \frac{1}{2}$ 时．$y''<0$．

综上，$y = e^{\arctan x}$ 的凹区间为 $\left(-\infty, \frac{1}{2}\right)$，凸区间为 $\left(\frac{1}{2}, +\infty\right)$，拐点为 $\left(\frac{1}{2}, e^{\arctan\frac{1}{2}}\right)$

31．求下列曲线的渐近线

(1) $y = 1 + \frac{1}{x^2}$；

(2) $y = (1+x)e^{1-\frac{1}{x}}$；

(3) $y = \frac{1+\sin x}{x}$；

(4) $y = e^{\frac{1}{x-1}} + 1$.

解　(1) 因为 $\lim\limits_{x\to\infty}(1+\frac{1}{x^2}) = 1$，所以曲线有水平渐近线 $y=1$．

因为 $\lim\limits_{x\to 0}(1+\frac{1}{x^2}) = +\infty$，所以曲线有垂直渐近线 $x=0$．

因为 $\lim\limits_{x\to\infty}\frac{1+\frac{1}{x^2}}{x} = 0$，所以曲线无斜渐近线.

(2) 因为 $\lim\limits_{x\to\infty}(1+x)e^{1-\frac{1}{x}} = \infty$，所以曲线无水平渐近线.

因为 $\lim\limits_{x\to 0^-}(1+x)e^{1-\frac{1}{x}} = \infty$，所以曲线有垂直渐近线 $x=0$．

因为 $\lim\limits_{x\to\infty}\frac{(1+x)e^{1-\frac{1}{x}}}{x} = e$，$\lim\limits_{x\to\infty}(1+x)e^{1-\frac{1}{x}} - ex = 0$，所以曲线有斜渐近线 $y = ex$．

(3) 因为 $\lim\limits_{x\to\infty}\frac{1+\sin x}{x} = 0$，所以曲线有水平渐近线 $y=0$．

因为 $\lim\limits_{x\to 0}\frac{1+\sin x}{x} = \infty$，所以曲线有垂直渐近线 $x=0$．

因为 $\lim\limits_{x\to\infty}\frac{1+\sin x}{x^2} = 0$，所以曲线无斜渐近线.

(4) 因为 $\lim\limits_{x\to\infty}(e^{\frac{1}{x-1}}+1)=2$ 所以曲线有水平渐近线 $y=2$.

因为 $\lim\limits_{x\to1^+}(e^{\frac{1}{x-1}}+1)=+\infty$，所以曲线有垂直渐近线 $x=1$.

因为 $\lim\limits_{x\to\infty}\dfrac{e^{\frac{1}{x-1}}+1}{x}=0$，所以曲线无斜渐近线.

32. 作出下列函数的图形.

(1) $f(x)=x^3-3x+1$；　(2) $f(x)=x^4-2x^2+1$；

(3) $f(x)=2-\sqrt[3]{x-1}$；　(4) $f(x)=\dfrac{x^2}{1+x}$；

(5) $f(x)=e^{\frac{1}{x}}$；　(6) $f(x)=\dfrac{8}{4-x^2}$.

解　(1) 函数定义域为 $(-\infty,+\infty)$，$f'(x)=3x^2-3$，$f''(x)=6x$.

令 $f'(x)=0$，得驻点 $x_1=-1,x_2=1$，令 $f''(x)=0$ 得 $x_3=0$

列表得

x	$(-\infty,-1)$	-1	$(-1,0)$	0	$(0,1)$	1	$(1,+\infty)$
$f'(x)$	+	0	−	−	−	0	+
$f''(x)$	−	−	−	0	+	−	+
$f(x)$	↑ ∩	极大值点	↓ ∩	拐点	↓ ∪	极小值点	↑ ∪

因为 $\lim\limits_{x\to\infty}f(x)=\infty$，所以无水平渐近线.

因为 $\lim\limits_{x\to\infty}f(x)=\infty$，所以无垂直渐近线.

因为 $\lim\limits_{x\to\infty}\dfrac{f(x)}{x}=\infty$，所以无斜渐近线.

极大值 $f(-1)=3$，极小值 $f(1)=-1$，拐点 $f(0)=1$.

做出图形如下

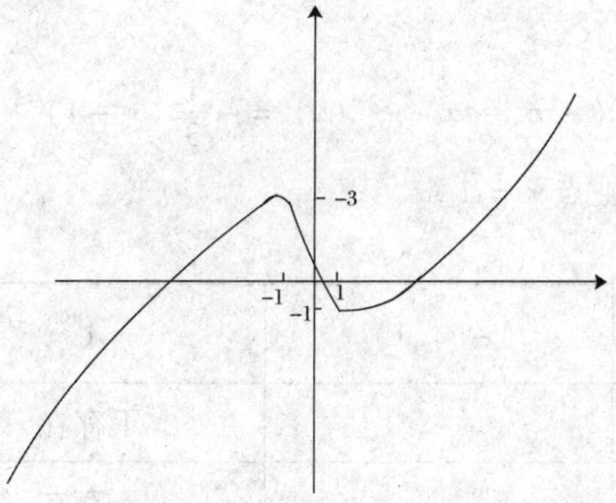

(2) 函数定义域为 $(-\infty,+\infty)$，$f'(x)=4x^3-6x^2$，$f''(x)=12x^2-12x$.

令 $f'(x)=0$ 得驻点 $x_1=0$，$x_2=\dfrac{3}{2}$，令 $f''(x)=0$ 得 $x_3=0,x_4=1$

列表得

x	$(-\infty,0)$	0	$(0,1)$	1	$\left(1,\frac{3}{2}\right)$	$\frac{3}{2}$	$\left(\frac{3}{2},+\infty\right)$
$f'(x)$	−	−	−	−	−	0	+
$f''(x)$	+	0	−	0	+	+	+
$f(x)$	↓ ∪	拐点	↓ ∩	拐点	↓ ∪	极小值点	↑ ∪

因为 $\lim\limits_{x\to\infty}f(x)=\infty$ ，所以无水平渐近线.

因为 $\lim\limits_{x\to\infty}f(x)=\infty$ ，所以无垂直渐近线.

因为 $\lim\limits_{x\to\infty}\dfrac{f(x)}{x}=\infty$ ，所以无斜渐近线.

极小值 $f(\frac{3}{2})=-\dfrac{9}{16}$，拐点 $f(0)=1, f(1)=0$.

做出图形如下

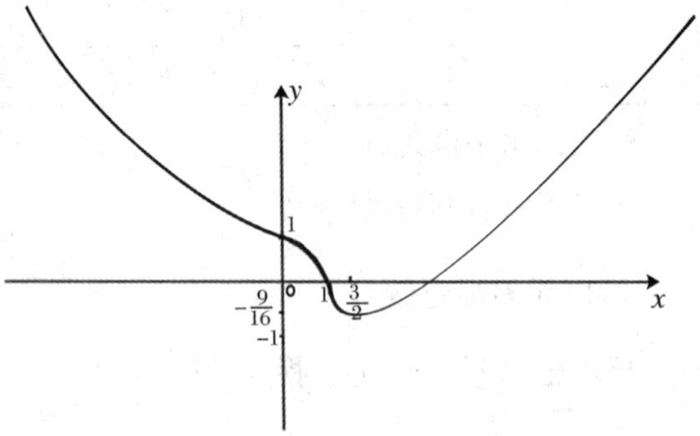

(3) 函数定义域为 $(-\infty,+\infty)$ ，$f'(x)=-\dfrac{1}{3}(x-1)^{-\frac{2}{3}}$ ，$f''(x)=\dfrac{2}{9}(x-1)^{-\frac{5}{3}}$.

显然只有导数不存在点 $x=1$.

列表得

x	$(-\infty,1)$	1	$(1,+\infty)$
$f'(x)$	−	不存在	−
$f''(x)$	−	不存在	+
$f(x)$	↓ ∩	拐点	↓ ∪

因为 $\lim\limits_{x\to\infty}f(x)=\infty$ ，所以无水平渐近线.

因为 $\lim\limits_{x\to\infty}f(x)=\infty$ ，所以无垂直渐近线.

因为 $\lim\limits_{x\to\infty}\dfrac{f(x)}{x}=0$，所以无斜渐近线.

拐点 $f(1)=2$，与坐标轴交点 $f(9)=0$.

做出图形如下

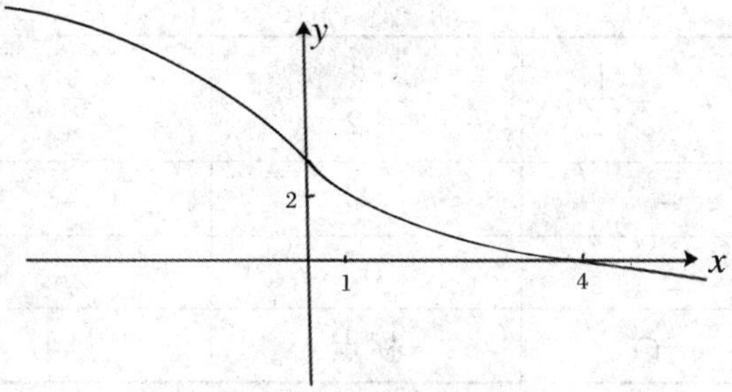

.

(4) 函数定义域为 $(-\infty,-1)\cup(-1,+\infty)$，$f'(x)=\dfrac{x^2+2x}{(1+x)^2}$，$f''(x)=\dfrac{2}{(1+x)^3}$.

令 $f'(x)=0$ 得驻点 $x_1=-2$，$x_2=0$，无 $f''(x)=0$ 点.

列表得

x	$(-\infty,-2)$	-2	$(-2,-1)$	$(-1,0)$	0	$(0,+\infty)$
$f'(x)$	+	0	−	−	0	+
$f''(x)$	−	−	−	+	+	+
$f(x)$	↑ ∩	极大值点	↓ ∩	↓ ∪	极小值点	↑ ∪

因为 $\lim\limits_{x\to\infty}f(x)=\infty$，所以无水平渐近线.

因为 $\lim\limits_{x\to-1}f(x)=\infty$，所以有垂直渐近线 $x=-1$.

因为 $\lim\limits_{x\to\infty}\dfrac{f(x)}{x}=1$，$\lim\limits_{x\to\infty}f(x)-x=-1$，所以有斜渐近线 $y=x-1$.

极大值 $f(-2)=-4$，极小值 $f(0)=0$.

做出图形如下

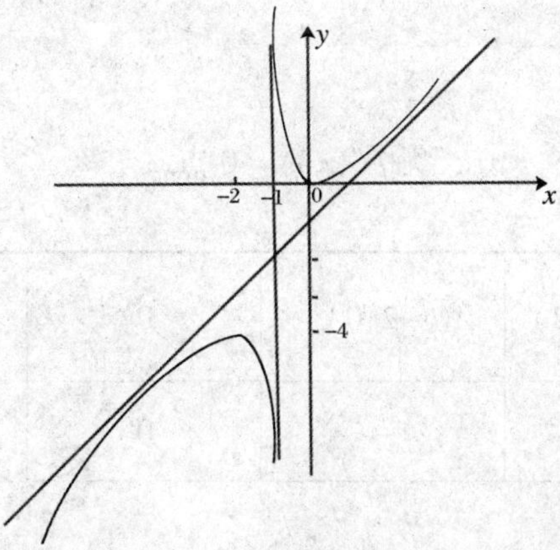

(5) 函数定义域为 $(-\infty,0)\cup(0,+\infty)$，$f'(x)=-\dfrac{e^{\frac{1}{x}}}{x^2}$，$f''(x)=\dfrac{e^{\frac{1}{x}}(1+2x)}{x^4}$

显然 $f'(x)<0$，令 $f''(x)=0$ 得 $x_1=-\dfrac{1}{2}$.

列表得

x	$(-\infty,-\frac{1}{2})$	$-\frac{1}{2}$	$(-\frac{1}{2},0)$	$(0,+\infty)$
$f'(x)$	–	–	–	–
$f''(x)$	–	0	+	+
$f(x)$	↓ ∩	拐点	↓ ∪	↓ ∪

因为 $\lim\limits_{x\to\infty}f(x)=1$，所以有水平渐近线 $y=1$.

因为 $\lim\limits_{x\to0^+}f(x)=\infty$，所以有垂直渐近线 $x=0$.

因为 $\lim\limits_{x\to\infty}\dfrac{f(x)}{x}=0$，所以无斜渐近线.

做出图形如下

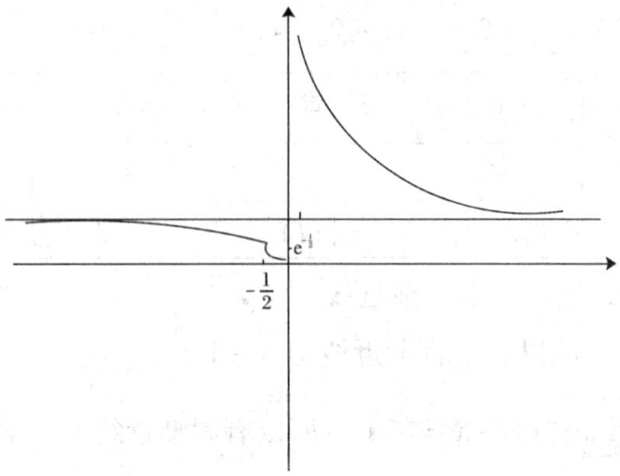

(6) 函数定义域为 $(-\infty,-2)\cup(-2,2)\cup(2,+\infty)$，$f'(x)=\dfrac{16x}{(4-x^2)^2}$，

$f''(x)=\dfrac{64+48x^2}{(4-x^2)^3}$

令 $f'(x)=0$ 得驻点 $x_1=0$，无 $f''(x)=0$ 点.

列表得

x	$(-\infty,-2)$	$(-2,0)$	0	$(0,2)$	$(2,+\infty)$
$f'(x)$	–	–	0	+	+

$f''(x)$	$-$	$+$	$+$	$+$	$-$
$f(x)$	↓ ∩	↓ ∪	极小值点	↑ ∪	↑ ∩

因为 $\lim\limits_{x\to\infty}f(x)=0$，所以有水平渐近线 $y=0$.

因为 $\lim\limits_{x\to-2}f(x)=\infty$，$\lim\limits_{x\to2}f(x)=\infty$，所以垂直渐近线 $x=-2, x=2$.

因为 $\lim\limits_{x\to\infty}\dfrac{f(x)}{x}=0$，所以无斜渐近线

极小值 $f(0)=2$.

做出图形如下

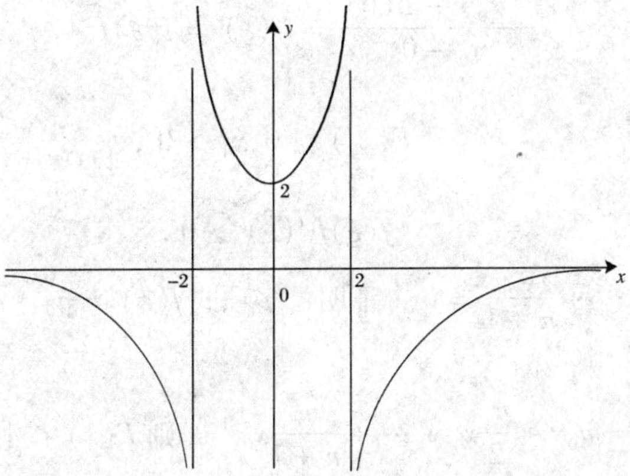

(B)

1. 求极限 $\lim\limits_{x\to1}\dfrac{\ln\cos(x-1)}{1-\sin\dfrac{\pi x}{2}}$.

分析　此极限为 $\dfrac{0}{0}$ 未定式，考虑洛必达法则.

解　$\lim\limits_{x\to1}\dfrac{\ln\cos(x-1)}{1-\sin\dfrac{\pi x}{2}}=\lim\limits_{x\to1}\dfrac{\tan(x-1)}{\dfrac{\pi}{2}\cos\dfrac{\pi x}{2}}=\lim\limits_{x\to1}\dfrac{x-1}{\dfrac{\pi}{2}\cos\dfrac{\pi x}{2}}$

$$=\frac{2}{\pi}\lim_{x\to1}\frac{1}{-\dfrac{\pi}{2}\sin\dfrac{\pi x}{2}}=-\frac{4}{\pi^2}.$$

2. 已知函数 $f(x)$ 在 $[0,1]$ 上连续，在 $(0,1)$ 内可导，且 $f(0)=0, f(1)=1$，$f(x)$ 是 x 的非线性函数. 试证：在 $(0,1)$ 内至少存在一点 ξ，使得 $f'(\xi)>1$.

分析　证明含有导数的不等式，可以考虑拉格朗日中值定理. 而 $f(x)$ 是 x 的非线性函数，隐意为 $f(x)$ 不能恒等于 x.

证明　因为 $f(x)$ 是 x 的非线性函数，所以至少存在一点 $x_0\in(0,1)$，使得 $f(x_0)\neq x_0$.

若 $f(x_0)>x_0$，因为 $f(x)$ 在 $[0,x_0]$ 上连续，在 $(0,x_0)$ 内可导，由拉格朗日中值定理知，至少存在一点 $\xi\in(0,x_0)\subset(0,1)$，使得

$$\frac{f(x_0)-f(0)}{x_0-0}=f'(\xi)>1.$$

若$f(x_0) < x_0$，因为$f(x)$在$[x_0,1]$上连续，在$(x_0,1)$内可导，由拉格朗日中值定理知，至少存在一点$\xi \in (x_0,1) \subset (0,1)$，使得

$$\frac{f(1) - f(x_0)}{1 - x_0} = f'(\xi) > 1 .$$

3. 设$f(x)$在$[0,1]$上连续，在$(0,1)$内可导，$f(0) = 0$. 证明：如果$f(x)$在$[0,1]$上不恒等于0，则必有$\xi \in (0,1)$，使$f(\xi)f'(\xi) > 0$.

证明 令$F(x) = \frac{1}{2}f^2(x)$，因为$f(x)$在$[0,1]$上不恒等于0，所以必有$x_0 \in (0,1]$，使得$f(x_0) \neq 0$，则$F(x_0) > 0$.

因为$F(x)$在$[0,x_0]$上连续，$(0,x_0)$内可导，由拉格朗日中值定理知，至少存在一点$\xi \in (0,x_0) \subset (0,1)$. 使得

$$\frac{F(x_0) - F(0)}{x_0 - 0} = f'(\xi) = f(\xi)f'(\xi) .$$

因为

$$F(x_0) > 0, x_0 > 0 ,$$

所以

$$f(\xi)f'(\xi) > 0 .$$

4. 设$a_0 + \frac{a_1}{2} + \cdots + \frac{a_n}{n+1} = 0$，证明：多项式$f(x) = a_0 + a_1x + \cdots + a_nx^n$在$(0,1)$内至少有一个零点.

证明 令$F(x) = a_0x + \frac{a_1}{2}x^2 + \cdots + \frac{a_n}{n+1}x^{n+1}$，则$F(x)$在$[0,1]$上连续，在$(0,1)$内可导，且$F(0) = F(1) = 0$，所以由罗尔定理知，至少存在一点$\xi \in (0,1)$使得

$$F'(\xi) = 0 ,$$

即

$$F'(\xi) = a_0 + a_1\xi + \cdots + a_n\xi^n = 0 .$$

所以多项式$F'(x) = a_0 + a_1x + \cdots + a_nx^n$在$(0,1)$内至少有一个零点.

5. 设$g(x)$在$x = 0$处二阶可导，且$g(0) = 0$，试确定a的值使$f(x)$在$x = 0$处可导，并求$f'(0)$，其中$f(x) = \begin{cases} \frac{g(x)}{x}, & x \neq 0 \\ a, & x = 0 . \end{cases}$

解 要使$f(x)$在$x = 0$处可导，则必有$f(x)$在$x = 0$处连续，因为$g(x)$在$x = 0$处$g(0) = 0$. 所以

$$a = \lim_{x \to 0} f(x) = \lim_{x \to 0} \frac{g(x)}{x} = \lim_{x \to 0} \frac{g(x) - g(0)}{x - 0} = g'(0) ;$$

$$f'(0) = \lim_{x \to 0} \frac{f(x) - f(0)}{x - 0} = \lim_{x \to 0} \frac{\frac{g(x)}{x} - g'(0)}{x - 0} = \lim_{x \to 0} \frac{g(x) - g'(0)x}{x^2}$$
$$= \lim_{x \to 0} \frac{g'(x) - g'(0)}{2x} = \frac{1}{2}g''(0).$$

6. 设函数$f(x)$在$[a,b]$上连续，在(a,b)内可导，且$\lim_{x \to a^+} f'(x) = A$. 试证：$f'_+(a) = A$.

证明 因为函数$f(x)$在$[a,b]$上连续，在(a,b)内可导，所以

$$f'_+(a)=\lim_{x\to a^+}\frac{f(x)-f(a)}{x-a}=\lim_{x\to a^+}f'(x)=A.$$

7. 求下列极限.

(1) $\lim\limits_{x\to 1}\frac{x-x^x}{1-x+\ln x}$;

(2) $\lim\limits_{x\to\infty}\left[\frac{(a_1^{\frac{1}{x}}+a_2^{\frac{1}{x}}+\cdots+a_n^{\frac{1}{x}})}{n}\right]^{nx}$ （其中 $a_1,a_2,\cdots,a_n>0$）.

解 (1) $\lim\limits_{x\to 1}\frac{x-x^x}{1-x+\ln x}=\lim\limits_{x\to 1}\frac{1-x^x(\ln x+1)}{-1+\frac{1}{x}}=\lim\limits_{x\to 1}\frac{-x^x(\ln x+1)^2-x^{x-1}}{-\frac{1}{x^2}}=2$

(2) $\lim\limits_{x\to\infty}\left[\frac{(a_1^{\frac{1}{x}}+a_2^{\frac{1}{x}}+\cdots+a_n^{\frac{1}{x}})}{n}\right]^{nx}=\lim\limits_{x\to\infty}e^{\ln\left[\frac{(a_1^{\frac{1}{x}}+a_2^{\frac{1}{x}}+\cdots+a_n^{\frac{1}{x}})}{n}\right]^{nx}}=$

$e^{\lim\limits_{x\to\infty}\frac{n\ln\left[\frac{(a_1^{\frac{1}{x}}+a_2^{\frac{1}{x}}+\cdots+a_n^{\frac{1}{x}})}{n}\right]}{\frac{1}{x}}}$,

而

$$\lim_{x\to\infty}\frac{n\ln\left[\frac{(a_1^{\frac{1}{x}}+a_2^{\frac{1}{x}}+\cdots+a_n^{\frac{1}{x}})}{n}\right]}{\frac{1}{x}}=n\lim_{x\to\infty}\frac{\ln(a_1^{\frac{1}{x}}+a_2^{\frac{1}{x}}+\cdots+a_n^{\frac{1}{x}})-\ln n}{\frac{1}{x}}$$

$$=n\lim_{x\to\infty}\frac{\frac{1}{(a_1^{\frac{1}{x}}+a_2^{\frac{1}{x}}+\cdots+a_n^{\frac{1}{x}})}\left(-\frac{1}{x^2}a_1^{\frac{1}{x}}\ln a_1-\frac{1}{x^2}a_2^{\frac{1}{x}}\ln a_2-\cdots-\frac{1}{x^2}a_n^{\frac{1}{x}}\ln a_n\right)}{-\frac{1}{x^2}}$$

$$=\ln a_1+\ln a_2+\cdots+\ln a_n=\ln a_1a_2\cdots a_n$$

所以

$$\lim_{x\to\infty}\left[\frac{(a_1^{\frac{1}{x}}+a_2^{\frac{1}{x}}+\cdots+a_n^{\frac{1}{x}})}{n}\right]^{nx}=e^{\ln a_1a_2\cdots a_n}=a_1a_2\cdots a_n.$$

8. 设函数 $f(x)$ 在闭区间 $[0,A]$ 上连续，且 $f(0)=0$，如果 $f'(x)$ 存在且为增函数（$x\in(0,A)$）. 试证：函数 $F(x)=\frac{1}{x}f(x)$ 也是增函数.

证明 由已知条件，当 $0<x<A$ 时，$f(x)$ 在区间 $(0,x)$ 满足拉格朗日中值定理，则有

$$\frac{f(x)}{x}=f'(\xi),\xi\in(0,x),$$

而

$$F'(x)=\frac{1}{x}f'(x)-\frac{f(x)}{x^2}=\frac{1}{x}f'(x)-\frac{1}{x}f'(\xi)\quad\xi\in(0,x),$$

因为当 $x\in(0,A)$ 时，$f'(x)$ 存在且为增函数，所以当 $\xi\in(0,x)$ 时，

$$f'(x)>f'(\xi)>0,$$

所以

$$F'(x)=\frac{1}{x}f'(x)-\frac{1}{x}f'(\xi)>0$$

即函数 $F(x)=\frac{1}{x}f(x)$ 是增函数.

9. 利用函数的凹凸性，证明下列不等式成立.

(1) $\frac{e^x+e^y}{2}>e^{\frac{x+y}{2}}(x\neq y)$;

(2) $\cos\frac{x+y}{2}>\frac{\cos x+\cos y}{2},\forall x,y\in\left(-\frac{\pi}{2},\frac{\pi}{2}\right)$.

证明 (1) 令 $y=e^x$，因为 $y''=e^x>0$，所以 $y=e^x$ 在 $(-\infty,+\infty)$ 内是凹的，由凹函数的定义.

$$\forall x,y\in(-\infty,+\infty)(x\neq y),\frac{e^x+e^y}{2}>e^{\frac{x+y}{2}}.$$

(2) 令 $y=\cos x$，因为当 $x\in\left(-\frac{\pi}{2},\frac{\pi}{2}\right)$ 时，$y''=-\cos x<0$，所以 $y=\cos x$ 在 $\left(-\frac{\pi}{2},\frac{\pi}{2}\right)$ 内是凸的，由凸函数的定义，有

$$\forall x,y\in\left(-\frac{\pi}{2},\frac{\pi}{2}\right)(x\neq y),\cos\frac{x+y}{2}>\frac{\cos x+\cos y}{2}$$

10. 由方程 $x^3+2y^3-6axy=0$ 确定的隐函数 $y=y(x)$，满足条件 $y(2a)=2a(a\neq 0)$ 试证 $x=2a$ 为驻点，并判定 $x=2a$ 是否为极值点？是怎样的极值点？

证明 方程两边同时求导，得

$$3x^2+6y^2y'-6ay-6axy'=0,$$

整理得

$$y'=\frac{x^2-2ay}{2ax-2y^2}$$

代入点 $(2a,2a)$，$y'(2a)=0$，所以 $x=2a$ 为驻点.

$$y''=\left(\frac{x^2-2ay}{2ax-2y^2}\right)'=\frac{(2x-2ay')(2ax-2y^2)-(x^2-2ay)(2a-4yy')}{(2ax-2y^2)^2}$$

$y''(2a)=-\frac{1}{a}$，所以 $x=2a$ 是极值点. $a>0$ 时，$x=2a$ 为极大值点；当 $a<0$ 时，$x=2a$ 为极小值点.

11. 设函数 $f(x)$ 满足条件 $af(x)+bf\left(\frac{1}{x}\right)=\frac{c}{x}$，其中 a,b,c 为常数，且 $|a|>|b|,c>0$. 试问 a,b 满足什么条件时，$f(x)$ 有极值？并求出相应的极值点.

证明 令 $x=\frac{1}{t}$，代入方程得

$$af\left(\frac{1}{t}\right)+bf(t)=ct$$

即

$$af\left(\frac{1}{x}\right)+bf(x)=cx$$

联立方程，解方程组得

$$f(x)=\frac{1}{a^2-b^2}\left(\frac{ac}{x}-cbx\right).$$

令

$$f'(x)=\frac{1}{a^2-b^2}\left(\frac{ac}{x^2}-cb\right)=0,$$

解得 $x^2 = -\frac{a}{b}$，所以当 $ab < 0$ 时，$f'(x) = 0$ 的点为 $x_1 = \sqrt{-\frac{a}{b}}, x_2 = -\sqrt{-\frac{a}{b}}$.

因为

$$f''(x) = \frac{1}{a^2 - b^2}\left(\frac{2ac}{x^3}\right),$$

则

$$f''\left(\sqrt{-\frac{a}{b}}\right) = \frac{1}{a^2 - b^2}\left(\frac{-2ac}{\sqrt{-\frac{a}{b}}}\right),$$

所以 $b < 0, \sqrt{-\frac{a}{b}}$ 为极小值点；$b > 0, x = \sqrt{-\frac{a}{b}}$ 为极大值点.

同理，

$$f''\left(-\sqrt{-\frac{a}{b}}\right) = \frac{1}{a^2 - b^2}\left(\frac{-2bc}{\sqrt{-\frac{a}{b}}}\right),$$

所以 $b < 0, x = -\sqrt{-\frac{a}{b}}$ 为极大值点；$b > 0, x = -\sqrt{-\frac{a}{b}}$ 为极小值点.

12. 试确定 a, b 的值，使 $f(x) = x - (a + b\cos x)\sin x$ 为当 $x \to 0$ 时 x^5 的同阶无穷小量.

解 因为当 $x \to 0$ 时 $f(x) = x - (a + b\cos x)\sin x$ 是 x^5 的同阶无穷小量，所以 $\lim\limits_{x\to 0}\frac{x - (a + b\cos x)\sin x}{x^5}$ 存在，设为 A. 由洛必达法则得

$$\lim_{x\to 0}\frac{x - (a + b\cos x)\sin x}{x^5} = \lim_{x\to 0}\frac{1 - (a + b\cos x)\cos x + b\sin^2 x}{5x^4} = A$$

所以，$\lim\limits_{x\to 0} 1 - (a + b\cos x)\cos x = 0$，解得 $a + b = 1$. 继续应用洛必达法则，有

$$\begin{aligned}\lim_{x\to 0}\frac{x - (a + b\cos x)\sin x}{x^5} &= \lim_{x\to 0}\frac{1 - (a + b\cos x)\cos x + b\sin^2 x}{5x^4} = A \\ &= \lim_{x\to 0}\frac{(a + b\cos x)\sin x + b\sin x\cos x + 2b\sin x\cos x}{20x^3} \\ &= \lim_{x\to 0}\frac{a\sin x + 4b\sin x\cos x}{20x^3} \\ &= \lim_{x\to 0}\frac{a\cos x + 4b\cos^2 x - 4b\sin^2 x}{60x^2} = A,\end{aligned}$$

所以

$$\lim_{x\to 0}(a\cos x + 4b\cos^2 x - 4b\sin^2 x) = 0,$$

解得 $a + 4b = 0$，联立方程解得 $a = \frac{4}{3}, b = -\frac{1}{3}$.

13. 设函数 $y = f(x)$ 在 $x = x_0$ 的某邻域内具有三阶导数，如果 $f''(x_0) = 0$，而 $f'''(x_0) \neq 0$，试问 $(x_0, f(x_0))$ 是否为拐点，为什么？

解 因为 $f''(x_0) = 0$，$f'''(x_0) \neq 0$，不妨设 $f'''(x_0) > 0$，即

$$f'''(x_0) = \lim_{x\to x_0}\frac{f''(x) - f''(x_0)}{x - x_0} = \lim_{x\to x_0}\frac{f''(x)}{x - x_0} > 0,$$

由极限的局部保号性知，必存在 x_0 的某个空心领域 $U(x_0, \delta)$ $(\delta > 0)$，使得 $\forall x \in$

$U(x_0,\delta)$，均有$\dfrac{f''(x)}{x-x_0}>0$，从而当$x_0-\delta<x<x_0$时，有$f''(x)<0$，当$x_0<x<x_0+\delta$时，有$f''(x)>0$，所以由拐点的定义知，$(x_0,f(x_0))$为拐点.

四、自测题及答案

自测题

一、填空题（本大题共5题，每小题2分，共10分）

1. 极限$\lim\limits_{x\to\infty}\left(\cos\dfrac{2}{x}\right)^x=$ ____________________.

2. $y=\sqrt[3]{6x^2-x^3}$在区间________内单调减少，在区间________________内单调增加.

3. 函数$y=x2^x$在$x=$ ________处取得极小值.

4. $y=x+\sqrt{1-x}$在$[-5,1]$的最大值点为________.

5. 曲线$\begin{cases}x=t^2,\\y=3t+t^3,\end{cases}$ $t\in[0,+\infty]$的凸区间是____，凹区间是____，拐点是____.

二、选择题（本大题共7题，每小题3分，共21分）

1. 函数$f(x)$可微，$a\neq b$，$f(a)=f(b)=0$，$f'(a)<0$，$f'(b)<0$，则函数$f'(x)$（　）.

(A) 无零点；　　(B) 只有一个零点；

(C) 只有两个零点；　　(D) 至少有两个零点.

2. 设$f(x)$在$[0,1]$上可导，且$0<f(x)<1$，在$(0,1)$上$f'(x)\neq1$，则方程$f(x)-x=0$在$(0,1)$上实根的个数为（　）.

(A) 0；　　(B) 1；　　(C) 2；　　(D) ≥2.

3. 函数$y=x-\ln(1+x^2)$在定义域内（　）.

(A) 无极值；　　(B) 极大值为$1-\ln2$；

(C) 极小值为$1-\ln2$；　　(D) $f(x)$为非单调函数.

4. 曲线$y=x+\dfrac{\ln x}{x}$在定义域内（　）

(A) $x=1$是垂直渐近线；　　(B) $y=x$为斜渐近线；

(C) 单调减少；　　(D) 有2个拐点.

5. 设函数$f(x)=\begin{cases}\ln x-x, & x\geq1\\x^2-2x, & x<1\end{cases}$，则（　）.

(A) 该函数在$x=1$处有最小值；

(B) 该函数在$x=1$处有最大值；

(C) 该函数所表示的曲线在$x=1$处有拐点；

(D) 该函数所表示的曲线$x=1$处无拐点.

6. 设函数$f(x)$在$[0,1]$上满足$f''(x)>0$，则$f'(1)$，$f'(0)$，$f(1)-f(0)$的大小顺序为（　）.

(A) $f'(1)>f'(0)>f(1)-f(0)$；　　(B) $f'(1)>f(1)-f(0)>f'(0)$；

(C) $f(1)-f(0)>f'(1)>f'(0)$；　　(D) $f'(1)>f(0)-f(1)>f'(0)$.

7. 设$f(x)$一阶可导，且$\lim\limits_{x\to0}f'(x)=1$，则$f(0)$（　）.

(A) 一定是$f(x)$的极大值；　　(B) 一定是$f(x)$的极小值；

(C) 一定不是$f(x)$的极值；　　(D) 不一定是$f(x)$的极值.

三、计算题（本大题共4题，每小题6分，共24分）

1. $\lim\limits_{x\to 0}\dfrac{\sqrt{1+\tan x}-\sqrt{1+\sin x}}{x^2\sin 3x}$.

2. $\lim\limits_{x\to\infty}\left[x-x^2\ln(1+\dfrac{1}{x})\right]$.

3. $\lim\limits_{x\to 0}\left(\dfrac{1}{x^2}-\dfrac{1}{\sin^2 x}\right)$.

4. $\lim\limits_{x\to 0}\left(\dfrac{a^x+b^x+c^x}{3}\right)^{\frac{1}{x}}$.

四、证明题（本大题共2题，每小题10分，共20分）

1. 设函数$f(x),g(x)$在$[a,b]$上连续，在(a,b)内可导，且$f(a)=f(b)=0$，证明：存在$\xi\in(a,b)$，使得$f'(\xi)+f(\xi)g'(\xi)=0$.

2. 证明：当$x>0$时，$x-\dfrac{x^2}{2}<\ln(1+x)<x$.

五、应用题（本题7分）

设有甲乙两城．甲城位于一直线形的河岸上，乙城离河岸40千米，且到河岸的垂足与甲城相距50千米．两城拟于此河边合建一水厂取水，从水厂到甲城和乙城之水管费用分别为每千米500元和700元．为使水管费用最省，水厂应设于何处?

六、综合题（本题10分）

设函数$f(x)$在$x=0$的邻域内具有三阶导数，且$\lim\limits_{x\to 0}\left(1+x+\dfrac{f(x)}{x}\right)^{\frac{1}{x}}=e^3$.

（1）求$f(0),f'(0),f''(0)$；

（2）求$\lim\limits_{x\to 0}\left(1+\dfrac{f(x)}{x}\right)^{\frac{1}{x}}$.

七、作图题（本题8分）

作出函数$y=\dfrac{x^3-2}{2(x-1)^2}$的图形.

答案

一、1. 1；

2. $(-\infty,0)$和$(4,+\infty)$，$(0,4)$；

3. $-\dfrac{1}{\ln 2}$；

4. $\dfrac{3}{4}$；

5. $(0,1)$，$(1,+\infty)$，$(1,4)$.

二、1.（D）；

2.（B）；

3.（A）；

4. (B);
5. (C);
6. (B);
7. (D).

三、1. $\frac{1}{12}$;

2. $\frac{1}{2}$;

3. $-\frac{1}{3}$;

4. $\sqrt[3]{abc}$.

四、1. 略. 提示:设 $F(x)=f(x)e^{g(x)}$.

2. 略. 提示:令 $f(x)=\ln(1+x)-x$, $g(x)=x-\frac{x^2}{2}-\ln(1+x)$.

五、距甲地 9.18 千米.

六、(1) $f(0)=0, f'(0)=0, f''(0)=4$; (2) e^2.

七、略.

第五章　不定积分

一、教学基本要求

（一）教学基本要求

1. 了解原函数与不定积分的概念.

2. 掌握基本积分公式，会用基本积分公式和不定积分性质求解不定积分.

3. 理解第一换元积分法，熟练掌握各种形式的“凑微分”.

4. 理解第二换元积分法的原理，熟练掌握第二换元积分法中的几种常用的换元方法及第二换元积分法所适用的类型.

5. 熟练掌握分部积分法，会用分部积分公式计算不定积分.

6. 了解有理函数积分，会将有理函数分解为多项式与部分分式之和.

（二）内容提要

1. 原函数与不定积分的基本概念

如果在区间 I 内，可导函数 $F(x)$ 的导函数恒为 $f(x)$，即当 $x \in I$ 时 $F'(x) = f(x)$ 或 $dF(x) = f(x)dx$ 恒成立，则称 $F(x)$ 是 $f(x)$ 在区间 I 内的一个**原函数**.

原函数存在定理　如果函数 $f(x)$ 在区间 I 上连续，那么 $f(x)$ 在 I 上一定存在原函数 $F(x)$.

如果 $F(x)$ 是 $f(x)$ 在区间 I 上的一个原函数，那么 $F(x)+C$ 也是 $f(x)$ 的原函数，其中 C 为任意常数.

如果 $F(x)$ 和 $G(x)$ 都是 $f(x)$ 在区间 I 上的原函数，则 $F(x)$ 和 $G(x)$ 只相差一个常数，即 $F(x)-G(x) \equiv C$.

函数 $f(x)$ 在区间 I 上的全体原函数称为 $f(x)$ 在 I 上的**不定积分**，记作 $\int f(x)dx$，其中 $\int$ 称为**积分号**，$f(x)$ 称为**被积函数**，$f(x)dx$ 称为**被积表达式**，x 称为**积分变量**.

若 $F(x)$ 是函数 $f(x)$ 在区间 I 内的任意一个原函数，则 $f(x)$ 在 I 上的不定积分可表示为 $\int f(x)\ dx = F(x)+C$，C 为任意常数，称为**积分常数**.

显然，求一个函数的不定积分，就是求出它的任意一个原函数，再加上积分常数即可.

2. 不定积分的性质

性质 1　$\left[\int f(x)dx\right]' = f(x)$ 或 $d\int f(x)dx = f(x)dx$.

性质 2　$\int F'(x)dx = F(x) + C$ 或 $\int dF(x) = F(x) + C$.

性质 3　被积函数中不为零的常数因子可以提到积分号外.

$$\int af(x)dx = a\int f(x)dx \quad (a \neq 0).$$

性质 4　两个函数和（或差）的不定积分等于两个函数不定积分的和（或差）.

$$\int [f(x) \pm g(x)]dx = \int f(x)dx \pm \int g(x)dx.$$

性质 3 和性质 4 可以推广到任意有限多个函数的线性组合的情况，即

$$\int [a_1f_1(x) + a_2f_2(x) + \cdots + a_nf_n(x)]dx$$
$$= a_1\int f_1(x)dx + a_2\int f_2(x)dx + \cdots + a_n\int f_n(x)dx.$$

3. 不定积分的几何意义

若 $F(x)$ 是 $f(x)$ 的一个原函数，那么曲线 $y = F(x)$ 称为 $f(x)$ 的一条积分曲线. 将这条积分曲线沿着 y 轴方向平行移动，就可以得到 $f(x)$ 的无穷多条积分曲线，它们构成一个曲线族，称为 $f(x)$ 的**积分曲线族**. 不定积分 $\int f(x)dx$ 的几何意义就是一个积分曲线族. 它的特点是：在横坐标相同的点处，各积分曲线的切线斜率相同，即这些切线相互平行.

4. 基本积分公式

由不定积分的性质，我们知道不定积分是微分的逆运算，因此由基本微分公式得出相应的基本不定积分公式：

(1) $\int kdx = kx + C$;

(2) $\int x^\alpha dx = \frac{1}{\alpha + 1}x^{\alpha+1} + C \quad (\alpha \neq -1)$;

(3) $\int \frac{1}{x} dx = \ln|x| + C$;

(4) $\int a^x dx = \frac{1}{\ln a}a^x + C \quad (a > 0, a \neq 1)$;

(5) $\int e^x dx = e^x + C$;

(6) $\int \sin x \, dx = -\cos x + C$;

(7) $\int \cos x \, dx = \sin x + C$;

(8) $\int \sec^2 x dx = \tan x + C$;

(9) $\int \csc^2 x \, dx = -\cot x + C$;

(10) $\int \sec x \tan x dx = \sec x + C$；

(11) $\int \csc x \cot x dx = -\csc x + C$；

(12) $\int \frac{1}{\sqrt{1-x^2}} dx = \arcsin x + C(= -\arccos x + C)$；

(13) $\int \frac{1}{1+x^2} dx = \arctan x + C(= -arccot x + C)$.

以上十三个基本积分公式，是求不定积分的基础. 利用基本积分公式和不定积分的性质，可以直接计算一些比较简单的不定积分，称为**基础积分法**或**直接积分法**.

基础积分法适用于那些只用到基本积分公式和积分性质求积分的题目，使用直接积分法经常要对被积函数进行化简或适当的的变形，所采用的恒等变形手段主要有分式拆项、三角函数恒等变形等. 变形的目的是使被积函数化为积分基本公式中的函数或它们的线性组合. 如果进行多次不同的变形后仍无法达到目的，则应考虑其它积分方法求解.

5. 换元积分法

第一换元积分法　设 $\int f(u) du = F(u) + C$，且 $u = \varphi(x)$ 可微，则有

$$\int f[\varphi(x)] \varphi'(x) dx = F[\varphi(x)] + C.$$

利用第一换元法计算积分的关键是：将不定积分的被积表达式分解成 $\varphi(x)$ 的函数与 $\varphi(x)$ 的微分的乘积，所以，第一换元法也称为**凑微分法**.

利用第一换元法计算不定积分，熟练以后，可以不写出变量代换式，而直接计算.

第一换元积分法是不定积分运算的重点，也是难点. 第一换元积分法所处理的函数是复合函数，故此法的实质是复合函数求导数的逆运算. 在运算中要注意换元的目的是使换元后的积分 $\int f(u) \mathrm{d}u$ 容易求原函数. 由于积分方法是灵活多样的，技巧性较强，一些“凑”的方法要靠经常练习来积累的，下面给出一些常见的凑微分形式：

(1) $\int f(ax+b) dx = \frac{1}{a} \int f(ax+b) d(ax+b) \quad (a \neq 0)$；

(2) $\int f(x^\mu) x^{\mu-1} dx = \frac{1}{\mu} \int f(x^\mu) dx^\mu (\mu \neq 0)$；

(3) $\int f(e^x) e^x dx = \int f(e^x) de^x$；

(4) $\int f(\ln x) \frac{1}{x} dx = \int f(\ln x) d\ln x$；

(5) $\int f(\sin x) \cos x dx = \int f(\sin x) d\sin x$；

(6) $\int f(\cos x) \sin x dx = -\int f(\cos x) d\cos x$；

(7) $\int f(\tan x) \sec^2 x dx = \int f(\tan x) d\tan x$；

(8) $\int f(\cot x) \csc^2 dx = -\int f(\cot x) d\cot x$；

(9) $\int f(\arcsin x)\frac{1}{\sqrt{1-x^2}}dx = \int f(\arcsin x)d\arcsin x$；

(10) $\int f(\arctan x)\frac{1}{1+x^2}dx = \int f(\arctan x)d\arctan x$.

第二换元积分法 如果函数 $x=\varphi(t)$ 是单调可导函数，并且 $\varphi'(t)\neq 0$，若有

$$\int f[\varphi(t)]\varphi'(t)dt = F(t)+C,$$

则

$$\int f(x)dx = F[\varphi^{-1}(x)]+C.$$

第二换元积分法主要用于解决被积函数含有根式的积分，常见形式为根式代换法和三角函数代换法两种.

根式代换法 被积函数中含有无理式 $\sqrt[n]{ax+b}$ 时，可设 $t=\sqrt[n]{ax+b}$，就可去掉根式.

三角函数代换法

(1) 若被积函数中含有 $\sqrt{a^2-x^2}$ 时，设 $x=a\sin t$，就可去掉根式；

(2) 若被积函数中含有 $\sqrt{x^2+a^2}$ 时，设 $x=a\tan t$，就可去掉根式；

(3) 若被积函数中含有 $\sqrt{x^2-a^2}$ 时，设 $x=a\sec t$，就可去掉根式.

利用三角函数代换法，其变量还原常借助于直角三角形还原.

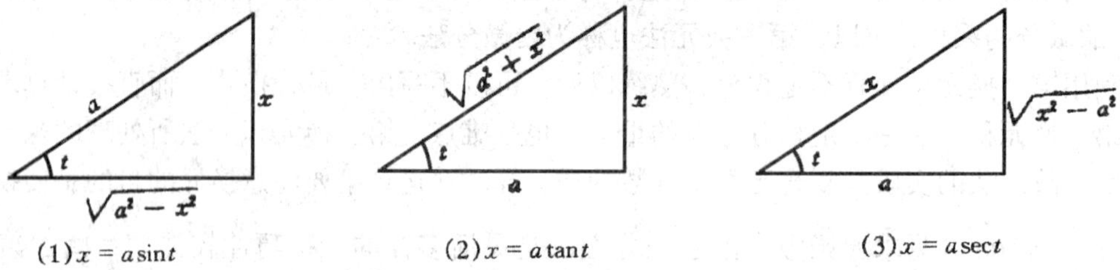

图 5－1

通过对换元积分法的研究，我们列出几个比较重要的积分公式，把它们补充到前面给出的基本积分公式中.

(14) $\int \tan x\,dx = -\ln|\cos x|+C$；

(15) $\int \cot x\,dx = \ln|\sin x|+C$；

(16) $\int \sec x\,dx = \ln|\sec x+\tan x|+C$；

(17) $\int \csc x\,dx = \ln|\csc x-\cot x|+C$；

(18) $\int \frac{1}{a^2-x^2}dx = \frac{1}{2a}\ln\left|\frac{a+x}{a-x}\right|+C,\quad a>0$；

(19) $\int \frac{1}{a^2+x^2}dx = \frac{1}{a}\arctan\frac{x}{a}+C$；

(20) $\int \sqrt{a^2 - x^2}\, dx = \frac{1}{2}x\sqrt{a^2 - x^2} + \frac{a^2}{2}\arcsin\frac{x}{a} + C, \quad a > 0$；

(21) $\int \frac{1}{\sqrt{x^2 \pm a^2}}\, \mathrm{d}x = \ln\left|x + \sqrt{x^2 \pm a^2}\right| + C, \quad a > 0$；

(22) $\int \frac{1}{\sqrt{a^2 - x^2}}\, dx = \arcsin\frac{x}{a} + C, a > 0$.

6. **分部积分法**

分部积分法　设函数 $u = u(x)$ ， $v = v(x)$ 有连续的导数，则有分部积分公式

$$\int u(x)v'(x)dx = \int u(x)dv(x) = u(x)v(x) - \int v(x)du(x),$$

简记为

$$\int udv = uv - \int v\, du.$$

分部积分公式的左右两边都含有不定积分，但往往左边积分不易求或者求不出，而化为右边的积分就容易求出了. 运用分部积分公式计算不定积分的关键是如何选择 u 和 dv ，从而使左端不易计算的积分转化为右端容易计算的积分.

若被积函数表现为指数函数、对数函数、幂函数、三角函数、反三角函数五大类基本初等函数中的某两类的乘积的形式，一般都考虑使用分部积分法求解.

使用分部积分法的常见题型有：

(1) **降次法**　形如 $\int x^n e^x\, dx$ ，$\int x^n \sin x dx$ ，$\int x^n \cos x dx$. 设 $u = x^n$ ，运用分部积分法，使 x^n 降幂；

(2) **转换法**　形如 $\int x^n \ln x\, dx$ ， $\int x^n \arcsin x dx$ ， $\int x^n \arctan x dx$. 此时设 $\ln x$, $\arcsin x$, $\arctan x$ 为 u ，运用分部积分法后，使之转换成有理函数或二次根式的积分；

(3) **循环法**　形如 $\int e^x \sin x\, dx$ ， $\int e^x \cos x\, dx$. 这种类型积分为循环积分，任选一类函数为 u 均可，但设定后，运算过程中 u 的函数类型不能改变. 分部积分两次后，会出现等式两端含有系数不同的同一类积分，通过移项，就可以求出所求积分. 一定要注意的是，积分结果右端要加上一个任意常数 C .

7. **有理函数积分**

有理函数是指两个多项式函数之商所表示的函数，即具有如下形式的函数：

$$f(x) = \frac{P_n(x)}{Q_m(x)} = \frac{a_n x^n + a_{n-1}x^{n-1} + \cdots + a_1 x + a_0}{b_m x^m + b_{m-1}x^{m-1} + \cdots + b_1 x + b_0},$$

其中 n ， m 均为非负整数 , $a_0, a_1, \cdots a_{n-1}, a_n; b_0, b_1, \cdots b_{m-1}, b_m$ 都是实数，并且有 $a_n \neq 0$，$b_m \neq 0$. 若分子分母没有公因式，当 $m < n$ 时，称 $f(x)$ 为真分式，当 $n \geq m$ 时，称 $f(x)$ 为假分式. 用多项式除法可以将有理假分式化为多项式与真分式之和.

在代数学中有如下结论：任何一个真分式都可以分成若干个下面四种部分分式的代数和

$$(1)\ \frac{A}{x+a};\qquad (2)\ \frac{A}{(x+a)^n};$$

$$(3)\ \frac{Mx+N}{x^2+px+q};\quad (4)\ \frac{Mx+N}{(x^2+px+q)^n},$$

其中 A,M,N,a,p,q 都是常数，n 为大于 1 的自然数，$x^2+px+q=0$ 无实根.

由此可得计算有理函数不定积分的一般步骤：

(1) 将有理函数分解为多项式与部分分式之和；

(2) 计算多项式与部分分式的不定积分.

二、典型方法与范例

1. 原函数与不定积分的概念与性质

例 1 （　）是函数 $f(x)=\frac{1}{2x}(x>0)$ 的原函数

(A) $F(x)=\ln 2x$；　(B) $F(x)=-\frac{1}{2x^2}$；

(C) $F(x)=\ln(2+x)$；　(D) $F(x)=\frac{1}{2}\ln 3x$.

分析 根据原函数的概念，验证所给函数 $F(x)$ 是否满足 $F'(x)=\frac{1}{2x}$.

解 (A) 中 $(\ln 2x)'=\frac{2}{2x}=\frac{1}{x}\neq\frac{1}{2x}$，(B) 中 $(-\frac{1}{2x^2})'=\frac{1}{4x^3}\neq\frac{1}{2x}$，(C) 中 $[\ln(2+x)]'=\frac{1}{2+x}\neq\frac{1}{2x}$，(D) 中 $(\frac{1}{2}\ln 3x)'=\frac{1}{2}\cdot\frac{3}{3x}=\frac{1}{2x}$，故正确选项为 D.

例 2 如果 $F(x)$ 是 $f(x)$ 的一个原函数，那么（　）也必是 $f(x)$ 的原函数.

(A) $2F(x)$；　(B) $F(2x)$；　(C) $F\left(\frac{x}{2}\right)$；　(D) $2+F(x)$.

分析 根据原函数定义，对所给答案求导即可.

解 (D) 的导数为 $f(x)$，故正确选项 D.

例 3 若 $f(x)$ 满足 $\int f(x)dx=\sin 2x+C$，则 $f'(x)=$（　）

(A) $4\sin 2x$，　(B) $2\cos 2x$，

(C) $-4\sin 2x$，　(D) $-2\cos 2x$.

分析 不定积分的性质应用.

解 $f(x)=(\int(x)dx)'=(\sin 2x+C)'=2\cos 2x$，$f'(x)=(2\cos 2x)'=-4\sin 2x$，故正确选项为 C.

例 4 设 $\int xf(x)dx=\arccos x+C$，求 $f(x)$.

分析 直接利用不定积分的性质 $\frac{d}{dx}[\int f(x)dx]=f(x)$ 即可.

解 等式两边对 x 求导数得

$$xf(x) = -\frac{1}{\sqrt{1-x^2}},$$

所以$f(x) = -\frac{1}{x\sqrt{1-x^2}}$.

例5　设$f(x)$的导函数为$\sin x$，求$f(x)$的不定积分.

分析　连续两次求不定积分即可.

解　由题意可知，$f(x) = \int \sin x dx = -\cos x + C_1$，所以

$$\int f(x)dx = \int(-\cos x + C_1)dx = -\sin x + C_1 x + C_2.$$

例6　一曲线通过点$(e^2,3)$，且在任意点处的切线的斜率都等于该点的横坐标的倒数，求此曲线的方程.

分析　由$f'(x) = \frac{1}{x}$求得曲线方程的一般式，然后将点$(e^2,3)$代入方程即可.

解　设曲线方程为$y = f(x)$，由题意知$f'(x) = \frac{1}{x}$，所以$f(x) = \ln|x| + C$；又因为点$(e^2,3)$在曲线上，有$3 = \ln(e^2) + C$，解得$C = 1$. 所以曲线的方程为$f(x) = \ln|x| + 1$.

例7　设曲线通过点$(0,1)$，且其上任一点(x,y)处的切线斜率为e^{-x}，求此曲线方程.

分析　求得曲线方程的一般式，然后将点的坐标代入确定方程即可.

解　设所求曲线方程为$y = f(x)$，由题设有$f'(x) = e^{-x}$，所以

$$f(x) = \int e^{-x}dx = -e^{-x} + C,$$

因为曲线过点$(0,1)$，故$f(0) = 1$，代入上式得$C = 2$，所以，所求曲线方程为

$$y = -e^{-x} + 2.$$

例8　一物体由静止开始运动，经t秒后的速度是$3t^2(m/s)$，问：

（1）在3秒后物体离开出发点的距离是多少？

（2）物体走完360米需要多少时间？

分析　求得物体的位移方程的一般式，然后将条件带入方程即可.

解　设物体的位移方程为$y = f(t)$，则由速度和位移的关系可得$f'(t) = 3t^2$，所以$f(t) = t^3 + C$.

又因为物体是由静止开始运动的，则$f(0) = 0$，代入等式解得$C = 0$，所以位移方程为$f(t) = t^3$.

（1）3秒后物体离开出发点的距离为：$f(3) = 3^3 = 27$米；

（2）令$t^3 = 360$，解得$t = \sqrt[3]{360}$秒.

例9　设某工厂生产某产品的边际成本$C'(x)$与产量x的函数关系为$C'(x) = 7 + \frac{25}{\sqrt{x}}$，已知固定成本为1000，求成本与产量的函数.

分析　已知边际成本，则对边际成本求不定积分就可求出成本函数.

解　$C(x) = \int(7 + \frac{25}{\sqrt{x}})dx = 7x + 50\sqrt{x} + C$，又已知固定成本为1000元，即

$$C(0) = 1000,$$

代入得 $C = 1000$，故 $C(x) = 7x + 50\sqrt{x} + 1000$.

方法总结：求实际问题中满足一定初始条件的原函数，一般先求出不定积分，再利用初始条件确定积分常数.

2. **直接积分法计算不定积分**

例 10 计算不定积分 $\int \sqrt{x}(x-3)dx$.

分析 根据不定积分的线性性质，将被积函数分成两项之和，分别积分.

解 $\int \sqrt{x}(x-3)dx = \int x^{\frac{3}{2}}dx - 3\int x^{\frac{1}{2}}dx = \frac{2}{5}x^{\frac{5}{2}} - 2x^{\frac{3}{2}} + C$.

例 11 计算不定积分 $\int \frac{(t+1)^3}{t^2}dt$.

分析 根据不定积分的线性性质，将被积函数 $\frac{(t+1)^3}{t^2}$ 展开后分别积分.

解
$$\int \frac{(t+1)^3}{t^2}dt = \int \frac{t^3+3t^2+3t+1}{t^2}dt = \int\left(t+3+\frac{3}{t}+\frac{1}{t^2}\right)dt$$
$$= \frac{1}{2}t^2 + 3t + 3\ln|t| - \frac{1}{t} + C.$$

例 12 计算不定积分 $\int \cot^2 x dx$.

分析 应用三角恒等式 $\cot^2 x = \csc^2 x - 1$ 做变形.

解 $\int \cot^2 x dx = \int(\csc^2 x - 1)dx = -\cot x - x + C$.

例 13 计算不定积分 $\int 2^{2x} \cdot e^x dx$.

分析 注意到被积函数可以合并为一个函数.

解 $\int 2^{2x} \cdot e^x \mathrm{d}x = \int (4e)^x dx = \frac{1}{1+2\ln 2}(4e)^x + C$.

例 14 计算不定积分 $\int \cos^2 \frac{x}{2}dx$.

分析 应用三角恒等式 $\cos 2x = 2\cos^2 x - 1$，先降幂，再积分.

解 $\int \cos^2 \frac{x}{2}dx = \int \frac{1+\cos x}{2}dx = \frac{1}{2}x + \frac{1}{2}\sin x + C.$

例 15 计算不定积分 $\int \frac{\cos 2x}{\cos x - \sin x}dx$.

分析 $\cos 2x = \cos^2 x - \sin^2 x = (\cos x + \sin x)(\cos x - \sin x)$.

解 $\int \frac{\cos 2x}{\cos x - \sin x}dx = \int(\cos x + \sin x)dx = \sin x - \cos x + C.$

例 16 计算不定积分 $\int\left(\sqrt{\frac{1-x}{1+x}} + \sqrt{\frac{1+x}{1-x}}\right)dx$.

分析 被积函数 $\sqrt{\frac{1-x}{1+x}} + \sqrt{\frac{1+x}{1-x}} = \frac{1-x}{\sqrt{1-x^2}} + \frac{1+x}{\sqrt{1-x^2}} = \frac{2}{\sqrt{1-x^2}}$.

解 $\int(\sqrt{\frac{1-x}{1+x}}+\sqrt{\frac{1+x}{1-x}})dx = 2\int\frac{1}{\sqrt{1-x^2}}dx = 2\arcsin x + C.$

例 17 计算不定积分 $\int\frac{1+\cos^2x}{1+\cos2x}dx$.

分析 被积函数 $\frac{1+\cos^2x}{1+\cos2x}=\frac{1+\cos^2x}{2\cos^2x}=\frac{1}{2}\sec^2x+\frac{1}{2}$.

解 $\int\frac{1+\cos^2x}{1+\cos2x}dx=\frac{1}{2}\int\sec^2xdx+\frac{1}{2}\int dx=\frac{\tan x+x}{2}+C.$

方法总结：（1）从上面的例子中可以看出，许多不定积分往往不能直接用基本积分表进行计算，而要先对被积函数作适当变形，使之化成积分表中所列形式的积分后，进而才能计算出结果.

（2）将一个不定积分拆成几个不定积分的代数和后，求每一项的不定积分时，不必将每项不定积分中的积分常数一一写上，而只需在最后积分结果中统一加上一个积分常数 C 即可.

（3）检验积分结果正确与否时，只需将所得结果求导，若其导数等于被积函数，则说明所得积分结果是正确的.

例 18 计算下列不定积分：

（1）$\int\sqrt{x}(x^2-4)dx$ ；　（2）$\int\frac{(1-x)^2}{\sqrt{x}}dx$ ；

（3）$\int\frac{1}{x^2(1+x^2)}dx$ ；　（4）$\int\frac{x^4}{1+x^2}dx$ ；

（5）$\int\sec x(\sec x-\tan x)dx$ ；　（6）$\int\frac{1}{1+\cos2x}dx$ ；

（7）$\int\frac{\cos2x}{\sin^2x}dx$ ；　（8）$\int\sin^2\frac{x}{2}dx$ ；

（9）$\int(\tan x+\cot x)^2dx$.

分析 题目所给的不定积分，都不能直接利用基本积分表中的公式计算，但稍作变形后，再利用不定积分的运算性质，便可得出结果.

解 （1）$\int\sqrt{x}(x^2-4)dx=\int(x^{\frac{5}{2}}-4x^{\frac{1}{2}})dx=\int x^{\frac{5}{2}}dx-4\int x^{\frac{1}{2}}dx=\frac{2}{7}x^{\frac{7}{2}}-\frac{8}{3}x^{\frac{3}{2}}+C$.

（2）$\int\frac{(1-x)^2}{\sqrt{x}}dx=\int\frac{1-2x+x^2}{\sqrt{x}}dx=\int(x^{-\frac{1}{2}}-2x^{\frac{1}{2}}+x^{\frac{3}{2}})dx$

$=\int x^{-\frac{1}{2}}dx-2\int x^{\frac{1}{2}}dx+\int x^{\frac{3}{2}}dx.=2x^{\frac{1}{2}}-\frac{4}{3}x^3+\frac{2}{5}x^{\frac{5}{2}}+C.$

（3）$\int\frac{1}{x^2(1+x^2)}dx=\int(\frac{1}{x^2}-\frac{1}{1+x^2})dx=-\frac{1}{x}-\arctan x+C$.

（4）$\int\frac{x^4}{1+x^2}dx=\int\frac{x^4-1+1}{1+x^2}dx=\int(x^2-1+\frac{1}{1+x^2})dx=\frac{1}{3}x^3-x+\arctan x+C$.

（5）$\int\sec x(\sec x-\tan x)dx=\int(\sec^2x-\sec x\tan x)dx=\tan x-\sec x+C$.

(6) $\int \frac{1}{1+\cos 2x}dx = \int \frac{1}{2\cos^2 x}dx = \frac{1}{2}\int \sec^2 x dx = \frac{1}{2}\tan x + C$.

(7) $\int \frac{\cos 2x}{\sin^2 x}dx = \int \frac{1-2\sin^2 x}{\sin^2 x}dx = \int (\frac{1}{\sin^2 x} - 2)dx = -\cot x - 2x + C$.

(8) $\int \sin^2 \frac{x}{2}dx = \int \frac{1-\cos x}{2}dx = \frac{1}{2}x - \frac{1}{2}\sin x + C$.

(9) $\int (\tan x + \cot x)^2 dx = \int (\tan^2 x + \cot^2 x + 2)dx = \int (\sec^2 x + \csc^2 x)dx$

$= \tan x - \cot x + C$.

3. 第一换元积分法计算不定积分

例 19 计算不定积分 $\int \frac{1}{\sqrt[3]{5-3x}}dx$.

分析 凑微分，$d(5-3x) = -3dx$.

解 $\int \frac{1}{\sqrt[3]{5-3x}}dx = -\frac{1}{3}\int (5-3x)^{-\frac{1}{3}}d(5-3x) = -\frac{1}{2}(5-3x)^{\frac{2}{3}} + C$.

例 20 计算不定积分 $\int \tan^{10}x \sec^2 x dx$.

分析 凑微分，$\sec^2 x dx = d\tan x$.

解 $\int \tan^{10}x \sec^2 x dx = \int \tan^{10}x d(\tan x) = \frac{1}{11}\tan^{11}x + C.$

例 21 计算不定积分 $\int \sin^2 3x dx$.

分析 需要先把 $\sin^2 3x$ 降幂，再凑微分.

解 $\int \sin^2 3x dx = \frac{1}{2}\int (1-\cos 6x)dx = \frac{1}{2}(x - \frac{1}{6}\sin 6x) + C$.

例 22 计算不定积分 $\int (x-1)e^{x^2-2x}dx$.

分析 因为 $(x^2-2x)' = 2(x-1)$，所以直接凑微分.

解 $\int (x-1)e^{x^2-2x}dx = \frac{1}{2}\int e^{x^2-2x}d(x^2-2x) = \frac{1}{2}e^{x^2-2x} + C.$

例 23 计算不定积分 $\int \frac{10^{\arccos x}}{\sqrt{1-x^2}}dx$.

分析 凑微分 $\frac{1}{\sqrt{1-x^2}}dx = d(-\arccos x)$.

解 $\int \frac{10^{\arccos x}}{\sqrt{1-x^2}}dx = -\int 10^{\arccos x}d\arccos x = -\frac{10^{\arccos x}}{\ln 10} + C.$

例 24 计算不定积分 $\int \frac{x+2}{\sqrt{x+1}}dx$.

分析 先根式有理化，再凑微分..

解 $\int \frac{x+2}{\sqrt{x+1}}dx = \int (\sqrt{x+1} + \frac{1}{\sqrt{x+1}})dx = \int (\sqrt{x+1} + \frac{1}{\sqrt{x+1}})d(x+1)$

$= \frac{2}{3}(x+1)^{\frac{3}{2}} + 2(x+1)^{\frac{1}{2}} + C.$

例 25　计算不定积分 $\int \tan\sqrt{1+x^2}\frac{xdx}{\sqrt{1+x^2}}$.

分析　凑微分，$\frac{xdx}{\sqrt{1+x^2}} = d\sqrt{1+x^2}$.

解　$\int \tan\sqrt{1+x^2}\frac{xdx}{\sqrt{1+x^2}} = \int \tan\sqrt{1+x^2}d\sqrt{1+x^2} = -\ln|\cos\sqrt{1+x^2}| + C.$

例 26　计算不定积分 $\int \frac{\sin x - \cos x}{1+\sin 2x}dx$.

分析　分母三角变形，然后凑微分.

解　$\int \frac{\sin x - \cos x}{1+\sin 2x}dx = \int \frac{\sin x - \cos x}{\sin^2 x + \cos^2 x + 2\sin x\cos x}dx = \int \frac{\sin x - \cos x}{(\cos x + \sin x)^2}dx.$

$= -\int \frac{1}{(\cos x + \sin x)^2}d(\cos x + \sin x) = \frac{1}{\cos x + \sin x} + C.$

例 27　计算不定积分 $\int \frac{1+\ln x}{(x\ln x)^2}dx$.

分析　凑微分，$d(x\ln x) = (1+\ln x)dx$.

解　$\int \frac{1+\ln x}{(x\ln x)^2}dx = \int \frac{1}{(x\ln x)^2}d(x\ln x) = -\frac{1}{x\ln x} + C.$

例 28　计算不定积分 $\int \frac{xdx}{\sqrt{2-3x^2}}$.

分析　凑微分，$xdx = -\frac{1}{6}d(2-3x^2)$.

解　$\int \frac{xdx}{\sqrt{2-3x^2}} = -\frac{1}{6}\int (2-3x^2)^{-\frac{1}{2}}d(2-3x^2) = -\frac{1}{3}(2-3x^2)^{\frac{1}{2}} + C.$

例 29　计算不定积分 $\int \frac{x^9}{\sqrt{2-x^{20}}}dx$.

分析　两次凑微分即可.

解　$\int \frac{x^9}{\sqrt{2-x^{20}}}dx = \int \frac{1}{10}\frac{1}{\sqrt{2-x^{20}}}dx^{10}$

$$= \frac{1}{10}\int \frac{1}{\sqrt{1-(\frac{x^{10}}{\sqrt{2}})^2}}d\frac{x^{10}}{\sqrt{2}}$$

$$= \frac{1}{10}\arcsin(\frac{x^{10}}{\sqrt{2}}) + C.$$

例 30　计算不定积分 $\int \frac{1-x}{\sqrt{9-4x^2}}dx$.

分析　分项后分别凑微分即可.

解 $$\int \frac{1-x}{\sqrt{9-4x^2}}dx = \int \frac{1}{\sqrt{9-4x^2}}dx - \int \frac{x}{\sqrt{9-4x^2}}dx$$
$$= \frac{1}{2}\int \frac{1}{\sqrt{1-(\frac{2x}{3})^2}}d\frac{2x}{3} + \frac{1}{8}\int \frac{1}{\sqrt{9-4x^2}}d(9-4x^2)$$
$$= \frac{1}{2}\arcsin(\frac{2x}{3}) + \frac{1}{4}\sqrt{9-4x^2} + C.$$

例 31 计算不定积分 $\int \frac{x^2dx}{(x-1)^{100}}$.

分析 因式分解后分别凑微分即可.

解 $$\int \frac{x^2dx}{(x-1)^{100}} = \int \frac{(x-1)^2+2(x-1)+1}{(x-1)^{100}}dx$$
$$= \int (\frac{(x-1)^2}{(x-1)^{100}} + 2\frac{(x-1)}{(x-1)^{100}} + \frac{1}{(x-1)^{100}})dx$$
$$= \int (\frac{1}{(x-1)^{98}} + 2\frac{1}{(x-1)^{99}} + \frac{1}{(x-1)^{100}})d(x-1)$$
$$= -\frac{1}{97}\frac{1}{(x-1)^{97}} - \frac{1}{49}\frac{1}{(x-1)^{98}} - \frac{1}{99}\frac{1}{(x-1)^{99}} + C.$$

例 32 计算不定积分 $\int \frac{xdx}{x^8-1}$.

分析 因式分解后分别凑微分即可.

解 $$\int \frac{xdx}{x^8-1} = \int \frac{1}{2}(\frac{1}{x^4-1} - \frac{1}{x^4+1})xdx$$
$$= \frac{1}{4}\int (\frac{1}{x^4-1} - \frac{1}{x^4+1})dx^2$$
$$= \frac{1}{4}\int [\frac{1}{2}(\frac{1}{x^2-1} - \frac{1}{x^2+1}) - \frac{1}{x^4+1}]dx^2$$
$$= \frac{1}{8}\left[\int \frac{1}{x^2-1}d(x^2-1) - \int \frac{1}{x^2+1}d(x^2+1)\right] - \frac{1}{4}\int \frac{1}{(x^2)^2+1}dx^2$$
$$= \frac{1}{8}\ln\left|\frac{x^2-1}{x^2+1}\right| - \frac{1}{4}\arctan x^2 + C.$$

例 33 计算不定积分 $\int \frac{x+x^3}{1+x^4}dx$.

分析 先因式分解，然后分别凑微分.

解 $$\int \frac{x+x^3}{1+x^4}dx = \int \frac{x}{1+x^4}dx + \int \frac{x^3}{1+x^4}dx$$
$$= \frac{1}{2}\int \frac{1}{1+(x^2)^2}dx^2 + \frac{1}{4}\int \frac{1}{1+x^4}d(1+x^4)$$
$$= \frac{1}{2}\arctan x^2 + \frac{1}{4}\ln(1+x^4) + C.$$

例 34 计算不定积分 $\int \frac{1-\ln x}{(x+\ln x)^2}dx$.

分析 被积函数中有 $1-\ln x$，而 $d\frac{\ln x}{x}=\frac{1-\ln x}{x^2}dx$.

解 $$\int\frac{1-\ln x}{(x+\ln x)^2}dx=\int\frac{1-\ln x}{x^2\left(1+\frac{\ln x}{x}\right)^2}dx$$
$$=\int\frac{1}{\left(1+\frac{\ln x}{x}\right)^2}d\frac{\ln x}{x}$$
$$=\int\frac{1}{\left(1+\frac{\ln x}{x}\right)^2}d\left(1+\frac{\ln x}{x}\right)$$
$$=-\frac{1}{1+\frac{\ln x}{x}}+C$$
$$=-\frac{x}{x+\ln x}+C.$$

例 35 计算不定积分 $\int\frac{\ln\tan x}{\cos x\sin x}dx$.

分析 被积函数中间变量为 $\tan x$，故须在微分中凑出 $\tan x$，即被积函数中凑出 $\sec^2x$.

解 $$\int\frac{\ln\tan x}{\cos x\sin x}dx=\int\frac{\ln\tan x}{\cos^2x\tan x}dx$$
$$=\int\frac{\ln\tan x}{\tan x}d\tan x$$
$$=\int\ln\tan x\,d(\ln\tan x)$$
$$=\frac{1}{2}(\ln\tan x)^2+C.$$

例 36 计算不定积分 $\int\sqrt{\frac{\ln(x+\sqrt{1+x^2})}{1+x^2}}dx$.

分析 本题看似很复杂，验证求导即可发现，$[\ln(x+\sqrt{1+x^2})]'=\frac{1}{\sqrt{1+x^2}}$，凑微分即可.

解 $$\int\sqrt{\frac{\ln(x+\sqrt{1+x^2})}{1+x^2}}dx=\int\sqrt{\ln(x+\sqrt{1+x^2})}\,d\ln(x+\sqrt{1+x^2})$$
$$=\frac{2}{3}[\ln(x+\sqrt{1+x^2})]^{\frac{3}{2}}+C.$$

方法总结： 第一换元积分法是不定积分运算的重点，也是难点. 第一换元积分法的实质是复合函数求导数的逆运算. 它求解不定积分的关键是根据被积函数的结构，从中分出一部分与 dx 凑成中间变量 $u=\varphi(x)$ 的微分式 $d\varphi(x)$，余下部分是 $\varphi(x)$ 的函数，换元的目的是使换元后的积分 $\int f(u)du$ 容易求原函数. 由于积分方法是灵活多样的，技巧性较强，一些“凑”的方法要靠经常练习来积累的

4. 第二换元积分法计算不定积分

例 37　计算不定积分 $\int \frac{1}{\sqrt{2x-3}+1}dx$.

分析　根式代换，设 $\sqrt{2x-3}=t$.

解　令 $\sqrt{2x-3}=t$ ，则 $x=\frac{t^2+3}{2}, dx=tdt$ ，所以

$$\int \frac{1}{\sqrt{2x-3}+1}dx = \int \frac{tdt}{t+1}$$
$$= \int (1-\frac{1}{t+1})dt$$
$$= t-\ln(t+1)+C$$
$$= \sqrt{2x-3}-\ln(\sqrt{2x-3}+1)+C.$$

例 38　计算不定积分 $\int x\sqrt{x-2}dx$.

分析　根式代换，设 $t=\sqrt{x-2}$.

解　令 $t=\sqrt{x-2}$ ，则 $x=t^2+2, dx=2tdt$, 于是

$$\int x\sqrt{x-2}dx = \int (t^2+2)t\cdot 2tdt$$
$$= 2\int (t^4+2t^2)dt$$
$$= 2\int (\frac{1}{5}t^5+\frac{2}{3}t^3)+C$$
$$= \frac{2}{5}(x-2)^{\frac{5}{2}}+\frac{4}{3}(x-2)^{\frac{3}{2}}+C .$$

例 39　计算不定积分 $\int x^3(1-3x^2)^{10}dx$.

分析　被积函数是有理多项式，显然不能展开 $(1-3x^2)^{10}$ 去计算，先凑成 x^2 的函数，在设 $t=1-3x^2$. 此题也可直接凑成 $1-3x^2$ 的微分求解.

解　设 $t=1-3x^2$ ，则 $x^2=\frac{1}{3}(1-t), dx^2=-\frac{1}{3}dt$ ，于是

$$\int x^3(1-3x^2)^{10}dx$$
$$= \frac{1}{2}\int x^2(1-3x^2)^{10}dx^2$$
$$= \frac{1}{2}\int \frac{1}{3}(1-t)\cdot t^{10}(-\frac{1}{3}dt)$$
$$= -\frac{1}{18}(\frac{1}{11}t^{11}-\frac{1}{12}t^{12})+C$$
$$= -\frac{1}{198}(1-3x^2)^{11}+\frac{1}{216}(1-3x^2)^{12}+C .$$

例 40　计算不定积分 $\int \frac{\sqrt{x^2-9}}{x}dx$.

分析　三角换元，令 $x = 3\sec t$.

解　令 $x = 3\sec t, 0 < t < \frac{\pi}{2}$ ，则 $dx = 3\sec t\tan tdt$ ，则有

$$\begin{aligned}&\int \frac{\sqrt{x^2 - 9}}{x}dx \\ &= \int \frac{3\tan t}{3\sec t}3\sec t\tan tdt \\ &= 3\int \tan^2 tdt \\ &= 3\int (\sec^2 t - 1)dt \\ &= 3\tan t - 3t + C \\ &= \sqrt{x^2 - 9} - 3\arctan\frac{\sqrt{x^2 - 9}}{3} + C.\end{aligned}$$

例 41　计算不定积分 $\int \frac{\arcsin x}{\sqrt{1 - x^2}}dx$.

分析　此题直接凑微分即可．若用第二换元则略显麻烦，所以第二换元一定要注意使用环境．

解　$\int \frac{\arcsin x}{\sqrt{1 - x^2}}dx = \int \arcsin xd\arcsin x = \frac{1}{2}\arcsin^2 x + C$.

例 42　计算不定积分 $\int \frac{dx}{x^2\sqrt{x^2 - 9}}$.

分析　三角换元，令 $x = 3\sec t$.

解　设 $x = 3\sec t, 0 < t < \frac{\pi}{2}, dx = 3\sec t\tan tdt$ ，则有

$$\begin{aligned}\int \frac{dx}{x^2\sqrt{x^2 - 9}} &= \int \frac{3\sec t \cdot \tan t}{9\sec^2 t \cdot 3\tan t}dt \\ &= \frac{1}{9}\int \frac{1}{\sec t}dx \\ &= \frac{1}{9}\int \cos tdt \\ &= \frac{1}{9}\sin t + C \\ &= \frac{\sqrt{x^2 - 9}}{9x} + C.\end{aligned}$$

例 43　计算不定积分 $\int \sqrt{5 - 4x - x^2}dx$.

分析　因为 $5 - 4x - x^2 = 9 - (x + 2)^2$ ，三角换元，令 $x + 2 = 3\sin t$.

解　令 $x + 2 = 3\sin t, |t| < \frac{\pi}{2}$ ，则 $dx = 3\cos tdt$ ，

$\int \sqrt{5 - 4x - x^2}dx = \int 9\cos^2 tdt$

$$= 9\int \frac{1 + \cos 2t}{2} dt$$

$$= 9\left(\frac{t}{2} + \frac{1}{4}\sin 2t\right) + C$$

$$= \frac{9}{2}\arcsin\frac{x+2}{3} + \frac{x+2}{2}\sqrt{5 - 4x - x^2} + C.$$

例 44　计算不定积分 $\int \frac{x^3 dx}{\sqrt{1 + x^2}}$.

分析　三角换元，令 $x = \tan t$.

解　令 $x = \tan t, |t| < \frac{\pi}{2}, dx = \sec^2 t dt.$

$$\int \frac{x^3 dx}{\sqrt{1+x^2}} = \int \frac{\tan^3 t}{\sec t}\sec^2 t dt$$

$$= \int \tan^3 t \sec t dt$$

$$= \int \tan^2 t d\sec t$$

$$= \int (\sec^2 t - 1) d\sec t$$

$$= \frac{1}{3}\sec^3 t - \sec t + C$$

$$= \frac{1}{3}(1 + x^2)^{\frac{3}{2}} - \sqrt{1 + x^2} + C.$$

例 45　计算不定积分 $\int \frac{x^2 + 1}{x\sqrt{x^4 + 1}} dx$.

分析　原式 $\int \frac{x^2+1}{x\sqrt{x^4+1}} dx = \frac{1}{2}\int \frac{x^2+1}{x^2\sqrt{x^4+1}} dx^2$，先令 $u = x^2$ 凑微分，然后在做三角换元，令 $u = \tan t$.

解　$\int \frac{x^2+1}{x\sqrt{x^4+1}} dx = \frac{1}{2}\int \frac{x^2+1}{x^2\sqrt{x^4+1}} dx^2$，令 $u = x^2$ 得 $\int \frac{x^2+1}{x\sqrt{x^4+1}} dx = \frac{1}{2}\int \frac{u+1}{u\sqrt{u^2+1}} du$，令 $u = \tan t, |t| < \frac{\pi}{2}$，则 $du = \sec^2 t dt$，所以

$$\int \frac{x^2+1}{x\sqrt{x^4+1}} dx = \frac{1}{2}\int \frac{u+1}{u\sqrt{u^2+1}} du$$

$$= \frac{1}{2}\int \frac{\tan t + 1}{\tan t \cdot \sec t}\sec^2 t dt$$

$$= \frac{1}{2}\int \frac{\tan t + 1}{\tan t}\sec t dt$$

$$= \frac{1}{2}\int (\csc t + \sec t) dt$$

$$= \frac{1}{2}\ln\left|\sqrt{x^4+1} + x^2\right| + \frac{1}{2}\ln\left|\frac{\sqrt{x^4+1} - 1}{x^2}\right| + C.$$

方法总结：第二换元积分法主要用于解决被积函数含有根式的积分，常见形式为根式代换法和三角函数代换法两种.

（1）被积函数中含有无理式 $\sqrt[n]{ax+b}$ 时，可设 $t=\sqrt[n]{ax+b}$，就可去掉根式.

（2）若被积函数中含有 $\sqrt{a^2-x^2}$ 时，设 $x=a\sin t$，就可去掉根式；若被积函数中含有 $\sqrt{x^2+a^2}$ 时，设 $x=a\tan t$，就可去掉根式；若被积函数中含有 $\sqrt{x^2-a^2}$ 时，设 $x=a\sec t$，就可去掉根式. 利用三角函数代换法，其变量还原常借助于直角三角形还原.

5. **分部积分法计算不定积分**

例 46　计算不定积分 $\int x\cos 2x dx$.

分析　被积函数为三角函数与幂函数的乘积，用分部积分法求解，令 $u=x, dv=\cos 2x dx$.

解　$$\int x\cos 2x dx = \frac{1}{2}\int x d\sin 2x = \frac{1}{2}x\sin 2x - \frac{1}{2}\int \sin 2x dx = \frac{1}{2}x\sin 2x + \frac{1}{4}\cos 2x + C.$$

例 47　计算不定积分 $\int \arctan\sqrt{x}dx$.

分析　被积函数含有根号，先去掉根号，在用分部积分法求解.

解　令 $\sqrt{x}=t$，则 $dx=2tdt$，所以

$$\begin{aligned}\int \arctan\sqrt{x}dx &= \int \arctan t dt^2 \\ &= t^2\arctan t - \int t^2\frac{1}{1+t^2}dt \\ &= t^2\arctan t - \int\left(1-\frac{1}{1+t^2}\right)dt \\ &= t^2\arctan t - t + \arctan t + C \\ &= x\arctan\sqrt{x} + \arctan\sqrt{x} - \sqrt{x} + C.\end{aligned}$$

例 48　计算不定积分 $\int \ln(1+x^2)dx$.

分析　分部积分法，令 $u=\ln(1+x^2), dv=dx$.

解　$$\begin{aligned}\int \ln(1+x^2)dx &= x\ln(1+x^2) - \int x\frac{2x}{1+x^2}dx \\ &= x\ln(1+x^2) - \int\frac{2x^2}{1+x^2}dx \\ &= x\ln(1+x^2) - \int\frac{2(x^2+1)-2}{1+x^2}dx \\ &= x\ln(1+x^2) - \int 2dx + 2\int\frac{dx}{1+x^2} \\ &= x\ln(1+x^2) - 2x + 2\arctan x + C.\end{aligned}$$

例 49 计算不定积分 $\int \sec^3 x dx$.

分析 分部积分法，令 $u = \sec x, dv = \sec^2 x dx = d\tan x$.

解 $\int \sec^3 x dx = \int \sec x \cdot \sec^2 x dx$

$= \int \sec x d\tan x$

$= \sec x \tan x - \int \tan^2 x \sec x dx$

$= \sec x \tan x - \int (\sec^2 x - 1)\sec x dx$

$= \sec x \tan x - \int \sec^3 x dx + \int \sec x dx$

$= \sec x \tan x + \ln|\sec x + \tan x| - \int \sec^3 x dx$,

移项解得

$$\int \sec^3 x dx = \frac{1}{2}(\ \sec x \tan x + \ln|\sec x + \tan x|\ ) + C .$$

例 50 计算不定积分 $\int \frac{1}{x^3} e^{\frac{1}{x}} dx$.

分析 被积函数为幂函数与指数函数乘积，应用分部积分法计算，但注意观察，若先做变量代换 $\frac{1}{x} = t$，可以化简运算.

解 令 $\frac{1}{x} = t$ ，则 $x = \frac{1}{t}$ ， $dx = -\frac{1}{t^2}dt$ ，

$\int \frac{1}{x^3} e^{\frac{1}{x}} dx = -\int te^t dt$

$= -\int t de^t$

$= -te^t + \int e^t dt$

$= -te^t + e^t + C$

$= -\frac{1}{x} e^{\frac{1}{x}} + e^{\frac{1}{x}} + C.$

例 51 计算不定积分 $\int \ln^2 x dx$.

分析 分部积分法，令 $u = \ln^2 x, dv = dx$.

解 $\int \ln^2 x dx = x\ln^2 x - \int x \cdot 2\ln x \cdot \frac{1}{x} dx$

$= x\ln^2 x - 2\int \ln x dx$

$= x\ln^2 x - 2x\ln x + 2\int x \cdot \frac{1}{x} dx$

$= x\ln^2 x - 2x\ln x + 2\int dx$

$= x\ln^2 x - 2x\ln x + 2x + C.$

例 52 计算不定积分 $\int x^n \ln x dx \quad (n \neq -1)$.

分析 分部积分法，令 $u = \ln x, dv = dx^{n+1}$.

解 $$\int x^n \ln x dx = \int \ln x d\frac{x^{n+1}}{n+1}$$
$$= \frac{1}{n+1}x^{n+1}\ln x - \int \frac{1}{n+1}x^{n+1} \cdot \frac{1}{x}dx$$
$$= \frac{1}{n+1}x^{n+1}\ln x - \int \frac{1}{n+1}x^n dx$$
$$= \frac{1}{n+1}x^{n+1}\left(\ln x - \frac{1}{(n+1)}\right) + C.$$

例 53 计算不定积分 $\int e^x(\cos x - \sin x)dx$.

分析 标准的循环积分形式，可选 $u = \cos x - \sin x, dv = de^x$.

解 $$\int e^x(\cos x - \sin x)dx = \int(\cos x - \sin x)de^x$$
$$= (\cos x - \sin x)e^x - \int e^x(-\sin x - \cos x)dx$$
$$= (\cos x - \sin x)e^x + \int(\sin x + \cos x)de^x$$
$$= (\cos x - \sin x)e^x + (\sin x + \cos x)e^x - \int e^x(\cos x - \sin x)dx$$

移项解得

$$\int e^x(\cos x - \sin x)dx = e^x\cos x + C.$$

例 54 计算不定积分 $\int x^2 \cos^2 \frac{x}{2}dx$.

分析 先将 $\cos^2 \frac{x}{2}$ 降幂得 $\frac{1+\cos x}{2}$，在用分部积分法求解.

解 $$\int x^2 \cos^2 \frac{x}{2}dx = \int x^2(\frac{1+\cos x}{2})dx$$
$$= \frac{1}{2}\int x^2 dx + \frac{1}{2}\int x^2 \cos x dx$$
$$= \frac{1}{6}x^3 + \frac{1}{2}\int x^2 d\sin x$$
$$= \frac{1}{6}x^3 + \frac{1}{2}x^2\sin x - \frac{1}{2}\int 2x\sin x dx$$
$$= \frac{1}{6}x^3 + \frac{1}{2}x^2\sin x + \int x d\cos x$$
$$= \frac{1}{6}x^3 + \frac{1}{2}x^2\sin x + x\cos x - \int \cos x dx$$
$$= \frac{1}{6}x^3 + \frac{1}{2}x^2\sin x + x\cos x - \sin x + C.$$

例 55 计算不定积分 $\int \frac{\ln(1+e^x)}{e^x}dx$.

分析 分部积分法，令 $u=\ln(1+e^x)$, $dv=d(-e^{-x})$.

解
$$\int \frac{\ln(1+e^x)}{e^x}dx = \int \ln(1+e^x)d(-e^{-x})$$
$$= -e^{-x}\ln(1+e^x) + \int e^{-x}\frac{e^x}{1+e^x}dx$$
$$= -e^{-x}\ln(1+e^x) + \int \frac{e^{-x}}{1+e^{-x}}dx$$
$$= -e^{-x}\ln(1+e^x) - \int \frac{1}{1+e^{-x}}d(1+e^{-x})$$
$$= -e^{-x}\ln(1+e^x) - \ln(1+e^{-x}) + C.$$

例 56 计算不定积分 $\int x^2e^{-x}dx$.

分析 两次应用分部积分法，令 $u=x^2$, $dv=d(-e^{-x})$.

解
$$\int x^2e^{-x}dx = \int x^2d(-e^{-x})$$
$$= -e^{-x}x^2 + 2\int xe^{-x}dx$$
$$= -e^{-x}x^2 - 2xe^{-x} + 2\int e^{-x}dx$$
$$= -e^{-x}(x^2+2x+2) + C.$$

例 57 计算不定积分 $\int e^{\sqrt[3]{x}}dx$.

分析 先换元去掉根号，再分部积分.

解 令 $t=\sqrt[3]{x}$，则 $x=t^3$, $dx=3t^2dt$，所以
$$\int e^{\sqrt[3]{x}}dx = \int e^t 3t^2dt = 3\int t^2de^t$$
$$= 3t^2e^t - 3\int 2te^tdt$$
$$= 3t^2e^t - 6\int tde^t$$
$$= 3t^2e^t - 6e^tt + 6\int e^tdt$$
$$= 3t^2e^t - 6e^tt + 6e^t + C$$
$$= 3\sqrt[3]{x^2}e^{\sqrt[3]{x}} - 6e^{\sqrt[3]{x}}\sqrt[3]{x} + 6e^{\sqrt[3]{x}} + C.$$

例 58 计算不定积分 $\int e^{-x}\cos x dx$.

分析 分部积分法中的循环积分，选取 e^{-x}, $\cos x$ 中任意一个作为 u.

解
$$\int e^{-x}\cos x dx = \int \cos x d(-e^{-x})$$
$$= -e^{-x}\cos x - \int e^{-x}\sin x dx$$

$$= -e^{-x}\cos x - \int \sin x d(-e^{-x})$$

$$= -e^{-x}\cos x + e^{-x}\sin x - \int e^{-x}\cos x dx$$

移项得 $\int e^{-x}\cos x dx = \frac{e^{-x}}{2}(\sin x - \cos x) + C.$

例 59 计算不定积分 $\int \cos\ln x dx$.

分析 分部积分法中的循环积分，令 $u = \cos\ln x, dv = dx$.

解 $\int \cos\ln x dx = x\cos\ln x + \int x\sin\ln x \cdot \frac{1}{x}dx$

$$= x\cos\ln x + \int \sin\ln x dx$$

$$= x\cos\ln x + x\sin\ln x - \int x\cos\ln x \cdot \frac{1}{x}dx$$

$$= x\cos\ln x + x\sin\ln x - \int \cos\ln x dx,$$

移项得 $\int \cos\ln x dx = \frac{x}{2}(\cos\ln x + \sin\ln x) + C.$

例 60 已知 $f(x) = \frac{e^x}{x}$，求 $\int xf''(x)dx$.

分析 被积函数中含有 $f''(x)$，考虑分部积分法.

解 $\int xf''(x)dx = \int xd(f'(x))$

$$= xf'(x) - \int f'(x)dx$$

$$= xf'(x) - f(x) + C,$$

又因为 $f(x) = \frac{e^x}{x}$，所以 $f'(x) = \frac{xe^x - e^x}{x^2}$，代入得

$$\int xf''(x)dx = \frac{e^x(x-1)}{x} - \frac{e^x}{x} + C = \frac{e^x(x-2)}{x} + C.$$

例 61 设 $f(x)$ 为单调连续函数，$f^{-1}(x)$ 为其反函数，且 $\int f(x)dx = F(x) + C$，求 $\int f^{-1}(x)dx$.

分析 由反函数的性质可得：$x = f(f^{-1}(x))$，分部积分过程中适时替换.

解 $\int f^{-1}(x)dx = xf^{-1}(x) - \int xd(f^{-1}(x))$，因为 $x = f(f^{-1}(x))$，所以

$$\int f^{-1}(x)dx = xf^{-1}(x) - \int f(f^{-1}(x))d(f^{-1}(x))$$

又因为 $\int f(x)dx = F(x) + C$，所以 $\int f(f^{-1}(x))d(f^{-1}(x)) = F(f^{-1}(x)) + C$.

综上，$\int f^{-1}(x)dx = xf^{-1}(x) - F(f^{-1}(x)) + C.$

方法总结：若被积函数表现为指数函数、对数函数、幂函数、三角函数、反三角函数这

五类基本初等函数中的某两类的乘积的形式时，通常采用分部积分法求解．运用分部积分公式计算不定积分的关键在于被积函数中 $u(x)$ 和 $dv(x)$ 的选取，从而使积分 $\int v(x)du(x)$ 比积分 $\int u(x)dv(x)$ 更容易计算．应用分部积分公式不一定一次就能成功，有时要应用两次或两次以上才能得到结果．

6．**有理函数的积分**

例 62 计算不定积分 $\int \frac{x^3}{x+3}dx$．

分析 被积函数为假分式，先将被积函数分解为整式与真分式之和的形式，然后再求积分．

解 因为 $\frac{x^3}{x+3}=\frac{x^3+27-27}{x+3}=x^2-3x+9-\frac{27}{x+3}$，所以有

$$\begin{aligned}\int \frac{x^3}{x+3}dx &= \int (x^2-3x+9-\frac{27}{x+3})dx \\ &= \int (x^2-3x+9)dx-\int \frac{27}{x+3}dx \\ &= \frac{1}{3}x^3-\frac{3}{2}x^2+9x-27\ln|x+3|+C.\end{aligned}$$

例 63 计算不定积分 $\int \frac{3x+2}{x(x+1)^3}dx$．

分析 被积函数为真分式，先分解成部分分式之和在求积分．

解 $\frac{3x+2}{x(x+1)^3}=\frac{3}{(x+1)^3}+\frac{2}{x(x+1)^3}$，令 $\frac{2}{x(x+1)^3}=\frac{A}{x}+\frac{B}{x+1}+\frac{C}{(x+1)^2}+\frac{D}{(x+1)^3}$，

等式右边通分后比较两边分子 x 的同次项的系数得

$$\begin{cases} A+B=0, \\ 3A+2B+C=0, \\ 3A+B+C+D=0, \\ A=2, \end{cases}$$

解此方程组得 $\begin{cases} A=2, \\ B=-2, \\ C=-2, \\ D=-2, \end{cases}$ 因此 $\frac{2}{x(x+1)^3}=\frac{2}{x}-\frac{2}{x+1}-\frac{2}{(x+1)^2}-\frac{2}{(x+1)^3}$，所以

$$\frac{3x+2}{x(x+1)^3}=\frac{1}{(x+1)^3}+\frac{2}{x}-\frac{2}{x+1}-\frac{2}{(x+1)^2},$$

故

$$\int \frac{3x+2}{x(x+1)^3}dx = \int \frac{1}{(x+1)^3}dx - \int \frac{2}{(x+1)^2}dx - \int \frac{2}{x+1}dx + \int \frac{2}{x}dx$$

$$= -\frac{1}{2}\frac{1}{(x+1)^2} + \frac{2}{x+1} - 2\ln|x+1| + 2\ln|x| + C.$$

例 64　计算不定积分 $\int \frac{x^2+1}{(x+1)^2(x-1)}dx$.

分析　被积函数为真分式，先分解成部分分式之和在求积分.

解　因为 $\frac{x^2+1}{(x+1)^2(x-1)} = \frac{x^2-1+2}{(x+1)^2(x-1)} = \frac{1}{x+1} + \frac{2}{(x+1)^2(x-1)}$，令

$$\frac{2}{(x+1)^2(x-1)} = \frac{A}{x-1} + \frac{B}{x+1} + \frac{C}{(x+1)^2},$$

等式右边通分后比较两边分子 x 的同次项的系数得

$$A+B=0, \quad 2A+C=0, \quad A-B-C=2,$$

解得 $A=\frac{1}{2}$， $B=-\frac{1}{2}$， $C=-1$，则 $\frac{2}{(x+1)^2(x-1)} = \frac{\frac{1}{2}}{x-1} - \frac{\frac{1}{2}}{x+1} - \frac{1}{(x+1)^2}$，

所以 $\frac{x^2+1}{(x+1)^2(x-1)} = \frac{\frac{1}{2}}{x-1} + \frac{\frac{1}{2}}{x+1} - \frac{1}{(x+1)^2}$. 因此

$$\int \frac{x^2+1}{(x+1)^2(x-1)}dx = \frac{1}{2}\int \frac{dx}{x-1} + \frac{1}{2}\int \frac{dx}{x+1} - \int \frac{1}{(x+1)^2}dx$$

$$= \frac{1}{2}\ln|x-1| + \frac{1}{2}\ln|x+1| + \frac{1}{x+1} + C$$

$$= \frac{1}{2}\ln|x^2-1| + \frac{1}{x+1} + C.$$

例 65　计算不定积分 $\int \frac{1}{x(x^2+1)}dx$.

分析　被积函数为真分式，先分解成部分分式之和在求积分.

解　令 $\frac{1}{x(x^2+1)} = \frac{A}{x} + \frac{Bx+C}{x^2+1}$，等式右边通分后比较两边分子 x 的同次项的系数得

$$\begin{cases} A+B=0, \\ C=0, \\ A=1, \end{cases}$$

解得 $\begin{cases} A=1, \\ B=-1, \\ C=0, \end{cases}$ 所以 $\frac{1}{x(x^2+1)} = \frac{1}{x} - \frac{x}{x^2+1}$，因此

$$\int \frac{1}{x(x^2+1)}dx = \int \frac{1}{x}dx - \int \frac{x}{x^2+1}dx$$

$$= \int \frac{1}{x}dx - \frac{1}{2}\int \frac{1}{x^2+1}d(x^2+1)$$

$$= \ln|x| - \frac{1}{2}\ln(x^2+1) + C$$

$$= \ln\frac{|x|}{\sqrt{x^2+1}} + C.$$

例 66　计算不定积分 $\int \frac{dx}{(x^2+x)(x^2+1)}$.

分析　被积函数为真分式，先分解成部分分式之和在求积分.

解　令 $\frac{1}{(x^2+x)(x^2+1)} = \frac{A}{x} + \frac{B}{x+1} + \frac{Cx+D}{x^2+1}$，等式右边通分后比较两边分子 x 的同次项的系数得

$$A+B+C=0,\quad A+C+D=0,\quad A+B+D=0,\quad A=1,$$

解得 $A=1$， $B=-\frac{1}{2}$， $C=-\frac{1}{2}$， $D=-\frac{1}{2}$. 所以

$$\frac{1}{(x^2+x)(x^2+1)} = \frac{1}{x} - \frac{1}{2(x+1)} - \frac{x}{2(x^2+1)} - \frac{1}{2(x^2+1)}.$$

故

$$\int \frac{dx}{(x^2+x)(x^2+1)} = \int \frac{1}{x}dx - \frac{1}{2}\int \frac{1}{x+1}dx - \frac{1}{2}\int \frac{x}{x^2+1}dx - \frac{1}{2}\int \frac{dx}{x^2+1}$$

$$= \ln|x| - \frac{1}{2}\ln|x+1| - \frac{1}{4}\int \frac{1}{x^2+1}d(x^2+1) - \frac{1}{2}\arctan x$$

$$= \ln|x| - \frac{1}{2}\ln|x+1| - \frac{1}{4}\ln(x^2+1) - \frac{1}{2}\arctan x + C.$$

方法总结：计算有理函数不定积分的一般步骤：

（1）将有理函数分解为多项式与部分分式之和；

（2）计算多项式与部分分式的不定积分.

三、教材习题详解

习题五

（A）

1. 已知 $f'(x) = \sec^2 x + \sin x$，且 $f(0)=1$，求函数 $f(x)$.

解　因为 $f'(x) = \sec^2 x + \sin x$，所以

$$f(x) = \int(\sec^2 x + \sin x)dx = \tan x - \cos x + C,$$

代入 $f(0)=1$，解得 $C=2$，则 $f(x) = \tan x - \cos x + 2$.

2. 下列哪一个不是 $\sin 2x$ 的原函数（　）.

（A）$-\frac{1}{2}\cos 2x + C$；　　　　（B）$\sin^2 x + C$；

（C）$-\cos^2 x + C$；　　　　（D）$\frac{1}{2}\sin^2 x + C$.

解　由原函数定义，只有 D 的导数不是 $\sin 2x$，所以选 D.

3. 若 $\int f(x)dx = x^2 e^{2x} + C$，则 $f(x) =$（　）.

（A）$2xe^{2x}$；　（B）$2x^2e^{2x}$；　（C）xe^{2x}；　（D）$2xe^{2x}(1+x)$.

解　$f(x)=\left(\int f(x)dx\right)'=(x^2e^{2x}+c)'=2xe^{2x}+2x^2e^{2x}$，选 D.

4. 如果 $F(x)$ 是 $f(x)$ 的一个原函数，c 为不等于 0 且不等于 1 的其他任 意常数，那么（　　）也必是 $f(x)$ 的原函数.

(A) $cF(x)$；　　(B) $F(cx)$；　　(C) $F\left(\frac{x}{c}\right)$；　　(D) $c+F(x)$.

解　由原函数定义，只有 D 的导数是 $f(x)$，所以选 D.

5. 已知一辆汽车做变速直线运动，在时刻 t 的速度为 $v=3t-2$，且 $t=0$ 时距离 $s=5$，求该车的运动方程.

解　$s(t)=\int(3t-2)dt=\frac{3}{2}t^2-2t+C$，因为 $t=0$ 时距离 $s=5$，代入解得 $C=5$，则 $s(t)=\frac{3}{2}t^2-2t+5$.

6. 已知函数 $y=f(x)$ 的导数等于 $x+2$，且 $x=2$ 时 $y=5$，求这个函数.

解　$f(x)=\int(x+2)dx=\frac{1}{2}x^2+2x+C$，将 $x=2$，$y=5$ 代入上式解得 $C=-1$，则 $f(x)=\frac{1}{2}x^2+2x-1$.

7. 设生产 x 单位某产品的总成本 C 是 x 的函数 $C(x)$，固定成本为 20 元，边际成本函数为 $C'(x)=2x+10$（元/单位），求总成本函数 $C(x)$.

解　$C(x)=\int(2x+10)dx=x^2+10x+C_1$，将 $C(0)=20$ 代入解得 $C_1=20$，则 $C(x)=x^2+10x+20$.

8. 已知曲线上任一点 x 处的切线的斜率为 $x+e^x$，并且曲线经过点（0，2），求此曲线方程.

解　设所求曲线为 $y=f(x)$，则 $f'(x)=x+e^x$，所以

$$f(x)=\int(x+e^x)dx=\frac{1}{2}x^2+e^x+C,$$

将 $x=0$，$y=2$ 代入解得 $C=1$，则 $f(x)=\frac{1}{2}x^2+e^x+1$.

9. 设曲线通过点 (1,2)，且其上任一点处的切线斜率等于这点横坐标的两倍，求此曲线的方程.

解　设所求曲线为 $y=f(x)$，则 $f'(x)=2x$，$f(x)=\int 2xdx=x^2+C$，将 $x=1$，$y=2$ 代入解得 $C=1$，则 $f(x)=x^2+1$.

10. 求下列不定积分.

(1) $\int\frac{dx}{x^2}$；　　(2) $\int\frac{dx}{x^2\sqrt[3]{x}}$；

(3) $\int(x-2)^2dx$；　　(4) $\int\frac{x^2}{1+x^2}dx$；

(5) $\int\frac{2\cdot3^x-5\cdot2^x}{3^x}dx$；　　(6) $\int\frac{\cos2x}{\cos^2x\sin^2x}dx$；

(7) $\int(2e^x + \frac{3}{x})dx$;　　(8) $\int(1 - \frac{1}{x^2})\sqrt{x\sqrt{x}}dx$;

(9) $\int(\frac{3}{1+x^2} + \frac{5}{\sqrt{1-x^2}})dx$;　　(10) $\int\frac{x^2 + \sqrt{x^3} + 3}{\sqrt[3]{x}}dx$;

(11) $\int e^x\left(1 + \frac{e^{-x}}{\sqrt{x}}\right)dx$;　　(12) $\int 5^x e^x dx$;

(13) $\int\frac{3x^4 + 3x^2 + 2}{x^2 + 1}dx$;　　(14) $\int\frac{1}{x^2 + x^4}dx$;

(15) $\int\frac{e^{2x} - 1}{e^x - 1}dx$;　　(16) $\int\sec x(\sec x + \tan x)dx$.

解　(1) $\int\frac{dx}{x^2} = -\frac{1}{x} + C$.

(2) $\int\frac{dx}{x^2\sqrt[3]{x}} = \int x^{-\frac{7}{3}}dx = -\frac{3}{4}x^{-\frac{4}{3}} + C$.

(3) $\int(x-2)^2dx = \int x^2dx - \int 4xdx + \int 4dx = \frac{x^3}{3} - 2x^2 + 4x + C$.

(4) $\int\frac{x^2}{1+x^2}dx = \int dx - \int\frac{1}{1+x^2}dx = x - \arctan x + C.$

(5) $\int\frac{2\cdot 3^x - 5\cdot 2^x}{3^x}dx = \int\left[2 - 5(\frac{2}{3})^x\right]dx = 2x - 5\frac{(\frac{2}{3})^x}{\ln 2 - \ln 3} + C.$

(6)
$$\int\frac{\cos 2x}{\cos^2x\cdot\sin^2x}dx = \int\frac{\cos^2x - \sin^2x}{\cos^2x\cdot\sin^2x}dx$$
$$= \int\frac{1}{\sin^2x}dx - \int\frac{1}{\cos^2x}x$$
$$= \int\csc^2xdx - \int\sec^2xdx$$
$$= -\cot x - \tan x + C.$$

(7) $\int(2e^x + \frac{3}{x})dx = 2\int e^xdx + \int\frac{3}{x}dx = 2e^x + 3\ln|x| + C$.

(8) $\int(1 - \frac{1}{x^2})\sqrt{x\sqrt{x}}dx = \int x^{\frac{3}{4}}dx - \int x^{-\frac{5}{4}}dx = \frac{4}{7}x^{\frac{7}{4}} + 4x^{-\frac{1}{4}} + C$.

(9) $\int(\frac{3}{1+x^2} + \frac{5}{\sqrt{1-x^2}})dx = 3\arctan x + 5\arcsin x + C$.

(10)
$$\int\frac{x^2 + \sqrt{x^3} + 3}{\sqrt[3]{x}}dx = \int x^{\frac{5}{3}}dx + \int x^{\frac{7}{6}}dx + 3\int x^{-\frac{1}{3}}dx$$
$$= \frac{3}{8}x^{\frac{8}{3}} + \frac{6}{13}x^{\frac{13}{6}} + \frac{9}{2}x^{\frac{2}{3}} + C .$$

(11) $\int e^x\left(1 + \frac{e^{-x}}{\sqrt{x}}\right)dx = \int e^xdx + \int x^{-\frac{1}{2}}dx = e^x + 2x^{\frac{1}{2}} + C$.

(12) $\int 5^x e^x dx = \int (5e)^x dx = \frac{(5e)^x}{\ln(5e)} + C.$

(13) $\int \frac{3x^4 + 3x^2 + 2}{x^2 + 1} dx = \int 3x^2 dx + \int \frac{2}{1 + x^2} dx = x^3 + 2\arctan x + C.$

(14) $\int \frac{1}{x^2 + x^4} dx = \int \frac{1}{x^2(1 + x^2)} dx$

$= \int (\frac{1}{x^2} - \frac{1}{1 + x^2}) dx$

$= \int \frac{1}{x^2} dx - \int \frac{1}{1 + x^2} dx = -\frac{1}{x} - \arctan x + C.$

(15) $\int \frac{e^{2x} - 1}{e^x - 1} dx = \int \frac{(e^x - 1)(e^x + 1)}{e^x - 1} dx = \int (e^x + 1) dx = e^x + x + C.$

(16) $\int \sec x(\sec x + \tan x) dx = \int \sec^2 x dx + \int \sec x \tan x dx$

$= \tan x + \sec x + C.$

11. 求下列不定积分.

(1) $\int (3 - 2x)^3 dx$；

(2) $\int \frac{dx}{\sqrt[3]{2 - 3x}}$；

(3) $\int \frac{\sin\sqrt{t}}{\sqrt{t}} dt$；

(4) $\int \frac{dx}{x\ln x\ln(\ln x)}$；

(5) $\int \frac{dx}{\cos x \sin x}$；

(6) $\int x\cos x^2 dx$；

(7) $\int \frac{3x^3}{1 - x^4} dx$；

(8) $\int \frac{\sin x}{\cos^3 x} dx$；

(9) $\int \frac{dx}{2x^2 - 1}$；

(10) $\int \cos^3 x dx$；

(11) $\int \sin^2 x \cos^3 x dx$；

(12) $\int \tan^3 x \sec x dx$；

(13) $\int \frac{x^3}{9 + x^2} dx$；

(14) $\int \frac{1}{3\cos^2 x + 4\sin^2 x} dx$；

(15) $\int \frac{10^{2\arccos x}}{\sqrt{1 - x^2}} dx$；

(16) $\int \frac{\arctan\sqrt{x}}{\sqrt{x}(1 + x)} dx$；

(17) $\int e^x \cos e^x dx$；

(18) $\int e^{\sin x} \cos x \, dx$；

(19) $\int \cos^5 x \, dx$；

(20) $\int \sin^2 x \cos^5 x dx$；

(21) $\int \frac{dx}{\sin^4 x}$；

(22) $\int \tan^3 x dx$；

(23) $\int \frac{1}{1 + \cos x} dx$；

(24) $\int \sin(x + \frac{3\pi}{4}) \sin(3x + \frac{\pi}{4}) dx$；

(25) $\int \frac{4\arctan x - x}{1 + x^2} dx$；

(26) $\int \frac{1}{\sin^2 x + 2\cos^2 x} dx$；

(27) $\int \frac{\tan(x+3)}{\cos^2(x+3)}dx$；　　(28) $\int \frac{dt}{e^t+e^{-t}}$；

(29) $\int x^2\sqrt{1-x}dx$；　　(30) $\int \frac{x+1}{x\sqrt{x-2}}dx$；

(31) $\int (1-x^2)^{-\frac{3}{2}}dx$；　　(32) $\int \frac{1}{(1+x^2)^2}dx$；

(33) $\int \sqrt{1+e^x}dx$；　　(34) $\int \frac{1}{e^x-1}dx$；

(35) $\int \frac{1}{x\sqrt{1+x^2}}dx$；　　(36) $\int x(2x+3)^{\frac{1}{4}}dx$；

(37) $\int \frac{\sqrt{x^2-4}}{x}dx$；　　(38) $\int \frac{x^2}{\sqrt{a^2-x^2}}dx\ (a>0)$；

(39) $\int \frac{dx}{\sqrt{(x^2+1)^3}}$；　　(40) $\int \frac{dx}{1+\sqrt{2x}}$.

解　(1) $\int(3-2x)^3dx=-\frac{1}{2}\int(3-2x)^3d(3-2x)=-\frac{1}{8}(3-2x)^4+C$.

(2) $\int \frac{1}{\sqrt[3]{2-3x}}dx=-\frac{1}{3}\int \frac{1}{\sqrt[3]{2-3x}}d(2-3x)=-\frac{1}{3}\int(2-3x)^{-\frac{1}{3}}d(2-3x)=-\frac{1}{2}(2-3x)^{\frac{2}{3}}+C.$

(3) $\int \frac{\sin\sqrt{t}}{\sqrt{t}}dt=2\int\sin\sqrt{t}d(\sqrt{t})=-2\cos\sqrt{t}+C$.

(4) $\int \frac{dx}{x\ln x\ln\ln x}=\int\frac{d(\ln|x|)}{\ln x\ln\ln x}=\int\frac{d(\ln|\ln x|)}{\ln\ln x}=\ln|\ln\ln x|+C$.

(5) $\int \frac{dx}{\cos x\sin x}=\int\frac{2dx}{\sin 2x}=\int\csc 2x d2x=\ln|\csc 2x-\cot 2x|+C$，

或

$$\int\frac{dx}{\sin x\cos x}=\int\frac{\cos x}{\sin x\cos^2x}dx=\int\frac{1}{\tan x}\sec^2xdx=\int\frac{1}{\tan x}d\tan x$$
$$=\ln|\tan x|+C.$$

(6) $\int x\cos(x^2)dx=\frac{1}{2}\int\cos x^2dx^2=\frac{1}{2}\sin x^2+C$.

(7) $\int\frac{3x^3}{1-x^4}dx=-\frac{3}{4}\int\frac{1}{1-x^4}d(1-x^4)=-\frac{3}{4}\ln|1-x^4|+C$.

(8) $\int\frac{\sin x}{\cos^3x}dx=-\int\frac{1}{\cos^3x}d\cos x=\frac{1}{2}\frac{1}{\cos^2x}+C$.

(9) $\int\frac{dx}{2x^2-1}=\int\frac{dx}{(\sqrt{2}x+1)(\sqrt{2}x-1)}$

$$=\frac{1}{2}\int\left(\frac{1}{\sqrt{2}x-1}-\frac{1}{\sqrt{2}x+1}\right)dx$$

$$=\frac{1}{2\sqrt{2}}\int\left(\frac{1}{\sqrt{2}x-1}-\frac{1}{\sqrt{2}x+1}\right)d\sqrt{2}x$$

$$= \frac{1}{2\sqrt{2}}\int \frac{1}{\sqrt{2}x - 1}d(\sqrt{2}x - 1) - \frac{1}{2\sqrt{2}}\int \frac{1}{\sqrt{2}x + 1}d(\sqrt{2}x + 1)$$

$$= \frac{1}{2\sqrt{2}}\ln\left|\frac{\sqrt{2}x - 1}{\sqrt{2}x + 1}\right| + C.$$

(10) $\int \cos^3 x dx = \int \cos^2 x \cdot \cos x dx = \int \cos^2 x d\sin x$

$$= \int (1 - \sin^2 x) d\sin x = \sin x - \frac{1}{3}\sin^3 x + C.$$

(11) $\int \sin^2 x \cos^3 x dx = \int \sin^2 x(1 - \sin^2 x) d\sin x = \frac{1}{3}\sin^3 x - \frac{1}{5}\sin^5 x + C.$

(12) $\int \tan^3 x \sec x dx = \int \tan^2 x \cdot \tan x \sec x dx$

$$= \int (\sec^2 x - 1) d\sec x$$

$$= \frac{1}{3}\sec^3 x - \sec x + C.$$

(13) $\int \frac{x^3}{9 + x^2} = \frac{1}{2}\int \frac{x^2}{9 + x^2}dx^2$

$$= \frac{1}{2}\int (1 - \frac{9}{9 + x^2}) dx^2$$

$$= \frac{1}{2}x^2 - \frac{9}{2}\ln(9 + x^2) + C.$$

(14) $\int \frac{1}{3\cos^2 x + 4\sin^2 x}dx = \int \frac{1}{3\cos^2 x}(\frac{1}{1 + \frac{4}{3}\tan^2 x}) dx$

$$= \frac{\sqrt{3}}{6}\int \frac{1}{1 + \frac{2}{\sqrt{3}}\tan x^2} d\frac{2}{\sqrt{3}}\tan x$$

$$= \frac{\sqrt{3}}{6}\arctan \frac{2}{\sqrt{3}}\tan x + C.$$

(15) $\int \frac{10^{2\arccos x}}{\sqrt{1 - x^2}}dx = -\frac{1}{2}\int 10^{2\arccos x} d(2\arccos x) = -\frac{10^{2\arccos x}}{2\ln 10} + C.$

(16) $\int \frac{\arctan\sqrt{x}}{\sqrt{x}(1 + x)}dx = \int \frac{2\arctan\sqrt{x}}{1 + (\sqrt{x})^2} d\sqrt{x}$

$$= \int 2\arctan\sqrt{x} d(\arctan\sqrt{x})$$

$$= (\arctan\sqrt{x})^2 + C.$$

(17) $\int e^x \cos e^x dx = \int \cos e^x de^x = \sin e^x + C.$

(18) $\int e^{\sin x}\cos x dx = \int e^{\sin x} d\sin x = e^{\sin x} + C.$

(19) $\int \cos^5 x\ dx = \int \cos^4 x\ d\sin x$

$$= \int (1-\sin^2 x)^2\, d\sin x$$

$$= \sin x - \frac{2}{3}\sin^3 x + \frac{1}{5}\sin^5 x + C.$$

(20) $\int \sin^2 x\cos^5 x\ dx = \int \sin^2 x\cos^4 x\ d\sin x$

$$= \int \sin^2 x\,(1-\sin^2 x)^2\, d\sin x$$

$$= \int (\sin^2 x - 2\sin^4 x + \sin^6 x)\ d\sin x$$

$$= \frac{1}{3}\sin^3 x - \frac{2}{5}\sin^5 x + \frac{1}{7}\sin^7 x + C.$$

(21) $\int \frac{dx}{\sin^4 x} = \int \frac{\sin^2 x + \cos^2 x}{\sin^4 x}dx$

$$= \int (\csc^2 x + \cot^2 x\csc^2 x)\,dx$$

$$= -\cot x - \frac{1}{3}\cot^3 x + C.$$

(22) $\int \tan^3 x\ dx = \int (\sec^2 x - 1)\tan x\ dx = \frac{1}{2}\tan^2 x + \ln|\cos x| + C.$

(23) $\int \frac{1}{1+\cos x}\ dx = \int \frac{1}{2\cos^2\frac{x}{2}}\ dx = \int \sec^2\frac{x}{2}\ d\frac{x}{2} = \tan\frac{x}{2} + C.$

(24) $\int \sin\left(x+\frac{3\pi}{4}\right)\sin\left(3x+\frac{\pi}{4}\right)dx = \int \frac{1}{2}\left[\cos\left(2x-\frac{\pi}{2}\right) - \cos(4x+\pi)\right]dx$

$$= \frac{1}{4}\sin\left(2x-\frac{\pi}{2}\right) - \frac{1}{8}\sin(4x+\pi) + C.$$

(25) $\int \frac{4\arctan x - x}{1+x^2}\ dx = \int 4\arctan x\ d\arctan x - \frac{1}{2}\int \frac{1}{1+x^2}d(1+x^2)$

$$= 2(\arctan x)^2 - \frac{1}{2}\ln(1+x^2) + C.$$

(26) $\int \frac{1}{\sin^2 x + 2\cos^2 x}\ dx = -\frac{1}{\sqrt{2}}\int \frac{1}{1+2\cot^2 x}\ d\sqrt{2}\cot x = -\frac{\sqrt{2}}{2}\arctan(\sqrt{2}\cot x) + C.$

(27) $\int \frac{\tan(x+3)}{\cos^2(x+3)}\ dx = \int \tan(x+3)\,d\tan(x+3) = \frac{1}{2}\tan^2(x+3) + C.$

(28) $\int \frac{dt}{e^t + e^{-t}} = \int \frac{e^t}{1+e^{2t}}\ dt = \int \frac{1}{1+(e^t)^2}\ d(e^t) = \arctan e^t + C.$

(29) 设 $t = \sqrt{1-x}$， $x = 1-t^2$ $dx = -2tdt$，则有

$$\int x^2\sqrt{1-x}\ dx = \int (1-t^2)^2 t(-2)t\,dt$$

$$= -2\int (t^2 - 2t^4 + t^6)\ dt$$

$$=-2\left(\frac{1}{3}t^3-\frac{2}{5}t^5+\frac{1}{7}t^7\right)+C$$

$$=-2\left[\frac{1}{3}\sqrt{(1-x)^3}-\frac{2}{5}\sqrt{(1-x)^5}+\frac{1}{7}\sqrt{(1-x)^7}\right]+C.$$

(30)　设 $t=\sqrt{x-2}$，$x=t^2+2$　$dx=2tdt$，则有

$$\int\frac{x+1}{x\sqrt{x-2}}dx=\int\frac{t^2+3}{(t^2+2)t}2tdt$$

$$=2\int\left(1+\frac{1}{t^2+2}\right)dt$$

$$=2\left(t+\frac{\sqrt{2}}{2}\arctan\frac{t}{\sqrt{2}}\right)+C$$

$$=2\left(\sqrt{x-2}+\frac{\sqrt{2}}{2}\arctan\sqrt{\frac{x-2}{2}}\right)+C.$$

(31) 设 $x=\sin t$，　$dx=\cos t dt$，则有

$$\int(1-x^2)^{-\frac{3}{2}}dx=\int(1-\sin^2t)^{-\frac{3}{2}}\cos t\ dt$$

$$=\int\sec^2t\ dt$$

$$=\tan t+C$$

$$=\frac{x}{\sqrt{1-x^2}}+C.$$

(32) 设 $x=\tan t$，　$dx=\sec^2t\ dt$

$$\int\frac{1}{(1+x^2)^2}dx=\int\frac{1}{\sec^4t}\sec^2t\ dt$$

$$=\int\cos^2t\ dt$$

$$=\frac{1}{2}\int(1+\cos2t)\ dt$$

$$=\frac{1}{2}\left(t+\frac{1}{2}\sin2t\right)+C$$

$$=\frac{1}{2}\left(\arctan x+\frac{x}{1+x^2}\right)+C.$$

(33) 设 $\sqrt{1+e^x}=t$，$x=\ln(t^2-1)$，$dx=\frac{2t}{t^2-1}dt$，

$$\int\sqrt{1+e^x}\ dx=2\int\frac{t^2}{t^2-1}\ dt$$

$$=2\int\left(1+\frac{1}{t^2-1}\right)\ dt$$

$$=2\left(t+\frac{1}{2}\ln\left|\frac{t-1}{t+1}\right|\right)+C$$

$$=2\sqrt{1+e^x}-x+2\ln(\sqrt{1+e^x}-1)+C.$$

(34) $\int \frac{dx}{e^x - 1} = \int \frac{1 - e^x + e^x}{e^x - 1} dx$

$= \int \left(\frac{e^x}{e^x - 1} - 1 \right) dx$

$= \ln|e^x - 1| - x + C.$

(35) 设 $x = \tan t$， $dx = \sec^2 t\ dt$，则有

$\int \frac{1}{x\sqrt{1 + x^2}} dx = \int \frac{1}{\sec t \cdot \tan t} \cdot \sec^2 t dt$

$= \int \csc t dt$

$= \ln|\csc t - \cot t| + C$

$= \ln\left| \frac{\sqrt{1 + x^2}}{x} - \frac{1}{x} \right| + C.$

(36) 设 $t = \sqrt[4]{2x + 3}$， $x = \frac{1}{2}(t^4 - 3) dx = 2t^3 dt$，

$\int x(2x + 3)^{\frac{1}{4}} dx = \int \frac{1}{2}(t^4 - 3) \cdot t \cdot 2t^3 dt$

$= \int (t^8 - 3t^4) dt$

$= \frac{1}{9}t^9 - \frac{3}{5}t^5 + C$

$= \frac{1}{9}\sqrt[4]{(2x + 3)^9} - \frac{3}{5}\sqrt[4]{(2x + 3)^5} + C.$

(37) 设 $x = 2\sec t$， $dx = 2\sec t\tan t dt$，则有

$\int \frac{\sqrt{x^2 - 4}}{x} dx = \int \frac{2\tan t}{2\sec t} 2\sec t\tan t dt$

$= \int 2\tan^2 t dt$

$= \int 2(\sec^2 t - 1) dt$

$= 2\tan t - 2t + C$

$= \sqrt{x^2 - 4} - 2\arctan\frac{\sqrt{x^2 - 4}}{2} + C.$

(38) 设 $x = a\sin t$， $dx = a\cos t dt$，则有

$\int \frac{x^2}{\sqrt{a^2 - x^2}} dx = \int \frac{a^2 \sin^2 t}{a\cos t} a\cos t dt$

$= \int a^2 \sin^2 t dt$

$= \frac{a^2}{2}\int (1 - \cos 2t) dt$

$= \frac{a^2}{2}(t - \frac{\sin 2t}{2}) + C$

$$= \frac{a^2}{2}(t - \sin t\cos t) + C$$

$$= \frac{a^2}{2}\left(\arcsin\frac{x}{a} - \frac{x\sqrt{a^2 - x^2}}{a^2}\right) + C.$$

(39) 设 $x = \tan t$, $dx = \sec^2 t dt$,

$$\int \frac{1}{\sqrt{(x^2+1)^3}}dx = \int \frac{1}{\sec^3 t}\sec^2 t dt = \int \cos t dt = \sin t + C = \frac{x}{\sqrt{x^2+1}} + C.$$

(40) 设 $t = \sqrt{2x}$ 设 $dx = t\ dt$，则有

$$\int \frac{dx}{1+\sqrt{2x}} = \int \frac{t}{1+t}dt = t - \ln(1+t) + C = \sqrt{2x} - \ln(1+\sqrt{2x}) + C.$$

12. 求下列不定积分.

(1) $\int x\sin x dx$；　　(2) $\int xe^{-x}dx$；

(3) $\int x^3\ln x dx$；　　(4) $\int x^2\sin x dx$；

(5) $\int x^3\arctan x dx$；　　(6) $\int (x^2+1)\sin 2x dx$；

(7) $\int x\ln(x+1)dx$；　　(8) $\int e^{x^{\frac{1}{3}}}dx$；

(9) $\int x^2\cos 3x dx$；　　(10) $\int e^{-x}\sin x dx$；

(11) $\int (\arcsin x)^2 dx$；　　(12) $\int \frac{1}{x^2}\arctan x dx$；

(13) $\int \frac{\ln\ln x}{x}dx$；　　(14) $\int (1+x^2)\ln x dx$；

(15) $\int \ln(x+\sqrt{1+x^2})dx$；　　(16) $\int (3x+4)e^{3x}dx$；

(17) $\int \frac{x}{\cos^2 x}dx$；　　(18) $\int \sqrt{x}\sin\sqrt{x}dx$；

(19) $\int x\arctan\sqrt{x}dx$；　　(20) $\int \frac{x\arccos x}{\sqrt{1-x^2}}dx$；

(21) $\int \arcsin x dx$；　　(22) $\int \ln x dx$；

(23) $\int x^2\ln x dx$；　　(24) $\int x\sin x\cos x dx$；

(25) $\int x^2\arctan x dx$；　　(26) $\int x\tan^2 x dx$.

解 (1) $\int x\sin x dx = -\int x d\cos x = -x\cos x + \int \cos x dx = -x\cos x + \sin x + C.$

(2) $\int xe^{-x}dx = -\int x de^{-x} = -xe^{-x} + \int e^{-x}dx = -xe^{-x} - e^{-x} + C.$

(3) $\int x^3\ln x dx = \int \ln x d\frac{x^4}{4} = \frac{x^4}{4}\ln x - \int \frac{x^3}{4}dx = \frac{x^4}{4}\ln x - \frac{x^4}{16} + C.$

(4) $\int x^2\sin x dx = -\int x^2 d\cos x$

$= -x^2\cos x + 2\int x\cos x dx$

$= -x^2\cos x + 2\int x d\sin x$

$= -x^2\cos x + 2x\sin x + 2\cos x + C$.

(5) $\int x^3\arctan x dx = \int \arctan x d\frac{x^4}{4}$

$= \frac{x^4}{4}\arctan x - \frac{1}{4}\int \frac{x^4}{1+x^2}dx$

$= \frac{x^4}{4}\arctan x - \frac{1}{4}\int \frac{x^4-1+1}{1+x^2}dx$

$= \frac{x^4}{4}\arctan x - \frac{1}{12}x^3 + \frac{1}{4}x - \frac{1}{4}\arctan x + C$.

(6) $\int (x^2+1)\sin 2x dx = \int \sin 2x dx + \int x^2\sin 2x dx$

$= -\frac{1}{2}\cos 2x - \frac{1}{2}\int x^2 d\cos 2x$

$= -\frac{1}{2}\cos 2x - \frac{1}{2}x^2\cos 2x + \int x\cos 2x dx$

$= -\frac{1}{2}\cos 2x - \frac{1}{2}x^2\cos 2x + \frac{1}{2}\int x d\sin 2x$

$= -\frac{1}{2}\cos 2x - \frac{1}{2}x^2\cos 2x + \frac{1}{2}x\sin 2x - \frac{1}{2}\int \sin 2x dx$

$= -\frac{1}{2}x^2\cos 2x + \frac{1}{2}x\sin 2x - \frac{1}{4}\cos 2x + C$.

(7) $\int x\ln(x+1)dx = \int \ln(x+1)d\frac{x^2}{2}$

$= \frac{1}{2}x^2\ln(x+1) - \frac{1}{2}\int \frac{x^2}{x+1}dx$

$= \frac{1}{2}x^2\ln(x+1) - \frac{1}{2}\int \frac{x^2-1+1}{x+1}dx$

$= \frac{1}{2}x^2\ln(x+1) - \frac{1}{2}\int (x-1+\frac{1}{x+1})dx$

$= \frac{1}{2}x^2\ln(x+1) - \frac{1}{4}x^2 + \frac{1}{2}x - \frac{1}{2}\ln(x+1) + C$.

(8) 令 $\sqrt[3]{x} = t$，则 $x = t^3, dx = 3t^2dt$，则有

$\int e^{\sqrt[3]{x}}dx = \int e^t 3t^2 dt$

$= 3\int t^2 de^t$

$= 3t^2e^t - 3\int 2te^t dt$

$$= 3t^2e^t - 3\int 2tde^t$$

$$= 3t^2e^t - 6e^t t + 6\int e^t dt$$

$$= 3t^2e^t - 6e^t t + 6e^t + C$$

$$= 3\sqrt[3]{x^2}e^{\sqrt[3]{x}} - 6e^{\sqrt[3]{x}}\sqrt[3]{x} + 6e^{\sqrt[3]{x}} + C$$

$$= 3e^{\sqrt[3]{x}}(\sqrt[3]{x^2} - 2\sqrt[3]{x} + 2) + C.$$

(9) $\int x^2\cos 3x dx = \frac{1}{3}\int x^2 d\sin 3x$

$$= \frac{1}{3}(x^2\sin 3x - 2\int x\sin 3x dx)$$

$$= \frac{1}{3}(x^2\sin 3x - 2\int x\sin 3x dx)$$

$$= \frac{1}{3}(x^2\sin 3x + \frac{2}{3}\int xd\cos 3x)$$

$$= \frac{1}{3}(x^2\sin 3x + \frac{2}{3}x\cos 3x - \frac{2}{3}\int \cos 3x dx)$$

$$= \frac{1}{3}x^2\sin 3x + \frac{2}{9}x\cos 3x - \frac{2}{27}\sin 3x + C.$$

(10) $\int e^{-x}\sin x dx = \int \sin x d(-e^{-x})$

$$= -e^{-x}\sin x + \int e^{-x}\cos x dx$$

$$= -e^{-x}\sin x + \int \cos x d(-e^{-x})$$

$$= -e^{-x}\sin x - e^{-x}\cos x - \int e^{-x}\sin x dx$$

移项得

$$\int e^{-x}\sin x dx = -\frac{e^{-x}}{2}(\sin x + \cos x) + C.$$

(11) $\int (\arcsin x)^2 dx = x(\arcsin x)^2 - 2\int x\arcsin x \frac{1}{\sqrt{1-x^2}}dx$

$$= x(\arcsin x)^2 + 2\int \arcsin x \, d\sqrt{1-x^2}$$

$$= x(\arcsin x)^2 + 2\sqrt{1-x^2}\arcsin x - 2\int dx$$

$$= x(\arcsin x)^2 + 2\sqrt{1-x^2}\arcsin x - 2x + C.$$

(12) $\int \frac{1}{x^2}\arctan x dx = \int \arctan x \, d(-\frac{1}{x})$

$$= -\frac{1}{x}\arctan x + \int \frac{1}{x}\cdot\frac{1}{1+x^2}dx$$

$$= -\frac{1}{x}\arctan x + \int (\frac{1}{x} - \frac{x}{1+x^2})dx$$

$$= -\frac{1}{x}\arctan x + \ln|x| - \frac{1}{2}\ln(1+x^2) + C.$$

(13) $\int \frac{\ln\ln x}{x}\,dx = \int \ln\ln x\,d\ln x$

$$= \ln x\ln\ln x - \int \ln x\,d\ln\ln x$$

$$= \ln x\ln\ln x - \int \frac{1}{x}\,dx$$

$$= \ln x\ln\ln x - \ln x + C.$$

(14) $\int (1+x^2)\ln x\,dx = \int \ln x\,d\left(x+\frac{1}{3}x^3\right)$

$$= \left(x+\frac{1}{3}x^3\right)\ln x - \int \left(x+\frac{1}{3}x^3\right)\frac{1}{x}\,dx$$

$$= \left(x+\frac{1}{3}x^3\right)\ln x - x - \frac{1}{9}x^3 + C.$$

(15) $\int \ln(x+\sqrt{1+x^2})\,dx = x\ln(x+\sqrt{1+x^2}) - \int \frac{x}{\sqrt{1+x^2}}dx$

$$= x\ln(x+\sqrt{1+x^2}) - \sqrt{1+x^2} + C.$$

(16) $\int (3x+4)e^{3x}dx = \frac{1}{3}\int (3x+4)de^{3x}$

$$= \frac{1}{3}(3x+4)e^{3x} - \int e^{3x}dx$$

$$= \frac{1}{3}(3x+4)e^{3x} - \frac{1}{3}e^{3x} + C$$

$$= (x+1)e^{3x} + C.$$

(17) $\int \frac{x}{\cos^2 x}\,dx = \int x\sec^2 x\,dx$

$$= \int x\,d\tan x$$

$$= x\tan x - \int \tan x\,dx$$

$$= x\tan x + \ln|\cos x| + C.$$

(18) 设 $\sqrt{x} = t$， $x = t^2$， $dx = 2tdt$，则有

$\int \sqrt{x}\sin\sqrt{x}\,dx = 2\int t^2\sin t\,dt$

$$= -2\int t^2\,d\cos t$$

$$= -2\left(t^2\cos t - 2\int t\cos t\,dt\right)$$

$$= -2\left(t^2\cos t - 2\int t\,d\sin t\right)$$

$$= -2\ t^2\cos t + 4\quad t\sin t - \int \sin t\,dt$$

$$= -2x\cos\sqrt{x} + 4\sqrt{x}\sin\sqrt{x} + 4\cos\sqrt{x} + C.$$

(19) $\int x\arctan\sqrt{x}\,dx = \int \arctan\sqrt{x}\,d\left(\frac{1}{2}x^2\right)$

$$= \frac{1}{2}x^2\arctan\sqrt{x} - \frac{1}{2}\int\frac{x^2}{1+x}\cdot\frac{1}{2\sqrt{x}}dx$$

$$= \frac{1}{2}x^2\arctan\sqrt{x} - \frac{1}{4}\int\frac{x\sqrt{x}}{1+x}dx.$$

设 $\sqrt{x} = t$， $x = t^2$， $dx = 2tdt$，则

$$\int\frac{x\sqrt{x}}{1+x}dx = 2\int\frac{t^4}{1+t^2}\,dt$$

$$= 2\int\frac{t^4-1+1}{1+t^2}\,dt$$

$$= 2\int\left(t^2-1+\frac{1}{1+t^2}\right)dt$$

$$= 2\left(\frac{1}{3}t^3 - t + \arctan t\right) + C$$

$$= 2\left(\frac{1}{3}\sqrt{x^3} - \sqrt{x} + \arctan\sqrt{x}\right) + C.$$

整理得

$$\int x\arctan\sqrt{x}dx = \frac{1}{2}x^2\arctan\sqrt{x} - \frac{1}{6}x\sqrt{x} + \frac{1}{2}\sqrt{x} - \frac{1}{2}\arctan\sqrt{x} + C.$$

(20) $\int\frac{x\arccos x}{\sqrt{1-x^2}}\,dx = -\int\arccos x\;d\sqrt{1-x^2}$

$$= -\sqrt{1-x^2}\arccos x - \int dx$$

$$= -\sqrt{1-x^2}\arccos x - x + C.$$

(21) $\int\arcsin x\,dx = x\arcsin x - \int\frac{x}{\sqrt{1-x^2}}\,dx$

$$= x\arcsin x + \frac{1}{2}\int\frac{1}{\sqrt{1-x^2}}d(1-x^2)$$

$$= x\arcsin x + \sqrt{1-x^2} + C.$$

(22) $\int\ln x dx = x\ln x - \int dx = x\ln x - x + C.$

(23) $\int x^2\ln x dx = \int\ln x d\frac{x^3}{3} = \frac{x^3}{3}\ln x - \int\frac{x^2}{3}dx = \frac{x^3}{3}\ln x - \frac{x^3}{9} + C.$

(24) $\int x\sin x\cos x dx = \frac{1}{2}\int x\sin 2x dx$

$$= -\frac{1}{4}\int x d\cos 2x$$

$$= -\frac{1}{4}x\cos 2x + \frac{1}{4}\int\cos 2x dx$$

$$= -\frac{1}{4}x\cos 2x + \frac{1}{8}\sin 2x + C.$$

(25) $\int x^2 \arctan x dx = \int \arctan x d(\frac{x^3}{3})$

$$= \frac{1}{3}x^3 \arctan x - \int \frac{1}{3}x^3 \frac{1}{1+x^2}dx$$

$$= \frac{1}{3}x^3 \arctan x - \frac{1}{3}\int \frac{x^3+x-x}{1+x^2}dx$$

$$= \frac{1}{3}x^3 \arctan x - \frac{1}{3}\int (x - \frac{x}{1+x^2})dx$$

$$= \frac{1}{3}x^3 \arctan x - \frac{1}{3}\int x dx + \frac{1}{3}\int \frac{x}{1+x^2}dx$$

$$= \frac{1}{3}x^3 \arctan x - \frac{1}{6}x^2 + \frac{1}{6}\int \frac{1}{1+x^2}d(1+x^2)$$

$$= \frac{1}{3}x^3 \arctan x - \frac{1}{6}x^2 + \frac{1}{6}\ln(1+x^2) + C.$$

(26) $\int x \tan^2 x dx = \int x(\sec^2 x - 1)dx$

$$= \int x \sec^2 x dx - \int x dx$$

$$= -\frac{1}{2}x^2 + \int x d\tan x$$

$$= -\frac{1}{2}x^2 + x\tan x + \ln|\cos x| + C.$$

*13. 求下列有理函数的不定积分.

(1) $\int \frac{dx}{(x^2+1)(x^2+x+1)}$；　　(2) $\int \frac{x^4 dx}{x+3}$；

(3) $\int \frac{2x+3}{x^2+2x-3}dx$；　　(4) $\int \frac{2x-1}{x^2-2x-1}dx$；

(5) $\int \frac{x^2}{1+x^6}dx$；　　(6) $\int \frac{dx}{x^2(1+2x)}$；

(7) $\int \frac{x}{x^3-x^2+x-1}dx$.

解　(1) 令 $\frac{1}{(x^2+1)(x^2+x+1)} = \frac{Ax+B}{x^2+1} + \frac{Cx+D}{x^2+x+1}$，解得 $A=-1, B=0, C=1, D=1$，所以

$$\int \frac{dx}{(x^2+1)(x^2+x+1)} = \int (\frac{-x}{x^2+1} + \frac{x+1}{x^2+x+1})dx$$

$$= \int \frac{-x}{x^2+1}dx + \frac{1}{2}\int \frac{2x+1}{x^2+x+1}dx + \frac{1}{2}\int \frac{1}{x^2+x+1}dx$$

$$= -\frac{1}{2}\ln(x^2+1) + \frac{1}{2}\ln(x^2+x+1) + \frac{\sqrt{3}}{3}\arctan\frac{\sqrt{3}}{3}(2x+1) + C.$$

(2) 因为 $\frac{x^4}{x+3}=\frac{x^4-3^4+3^4}{x+3}=x^3-3x^2+9x-27+\frac{81}{x+3}$，所以

$$\int\frac{x^4dx}{x+3}=\int(x^3-3x^2+9x-27+\frac{81}{x+3})dx$$
$$=\frac{1}{4}x^4-x^3+\frac{9}{2}x^2-27x+81\ln|x+3|+C.$$

(3) 因为 $\frac{2x+3}{x^2+2x-3}=\frac{2x+2}{x^2+2x-3}+\frac{1}{x^2+2x-3}$，令 $\frac{1}{x^2+2x-3}=\frac{A}{x-1}+\frac{B}{x+3}$，解得 $A=\frac{1}{4},B=-\frac{1}{4}$，所以

$$\int\frac{2x+3}{x^2+2x-3}\,dx=\int\left[\frac{2x+2}{x^2+2x-3}+\frac{1}{4}(\frac{1}{x-1}-\frac{1}{x+3})\right]dx$$
$$=\ln|x^2+2x-3|+\frac{1}{4}\ln\left|\frac{x-1}{x+3}\right|+C.$$

(4) 因为 $\frac{2x-1}{x^2-2x-1}=\frac{2x-2}{x^2-2x-1}-\frac{1}{(\sqrt{2})^2-(x-1)^2}$，所以

$$\int\frac{2x-1}{x^2-2x-1}\,dx=\int(\frac{2x-2}{x^2-2x-1}-\frac{1}{(\sqrt{2})^2-(x-1)^2})dx$$
$$=\ln|x^2-2x-1|-\frac{1}{2\sqrt{2}}\ln\left|\frac{\sqrt{2}+x-1}{\sqrt{2}-x+1}\right|+C.$$

(5) $\int\frac{x^2}{1+x^6}dx=\int\frac{x^2}{1+(x^3)^2}dx=\frac{1}{3}\int\frac{1}{1+(x^3)^2}\,d(x^3)$

$$=\frac{1}{3}\arctan x^3+C.$$

(6) 令 $\frac{1}{x^2(1+2x)}=\frac{A}{x}+\frac{B}{x^2}+\frac{C}{1+2x}$，解得 $A=-2,B=1,C=4$，所以

$$\int\frac{\mathrm{d}x}{x^2(1+2x)}=\int(-\frac{2}{x}+\frac{1}{x^2}+\frac{4}{1+2x})\,\mathrm{d}x$$
$$=-2\ln|x|-\frac{1}{x}+2\ln|1+2x|+C.$$

(7) 令 $\frac{x}{x^3-x^2+x-1}=\frac{x}{(x-1)(x^2+1)}=\frac{A}{x-1}+\frac{Bx+C}{x^2+1}$，解得

$$A=\frac{1}{2},B=-\frac{1}{2},C=\frac{1}{2},$$

所以

$$\int\frac{x}{x^3-x^2+x-1}\,dx=\frac{1}{2}\int(\frac{1}{x-1}+\frac{1-x}{x^2+1})\,dx$$
$$=\frac{1}{2}\ln|x-1|+\frac{1}{2}\int\frac{1}{x^2+1}\,\mathrm{d}x-\frac{1}{2}\int\frac{x}{x^2+1}\,\mathrm{d}x$$
$$=\frac{1}{2}\ln|x-1|+\frac{1}{2}\arctan x-\frac{1}{4}\ln(x^2+1)+C.$$

(B)

1. 求下列不定积分.

(1) $\int \frac{dx}{(1+e^x)^2}$;　　(2) $\int \frac{\sin\ln x}{x^2}dx$;

(3) $\int \frac{1}{1+x^2}\arctan\frac{1+x}{1-x}dx$;　　(4) $\int \sqrt{\frac{\arcsin\sqrt{x}}{x(1-x)}}dx$;

(5) $\int \frac{dx}{x\ln x(\ln^2 x+1)}$;　　(6) $\int \frac{1+\sin x}{1+\cos x}e^x dx$.

解 (1) 设 $e^x = t$, $x = \ln t$, $dx = \frac{1}{t}dt$, 有

$$\int \frac{dx}{(1+e^x)^2} = \int \frac{1}{(1+t)^2}\frac{1}{t}dt$$
$$= \int\left[\frac{1}{t} - \frac{1}{1+t} - \frac{1}{(1+t)^2}\right]dt$$
$$= \ln|t| - \ln|1+t| + \frac{1}{1+t} + C$$
$$= x - \ln(1+e^x) + \frac{1}{1+e^x} + C.$$

(2)
$$\int \frac{\sin\ln x}{x^2}dx = \int \sin\ln x\, d\left(-\frac{1}{x}\right)$$
$$= -\frac{1}{x}\sin\ln x + \int \frac{1}{x}\cos\ln x \cdot \frac{1}{x}dx$$
$$= -\frac{1}{x}\sin\ln x - \int \cos\ln x\, d\frac{1}{x}$$
$$= -\frac{1}{x}\sin\ln x - \left(\frac{1}{x}\cos\ln x + \int \frac{1}{x^2}\sin\ln x dx\right),$$

移项得

$$\int \frac{\sin\ln x}{x^2}dx = -\frac{1}{2x}(\sin\ln x + \cos\ln x) + C.$$

(3)
$$\int \frac{1}{1+x^2}\arctan\frac{1+x}{1-x}\mathrm{d}x = \int \arctan\frac{1+x}{1-x}d\arctan\frac{1+x}{1-x}$$
$$= \frac{1}{2}\left(\arctan\frac{1+x}{1-x}\right)^2 + \mathrm{C}.$$

(4)
$$\int \sqrt{\frac{\arcsin\sqrt{x}}{x(1-x)}}\mathrm{d}x = 2\int\sqrt{\arcsin\sqrt{x}}\,d\arcsin\sqrt{x} = \frac{4}{3}(\arcsin\sqrt{x})^{\frac{3}{2}} + C.$$

(5)
$$\int \frac{dx}{x\ln x(\ln^2 x+1)} = \int \frac{d\ln x}{\ln x(\ln^2 x+1)}$$
$$= \int \frac{dt}{t(t^2+1)} \quad (\ln x = t)$$
$$= \int\left(\frac{1}{t} - \frac{t}{t^2+1}\right)dt$$

$$= \ln|t| - \frac{1}{2}\ln(t^2+1) + C$$

$$= \ln|\ln x| - \frac{1}{2}\ln(\ln^2 x + 1) + C.$$

(6) $\int \frac{1+\sin x}{1+\cos x} e^x dx = \int \frac{e^x}{1+\cos x}dx + \int \frac{\sin x}{1+\cos x} e^x dx$

$$= \int \frac{e^x}{2\cos^2\frac{x}{2}} dx + \int \frac{2\sin\frac{x}{2}\cos\frac{x}{2}}{2\cos^2\frac{x}{2}} e^x dx$$

$$= \int e^x d\tan\frac{x}{2} + \int \tan\frac{x}{2} \quad e^x dx$$

$$= e^x \tan\frac{x}{2} + C.$$

2. 利用指定的代换求下列不定积分.

(1) $\int \cos(\ln x) dx$,　　　　　　令 $x = e^t$;

(2) $\int (\arccos x)^2 dx$,　　　　　令 $x = \cos t$.

解　(1) 令 $x = e^t$, $dx = e^t dt$

$$\int \cos(\ln x) dx = \int e^t \cos t dt$$

$$= \int \cos t de^t$$

$$= e^t \cos t - \int e^t d\cos t$$

$$= e^t \cos t + e^t \sin t - \int e^t \cos t dt,$$

移项得 $\int e^t \cos t dt = \frac{1}{2}(e^t \cos t + e^t \sin t) + C$. 则有

$$\int \cos(\ln x) dx = \frac{1}{2}(x\cos\ln x + x\sin\ln x) + C.$$

(2) 令 $x = \cos t$, $dx = -\sin t dt$, 则有

$$\int (\arccos x)^2 dx = -\int t^2 \sin t dt$$

$$= \int t^2 d\cos t$$

$$= t^2\cos t - 2\int t\cos t dt$$

$$= t^2\cos t + 2\int t d\sin t$$

$$= t^2\cos t - 2t\sin t + 2\int \sin t dt$$

$$= t^2\cos t - 2t\sin t - 2\cos t + C,$$

故

$$\int \arccos x^2 dx = x(\arccos x)^2 - 2\sqrt{1-x^2}\arccos x - 2x + C.$$

3. 设 $F(x) = \int \frac{\sin x}{a\sin x + b\cos x} dx$, $G(x) = \int \frac{\cos x}{a\sin x + b\cos x} dx$,
求 $aF(x) + bG(x)$ ， $aG(x) - bF(x)$ ， $F(x)$ ， $G(x)$.

解 $aF(x) + bG(x) = \int \frac{a\sin x + b\cos x}{a\sin x + b\cos x} dx = \int dx = x + C$, (1)

$$aG(x) - bF(x) = \int \frac{a\cos x - b\sin x}{a\sin x + b\cos x}dx$$

$$= \int \frac{d(a\sin x + b\cos x)}{a\sin x + b\cos x} = \ln|a\sin x + b\cos x| + C \quad (2)$$

由（1）、（2）联立解得

$$F(x) = \frac{ax - b\ln|a\sin x + b\cos x|}{a^2 + b^2} + C ,$$

$$G(x) = \frac{bx + a\ln|a\sin x + b\cos x|}{a^2 + b^2} + C .$$

4. 已知 $f(x)$ 的原函数为 $\frac{\sin x}{x}$ ，求 $\int x f'(2x)dx$.

解 $\int x f'(2x)dx = \frac{1}{2}\int xd(f(2x))$

$$= \frac{1}{2}xf(2x) - \frac{1}{2}\int f(2x)dx$$

$$= \frac{1}{2}xf(2x) - \frac{1}{4}\int f(2x)\ d(2x)$$

$$= \frac{1}{2}xf(2x) - \frac{\sin 2x}{8x} + C ,$$

因为已知 $\frac{\sin x}{x}$ 为 $f(x)$ 的原函数，所以 $f(x) = \left(\frac{\sin x}{x}\right)' = \frac{x\cos x - \sin x}{x^2}$ ，于是 $f(2x) = \frac{2x\cos(2x) - \sin(2x)}{4x^2}$ ，从而 $\int x f'(2x)dx = \frac{1}{4}\cos(2x) - \frac{1}{4x}\sin(2x) + C$.

5. 求下列不定积分的递推公式.

(1) $I_n = \int (\ln x)^n dx$;　　　(2) $I_n = \int (\arcsin x)^n dx$.

解 (1) $I_n = \int (\ln x)^n dx = x(\ln x)^n - \int x \cdot n \ln^{n-1} x \cdot \frac{1}{x}dx$

$$= x(\ln x)^n - n\int \ln^{n-1} x dx$$

$$= x(\ln x)^n - nI_{n-1} \quad (n = 1,2,\cdots).$$

(2) $I_n = \int (\arcsin x)^n dx$

$$= x(\arcsin x)^n - \int xn(\arcsin x)^{n-1}\frac{1}{\sqrt{1-x^2}}dx$$

$$= x(\arcsin x)^n + n\int(\arcsin x)^{n-1}d\sqrt{1-x^2}$$

$$= x(\arcsin x)^n + n\sqrt{1-x^2}(\arcsin x)^{n-1} - n(n-1)\int(\arcsin x)^{n-2}dx$$

$$= x(\arcsin x)^n + n\sqrt{1-x^2}(\arcsin x)^{n-1} - n(n-1)\mathrm{I}_{n-2}\ (n=2,3,4,\cdots).$$

6. 设$f(\sin^2 x) = \dfrac{x}{\sin x}$，求$\int\dfrac{\sqrt{x}}{\sqrt{1-x}}f(x)dx$.

解　设$u = \sin^2 x$，$\sin x = \sqrt{u}$，$x = \arcsin\sqrt{u}$，$f(x) = \dfrac{\arcsin\sqrt{x}}{\sqrt{x}}$，有

$$\int\frac{\sqrt{x}}{\sqrt{1-x}}f(x)dx = \int\frac{\arcsin\sqrt{x}}{\sqrt{1-x}}dx$$

$$= -2\int\arcsin\sqrt{x}d\sqrt{1-x}$$

$$= -2\sqrt{1-x}\arcsin\sqrt{x} + 2\int\sqrt{1-x}\frac{1}{\sqrt{1-x}}d\sqrt{x}$$

$$= -2\sqrt{1-x}\arcsin\sqrt{x} + 2\sqrt{x} + C.$$

7. 设$F(x)$为$f(x)$的原函数，且当$x \geq 0$时，$f(x)F(x) = \dfrac{xe^x}{2(1+x)^2}$，已知$F(0)=1$，$F(x)>0$，试求$f(x)$.

解　因为$F'(x) = f(x)$，所以由$f(x)F(x) = \dfrac{xe^x}{2(1+x)^2}$，有$F(x)F'(x) = \dfrac{xe^x}{2(1+x)^2}$，则$\int F(x)F'(x)dx = \int\dfrac{xe^x}{2(1+x)^2}dx$，而

$$\int F(x)F'(x)dx = \int F(x)dF(x) = F^2(x) - \int F(x)F'(x)dx,$$

故

$$F^2(x) = 2\int\frac{xe^x}{2(1+x)^2}dx = \int\frac{xe^x}{(1+x)^2}dx = \int\frac{1+x-1e^x}{(1+x)^2}dx$$

$$= \int\frac{xe^x}{1+x}dx - \int\frac{e^x}{(1+x)^2}dx = \int\frac{xe^x}{1+x}dx + \int e^x d\frac{1}{1+x}$$

$$= \int\frac{e^x}{1+x}dx + \frac{e^x}{1+x} - \int\frac{e^x}{1+x}dx,$$

即$F^2(x) = \dfrac{e^x}{1+x} + C$，将$F(0)=1$，$F(x)>0$，代入解得$C=0$，所以$F(x) = \dfrac{1}{\sqrt{1+x}}e^{\frac{x}{2}}$，

则$f(x) = F'(x) = \left(\dfrac{1}{\sqrt{1+x}}e^{\frac{x}{2}}\right)' = \dfrac{x}{2(1+x)^{\frac{3}{2}}}e^{\frac{x}{2}}$.

四、自测题及答案

自测题

一、填空题（本大题共5题，每小题2分，共10分）

1. 函数$f'(x)$的不定积分是__________.

2. $\int x^3(1-x^4)^{15}dx=$__________.

3. 已知$f(x)=\int(1-2x)^{100}dx, f'(0)=$__________.

4. 若$\int f(x)dx=e^{-x^2}+C$，则$f(x)=$__________.

5. $\int\frac{f'(\ln x)}{x}dx=$__________.

二、选择题（本大题共8题，每小题3分，共24分）

1. $\sqrt{x}$是（　）的一个原函数.

(A) $\frac{1}{2x}$；　(B) $\frac{1}{2\sqrt{x}}$；　(C) $\ln x$；　(D) $\sqrt{x^3}$.

2. 若$F(x)$是$f(x)$的一个原函数，则有（　）成立.

(A) $\int f(x)dx=F(x)$；　(B) $\int F(x)dx=f(x)$；

(C) $\int f(x)dx=F(x)+C$；　(D) $\int F(x)dx=f(x)+C$.

3. 若$\int f(x)dx=x^2e^{2x}+C$，则$f(x)=$（　）.

(A) $2xe^{2x}$；　(B) $2x^2e^{2x}$；

(C) xe^{2x}；　(D) $2xe^{2x}(1+x)$.

4. 若$f(x)$的一个原函数为$\ln x$，则$f'(x)=$（　）.

(A) $x\ln x$；　(B) $\ln x$；；

(C) $\frac{1}{x}$；　(D) $-\frac{1}{x^2}$.

5. 若曲线$y=f(x)$在点x处的切线斜率为$-x+2$，且过点(2,5)，则该曲线方程（　）.

(A) $y=-x^2+2x$；　(B) $y=-\frac{1}{2}x^2+2x$；

(C) $y=-\frac{1}{2}x^2+2x+3$；　(D) $y=-x^2+2x+5$.

6. 若$\int f(x)dx=F(x)+C$，则$\int e^{-x}f(e^{-x})dx=$（　）.

(A) $F(e^x)+C$；　(B) $F(e^{-x})+C$；

(C) $-F(e^{-x})+C$；　(D) $\frac{F(e^{-x})}{x}+C$.

7. $\int xf(x^2)f'(x^2)dx = (\quad)$.

(A) $\frac{1}{2}f^2(x) + C$;　　(B) $\frac{1}{2}f^2(x^2) + C$;

(C) $\frac{1}{4}f^2(x) + C$;　　(D) $\frac{1}{4}f^2(x^2) + C$.

8. 若 $\int f(x)dx = x + C$，则 $\int f(1-x)dx = (\quad)$.

(A) $1 - x + C$;　　(B) $-x + C$;

(C) $x + C$;　　(D) $\frac{1}{2}(1-x)^2 + C$.

三、计算题（本大题共 8 题，前 7 题每小题 8 分，第 8 小题 10 分，共 66 分）

1. $\int \frac{\sin x dx}{3 + \sin^2 x}$.

2. $\int \sin^3 x \cos^2 x dx$.

3. $\int \frac{dx}{1 + 2\cos^2 x}$.

4. $\int \frac{\sqrt{4 - x^2}}{x^2}dx$.

5. $\int \sqrt{e^x - 1}dx$.

6. $\int \frac{\sqrt[3]{x}}{x(\sqrt{x} + \sqrt[3]{x})}dx$.

7. $\int \frac{\ln(\cos x)}{\cos^2 x}dx$.

8. 设 $f(x)$ 有一个原函数 $\frac{\sin x}{x}$，求 $\int xf'(x)dx$.

答案

一、1. $f(x) + C$;

2. $-\frac{1}{64}(1 - x^4)^{16} + C$;

3. 1;

4. $-2xe^{-x^2}$;

5. $f(\ln x) + C$.

二、1. (B);

2. (C);

3. (D);

4. (D);

5. (C);

6. (C);

7. (D);

8. (C).

三、1. $\frac{1}{4}\ln\frac{2-\cos x}{2+\cos x}+C$;

2. $-\frac{1}{3}\cos^3 x+\frac{1}{5}\cos^5 x+C$;

3. $\frac{1}{\sqrt{3}}\arctan\frac{\tan x}{\sqrt{3}}+C$;

4. $-\frac{\sqrt{4-x^2}}{x}-\arcsin\frac{x}{2}+C$;

5. $2\sqrt{e^x-1}-2\arctan\sqrt{e^x-1}+C$;

6. $6\ln\left|\frac{\sqrt[6]{x}}{1+\sqrt[6]{x}}\right|+C$;

7. $\tan x\ln(\cos x)+\tan x-x+C$.

8. $1\cos x-\frac{2\sin x}{x}+C$.

第六章　定积分

一、教学基本要求与内容提要

（一）教学基本要求

1. 了解定积分的概念和性质.
2. 了解积分变限函数，掌握微积分基本定理.
3. 掌握定积分的换元积分法和分部积分法，能熟练地计算定积分.
4. 掌握如何应用定积分求平面图形的面积和平行截面积已知的立体的体积.
5. 会通过建立定积分模型，解决一些简单的经济问题.
6. 了解广义积分的概念，会计算简单的广义积分.

（二）内容提要

1. 定积分的概念

设函数 $f(x)$ 在 $[a,b]$ 上有定义，在区间 $[a,b]$ 内任意插入 $n-1$ 个分点：

$$a = x_0 < x_1 < x_2 < \cdots < x_{n-1} < x_n = b,$$

把区间 $[a,b]$ 分成 n 个小区间

$$[x_0,x_1],[x_1,x_2],\cdots,[x_{n-1},x_n].,$$

各个小区间的长度依次为 $\Delta x_i = x_i - x_{i-1}(i=1,2,\cdots,n)$．在每个小区间 $[x_{i-1},x_i]$ 上任取一点 $\xi_i(x_{i-1}\leqslant \xi \leqslant x_i)$，作函数值 $f(\xi_i)$ 与小区间长度 Δx_i 的乘积 $f(\xi_i)\Delta x_i(i=1,2,\cdots,n)$，并作和式 $\sum\limits_{i=1}^{n} f(\xi_i)\Delta x_i$．记 $\lambda = \max\{\Delta x_1,\Delta x_2,\cdots,\Delta x_n\}$，如果对区间 $[a,b]$ 的任意分法和小区间 $[x_{i-1},x_i]$ 上点 ξ_i 的任意取法，只要当 $\lambda\to 0$ 时，和式 $\sum\limits_{i=1}^{n} f(\xi_i)\Delta x_i$ 总有极限 A，则称此极限值 A 为函数 $f(x)$ 在区间 $[a,b]$ 上的定积分，记作 $\int_a^b f(x)dx$，即

$$\int_a^b f(x)dx = A = \lim_{\lambda\to 0}\sum_{i=1}^{n} f(\xi_i)\Delta x_i,$$

其中 $f(x)$ 称为**被积函数**，$f(x)dx$ 称为**被积表达式**，x 称为**积分变量**，a 称为**积分下限**，b 称为**积分上限**，区间 $[a,b]$ 称为**积分区间**.

设 $f(x)$ 在 $[a,b]$ 上连续，则 $f(x)$ 在 $[a,b]$ 上可积.

设 $f(x)$ 在 $[a,b]$ 上有界，且只有有限个间断点，则 $f(x)$ 在 $[a,b]$ 上可积.

关于定积分，有几点需要说明：

（1）定积分 $\int_a^b f(x)dx$ 是和式 $\sum_{i=1}^{n} f(\xi_i)\Delta x_i$ 的极限，是一个具体的数值. 它的值仅与被积函数 $f(x)$ 和积分区间 $[a,b]$ 有关，而与积分变量的表示形式无关. 如果不改变被积函数和积分区间，只改变积分变量，则积分值不变. 即

$$\int_a^b f(x)dx = \int_a^b f(t)dt = \int_a^b f(u)du .$$

（2）在定积分的定义中，我们默认为 $a < b$，但实际上，定积分的上下限的大小是不受限制的. 我们规定，在交换积分上、下限时，定积分改变符号，即

$$\int_b^a f(x)dx = -\int_a^b f(x)dx .$$

很明显，当定积分上下限相同时，定积分值为零.

2. 定积分的几何意义

（1）如果在闭区间 $[a,b]$ 上 $f(x) \geq 0$ 且连续时，则图形在 x 轴上方，积分值非负，定积分 $\int_a^b f(x)dx$ 表示由曲线 $y = f(x)$，直线 $x = a$，$x = b$ 及 x 轴所围成的曲边梯形的面积 S，即 $\int_a^b f(x)dx = S$（如图 6.1）.

（2）如果在闭区间 $[a,b]$ 上 $f(x) \leqslant 0$ 且连续时，则图形在 x 轴下方，积分值非正，定积分 $\int_a^b f(x)dx$ 表示由曲线 $y = f(x)$，直线 $x = a$，$x = b$ 及 x 轴所围成的曲边梯形面积 S 的相反数，即 $\int_a^b f(x)dx = -S$（如图 6.2）.

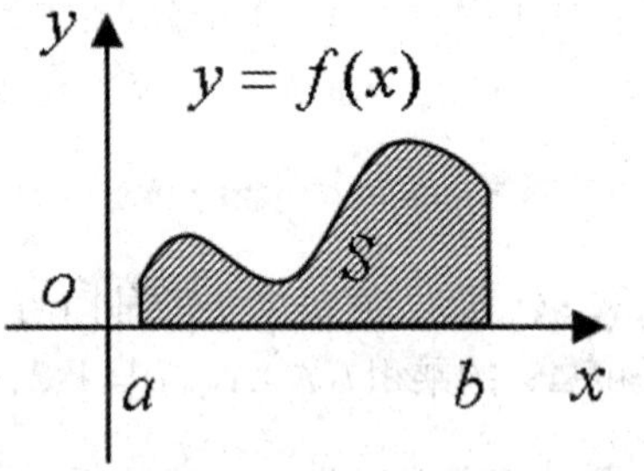

图 6.1

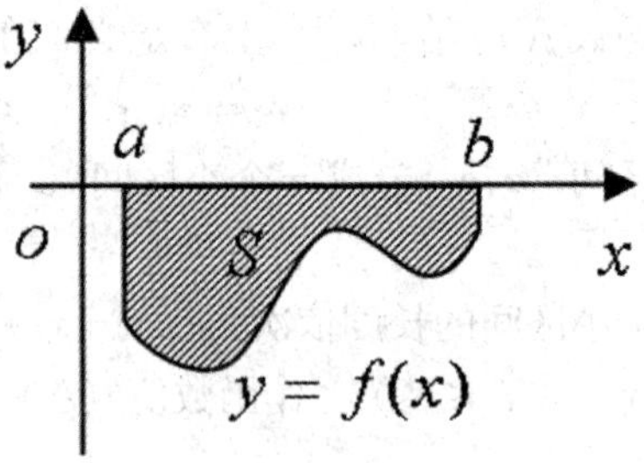

图 6.2

（3）当 $y = f(x)$ 在 $[a,b]$ 上某一些区间取正，另一些区间上取负，则定积分 $\int_a^b f(x)dx$ 表示由曲线 $y = f(x)$，直线 $x = a$，$x = b$ 及 x 轴所围成的在 x 轴上方部分与下方部分面积的代数和. 即 $\int_a^b f(x)dx = S_1 - S_2 + S_3$（如图 6.3）.

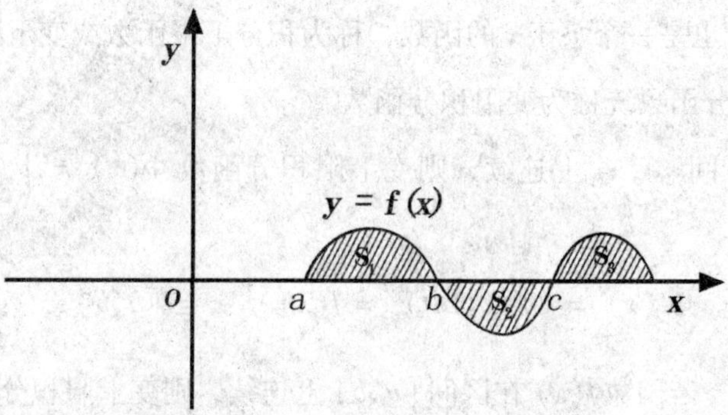

图 6.3

3. **定积分的性质**

(1) $\int_a^b 1dx = \int_a^b dx = b - a$.

(2) 被积函数中的常数因子可以提到积分号外，即

$$\int_a^b kf(x)dx = k\int_a^b f(x)dx .$$

(3) 两个函数和（差）的定积分等于它们各自的定积分的和（差），即

$$\int_a^b [f(x) \pm g(x)]dx = \int_a^b f(x)dx \pm \int_a^b g(x)dx .$$

(4) **积分区间的可加性**　对于任意三个实数 a,b,c，恒有

$$\int_a^b f(x)dx = \int_a^c f(x)dx + \int_c^b f(x)dx .$$

(5) **比较定理**　如果在 $[a,b]$ 上, $f(x) \geq g(x)$，则

$$\int_a^b f(x)dx \geq \int_a^b g(x)dx .$$

此性质经常用于比较积分区间相同的两个定积分的大小.

推论　若 $f(x)$ 在 $[a,b]$ 上连续，则 $\left|\int_a^b f(x)dx\right| \leqslant \int_a^b |f(x)|dx$.

(6) **估值定理**　设 m 、M 分别是 $f(x)$ 在区间 $[a,b]$ 上的最小值与最大值，则

$$m(b-a) \leqslant \int_a^b f(x)dx \leqslant M(b-a) .$$

此性质经常用于估计积分值的大致范围.

(7) **(积分中值定理)**　若 $f(x)$ 在闭区间 $[a,b]$ 上连续，则至少存在一点 $\xi \in [a,b]$，使得 $\int_a^b f(x)dx = f(\xi)(b-a)$.

4. **微积分基本定理**

在 $\int_a^x f(t)dt$ 中，当上限 x 在区间 $[a,b]$ 上任意取值时，对于每一个确定的 x 的取值，都有一个确定的定积分值 $\int_a^x f(t)dt$ 与之对应. 因此，定积分 $\int_a^x f(t)dt$ 是定义在区间 $[a,b]$ 上的函数，称它为积分上限函数或变上限积分函数，记为 $\Phi(x)$，即

$$\Phi(x) = \int_a^x f(t)dt ,\ x \in [a,b] .$$

类似地，$\int_x^b f(t)dt$ 也是一个关于 x 的函数，称为积分下限函数或变下限积分函数．变上限积分函数与变下限积分函数统称为变限积分函数．

若函数 $f(x)$ 在区间 $[a,b]$ 上连续，则变上限积分函数 $\Phi(x) = \int_a^x f(t)dt$ 在区间 $[a,b]$ 上的导数为

$$\Phi'(x) = \left(\int_a^x f(t)dt\right)' = f(x) \quad x \in [a,b].$$

原函数存在定理 若函数 $f(x)$ 在区间 $[a,b]$ 上连续，则变上限积分 $\Phi(x) = \int_a^x f(t)dt$ 就是 $f(x)$ 在区间 $[a,b]$ 上的一个原函数．

如果函数 $f(x)$ 在区间 $[a,b]$ 上连续，当积分上限与积分下限都是 x 的可微函数时，则有如下求导公式：

$$F'(x) = \left(\int_{h(x)}^{k(x)} f(t)dt\right)' = f[k(x)]k'(x) - f[h(x)]h'(x).$$

几种特殊的变限积分函数求导方法：

（1）被积函数中含 x，可将 x 提到积分号外面来．

（2）f 的自变量中含 x，可通过变量代换将 x 置换到 f 的外面来．

牛顿－莱布尼茨（*Newton－Leibniz*）公式 如果函数 $f(x)$ 在闭区间 $[a,b]$ 上连续，而 $F(x)$ 是 $f(x)$ 在闭区间 $[a,b]$ 上的一个原函数，则有

$$\int_a^b f(x)dx = F(b) - F(a).$$

牛顿—莱布尼茨公式揭示了定积分与不定积分的内在联系，把定积分的计算归结为求原函数的问题，为定积分的计算提供了有力的工具，所以人们通常又把牛顿—莱布尼茨公式称作微积分基本公式．

利用定积分性质和牛顿—莱布尼茨公式可直接求出一些比较简单函数的定积分．

5．定积分的换元积分法与分部积分法

设函数 $f(x)$ 在区间 $[a,b]$ 上连续，而函数 $x = \varphi(t)$ 满足下列条件：

（1）$\varphi(\alpha) = a$，$\varphi(\beta) = b$；

（2）$\varphi(t)$ 是定义在区间 $[\alpha,\beta]$ 上的单调连续函数且在 $[\alpha,\beta]$ 上有连续导数，

则有定积分的换元积分公式：

$$\int_a^b f(x)dx = \int_\alpha^\beta f[\varphi(t)]\varphi'(t)dt.$$

注（1）定积分的换元法要求 $\varphi'(t)$ 在区间 $[\alpha,\beta]$ 上连续，这一条件可以放宽为 $\varphi'(t)$ 在区间 $[\alpha,\beta]$ 上可积．

（2）在应用变换 $x = \varphi(t)$ 把原来的积分变量 x 换为新变量 t 时，原积分限也要相应换成新变量 t 的积分限．也就是说，换元的同时也要换限．由 $\varphi(\alpha) = a$，$\varphi(\beta) = b$ 确定的 α、β 可能 $\alpha < \beta$，也可能 $\alpha > \beta$，但对新变量 t 的积分来说一定是 α 对应于 $x = a$ 的位置，β 对应于 $x = b$ 的位置．

（3）用换元积分法计算定积分，那么求得关于新变量的原函数后，不必回代，直接将新的积分上下限代入计算就可以了．即求出 $f[\varphi(t)]\varphi'(t)$ 的一个原函数后，直接按牛顿—

莱布尼茨公式计算即可，不必将换元后的变量再代回原变量.

若函数 $u=u(x)$ 和 $v=v(x)$ 均在闭区间 $[a,b]$ 上具有连续导数，则有定积分分部积分公式

$$\int_a^b u(x)v'(x)dx = u(x)v(x)\Big|_a^b - \int_a^b u'(x)v(x)dx\ ,$$

简记为

$$\int_a^b udv = uv\Big|_a^b - \int_a^b vdu\ .$$

6. **定积分的应用**

(1) 平面图形的面积

对于一般的平面图形，我们主要分成下面两种情况：

①由两条曲线 $y=f(x)$，$y=g(x)$ 与直线 $x=a$，$x=b$ 所围成的平面图形，且 $a\leqslant x\leqslant b$，$f(x)\leqslant y\leqslant g(x)$，（如图 6.4）.

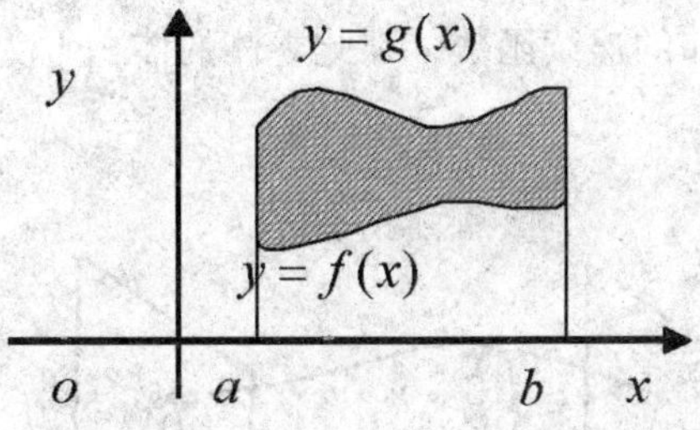

图 6.4

其面积为

$$S=\int_a^b [g(x)-f(x)]dx\ .$$

更一般的，如果 $f(x)$，$g(x)$ 在区间 $[a,b]$ 上的大小不能确定，则上式可改写为

$$S=\int_a^b |g(x)-f(x)|dx\ .$$

② 由两条曲线 $x=\varphi(y)$，$x=\psi(y)$ 与直线 $y=c$，$y=d$ 所围成的平面图形，$c\leqslant y\leqslant d$，$\varphi(y)\leqslant x\leqslant\psi(y)$，（如图 6.5）.

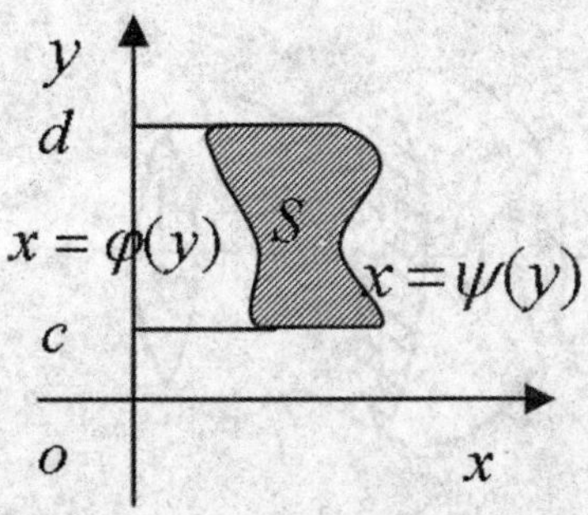

图 6.5

其面积为

$$S = \int_c^d [\psi(y) - \varphi(y)]dy .$$

更一般的，如果 $\varphi(y)$，$\psi(y)$ 在区间 $[c,d]$ 上的大小不能确定，则上式可改写为

$$S = \int_c^d |\psi(y) - \varphi(y)|dy .$$

求平面图形面积的步骤：

Ⅰ 由已知条件，画出平面图形的草图，求出曲线交点；

Ⅱ 判断草图符合上面给出的哪种形式，直接转化成定积分求值；

Ⅲ 若图形不为上面给出的两种形式，则把所求平面图形分成若干小块，每一小块都是上面给出的两种形式中的一种，而所求面积等于各小块面积之和.

(2) 平行截面积为已知的立体的体积

设空间某立体（如图6.6），其位于垂直于 x 轴的两个平面 $x = a$ 和 $x = b$ 之间，其垂直于 x 轴的截面面积 $S(x)$ 为已知的连续函数，则此立体的体积 V 为

$$V = \int_a^b S(x)dx .$$

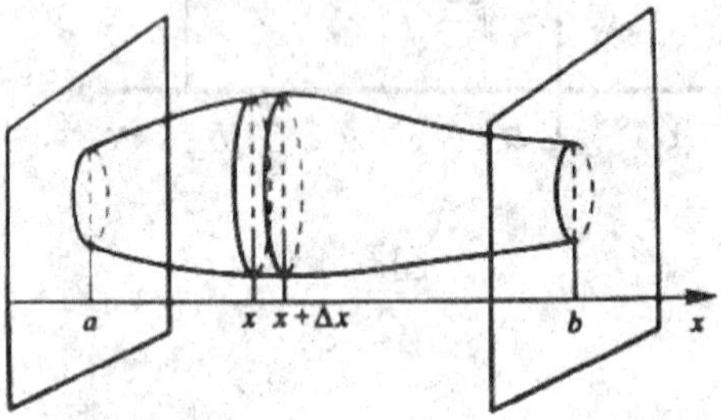

图6.6

(3) 旋转体的体积

由连续曲线 $y = f(x)$，x 轴，直线 $x = a$，$x = b$（其中 $f(x) \geqslant 0$，$a < b$）所围成的平面图形绕 x 轴旋转一周所形成的的旋转体（如图6.7）的体积为

$$V_x = \pi\int_a^b f^2(x)dx .$$

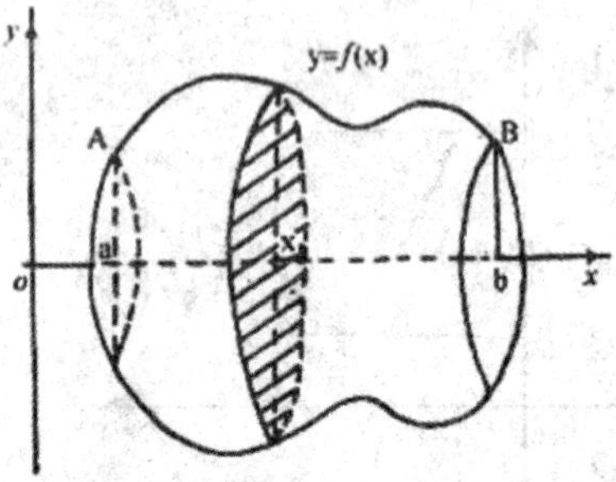

图6.7

由连续曲线 $x=\varphi(y)$，y 轴，直线 $y=c$，$y=d\,(c<d)$ 所围成的平面图形（图6.8）绕 y 轴旋转一周所得的旋转体的体积公式为

$$V_y=\pi\int_c^d\varphi^2(y)\,dy$$

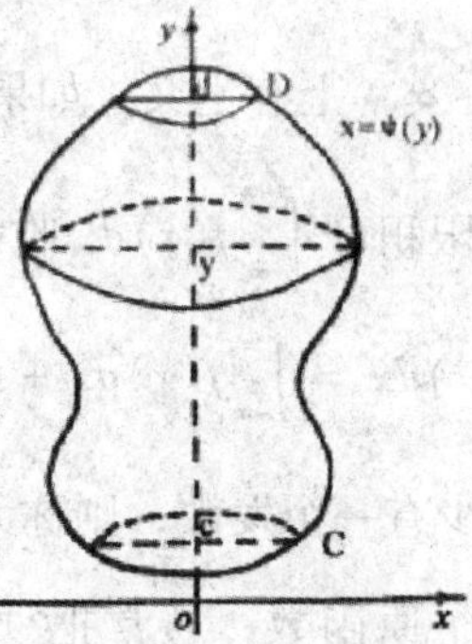

图6.8

(4) 定积分的经济应用

已知总产量变化率求总产量　设某产品的总产量 Q 的变化率是时间 t 的连续函数 $f(t)$，即 $Q'(t)=f(t)$，则该产品的总产量函数为

$$Q(t)=\int_0^t f(x)\,dx\quad(t\geqslant 0).$$

已知边际函数求总量函数　若已知边际函数 $F'(x)$，由变上限积分得 $\int_0^x F'(t)\,dt=F(x)-F(0)$，从而，所求经济函数 $F(x)$ 为

$$F(x)=\int_0^x F'(t)\,dt+F(0).$$

7. 反常积分

(1) 无穷限积分

设函数 $f(x)$ 在区间 $[a,+\infty)$ 上有定义，如果对任意实数 $b\,(b>a)$，函数 $f(x)$ 在 $[a,b]$ 上可积，则称 $\int_a^{+\infty}f(x)\,dx$ 为函数 $f(x)$ 在无穷区间 $[a,+\infty)$ 上的**无穷限积分**．若极限 $\lim\limits_{b\to+\infty}\int_a^b f(x)\,dx$ 存在，则称无穷限积分 $\int_a^{+\infty}f(x)\,dx$ **收敛**，并称此极限值为该无穷限积分的**积分值**，记为

$$\int_a^{+\infty}f(x)\,dx=\lim_{b\to+\infty}\int_a^b f(x)\,dx.$$

如果上式右端极限不存在，则称无穷限积分 $\int_a^{+\infty}f(x)\,dx$ 发散.

类似的，我们可以定义 $f(x)$ 在 $(-\infty,b]$，$(-\infty,+\infty)$ 上的无穷限积分.

设函数 $f(x)$ 在区间 $(-\infty,b]$ 上有定义，如果对任意实数 $a\,(a<b)$，函数 $f(x)$ 在 $[a,b]$ 上可积，则称 $\int_{-\infty}^b f(x)\,dx$ 为函数 $f(x)$ 在无穷区间 $(-\infty,b]$ 上的**无穷限积分**．若极限 $\lim\limits_{a\to-\infty}\int_a^b f(x)\,dx$ 存在，则称无穷限积分 $\int_{-\infty}^b f(x)\,dx$ **收敛**，并称此极限值为该无穷限积分的积分

值，记为

$$\int_{-\infty}^{b} f(x)dx = \lim_{a\to-\infty}\int_{a}^{b} f(x)dx .$$

如果上式右端极限不存在，则称无穷限积分 $\int_{-\infty}^{b} f(x)dx$ **发散**.

设函数 $f(x)$ 在区间 $(-\infty,+\infty)$ 上有定义，如果对任意实数 c，无穷限积分 $\int_{-\infty}^{c} f(x)dx$ 与 $\int_{c}^{+\infty} f(x)dx$ 都收敛，则称无穷限积分 $\int_{-\infty}^{+\infty} f(x)dx$ **收敛**，记为

$$\int_{-\infty}^{+\infty} f(x)dx = \int_{-\infty}^{c} f(x)dx + \int_{c}^{+\infty} f(x)dx .$$

如果 $\int_{-\infty}^{c} f(x)dx$ 与 $\int_{c}^{+\infty} f(x)dx$ 至少有一个发散，则称无穷限积分 $\int_{-\infty}^{+\infty} f(x)dx$ **发散**.

注 如果 $F(x)$ 是 $f(x)$ 的一个原函数，通常把 $\lim\limits_{b\to+\infty} F(x)\big|_a^b$，简记为 $F(x)\big|_a^{+\infty}$，其中 $F(+\infty)$ 看作 $\lim\limits_{x\to+\infty} F(x)$，即

$$\int_{a}^{+\infty} f(x)dx = F(x)\big|_a^{+\infty} = \lim_{x\to+\infty} F(x) - F(a) .$$

同样

$$\int_{-\infty}^{b} f(x)dx = F(x)\big|_{-\infty}^{b} = F(b) - \lim_{x\to-\infty} F(x) ,$$

$$\int_{-\infty}^{+\infty} f(x)dx = F(x)\big|_{-\infty}^{+\infty} = \lim_{x\to+\infty} F(x) - \lim_{x\to-\infty} F(x) .$$

（2）瑕积分

如果被积函数 $f(x)$ 在 $[a,b]$ 上某点（或有限个点）处无界，则称积分 $\int_{a}^{b} f(x)dx$ 为**瑕积分**，并称使被积函数无界的点为**瑕点**.

设函数 $f(x)$ 在区间 $(a,b]$ 上连续，且 $\lim\limits_{x\to a^+} f(x) = \infty$. 如果对任意小的正数 ε，函数 $f(x)$ 在区间 $[a+\varepsilon,b]$ 上皆可积，则当极限 $\lim\limits_{\varepsilon\to0^+}\int_{a+\varepsilon}^{b} f(x)dx$ 存在时，称瑕积分 $\int_{a}^{b} f(x)dx$ **收敛**，记为

$$\int_{a}^{b} f(x)dx = \lim_{\varepsilon\to0^+}\int_{a+\varepsilon}^{b} f(x)dx .$$

若上式右端极限不存在，则称瑕积分 $\int_{a}^{b} f(x)dx$ **发散**.

如果对任意小的正数 ε，函数 $f(x)$ 在区间 $[a,b-\varepsilon]$ 上皆可积，且

$$\lim_{x\to b^-} f(x) = \infty ,$$

则当极限 $\lim\limits_{\varepsilon\to0^+}\int_{a}^{b-\varepsilon} f(x)dx$ 存在时，称瑕积分 $\int_{a}^{b} f(x)dx$ 收敛，记为

$$\int_{a}^{b} f(x)dx = \lim_{\varepsilon\to0^+}\int_{a}^{b-\varepsilon} f(x)dx .$$

若上式右端极限不存在，则称瑕积分 $\int_{a}^{b} f(x)dx$ **发散**.

如果对任意小的正数 ε，函数 $f(x)$ 在区间 $[a,c-\varepsilon]$ 和 $[c+\varepsilon,b]$ 上皆可积，且 $\lim\limits_{x\to c}f(x)=\infty$ $(a<c<b)$，则当极限

$$\lim_{\varepsilon\to0^+}\int_a^{c-\varepsilon}f(x)dx+\lim_{\varepsilon\to0^+}\int_{c+\varepsilon}^b f(x)dx$$

存在时，称瑕积分 $\int_a^b f(x)dx$ 收敛，记为

$$\int_a^b f(x)dx=\lim_{\varepsilon\to0^+}\int_a^{c-\varepsilon}f(x)dx+\lim_{\varepsilon\to0^+}\int_{c+\varepsilon}^b f(x)dx.$$

若上式右端的两个极限至少有一个不存在，则称瑕积分 $\int_a^b f(x)dx$ **发散**.

同无穷限积分的表示形式一样，如果 $F(x)$ 是 $f(x)$ 的一个原函数，则

当 a 为瑕点时，$\int_a^b f(x)dx=F(x)\big|_a^b=F(b)-\lim\limits_{x\to a^+}F(x)$.

当 b 为瑕点时，$\int_a^b f(x)dx=F(x)\big|_a^b=\lim\limits_{x\to b^-}F(x)-F(a)$.

(3) 伽玛（Gamma）函数

含参变量 t（$t>0$）的反常积分 $\Gamma(t)=\int_0^{+\infty}x^{t-1}e^{-x}dx$ $(t>0)$，称为**伽玛函数**，简记做 Γ－函数.

注　Γ－函数是参变量 t 的函数，它具有如下重要性质：

① 当 $t>0$ 时，这个广义积分是收敛的.

② $\Gamma(t+1)=t\Gamma(t)$，　$t>0$，所以 $\Gamma(n+1)=n!$.

③（余元公式）$\Gamma(t)\cdot\Gamma(1-t)=\dfrac{\pi}{\sin(\pi t)}$　$(0<t<1)$.

④ 当 $t=\dfrac{1}{2}$ 时，由余元公式 $\Gamma(\dfrac{1}{2})=\sqrt{\pi}$.

二、典型方法与范例

1. 定积分的概念和性质

例1　利用定积分的几何意义求定积分.

(1) $\int_0^1 2xdx$；　(2) $\int_0^a\sqrt{a^2-x^2}dx$　$(a>0)$.

分析　由定积分的几何意义知，(1) $\int_0^1 2xdx$ 表示由直线 $y=2x, x=1$ 及 x 轴所围的三角形的面积；(2) $\int_0^a\sqrt{a^2-x^2}dx$ 表示由曲线 $y=\sqrt{a^2-x^2}, x=0, x=a$ 及 x 轴所围成的 $\dfrac{1}{4}$ 圆的面积.

解　(1) $\int_0^1 2xdx=1$.

(2) $\int_0^a\sqrt{a^2-x^2}dx=\dfrac{1}{4}\pi a^2$.

例2　根据定积分的性质，比较积分值的大小.

(1) $\int_0^1 x^2 dx$ 与 $\int_0^1 x^3 dx$；　　(2) $\int_0^1 e^x dx$ 与 $\int_0^1 (1+x)dx$；.

(3) $\int_0^{\frac{\pi}{4}} \arctan x dx$ 与 $\int_0^{\frac{\pi}{4}} (\arctan x)^2 dx$；　　(4) $\int_3^4 \ln x dx$ 与 $\int_3^4 (\ln x)^2 dx$.

分析　由比较定理知，如果在 $[a,b]$ 上，$f(x) \geq g(x)$，则 $\int_a^b f(x)dx \geq \int_a^b g(x)dx$. 所以比较定积分大小，不需要求出定积分的值，只需要比较相同积分区间上函数的大小即可.

解　(1) 当 $x \in [0,1]$ 时，$x^2 - x^3 = x^2(1-x) \geq 0$，即 $x^2 \geq x^3$，所以 $\int_0^1 x^2 dx \geq \int_0^1 x^3 dx$.

(2) 令 $f(x) = e^x - 1 - x$，$f'(x) = e^x - 1$，当 $0 \leqslant x \leqslant 1$ 时，有 $f'(x) > 0$，则 $f(x) \geq f(0) = 0$，即 $e^x \geq 1 + x$，所以 $\int_0^1 e^x dx \geq \int_0^1 (1+x)dx$.

(3) 当 $0 \leqslant x \leqslant \frac{\pi}{4}$ 时，$0 \leqslant \arctan x \leqslant 1$，则 $\arctan x \geq (\arctan x)^2$，所以

$$\int_0^{\frac{\pi}{4}} \arctan x dx \geq \int_0^{\frac{\pi}{4}} (\arctan x)^2 dx.$$

(4) 当 $3 \leqslant x \leqslant 4$ 时，$\ln x > 1$，则 $\ln x < (\ln x)^2$，所以 $\int_3^4 \ln x dx \leqslant \int_3^4 (\ln x)^2 dx$.

例 3　比较 $\int_2^1 e^x dx$，$\int_2^1 e^{x^2} dx$，$\int_2^1 (1+x)dx$ 的大小.

分析　对于定积分的大小比较，可以利用定积分的性质通过比较被积函数之间的大小来确定，本题要注意的是积分上下限的调换.

解　在 $[1,2]$ 上，有 $e^x \leqslant e^{x^2}$. 令 $f(x) = e^x - (x+1)$，则 $f'(x) = e^x - 1$，则当 $x > 0$ 时，$f'(x) > 0$，$f(x)$ 在 $(0, +\infty)$ 上单调递增，从而 $f(x) > f(0)$，可知在 $[1,2]$ 上，有 $e^x > 1 + x$. 又

$$\int_2^1 f(x)dx = -\int_1^2 f(x)dx,$$

从而有

$$\int_2^1 (1+x)dx > \int_2^1 e^x dx > \int_2^1 e^{x^2} dx.$$

例 4　估计定积分 $\int_1^4 (x^2+1)dx$ 的积分值范围.

分析　由估值定理知，估计定积分值的范围，只需要求出函数在积分区间上的最值即可.

解　在区间 $[1,4]$ 上，函数 $f(x) = x^2 + 1$ 是增函数，故在 $[1,4]$ 上的最大值 $M = f(4) = 17$，最小值 $m = f(1) = 2$，所以

$$2(4-1) \leqslant \int_1^4 (x^2+1)\mathrm{d}x \leqslant 17(4-1),$$

即

$$6 \leqslant \int_1^4 (x^2+1)dx \leqslant 51.$$

例 5　设 $f(x)$，$g(x)$ 在 $[a,b]$ 上连续，且 $g(x) \geq 0$，$f(x) > 0$，已知 $\int_a^b g(x)dx = A$，求 $\lim\limits_{n\to\infty} \int_a^b g(x) \sqrt[n]{f(x)} dx$.

分析 定积分估值定理的应用.

解 由于$f(x)$在$[a,b]$上连续，则$f(x)$在$[a,b]$上有最大值M和最小值m. 由$f(x)>0$知$M>0$，$m>0$. 又$g(x)\geq 0$，则

$$\sqrt[n]{m}\int_a^b g(x)dx \leqslant \int_a^b g(x)\sqrt[n]{f(x)}dx \leqslant \sqrt[n]{M}\int_a^b g(x)dx .$$

由于$\lim\limits_{n\to\infty}\sqrt[n]{m}=\lim\limits_{n\to\infty}\sqrt[n]{M}=1$，故由夹逼定理知

$$\lim_{n\to\infty}\int_a^b g(x)\sqrt[n]{f(x)}dx=\int_a^b g(x)dx=A .$$

例6 设$f(x)$在区间$[0,1]$上可微，且满足条件$f(1)=2\int_0^{\frac{1}{2}}xf(x)dx$，试证：存在$\xi\in(0,1)$，使$f(\xi)+\xi f'(\xi)=0$.

分析 由条件和结论容易想到应用罗尔定理，构造辅助函数$F(x)=xf(x)$，再找到相同的端点值即可.

证明 设$F(x)=xf(x)$，由积分中值定理可知，存在$\eta\in(0,1)$，使

$$\int_0^{\frac{1}{2}}xf(x)dx=\int_0^{\frac{1}{2}}F(x)dx=\frac{1}{2}F(\eta),$$

而$F(1)=f(1)=2\int_0^{\frac{1}{2}}xf(x)dx=2\cdot\frac{1}{2}F(\eta)=F(\eta)$，可知$F(x)=xf(x)$在$[\eta,1]$上满足罗尔定理，所以存在$\xi\in(\eta,1)\subset(0,1)$，使$F'(\xi)=0$，即$f(\xi)+\xi f'(\xi)=0$.

例7 求$\lim\limits_{n\to\infty}\int_n^{n+p}\frac{\sin x}{x}dx$，$p$，$n$为自然数.

分析 先求积分然后再求极限很困难，利用积分中值定理.

解 设$f(x)=\frac{\sin x}{x}$，显然$f(x)$在$[n,n+p]$上连续，由积分中值定理得

$$\int_n^{n+p}\frac{\sin x}{x}dx=\frac{\sin\xi}{\xi}\cdot p,\ \xi\in[n,n+p],$$

当$n\to\infty$时，$\xi\to\infty$，而$|\sin\xi|\leqslant 1$，故

$$\lim_{n\to\infty}\int_n^{n+p}\frac{\sin x}{x}dx=\lim_{\xi\to\infty}\frac{\sin\xi}{\xi}\cdot p=0.$$

例8 已知函数$f(x)$连续，且$f(x)=x-\int_0^1 f(x)dx$，求函数$f(x)$.

分析 此题考察是否理解定积分的定义和几何意义，设$\int_0^1 f(x)dx=a$即可.

解 设$\int_0^1 f(x)dx=a$，则$f(x)=x-a$，于是

$$a=\int_0^1 f(x)dx=\int_0^1(x-a)dx=\int_0^1 xdx-\int_0^1 adx=\frac{1}{2}-a,$$

得$a=\frac{1}{4}$，所以$f(x)=x-\frac{1}{4}$.

2. 积分上限函数及其导数

例9 计算$\lim\limits_{x\to 0}\frac{1}{x^3}\int_0^x\left(\frac{\sin t}{t}-1\right)dt$.

分析 该极限属于 $\frac{0}{0}$ 型未定式，可用洛必达法则.

解 原式 $= \lim\limits_{x\to 0}\dfrac{\dfrac{\sin x}{x}-1}{3x^2}=\lim\limits_{x\to 0}\dfrac{\sin x - x}{3x^3}=\lim\limits_{x\to 0}\dfrac{\cos x-1}{9x^2}=-\dfrac{1}{18}$.

例 10 计算 $\lim\limits_{x\to 0}\dfrac{\left(\int_0^x \ln(1+t)dt\right)^2}{x^4}$.

分析 该极限属于 $\frac{0}{0}$ 型未定式，可用洛必达法则，注意应用等价无穷小替换.

解 原式 $=\lim\limits_{x\to 0}\dfrac{2\int_0^x \ln(1+t)dt\cdot\ln(1+x)}{4x^3}=\lim\limits_{x\to 0}\dfrac{\int_0^x\ln(1+t)dt}{2x^2}=\lim\limits_{x\to 0}\dfrac{\ln(1+x)}{4x}=\dfrac{1}{4}$.

例 11 计算 $\lim\limits_{x\to 0}\dfrac{\int_0^{x^2}\sin^2 tdt}{\int_x^0 t(t-\sin t)dt}$.

分析 该极限属于 $\frac{0}{0}$ 型未定式，可用洛必达法则，注意应用等价无穷小替换.

解
$$\lim_{x\to 0}\frac{\int_0^{x^2}\sin^2 tdt}{\int_x^0 t(t-\sin t)dt}=\lim_{x\to 0}\frac{2x(\sin x^2)^2}{-x(x-\sin x)}=-2\lim_{x\to 0}\frac{(x^2)^2}{x-\sin x}$$
$$=-2\lim_{x\to 0}\frac{4x^3}{1-\cos x}=-2\lim_{x\to 0}\frac{12x^2}{\sin x}=0.$$

例 12 设 $f(x)$ 连续，且 $\int_0^{x^3-1}f(t)dt=x$，则 $f(26)=$________.

分析 等式 $\int_0^{x^3-1}f(t)dt=x$ 两边对 x 求导即可.

解 等式 $\int_0^{x^3-1}f(t)dt=x$ 两边关于 x 求导得 $f(x^3-1)\cdot 3x^2=1$，故 $x\neq 0$ 时，$f(x^3-1)=\dfrac{1}{3x^2}$，令 $x^3-1=26$ 得 $x=3$，所以 $f(26)=\dfrac{1}{27}$.

例 13 计算 $\dfrac{d}{dx}\int_0^x tf(x^2-t^2)dt$，其中 $f(x)$ 连续.

分析 要求积分上限函数的导数，但被积函数中含有 x，因此不能直接求导，必须先换元使被积函数中不含 x，然后再求导.

解 由于
$$\int_0^x tf(x^2-t^2)dt=\frac{1}{2}\int_0^x f(x^2-t^2)dt^2,$$
令 $x^2-t^2=u$，当 $t=0$ 时 $u=x^2$；当 $t=x$ 时 $u=0$，而 $dt^2=-du$，所以
$$\int_0^x tf(x^2-t^2)dt=\frac{1}{2}\int_{x^2}^0 f(u)(-du)=\frac{1}{2}\int_0^{x^2}f(u)du,$$
故

$$\frac{d}{dx}\int_0^x tf(x^2-t^2)dt=\frac{d}{dx}\left[\frac{1}{2}\int_0^{x^2}f(u)du\right]=\frac{1}{2}f(x^2)\cdot 2x=xf(x^2).$$

例 14　试求正数 a 与 b，使等式 $\lim\limits_{x\to 0}\frac{1}{x-b\sin x}\int_0^x\frac{t^2}{\sqrt{a+t^2}}dt=1$ 成立.

分析　易见该极限属于 $\frac{0}{0}$ 型的未定式，可用洛必达法则.

解　$\lim\limits_{x\to 0}\frac{1}{x-b\sin x}\int_0^x\frac{t^2}{\sqrt{a+t^2}}dt$

$$=\lim_{x\to 0}\frac{\frac{x^2}{\sqrt{a+x^2}}}{1-b\cos x}$$

$$=\lim_{x\to 0}\frac{1}{\sqrt{a+x^2}}\cdot\lim_{x\to 0}\frac{x^2}{1-b\cos x}$$

$$=\frac{1}{\sqrt{a}}\lim_{x\to 0}\frac{x^2}{1-b\cos x}$$

$$=1,$$

由此可知必有 $\lim\limits_{x\to 0}(1-b\cos x)=0$，得 $b=1$．又由 $\frac{1}{\sqrt{a}}\lim\limits_{x\to 0}\frac{x^2}{1-\cos x}=\frac{2}{\sqrt{a}}=1$，得 $a=4$，所以 $a=4$，$b=1$ 为所求.

例 15　设 $f(x)$ 在 $[0,+\infty)$ 内连续且 $f(x)>0$，证明：函数 $F(x)=\frac{\int_0^x tf(t)dt}{\int_0^x f(t)dt}$ 在 $(0,+\infty)$ 内为单调递增函数.

分析　要证函数为单调增函数，只需要证明函数导数恒大于零即可.

证明　$F'(x)=\frac{xf(x)\int_0^x f(t)\mathrm{d}t-f(x)\int_0^x tf(t)dt}{\left(\int_0^x f(t)dt\right)^2}=\frac{f(x)\int_0^x(x-t)f(t)dt}{\left(\int_0^x f(t)dt\right)^2}.$

因为 $\left(\int_0^x f(t)dt\right)^2>0$，且当 $0<t<x$ 时，$(x-t)f(t)>0$，得 $\int_0^x(x-t)f(t)dt>0$，因此，

$$\frac{f(x)\int_0^x(x-t)f(t)dt}{\left(\int_0^x f(t)dt\right)^2}>0,$$

即 $F'(x)>0$，所以 $F(x)$ 在 $(0,+\infty)$ 内为单调增加函数.

例 16　求函数 $f(x)=\int_0^x te^{-t^2}dt$ 的极值.

分析　求函数的极值，只需找到函数一阶导数为零的点和一阶导数不存在的点，再加以判断即可.

解　$f'(x)=xe^{-x^2}$，令 $f'(x)=0$，得唯一驻点 $x_1=0$.

由于 $f''(x)=(1-2x^2)e^{-x^2}$，所以 $f''(0)=1>0$，由极值点的第二判别法知，$x_1=0$

为极小值点，函数$f(x) = \int_0^x te^{-t^2}dt$ 在 $x_1 = 0$ 处取得极小值$f(0) = 0$.

方法总结：积分上限函数$\int_a^x f(t)dt$ 是自变量 x 的可导函数，在求导时，是关于 x 求导数，在求定积分时，则把 x 看作常数，积分变量 t 在积分区间$[a,x]$上变动. 弄清函数变量和积分变量的区别是对积分上限函数进行正确运算的前提. 在对变限积分求导时，必须正确使用变限积分的求导公式.

3．**定积分的计算**

例 17 计算 $\int_0^{\ln 3} \frac{1}{\sqrt{e^x+1}}dx$.

分析 被积函数含有根号，考虑去掉根号然后再积分.

解 令 $\sqrt{e^x+1} = t$，$x = \ln(t^2-1)$，$dx = \frac{2t}{t^2-1}dt$，当 $x = 0$ 时 $t = \sqrt{2}$，$x = \ln 3$ 时 $t = 2$.

$$\int_0^{\ln 3} \frac{1}{\sqrt{e^x+1}}dx = \int_{\sqrt{2}}^2 \frac{1}{t}\cdot\frac{2t}{t^2-1}dt = \int_{\sqrt{2}}^2 \frac{2}{t^2-1}dt = \int_{\sqrt{2}}^2 \frac{dt}{t-1} - \int_{\sqrt{2}}^2 \frac{dt}{t+1} = \ln|t-1|\Big|_{\sqrt{2}}^2 - \ln|t+1|\Big|_{\sqrt{2}}^2 = \ln\frac{\sqrt{2}+1}{3(\sqrt{2}-1)}.$$

例 18 计算 $\int_0^{\frac{\pi}{4}} \tan^3 x dx$.

分析 考虑三角函数的恒等变形.

解 $\int_0^{\frac{\pi}{4}} \tan^3 x dx = \int_0^{\frac{\pi}{4}} (\sec^2 x - 1)\tan x dx$

$$= \int_0^{\frac{\pi}{4}} \sec^2 x\tan x dx - \int_0^{\frac{\pi}{4}} \tan x dx$$

$$= \frac{\tan^2 x}{2}\Big|_0^{\frac{\pi}{4}} + \ln|\cos x|\Big|_0^{\frac{\pi}{4}}$$

$$= \frac{1-\ln 2}{2}.$$

例 19 计算 $\int_0^{\frac{1}{2}} \frac{8x - \arctan 2x}{1+4x^2}dx$.

分析 被积函数含有反三角函数，注意 $(\arctan 2x)' = \frac{2}{1+4x^2}$，所以先分解，再求积分.

解 $\int_0^{\frac{1}{2}} \frac{8x-\arctan 2x}{1+4x^2}dx = \int_0^{\frac{1}{2}} \frac{d(1+4x^2)}{1+4x^2} - \int_0^{\frac{1}{2}} \frac{\arctan 2x}{1+4x^2}dx$

$$= \ln(1+4x^2)\Big|_0^{\frac{1}{2}} - \frac{1}{2}\int_0^{\frac{1}{2}} \arctan 2x d(\arctan 2x)$$

$$= \ln 2 - \frac{1}{4}(\arctan 2x)^2\Big|_0^{\frac{1}{2}}$$

$= \ln 2 - \frac{\pi^2}{64}$.

例 20 设 $f(x)=\begin{cases}1+x^2, & x<0\\ e^x, & x\geq 0\end{cases}$，求 $\int_1^3 f(x-2)dx$.

分析 应先分析被积函数的积分区间，再分段求值.

解 令 $t=x-2$，则 $x=1, t=-1; x=3, t=1$.

$$\int_{-1}^{1} f(t)dt = \int_{-1}^{0}(1+x^2)dx + \int_0^1 e^x dx$$

$$= \left(x+\frac{x^3}{3}\right)\Big|_{-1}^{0} + e^x\Big|_0^1 = \frac{4}{3}+e-1 = \frac{1}{3}+e.$$

例 21 计算 $\int_0^{\frac{\pi}{4}} \frac{\sin x}{1+\sin x}dx$.

分析 此题为三角有理式积分，考虑恒等变形.

解 $\int_0^{\frac{\pi}{4}} \frac{\sin x}{1+\sin x}dx = \int_0^{\frac{\pi}{4}} \frac{\sin x(1-\sin x)}{1-\sin^2 x}dx$

$$= \int_0^{\frac{\pi}{4}} \frac{\sin x}{\cos^2 x}dx - \int_0^{\frac{\pi}{4}} \tan^2 x dx$$

$$= -\int_0^{\frac{\pi}{4}} \frac{d\cos x}{\cos^2 x} - \int_0^{\frac{\pi}{4}} (\sec^2 x - 1)dx$$

$$= \frac{1}{\cos x}\Big|_0^{\frac{\pi}{4}} - (\tan x - x)\Big|_0^{\frac{\pi}{4}}$$

$$= \frac{\pi}{4} - 2 + \sqrt{2}.$$

例 22 计算 $\int_{e^{\frac{1}{2}}}^{e^{\frac{3}{4}}} \frac{dx}{x\sqrt{\ln x(1-\ln x)}}$.

分析 被积函数中含有 $\frac{1}{x}$ 及 $\ln x$，考虑第一换元积分法.

解 $\int_{e^{\frac{1}{2}}}^{e^{\frac{3}{4}}} \frac{dx}{x\sqrt{\ln x(1-\ln x)}}$

$$= \int_{e^{\frac{1}{2}}}^{e^{\frac{3}{4}}} \frac{d(\ln x)}{\sqrt{\ln x(1-\ln x)}}$$

$$= \int_{e^{\frac{1}{2}}}^{e^{\frac{3}{4}}} \frac{d(\ln x)}{\sqrt{\ln x}\sqrt{1-(\sqrt{\ln x})^2}}$$

$$= \int_{e^{\frac{1}{2}}}^{e^{\frac{3}{4}}} \frac{2d(\sqrt{\ln x})}{\sqrt{1-(\sqrt{\ln x})^2}}$$

$$= [2\arcsin(\sqrt{\ln x})]\Big|_{e^{\frac{1}{2}}}^{e^{\frac{3}{4}}}$$

$= \dfrac{\pi}{6}$.

例 23　计算 $\int_0^{2a} x\sqrt{2ax - x^2}dx$，其中 $a > 0$.

分析　被积函数含有根式，先配方再做换元，令 $x - a = a\sin t$.

解　$\int_0^{2a} x\sqrt{2ax - x^2}dx = \int_0^{2a} x\sqrt{a^2 - (x-a)^2}dx$，令 $x - a = a\sin t$，则

$$\begin{aligned}&\int_0^{2a} x\sqrt{2ax - x^2}dx\\ &= a^3\int_{-\frac{\pi}{2}}^{\frac{\pi}{2}}(1 + \sin t)\cos^2 t dt\\ &= 2a^3\int_0^{\frac{\pi}{2}}\cos^2 t dt + 0\\ &= \frac{\pi}{2}a^3.\end{aligned}$$

例 24　计算 $\int_{-1}^{1}\dfrac{2x^2 + x}{1 + \sqrt{1 - x^2}}dx$.

分析　由于积分区间关于原点对称，因此首先应考虑被积函数的奇偶性. 此题虽然含有 $\sqrt{1 - x^2}$，却不适用于第二换元.

解　$\int_{-1}^{1}\dfrac{2x^2 + x}{1 + \sqrt{1 - x^2}}dx = \int_{-1}^{1}\dfrac{2x^2}{1 + \sqrt{1 - x^2}}dx + \int_{-1}^{1}\dfrac{x}{1 + \sqrt{1 - x^2}}dx$. 由于 $\dfrac{2x^2}{1 + \sqrt{1 - x^2}}$ 是偶函数，而 $\dfrac{x}{1 + \sqrt{1 - x^2}}$ 是奇函数，有 $\int_{-1}^{1}\dfrac{x}{1 + \sqrt{1 - x^2}}dx = 0$，于是

$$\begin{aligned}&\int_{-1}^{1}\frac{2x^2 + x}{1 + \sqrt{1 - x^2}}dx\\ &= 4\int_0^1\frac{x^2}{1 + \sqrt{1 - x^2}}dx\\ &= 4\int_0^1\frac{x^2(1 - \sqrt{1 - x^2})}{x^2}dx\\ &= 4\int_0^1 dx - 4\int_0^1\sqrt{1 - x^2}dx.\end{aligned}$$

由定积分的几何意义可知 $\int_0^1\sqrt{1 - x^2}dx = \dfrac{\pi}{4}$，故

$$\int_{-1}^{1}\frac{2x^2 + x}{1 + \sqrt{1 - x^2}}dx = 4\int_0^1 dx - 4\cdot\frac{\pi}{4} = 4 - \pi.$$

例 25　计算 $\int_0^a\dfrac{dx}{x + \sqrt{a^2 - x^2}}$，其中 $a > 0$.

分析　被积函数含有 $\sqrt{a^2 - x^2}$，令 $x = a\sin t$.

解　令 $x = a\sin t$，则 $x = 0, t = 0; x = a, t = \dfrac{\pi}{2}$.

$$\int_0^a \frac{dx}{x + \sqrt{a^2 - x^2}}$$

$$= \int_0^{\frac{\pi}{2}} \frac{\cos t}{\sin t + \cos t} dt$$

$$= \frac{1}{2} \int_0^{\frac{\pi}{2}} \frac{(\sin t + \cos t) + (\cos t - \sin t)}{\sin t + \cos t} dt$$

$$= \frac{1}{2} \int_0^{\frac{\pi}{2}} [1 + \frac{(\sin t + \cos t)'}{\sin t + \cos t}] dt$$

$$= \frac{1}{2}(t + \ln|\sin t + \cos t|)\Big|_0^{\frac{\pi}{2}}$$

$$= \frac{\pi}{4}.$$

例 26 计算 $\int_0^{\ln 5} \frac{e^x \sqrt{e^x - 1}}{e^x + 3} dx$.

分析 被积函数中含有根式，令 $u = \sqrt{e^x - 1}$.

解 设 $u = \sqrt{e^x - 1}$, $x = \ln(u^2 + 1)$, $dx = \frac{2u}{u^2 + 1} du$，则

$$\int_0^{\ln 5} \frac{e^x \sqrt{e^x - 1}}{e^x + 3} dx$$

$$= \int_0^2 \frac{(u^2 + 1)u}{u^2 + 4} \cdot \frac{2u}{u^2 + 1} du = 2\int_0^2 \frac{u^2}{u^2 + 4} du = 2\int_0^2 \frac{u^2 + 4 - 4}{u^2 + 4} du$$

$$= 2\int_0^2 du - 8\int_0^2 \frac{1}{u^2 + 4} du = 4 - \pi.$$

例 27 $\int_0^{\frac{\pi}{4}} \frac{x}{1 + \cos 2x} dx$.

分析 被积函数为幂函数与三角函数的乘积，考虑分部积分法

解 原式 $= \int_0^{\frac{\pi}{4}} \frac{x}{2\cos^2 x} dx = \frac{1}{2}\int_0^{\frac{\pi}{4}} x d\tan x = \frac{1}{2} x\tan x\big|_0^{\frac{\pi}{4}} - \frac{1}{2}\int_0^{\frac{\pi}{4}} \tan x dx$

$$= \frac{\pi}{8} + \frac{1}{2}\ln\cos x\big|_0^{\frac{\pi}{4}} = \frac{\pi}{8} - \frac{\ln 2}{4}.$$

例 28 计算 $\int_0^1 \frac{\ln(1 + x)}{(3 - x)^2} dx$.

分析 被积函数为幂函数与对数函数乘积，考虑分部积分法.

解 $\int_0^1 \frac{\ln(1 + x)}{(3 - x)^2} dx$

$$= \int_0^1 \ln(1 + x) d(\frac{1}{3 - x})$$

$$= [\frac{1}{3 - x}\ln(1 + x)]_0^1 - \int_0^1 \frac{1}{(3 - x)} \cdot \frac{1}{(1 + x)} dx$$

$$= \frac{1}{2}\ln 2 - \frac{1}{4}\int_0^1 \left(\frac{1}{1+x} + \frac{1}{3-x}\right) dx$$

$$= \frac{1}{2}\ln 2 - \frac{1}{4}\ln 3 .$$

例 29 计算 $\int_0^{\frac{\pi}{2}} e^x \sin^2 x dx$.

分析 被积函数为指数函数与三角函数的乘积，考虑分部积分法. 但是三角函数含有平方项，一定要先降幂，后积分.

解 $\int_0^{\frac{\pi}{2}} e^x \sin^2 x dx = \frac{1}{2}\int_0^{\frac{\pi}{2}} (1 - \cos 2x) e^x dx$

$$= -\frac{1}{2}\int_0^{\frac{\pi}{2}} e^x \cos 2x dx + \frac{e^{\frac{\pi}{2}}}{2} - \frac{1}{2}$$

而 $\int_0^{\frac{\pi}{2}} e^x \cos 2x dx = e^x \cos 2x \Big|_0^{\frac{\pi}{2}} + 2\int_0^{\frac{\pi}{2}} e^x \sin 2x dx$

$$= e^x (\cos 2x + 2\sin 2x) \Big|_0^{\frac{\pi}{2}} - 4\int_0^{\frac{\pi}{2}} e^x \cos 2x dx ,$$

$$= -\left(e^{\frac{\pi}{2}} + 1\right) - 4\int_0^{\frac{\pi}{2}} e^x \cos 2x dx$$

整理得

$$\int_0^{\frac{\pi}{2}} e^x \cos 2x dx = -\frac{1}{5}\left(e^{\frac{\pi}{2}} + 1\right) ,$$

从而

$$\int_0^{\frac{\pi}{2}} e^x \sin^2 x dx = \frac{1}{5}\left(3e^{\frac{\pi}{2}} - 2\right) .$$

例 30 计算 $\int_0^1 x\arcsin x dx$.

分析 被积函数为反三角函数与幂函数的乘积，考虑分部积分法.

解 $\int_0^1 x\arcsin x dx$

$$= \int_0^1 \arcsin x d\left(\frac{x^2}{2}\right)$$

$$= \left(\frac{x^2}{2}\arcsin x\right)\Big|_0^1 - \int_0^1 \frac{x^2}{2} d(\arcsin x)$$

$$= \frac{\pi}{4} - \frac{1}{2}\int_0^1 \frac{x^2}{\sqrt{1-x^2}} dx .$$

令 $x = \sin t$ ，则

$$\int_0^1 \frac{x^2}{\sqrt{1-x^2}} dx = \int_0^{\frac{\pi}{2}} \frac{\sin^2 t}{\sqrt{1-\sin^2 t}} d\sin t = \int_0^{\frac{\pi}{2}} \frac{\sin^2 t}{\cos t} \cdot \cos t dt = \int_0^{\frac{\pi}{2}} \sin^2 t dt$$

$$= \int_0^{\frac{\pi}{2}} \frac{1 - \cos 2t}{2} dt = \left(\frac{t}{2} - \frac{\sin 2t}{4}\right)\Big|_0^{\frac{\pi}{2}} = \frac{\pi}{4} .$$

所以 $\int_0^1 x\arcsin x dx = \frac{\pi}{8}$.

例 31　设 $f''(x)$ 在 $[a,b]$ 上连续，且 $f(0)=0, f(2)=4, f'(2)=2$，求 $\int_0^1 xf''(2x)dx$.

分析　两次运用分部积分法.

解　
$$\begin{aligned}\int_0^1 xf''(2x)dx &= \frac{1}{2}\int_0^1 xdf'(2x)\\ &= \frac{1}{2}xf'(2x)\Big|_0^1 - \frac{1}{2}\int_0^1 f'(2x)dx\\ &= \frac{1}{2}f'(2) - \frac{1}{4}f(2x)\Big|_0^1\\ &= 0.\end{aligned}$$

例 32　设 $f(x)$ 在 $[0,1]$ 上具有一阶连续导数，$f(0)=1$，$\int_0^1 [f(x)+f'(x)]e^x dx = 1$，求 $f(1)$.

分析　被积函数中含有 $f'(x)$，可考虑用分部积分法求解.

解　
$$\begin{aligned}\int_0^1 [f(x)+f'(x)]e^x dx &= \int_0^1 f(x)e^x dx + \int_0^1 e^x df(x)\\ &= \int_0^1 f(x)e^x dx + e^x f(x)\Big|_0^1 - \int_0^1 e^x f(x)dx\\ &= ef(1) - f(0)\\ &= 1.\end{aligned}$$

故 $f(1) = \frac{1+f(0)}{e} = \frac{2}{e}$.

方法总结：(1) 牛顿 - 莱布尼茨公式给出了计算定积分的一个有效的方法：计算定积分 $\int_a^b f(x)dx$，只需求出 $f(x)$ 在区间 $[a,b]$ 上的任意一个原函数 $F(x)$，然后代入积分上下限作差，计算 $F(b)-F(a)$ 即可.

(2) 应用定积分的换元积分法，切记换元的同时积分上下限也要做相应的变化，上限对上限，下限对下限，并不要求上下限的大小关系，求得关于新变量的原函数后，直接将新的积分上下限代入计算就可以了. 定积分的分部积分法则与不定积分的分部积分法完全类似，只是积分以后要把积分限代入.

(3) 若积分区间为对称区间，可以利用被积函数的奇偶性来简化运算.

(4) 若被积函数中含有绝对值，要先化掉绝对值，然后再积分.

例 33　设 $f(x)$ 与 $\varphi(x)$ 都在 $(-\infty, +\infty)$ 上连续，且 $\int_1^{x^3} f(t)dt = \int_1^x \varphi(t)dt$ 恒成立，求 $\varphi(x)$ 由 $f(x)$ 所表达的函数形式.

分析　只有当两个定积分的上下限和被积函数完全相同时，它们才能恒等，所以此题一定要先统一两个定积分的积分限.

证明　令 $t=u^3, dt=3u^2du$，则

$\int_1^{x^3} f(t)dt = \int_1^x 3u^2 f(u^3)du = \int_1^x 3t^2 f(t^3)dt$，

所以当$\int_1^{x^3} f(t)dt = \int_1^x \varphi(t)dt$恒成立时，必有$\varphi(x) = 3x^2 f(x^3)$.

例 34 若$f(t)$是连续函数且为奇函数，证明：$\int_0^x f(t)dt$是偶函数；若$f(t)$是连续函数且为偶函数，证明：$\int_0^x f(t)dt$是奇函数.

分析 由函数奇偶性定义，做代换$t = -u$即可证明.

证明 若$f(t)$为奇函数，则$f(-t) = -f(t)$，令$F(x) = \int_0^x f(t)dt$，令$t = -u$，可得

$$F(-x) = \int_0^{-x} f(t)dt = -\int_0^x f(-u)du = \int_0^x f(u)du = F(x),$$

所以$F(x) = \int_0^x f(t)dt$是偶函数. 若$f(t)$为偶函数，则$f(-t) = f(t)$，令$t = -u$，可得

$$F(-x) = \int_0^{-x} f(t)dt = -\int_0^x f(-u)du = -\int_0^x f(u)du = -F(x),$$

所以$F(x) = \int_0^x f(t)dt$是奇函数.

例 35 证明：$\int_0^1 x^m (1-x)^n dx = \int_0^1 x^n (1-x)^m dx$.

分析 做代换$1 - x = t$即可.

证明 令$1 - x = t$，则$dx = -dt$，当$x = 0$时，$t = 1$；当$x = 1$时，$t = 0$；于是

$$\int_0^1 x^m (1-x)^n dx = \int_1^0 (1-t)^m t^n (-dt) = \int_0^1 t^n (1-t)^m dt = \int_0^1 x^n (1-x)^m dx,$$

即$\int_0^1 x^m (1-x)^n dx = \int_0^1 x^n (1-x)^m dx$.

例 36 设$f(x)$为连续函数，证明：$\int_0^x [\int_0^u f(t)dt] du = \int_0^x (x-u)f(u)du$.

分析 由变上限积分函数的特点，考虑分部积分法.

证明 令$F(u) = \int_0^u f(x)dx$，则$F'(u) = f(u)$，则

$$\begin{aligned}\int_0^x (\int_0^u f(x)dx)du &= \int_0^x F(u)du = uF(u)\Big|_0^x - \int_0^x uF'(u)du \\ &= xF(x) - \int_0^x uf(u)du \\ &= x\int_0^x f(u)du - \int_0^x uf(u)du \\ &= \int_0^x xf(u)du - \int_0^x uf(u)du \\ &= \int_0^x (x-u)f(u)du.\end{aligned}$$

方法总结：定积分等式的证明，常用的方法有换元积分法、分部积分法、构造函数法以及定积分的性质.

4．定积分的应用

例 37　求由曲线 $y=2x^2+3x-5$，$y=1-x^2$ 所围成平面图形面积.

分析　作出图形，选择相应公式转化为定积分求值.

解　由 $\begin{cases} y=2x^2+3x-5 \\ y=1-x^2 \end{cases}$ 解得交点（-2，-3），(1,0)．

$$S=\int_{-2}^{1}[1-x^2-(2x^2+3x-5)]dx=\int_{-2}^{1}(6-3x^2-3x)dx=13\frac{1}{2}.$$

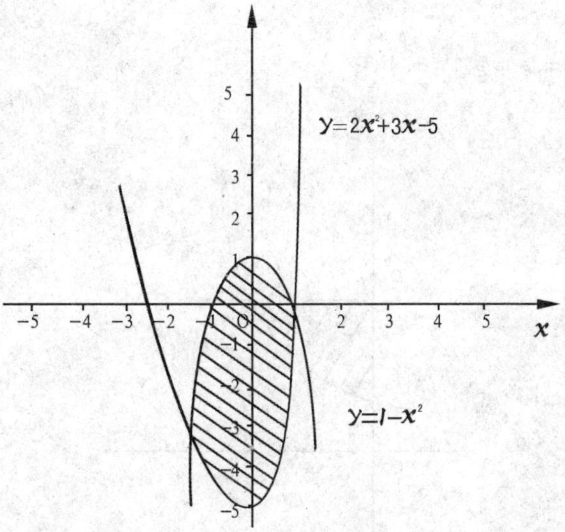

例 38　抛物线 $y^2=2x$ 把圆 $x^2+y^2=8$ 分成两部分，求这两部分面积之比.

分析　作图，应用定积分求面积公式即可.

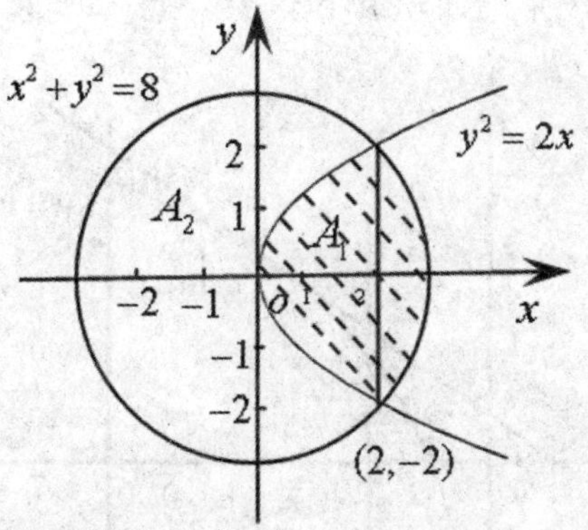

解　抛物线 $y^2=2x$ 与圆 $x^2+y^2=8$ 的交点分别为 (2,2) 与 (2，-2)，如图所示，抛物线将圆分成两个部分 A_1，A_2，记它们的面积分别为 S_1，S_2，则有

$$S_1=\int_{-2}^{2}\left(\sqrt{8-y^2}-\frac{y^2}{2}\right)dy=8\int_{-\frac{\pi}{4}}^{\frac{\pi}{4}}\cos^2\theta d\theta-\frac{8}{3}=\frac{4}{3}+2\pi,$$

$$S_2=8\pi-A_1=6\pi-\frac{4}{3},$$

于是

$$\frac{S_1}{S_2}=\frac{\frac{4}{3}+2\pi}{6\pi-\frac{4}{3}}=\frac{3\pi+2}{9\pi-2}.$$

例 39 求由曲线 $y=e^x$，直线 $y=e$，$x=0$ 所围成平面图形面积.

分析 作出图形，选择相应公式转化为定积分求值.

解 $S=\int_1^e \ln y dy=(y\ln y)\big|_1^e-\int_1^e dy=e-(e-1)=1.$

或者

$S=\int_0^1[e-e^x]dx=e-e^x\big|_0^1=1.$

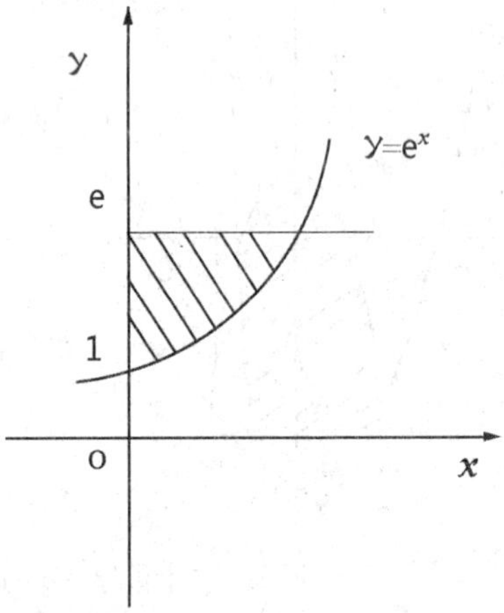

例 40 求曲线 $y=\ln x$ 在区间 $(2,6)$ 内的一条切线，使得该切线与直线 $x=2$，$x=6$ 和曲线 $y=\ln x$ 所围成平面图形的面积最小.

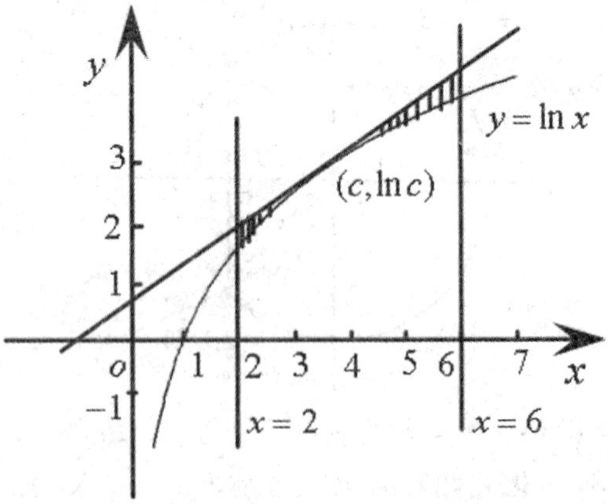

分析 先求出平面图形面积的表达式，再由最值定理求面积的最小值.

解 设所求切线与曲线 $y=\ln x$ 相切于点 $(c,\ln c)$，则切线方程为 $y-\ln c=\frac{1}{c}(x-c)$. 又切线与直线 $x=2$，$x=6$ 和曲线 $y=\ln x$ 所围成的平面图形的面积为

$$A=\int_2^6\left[\frac{1}{c}(x-c)+\ln c-\ln x\right]dx=4\left(\frac{4}{c}-1\right)+4\ln c+4-6\ln 6+2\ln 2,$$

所以 $\frac{dA}{dc}=-\frac{16}{c^2}+\frac{4}{c}=-\frac{4}{c^2}(4-c)$，令 $\frac{dA}{dc}=0$，解得驻点 $c=4$．当 $c<4$ 时 $\frac{dA}{dc}<0$，而当 $c>4$ 时 $\frac{dA}{dc}>0$．故当 $c=4$ 时，A 取得极小值．由于驻点唯一．所以当 $c=4$ 时，A 取得最小值．此时切线方程为 $y=\frac{1}{4}x-1+\ln 4$．

方法总结：利用定积分求平面图形面积，步骤为：

（1）由已知条件，画出平面图形的草图，求出曲线交点；

（2）判断草图符合哪种公式，直接利用公式转化成定积分求值；

（3）若图形不为上面给出的两种形式，则把所求平面图形分成若干小块，每一小块都是上面给出的两种形式中的一种，所求面积等于各小块面积之和．

例 41　有一立体以抛物线 $y^2=2x$ 与直线 $x=2$ 所围成的图形为底，而垂直于抛物线的轴的截面都是等边三角形，如图所示，求此立体体积．

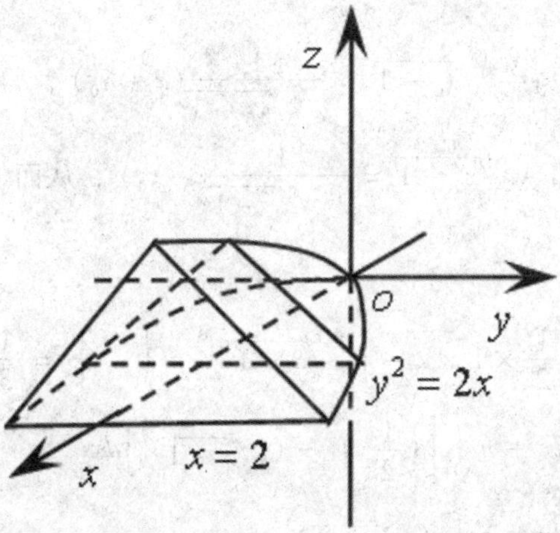

分析　求出平行截面积 $S(x)$，应用平行截面积已知的体积公式即可．

解　过 x 轴上坐标为 x 的点作垂直于 x 轴的平面，与立体相截的截面为等边三角形，其底边长为 $2\sqrt{2x}$，得等边三角形的面积为

$$A(x)=\frac{\sqrt{3}}{4}(2\sqrt{2x})^2=2\sqrt{3}x^2.$$

于是所求体积为 $V=\int_0^2 A(x)dx=\int_0^2 2\sqrt{3}x^2dx=\frac{16\sqrt{3}}{3}$．

例 42　求由曲线 $y=x^2$，$x=y^2$ 所围成的图形，绕 y 轴旋转所得的旋转体的体积．

分析　应用旋转体体积公式即可．

解　$V=\pi\int_0^1[(\sqrt{y})^2-y^4]dy=\pi\left[\frac{y^2}{2}\Big|_0^1-\frac{y^5}{5}\Big|_0^1\right]=\frac{3\pi}{10}$．

例 43　过坐标原点作曲线 $y=\sqrt{x-1}$ 的切线，该切线与曲线 $y=\sqrt{x-1}$ 及 x 轴围成平

面图形 D，(1) 求该平面图形 D 的面积，(2) 求该平面图形 D 分别绕 x 轴和 y 轴旋转一周所得旋转体的体积 V_x 和 V_y .

分析 求出切线方程，应用旋转体体积公式即可.

解 如图

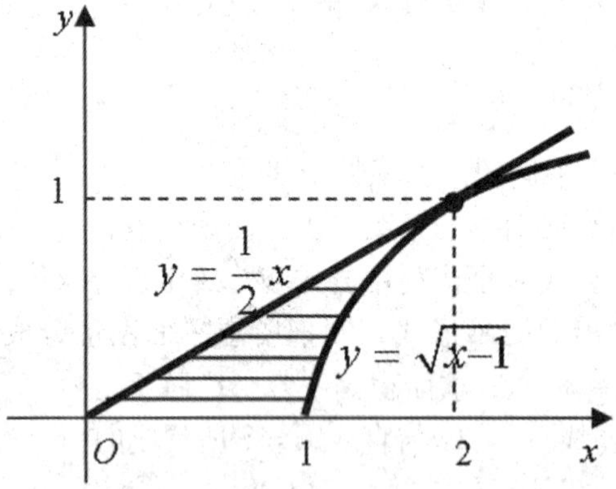

(1) 设切点为 $(x_0, \sqrt{x_0-1})$，则曲线 $y=\sqrt{x-1}$ 在点 $(x_0, \sqrt{x_0-1})$ 处的切线方程为

$$y-\sqrt{x_0-1}=\frac{1}{2\sqrt{x_0-1}}(x-x_0),$$

由于该切线过原点，知 $-\sqrt{x_0-1}=\frac{1}{2\sqrt{x_0-1}}(-x_0)$，从而 $x_0=2$，所以切线方程为

$y=\frac{x}{2}$，从而 D 的面积

$$S=\frac{1}{2}\times1\times2-\int_1^2\sqrt{x-1}dx=1-\frac{2}{3}=\frac{1}{3}.$$

$$(2)\ V_x=\pi\int_0^1\left(\frac{1}{2}x\right)^2dx+\pi\int_1^2\left[\left(\frac{1}{2}x\right)^2-(\sqrt{x-1})^2\right]dx$$

$$=\pi\int_0^2\left(\frac{1}{2}x\right)^2dx-\pi\int_1^2(\sqrt{x-1})^2dx$$

$$=\frac{\pi}{12}x^3\Big|_0^2-\frac{\pi}{2}(x-1)^2\Big|_1^2=\frac{\pi}{6}$$

$$V_y=\pi\int_0^1[(y^2+1)^2-(2y)^2]dy=\pi\int_0^1(y^4-2y^2+1)dy=\frac{8}{15}\pi.$$

方法总结：(1) 求平行截面积 $S(x)$ 已知的立体的体积，则此立体的体积 $V=\int_a^b S(x)dx$.

(2) 求平面图形绕 x 轴或绕 y 轴旋转一周所形成的旋转体的体积，则先画出平面图形，求出交点，判别是否为平底实心，再利用旋转体求体积公式转化为定积分求值.

例 44 设某企业边际成本是产量 Q 的函数 $C'(Q)=2e^{0.2Q}$（万元/单位），其固定成本为 $C_0=90$（万元），求总成本函数.

分析 应用已知边际函数求总量函数公式 $F(x)=\int_0^x F'(t)dt+F(0)$.

解 总成本函数为

$$C(Q)=\int_0^Q C'(t)dt+C_0=\int_0^Q 2e^{0.2t}dt+90$$
$$=10e^{0.2t}\Big|_0^Q+90=10e^{0.2Q}+80.$$

例 45　设某产品的边际收益是产量 Q 的函数 $R'(Q)=15-2Q$（元/单位），试求总收益函数

分析　应用已知边际函数求总量函数公式.

解　总收益函数为

$$R(Q)=\int_0^Q(15-2t)dt=15Q-Q^2.$$

例 46　已知某产品产量的变化率是时间 t（单位：月）的函数 $f(t)=2t+5, t\geq 0$，求第一个 5 月和第二个 5 月的总产量各是多少?

分析　应用已知总产量变化率求总产量公式 $Q(t)=\int_0^t f(x)dx \quad (t\geq 0)$.

解　设产品总产量为 $Q(t)$，则 $Q'(t)=f(t)$，第一个 5 月的总产量

$$Q_1=\int_0^5 f(t)dt=\int_0^5(2t+5)dt=(t^2+5t)\Big|_0^5=50.$$

第二个 5 月的总产量为

$$Q_2=\int_5^{10} f(t)dt=\int_5^{10}(2t+5)dt=(t^2+5t)\Big|_5^{10}=100.$$

例 47　某厂生产某产品 Q（百台）的总成本 $C(Q)$（万元）的变化率为 $C'(Q)=2$（设固定成本为零），总收益 $R(Q)$（万元）的变化率为产量 Q（百台）的函数 $R'(Q)=7-2Q$. 问

（1）生产量为多少时，总利润最大？最大利润为多少?

（2）在利润最大的基础上又多生产了 50 台，总利润减少了多少?

分析　先求利润函数，在应用最值定理即可.

解　（1）总利润 $L(Q)=R(Q)-C(Q)$，当 $L'(Q)=0$ 时，即 $7-2Q-2=0$，解得 $Q=2.5$（百台）时，总利润最大，此时的总成本和总收益分别为

$$C=\int_0^{2.5}C'(Q)dQ=\int_0^{2.5}2dQ=2Q\Big|_0^{2.5}=5$$

$$R=\int_0^{2.5}R'(Q)dQ=\int_0^{2.5}(7-2Q)dQ=(7Q-Q^2)\Big|_0^{2.5}=11.25$$

总利润 $L=R-C=11.25-5=6.25$（万元），即当产量为 2.5（百台）时，总利润最大，最大利润是 6. 25 万元.

（2）在利润最大的基础上又生产了 50 台，此时产量为 300 台. 总成本

$$C=\int_0^3 C'(Q)dQ=\int_0^3 2dQ=6,$$

总收入

$$R=\int_0^3 R'(Q)dQ=\int_0^3(7-2Q)dQ=(7Q-Q^2)\Big|_0^3=12,$$

总利润为

$$L=R-C=12-6=6\text{（万元）},$$

所以在利润最大的基础上又生产了 50 台时，总利润减少了 $6.25-6=0.25$ 万元.

5. 反常积分初步

例 48　下列解法是否正确？为什么？

$$\int_{-1}^{2} \frac{1}{x}dx = \ln|x|\,\Big|_{-1}^{2} = \ln2 - \ln1 = \ln2 .$$

分析　瑕积分不能直接应用牛顿－莱布尼茨公式计算.

解　不正确. 因为 $\frac{1}{x}$ 在 $[-1,2]$ 上存在无穷间断点 $x = 0$，所以 $\int_{-1}^{2} \frac{1}{x}\mathrm{d}x$ 不能直接应用牛顿－莱布尼茨公式计算. 事实上，

$$\int_{-1}^{2} \frac{1}{x}dx = \int_{-1}^{0} \frac{1}{x}dx + \int_{0}^{2} \frac{1}{x}dx = \lim_{\varepsilon\to0^+}\int_{-1}^{-\varepsilon} \frac{1}{x}dx + \lim_{\varepsilon\to0^+}\int_{\varepsilon}^{2} \frac{1}{x}dx .$$

而 $\lim\limits_{\varepsilon\to0^+}\int_{-1}^{-\varepsilon} \frac{1}{x}dx = (\ln|x|)\Big|_{-1}^{-\varepsilon} = \lim\limits_{\varepsilon\to0^+}\ln\varepsilon = \infty$，所以 $\int_{-1}^{2} \frac{1}{x}dx$ 发散.

例 49　计算 $\int_{0}^{+\infty} \frac{dx}{x^2 + 4x + 3}$.

分析　该积分是无穷限的的反常积分，用定义来计算.

解

$$\int_{0}^{+\infty} \frac{dx}{x^2 + 4x + 3} = \lim_{b\to+\infty}\int_{0}^{b} \frac{dx}{x^2 + 4x + 3} = \lim_{b\to+\infty}\frac{1}{2}\int_{0}^{b}\left(\frac{1}{x+1} - \frac{1}{x+3}\right)dx$$

$$= \lim_{b\to+\infty}\frac{1}{2}\left(\ln\frac{x+1}{x+3}\right)\Big|_{0}^{b} = \lim_{b\to+\infty}\frac{1}{2}\left(\ln\frac{b+1}{b+3} - \ln\frac{1}{3}\right) = \frac{\ln3}{2} .$$

例 50　计算 $\int_{3}^{+\infty} \frac{dx}{(x-1)^2\sqrt{x^2 - 2x}}$.

分析　该积分是无穷限的的反常积分，用定义来计算.

解

$$\int_{3}^{+\infty} \frac{dx}{(x-1)^2\sqrt{x^2 - 2x}} = \int_{3}^{+\infty} \frac{dx}{(x-1)^2\sqrt{(x-1)^2 - 1}}$$

令 $x - 1 = \sec\theta$，则 $x = 3$，$\theta = \frac{\pi}{3}$；$x = +\infty$，$\theta = \frac{\pi}{2}$.

$$\int_{3}^{+\infty} \frac{dx}{(x-1)^2\sqrt{(x-1)^2 - 1}} = \int_{\frac{\pi}{3}}^{\frac{\pi}{2}} \frac{\sec\theta\tan\theta}{\sec^2\theta\tan\theta}d\theta$$

$$= \int_{\frac{\pi}{3}}^{\frac{\pi}{2}} \cos\theta d\theta = 1 - \frac{\sqrt{3}}{2} .$$

例 51　计算瑕积分 $\int_{0}^{1} \frac{\arcsin\sqrt{x}}{\sqrt{x(1-x)}}dx$.

解　$x = 0, x = 1$ 均为被积函数的瑕点，则有

$$\int_{0}^{1} \frac{\arcsin\sqrt{x}}{\sqrt{x(1-x)}}dx = \lim_{\varepsilon\to0^+}\int_{\varepsilon}^{1-\varepsilon} \frac{\arcsin\sqrt{x}}{\sqrt{x(1-x)}}dx$$

$$= \lim_{\varepsilon\to0^+}\int_{\varepsilon}^{1-\varepsilon} \frac{2\arcsin\sqrt{x}}{\sqrt{1-x}}d\sqrt{x}$$

$$= \lim_{\varepsilon\to0^+}\int_{\varepsilon}^{1-\varepsilon} 2\arcsin\sqrt{x}\,d\arcsin\sqrt{x}$$

$$= \lim_{\varepsilon\to0^+}(\arcsin\sqrt{x})^2\Big|_{\varepsilon}^{1-\varepsilon}$$

$$= \frac{\pi^2}{4} .$$

例 52　计算 $\int_0^{+\infty}\frac{dx}{\sqrt{x(x+1)^5}}$.

分析　此题为混合型反常积分，积分上限为 ∞ ，下限 0 为被积函数的瑕点.

解　令 $\sqrt{x}=t$，则有

$$\int_0^{+\infty}\frac{dx}{\sqrt{x(x+1)^5}}=\int_0^{+\infty}\frac{2tdt}{t(t^2+1)^{\frac{5}{2}}}=2\int_0^{+\infty}\frac{dt}{(t^2+1)^{\frac{5}{2}}},$$

再令 $t=\tan\theta$，于是可得

$$\begin{aligned}\int_0^{+\infty}\frac{dt}{(t^2+1)^{\frac{5}{2}}}&=\int_0^{\frac{\pi}{2}}\frac{d\tan\theta}{(\tan^2\theta+1)^{\frac{5}{2}}}\\&=\int_0^{\frac{\pi}{2}}\frac{\sec^2\theta d\theta}{\sec^5\theta}\\&=\int_0^{\frac{\pi}{2}}\frac{d\theta}{\sec^3\theta}\\&=\int_0^{\frac{\pi}{2}}\cos^3\theta d\theta\\&=\int_0^{\frac{\pi}{2}}(1-\sin^2\theta)\cos\theta d\theta\\&=\int_0^{\frac{\pi}{2}}(1-\sin^2\theta)d\sin\theta\\&=\left[\sin\theta-\frac{1}{3}\sin^3\theta\right]_0^{\pi/2}\\&=\frac{2}{3}.\end{aligned}$$

例 53　已知 $\lim\limits_{x\to+\infty}\left(\frac{x-a}{x+a}\right)^x=\int_a^{+\infty}4x^2e^{-2x}dx$，求常数 a.

分析　等式两端分别求值即可.

解　左端 $=\lim\limits_{x\to+\infty}\left(1-\frac{2a}{x+a}\right)^x=e^{-2a}$

右端 $=\int_a^{+\infty}(-2x^2e^{-2x})d(-2x)=\int_a^{+\infty}-2x^2de^{-2x}=-2\left(x^2e^{-2x}\big|_a^{+\infty}-\int_a^{+\infty}2xe^{-2x}dx\right)$

$=2a^2e^{-2a}-2\int_a^{+\infty}xde^{-2x}=2a^2e^{-2a}-2\left(xe^{-2x}\big|_a^{+\infty}-\int_a^{+\infty}e^{-2x}dx\right)=$

$(2a^2+2a+1)e^{-2a}$

所以

$$(2a^2+2a+1)e^{-2a}=e^{-2a},$$

解得 $a=0$ 或 $a=-1$.

三、教材习题详解

习题六

(A)

1. 利用定积分的定义，计算定积分 $\int_0^1 xdx$.

解 函数 $f(x)=x$ 在闭区间 $[0,1]$ 上为连续函数，故在闭区间 $[0,1]$ 上可积，因此把 $[0,1]$ 区间 n 等分，分点 $x_i=\frac{i}{n},i=1,2,\cdots,n-1$；$\xi_i$ 取相应小区间的右端点，故

$$\sum_{i=1}^{n} f(\xi_i)\Delta x_i=\sum_{i=1}^{n}\xi_i\Delta x_i=\sum_{i=1}^{n}x_i\Delta x_i=\sum_{i=1}^{n}(\frac{i}{n})\frac{1}{n}=\frac{1}{n^2}\sum_{i=1}^{n}i$$

$$=\frac{1}{n^2}\cdot\frac{1}{2}n(n+1)$$

当 $\lambda\to 0$（即 $n\to\infty$），由定积分的定义得

$$\int_0^1 xdx=\lim_{n\to+\infty}\sum_{i=1}^{n}f(\xi_i)\Delta x_i=\lim_{n\to+\infty}\frac{1}{n^2}\cdot\frac{1}{2}n(n+1)=\frac{1}{2}.$$

2. 将下式极限用定积分表示：

$$\lim_{n\to\infty}\left(\frac{1}{n+\frac{1}{n}}+\frac{1}{n+\frac{4}{n}}+\ldots+\frac{1}{n+\frac{n^2}{n}}\right)$$

解

$$\lim_{n\to\infty}\left(\frac{1}{n+\frac{1}{n}}+\frac{1}{n+\frac{4}{n}}+\ldots+\frac{1}{n+\frac{n^2}{n}}\right)$$

$$=\lim_{n\to\infty}\frac{1}{n}\left(\frac{1}{1+(\frac{1}{n})^2}+\frac{1}{1+(\frac{2}{n})^2}+\ldots+\frac{1}{1+(\frac{n}{n})^2}\right)$$

$$=\lim_{n\to\infty}\sum_{i=1}^{n}\frac{1}{n}\frac{1}{1+(\frac{i}{n})^2}$$

$$=\int_0^1\frac{1}{1+x^2}dx.$$

3. 不计算定积分，比较下列各组定积分值的大小.

(1) $\int_0^1 e^{-x}dx$ 与 $\int_0^1 e^{-x^2}dx$；　　(2) $\int_0^1 \sin xdx$ 与 $\int_0^1 xdx$；

(3) $\int_0^1 \sqrt{x}dx$ 与 $\int_0^1 \sqrt[3]{x}dx$；　　(4) $\int_0^{\frac{\pi}{4}} \tan xdx$ 与 $\int_0^{\frac{\pi}{4}} \sin xdx$.

解 (1) 当 $x\in[0,1]$ 时，有 $-x\leqslant -x^2$ 从而 $e^{-x}\leqslant e^{-x^2}$，故 $\int_0^1 e^{-x}dx<\int_0^1 e^{-x^2}dx$.

(2) 当 $x\in[0,1]$ 时，有 $\sin x\leqslant x$，故 $\int_0^1 \sin xdx<\int_0^1 xdx$.

(3) 当 $x \in [0,1]$ 时，有 $\sqrt{x} \leqslant \sqrt[3]{x}$，故 $\int_0^1 \sqrt{x}dx < \int_0^1 \sqrt[3]{x}dx$.

(4) 当 $x \in [0,\frac{\pi}{4}]$ 时，有 $\sin x \leqslant \tan x$，故 $\int_0^{\frac{\pi}{4}} \tan xdx > \int_0^{\frac{\pi}{4}} \sin xdx$.

4. 确定下列定积分的符号.

(1) $\int_1^2 x\ln xdx$ ；　　(2) $\int_0^{\frac{\pi}{4}} \frac{1-\cos^4 x}{2}dx$ ；

(3) $\int_0^1 \frac{\sin x - x\cos x}{\cos x + x\sin x}dx$ ；　　(4) $\int_{-1}^1 |x|dx$.

解 (1) 当 $x \in [1,2]$ 时，有 $x\ln x \geqslant 0$，故 $\int_1^2 x\ln xdx > 0$.

(2) 当 $x \in [0,\frac{\pi}{4}]$ 时，有 $\frac{1-\cos^4 x}{2} \geqslant 0$，故 $\int_0^{\frac{\pi}{4}} \frac{1-\cos^4 x}{2}dx > 0$.

(3) 当 $x \in [0,1]$ 时，有 $\frac{\sin x - x\cos x}{\cos x + x\sin x} = \frac{\tan x - x}{1 + x\tan x} \geqslant 0$，故 $\int_0^1 \frac{\sin x - x\cos x}{\cos x + x\sin x}dx > 0$.

(4) 当 $x \in [-1,1]$ 时，有 $|x| \geqslant 0$，故 $\int_{-1}^1 |x|dx > 0$.

5. 估计下列定积分的值.

(1) $\int_0^2 e^{x^2}dx$ ；　　(2) $\int_{\frac{1}{\sqrt{3}}}^{\sqrt{3}} x\arctan xdx$.

解 (1) 当 $x \in [0,2]$ 时，有 $1 \leqslant e^{x^2} \leqslant e^4$，故 $2 \leqslant \int_0^2 e^{x^2}dx \leqslant 2e^4$.

(2) 当 $x \in [\frac{1}{\sqrt{3}},\sqrt{3}]$ 时，有 $\frac{\pi}{6\sqrt{3}} \leqslant x\arctan x \leqslant \frac{\sqrt{3}\pi}{3}$，故

$$\frac{\pi}{9} \leqslant \int_{\frac{1}{\sqrt{3}}}^{\sqrt{3}} x\arctan xdx \leqslant \frac{2\pi}{3}.$$

6. 设 $f(x)$ 是连续函数，且 $f(x) = x + 3\int_0^1 f(t)dt$，求 $f(x)$.

解 因为 $\int_0^1 f(t)dt$ 是常数，令 $\int_0^1 f(t)dt = A$，则 $f(x) = x + 3A$，从而 $\int_0^1 f(x)dx = \int_0^1 (x+3A)dx = \frac{1}{2} + 3A$，即 $A = \frac{1}{2} + 3A$，$A = -\frac{1}{4}$，所以 $f(x) = x - \frac{3}{4}$.

7. 对可微函数 $f(x)$，有 $\int_a^{b_1} f(x)dx = \int_{b_2}^c f(x)dx = 0$，其中 $a < b_1 < b_2 < c$，证明：至少存在一点 $\xi \in (a,c)$，使 $f'(\xi) = 0$.

证明 因为 $f(x)$ 在 $[a,c]$ 可微，可知 $f(x)$ 在 $[a,c]$ 连续. 由积分中值定理知，存在 $\xi_1 \in (a,b_1)$，使得

$$\int_a^{b_1} f(x)dx = f(\xi_1)(b_1 - a) = 0,$$

即 $f(\xi_1) = 0$. 同理有，存在 $\xi_2 \in (b_2,c)$ 使得 $\int_{b_2}^c f(x)dx = f(\xi_2)(c - b_2) = 0$，即 $f(\xi_2) = 0$.

综上，函数 $f(x)$ 在 $[\xi_1,\xi_2] \subset [a,c]$ 满足罗尔定理，则至少存在一点 $\xi \in (a,c)$，

使 $f'(\xi)=0$.

8. 求下列函数的导数.

(1) $\int_{ax}^{bx}\frac{\sin t}{t}dt$;　　(2) $\int_{0}^{e^x}\frac{\ln(1+t)}{t}dt$;

(3) $\int_{0}^{x^2}\sqrt{1+t^2}dt$;　　(4) $\int_{x^2}^{x^3}\frac{dt}{\sqrt{1+t^4}}$.

解　(1) $\left(\int_{ax}^{bx}\frac{\sin t}{t}dt\right)'=\frac{\sin bx}{bx}(bx)'-\frac{\sin ax}{ax}(ax)'=\frac{\sin bx}{x}-\frac{\sin ax}{x}$.

(2) $\left(\int_{0}^{e^x}\frac{\ln(1+t)}{t}dt\right)'=\frac{\ln(1+e^x)}{e^x}e^x=\ln(1+e^x)$.

(3) $\left(\int_{0}^{x^2}\sqrt{1+t^2}dt\right)'=2x\sqrt{1+x^4}$.

(4) $\left(\int_{x^2}^{x^3}\frac{dt}{\sqrt{1+t^4}}\right)'=\frac{3x^2}{\sqrt{1+x^{12}}}-\frac{2x}{\sqrt{1+x^8}}$.

9. 求下列极限.

(1) $\lim\limits_{x\to0}\frac{\int_0^x\cos(t^2)dt}{x}$;　　(2) $\lim\limits_{x\to0}\frac{\int_0^x(e^{\sin t}-1)dt}{x^2}$;

(3) $\lim\limits_{x\to0}\frac{\left(\int_0^x\arctan t^2dt\right)^2}{\int_0^x\sin t^5dt}$;　　(4) $\lim\limits_{x\to0^+}\frac{\int_0^{\sin x}\sqrt{\tan t}dt}{\int_0^{\tan x}\sqrt{\sin t}dt}$.

解(1) $\lim\limits_{x\to0}\frac{\int_0^x\cos(t^2)dt}{x}\quad\left(\frac{0}{0}\right)$

$=\lim\limits_{x\to0}\frac{\cos x^2}{1}=1$.

(2) $\lim\limits_{x\to0}\frac{\int_0^x(e^{\sin t}-1)dt}{x^2}\left(\frac{0}{0}\right)$

$=\lim\limits_{x\to0}\frac{e^{\sin x}-1}{2x}$

$=\lim\limits_{x\to0}\frac{\sin x}{2x}$

$=\frac{1}{2}$.

(3) $\lim\limits_{x\to0}\frac{\left(\int_0^x\arctan t^2dt\right)^2}{\int_0^x\sin t^5dt}\left(\frac{0}{0}\right)$

$=\lim\limits_{x\to0}\frac{2\left(\int_0^x\arctan t^2dt\right)\cdot\arctan x^2}{\sin x^5}$

$$= \lim_{x\to0}\frac{2\left(\int_0^x \arctan t^2 dt\right)}{x^3}$$

$$= \lim_{x\to0}\frac{2\arctan x^2}{3x^2}$$

$$= \frac{2}{3}.$$

(4) $\lim\limits_{x\to0^+}\dfrac{\int_0^{\sin x}\sqrt{\tan t}dt}{\int_0^{\tan x}\sqrt{\sin t}dt}\left(\dfrac{0}{0}\right)$

$$= \lim_{x\to0^+}\frac{\sqrt{\tan(\sin x)}\cdot\cos x}{\sqrt{\sin(\tan x)}\cdot\sec^2 x} = \lim_{x\to0^+}\frac{\sqrt{x}\cdot\cos x}{\sqrt{x}\cdot\sec^2 x} = 1$$

10. 求函数 $f(x) = \int_0^x (u-1)(u-2)e^{-u^2}du$ 的极值点.

解　令 $f'(x) = (x-1)(x-2)e^{-x^2} = 0$，解得 $x = 1$，$x = 2$.

$$f''(x) = (x-2)e^{-x^2} + (x-1)e^{-x^2} - 2xe^{-x^2}(x-1)(x-2)$$

$$= e^{-x^2}(-2x^3 + 6x^2 - 2x - 3)$$

因为 $f''(1) < 0$，$f''(2) > 0$，所以 $x = 1$ 是函数 $f(x)$ 的极大值点，$x = 2$ 是函数 $f(x)$ 的极小值点.

11. 设 $f(x)$ 为连续函数，且存在常数 a，满足 $e^{x-1} - x = \int_x^a f(t)dt$，求 $f(x)$ 及 a 的值.

解　在 $e^{x-1} - x = \int_x^a f(t)dt$ 的两端求导有 $e^{x-1} - 1 = -f(x)$，即 $f(x) = 1 - e^{x-1}$，把 $x = a$ 代入 $e^{x-1} - x = \int_x^a f(t)dt$ 得 $e^{a-1} - a = 0$，从而 $a = 1$.

12. 设 $f(x)$ 可导，且 $f(0) = 0$，$f'(0) = 2$，求 $\lim\limits_{x\to0}\dfrac{\int_0^x f(t)dt}{x^2}$.

解　$\lim\limits_{x\to0}\dfrac{\int_0^x f(t)dt}{x^2} = \lim\limits_{x\to0}\dfrac{f(x)}{2x} = \dfrac{1}{2}\lim\limits_{x\to0}\dfrac{f(x)-f(0)}{x-0} = \dfrac{f'(0)}{2} = 1$.

13. 设 $f(x) = \begin{cases} x+1, & x \leqslant 1, \\ \dfrac{1}{2}x^2, & x > 1, \end{cases}$ 求 $\int_0^2 f(x)dx$.

解　$\int_0^2 f(x)dx = \int_0^1 (x+1)dx + \int_1^2 \dfrac{1}{2}x^2 dx = \left(\dfrac{1}{2}x^2 + x\right)\Big|_0^1 + \dfrac{1}{6}x^3\Big|_1^2 = \dfrac{8}{3}$.

14. 设 $f(x)$ 在 $[a,b]$ 上连续，在 (a,b) 内可导且 $f'(x) < 0$，证明：函数 $F(x) = \dfrac{1}{x-a}\int_a^x f(t)dt$ 在 (a,b) 内的导数 $F'(x) < 0$.

证明 $F'(x) = -\dfrac{1}{(x-a)^2}\int_a^x f(t)dt + \dfrac{1}{x-a}f(x)$

$$= \frac{\int_a^x [f(x) - f(t)]dt}{(x-a)^2},$$

因为 $f'(x) < 0$，所以 $f(x) < f(t)$，$t \in (a,x)$，从而可得 $F'(x) < 0$.

15. 计算下列定积分.

(1) $\int_0^1 \sqrt[3]{x}(1+\sqrt{x})dx$；　　(2) $\int_{-1}^1 |x|\,dx$；

(3) $\int_0^a (3x^2 - x)dx$；　　(4) $\int_1^0 \sqrt{x}(1+\sqrt{x})dx$；

(5) $\int_{\frac{1}{\sqrt{3}}}^0 \dfrac{dx}{1+x^2}$；　　(6) $\int_{-1}^0 \dfrac{3x^4+3x^2+2}{x^2+1}dx$.

解 (1) $\int_0^1 \sqrt[3]{x}(1+\sqrt{x})dx = \int_0^1 (x^{\frac{1}{3}} + x^{\frac{5}{6}})dx = \left(\dfrac{3}{4}x^{\frac{4}{3}} + \dfrac{6}{11}x^{\frac{11}{6}}\right)\Big|_0^1 = \dfrac{57}{44}$.

(2) $\int_{-1}^1 |x|\,dx = \int_{-1}^0 (-x)dx + \int_0^1 xdx = \left(-\dfrac{x^2}{2}\right)\Big|_{-1}^0 + \left(\dfrac{x^2}{2}\right)\Big|_0^1 = 1$.

(3) $\int_0^a (3x^2 - x)dx = \left(x^3 - \dfrac{x^2}{2}\right)\Big|_0^a = a^3 - \dfrac{a^2}{2}$.

(4) $\int_1^0 \sqrt{x}(1+\sqrt{x})dx = -\int_0^1 (\sqrt{x} + x)dx = -\left(\dfrac{2}{3}x^{\frac{3}{2}} + \dfrac{x^2}{2}\right)\Big|_0^1 = -\dfrac{7}{6}$.

(5) $\int_{\frac{1}{\sqrt{3}}}^0 \dfrac{dx}{1+x^2} = \arctan x\Big|_{\frac{1}{\sqrt{3}}}^0 = -\dfrac{\pi}{6}$.

(6) $\int_{-1}^0 \dfrac{3x^4+3x^2+2}{x^2+1}dx = \int_{-1}^0 \left(3x^2 + \dfrac{2}{x^2+1}\right)dx$

$$= (x^3 + 2\arctan x)\Big|_{-1}^0 = 1 + \frac{\pi}{2}.$$

16. 计算下列定积分.

(1) $\int_{-1}^1 \dfrac{xdx}{\sqrt{5-4x}}$；　　(2) $\int_4^9 \dfrac{\sqrt{x}}{\sqrt{x}-1}dx$；

(3) $\int_1^{e^2} \dfrac{1}{x\sqrt{1+\ln x}}dx$；　　(4) $\int_0^{\ln 2} \sqrt{e^x - 1}dx$；

(5) $\int_{-2}^1 \dfrac{dx}{(11+5x)^3}$；　　(6) $\int_{-\sqrt{2}}^{\sqrt{2}} \sqrt{8-2y^2}dy$；

(7) $\int_{\frac{\pi}{3}}^{\pi} \sin\left(x + \dfrac{\pi}{3}\right)dx$；　　(8) $\int_0^{\frac{\pi}{2}} \sin\varphi\cos^2\varphi d\varphi$；

(9) $\int_0^{\frac{\pi}{2}} \sin\varphi\cos^2\varphi d\varphi$；　　(10) $\int_0^{\sqrt{2}} x\sqrt{2-x^2}dx$；

(11) $\int_1^4 \dfrac{dx}{1+\sqrt{x}}$；　　(12) $\int_0^1 xe^{-x^2}dx$.

解 (1) 令 $\sqrt{5-4x} = u$，则 $x = \dfrac{5}{4} - \dfrac{u^2}{4}$，$dx = -\dfrac{u}{2}du$. 当 $x = -1$ 时，$u = 3$，当

$x=1$ 时, $u=1$.

$$\int_{-1}^{1}\frac{xdx}{\sqrt{5-4x}}=-\int_{3}^{1}\frac{1}{8}(5-u^2)\mathrm{d}u=\frac{1}{6}.$$

(2) 令 $t=\sqrt{x}$, $x=t^2$, $dx=2tdt$, 当 $x=4$ 时 $t=2$, $x=9$ 时 $t=3$.

$$\int_4^9\frac{\sqrt{x}}{\sqrt{x}-1}dx=\int_2^3\frac{t}{t-1}2tdt=\int_2^3 2(t+1)dt+2\int_2^3\frac{d(t-1)}{t-1}$$

$$=(t+1)^2\Big|_2^3+2\ln|t-1|\Big|_2^3=7+2\ln2.$$

(3) $\int_1^{e^2}\frac{1}{x\sqrt{1+\ln x}}dx=\int_1^{e^2}\frac{1}{\sqrt{1+\ln x}}\mathrm{d}(1+\ln x)=2\sqrt{1+\ln x}\Big|_1^{e^2}=2\sqrt{3}-2$.

(4) 令 $\sqrt{e^x-1}=t$, $x=\ln(t^2+1)$, $\mathrm{d}x=\frac{2t}{t^2+1}\mathrm{d}t$, $x=0$ 时 $t=0$; $x=\ln2$ 时, $t=1$.

$$\int_0^{\ln2}\sqrt{e^x-1}\mathrm{d}x=\int_0^1\frac{2t^2}{t^2+1}\mathrm{d}t=2\int_0^1(1-\frac{1}{1+t^2})\mathrm{d}t=2(t-\arctan t)\Big|_0^1=2-\frac{\pi}{2}.$$

(5) $\int_{-2}^{1}\frac{dx}{(11+5x)^3}=\frac{1}{5}\int_{-2}^{1}\frac{d(11+5x)}{(11+5x)^3}=-\frac{1}{10}(11+5x)^{-2}\Big|_{-2}^{1}=\frac{51}{512}$.

(6) 令 $y=2\sin t$, $\mathrm{d}y=2\cos t\mathrm{d}t$, $y=-\sqrt{2}$ 时 $t=-\frac{\pi}{4}$; $y=\sqrt{2}$ 时, $t=\frac{\pi}{4}$.

$$\int_{-\sqrt{2}}^{\sqrt{2}}\sqrt{8-2y^2}dy=4\sqrt{2}\int_{-\frac{\pi}{4}}^{\frac{\pi}{4}}\cos^2tdt=2\sqrt{2}\int_{-\frac{\pi}{4}}^{\frac{\pi}{4}}(1+\cos2t)dt$$

$$=2\sqrt{2}(t+\frac{1}{2}\sin2t)\Big|_{-\frac{\pi}{4}}^{\frac{\pi}{4}}=\sqrt{2}(\pi+2).$$

(7) $\int_{\frac{\pi}{3}}^{\pi}\sin(x+\frac{\pi}{3})dx=\int_{\frac{\pi}{3}}^{\pi}\sin(x+\frac{\pi}{3})d(x+\frac{\pi}{3})=-\cos(x+\frac{\pi}{3})\Big|_{\frac{\pi}{3}}^{\pi}=0$.

(8) $\int_0^{\frac{\pi}{2}}\sin\varphi\cos^2\varphi d\varphi=\frac{1}{4}\int_{-2}^{1}\frac{d(9+4x)}{(9+4x)^3}=-\frac{1}{8}(9+4x)^{-2}\Big|_{-2}^{1}=\frac{21}{169}$.

(9) $\int_0^{\frac{\pi}{2}}\sin\varphi\cos^2\varphi d\varphi=-\int_0^{\frac{\pi}{2}}\cos^2\varphi d\cos\varphi=-\frac{1}{3}\cos^3\varphi\Big|_0^{\frac{\pi}{2}}=\frac{1}{3}$.

(10) $\int_0^{\sqrt{2}}x\sqrt{2-x^2}dx=-\frac{1}{2}\int_0^{\sqrt{2}}\sqrt{2-x^2}d(2-x^2)=-\frac{1}{3}(2-x^2)^{\frac{3}{2}}\Big|_0^{\sqrt{2}}=\frac{2\sqrt{2}}{3}$.

(11) 令 $\sqrt{x}=t$, $x=t^2$, $dx=2tdt$. 当 $x=1$ 时 $t=1$, $x=4$ 时 $t=2$.

$$\int_1^4\frac{dx}{1+\sqrt{x}}=\int_1^2\frac{2tdt}{1+t}=2[t-\ln(t+1)]\Big|_1^2=2+2\ln\frac{2}{3}.$$

(12) $\int_0^1 xe^{-x^2}dx=-\frac{1}{2}\int_0^1 e^{-x^2}d(-x^2)=-\frac{1}{2}e^{-x^2}\Big|_0^1=\frac{1}{2}(1-e^{-1})$.

17. 计算下列定积分.

(1) $\int_{-1}^{1}xe^{-x}dx$;　　(2) $\int_1^e x\ln xdx$;

(3) $\int_0^{\frac{\pi}{2}}e^x\cos xdx$;　　(4) $\int_0^{\pi}(x\sin x)^2dx$;

(5) $\int_1^e \sin(\ln x)dx$；(6) $\int_1^{e+1} x^2\ln(x-1)dx$；

(7) $\int_0^{\frac{\pi}{3}} \frac{x}{\cos^2 x}dx$；(8) $\int_1^{e^{\frac{\pi}{2}}} \cos\ln x dx$.

解 (1) $\int_{-1}^1 xe^{-x}dx = -\int_{-1}^1 xde^{-x} = -xe^{-x}|_{-1}^1 + \int_{-1}^1 e^{-x}dx = -2e^{-1}$.

(2) $\int_1^e x\ln xdx = \frac{1}{2}\int_1^e \ln xdx^2 = \frac{1}{2}x^2\ln x\Big|_1^e - \frac{1}{2}\int_1^e x^2 d\ln x = \frac{1}{4}(e^2+1)$.

(3) $$\int_0^{\frac{\pi}{2}} e^x\cos xdx = \int_0^{\frac{\pi}{2}} \cos xde^x = (e^x\cos x)|_0^{\frac{\pi}{2}} + \int_0^{\frac{\pi}{2}} e^x\sin xdx$$
$$= -1 + \int_0^{\frac{\pi}{2}} e^x\sin xdx ,$$

而

$$\int_0^{\frac{\pi}{2}} e^x\sin xdx = \int_0^{\frac{\pi}{2}} \sin xde^x = (e^x\sin x)|_0^{\frac{\pi}{2}} - \int_0^{\frac{\pi}{2}} e^x\cos xdx = e^{\frac{\pi}{2}} - \int_0^{\frac{\pi}{2}} e^x\cos xdx ,$$

整理得

$$\int_0^{\frac{\pi}{2}} e^x\sin xdx = \frac{1}{2}(e^{\frac{\pi}{2}} - 1) .$$

(4) $$\int_0^{\pi} (x\sin x)^2dx = \frac{1}{2}\int_0^{\pi} x^2(1-\cos 2x)dx$$
$$= \frac{1}{6}x^3|_0^{\pi} - \frac{1}{4}\int_0^{\pi} x^2 dsin2x)$$
$$= \frac{\pi^3}{6} - \frac{1}{4}\int_0^{\pi} xd\cos 2x$$
$$= \frac{\pi^3}{6} - \frac{1}{4}(x^2\sin 2x|_0^{\pi} - 2\int_0^{\pi} xsin2xdx)$$
$$= \frac{\pi^3}{6} - \frac{1}{4}(x\cos 2x|_0^{\pi} - \int_0^{\pi} \cos 2xdx)$$
$$= \frac{\pi^3}{6} - \frac{\pi}{4} + \frac{1}{8}\sin 2x|_0^{\pi} = \frac{\pi^3}{6} - \frac{\pi}{4} .$$

(5) $$\int_1^e \sin(\ln x)dx = x\sin(\ln x)|_1^e - \int_1^e \cos(\ln x)dx$$
$$= e\sin 1 - x\cos(\ln x)|_1^e - \int_1^e \sin(\ln x)dx$$
$$= e\sin 1 - e\cos 1 + 1 - \int_1^e \sin(\ln x)dx$$

移项得 $\int_1^e \sin(\ln x)dx = \frac{1}{2}(e\sin 1 - e\cos 1 + 1)$.

(6) $\int_2^{e+1} x^2\ln(x-1)dx = \frac{\int_2^{e+1} \ln(x-1)dx^3}{3}$

$$A = \int_2^6 [\frac{1}{c}(x - c) + \ln c - \ln x]\, dx = 4(\frac{4}{c} - 1) + 4\ln c + 4 - 6\ln 6 + 2\ln 2,$$

所以 $\frac{dA}{dc} = -\frac{16}{c^2} + \frac{4}{c} = -\frac{4}{c^2}(4-c)$，令 $\frac{dA}{dc} = 0$，解得驻点 $c = 4$．当 $c < 4$ 时 $\frac{dA}{dc} < 0$，而当 $c > 4$ 时 $\frac{dA}{dc} > 0$．故当 $c = 4$ 时，A 取得极小值．由于驻点唯一．所以当 $c = 4$ 时，A 取得最小值．此时切线方程为 $y = \frac{1}{4}x - 1 + \ln 4$．

方法总结：利用定积分求平面图形面积，步骤为：

（1）由已知条件，画出平面图形的草图，求出曲线交点；

（2）判断草图符合哪种公式，直接利用公式转化成定积分求值；

（3）若图形不为上面给出的两种形式，则把所求平面图形分成若干小块，每一小块都是上面给出的两种形式中的一种，所求面积等于各小块面积之和.

例 41　有一立体以抛物线 $y^2 = 2x$ 与直线 $x = 2$ 所围成的图形为底，而垂直于抛物线的轴的截面都是等边三角形，如图所示，求此立体体积.

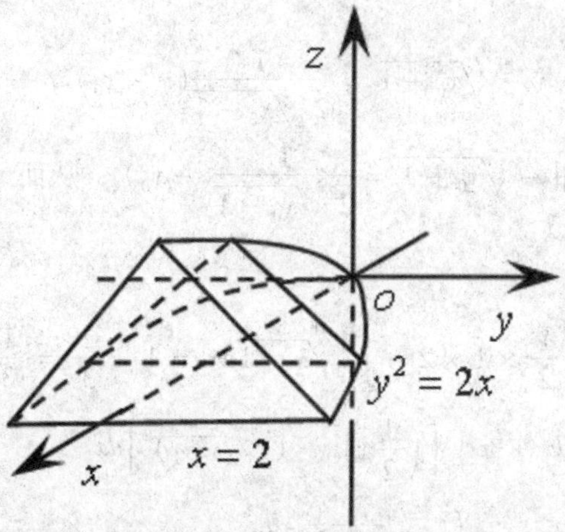

分析　求出平行截面积 $S(x)$，应用平行截面积已知的体积公式即可.

解　过 x 轴上坐标为 x 的点作垂直于 x 轴的平面，与立体相截的截面为等边三角形，其底边长为 $2\sqrt{2x}$，得等边三角形的面积为

$$A(x) = \frac{\sqrt{3}}{4}(2\sqrt{2x})^2 = 2\sqrt{3}x^2.$$

于是所求体积为 $V = \int_0^2 A(x)\,dx = \int_0^2 2\sqrt{3}x^2\,dx = \frac{16\sqrt{3}}{3}$.

例 42　求由曲线 $y = x^2$，$x = y^2$ 所围成的图形，绕 y 轴旋转所得的旋转体的体积.

分析　应用旋转体体积公式即可.

解　$V = \pi\int_0^1 [(\sqrt{y})^2 - y^4]\,dy = \pi[\frac{y^2}{2}\Big|_0^1 - \frac{y^5}{5}\Big|_0^1] = \frac{3\pi}{10}$.

例 43　过坐标原点作曲线 $y = \sqrt{x-1}$ 的切线，该切线与曲线 $y = \sqrt{x-1}$ 及 x 轴围成平

5. 反常积分初步

例 48 下列解法是否正确？为什么？

$$\int_{-1}^{2}\frac{1}{x}dx = \ln|x|\Big|_{-1}^{2} = \ln 2 - \ln 1 = \ln 2 .$$

分析 瑕积分不能直接应用牛顿－莱布尼茨公式计算.

解 不正确. 因为 $\frac{1}{x}$ 在 $[-1,2]$ 上存在无穷间断点 $x=0$，所以 $\int_{-1}^{2}\frac{1}{x}\mathrm{d}x$ 不能直接应用牛顿－莱布尼茨公式计算. 事实上，

$$\int_{-1}^{2}\frac{1}{x}dx = \int_{-1}^{0}\frac{1}{x}dx + \int_{0}^{2}\frac{1}{x}dx = \lim_{\varepsilon\to 0^+}\int_{-1}^{-\varepsilon}\frac{1}{x}dx + \lim_{\varepsilon\to 0^+}\int_{\varepsilon}^{2}\frac{1}{x}dx .$$

而 $\lim\limits_{\varepsilon\to 0^+}\int_{-1}^{-\varepsilon}\frac{1}{x}dx = (\ln|x|)\Big|_{-1}^{-\varepsilon} = \lim\limits_{\varepsilon\to 0^+}\ln\varepsilon = \infty$，所以 $\int_{-1}^{2}\frac{1}{x}dx$ 发散.

例 49 计算 $\int_{0}^{+\infty}\frac{dx}{x^2+4x+3}$.

分析 该积分是无穷限的的反常积分，用定义来计算.

解
$$\int_{0}^{+\infty}\frac{dx}{x^2+4x+3} = \lim_{b\to+\infty}\int_{0}^{b}\frac{dx}{x^2+4x+3} = \lim_{b\to+\infty}\frac{1}{2}\int_{0}^{b}\left(\frac{1}{x+1}-\frac{1}{x+3}\right)dx$$
$$= \lim_{b\to+\infty}\frac{1}{2}\left(\ln\frac{x+1}{x+3}\right)\Big|_{0}^{b} = \lim_{b\to+\infty}\frac{1}{2}\left(\ln\frac{b+1}{b+3}-\ln\frac{1}{3}\right) = \frac{\ln 3}{2}.$$

例 50 计算 $\int_{3}^{+\infty}\frac{dx}{(x-1)^2\sqrt{x^2-2x}}$.

分析 该积分是无穷限的的反常积分，用定义来计算.

解
$$\int_{3}^{+\infty}\frac{dx}{(x-1)^2\sqrt{x^2-2x}} = \int_{3}^{+\infty}\frac{dx}{(x-1)^2\sqrt{(x-1)^2-1}}$$

令 $x-1=\sec\theta$，则 $x=3$，$\theta=\frac{\pi}{3}$；$x=+\infty$，$\theta=\frac{\pi}{2}$.

$$\int_{3}^{+\infty}\frac{dx}{(x-1)^2\sqrt{(x-1)^2-1}} = \int_{\frac{\pi}{3}}^{\frac{\pi}{2}}\frac{\sec\theta\tan\theta}{\sec^2\theta\tan\theta}d\theta$$
$$= \int_{\frac{\pi}{3}}^{\frac{\pi}{2}}\cos\theta d\theta = 1-\frac{\sqrt{3}}{2}.$$

例 51 计算瑕积分 $\int_{0}^{1}\frac{\arcsin\sqrt{x}}{\sqrt{x(1-x)}}dx$.

解 $x=0, x=1$ 均为被积函数的瑕点，则有

$$\int_{0}^{1}\frac{\arcsin\sqrt{x}}{\sqrt{x(1-x)}}dx = \lim_{\varepsilon\to 0^+}\int_{\varepsilon}^{1-\varepsilon}\frac{\arcsin\sqrt{x}}{\sqrt{x(1-x)}}dx$$
$$= \lim_{\varepsilon\to 0^+}\int_{\varepsilon}^{1-\varepsilon}\frac{2\arcsin\sqrt{x}}{\sqrt{1-x}}d\sqrt{x}$$
$$= \lim_{\varepsilon\to 0^+}\int_{\varepsilon}^{1-\varepsilon}2\arcsin\sqrt{x}\,d\arcsin\sqrt{x}$$
$$= \lim_{\varepsilon\to 0^+}\left(\arcsin\sqrt{x}\right)^2\Big|_{\varepsilon}^{1-\varepsilon}$$
$$= \frac{\pi^2}{4}.$$

证明　$F'(x) = -\frac{1}{(x-a)^2}\int_a^x f(t)dt + \frac{1}{x-a}f(x)$

$$= \frac{\int_a^x [f(x) - f(t)]dt}{(x-a)^2},$$

因为$f'(x) < 0$，所以$f(x) < f(t)$，$t \in (a,x)$，从而可得$F'(x) < 0$.

15. 计算下列定积分.

(1) $\int_0^1 \sqrt[3]{x}(1+\sqrt{x})dx$；　　(2) $\int_{-1}^1 |x| dx$；

(3) $\int_0^a (3x^2 - x)dx$；　　(4) $\int_1^0 \sqrt{x}(1+\sqrt{x})dx$；

(5) $\int_{\frac{1}{\sqrt{3}}}^0 \frac{dx}{1+x^2}$；　　(6) $\int_{-1}^0 \frac{3x^4+3x^2+2}{x^2+1}dx$.

解　(1) $\int_0^1 \sqrt[3]{x}(1+\sqrt{x})dx = \int_0^1 (x^{\frac{1}{3}} + x^{\frac{5}{6}})dx = (\frac{3}{4}x^{\frac{4}{3}} + \frac{6}{11}x^{\frac{11}{6}})\Big|_0^1 = \frac{57}{44}$.

(2) $\int_{-1}^1 |x| dx = \int_{-1}^0 (-x)dx + \int_0^1 xdx = (-\frac{x^2}{2})\Big|_{-1}^0 + (\frac{x^2}{2})\Big|_0^1 = 1$.

(3) $\int_0^a (3x^2 - x)dx = (x^3 - \frac{x^2}{2})\Big|_0^a = a^3 - \frac{a^2}{2}$.

(4) $\int_1^0 \sqrt{x}(1+\sqrt{x})dx = -\int_0^1 (\sqrt{x}+x)dx = -(\frac{2}{3}x^{\frac{3}{2}} + \frac{x^2}{2})\Big|_0^1 = -\frac{7}{6}$.

(5) $\int_{\frac{1}{\sqrt{3}}}^0 \frac{dx}{1+x^2} = \arctan x\Big|_{\frac{1}{\sqrt{3}}}^0 = -\frac{\pi}{6}$.

(6) $\int_{-1}^0 \frac{3x^4+3x^2+2}{x^2+1}dx = \int_{-1}^0 (3x^2 + \frac{2}{x^2+1})dx$

$$= (x^3 + 2\arctan x)\Big|_{-1}^0 = 1 + \frac{\pi}{2}.$$

16. 计算下列定积分.

(1) $\int_{-1}^1 \frac{xdx}{\sqrt{5-4x}}$；　　(2) $\int_4^9 \frac{\sqrt{x}}{\sqrt{x}-1}dx$；

(3) $\int_1^{e^2} \frac{1}{x\sqrt{1+\ln x}}dx$；　　(4) $\int_0^{\ln 2} \sqrt{e^x - 1}dx$；

(5) $\int_{-2}^1 \frac{dx}{(11+5x)^3}$；　　(6) $\int_{-\sqrt{2}}^{\sqrt{2}} \sqrt{8-2y^2}dy$；

(7) $\int_{\frac{\pi}{3}}^{\pi} \sin(x + \frac{\pi}{3})dx$；　　(8) $\int_0^{\frac{\pi}{2}} \sin\varphi \cos^2\varphi d\varphi$；

(9) $\int_0^{\frac{\pi}{2}} \sin\varphi \cos^2\varphi d\varphi$；　　(10) $\int_0^{\sqrt{2}} x\sqrt{2-x^2}dx$；

(11) $\int_1^4 \frac{dx}{1+\sqrt{x}}$；　　(12) $\int_0^1 xe^{-x^2}dx$.

解　(1) 令$\sqrt{5-4x} = u$，则$x = \frac{5}{4} - \frac{u^2}{4}$，$dx = -\frac{u}{2}du$. 当$x = -1$时，$u = 3$，当

$$= \frac{x^3\ln(x-1)\big|_2^{e+1}}{3} - \frac{\int_2^{e+1} x^3 \frac{1}{x-1}dx}{3}$$

$$= \frac{1}{3}\left[(e+1)^3 - \int_2^{e+1}(x^2+x+1)dx - \ln|x-1|\Big|_2^{e+1}\right]$$

$$= \frac{1}{3}\left[(e+1)^3 - \left(\frac{x^3}{3}+\frac{x^2}{2}+x\right)\Big|_2^{e+1} - 1\right]$$

$$= \frac{2}{9}e^3 + \frac{1}{2}e^2 + \frac{29}{9}.$$

(7) $\int_0^{\frac{\pi}{3}} \frac{x}{\cos^2 x}dx = \int_0^{\frac{\pi}{3}} x\sec^2 x dx$

$$= \int_0^{\frac{\pi}{3}} x d\tan x$$

$$= x\tan x\big|_0^{\frac{\pi}{3}} - \int_0^{\frac{\pi}{3}} x d\tan x$$

$$= \frac{\sqrt{3}\pi}{3} + \ln|\cos x|\Big|_0^{\frac{\pi}{3}}$$

$$= \frac{\sqrt{3}\pi}{3} - \ln 2.$$

(8) $\int_1^{e^{\frac{\pi}{2}}} \cos\ln x dx = x\cos\ln x\big|_1^{e^{\frac{\pi}{2}}} - \int_1^{e^{\frac{\pi}{2}}} x d\cos\ln x$

$$= -1 + \int_1^{e^{\frac{\pi}{2}}} x\sin\ln x \frac{1}{x}dx$$

$$= -1 + x\sin\ln x\big|_1^{e^{\frac{\pi}{2}}} - \int_1^{e^{\frac{\pi}{2}}} x d\sin\ln x$$

$$= -1 + e^{\frac{\pi}{2}} - \int_1^{e^{\frac{\pi}{2}}} \cos\ln x dx,$$

移项得 $\int_1^{e^{\frac{\pi}{2}}} \cos\ln x dx = \frac{1}{2}(e^{\frac{\pi}{2}} - 1)$.

18. 设 $f(x)$ 是连续函数，证明下列各题.

(1) $\int_a^b f(x)dx = (b-a)\int_0^1 f[a+(b-a)x]dx$;

(2) $\int_0^a x^3 f(x^2)dx = \frac{1}{2}\int_0^{a^2} xf(x)dx \quad (a>0)$.

证明　(1) 令 $x = a+(b-a)t$, $dx = (b-a)dt$，当 $x = a$ 时 $t = 0$, $x = b$ 时 $t = 1$,

$$\int_a^b f(x)dx = \int_0^1 f[a+(b-a)t](b-a)dt$$

$$= (b-a)\int_0^1 f[a+(b-a)x]dx.$$

(2) 令 $x^2 = t$, $x = \sqrt{t}$, $dx = \frac{1}{2\sqrt{t}}dt$，当 $x = 0$ 时 $t = 0$, $x = a$ 时 $t = a^2$，所以

$\int_0^a x^3 f(x^2)dx = \int_0^{a^2} t\sqrt{t}f(t)\frac{1}{2\sqrt{t}}dt = \frac{1}{2}\int_0^{a^2} xf(x)dx$.

19. 利用函数奇偶性计算下列积分.

(1) $\int_{-\frac{1}{2}}^{\frac{1}{2}} \frac{\cos x\sin x}{x^4}dx$;　　(2) $\int_{-\frac{\pi}{3}}^{\frac{\pi}{3}} \sin^2 x[1+\ln(x+\sqrt{1+x^2})]dx$.

解 (1) 因为 $\frac{\cos x\sin x}{x^4}$ 为对称的积分区间上的奇函数，所以 $\int_{-\frac{1}{2}}^{\frac{1}{2}} \frac{\cos x\sin x}{x^4}dx = 0$.

(2) $\int_{-\frac{\pi}{3}}^{\frac{\pi}{3}} \sin^2 x[1+\ln(x+\sqrt{1+x^2})]dx$

$= \int_{-\frac{\pi}{3}}^{\frac{\pi}{3}} \sin^2 x dx + \int_{-\frac{\pi}{3}}^{\frac{\pi}{3}} \sin^2 x\ln(x+\sqrt{1+x^2})dx$

$= \int_{-\frac{\pi}{3}}^{\frac{\pi}{3}} \frac{1-\cos 2x}{2}dx = -\frac{1}{4}\sin 2x\Big|_{-\frac{\pi}{3}}^{\frac{\pi}{3}} + \frac{1}{2}\cdot\frac{2\pi}{3} = \frac{\pi}{3} - \frac{\sqrt{3}}{4}$.

20. 设函数 $f(x)$ 在 $(-\infty,+\infty)$ 上连续，已知 $\int_0^x f(x-u)e^u du = \sin x$，$x\in(-\infty,+\infty)$，求 $f(x)$.

解 令 $x-u=t$，$du=-dt$，当 $u=0$ 时 $t=x$，$u=x$ 时 $t=0$，

$$\int_0^x f(x-u)e^u du = \int_x^0 f(t)e^{x-t}(-dt)$$
$$= \int_0^x f(t)e^x e^{-t}dt$$
$$= e^x\int_0^x f(t)e^{-t}dt$$
$$= \sin x$$

所以 $\int_0^x f(t)e^{-t}dt = e^{-x}\sin x$.

对等式 $\int_0^x f(t)e^{-t}dt = e^{-x}\sin x$ 两边求导得

$$f(x)e^{-x} = e^{-x}\cos x - e^{-x}\sin x,$$

整理得 $f(x) = \cos x - \sin x$.

21. 计算下列曲线围成的平面图形的面积.

(1) $y=\sqrt{x}$，$y=x$；

(2) $y=3-x^2$，$y=2x$；

(3) $y=\frac{1}{x}$ 与 $y=x$，$x=2$；

(4) $y=2x$，$y=\frac{x}{2}$，$x+y=2$；

(5) $y=\frac{1}{2}x^2$，$y^2+x^2=8$.

解 (1) 由 $\begin{cases} y=\sqrt{x} \\ y=x \end{cases}$ 解得交点为 $(0,0)$ 和 $(1,1)$.

$$S=\int_0^1[\sqrt{x}-x]dx=(\frac{2}{3}x^{\frac{3}{2}}-\frac{1}{2}x^2)\Big|_0^1=\frac{1}{6}.$$

（2）由 $\begin{cases}y=3-x^2\\y=2x\end{cases}$ 解得交点为 $(-3,-6)$ 和 $(1,2)$.

$$S=\int_{-3}^1[(3-x^2)-2x]dx=(3x-\frac{x^3}{3}-x^2)\Big|_{-3}^1=\frac{32}{3}.$$

（3）由 $\begin{cases}y=\frac{1}{x}\\y=x\end{cases}$ 和 $\begin{cases}y=\frac{1}{x}\\x=2\end{cases}$ 解得交点为 $(1,1)$ 和 $(2,\frac{1}{2})$.

$$S=\int_1^2(x-\frac{1}{x})dx=(\frac{x^2}{2}-lnx)\Big|_1^2=\frac{3}{2}-\ln 2.$$

（4）由 $\begin{cases}y=2x\\x+y=2\end{cases}$ 和 $\begin{cases}x+y=2\\y=\frac{x}{2}\end{cases}$ 解得交点分别为 $(\frac{2}{3},\frac{4}{3})$ 和 $(\frac{4}{3},\frac{2}{3})$.

$$S=\int_0^{\frac{2}{3}}[2x-\frac{x}{2}]dx+\int_{\frac{2}{3}}^{\frac{4}{3}}[2-x-\frac{x}{2}]dx=\frac{2}{3}.$$

（5）由 $\begin{cases}y=\frac{1}{2}x^2\\y^2+x^2=8\end{cases}$ 解得交点 $(-2,2)$，$(2,2)$.

$$S_1=\int_{-2}^2(\sqrt{8-x^2}-\frac{1}{2}x^2)dx=\int_{-2}^2\sqrt{8-x^2}dx-\frac{1}{6}x^3\Big|_{-2}^2$$

$$=2\int_0^{\frac{\pi}{4}}(2\sqrt{2}\cos t)^2dt-\frac{8}{3}=16\int_0^{\frac{\pi}{4}}\frac{\cos 2t+1}{2}dt-\frac{8}{3}=2\pi+\frac{4}{3}.$$

$$S_2=\pi(\sqrt{8})^2-S_1=6\pi-\frac{4}{3}.$$

22. 求由下列已知曲线围成的图形绕指定轴旋转而形成的旋转体的体积.

（1）$y=x^3$，$y=0$，$x=2$ 绕 x 轴、y 轴；

（2）$x^2+(y-5)^2=16$ 绕 x 轴；

（3）$xy=a^2$，$y=0$，$x=a$，$x=2a\ (a>0)$ 绕 x 轴；

（4）$y=\frac{3}{x}$，$y=4-x$ 绕 x 轴和 y 轴；

（5）$y=x^2+1$，$y=0$，$x=0$，$x=1$ 绕 y 轴.

解　（1）$V_x=\pi\int_0^2(x^3)^2dx=\frac{128}{7}\pi$，

$$V_y=\pi\int_0^8[2^2-(\sqrt[3]{y})^2]dy=\frac{64}{5}\pi.$$

（2）$V=\pi\int_{-4}^4[(\sqrt{16-x^2}+5)^2-(-\sqrt{16-x^2}+5)^2]dx$

$$=\pi\int_{-4}^4 20\sqrt{16-x^2}dx$$

$$=40\pi\int_0^4\sqrt{16-x^2}dx.$$

令 $x = 4\sin t$，$dx = 4\cos t dt$，当 $x = 0$ 时 $t = 0$，$x = 4$ 时 $t = \frac{\pi}{2}$，则

$$V = 40\pi\int_0^{\frac{\pi}{2}} 4\cos t \cdot 4\cos t dt$$

$$= 320\pi\int_0^{\frac{\pi}{2}} (\cos 2t + 1) dt$$

$$= 160\pi \sin 2t \Big|_0^{\frac{\pi}{2}} + 320\pi \cdot \frac{\pi}{2} = 160\pi^2 .$$

(3) $V = \pi\int_a^{2a} (\frac{a^2}{x})^2 dx = \frac{1}{2}\pi a^3$.

(4) $V_x = \pi\int_1^3 [(4-x)^2 - (\frac{3}{x})^2] dx$

$$= \pi\int_1^3 [(x-4)^2 - \frac{9}{x^2}] dx$$

$$= \pi \frac{(x-4)^3}{3}\Big|_1^3 + \pi \frac{9}{x}\Big|_1^3 = \frac{8}{3}\pi ,$$

$V_y = \pi\int_1^3 [(4-y)^2 - (\frac{3}{y})^2] dy$

$$= \pi\int_1^3 [(y-4)^2 - \frac{9}{y^2}] dy$$

$$= \pi \frac{(y-4)^3}{3}\Big|_1^3 + \pi \frac{9}{y}\Big|_1^3 = \frac{8}{3}\pi .$$

(5) $V_y = \pi\int_0^2 1 dy - \pi\int_1^2 (\sqrt{y-1})^2 dy = \frac{3\pi}{2}$.

23. 确定正数 k 值，使曲线 $y^2 = x$ 与 $y = kx$ 围成面积为 $\frac{1}{6}$.

解 由 $\begin{cases} y^2 = x \\ y = kx \end{cases}$ 解得交点 $(0,0)$，$(\frac{1}{k^2}, \frac{1}{k})$，

$$S = \int_0^{\frac{1}{k^2}} (\sqrt{x} - kx) dx = \frac{2}{3}x^{\frac{3}{2}}\Big|_0^{\frac{1}{k^2}} - \frac{k}{2}x^2\Big|_0^{\frac{1}{k^2}} = \frac{1}{6k^3} = \frac{1}{6} ,$$

从而 $k = 1$.

24. 设 $f(x)$ 在 $[0,\pi]$ 上具有二阶连续导数，$f'(\pi) = 3$ 且 $\int_0^{\pi} [f(x) + f''(x)]\cos x dx = 2$，求 $f'(0)$.

解 $\int_0^{\pi} [f(x) + f''(x)]\cos x dx$

$= \int_0^{\pi} f(x) d\sin x + \int_0^{\pi} \cos x df'(x)$

$= \{[f(x)\sin x]\big|_0^{\pi} - \int_0^{\pi} f'(x)\sin x dx\} + \{[f'(x)\cos x]\big|_0^{\pi} + \int_0^{\pi} f'(x)\sin x dx\}$

$= -f'(\pi) - f'(0) = 2$，

故 $f'(0) = -2 - f'(\pi) = -2 - 3 = -5$.

25. 已知抛物线 $y=px^2+qx$（其中 $p<0$，$q>0$）在第一象限内与直线 $x+y=5$ 相切，且此抛物线与 x 轴所围成的平面图形的面积为 S.

（1）问 p 和 q 为何值时，S 达到最大值；

（2）求出此最大值.

解 （1）依题意知，抛物线与 x 轴交点的横坐标为 $x_1=0$，$x_2=-\frac{q}{p}$.

面积 $S=\int_0^{-\frac{q}{p}}(px^2+qx)dx=\left(\frac{p}{3}x^3+\frac{q}{2}x^2\right)\Big|_0^{-\frac{q}{p}}=\frac{q^3}{6p^2}$.

因直线 $x+y=5$ 与抛物线 $y=px^2+qx$ 相切，故它们有唯一公共点，由方程 $\begin{cases}x+y=5\\y=px^2+qx\end{cases}$ 得 $px^2+(q+1)x-5=0$ 其判别式必等于零，即

$$\Delta=(q+1)^2+20p=0,\ p=-\frac{1}{20}(1+q)^2.$$

将 p 代入得 $S(q)=\frac{200q^3}{3(q+1)^4}$，由 $S'(q)=\frac{200q^2(3-q)}{3(q+1)^5}=0$ 得驻点 $q=3$.

当 $0<q<3$ 时 $S'(q)>0$；当 $q>3$ 时 $S'(q)<0$，于是当 $q=3$ 时 $S(q)$ 取极大值，即最大值. 此时 $p=-\frac{4}{5}$.

（2）将 p 和 q 值代入得面积最大值 $S=\frac{225}{32}$.

26. 过曲线 $y=x^2\ (x>0)$ 上某点 A 作切线，使之与曲线及 x 轴所围图形的面积为 $\frac{1}{12}$.

（1）求切点 A 的坐标及过点 A 的切线方程；

（2）求上述平面图形绕 x 轴旋转的旋转体体积.

解 （1）设 A 点的坐标为 (x_0,y_0)，$y_0={x_0}^2$，过 A 点的切线方程为 $y=2x_0x-{x_0}^2$. 由

$$S=\int_0^{{x_0}^2}\left[\left(\frac{y}{2x_0}+\frac{x_0}{2}\right)-\sqrt{y}\right]dy=\frac{y^2}{4x_0}\Big|_0^{{x_0}^2}+\frac{x_0}{2}{x_0}^2-\frac{2}{3}y^{\frac{3}{2}}\Big|_0^{{x_0}^2}=\frac{1}{12}{x_0}^3=\frac{1}{12},$$

解得 $x_0=1$，则 A 点坐标为 $(1,1)$，切线方程为 $y=2x-1$.

（2）$V=\pi\int_0^1(x^2)^2dx-\pi\int_{\frac{1}{2}}^1(2x-1)^2dx=\frac{\pi}{5}x^5\Big|_0^1-\frac{\pi}{2}\frac{(2x-1)^3}{3}\Big|_{\frac{1}{2}}^1=\frac{\pi}{30}$.

27. 已知生产某产品的固定成本为 10 元，当产量为 x 时边际成本 $C'(x)=13-4x$，边际收益为 $R'(x)=25-2x$，求利润函数.

解 因为 $L'(x)=R'(x)-C'(x)$，所以利润函数为

$$\begin{aligned}L(x)&=\int_0^x[R'(t)-C'(t)]dt-C(0)\\&=\int_0^x(12+2t)dt-10\\&=12x+x^2-10.\end{aligned}$$

28. 已知某产品的总产量变化率为 $f(t)=100+10t-0.45t^2$（千克/小时），求 $t_0=4$ 到

$t_1=8$ 这段时间内的总产量.

解 因为已知总产量变化率 $f(t)=100+10t-0.45t^2$，所以 $t_0=4$ 到 $t_1=8$ 这段时间内的总产量为

$$Q(8)-Q(4)=\int_4^8(100+10x-0.45x^2)dx=572.8\ (单位).$$

29. 判断下列广义积分的敛散性，如果收敛计算广义积分的值.

(1) $\int_0^{+\infty}xe^{-x^2}dx$；　(2) $\int_1^{+\infty}\frac{1}{x}dx$；

(3) $\int_1^e\frac{dx}{x\sqrt{1-(\ln x)^2}}$；　(4) $\int_{-\infty}^{+\infty}\frac{dx}{x^2+2x+2}$；

(5) $\int_1^{+\infty}\frac{dx}{\sqrt[3]{x}}$；　(6) $\int_0^{+\infty}e^{-x}\sin xdx$；

(7) $\int_0^1\frac{x}{\sqrt{1-x^2}}dx$；　(8) $\int_1^2\frac{x}{\sqrt{x-1}}dx$.

解 (1) $\int_0^{+\infty}xe^{-x^2}dx=-\frac{1}{2}\int_0^{+\infty}e^{-x^2}d(-x^2)=-\frac{1}{2}e^{-x^2}\Big|_0^{+\infty}=\frac{1}{2}$.

(2) $\int_1^{+\infty}\frac{1}{x}dx=\ln x\big|_1^{+\infty}=+\infty$.

(3) $\int_1^e\frac{1}{x\sqrt{1-\ln^2x}}dx=\int_1^e\frac{1}{\sqrt{1-\ln^2x}}d\ln x=\arcsin\ln x\big|_1^e$

$$=\lim_{x\to e}\arcsin\ln x=\frac{\pi}{2}.$$

(4) $\int_{-\infty}^{+\infty}\frac{1}{x^2+4x+5}dx=\int_{-\infty}^{+\infty}\frac{1}{(x+2)^2+1}d(x+2)$

$$=\arctan(x+2)\big|_{-\infty}^{+\infty}=\pi.$$

(5) $\int_1^{+\infty}\frac{dx}{\sqrt[3]{x}}=\frac{3}{2}x^{\frac{2}{3}}\Big|_1^{+\infty}=+\infty$.

(6) $\int_0^{+\infty}e^{-x}\sin xdx=-\int_0^{+\infty}e^{-x}d\cos x=-e^{-x}\cos x\big|_0^{+\infty}+\int_0^{+\infty}\cos xde^{-x}$

$$=1-\int_0^{+\infty}e^{-x}d\sin x=1-e^{-x}\sin x\big|_0^{+\infty}-\int_0^{+\infty}e^{-x}\sin xdx,$$

移项得 $\int_0^{+\infty}e^{-x}\sin xdx=\frac{1}{2}$.

(7) $\int_0^1\frac{x}{\sqrt{1-x^2}}dx=-\frac{1}{2}\int_0^1\frac{d(1-x^2)}{\sqrt{1-x^2}}=-(1-x^2)^{\frac{1}{2}}\big|_0^1=1$.

(8) $\int_1^2\frac{x}{\sqrt{x-1}}dx=\int_1^2\sqrt{x-1}d(x-1)+\int_1^2\frac{1}{\sqrt{x-1}}d(x-1)$

$$=\frac{2}{3}(x-1)^{\frac{3}{2}}\Big|_1^2+2\sqrt{x-1}\Big|_1^2=\frac{2}{3}-\frac{2}{3}\lim_{x\to1}(x-1)^{\frac{3}{2}}+2-2\lim_{x\to1}\sqrt{x-1}=\frac{8}{3}.$$

30. 计算下列极限.

(1) $\lim\limits_{x\to+\infty}\dfrac{1}{\sqrt{1+x^2}}\int_0^x(\arctan t)^2dt$；　　(2) $\lim\limits_{x\to+\infty}\left(\int_0^x e^{t^2}dt\right)^{\frac{1}{x^2}}$.

解　(1) $\lim\limits_{x\to+\infty}\dfrac{1}{\sqrt{1+x^2}}\int_0^x(\arctan t)^2dt=\lim\limits_{x\to+\infty}\dfrac{(\arctan x)^2}{\dfrac{2x}{2\sqrt{1+x^2}}}=\dfrac{\pi^2}{4}$.

(2) $\lim\limits_{x\to+\infty}\left(\int_0^x e^{t^2}dt\right)^{\frac{1}{x^2}}=\lim\limits_{x\to+\infty}e^{\frac{1}{x^2}\ln\int_0^x e^{t^2}dt}=e^{\lim\limits_{x\to+\infty}\frac{\ln\int_0^x e^{t^2}dt}{x^2}}=e$.

31. 利用 Γ 函数计算下列各题.

(1) $\Gamma(\dfrac{11}{2})$；　　(2) $\int_0^{+\infty}x^5e^{-x^2}dx$；

(3) $\int_0^1(\ln\dfrac{1}{x})^p dx\ (p>-1)$.

解　(1) $\Gamma(\dfrac{11}{2})=\dfrac{9}{2}\Gamma(\dfrac{9}{2})=\dfrac{9}{2}\dfrac{7}{2}\Gamma(\dfrac{7}{2})\ldots=\dfrac{9}{2}\dfrac{7}{2}\dfrac{5}{2}\dfrac{3}{2}\dfrac{1}{2}\Gamma(\dfrac{1}{2})=\dfrac{945\sqrt{\pi}}{32}$.

(2) $\int_0^{+\infty}x^5e^{-x^2}dx=\dfrac{1}{2}\int_0^{+\infty}(x^2)^2e^{-x^2}dx^2=\dfrac{1}{2}\Gamma(3)=1$.

(3) 令 $t=\ln\dfrac{1}{x}$，$x=e^{-t}$，$dx=-e^{-t}dt$，当 $x=0$ 时 $t=+\infty$，$x=1$ 时 $t=0$.

$\int_0^1(\ln\dfrac{1}{x})^p dx=\int_{+\infty}^0-t^pe^{-t}dt=\int_0^{+\infty}t^pe^{-t}dt=\Gamma(p+1)$.

(B)

1. 设 $f(x)=\begin{cases}3x^2,0\leqslant x<1\\5-2x,1\leqslant x\leqslant 2\end{cases}$，$F(x)=\int_0^x f(t)dt$，$0\leqslant x\leqslant 2$，求 $F(x)$，并讨论 $F(x)$ 的连续性.

分析　由于 $f(x)$ 是分段函数，故对 $F(x)$ 也要分段讨论.

解　(1) $F(x)$ 的定义域为 $[0,2]$. 当 $x\in[0,1]$ 时，$[0,x]\subset[0,1]$，因此

$$F(x)=\int_0^x f(t)dt=\int_0^x 3t^2dt=t^3\big|_0^x=x^3.$$

当 $x\in(1,2]$ 时，$[0,x]=[0,1]\cup[1,x]$，因此，

$$F(x)=\int_0^1 3t^2dt+\int_1^x(5-2t)dt=t^3\big|_0^1+(5t-t^2)\big|_1^x=-3+5x-x^2,$$

故

$$F(x)=\begin{cases}x^3,0\leqslant x<1\\-3+5x-x^2,1\leqslant x\leqslant 2\end{cases}.$$

$F(x)$ 在 $[0,1)$ 及 $(1,2]$ 上连续，在 $x=1$ 处，由于 $\lim\limits_{x\to1^+}F(x)=\lim\limits_{x\to1^+}(-3+5x-x^2)=1$，$\lim\limits_{x\to1^-}F(x)=\lim\limits_{x\to1^-}x^3=1$，$F(1)=1$. 因此，$F(x)$ 在 $x=1$ 处连续，从而 $F(x)$ 在 $[0,2]$ 上连续.

2. 设函数 $f(x)$ 在 $[0,1]$ 上可导，$F(x)=\int_0^x u^2f(u)du$，且 $F(1)=f(1)$，$F(\dfrac{1}{2})=\dfrac{1}{2}f(1)$ 试证：至少存在一点 $\xi\in(0,1)$，使 $\xi f'(\xi)+2f(\xi)=0$.

证明 设 $G(x) = x^2f(x) = F'(x)$，显然 $G(x)$ 在 $[0,1]$ 上可导.

由积分中值定理知，$F(\frac{1}{2}) = \int_0^{\frac{1}{2}} u^2f(u)du = \frac{1}{2}\eta^2f(\eta)$，$\eta \in \left[0,\frac{1}{2}\right]$.

则 $F(1) = f(1) = G(1) = G(\eta)$.

因为 $G(x)$ 在 $[\eta,1]$ 上连续，在 $(\eta,1)$ 上可导，$G(1) = G(\eta)$，由罗尔定理知，至少存在一点 $\xi \in (\eta,1) \subset (0,1)$，使得 $G'(\xi) = 0$，整理得 $\xi f'(\xi) + 2f(\xi) = 0$.

3. 设函数 $f(x)$ 在区间 $[0,1]$ 上连续，在 $(0,1)$ 内可导，且满足 $f(1) = 3\int_0^{\frac{1}{3}} e^{1-x^2}f(x)dx$，证明：至少存在一点 $\xi \in (0,1)$，使得 $f'(\xi) = 2\xi f(\xi)$.

证明 构造函数 $F(x) = e^{1-x^2}f(x)$，显然有 $F(x)$ 在 $[0,1]$ 上连续，$(0,1)$ 内可导. 由积分中值定理知，

$$F(1) = f(1) = 3\int_0^{\frac{1}{3}} e^{1-x^2}f(x)dx = e^{1-\eta^2}f(\eta) = F(\eta),\ \eta \in (0,1).$$

根据罗尔定理可知，至少存在一点 $\xi \in (0,1)$，使得 $F'(\xi) = 0$，即 $f'(\xi) = 2\xi f(\xi)$.

4. 设 $f(x) = \begin{cases} \dfrac{1}{1+x}, & x \geq 0, \\ \dfrac{1}{1+e^x}, & x < 0, \end{cases}$ 求 $\int_0^2 f(x-1)dx$.

解 令 $x-1=t$，$x=t^2$，$dx=dt$，当 $x=0$ 时 $t=-1$，$x=2$ 时 $t=1$.

$$\begin{aligned}\int_0^2 f(x-1)dx &= \int_{-1}^1 f(t)dt = \int_{-1}^1 f(x)dx = \int_{-1}^0 f(x)dx + \int_0^1 f(x)dx \\ &= \int_{-1}^0 \frac{1}{1+e^x}dx + \int_0^1 \frac{1}{1+x}dx = \int_{-1}^0 \frac{1+e^x-e^x}{1+e^x}dx + [\ln(1+x)]\Big|_0^1 \\ &= [x-\ln(e^x+1)]\Big|_{-1}^0 + \ln 2 = \ln(1+e^{-1}) + 1.\end{aligned}$$

5. 计算 $\int_0^2 \max\{x^2,x\}dx$.

解 $\int_0^2 \max\{x^2,x\}dx = \int_0^1 xdx + \int_1^2 x^2dx = \frac{17}{6}$.

6. 设 $f(x)$，$g(x)$ 在 $[a,b]$ 上连续，且满足 $\int_a^x f(t)dt \geq \int_a^x g(t)dt\ x \in [a,b)$ $\int_a^b f(t)dt = \int_a^b g(t)dt$，证明：$\int_a^b xf(x)dx \leqslant \int_a^b xg(x)dx$.

证明 设 $\varphi(x) = \int_a^x [f(t)-g(t)]dt$，则 $\varphi(x)$ 在 $[a,b]$ 上连续，在 (a,b) 内可导，且 $\varphi'(x) = f(x)-g(x)$，此外，$\varphi(x) \geq 0$ $(x \in [a,b))$ 以及 $\varphi(a) = 0$，$\varphi(b) = \int_a^b [f(x)-g(x)]dx = 0$，所以

$$\begin{aligned}\int_a^b [xf(x)-xg(x)]dx &= \int_a^b x\varphi'(x)dx = \int_a^b xd\varphi(x) \\ &= x\varphi(x)\Big|_a^b - \int_a^b \varphi(x)dx \\ &= -\int_a^b \varphi(x)dx \leqslant 0,\end{aligned}$$

由此得证 $\int_a^b xf(x)dx \leqslant \int_a^b xg(x)dx$.

7. 设函数 $f(x)$ 连续, $\varphi(x) = \int_0^1 f(xt)dt$ ，且 $\lim\limits_{x\to0}\dfrac{f(x)}{x} = A$ (A 为常数)，求 $\varphi'(x)$ 并讨论 $\varphi'(x)$ 在 $x = 0$ 处的连续性.

分析 求 $\varphi'(x)$ 不能直接求，因为 $\int_0^1 f(xt)dt$ 中含有 $\varphi(x)$ 的自变量 x ，需要通过换元将 x 从被积函数中分离出来，然后利用积分上限函数的求导法则，求出 $\varphi'(x)$ ，最后用函数连续的定义来判定 $\varphi'(x)$ 在 $x = 0$ 处的连续性.

解 由 $\lim\limits_{x\to0}\dfrac{f(x)}{x} = A$ 知 $\lim\limits_{x\to0}f(x) = 0$ ，而 $f(x)$ 连续，所以 $f(0) = 0$, $\varphi(0) = 0$.

当 $x \neq 0$ 时，令 $u = xt$, $t = 0$, $u = 0$; $t = 1$, $u = x$. $dt = \dfrac{1}{x}du$ ，则 $\varphi(x) = \dfrac{\int_0^x f(u)du}{x}$ ，从而 $\varphi'(x) = \dfrac{xf(x) - \int_0^x f(u)du}{x^2}(x \neq 0)$.

又因为 $\lim\limits_{x\to0}\dfrac{\varphi(x) - \varphi(0)}{x - 0} = \lim\limits_{x\to0}\dfrac{\int_0^x f(u)du}{x^2} = \lim\limits_{x\to0}\dfrac{f(x)}{2x} = \dfrac{A}{2}$ ，即 $\varphi'(0) = \dfrac{A}{2}$. 所以

$$\varphi'(x) = \begin{cases} \dfrac{xf(x) - \int_0^x f(u)du}{x^2}, & x \neq 0 \\ \dfrac{A}{2} & x = 0 \end{cases}.$$

由于 $\lim\limits_{x\to0}\varphi'(x) = \lim\limits_{x\to0}\dfrac{xf(x) - \int_0^x f(u)du}{x^2} = \lim\limits_{x\to0}\dfrac{f(x)}{x} - \lim\limits_{x\to0}\dfrac{\int_0^x f(u)du}{x^2} = \dfrac{A}{2} = \varphi'(0)$ ，所以 $\varphi'(x)$ 在 $x = 0$ 处连续.

8. 设 $V(\xi)$ 是曲线 $y = \dfrac{\sqrt{x}}{1 + x^2}(x \in [0,\xi])$ ，直线 $x = \xi$ 及 x 轴所围成图形绕 x 轴旋转一周所成旋转体的体积. 求常数 a ，使得 $V(a) = \dfrac{1}{2}\lim\limits_{\xi\to+\infty}V(\xi)$.

解
$$V(\xi) = \pi\int_0^\xi \left(\frac{\sqrt{x}}{1 + x^2}\right)^2 dx = \frac{\pi}{2}\int_0^\xi \frac{1}{(1 + x^2)^2}d(1 + x^2)$$
$$= \frac{\pi}{2}\left[-\frac{1}{(1 + x^2)}\right]\Bigg|_0^\xi = -\frac{\pi}{2}\left(\frac{1}{1 + \xi^2}\right) + \frac{\pi}{2},$$
$$V(a) = \frac{1}{2}\lim_{\xi\to+\infty}V(\xi) = \frac{1}{2}\lim_{\xi\to+\infty}\left(\frac{\pi}{2} - \frac{\pi}{2}\cdot\frac{1}{1 + \xi^2}\right) = \frac{\pi}{4},$$

解得 $a = 1$.

9. 设 $f(u)$ 是连续函数，证明: $\int_0^x (x - u)f(u)du = \int_0^x \left(\int_0^u f(v)dv\right)du$.

证明 由于 $f(u)$ 连续，则 $\int_0^u f(v)dv$ 是 $f(u)$ 的一个原函数. 分部积分可得

$$\int_0^x (x-u)f(u)dt = \int_0^x (x-u)d\left(\int_0^u f(v)dv\right)$$
$$= (x-u)\int_0^u f(v)dv\Big|_0^x - \int_0^x \left(\int_0^u f(v)dv\right)d(x-u)$$
$$= \int_0^x \left(\int_0^u f(v)dv\right)du .$$

10. 设抛物线 $y = ax^2 + bx + c$ 通过原点 $(0,0)$，且当 $x \in [0,1]$ 时，$y \geq 0$，试确定 a，b，c 的值，使得抛物线 $y = ax^2 + bx + c$ 与直线 $x = 1$，$y = 0$ 所围成图形的面积为 $\frac{4}{9}$，且使图形绕 x 轴旋转而成的旋转体体积最小.

解 由于抛物线过原点，所以求得 $c = 0$. 又由已知，

$$S = \int_0^1 (ax^2 + bx)dx = \frac{4}{9} \text{ 得 } 6a + 9b = 8 .$$

$$V = \pi\int_0^1 (ax^2 + bx)^2 dx = \pi\left(\frac{a^2}{5} + \frac{b^2}{3} + \frac{ab}{2}\right),$$

将 $a = \frac{4}{3} - \frac{3}{2}b$ 代入得 $V = \frac{\pi}{30}\left[(b-2)^2 + \frac{20}{3}\right]$，当 $b = 2$ 时 V 取到最小值，此时 $a = -\frac{5}{3}$.

11. 过曲线 $y = \sqrt[3]{x}(x \geq 0)$ 上的点 A 作切线，使该切线与曲线及 x 轴所围成的平面图形 D 的面积 S 为 $\frac{3}{4}$.

(1) 求点 A 的坐标；

(2) 求平面图形绕 x 轴旋转一周所得旋转体的体积.

解 (1) 设切点 A 的坐标为 $(t,\sqrt[3]{t})$ $(t > 0)$，曲线过点 A 的切线方程为

$$y - \sqrt[3]{t} = \frac{1}{3\sqrt[3]{t^2}}(x - t) .$$

令 $y = 0$ 得切线与 x 轴交点横坐标为 $x_0 = -2t$. 于是 D 的面积

$$S = \frac{1}{2}\sqrt[3]{t}\cdot 3t - \int_0^t \sqrt[3]{x}dx = \frac{3}{4}t\sqrt[3]{t} .$$

由 $S = \frac{3}{4}$ 可确定 $t = 1$. 从而有点 A 的坐标为 $(1,1)$.

(2) 因 $x_0 = -2$，$V = \frac{\pi}{3}(\sqrt[3]{1})^2 \cdot 3 - \pi\int_0^1 (\sqrt[3]{x})^2 dx = \frac{2}{5}\pi$.

12. 设 $f(x)$ 在 $[0,1]$ 上连续，且 $f(x)$ 在 $[0,1]$ 上单调减少，证明：对任意 $q \in (0,1)$，不等式 $\int_0^q f(x)dx \geq q\int_0^1 f(x)dx$ 成立.

证明 令 $x = qt$，得

$$\int_0^q f(x)dx = \int_0^1 f(qt)qdt = q\int_0^1 f(qt)dt = q\int_0^1 f(qx)dx ,$$

$$\int_0^q f(x)dx - q\int_0^1 f(x)dx = q\int_0^1 f(qx)dx - q\int_0^1 f(x)dx$$

$$= q\int_0^1 [f(qx) - f(x)]dx$$

因为 $f(x)$ 在 $[0,1]$ 上单调减少，又 $0 \leqslant qx \leqslant x \leqslant 1$ 故 $f(qx) \geq f(x)$，所以

$$\int_0^1 [f(qx) - f(x)]dx \geq 0\text{，即}\int_0^q f(x)dx \geq q\int_0^1 f(x)dx .$$

四、自测题及答案

自测题

一、填空题（本大题共7题，每小题4分，共28分）

1. $\int_{-1}^{1}(|x| + x)e^{-|x|}dx =$ __________.

2. $\int_{-3}^{3}(\sin^5 x + 3x^2)dx =$ __________.

3. 设 y 是方程 $\int_0^y e^t dt + \int_0^x \cos t dt = 0$ 所确定的 x 的函数，则 $\dfrac{dy}{dx} =$ __________.

4. 设 $f(x)$ 是连续函数，$F(x) = \int_{x^2}^{e^x} f(t)dt$，则 $F'(0) =$ __________.

5. 已知 $f(0) = 1, f(2) = 3, f'(2) = 5$，则 $\int_0^2 xf''(x)dx =$ __________.

6. 设 $\lim\limits_{x\to\infty}\left(\dfrac{1+x}{x}\right)^{ax} = \int_{-\infty}^{a} te^t dt$，则常数 $a =$ __________.

7. 设 $f(x) = \begin{cases} xe^{x^2}, & -\dfrac{1}{2} \leqslant x < \dfrac{1}{2}, \\ -1, & x \geq \dfrac{1}{2}, \end{cases}$，则 $\int_{\frac{1}{2}}^{2} f(x-1)dx =$ __________.

二、选择题（本大题共8题，每小题4分，共32分）

1. 设 $f(x) = \int_0^{\sin x}\sin t^2 dt, g(x) = x^3 + x^4$，则当 $x \to 0$ 时，$f(x)$ 是 $g(x)$ 的（　　）.

(A) 等价无穷小；　　(B) 同阶但非等价的无穷小；

(C) 高阶无穷小；　　(D) 低阶无穷小.

2. $M = \int_{-\frac{\pi}{2}}^{\frac{\pi}{2}}\dfrac{\sin x}{1+x^2}\cos^4 x dx$，$N = \int_{-\frac{\pi}{2}}^{\frac{\pi}{2}}(\sin^3 x + \cos^4 x)dx$，$P = \int_{-\frac{\pi}{2}}^{\frac{\pi}{2}}(x^2\sin^3 x - \cos^4 x)dx$，则有（　　）.

(A) N < P < M；　(B) M < P < N；　(C) N < M < P；　(D) P < M < N.

3. 已知函数 $y = \int_0^x \dfrac{dt}{(1+t)^2}$，则 $y''(1) =$（　　）.

(A) $-\dfrac{1}{2}$；　(B) $-\dfrac{1}{4}$；　(C) $\dfrac{1}{4}$；　(D) $\dfrac{1}{2}$.

4. 设 $\int_0^x f(t)dt = \dfrac{1}{2}f(x) - \dfrac{1}{2}$，且 $f(0) = 1$，则 $f(x) =$（　　）.

(A) $e^{\frac{x}{2}}$；　(B) $\dfrac{1}{2}e^x$；　(C) e^{2x}；　(D) $\dfrac{1}{2}e^{2x}$.

5. 下列式子中，正确的是（）.

(A) $\left(\int_x^0 \cos t dt\right)' = \cos x$;　　(B) $\left(\int_0^x \cos t dt\right)' = \cos x$;

(C) $\left(\int_0^x \cos t dt\right)' = 0$;　　(D) $\left(\int_0^{\frac{\pi}{2}} \cos t dt\right)' = \cos x$.

6. 下列广义积分收敛的是（　　）.

(A) $\int_0^{+\infty} e^x dx$;　　(B) $\int_1^{+\infty} \frac{1}{x} dx$;

(C) $\int_0^{+\infty} \cos x dx$;　　(D) $\int_1^{+\infty} \frac{1}{x^2} dx$.

7. 设 $a_n = \frac{3}{2}\int_0^{\frac{n}{n+1}} x^{n-1}\sqrt{1+x^n}dx$ ，则极限 $\lim\limits_{n\to\infty} na_n$ 等于　（　　）.

(A) $(1+e)^{\frac{3}{2}}+1$;　　(B) $(1+e^{-1})^{\frac{3}{2}}-1$;

(C) $(1+e^{-1})^{\frac{3}{2}}+1$;　　(D) $(1+e)^{\frac{3}{2}}-1$.

8. 设函数 $f(x)$ 在闭区间 $[a,b]$ 上连续，且 $f(x) > 0$ ，则方程 $\int_a^x f(t)dt + \int_b^x \frac{1}{f(t)}dt = 0$ 在开区间 (a,b) 内的根有（　　）.

(A) 0 个;.　　(B) 1 个;　　(C) 2 个;　　(D) 无穷多个.

三、计算题（本大题共 4 题，每小题 5 分，共 20 分）

1. $\int_0^4 |2-x| dx$.

2. $\int_0^{e-1} \ln(x+1)dx$.

3. $\int_1^{+\infty} \frac{dx}{x^2(1+x^2)}$.

4. 确定 a,b,c 的值，使 $\lim\limits_{x\to 0}\frac{ax-\sin x}{\int_b^x \frac{\ln(1+t^3)}{t}dt} = c(c\neq 0)$.

四、证明题（本大题共 2 题，每小题 5 分，共 10 分）

1. 证明: $\frac{1}{40} < \int_{10}^{20}\frac{x^2}{x^4+x+1}dx < \frac{1}{20}$.

2. 设 $f(x)$ 在区间 $[0,1]$ 上可微，且满足条件 $f(1) = 5\int_0^{\frac{1}{5}} xf(x)\mathrm{d}x$. 证明：至少存在一点 $\xi\in(0,1)$ ，使得 $f(\xi)+\xi f'(\xi) = 0$.

五、应用题（本大题 10 分）

已知图形 D_1 是由抛物线 $y = 2x^2$ 和直线 $x = a, x = 2$ 及 $y = 0$ 所围成的平面区域，图形 D_2 是由抛物线 $y = 2x^2$ 和直线 $x = a$, 及 $y = 0$ 所围成的平面区域，其中 $0 < a < 2$.

(1) 试求 D_1 绕 x 轴旋转而成的旋转体体积 V_1 和 D_2 绕 y 轴旋转而成的旋转体体积 V_2 ;

(2) 问当 a 为何值时, V_1+V_2 取得最大值? 并求此最大值.

（二）答案

一、1. $2(1-2e^{-1})$

2. 54；

3. $-\frac{\cos x}{e^y}$；

4. $f(1)$；

5. 8；

6. $(a-1)e^a$；

7. $-\frac{1}{2}$.

二、1.（B）；

2.（D）；

3.（B）；

4.（C）；

5.（B）；

6.（D）；

7.（B）；

8.（B）.

三、1. 4；

2. 1；

3. $\frac{4-\pi}{4}$；

4. $a=1$，$b=0$，$c=\frac{1}{2}$.

四、1. 略.

2. 略. 提示：设 $F(x)=xf(x)$.

五、(1) $\frac{(128-4a^5)\pi}{5}$，πa^4；

(2) $a=1$，$\frac{129\pi}{5}$.

第七章　多元函数微分学

一、教学基本要求与内容提要

（一）教学基本要求

1. 了解常用的平面点集及其相关概念.

2. 了解二元函数的概念，二元函数的定义域，二元函数的几何意义、二元函数的极限和连续的概念，以及有界闭区域上的连续函数的性质.

3. 掌握多元函数的偏导数、全微分的定义，会求多元函数的偏导数与全微分，知道偏导数、连续与全微分之间的关系.

4. 掌握多元复合函数的求导法则.

5. 掌握多元隐函数的求导法则.

6. 理解二元函数的极值及条件极值的概念，会求二元函数的极值，会用拉格朗日乘数法求条件极值.

7. 能够建立一些实际经济问题的数学模型，并求其最值.

（二）内容提要

1. 空间曲面与方程

（1）空间曲面与方程

在空间直角坐标系下，空间中的任意曲面 S 与三元方程 $F(x,y,z)=0$ 有下述关系：

①曲面 S 上任一点的坐标都满足方程 $F(x,y,z)=0$；

②不在曲面 S 上点的坐标都不满足方程 $F(x,y,z)=0$，

那么，曲面 S 就称为**方程 $F(x,y,z)=0$ 的图形**，而 $F(x,y,z)=0$ 称为**曲面 S 的方程**.

（2）常见的空间曲面的图形与方程

①平面及其方程

平面的方程可用如下方程来表示：

$$Ax+By+Cz+D=0,$$

其中 A，B，C，D 为常数，且 A，B，C 不全为零. 由于方程（7.1）为一个三元一次方程，所以平面也叫做**一次曲面**.

②二次曲面及其方程

三元二次方程

$$a_1x^2 + a_2y^2 + a_3z^2 + b_1xy + b_2yz + b_3zx + c_1x + c_2y + c_3z + d = 0$$

所表示的空间曲面称为二次曲面，其中 a_i，b_i，c_i（$i = 1,2,3$）和 d 均为常数，且 a_i，b_i 不全为零.

③柱面

设 L 是空间中的一条曲线，与给定直线 l 平行的动直线沿曲线 L 移动所得的空间曲面称为**柱面**，L 称为柱面的**准线**，动直线称为柱面的**母线**.

2. 二元函数

（1）邻域的概念

设 $P_0(x_0,y_0)$ 是平面 xOy 上的一定点，$\delta > 0$ 为一实数，以 P_0 为圆心，以 δ 为半径的圆的内部

$$D_\delta(P_0) = \{(x,y) \mid (x - x_0)^2 + (y - y_0)^2 < \delta^2\},$$

称为**点 P_0 的 δ 邻域**.

（2）二元函数的概念

设 D 是 xOy 平面上的一个点集，若对 D 中任意点（x,y），按照某一确定的对应法则 f，都有唯一确定的实数 z 与之对应，则称变量 z 是 x，y 的**二元函数**，记为

$$z = f(x,y), \qquad (x,y) \in D,$$

其中 x 和 y 称为**自变量**，z 称为**因变量**，点集 D 称为**函数的定义域**.

（3）二元函数的几何意义

二元函数的几何意义是表示空间直角坐标系中的一个曲面，其定义域 D 为该曲面在 xOy 平面上的投影.

（4）二元函数极限的概念

设函数 $z = f(x,y)$，$(x,y) \in D$ 在点 $P_0(x_0,y_0)$ 的某邻域 $D_\delta(P_0)$（$\delta > 0$）内有定义（点 $P_0(x_0,y_0)$ 可以除外）. 如果当 $P(x,y) \to P_0(x_0,y_0)$ 时，函数 $f(x,y)$ 无限趋近于一个常数 A，则称**当 $P(x,y)$ 趋近于 $P_0(x_0,y_0)$ 时，$f(x,y)$ 以 A 为极限**，记作

$$\lim_{\substack{x \to x_0 \\ y \to y_0}} f(x,y) = A$$

或

$$f(x,y) \to A, \qquad (x,y) \to (x_0,y_0).$$

（5）二元函数连续的概念

设二元函数 $z = f(x,y)$ 在点 $P_0(x_0,y_0)$ 的某个邻域 $D_\delta(P_0)$（$\delta > 0$）内有定义，自变量 x 和 y 在 x_0 和 y_0 处分别取得的一个改变量 Δx 和 Δy，并使得

$$(x_0 + \Delta x, y_0 + \Delta y) \in D_\delta(P_0),$$

这时函数 $z = f(x,y)$ 的改变量为

$$\Delta z = f(x_0 + \Delta x, y_0 + \Delta y) - f(x_0,y_0).$$

如果 $\lim\limits_{(\Delta x,\Delta y)\to(0,0)} \Delta z = 0$，即

$$\lim_{(\Delta x,\Delta y)\to(0,0)} f(x_0 + \Delta x, y_0 + \Delta y) = f(x_0,y_0),$$

则称 $z = f(x,y)$ **在（x_0，y_0）处连续**，否则称 $f(x,y)$ 在（x_0，y_0）**处间断（不连续）**.

若二元函数$f(x,y)$在开区域（或闭区域）D内每一点都连续，则称$f(x,y)$在D内**连续**，或者称$f(x,y)$是D内的**连续函数**.

（6）二元函数连续在闭区域上的性质

①**最值定理** 定义在有界闭区域D上的二元连续函数，在定义域D上必能取到最大值和最小值.

②**介值定理** 定义在有界闭区域D上的二元连续函数，如果其最大值与最小值不相等，则该函数在区域D上至少有一次取得介于最小值与最大值之间的任何数值.

（7）二元函数偏导数的概念

设函数$z=f(x,y)$在点$P_0(x_0,y_0)$的某一邻域内有定义，将y固定为y_0，自变量x在点x_0处取得改变量Δx，则函数有相应改变量

$$\Delta_x z=f(x_0+\Delta x,y_0)-f(x_0,y_0),$$

$\Delta_x z$ **称为函数** $z=f(x,y)$ **对于** x **的偏增量（或偏改变量）**. 若极限

$$\lim_{\Delta x\to 0}\frac{\Delta_x z}{\Delta x}=\lim_{\Delta x\to 0}\frac{f(x_0+\Delta x,y_0)-f(x_0,y_0)}{\Delta x}$$

存在，则称此极限值为**函数** $z=f(x,y)$ **在点** $P_0(x_0,y_0)$ **处对** x **的偏导数**，记作

$$f'_x(x_0,y_0),\ \frac{\partial f(x_0,y_0)}{\partial x},\ z'_x\big|_{(x_0,y_0)}\ 或\ \left.\frac{\partial z}{\partial x}\right|_{(x_0,y_0)}.$$

完全类似地，我们可以定义函数$z=f(x,y)$在点$P_0(x_0,y_0)$关于y的偏导数，并将其记作

$$f'_y(x_0,y_0),\ \frac{\partial f(x_0,y_0)}{\partial y},\ z'_y\big|_{(x_0,y_0)}\ 或\ \left.\frac{\partial z}{\partial y}\right|_{(x_0,y_0)}.$$

（8）二元函数偏导数的几何意义

$f'_x(x_0,y_0)$表示曲面$z=f(x,y)$与平面$y=y_0$的交线在空间点$P(x_0,y_0,f(x_0,y_0))$处的切线T_x的斜率；$f'_y(x_0,y_0)$表示$z=f(x,y)$与平面$x=x_0$的交线在点$P(x_0,y_0,f(x_0,y_0))$处的切线T_y的斜率.

（9）二元函数的全微分的概念

设二元函数$z=f(x,y)$在点$P_0(x_0,y_0)$的某个邻域$D_\delta(P_0)$（$\delta>0$）内有定义，自变量x和y在x_0和y_0处分别取得的一个改变量Δx和Δy，并使得$(x_0+\Delta x,y_0+\Delta y)\in D_\delta(P_0)$. 若函数的**全增量**$\Delta z=f(x_0+\Delta x,y_0+\Delta y)-f(x_0,y_0)$可以表示为

$$\Delta z=A\Delta x+B\Delta y+o(\rho),$$

其中A，B仅与点(x_0,y_0)有关，而与Δx，Δy无关，$\rho=\sqrt{(\Delta x)^2+(\Delta y)^2}$，则称函数$f(x,y)$在点$(x_0,y_0)$处可微，并称$A\Delta x+B\Delta y$为函数$f(x,y)$在点$(x_0,y_0)$处的**全微分**，记作$dz|_{x_0,y_0}$，即

$$dz|_{x_0,y_0}=A\Delta x+B\Delta y.$$

（10）二元函数可微的必要和充分条件

①**可微的必要条件** 若函数$z=f(x,y)$在点(x_0,y_0)可微，则函数在该点的偏导数$f'_x(x_0,y_0)$，$f'_y(x_0,y_0)$存在，且

$$A=f'_x(x_0,y_0),\qquad B=f'_y(x_0,y_0).$$

②**可微的必要条件** 若函数$z=f(x,y)$在点(x_0,y_0)处可微，则该函数在点(x_0,y_0)处连续.

③**可微的充分条件**　若函数 $z=f(x,y)$ 在点 (x_0,y_0) 的某邻域内偏导数存在且连续，则该函数在点 (x_0,y_0) 处可微.

(11) 二元复合函数求导

链式法则　设函数 $z=f(u,v)$ 可微；函数 $u=u(x,y)$，$v=v(x,y)$ 在 (x,y) 处偏导数存在，则它们的复合函数 $z=f[u(x,y),v(x,y)]$ 在 (x,y) 处偏导数都存在，且有如下**链式法则**

$$\frac{\partial z}{\partial x}=\frac{\partial z}{\partial u}\frac{\partial u}{\partial x}+\frac{\partial z}{\partial v}\frac{\partial v}{\partial x},$$

$$\frac{\partial z}{\partial y}=\frac{\partial z}{\partial u}\frac{\partial u}{\partial y}+\frac{\partial z}{\partial v}\frac{\partial v}{\partial y}.$$

链式法则的特殊情形

①自变量只有一个的情形.

设 $z=f(u,v)$，$u=u(x)$，$v=v(x)$，则 $z=f[u(x),v(x)]$ 有链式法则

$$\frac{dz}{dx}=\frac{\partial z}{\partial u}\frac{du}{dx}+\frac{\partial z}{\partial v}\frac{dv}{dx}.$$

②中间变量只有一个的情形.

设 $z=f(u)$，$u=u(x,y)$，则 $z=f[u(x,y)]$ 有链式法则

$$\frac{\partial z}{\partial x}=\frac{dz}{du}\frac{\partial u}{\partial x},$$

$$\frac{\partial z}{\partial y}=\frac{dz}{du}\frac{\partial u}{\partial y}.$$

③含有既是中间变量又是自变量的情形.

设 $z=f(x,v)$，$v=v(x,y)$，则 $z=f[x,v(x,y)]$ 有链式法则

$$\frac{\partial z}{\partial x}=\frac{\partial f}{\partial x}+\frac{\partial f}{\partial v}\frac{\partial v}{\partial x},$$

$$\frac{\partial z}{\partial y}=\frac{\partial f}{\partial v}\frac{\partial v}{\partial y}.$$

(12) 二元函数的全微分形式不变性

在二元函数 $z=f(x,y)$ 中，无论 x,y 是自变量还是中间变量，全微分的形式是一样的，这个性质称为**全微分形式不变性**.

(13) 隐函数求导法则

①一元隐函数的导数　设方程 $F(x,y)=0$ 确定隐函数 $y=f(x)$，且函数 $F(x,y)$ 存在连续偏导数，则当 $\frac{\partial F}{\partial y}\neq 0$ 时，有

$$\frac{dy}{dx}=-\frac{F'_x}{F'_y}=-\frac{\partial F}{\partial x}\Big/\frac{\partial F}{\partial y}.$$

②二元隐函数的导数　设方程 $F(x,y,z)=0$ 确定隐函数 $z=f(x,y)$，且函数 $F(x,y,z)$ 存在连续偏导数，则当 $\frac{\partial F}{\partial z}\neq 0$ 时，有

$$\frac{\partial z}{\partial x}=-\frac{F'_x}{F'_z}=-\frac{\partial F}{\partial x}\Big/\frac{\partial F}{\partial z},$$

$$\frac{\partial z}{\partial y}=-\frac{F'_y}{F'_z}=-\frac{\partial F}{\partial y}\Big/\frac{\partial F}{\partial z}.$$

(14) 二元函数的二阶偏导数

设函数 $z=f(x,y)$ 在区域 D 内有偏导数 $z'_x=f'_x(x,y)$，$z'_y=f'_y(x,y)$. 如果这些函数的偏导数仍然存在，则称之为 $z=f(x,y)$ 的**二阶偏导数**. 按照对自变量求导的先后顺序的差异，共有四个二阶偏导数：

$$\frac{\partial}{\partial x}\left(\frac{\partial z}{\partial x}\right)=\frac{\partial^2 z}{\partial x^2}=z''_{xx}=f''_{xx}(x,y),$$

$$\frac{\partial}{\partial y}\left(\frac{\partial z}{\partial x}\right)=\frac{\partial^2 z}{\partial x\partial y}=z''_{xy}=f''_{xy}(x,y),$$

$$\frac{\partial}{\partial x}\left(\frac{\partial z}{\partial y}\right)=\frac{\partial^2 z}{\partial y\partial x}=z''_{yx}=f''_{yx}(x,y),$$

$$\frac{\partial}{\partial y}\left(\frac{\partial z}{\partial y}\right)=\frac{\partial^2 z}{\partial y^2}=z''_{yy}=f''_{yy}(x,y).$$

3. 二元函数的极值与最值

(1) 二元函数的极值的概念

设函数 $z=f(x,y)$ 在点 (x_0,y_0) 的某邻域内有定义，如果对于该邻域内任意异于 (x_0,y_0) 的点 (x,y)，恒有不等式

$$f(x_0,y_0)>f(x,y)\qquad (\text{或} f(x_0,y_0)<f(x,y))$$

成立，则称 $f(x_0,y_0)$ 是 $f(x,y)$ 的一个**极大值（极小值）**，并称 (x_0,y_0) 是 $f(x,y)$ 的一个**极大值点（极小值点）**. 极大值和极小值统称为**极值**. 极大值点和极小值点统称为**极值点**.

(2) 二元函数的极值存在的必要条件

设函数 $z=f(x,y)$ 在点 (x_0,y_0) 处的一阶偏导数存在，若点 (x_0,y_0) 是 $z=f(x,y)$ 的极值点，则必有

$$f'_x(x_0,y_0)=0,\qquad f'_y(x_0,y_0)=0.$$

其中，称满足条件

$$\begin{cases}f'_x(x,y)=0\\ f'_y(x,y)=0\end{cases}$$

的点 (x,y) 为 $z=f(x,y)$ 的**驻点**.

(3) 二元函数的极值存在的充分条件

设 $z=f(x,y)$ 在点 (x_0,y_0) 的某邻域内有二阶连续偏导数，且 (x_0,y_0) 是 $z=f(x,y)$ 的驻点. 记

$$A=f''_{xx}(x_0,y_0),\ B=f''_{xy}(x_0,y_0),\ C=f''_{yy}(x_0,y_0),\ \Delta=B^2-AC,$$

则有下列结论成立：

①当 $\Delta<0$ 时，(x_0,y_0) 是 $f(x,y)$ 的极值点，且 $A>0$（或 $C>0$）时，$f(x_0,y_0)$ 是极小值，$A<0$（或 $C<0$）时，$f(x_0,y_0)$ 是极大值.

②当 $\Delta>0$ 时，(x_0,y_0) 不是 $f(x,y)$ 极值点.

(4) 二元函数的最值的概念

设函数 $z=f(x,y)$ 是定义域 D 上的二元连续函数，点 $(x_0,y_0)\in D$ 如果对于任意的点

$(x,y)\in D$，恒有不等式

$$f(x_0,y_0)\geq f(x,y)\qquad(\text{或}f(x_0,y_0)\leqslant f(x,y))$$

成立，则称$f(x_0,y_0)$是$f(x,y)$在区域D上的的一个**最大值（最小值）**，并称(x_0,y_0)是$f(x,y)$的一个**最大值点（最小值点）**．最大值和最小值统称为**最值**．最大值点和最小值点统称为**最值点**．

(5) 利用拉格朗日乘数法求二元函数的条件极值的步骤

①构造一个辅助函数

$$F(x,y,\lambda)=f(x,y)+\lambda\varphi(x,y),$$

此辅助函数称为**拉格朗日函数，**λ 称为**拉格朗日常数**.

②求 $F(x,y,\lambda)$ 对 x,y,λ 的偏导数并建立方程组

$$\begin{cases}F'_x(x,y,\lambda)=f'_x(x,y)+\lambda\varphi'_x(x,y)=0\\F'_y(x,y,\lambda)=f'_y(x,y)+\lambda\varphi'_y(x,y)=0\\F'_\lambda(x,y,\lambda)=\varphi(x,y)=0;\end{cases}$$

解方程组得到可能取极值的点．一般解法是消去λ，解出x_0和y_0，则点(x_0,y_0)就是条件极值的可能极值点；在实际问题中，由实际意义来判断(x_0,y_0)是否为所求的极值点.

二、典型方法与范例

1. 求二元函数定义域

例1　求函数$z=\arcsin 2x+\dfrac{\sqrt{4x-y^2}}{\ln(1-x^2-y^2)}$的定义域.

分析　使函数的每一部分的表达式都有意义的自变量的取值范围.

解　要使函数有定义，自变量必须满足

$$\begin{cases}|2x|\leqslant 1,\\4x-y^2\geq 0,\\1-x^2-y^2>0,\\1-x^2-y^2\neq 1,\end{cases}$$

解得，

$$\begin{cases}\dfrac{y^2}{4}\leqslant x\leqslant\dfrac{1}{2},\\0<x^2+y^2<1.\end{cases}$$

方法总结：二元函数的定义域的求法与一元函数类似，先写出其构成该函数的各简单函数的定义域，然后联立不等式组，得出各自变量的关系，即定义域.

2. 求二元函数的表达式

例2　已知$f(x+y,x-y)=3x^2-4xy+5y^2$，求$f(x,y)$.

分析　利用变量替换的方法.

解　设$u=x+y,v=x-y$，解出，

$$x=\frac{1}{2}(u+v),y=\frac{1}{2}(u-v),$$

代入表达式中，得

$$f(u,v) = 3\left(\frac{u+v}{2}\right)^2 - 4\cdot\frac{u+v}{2}\cdot\frac{u-v}{2} + 5\left(\frac{u-v}{2}\right)^2$$
$$= u^2 - uv + 3v^2,$$

即 $f(x,y) = x^2 - xy + 3y^2$.

3. 判别二元函数是否存在极限

例 3 判别下列二元函数是否存在极限

(1) $\lim\limits_{(x,y)\to(1,0)} \dfrac{\sin(xy)}{x}$；　　(2) $\lim\limits_{(x,y)\to(0,0)} \dfrac{xy^2}{2(x^2+y^2)}$；

(3) $\lim\limits_{(x,y)\to(0,0)} (1+x^2y^2)^{\frac{1}{x^2+y^2}}$；　　(4) $\lim\limits_{(x,y)\to(0,0)} \dfrac{1-\cos(x^2+y^2)}{(x^2+y^2)x^2y^2}$.

解 (1) $\lim\limits_{(x,y)\to(1,0)} \dfrac{\sin(xy)}{x} = \lim\limits_{(x,y)\to(1,0)} \dfrac{\sin(xy)}{xy}\cdot y = 1\times 0 = 0$;

(2) $\lim\limits_{(x,y)\to(0,0)} \dfrac{xy^2}{2(x^2+y^2)} = \lim\limits_{(x,y)\to(0,0)} \dfrac{xy}{2(x^2+y^2)}\times y$，

由 $\left|\dfrac{xy}{2(x^2+y^2)}\right| \leqslant \dfrac{1}{4}$，，且 y 是无穷小量，所以，

$$\lim_{(x,y)\to(0,0)} \frac{xy^2}{2(x^2+y^2)} = 0.$$

(3) $\lim\limits_{(x,y)\to(0,0)} (1+x^2y^2)^{\frac{1}{x^2+y^2}} = \lim\limits_{(x,y)\to(0,0)} (1+x^2y^2)^{\frac{1}{x^2y^2}\cdot\frac{x^2y^2}{x^2+y^2}}$，

由于

$$\lim_{(x,y)\to(0,0)} \frac{x^2y^2}{x^2+y^2} = \lim_{(x,y)\to(0,0)} \frac{xy}{x^2+y^2}\cdot xy = 0,$$

所以，

$$\lim_{(x,y)\to(0,0)} (1+x^2y^2)^{\frac{1}{x^2+y^2}} = e^0 = 1.$$

(4) 因为，

$$\lim_{(x,y)\to(0,0)} \frac{1-\cos(x^2+y^2)}{(x^2+y^2)x^2y^2} = \lim_{\substack{x\to 0\\ y=x}} \frac{1-\cos 2x^2}{2x^6} = \lim_{x\to 0} \frac{2\sin x^2}{2x^6} = \lim_{x\to 0}\frac{1}{x^4} = \infty,$$

所以，$\lim\limits_{(x,y)\to(0,0)} \dfrac{1-\cos(x^2+y^2)}{(x^2+y^2)x^2y^2}$ 不存在极限.

方法总结： 求二元函数的极限常用的方法如下

(1) 应用初等函数的连续性求极限；

(2) 应用无穷小与有界函数的乘积是无穷小的性质求极限；

(3) 应用夹逼准则求极限；

(4) 应用两个重要极限求极限.

4. 多元函数的偏导数的计算

例 4 求函数 $z = \arctan(xy)$ 的偏导数 $z'_x|_{(1,1)}$、$z'_y|_{(1,1)}$.

方法一分析 求 z'_x 时，将 y 看作常量，求 z'_y 时，将 x 看作常量.

解　$z'_x = \frac{y}{1+(xy)^2}$，$z'_x|_{(1,1)} = \frac{1}{2}$；$z'_y = \frac{y}{1+(xy)^2}$，$z'_y|_{(1,1)} = \frac{1}{2}$.

方法二分析　求 $z'_x|_{(1,1)}$ 时，将 $y=1$ 代入，转化成求 $z(x,1)$ 一元函数在 $x=1$ 的导数. 类似可求 $z'_y|_{(1,1)}$.

把 $y=1$ 代入得函数 $z=\arctan x$，关于 x 求导得

$$z'(x,1) = \frac{1}{1+x^2},$$

则，

$$z'_x|_{(1,1)} = \frac{1}{2}.$$

类似地，把 $x=1$ 代入得函数 $z=\arctan y$，关于 y 求导得

$$z'(1,y) = \frac{1}{1+y^2},$$

则，

$$z'_y|_{(1,1)} = \frac{1}{2}.$$

例5　求函数 $z = xe^y + e^{-x}$ 的偏导数.

分析　求 z'_x 时，将 y 看作常量，求 z'_y 时，将 x 看作常量.

解　$\frac{\partial z}{\partial x} = e^y - e^{-x}$，$\frac{\partial z}{\partial y} = xe^y$.

例6　求函数 $w = x^{y^z}$ 的偏导数.

分析　求 w'_x 时，将 y,z 看作常量，求 w'_y 时，将 x,z 看作常量，求 w'_z 时，将 x,y 看作常量.

解　$\frac{\partial w}{\partial x} = y^z x^{y^z-1}$，$\frac{\partial w}{\partial y} = \frac{\partial}{\partial y}(e^{y^z\ln x}) = e^{y^z\ln x}\cdot\ln x\cdot zy^{z-1} = x^{y^z}zy^{z-1}\ln x$，

$\frac{\partial w}{\partial z} = \frac{\partial}{\partial z}(e^{y^z\ln x}) = e^{y^z\ln x}\cdot\ln x\cdot\ln y\cdot y^z = x^{y^z}y^z\ln x\ln y$.

例7　设 $z = f(\frac{x}{y})$ 且 $f(u)$ 是可导函数，求 $\frac{\partial z}{\partial x}$，$\frac{\partial z}{\partial y}$.

分析　利用一元函数的链式法则.

解　令 $u = \frac{x}{y}$，则 $z = f(u)$，于是由一元函数的链式法则可得

$$\frac{\partial z}{\partial x} = f'(u)\frac{\partial u}{\partial x} = f'(u)\cdot(\frac{1}{y}) = \frac{1}{y}f'(\frac{x}{y}),$$

$$\frac{\partial z}{\partial y} = f'(u)\frac{\partial u}{\partial y} = f'(u)\cdot(-\frac{x}{y^2}) = -\frac{x}{y^2}f'(\frac{x}{y}).$$

方法总结：　多元函数对自变量求偏导时，只把求导自变量当作变量，其他自变量当作常数转化成求一元函数的导数即可.

5. 多元函数的全微分的计算

例8　求函数 $z = \sqrt{\frac{x+2y}{x-2y}}$ 的全微分，并求点（5，2）处的全微分..

分析 先求偏导数，然后代入全微分公式.

解 $z'_x = \dfrac{1}{2\sqrt{\dfrac{x+2y}{x-2y}}} \cdot \dfrac{x-2y-(x+2y)}{(x-2y)^2} = \dfrac{-2y}{(x-2y)^2\sqrt{\dfrac{x+2y}{x-2y}}}$,

$z'_y = \dfrac{1}{2\sqrt{\dfrac{x+2y}{x-2y}}} \cdot \dfrac{2(x-2y)-(-2)\cdot(x+2y)}{(x-2y)^2} = \dfrac{2x}{(x-2y)^2\sqrt{\dfrac{x+2y}{x-2y}}}$,

则

$$dz = \frac{-2y}{(x-2y)^2\sqrt{\dfrac{x+2y}{x-2y}}}dx + \frac{2x}{(x-2y)^2\sqrt{\dfrac{x+2y}{x-2y}}}dy,$$

$$dz\big|_{(5,2)} = -\frac{4}{3}dx + \frac{10}{3}dy.$$

方法总结： 求多元函数的全微分实际上先求多元函数的偏导数，然后代入全微分公式.

6. **多元复合函数的的偏导数的计算**

例 9 设 $u = \dfrac{x}{y} + \dfrac{y}{z}$, $x = \sqrt{t}, y = \cos 2t, z = e^{-3t}$, 求 $\dfrac{du}{dt}$.

分析 这是三个中间变量，一个自变量的复合函数.

解 由链式法则有

$$\frac{du}{dt} = \frac{\partial u}{\partial z}\frac{dz}{dt} + \frac{\partial u}{\partial y}\frac{dy}{dt} + \frac{\partial u}{\partial x}\frac{dx}{dt}$$

$$= \frac{1}{y}\cdot\frac{1}{2\sqrt{t}} + \left(-\frac{x}{y^2} + \frac{1}{z}\right)\cdot[-2\sin(2t)] + \left(-\frac{y}{z^2}\right)\cdot(-3e^{-3t}).$$

例 10 设 $z = u\arctan(uv)$, $u = x^2, v = ye^x$, 求 $\dfrac{\partial z}{\partial x}, \dfrac{\partial z}{\partial y}$.

分析 这是两个中间变量，两个自变量的复合函数.

解 由链式法则有，

$$\frac{\partial z}{\partial x} = \frac{\partial z}{\partial u}\frac{\partial u}{\partial x} + \frac{\partial z}{\partial v}\frac{\partial v}{\partial x}$$

$$= \left(\frac{uv}{1+u^2v^2} + \arctan(uv)\right)\cdot 2x + \frac{u^2}{1+u^2v^2}\cdot ye^x$$

$$= \frac{u(2xv + uye^x)}{1+u^2v^2} + 2x\arctan(uv),$$

$$\frac{\partial z}{\partial y} = \frac{\partial z}{\partial u}\frac{\partial u}{\partial y} + \frac{\partial z}{\partial v}\frac{\partial v}{\partial y}$$

$$= \left(\frac{uv}{1+u^2v^2} + \arctan(uv)\right)\cdot 0 + \frac{u^2}{1+u^2v^2}\cdot e^x$$

$$= \frac{u^2e^x}{1+u^2v^2}.$$

例 11 设 $z = x\arctan(xy)$, $y = e^x$, 求 $\dfrac{dz}{dx}$.

分析 此题中 x 既是中间变量，又是自变量.

解 由链式法则有，

$$\frac{dz}{dx}=\frac{\partial z}{\partial x}+\frac{\partial z}{\partial y}\frac{dy}{dx}$$

$$=\arctan(xy)+\frac{xy}{1+(xy)^2}+\frac{x^2}{1+(xy)^2}\cdot e^x$$

$$=\arctan(xy)+\frac{xy+x^2e^x}{1+(xy)^2}.$$

例 12 设 $z=f(xy,y)$，求 $\frac{\partial z}{\partial x},\frac{\partial z}{\partial y}$.

分析 此题中 y 既是中间变量，又是自变量.

解 令 $u=xy$，则函数为 $z=f(u,y)$ 和 $u=xy$ 复合而成的函数，由链式链式法则有，

$$\frac{\partial z}{\partial x}=\frac{\partial z}{\partial u}\frac{\partial u}{\partial x}+\frac{\partial z}{\partial y}\frac{\partial y}{\partial x}$$

$$=f'_1\cdot y,$$

$$\frac{\partial z}{\partial y}=\frac{\partial z}{\partial u}\frac{\partial u}{\partial y}+\frac{\partial z}{\partial y}$$

$$=xf'_1+f'_2.$$

方法总结： 多元复合函数的求导的关键是弄清复合函数中哪些是中间变量，哪些是自变量. 有几个中间变量就有几项，每一项由复合函数的外层向内层逐层求导，直至求到自变量为止.

7. 隐函数的偏导数的计算

例 13 已知 $\ln\sqrt{x^2+y^2}=\arctan\left(\frac{y}{x}\right)$，求 $\frac{dy}{dx}$.

分析 此题为一元隐函数求导问题.

解方法一 设 $F(x,y)=\ln\sqrt{x^2+y^2}-\arctan\left(\frac{y}{x}\right)$，由隐函数法则有，

$$F'_x=\frac{1}{2}\times\frac{2x}{x^2+y^2}-\frac{1}{1+\left(\frac{y}{x}\right)^2}\times\left(-\frac{y}{x^2}\right)=\frac{x+y}{x^2+y^2},$$

$$F'_y=\frac{1}{2}\times\frac{2y}{x^2+y^2}-\frac{1}{1+\left(\frac{y}{x}\right)^2}\times\frac{1}{x}=\frac{y-x}{x^2+y^2},$$

因此，

$$\frac{\mathrm{d}y}{\mathrm{d}x}=-\frac{F'_x}{F'_y}=\frac{y+x}{x-y}.$$

方法二 对方程两端分别对自变量 x 求导有，

$$\frac{1}{\sqrt{x^2+y^2}}\cdot\frac{2x+2y\cdot\frac{\mathrm{d}y}{\mathrm{d}x}}{2\sqrt{x^2+y^2}}=\frac{1}{1+\left(\frac{y}{x}\right)^2}\cdot\frac{\frac{\mathrm{d}y}{\mathrm{d}x}\cdot x-y\cdot 1}{x^2}$$

整理得，

$$\frac{dy}{dx}=\frac{y+x}{x-y}.$$

例 14 已知 $x+2y+z-2\sqrt{xyz}=0$，求 $\frac{\partial z}{\partial x},\frac{\partial z}{\partial y}$.

分析 此题为二元隐函数求偏导问题.

解 方法一 设 $F(x,y,z)=x+2y+z-2\sqrt{xyz}$，由隐函数法则有，

$$F'_x=1-\frac{yz}{\sqrt{xyz}},\quad F'_y=2-\frac{xz}{\sqrt{xyz}},F'_z=1-\frac{xy}{\sqrt{xyz}},$$

因此，

$$\frac{\partial z}{\partial x}=-\frac{F'_x}{F'_z}=-\frac{1-\frac{yz}{\sqrt{xyz}}}{1-\frac{xy}{\sqrt{xyz}}}=\frac{yz-\sqrt{xyz}}{\sqrt{xyz}-xy},$$

$$\frac{\partial z}{\partial y}=-\frac{F'_y}{F'_z}=-\frac{2-\frac{xz}{\sqrt{xyz}}}{1-\frac{xy}{\sqrt{xyz}}}=\frac{xz-2\sqrt{xyz}}{\sqrt{xyz}-xy}.$$

方法二 对方程两端分别对自变量 x 求偏导，y 看作常量，z 为 x,y 的函数有，

$$1+\frac{\partial z}{\partial x}-\left[\frac{1}{\sqrt{xyz}}\left(yz+xy\frac{\partial z}{\partial x}\right)\right]=0$$

整理得，

$$\frac{\partial z}{\partial x}=\frac{yz-\sqrt{xyz}}{\sqrt{xyz}-xy},$$

同理得，

$$\frac{\partial z}{\partial y}=\frac{xz-2\sqrt{xyz}}{\sqrt{xyz}-xy}.$$

方法总结： （1）求一元隐函数和二元隐函数的导数，首先构造一个多元函数，然后求其偏导数，再代入公式

$$\frac{dy}{dx}=-\frac{F'_x}{F'_y}=-\frac{\partial F}{\partial x}/\frac{\partial F}{\partial y}$$

或者

$$\frac{\partial z}{\partial x}=-\frac{F'_x}{F'_z}=-\frac{\partial F}{\partial x}/\frac{\partial F}{\partial z},$$

$$\frac{\partial z}{\partial y}=-\frac{F'_y}{F'_z}=-\frac{\partial F}{\partial y}/\frac{\partial F}{\partial z}.$$

（2）直接对方程两端求导，遇到因变量把其看成函数.

例 15 设 $x^2+y^2+z^2=yf(\frac{z}{y})$，其中 f 可导，求 $\frac{\partial z}{\partial x},\frac{\partial z}{\partial y}$.

分析 此题为二元隐函数求偏导问题.

解 设 $F(x,y,z)=x^2+y^2+z^2-yf(\frac{z}{y})$，由隐函数法则有，

$$F'_x = 2x,$$

$F'_y = 2y - [f(\frac{z}{y}) + yf'(\frac{z}{y}) \cdot \left(-\frac{z}{y^2}\right)] = 2y - f(\frac{z}{y}) + \frac{z}{y}f'(\frac{z}{y})$, $F'_z = 2z - yf'(\frac{z}{y}) \cdot \frac{1}{y} = 2z - f'(\frac{z}{y})$.

因此,

$$\frac{\partial z}{\partial x} = -\frac{F'_x}{F'_z} = -\frac{2x}{2z - f'(\frac{z}{y})},$$

$$\frac{\partial z}{\partial y} = -\frac{F'_y}{F'_z} = -\frac{2y - f(\frac{z}{y}) + \frac{z}{y}f'(\frac{z}{y})}{2z - f'(\frac{z}{y})} = \frac{2y^2 - yf(\frac{z}{y}) + zf'(\frac{z}{y})}{yf'(\frac{z}{y}) - 2yz}.$$

8. 多元函数的极值的计算

例 16 求 $f(x,y) = x^3 - 4x^2 + 2xy - y^2$ 的极值.

分析 此题为二元函数无条件极值问题.

解 解方程组

$$\begin{cases} f'_x(x,y) = 3x^2 - 8x + 2y = 0 \\ f'_y(x,y) = 2x - 2y = 0 \end{cases}$$

得出驻点为 $(0,0)$ 和 $(2,2)$.

由于

$f''_{xx}(x,y) = 6x - 8$, $f''_{xy}(x,y) = 2$, $f''_{yy}(x,y) = -2$.

对于点 $(0,0)$, $A = f''_{xx}(0,0) = -8$, $B = f''_{xy}(0,0) = 2$, $C = f''_{yy}(0,0) = -2$, 从而

$$\Delta = B^2 - AC = -12 < 0,$$

故点 $(0,0)$ 是极大值点, 极大值 $f(0,0) = 0$.

对于点 $(2,2)$, $A = f''_{xx}(2,2) = 4$, $B = f''_{xy}(2,2) = 2$, $C = f''_{yy}(2,2) = -2$, 从而

$$\Delta = B^2 - AC = 12 > 0,$$

故点 $(2,2)$ 不是极值点.

方法总结: 根据极值点的充分条件定理去判别.

9. 经济极值的计算

例 17 某商场销售甲、乙两种商品, 设 Q_1 和 Q_2 分别为两种商品的销售量 (单位: 吨), p_1 和 p_2 分别为两种商品的价格 (单位: 万元/吨), 已知两种商品的需求函数分别为 $Q_1 = 40 - 8p_1$, $Q_2 = 20 - 2p_2$, 商品的总成本函数为 $C = 1 + Q_1 + 2Q_2$ (单位: 万元), 求该商家获得最大利润时, 两种商品的销售量和销售价格.

分析 此题为经济极值问题.

解 设 L 为商场销售两种商品所获得的总利润, 则有

$$\begin{aligned} L(p_1,p_2) &= p_1(40 - 8p_1) + p_2(20 - 2p_2) - [1 + (40 - 8p_1) + 2(20 - 2p_2)] \\ &= -8p_1^2 + 48p_1 - 2p_2^2 + 24p_2 - 81 \end{aligned}$$

$$\begin{cases} L_{p_1}' = -16p_1 + 48 = 0 \\ L_{p_2}' = -4p_2 + 24 = 0 \end{cases}$$

解得唯一驻点 $(3,6)$，因驻点唯一，且实际问题中一定存在最大利润，可知，点 $(3,6)$ 最大值点，从而销售量分别为 16 吨，8 吨，价格分别为 3 万元，6 万元时，利润达到最大.

方法总结： 对于经济极值问题，若此经济函数在定义域内只有一个驻点，则该驻点就是所求函数的最值点，可以不再判别.

10. **多元函数的条件极值的计算**

例 18 欲围成一个面积 60 m^2 的矩形场地，正面所用材料每米造价 10 元，其余三面每米的造价 5 元，求场地的长、宽各为多少米时，所用的材料费用最少.

解 设场地的长为 x m，宽为 y m，则问题归结为在约束条件 $xy = 60$ 下，求 $f(x,y) = 10x + 5(x + 2y)$ 的最小值.

设拉格朗日函数为

$$F(x,y,\lambda) = 15x + 10y + \lambda(xy - 60),$$

令

$$\begin{cases} F'_x(x,y,\lambda) = 15 + \lambda y = 0 \\ F'_y(x,y,\lambda) = 10 + \lambda x = 0 \\ F'_\lambda(x,y,\lambda) = xy - 60 = 0 \end{cases}$$

消去 λ，解得 $x = 2\sqrt{10}$，$y = 3\sqrt{10}$.

因为只有唯一一个驻点，且实际问题的最小值是存在的，所以该点即是最小值点. 即当长为 $2\sqrt{10}$ 米，宽为 $3\sqrt{10}$ 米时，所用材料费用最少.

方法总结： 对于经济条件极值问题，利用拉格朗日乘数法，如果求出拉格朗日函数只有唯一的驻点，则该驻点就是所求函数的最值点，可以不再判别.

三、教材习题详解

习题七

(A)

1. 求下列函数的定义域.

(1) $z = \dfrac{1}{\sqrt{x+y}} + \dfrac{1}{\sqrt{x-y}}$；

(2) $z = \arcsin(x - y^2) + \ln[\ln(10 - x^2 - 4y^2)]$；

(3) $z = \ln[x\ln(y - x)]$；

(4) $z = \dfrac{1}{\sqrt{x^2 + y^2 - 4}}$.

解 (1) 由二次根式和分式性质可知，当 (x,y) 满足 $\begin{cases} x + y > 0, \\ x - y > 0 \end{cases}$ 时函数有意义，故定义域为 $\{(x,y) \mid x + y > 0, x - y > 0\}$.

（2）由反三角函数和对数函数的性质可知，当 (x,y) 满足 $\begin{cases} -1 \leqslant x - y^2 \leqslant 1, \\ 10 - x^2 - 4y^2 > 0, \\ \ln(10 - x^2 - 4y^2) > 0 \end{cases}$ 时函数有意义，解得定义域为 $\left\{(x,y) \mid y^2 - 1 \leqslant x \leqslant y^2 + 1, \frac{x^2}{9} + \frac{4y^2}{9} < 1\right\}$.

（3）由对数函数的性质可知，当 (x,y) 满足 $\begin{cases} y - x > 0, \\ x\ln(y - x) > 0 \end{cases}$ 时函数有意义，解得定义域为 $\{(x,y) \mid x > 0, y - x > 1$ 或 $x < 0, 0 < y - x < 1\}$.

（4）由二次根式和分式性质可知，当 (x,y) 满足 $\begin{cases} x^2 + y^2 \geq 0, \\ \sqrt{x^2 + y^2} - 4 \neq 0 \end{cases}$ 时函数有意义，解得定义域为 $\{(x,y) \mid x^2 + y^2 \neq 16\}$.

2. 设函数 $f(x+y, x^2+y^2) = 2xy$，求 $f(x-y, x^2+y^2)$.

解　设 $u = x + y, v = x^2 + y^2$，因为 $2xy = (x+y)^2 - (x^2+y^2)$，所以 $f(u,v) = u^2 - v$，即 $f(x,y) = x^2 - y$，因此 $f(x-y, x^2+y^2) = (x-y)^2 - (x^2+y^2) = -2xy$.

3. 设 $f\left(x+y, \frac{y}{x}\right) = x^2 - y^2$，求 $f(x-y, xy)$.

解　设 $u = x + y, v = \frac{y}{x}$，则 $x = \frac{u}{v+1}$，$y = \frac{uv}{v+1}$.

于是，

$$f(u,v) = \left(\frac{u}{v+1}\right)^2 - \left(\frac{uv}{v+1}\right)^2 = \frac{u^2(1-v^2)}{(v+1)^2},$$

因此，

$$f(x-y, xy) = \frac{(x-y)^2(1-x^2y^2)}{(xy+1)^2}.$$

4. 若函数 $z = f(x,y)$ 恒满足 $f(tx,ty) = t^k f(x,y)$，则称该函数为 k 次齐次函数. 证明下列函数为齐次函数，并说明是几次齐次函数：

(1) $f(x,y) = x^2 + xy + y^2$；　　　　(2) $f(x,y) = x^5 e^{-\frac{y}{x}}$.

解(1) 由 $f(x,y) = x^2 + xy + y^2$，有 $f(tx,ty) = t^2 f(x,y)$. 根据齐次函数的定义知，$f(x,y)$ 为 2 次函数.

（2）由 $f(x,y) = x^5 e^{-\frac{y}{x}}$，有 $f(tx,ty) = t^5 f(x,y)$. 根据齐次函数的定义知，$f(x,y)$ 为 5 次函数.

5. 求下列函数在给定点处的偏导数.

(1) $z = \frac{x+y}{x-y}$ 求 $z'_x(1,2)$，$z'_y(1,2)$；

(2) $z = e^{x^2+y^2}$ 求 $z'_x(1,1)$，$z'_y(1,1)$；

(3) $z = \arctan\frac{y}{x}$ 求 $z'_x(1,1)$，$z'_y(-1,-1)$；

(4) $z = \ln(\sqrt{x} + \sqrt{y})$ 求 $z'_x(1,1)$，$z'_y(1,1)$.

解　（1）由于

$$z'_x=\frac{1\cdot(x-y)-1\cdot(x+y)}{(x-y)^2}=\frac{-2y}{(x-y)^2},\ z'_y=\frac{1\cdot(x-y)-(-1)\cdot(x+y)}{(x-y)^2}=\frac{2x}{(x-y)^2},$$

所以,

$$z'_x(1,2)=-4,\ z'_y(1,2)=2.$$

（2）由于

$$z'_x=e^{x^2+y^2}\cdot 2x,\ z'_y=e^{x^2+y^2}\cdot 2y,$$

所以,

$$z'_x(1,1)=2e^2,\ z'_y(1,1)=2e^2.$$

（3）由于

$$z'_x=\frac{1}{1+(\frac{y}{x})^2}\cdot(-\frac{y}{x^2})=-\frac{y}{x^2+y^2},\ z'_y=\frac{1}{1+(\frac{y}{x})^2}\cdot\frac{1}{x}=\frac{x}{x^2+y^2},$$

所以,

$$z'_x(1,1)=-\frac{1}{2},\ z'_y(-1,-1)=-\frac{1}{2}.$$

（4）由于

$$z'_x=\frac{1}{\sqrt{x}+\sqrt{y}}\cdot\frac{1}{2\sqrt{x}}=\frac{1}{2(x+\sqrt{xy})},\ z'_y==\frac{1}{\sqrt{x}+\sqrt{y}}\cdot\frac{1}{2\sqrt{y}}=\frac{1}{2(\sqrt{xy}+y)},$$

所以,

$$z'_x(1,1)=\frac{1}{4},\ z'_y(1,1)=\frac{1}{4}.$$

6. 设$f(x,y)=\begin{cases}\dfrac{x^3y}{x^4+y^4},(x,y)\neq(0,0),\\ 0,\quad (x,y)=(0,0),\end{cases}$ 问$\lim\limits_{\substack{x\to0\\y\to0}}f(x,y)$是否存在?

解 设$y=kx$, $x\to0$,

$$\lim_{\substack{(x,y)\to(0,0)\\y=kx}}f(x,y)=\lim_{\substack{(x,y)\to(0,0)\\y=kx}}\frac{x^3y}{x^4+y^4}=\lim_{x\to0}\frac{kx^4}{x^4+k^4x^4}=\frac{k}{1+k^4}.$$

随着k取值的不同，极限也就不同，因此，$\lim\limits_{(x,y)\to(0,0)}\dfrac{x^3y}{x^4+y^4}$不存在.

7. 求下列函数的一阶偏导数.

（1）$z=\arctan\dfrac{y}{x}$；（2）$z=\ln(x+\ln y)$；

（3）$z=\sqrt{\ln(xy)}$；（4）$z=x\ln(xy)$；

（5）$z=(1+x^2y)^y$；（6）$z=\ln(x+\sqrt{x^2+y^2})$；

（7）$z=\dfrac{1}{x^2+y^2}e^{xy}$；（8）$u=e^{xy^2z^3}$.

解 （1）$z'_x=\dfrac{1}{1+(\frac{y}{x})^2}\cdot(-\dfrac{y}{x^2})=-\dfrac{y}{x^2+y^2},\ z'_y=\dfrac{1}{1+(\frac{y}{x})^2}\cdot\dfrac{1}{x}=\dfrac{x}{x^2+y^2}$.

（2）$z'_x=\dfrac{1}{x+\ln y},\ z'_y=\dfrac{1}{x+\ln y}\cdot\dfrac{1}{y}=\dfrac{1}{y(x+\ln y)}$.

(3) $z'_x = \frac{1}{2\sqrt{\ln(xy)}} \cdot \frac{1}{xy} \cdot y = \frac{1}{2x\sqrt{\ln(xy)}}$, $z'_y = \frac{1}{2\sqrt{\ln(xy)}} \cdot \frac{1}{xy} \cdot x = \frac{1}{2y\sqrt{\ln(xy)}}$.

(4) $z'_x = \ln(xy) + x \cdot \frac{1}{xy} \cdot y = \ln(xy) + 1$, $z'_y = x \cdot \frac{1}{xy} \cdot x = \frac{x}{y}$.

(5) $z'_x = e^{y\ln(1+x^2y)} \cdot (y \cdot \frac{1}{1+x^2y} \cdot 2xy) = 2xy^2(1+x^2y)^{y-1}$,

$z'_y = e^{y\ln(1+x^2y)} \cdot (\ln(1+x^2y) + y \cdot \frac{1}{1+x^2y} \cdot x^2) = x^2y(1+x^2y)^{y-1} + \ln(1+x^2y)$ $(1+x^2y)^y$.

(6) $z'_x = \frac{1}{x+\sqrt{x^2+y^2}} \cdot (1 + \frac{2x}{2\sqrt{x^2+y^2}}) = \frac{1}{\sqrt{x^2+y^2}}$,

$$z'_x = \frac{1}{x+\sqrt{x^2+y^2}} \cdot \frac{2y}{2\sqrt{x^2+y^2}} = \frac{y}{x^2+y^2+x\sqrt{x^2+y^2}}.$$

(7) $z'_x = \frac{1}{x^2+y^2}e^{xy} \cdot y - e^{xy}\frac{2x}{(x^2+y^2)^2} = \frac{y(x^2+y^2)-2x}{(x^2+y^2)^2}e^{xy}$,

$$z'_y = \frac{1}{x^2+y^2}e^{xy} \cdot x - e^{xy}\frac{2y}{(x^2+y^2)^2} = \frac{x(x^2+y^2)-2y}{(x^2+y^2)^2}e^{xy}.$$

(8) $u'_x = y^2z^3e^{xy^2z^3}$, $u'_y = 2xyz^3e^{xy^2z^3}$, $u'_z = 3xy^2z^2e^{xy^2z^3}$.

8. 证明下列各题.

(1) 若 $z = f(ax+by)$，则 $b\frac{\partial z}{\partial x} - a\frac{\partial z}{\partial y} = 0$.

(2) 设函数 $z = 2\cos^2(x-\frac{y}{2})$，证明 $\frac{\partial^2 z}{\partial x \partial y} + 2\frac{\partial^2 z}{\partial y^2} = 0$.

(3) 函数 $z = \ln\sqrt{x^2+y^2}$ 满足方程 $\frac{\partial^2 z}{\partial x^2} + \frac{\partial^2 z}{\partial y^2} = 0$.

(4) 证明函数 $u = \frac{1}{r}$ 满足方程 $\frac{\partial^2 u}{\partial x^2} + \frac{\partial^2 u}{\partial y^2} + \frac{\partial^2 u}{\partial z^2} = 0$,其中 $r = \sqrt{x^2+y^2+z^2}$.

证明　(1) 根据 $z = f(ax+by)$ 得

$$\frac{\partial z}{\partial x} = af'(ax+by), \frac{\partial z}{\partial y} = bf'(ax+by).$$

因此,

$$b\frac{\partial z}{\partial x} - a\frac{\partial z}{\partial y} = 0.$$

(2) 根据 $z = 2\cos^2(x-\frac{y}{2})$ 得

$$\frac{\partial z}{\partial x} = 2 \cdot 2\cos(x-\frac{y}{2}) \cdot [-\sin(x-\frac{y}{2})] = -4\sin(2x-y),$$

$$\frac{\partial z}{\partial y} = 2 \cdot 2\cos(x-\frac{y}{2}) \cdot [-\sin(x-\frac{y}{2})] \cdot (-\frac{1}{2}) = 2\sin(2x-y)$$

$$\frac{\partial^2 z}{\partial x \partial y} = -4\cos(2x-y) \cdot (-1) = 4\cos(2x-y),$$

$$\frac{\partial^2 z}{\partial y^2}=2\cos(2x-y)\cdot(-1)=-2\cos(2x-y),$$

因此，

$$\frac{\partial^2 z}{\partial x\partial y}+2\frac{\partial^2 z}{\partial y^2}=0.$$

（2）根据 $z=\ln\sqrt{x^2+y^2}$ 得

$$\frac{\partial z}{\partial x}=\frac{1}{\sqrt{x^2+y^2}}\cdot\frac{2x}{2\sqrt{x^2+y^2}}=\frac{x}{x^2+y^2},\ \frac{\partial z}{\partial y}=\frac{1}{\sqrt{x^2+y^2}}\cdot\frac{2y}{2\sqrt{x^2+y^2}}=\frac{y}{x^2+y^2},$$

$$\frac{\partial^2 z}{\partial x^2}=\frac{x^2+y^2-x\cdot 2x}{(x^2+y^2)^2}=\frac{y^2-x^2}{(x^2+y^2)^2},\ \frac{\partial^2 z}{\partial y^2}=\frac{x^2+y^2-y\cdot 2y}{(x^2+y^2)^2}=\frac{x^2-y^2}{(x^2+y^2)^2},$$

因此，

$$\frac{\partial^2 z}{\partial x^2}+\frac{\partial^2 z}{\partial y^2}=0.$$

（3）根据 $u=\frac{1}{r}$，$r=\sqrt{x^2+y^2+z^2}$ 得

$$\frac{\partial u}{\partial x}=-\frac{1}{r^2}\cdot\frac{2x}{2\sqrt{x^2+y^2+z^2}}=-\frac{x}{(x^2+y^2+z^2)^{\frac{3}{2}}},$$

$$\frac{\partial u}{\partial y}=-\frac{1}{r^2}\cdot\frac{2y}{2\sqrt{x^2+y^2+z^2}}=-\frac{y}{(x^2+y^2+z^2)^{\frac{3}{2}}},$$

$$\frac{\partial u}{\partial z}=-\frac{1}{r^2}\cdot\frac{2z}{2\sqrt{x^2+y^2+z^2}}=-\frac{z}{(x^2+y^2+z^2)^{\frac{3}{2}}},$$

$$\frac{\partial^2 u}{\partial x^2}=-\frac{(x^2+y^2+z^2)^{\frac{3}{2}}-x\cdot\frac{3}{2}(x^2+y^2+z^2)^{\frac{1}{2}}\cdot 2x}{(x^2+y^2+z^2)^3}=-\frac{y^2+z^2-2x^2}{(x^2+y^2+z^2)^{\frac{5}{2}}},$$

$$\frac{\partial^2 u}{\partial y^2}=-\frac{(x^2+y^2+z^2)^{\frac{3}{2}}-y\cdot\frac{3}{2}(x^2+y^2+z^2)^{\frac{1}{2}}\cdot 2y}{(x^2+y^2+z^2)^3}=-\frac{x^2+z^2-2y^2}{(x^2+y^2+z^2)^{\frac{5}{2}}},$$

$$\frac{\partial^2 u}{\partial z^2}=-\frac{(x^2+y^2+z^2)^{\frac{3}{2}}-z\cdot\frac{3}{2}(x^2+y^2+z^2)^{\frac{1}{2}}\cdot 2z}{(x^2+y^2+z^2)^3}=-\frac{x^2+y^2-2z^2}{(x^2+y^2+z^2)^{\frac{5}{2}}},$$

因此，

$$\frac{\partial^2 u}{\partial x^2}+\frac{\partial^2 u}{\partial y^2}+\frac{\partial^2 u}{\partial z^2}=0.$$

9．求下列函数的全微分.

（1）$z=\sin(xy)+\cos^2(xy)$；（2）$z=\arctan\frac{x+y}{x-y}$；

（3）$z=(1+xy)^y$；（4）$z=x^2+xy^2+\sin(xy)$；

（5）$z=e^{-k^2n^2y}\cos nx$；（6）$z=(x^2+y^2)e^{\frac{x^2+y^2}{xy}}$；

（7）$u=xy+yz+zx$；（8）$u=\left(\frac{x}{y}\right)^z$.

解 (1) 由 $z=\sin(xy)+\cos^2(xy)$ 得

$$\frac{\partial z}{\partial x}=\cos(xy)\cdot y+2\cos(xy)\cdot[-\sin(xy)]\cdot y=y[\cos(xy)-\sin(2xy)],$$

$$\frac{\partial z}{\partial y}=\cos(xy)\cdot x+2\cos(xy)\cdot[-\sin(xy)]\cdot x=x[\cos(xy)-\sin(2xy)]$$

因此,

$$dz=y[\cos(xy)-\sin(2xy)]dx+x[\cos(xy)-\sin(2xy)]dy.$$

(2) 由 $z=\arctan\frac{x+y}{x-y}$ 得

$$\frac{\partial z}{\partial x}=\frac{1}{1+(\frac{x+y}{x-y})^2}\cdot\frac{x-y-(x+y)}{(x-y)^2}=\frac{-2y}{(x-y)^2+(x+y)^2}=\frac{-y}{x^2+y^2},$$

$$\frac{\partial z}{\partial y}=\frac{1}{1+(\frac{x+y}{x-y})^2}\cdot\frac{x-y-(-1)(x+y)}{(x-y)^2}=\frac{2x}{(x-y)^2+(x+y)^2}=\frac{x}{x^2+y^2},$$

因此,

$$dz=\frac{-y}{x^2+y^2}dx+\frac{x}{x^2+y^2}dy.$$

(3) 由 $z=(1+xy)^y$ 得

$$\frac{\partial z}{\partial x}=e^{y\ln(1+xy)}\cdot[y\cdot\frac{y}{1+xy}]=(1+xy)^y\frac{y^2}{1+xy}=y^2(1+xy)^{y-1},$$

$$\frac{\partial z}{\partial y}=e^{y\ln(1+xy)}\cdot[\ln(1+xy)+y\cdot\frac{x}{1+xy}]=(1+xy)^y[\ln(1+xy)+\frac{xy}{1+xy}],$$

因此,

$$dz=y^2(1+xy)^{y-1}dx+(1+xy)^y\left[\ln(1+xy)+\frac{xy}{1+xy}\right]dy.$$

(4) 由 $z=x^2+xy^2+\sin(xy)$ 得

$$\frac{\partial z}{\partial x}=2x+y^2+\cos(xy)\cdot y,\ \frac{\partial z}{\partial y}=2xy+\cos(xy)\cdot x,$$

因此,

$$dz=[2x+y^2+y\cos(xy)]dx+[2xy+x\cos(xy)]dy.$$

(5) 由 $z=e^{-k^2n^2y}\cos(nx)$ 得

$$\frac{\partial z}{\partial x}=e^{-k^2n^2y}\cdot(-\sin nx)\cdot n,\ \frac{\partial z}{\partial y}=\cos(nx)e^{-k^2n^2y}\cdot(-k^2n^2),$$

因此,

$$dz=-n\sin(nx)e^{-k^2n^2y}dx-k^2n^2\cos(nx)e^{-k^2n^2y}dy.$$

(6) 由 $z=(x^2+y^2)e^{\frac{x^2+y^2}{xy}}$ 得

$$\frac{\partial z}{\partial x}=2xe^{\frac{x^2+y^2}{xy}}+(x^2+y^2)e^{\frac{x^2+y^2}{xy}}\frac{2x\cdot xy-(x^2+y^2)\cdot y}{x^2y^2}=e^{\frac{x^2+y^2}{xy}}[2x+\frac{(x^2+y^2)(x^2-y^2)}{x^2y}],$$

$$\frac{\partial z}{\partial y}=2ye^{\frac{x^2+y^2}{xy}}+(x^2+y^2)e^{\frac{x^2+y^2}{xy}}\frac{2y\cdot xy-(x^2+y^2)\cdot x}{x^2y^2}=e^{\frac{x^2+y^2}{xy}}[2y+\frac{(x^2+y^2)(y^2-x^2)}{xy^2}],$$

因此,

$$dz = e^{\frac{x^2+y^2}{xy}}[2x + \frac{(x^2+y^2)(x^2-y^2)}{x^2y}]dx + e^{\frac{x^2+y^2}{xy}}[2y + \frac{(x^2+y^2)(y^2-x^2)}{xy^2}]dy .$$

(7) 由 $u = xy + yz + zx$ 得

$$\frac{\partial u}{\partial x} = y + z, \frac{\partial u}{\partial y} = x + z, \frac{\partial u}{\partial z} = y + x,$$

因此,

$$du = (y+z)dx + (x+z)dy + (x+y)dz .$$

(8) 由 $u = (\frac{x}{y})^z$ 得

$$\frac{\partial u}{\partial x} = z(\frac{x}{y})^{z-1} \cdot \frac{1}{y} = (\frac{x}{y})^z \frac{z}{x},$$

$$\frac{\partial u}{\partial y} = z(\frac{x}{y})^{z-1} \cdot (-\frac{x}{y^2}) = -(\frac{x}{y})^z \frac{z}{y},$$

$$\frac{\partial u}{\partial z} = \ln(\frac{x}{y})(\frac{x}{y})^z,$$

因此,

$$du = (\frac{x}{y})^z \ln\frac{x}{y}dz + z(\frac{dx}{x} - \frac{dy}{y}) .$$

10. 求下列函数在给定条件下的全微分之值.

(1) $z = x^2y^3$; $x = 2$, $y = -1$, $\Delta x = 0.02$, $\Delta y = -0.01$;

(2) $z = x^y$; $x = 1$, $y = 4$, $\Delta x = 0.08$, $\Delta y = -0{,}04$.

解 (1) 设 $z = f(x,y) = x^2y^3$, $(x_0,y_0) = (2,-1)$, $\Delta x = 0.02$, $\Delta y = -0.01$,

$$f'_x(2,-1) = 2xy^3|_{(2,-1)} = -4 , f'_y(2,-1) = 3x^2y^2|_{(2,-1)} = 12 ,$$

因此,
$$dz|_{(2,-1)} = f'_x(2,-1)\Delta x + f'_y(2,-1)\Delta y = -0.2 .$$

(2) 设 $z = f(x,y) = x^y$, $(x_0,y_0) = (1,4)$, $\Delta x = 0.08$, $\Delta y = -0.04$,

$$f'_x(1,4) = yx^{y-1}|_{(1,4)} = 4 , f'_y(1,4) = \ln x\, x^y|_{(1,4)} = 0 ,$$

因此,

$$dz|_{(1,4)} = f'_x(1,4)\Delta x + f'_y(1,4)\Delta y = 0.32 .$$

11. 计算下列各题的近似值.

(1) $\ln\frac{1+\tan(-0.01)}{1-\sin(0.02)}$; (2) $\sqrt{(1.04)^{1.99} + \ln 1.02}$.

解 (1) 令 $z = f(x,y) = \ln\frac{1+\tan x}{1-\sin y}$, $(x_0,y_0) = (0,0)$, $\Delta x = -0.01$, $\Delta y = 0.02$,

$$f'_x(0,0) = \frac{1-\sin y}{1+\tan x} \cdot \frac{\sec^2 x}{1-\sin y}\bigg|_{(0,0)} = 1$$

$$f'_y(0,0) = \frac{1-\sin y}{1+\tan x} \cdot - \frac{1+\tan x}{(1-\sin y)^2} \cdot (-\cos y)\bigg|_{(0,0)} = 1 ,$$

有 $f(0,0) = 0$ ，所以由近似公式得

$$\ln\frac{1+\tan(-0.01)}{1-\sin(0.02)} \approx f(0,0) + f'_x(0,0)\Delta x + f'_y(0,0)\Delta y$$

$$= 0 + 1 \times (-0.01) + 1 \times 0.02 = 0.01.$$

(2) 令 $u = f(x,y,z) = \sqrt{x^y + \ln z}$，$(x_0,y_0,z_0) = (1,2,1)$，$\Delta x = 0.04$，$\Delta y = -0.01$，$\Delta z = 0.02$，

$$f'_x(1,2,1) = \left.\frac{yx^{y-1}}{2\sqrt{x^y + \ln z}}\right|_{(1,2,1)} = 1,$$

$$f'_y(1,2,1) = \left.\frac{\ln x \cdot x^y}{2\sqrt{x^y + \ln z}}\right|_{(1,2,1)} = 0,$$

$$f'_z(1,2,1) = \left.\frac{\frac{1}{z}}{2\sqrt{x^y + \ln z}}\right|_{(1,2,1)} = \frac{1}{2},$$

有 $f(1,2,1) = 1$，所以由近似公式得

$$\sqrt{(1.04)^{1.99} + \ln 1.02} \approx f(1,2,1) + f'_x(1,2,1)\Delta x + f'_y(1,2,1)\Delta y + f'_z(1,2,1)\Delta z$$

$$= 1 + 1 \times (0.04) + 0 \times (-0.01) + \frac{1}{2} \times 0.02 = 1.05.$$

12. 求下列复合函数的全导数或偏导数.

(1) $z = uv, u = e^t, v = \cos t$，求 $\frac{dz}{dt}$；

(2) $z = \sin\frac{x}{y}, x = e^t, y = t^2$，求 $\frac{dz}{dt}$；

(3) $z = u^2 \ln v$，$u = \frac{x}{y}$，$v = 3x - 2y$，求 $\frac{\partial z}{\partial x}$，$\frac{\partial z}{\partial y}$；

(4) $z = e^{uv}$，$u = \ln\sqrt{x^2 + y^2}$，$v = \arctan\frac{y}{x}$，求 $\frac{\partial z}{\partial x}$，$\frac{\partial z}{\partial y}$；

(5) $z = \arctan u, u = \frac{x}{y}$，求 $\frac{\partial z}{\partial x}, \frac{\partial z}{\partial y}$；

(6) $u = e^{x^2+y^2+z^2}$，$z = x^2 \sin y$，求 $\frac{\partial u}{\partial x}$，$\frac{\partial u}{\partial y}$.

解　(1)
$$\frac{dz}{dt} = \frac{\partial z}{\partial u}\frac{du}{dt} + \frac{\partial z}{\partial v}\frac{dv}{dt}$$
$$= ve^t + u \cdot (-\sin t)$$
$$= e^t(\cos t - \sin t).$$

(2)
$$\frac{dz}{dt} = \frac{\partial z}{\partial x}\frac{dx}{dt} + \frac{\partial z}{\partial y}\frac{dy}{dt}$$
$$= \cos\frac{x}{y} \cdot \frac{1}{y}e^t + \cos\frac{x}{y} \cdot \left(-\frac{x}{y^2}\right) \cdot 2t$$
$$= \frac{(t-2)e^t}{t^3}\cos\frac{e^t}{t^2}.$$

(3)
$$\frac{\partial z}{\partial x} = \frac{\partial z}{\partial u}\frac{\partial u}{\partial x} + \frac{\partial z}{\partial v}\frac{\partial v}{\partial x}$$
$$= 2u\ln v \cdot \frac{1}{y} + u^2\frac{1}{v} \cdot 3$$

$$= \frac{2x}{y^2}\ln(3x-2y) + \frac{3x^2}{(3x-2y)y^2},$$

$$\frac{\partial z}{\partial y} = \frac{\partial z}{\partial u}\frac{\partial u}{\partial y} + \frac{\partial z}{\partial v}\frac{\partial v}{\partial y}$$

$$= 2u\ln v \cdot \left(-\frac{x}{y^2}\right) + u^2\frac{1}{v}\cdot(-2)$$

$$= -\frac{2x^2}{y^3}\ln(3x-2y) - \frac{2x^2}{(3x-2y)y^2}.$$

(4) $\frac{\partial z}{\partial x} = \frac{\partial z}{\partial u}\frac{\partial u}{\partial x} + \frac{\partial z}{\partial v}\frac{\partial v}{\partial x}$

$$= e^{uv}v \cdot \frac{1}{\sqrt{x^2+y^2}} \cdot \frac{2x}{2\sqrt{x^2+y^2}} + e^{uv}u\frac{1}{1+\left(\frac{y}{x}\right)^2}\cdot\left(-\frac{y}{x^2}\right)$$

$$= \frac{x\arctan\frac{y}{x} - y\ln\sqrt{x^2+y^2}}{x^2+y^2} \cdot e^{\ln\sqrt{x^2+y^2}\arctan\frac{y}{x}},$$

$$\frac{\partial z}{\partial y} = \frac{\partial z}{\partial u}\frac{\partial u}{\partial y} + \frac{\partial z}{\partial v}\frac{\partial v}{\partial y}$$

$$= e^{uv}v \cdot \frac{1}{\sqrt{x^2+y^2}} \cdot \frac{2y}{2\sqrt{x^2+y^2}} + e^{uv}u\frac{1}{1+\left(\frac{y}{x}\right)^2}\cdot\frac{1}{x}$$

$$= \frac{y\arctan\frac{y}{x} + x\ln\sqrt{x^2+y^2}}{x^2+y^2} \cdot e^{\ln\sqrt{x^2+y^2}\arctan\frac{y}{x}}.$$

(5) $\frac{\partial z}{\partial x} = \frac{1}{1+u^2}\cdot\frac{1}{y} = \frac{y}{x^2+y^2},$

$$\frac{\partial z}{\partial y} = \frac{1}{1+u^2}\cdot\left(-\frac{x}{y^2}\right) = -\frac{x}{x^2+y^2}.$$

(6) $\frac{\partial u}{\partial x} = \frac{\partial u}{\partial x}\cdot 1 + \frac{\partial u}{\partial y}\cdot 0 + \frac{\partial u}{\partial z}\cdot 2x\sin y$

$$= e^{x^2+y^2+z^2}\cdot 2x + e^{x^2+y^2+z^2}\cdot 2z\cdot 2x\sin y$$

$$= 2x(1+2x^2\sin^2 y)e^{x^2+y^2+z^2},$$

$$\frac{\partial u}{\partial y} = \frac{\partial u}{\partial x}\cdot 0 + \frac{\partial u}{\partial y}\cdot 1 + \frac{\partial u}{\partial z}\cdot x^2\cos y$$

$$= e^{x^2+y^2+z^2}\cdot 2y + e^{x^2+y^2+z^2}\cdot 2z\cdot x^2\cos y$$

$$= 2(y + x^4\sin y\cos y)e^{x^2+y^2+z^2}.$$

13. 求下列方程所确定的隐函数的微分或全微分：

(1) $x^2+3y^2=5xy$； (2) $ye^x+\sin(xy)=0$；

(3) $\ln(x^2+y)=x^2y-x+y$； (4) $y^x=x^y$；

(5) $\frac{x}{z}=\ln\frac{z}{y}$； (6) $x^2+y^2+z^2-4z=0$.

解 (1) 令 $F(x, y) = x^2+3y^2-5xy$，则

$$F'_x = 2x - 5y \ , \quad F'_y = 6y - 5x \ ,$$

从而,

$$\frac{\mathrm{d}y}{\mathrm{d}x} = -\frac{F'_x}{F'_y} = -\frac{2x - 5y}{6y - 5x} = \frac{2x - 5y}{5x - 6y} \ .$$

因此,

$$dy = \frac{2x - 5y}{5x - 6y}dx \ .$$

(2) 令 $F(x, y) = ye^x + \sin(xy)$，则

$$F'_x = ye^x + \cos(xy) \cdot y \ , \quad F'_y = e^x + \cos(xy) \cdot x,$$

从而,

$$\frac{\mathrm{d}y}{\mathrm{d}x} = -\frac{F'_x}{F'_y} = -\frac{ye^x + \cos(xy) \cdot y}{e^x + \cos(xy) \cdot x} \ .$$

因此,

$$dy = -\frac{ye^x + y\cos(xy)}{e^x + x\cos(xy)}dx \ .$$

(3) 令 $F(x, y) = \ln(x^2 + y) - x^2y + x - y$，则

$$F'_x = \frac{1}{x^2 + y} \cdot 2x - 2xy + 1 = \frac{2x}{x^2 + y} - 2xy + 1, \quad F'_y = \frac{1}{x^2 + y} - x^2 - 1,$$

从而,

$$\frac{\mathrm{d}y}{\mathrm{d}x} = -\frac{F'_x}{F'_y} = -\frac{\frac{2x}{x^2 + y} - 2xy + 1}{\frac{1}{x^2 + y} - x^2 - 1} = \frac{(1 - 2xy)(x^2 + y) + 2x}{(1 + x^2)(x^2 + y) - 1} \ .$$

因此

$$dy = \frac{(1 - 2xy)(x^2 + y) + 2x}{(1 + x^2)(x^2 + y) - 1}dx \ .$$

(4) 令 $F(x, y) = y^x - x^y$，则

$$F'_x = \ln y \cdot y^x - yx^{y-1}, \quad F'_y = xy^{x-1} - \ln x \cdot x^y,$$

从而,

$$\frac{\mathrm{d}y}{\mathrm{d}x} = -\frac{F'_x}{F'_y} = -\frac{\ln y \cdot y^x - yx^{y-1}}{xy^{x-1} - \ln x \cdot x^y} = \frac{y^x\ln y - yx^{y-1}}{x^y\ln x - xy^{x-1}} \ .$$

因此,

$$dy = \frac{y^x\ln y - yx^{y-1}}{x^y\ln x - xy^{x-1}}dx \ .$$

(5) 令 $F(x, y,z) = \frac{x}{z} - \ln\frac{z}{y}$，则

$$F'_x = \frac{1}{z}, \quad F'_y = -\frac{y}{z} \cdot \left(-\frac{z}{y^2}\right) = \frac{1}{y}, \ F'_z = -\frac{x}{z^2} - \frac{y}{z}\frac{1}{y} = -\frac{x + z}{z^2},$$

从而,

$$\frac{\partial z}{\partial x} = -\frac{F'_x}{F'_z} = \frac{z}{x + z}, \quad \frac{\partial z}{\partial y} = -\frac{F'_y}{F'_z} = \frac{z^2}{y(x + z)},$$

因此，

$$dz = \frac{z}{x+z}dx + \frac{z^2}{y(x+z)}dy.$$

（6）令 $F(x, y, z) = x^2 + y^2 + z^2 - 4z$，则

$$F'_x = 2x, \quad F'_y = 2y, \; F'_z = 2z - 4,$$

从而，

$$\frac{\partial z}{\partial x} = -\frac{F'_x}{F'_z} = \frac{x}{2-z}, \quad \frac{\partial z}{\partial y} = -\frac{F'_y}{F'_z} = \frac{y}{2-z},$$

因此

$$dz = \frac{x}{2-z}dx + \frac{y}{2-z}dy.$$

14. 求下列函数的二阶偏导数 z''_{xx}，z''_{xy}，z''_{yy}：

（1）$z = (\cos x + y\sin x)e^{xy}$；　　（2）$z = \dfrac{x}{x^2+y^2}$；

（3）$z = 2xy\ln(1+x^2)$；　　（4）$z = x^2 \operatorname{arccot}\dfrac{y}{x}$．

解　（1）根据 $z = (\cos x + y\sin x)e^{xy}$ 得

$$\frac{\partial z}{\partial x} = (-\sin x + y\cos x)e^{xy} + e^{xy}\cdot y(\cos x + y\sin x) = e^{xy}(y^2\sin x + 2y\cos x - \sin x),$$

$$\frac{\partial z}{\partial y} = \sin x e^{xy} + e^{xy}\cdot x(\cos x + y\sin x) = e^{xy}(xy\sin x + x\cos x + \sin x),$$

$$\frac{\partial^2 z}{\partial x^2} = e^{xy}\cdot y(y^2\sin x + 2y\cos x - \sin x) + e^{xy}(y^2\cos x - 2y\sin x - \cos x)$$
$$= e^{xy}(y^3\sin x + 3y^2\cos x - 3y\sin x - \cos x),$$

$$\frac{\partial^2 z}{\partial x\partial y} = e^{xy}\cdot x(y^2\sin x + 2y\cos x - \sin x) + e^{xy}(2y\sin x + 2\cos x)$$
$$= e^{xy}(xy^2\sin x + 2xy\cos x - x\sin x + 2\cos x + 2y\sin x),$$

$$\frac{\partial^2 z}{\partial y^2} = e^{xy}\cdot x(xy\sin x + x\cos x + \sin x) + e^{xy}\cdot x\sin x$$
$$= e^{xy}(x^2y\sin x + x^2\cos x + 2x\sin x).$$

（2）根据 $z = \dfrac{x}{x^2+y^2}$ 得

$$\frac{\partial z}{\partial x} = \frac{x^2+y^2-x\cdot 2x}{(x^2+y^2)^2} = \frac{y^2-x^2}{(x^2+y^2)^2}, \quad \frac{\partial z}{\partial y} = -\frac{x\cdot 2y}{(x^2+y^2)^2},$$

$$\frac{\partial^2 z}{\partial x^2} = \frac{-2x(x^2+y^2)^2 - (y^2-x^2)\cdot 2(x^2+y^2)\cdot 2x}{(x^2+y^2)^4} = \frac{2x(x^2-3y^2)}{(x^2+y^2)^3},$$

$$\frac{\partial^2 z}{\partial x\partial y} = \frac{2y(x^2+y^2)^2 - (y^2-x^2)\cdot 2(x^2+y^2)\cdot 2y}{(x^2+y^2)^4} = \frac{2y(3x^2-y^2)}{(x^2+y^2)^3},$$

$$\frac{\partial^2 z}{\partial y^2} = -\frac{2x(x^2+y^2)^2 - 2xy\cdot 2(x^2+y^2)\cdot 2y}{(x^2+y^2)^4} = \frac{2x(3y^2-x^2)}{(x^2+y^2)^3}.$$

（3）根据 $z = 2xy\ln(1+x^2)$ 得

$$\frac{\partial z}{\partial x}=2y\ln(1+x^2)+2xy\frac{2x}{1+x^2}=2y[\ln(1+x^2)+\frac{2x^2}{1+x^2}],$$

$$\frac{\partial z}{\partial y}=2x\ln(1+x^2),$$

$$\frac{\partial^2 z}{\partial x^2}=2y[\frac{2x}{1+x^2}+\frac{4x(1+x^2)-2x^2\cdot 2x}{(1+x)^2}]=2y[\frac{2x}{1+x^2}+\frac{4x}{(1+x)^2}],$$

$$\frac{\partial^2 z}{\partial x\partial y}=2[\ln(1+x^2)+\frac{2x^2}{1+x^2}],$$

$$\frac{\partial^2 z}{\partial y^2}=0.$$

(4) 根据 $z=x^2\operatorname{arccot}\frac{y}{x}$ 得

$$\frac{\partial z}{\partial x}=2x\operatorname{arccot}\frac{y}{x}+x^2\cdot(-\frac{1}{1+(\frac{y}{x})^2})\cdot(-\frac{y}{x^2})$$

$$=2x\operatorname{arccot}\frac{y}{x}+\frac{x^2y}{x^2+y^2},$$

$$\frac{\partial z}{\partial y}=x^2\cdot(-\frac{1}{1+(\frac{y}{x})^2})\cdot(\frac{1}{x})$$

$$=-\frac{x^3}{x^2+y^2},$$

$$\frac{\partial^2 z}{\partial x^2}=2\operatorname{arccot}\frac{y}{x}+2x\cdot(-\frac{1}{1+(\frac{y}{x})^2})\cdot(-\frac{y}{x^2})+\frac{2xy(x^2+y^2)-x^2y\cdot 2x}{(x^2+y^2)^2}$$

$$=2\operatorname{arccot}\frac{y}{x}+\frac{2xy}{x^2+y^2}+\frac{2xy^3}{(x^2+y^2)^2},$$

$$\frac{\partial^2 z}{\partial x\partial y}=\frac{-x^2(x^2+3y^2)}{(x^2+y^2)^2}$$

$$\frac{\partial^2 z}{\partial y^2}=\frac{2x^3y}{(x^2+y^2)^2}.$$

15. 设 $z=\arctan\frac{x}{y}$，而 $x=u+v$，$y=u-v$，验证：$\frac{\partial z}{\partial u}+\frac{\partial z}{\partial v}=\frac{u-v}{u^2+v^2}$.

证明　根据 $z=\arctan\frac{x}{y}$，$x=u+v$，$y=u-v$ 得

$$\frac{\partial z}{\partial u}=\frac{\partial z}{\partial x}\frac{\partial x}{\partial u}+\frac{\partial z}{\partial y}\frac{\partial y}{\partial u}$$

$$=\frac{1}{1+(\frac{x}{y})^2}\cdot\frac{1}{y}\cdot 1+\frac{1}{1+(\frac{x}{y})^2}\cdot(-\frac{x}{y^2})\cdot 1$$

$$=\frac{y-x}{x^2+y^2},$$

$$\frac{\partial z}{\partial v}=\frac{\partial z}{\partial x}\frac{\partial x}{\partial v}+\frac{\partial z}{\partial y}\frac{\partial y}{\partial v}$$

$$=\frac{1}{1+\left(\frac{x}{y}\right)^2}\cdot\frac{1}{y}\cdot 1+\frac{1}{1+\left(\frac{x}{y}\right)^2}\cdot\left(-\frac{x}{y^2}\right)\cdot(-1)$$

$$=\frac{y+x}{x^2+y^2},$$

因此，

$$\frac{\partial z}{\partial u}+\frac{\partial z}{\partial v}=\frac{2y}{x^2+y^2}=\frac{u-v}{u^2+v^2}.$$

16. 设 $z=\frac{y^2}{3x}+f(xy)$，f 为可导函数，证明：$x^2\frac{\partial z}{\partial x}-xy\frac{\partial z}{\partial y}+y^2=0$.

证明 由已知得

$$\frac{\partial z}{\partial x}=-\frac{y^2}{3x^2}+f'(xy)\cdot y,\qquad \frac{\partial z}{\partial y}=\frac{2y}{3x}+f'(xy)\cdot x,$$

因此，

$$x^2\frac{\partial z}{\partial x}-xy\frac{\partial z}{\partial y}+y^2=x^2\left[-\frac{y^2}{3x^2}+f'(xy)\cdot y\right]-xy\left[\frac{2y}{3x}+f'(xy)\cdot x\right]+y^2$$

$$=0.$$

17. 设 $z=\frac{y}{f(x^2-y^2)}$，其中 $f(u)$ 为可导函数，验证：$\frac{1}{x}\frac{\partial z}{\partial x}+\frac{1}{y}\frac{\partial z}{\partial y}=\frac{z}{y^2}$.

证明 由已知得

$$\frac{\partial z}{\partial x}=-\frac{y}{f^2(x^2-y^2)}\cdot f'(x^2-y^2)\cdot 2x=-\frac{2xyf'(x^2-y^2)}{f^2(x^2-y^2)},$$

$$\frac{\partial z}{\partial y}=\frac{f(x^2-y^2)-y\cdot f'(x^2-y^2)\cdot(-2y)}{f^2(x^2-y^2)}=\frac{f(x^2-y^2)+2y^2\cdot f'(x^2-y^2)}{f^2(x^2-y^2)},$$

因此，$\frac{1}{x}\frac{\partial z}{\partial x}+\frac{1}{y}\frac{\partial z}{\partial y}$

$$=\frac{1}{x}\left[-\frac{2xyf'(x^2-y^2)}{f^2(x^2-y^2)}\right]+\frac{1}{y}\left[\frac{f(x^2-y^2)+2y^2\cdot f'(x^2-y^2)}{f^2(x^2-y^2)}\right]$$

$$=\frac{1}{yf(x^2-y^2)}=\frac{z}{y^2}.$$

18. 设 $\Phi(u,v)$ 具有连续偏导数，证明由方程 $\Phi(cx-az,cy-bz)=0$ 所确定的函数 $z=f(x,y)$，满足 $a\frac{\partial z}{\partial x}+\frac{\partial z}{\partial y}=c$.

证明 设 $F(x,y,z)=\Phi(cx-az,cy-bz)$，则

$$F'_x=\Phi_u\cdot c+\Phi_v\cdot 0=c\Phi_u,$$

$$F'_y=\Phi_u\cdot 0+\Phi_v\cdot c=c\Phi_v,$$

$$F'_z=\Phi_u\cdot(-a)+\Phi_v\cdot(-b)=-a\Phi_u-b\Phi_v,$$

从而，

$$\frac{\partial z}{\partial x}=-\frac{F'_x}{F'_z}=\frac{c\Phi_u}{a\Phi_u+b\Phi_v},\quad \frac{\partial z}{\partial y}=-\frac{F'_y}{F'_z}=\frac{c\Phi_v}{a\Phi_u+b\Phi_v},$$

因此，

$$a\frac{\partial z}{\partial x}+b\frac{\partial z}{\partial y}=a\left[\frac{c\Phi_u}{a\Phi_u+b\Phi_v}\right]+b\left[\frac{c\Phi_v}{a\Phi_u+b\Phi_v}\right]=c.$$

19. 设 $z=f(x,y)$ 是由方程 $e^z-z+xy^3=0$ 确定的隐函数，求 $\frac{\partial z}{\partial x}$，$\frac{\partial z}{\partial y}$，$\frac{\partial^2 z}{\partial x\partial y}$.

解　设 $F(x,y,z)=e^z-z+xy^3$，则

$$F'_x=y^3,\quad F'_y=3xy^2,\quad F'_z=e^z-1,$$

因此，

$$\frac{\partial z}{\partial x}=-\frac{F'_x}{F'_z}=\frac{y^3}{1-e^z},\quad \frac{\partial z}{\partial y}=-\frac{F'_y}{F'_z}=\frac{3xy^2}{1-e^z},$$

$$\frac{\partial^2 z}{\partial x\partial y}=\frac{3y^2(1-e^z)-y^3\cdot(-e^z)\cdot\frac{\partial z}{\partial y}}{(1-e^z)^2},$$

将 $\frac{\partial z}{\partial y}$ 代入上式得 $\frac{\partial^2 z}{\partial x\partial y}=\frac{3y^2[(1-e^z)^2+xy^3e^z]}{(1-e^z)^3}$.

20. 设 $y=e^{-kn^2t}\sin nx$，其中 k 为常数证明：$\frac{\partial y}{\partial t}=k\frac{\partial^2 z}{\partial x^2}$.

证明　由 $y=e^{-kn^2t}\sin nx$ 得

$$\frac{\partial y}{\partial t}=e^{-kn^2t}\sin nx\cdot(-kn^2)=-kn^2e^{-kn^2t}\sin nx$$

$$\frac{\partial y}{\partial x}=ne^{-kn^2t}\cos nx,\frac{\partial^2 y}{\partial x^2}=-n^2e^{-kn^2t}\sin nx,$$

因此，

$$\frac{\partial y}{\partial t}=k\frac{\partial^2 z}{\partial x^2}$$

21. 设 $u=z\arctan\frac{x}{y}$，证明：$\frac{\partial^2 u}{\partial x^2}+\frac{\partial^2 u}{\partial y^2}+\frac{\partial^2 u}{\partial z^2}=0$.

证明　由 $u=z\arctan\frac{x}{y}$ 得

$$\frac{\partial u}{\partial x}=z\frac{1}{1+\left(\frac{x}{y}\right)^2}\cdot\frac{1}{y}=\frac{yz}{x^2+y^2},$$

$$\frac{\partial u}{\partial y}=z\frac{1}{1+\left(\frac{x}{y}\right)^2}\cdot\left(-\frac{x}{y^2}\right)=\frac{-xz}{x^2+y^2},$$

$$\frac{\partial u}{\partial z}=\arctan\frac{x}{y},\quad \frac{\partial^2 u}{\partial z^2}=0,$$

$$\frac{\partial^2 u}{\partial x^2}=-\frac{yz}{(x^2+y^2)^2}\cdot 2x=-\frac{2xyz}{(x^2+y^2)^2},$$

$$\frac{\partial^2 u}{\partial y^2}=\frac{xz}{(x^2+y^2)^2}\cdot 2y=\frac{2xyz}{(x^2+y^2)^2},$$

因此，

$$\frac{\partial^2 u}{\partial x^2}+\frac{\partial^2 u}{\partial y^2}+\frac{\partial^2 u}{\partial z^2}=-\frac{2xyz}{(x^2+y^2)^2}+\frac{2xyz}{(x^2+y^2)^2}+0=0.$$

22. 设 $u=f(x,y)$ 的所有二阶偏导数连续，而 $x=\frac{s-\sqrt{3}t}{2}$，$y=\frac{\sqrt{3}s+t}{2}$，证明：$\left(\frac{\partial u}{\partial x}\right)^2+\left(\frac{\partial u}{\partial y}\right)^2=\left(\frac{\partial u}{\partial s}\right)^2+\left(\frac{\partial u}{\partial t}\right)^2$ 及 $\frac{\partial^2 u}{\partial x^2}+\frac{\partial^2 u}{\partial y^2}=\frac{\partial^2 u}{\partial s^2}+\frac{\partial^2 u}{\partial t^2}$.

证明 由已知得

$\frac{\partial u}{\partial s}=\frac{\partial u}{\partial x}\frac{\partial x}{\partial s}+\frac{\partial u}{\partial y}\frac{\partial y}{\partial s}=\frac{\partial u}{\partial x}\cdot\frac{1}{2}+\frac{\partial u}{\partial y}\cdot\frac{\sqrt{3}}{2}$，$\frac{\partial u}{\partial t}=\frac{\partial u}{\partial x}\frac{\partial x}{\partial t}+\frac{\partial u}{\partial y}\frac{\partial y}{\partial t}=\frac{\partial u}{\partial x}\cdot\left(-\frac{\sqrt{3}}{2}\right)+\frac{\partial u}{\partial y}\cdot\frac{1}{2}$，

$$\frac{\partial^2 u}{\partial s^2}=\frac{1}{2}\left[\frac{\partial^2 u}{\partial x^2}\cdot\frac{1}{2}+\frac{\partial^2 u}{\partial x\partial y}\cdot\frac{\sqrt{3}}{2}\right]+\frac{\sqrt{3}}{2}\left[\frac{\partial^2 u}{\partial y\partial x}\cdot\frac{1}{2}+\frac{\partial^2 u}{\partial y^2}\cdot\frac{\sqrt{3}}{2}\right]$$

$$=\frac{1}{4}\frac{\partial^2 u}{\partial x^2}+\frac{\sqrt{3}}{2}\frac{\partial^2 u}{\partial x\partial y}+\frac{3}{4}\frac{\partial^2 u}{\partial y^2},$$

$$\frac{\partial^2 u}{\partial t^2}=-\frac{\sqrt{3}}{2}\left[\frac{\partial^2 u}{\partial x^2}\cdot\left(-\frac{\sqrt{3}}{2}\right)+\frac{\partial^2 u}{\partial x\partial y}\cdot\frac{1}{2}\right]+\frac{1}{2}\left[\frac{\partial^2 u}{\partial y\partial x}\cdot\left(-\frac{\sqrt{3}}{2}\right)+\frac{\partial^2 u}{\partial y^2}\cdot\frac{1}{2}\right]$$

$$=\frac{3}{4}\frac{\partial^2 u}{\partial x^2}-\frac{\sqrt{3}}{2}\frac{\partial^2 u}{\partial x\partial y}+\frac{1}{4}\frac{\partial^2 u}{\partial y^2},$$

因此，

$$\left(\frac{\partial u}{\partial s}\right)^2+\left(\frac{\partial u}{\partial t}\right)^2=\left(\frac{\partial u}{\partial x}\cdot\frac{1}{2}+\frac{\partial u}{\partial y}\cdot\frac{\sqrt{3}}{2}\right)^2+\left(\frac{\partial u}{\partial x}\cdot\left(-\frac{\sqrt{3}}{2}\right)+\frac{\partial u}{\partial y}\cdot\frac{1}{2}\right)^2=\left(\frac{\partial u}{\partial x}\right)^2+\left(\frac{\partial u}{\partial y}\right)^2,$$

$$\frac{\partial^2 u}{\partial s^2}+\frac{\partial^2 u}{\partial t^2}=\left(\frac{1}{4}\frac{\partial^2 u}{\partial x^2}+\frac{\sqrt{3}}{2}\frac{\partial^2 u}{\partial x\partial y}+\frac{3}{4}\frac{\partial^2 u}{\partial y^2}\right)+\left(\frac{3}{4}\frac{\partial^2 u}{\partial x^2}-\frac{\sqrt{3}}{2}\frac{\partial^2 u}{\partial x\partial y}+\frac{1}{4}\frac{\partial^2 u}{\partial y^2}\right)=\frac{\partial^2 u}{\partial x^2}+\frac{\partial^2 u}{\partial y^2}.$$

23. 求下列函数的极值，并判定是极大值还是极小值：

(1) $z=x^3+y^2-6xy$；

(2) $z=xy+\frac{1}{x}+\frac{1}{y}-3$；

(3) $z=e^{2x}(x+2y+y^2)$；

(4) $z=x^3+3xy^2-15x-12y$.

解 (1) 解方程组

$$\begin{cases}f'_x(x,y)=3x^2-6y=0\\ f'_y(x,y)=2y-6x=0\end{cases}$$

得出驻点为 $(0,0)$ 和 $(6,18)$.

由于

$$f''_{xx}(x,y)=6x,\ f''_{xy}(x,y)=-6,\ f''_{yy}(x,y)=2.$$

对于点 $(0,0)$，$A=f''_{xx}(0,0)=0$，$B=f''_{xy}(0,0)=-6$，$C=f''_{yy}(0,0)=2$，从而

$$B^2-AC=36>0,$$

故点 $(0,0)$ 不是极值点；

对于点 $(6,18)$，$A=f''_{xx}(6,18)=36$，$B=f''_{xy}(6,18)=-6$，$C=f''_{yy}(6,18)=2$，从而

$$B^2-AC=-36<0,$$

故点 $(6,18)$ 是极值点，又有 $A>0$，所以是极小值点，极小值 $z(6,18)=-108$.

（2）解方程组

$$\begin{cases} f'_x(x,y)=y-\dfrac{1}{x^2}=0 \\ f'_y(x,y)=x-\dfrac{1}{y^2}=0 \end{cases}$$

得出驻点为 $(1,1)$.

由于

$$f''_{xx}(x,y)=\frac{2}{x^3},\ f''_{xy}(x,y)=1,\ f''_{yy}(x,y)=\frac{2}{y^3}.$$

对于点 $(1,1)$，$A=f''_{xx}(1,1)=2$，$B=f''_{xy}(1,1)=1$，$C=f''_{yy}(1,1)=2$，从而

$$B^2-AC=-3<0,$$

故点 $(1,1)$ 是极值点，又有 $A>0$，所以是极小值点，极小值 $z(1,1)=0$.

（3）解方程组

$$\begin{cases} f'_x(x,y)=e^{2x}\cdot 1+2e^{2x}(x+2y+y^2)=0 \\ f'_y(x,y)=e^{2x}(2+2y)=0 \end{cases}$$

得出驻点为 $(\frac{1}{2},-1)$.

由于

$$f''_{xx}(x,y)=e^{2x}\cdot 2+2e^{2x}(1+2x+4y+2y^2),\ f''_{xy}(x,y)=e^{2x}(4+4y),\ f''_{yy}(x,y)=2e^{2x}.$$

对于点 $(\frac{1}{2},-1)$，$A=f''_{xx}(\frac{1}{2},-1)=2e$，$B=f''_{xy}(\frac{1}{2},-1)=0$，$C=f''_{yy}(\frac{1}{2},-1)=-2e$，从而

$$B^2-AC=-4e^2<0,$$

故点 $(\frac{1}{2},-1)$ 是极值点，又有 $A>0$，所以是极小值点，极小值 $z(\frac{1}{2},-1)=-\frac{e}{2}$.

（4）解方程组

$$\begin{cases} f'_x(x,y)=3x^2+3y^2-15=0 \\ f'_y(x,y)=6xy-12=0 \end{cases}$$

得出驻点为 $(2,1)$，$(1,2)$，$(-2,-1)$，$(-1,-2)$.

由于

$$f''_{xx}(x,y)=6x,f''_{xy}(x,y)=6y,f''_{yy}(x,y)=6x.$$

对于点 $(2,1)$，$A=f''_{xx}(2,1)=12$，$B=f''_{xy}(2,1)=6$，$C=f''_{yy}(2,1)=12$，从而

$$B^2-AC=-108<0,$$

故点 $(2,1)$ 是极值点，又有 $A>0$，所以是极小值点，极小值 $z(2,1)=-28$.

对于点 $(1,2)$，$A=f''_{xx}(1,2)=6$，$B=f''_{xy}(1,2)=12$，$C=f''_{yy}(1,2)=6$，从而

$$B^2-AC=108>0,$$

故点 $(1,2)$ 不是极值点；

对于点 $(-2,-1)$，$A=f''_{xx}(-2,-1)=-12$，$B=f''_{xy}(-2,-1)=-6$，$C=f''_{yy}(-2,-1)=-12$，

从而

$$B^2-AC=-108<0,$$

故点 $(-2,-1)$ 是极值点，又有 $A<0$，所以是极大值点，极大值 $z(-2,-1)=28$.

对于点 $(-1,-2)$，$A=f''_{xx}(-1,-2)=-6$，$B=f''_{xy}(-1,-2)=-12$，$C=f''_{yy}(-1,-2)=-6$，从而

$$B^2-AC=108>0,$$

故点 $(-1,-2)$ 不是极值点.

24. 某公司通过电台和报纸两种方式做销售其产品的广告，根据统计资料分析可知，销售收入 R（万元）与电台广告费 x（万元），报纸广告费 y（万元）有如下的经验公式：$R=15+14x+32y-8xy-2x^2-10y^2$，

（1）在广告费用不限的情况下，求总利润最大的广告策略.

（2）若提供的广告费用为 1.5 万元，求相应的最优广告策略.

解　（1）设总利润函数为 $L(x,y)$，则

$$L(x,y)=15+14x+32y-8xy-2x^2-10y^2-(x+y)$$

解方程组
$$\begin{cases}L_x'=14-8y-4x-1=0\\L_y'=32-8x-20y-1=0\end{cases}$$

解得唯一驻点 $(0.75,1.25)$，因驻点唯一，且实际问题中一定存在最大利润，可知，点 $(0.75,1.25)$ 最大值点，即当电台广告费用为 0.75 万元，报纸广告费用 1.25 万元时，总利润最大.

（2）该问题是在 $x+y=1.5$ 的条件下，求总利润函数 $L(x,y)$ 的最大值.

设拉格朗日函数为

$$F(x,y,\lambda)=15+14x+32y-8xy-2x^2-10y^2-(x+y)+\lambda(x+y-1.5),$$

解方程组
$$\begin{cases}F'_x(x,y,\lambda)=14-8y-4x-1+\lambda=0\\F'_y(x,y,\lambda)=32-8x-20y-1+\lambda=0\\F'_\lambda(x,y,\lambda)=x+y-1.5=0\end{cases}$$

消去 λ，解得 $x=0$，$y=1.5$. 因为只有唯一一个驻点 $(0,1.5)$，且实际问题的最大值是存在的，所以驻点 $(0,1.5)$ 是 $L(x,y)$ 的最大值点，即当电台广告费用为 0 万元，报纸广告费用 1.5 万元时，总利润最大.

25. 某厂家生产的一种产品同时在两个市场销售，售价分别为 P_1 和 P_2，销售量分别为 Q_1 和 Q_2，需求函数分别为 $Q_1 = 24 - 0.2P_1$，$Q_2 = 10 - 0.05P_2$，总成本函数为 $C = 35 + 40(Q_1 + Q_2)$，试问：厂家如何确定两个市场的产品售价，使其获得的总利润最大？最大总利润是多少？

解 设总利润函数为 $L(P_1,P_2)$，则

$$\begin{aligned}L(P_1,P_2) &= P_1(24 - 0.2P_1) + P_2(10 - 0.05P_2) - [35 + 40(Q_1 + Q_2)]\\ &= P_1(24 - 0.2P_1) + P_2(10 - 0.05P_2) - [35 + 40(24 - 0.2P_1 + 10 - 0.05P_2)]\\ &= -0.2P_1^2 + 32P_1 - 0.05P_2^2 + 12P_2 - 1395\end{aligned}$$

解方程组 $\begin{cases}L_{P_1}' = -0.4P_1 + 32 = 0\\ L_{P_2}' = -0.1P_2 + 12 = 0\end{cases}$

解得唯一驻点 (80,120)，因驻点唯一，且实际问题中一定存在最大利润，可知，点 (80,120) 最大值点，即当两个市场的售价分别为 80 和 120 时，总利润最大，且最大利润为 605.

26. 设生产某种产品的数量与所用两种原料 A,B 的数量 x,y 之间有关系式 $P(x,y) = 0.005x^2y$，欲用 150 元购料，已知 A,B 原料的单价为 1 元、2 元，问购进两种原料各多少，可使生产的产品数量最多？

解 由已知条件可知，问题是在 $x + 2y = 150$ 的条件下，求生产产品数量 $P(x,y) = 0.005x^2y$ 的最大值.

设拉格朗日函数为

$$F(x,y,\lambda) = 0.005x^2y + \lambda(x + 2y - 150),$$

解方程组 $\begin{cases}F'_x(x,y,\lambda) = 0.01xy + \lambda = 0\\ F'_y(x,y,\lambda) = 0.005x^2 + 2\lambda = 0\\ F'_\lambda(x,y,\lambda) = x + 2y - 150 = 0\end{cases}$

消去 λ，解得 $x = 100$，$y = 25$. 因为只有唯一一个驻点 (100,25)，且实际问题的最大值是存在的，所以驻点 (100,25) 是 $P(x,y)$ 的最大值点，即当购进两种原料 A、B 各为 100、25 时，可使生产数量最多.

27. 在平面 $3x - 2z = 0$ 上求一点，使它与点 $A(1,1,1)$ 和点 $B(2,3,4)$ 的距离平方和最小.

解 设 $P(x,y,z)$ 为平面 $3x - 2z = 0$ 上任一点，P 到点 $A(1,1,1$ 和点 $B(2,3,4)$ 的距离平方和为 d^2，则 $d^2 = (x-1)^2 + (y-1)^2 + (z-1)^2 + (x-2)^2 + (y-3)^2 + (z-4)^2$.

把问题变化为求

$$f(x,y) = d^2 = (x-1)^2 + (y-1)^2 + (z-1)^2 + (x-2)^2 + (y-3)^2 + (z-4)^2$$

在条件 $\varphi(x,y,z) = 3x - 2z = 0$ 下的最小值问题.

令 $F(x,y,z,\lambda) = (x-1)^2 + (y-1)^2 + (z-1)^2 + (x-2)^2 + (y-3)^2 + (z-4)^2 + \lambda(3x - 2z)$，

解方程组

$$\begin{cases} F'_x = 2(x-1) + 2(x-2) + 3\lambda = 0, \\ F'_y = 2(y-1) + 2(y-3) = 0, \\ F'_z = 2(z-1) + 2(z-4) - 2\lambda = 0, \\ F'_\lambda = 3x - 2z = 0, \end{cases}$$

解得 $(\frac{21}{13},2,\frac{63}{26})$ 由题意知，最短距离是存在的，故在点 $(\frac{21}{13},2,\frac{63}{26})$ 处距离取到最小值.

(B)

1. 求下列函数的定义域

(1) $z = \sqrt{x - \sqrt{y}}$；(2) $z = \sqrt{\frac{x^2 + y^2 - 1}{4 - x^2 - y^2}}$.

解 (1) 由二次根式性质可知，当 (x,y) 满足 $\begin{cases} x - \sqrt{y} \geq 0, \\ y \geq 0, \end{cases}$ 时函数有意义，故定义域为 $\{(x,y) | 0 \leqslant y \leqslant x^2\}$.

(2) 由二次根式性质可知，当 (x,y) 满足 $\begin{cases} x^2 + y^2 - 1 \geq 0, \\ 4 - x^2 - y^2 > 0, \end{cases}$ 时函数有意义，故定义域为 $\{(x,y) | 1 \leqslant x^2 + y^2 < 4\}$.

2. 设二元函数 f 具有连续的偏导数，且 $f(1,1) = 1$，$f'_x(1,1) = 2$，$f'_y(1,1) = 3$，如果 $\varphi(x) = f(x,f(x,x))$，求 $\varphi'(1)$.

分析 先对 $\varphi(x) = f(x,f(x,x))$ 求导数，然后在求解 $\varphi'(1)$.

解 根据复合函数求导法则，

$\varphi'(x) = f'_x(x,f(x,x)) \cdot 1 + f'_y(x,f(x,x)) \cdot [f'_x(x,x) + f'_y(x,x)]$，

从而，有

$$\varphi'(1) = f'_x(1,f(1,1)) + f'_y(1,f(1,1)) \cdot [f'_x(1,1) + f'_y(1,1)]$$

然后将 $f(1,1) = 1$，$f'_x(1,1) = 2$，$f'_y(1,1) = 3$ 代入上式中，得 $\varphi'(1) = 17$.

3. 设 $z = f(x,y)$ 是由方程 $f(x - z, yz) = 0$ 所确定的隐函数，其中 f 具有连续的偏导数，求 dz，并由此求 $\frac{\partial z}{\partial x}$ 和 $\frac{\partial z}{\partial y}$.

分析 利用隐函数求导法则.

解 设 $F(x,y,z) = f(x - z, yz)$，则

$$F'_x = f'_1 \cdot 1, \quad F'_y = f'_2 \cdot z, \quad F'_z = f'_1 \cdot (-1) + f'_2 \cdot y,$$

从而，

$$\frac{\partial z}{\partial x} = -\frac{F'_x}{F'_z} = \frac{f'_1}{f'_1 - yf'_2}, \quad \frac{\partial z}{\partial y} = -\frac{F'_y}{F'_z} = \frac{zf'_2}{f'_1 - yf'_2},$$

因此，$dz = \frac{f'_1}{f'_1 - yf'_2}dx + \frac{zf'_2}{f'_1 - yf'_2}dy$，且 $\frac{\partial z}{\partial x} = \frac{f'_1}{f'_1 - yf'_2}$，$\frac{\partial z}{\partial y} = \frac{zf'_2}{f'_1 - yf'_2}$.

4. 设 $z = z(x,y)$ 由 $z + \ln z - \int_y^x e^{-t^2} dt = 0$ 确定，求 $\frac{\partial^2 z}{\partial x \partial y}$.

分析　利用积分上、下限函数求导和复合函数求导法则.

解　设 $F(x,y,z) = z + \ln z - \int_y^x e^{-t^2}dt$，则

$$F'_x = -e^{-x^2},\quad F'_y = e^{-y^2},\quad F'_z = 1 + \frac{1}{z},$$

从而，

$$\frac{\partial z}{\partial x} = -\frac{F'_x}{F'_z} = \frac{e^{-x^2}}{1+\frac{1}{z}},\quad \frac{\partial z}{\partial y} = -\frac{F'_y}{F'_z} = \frac{-e^{-y^2}}{1+\frac{1}{z}},$$

$$\frac{\partial^2 z}{\partial x\partial y} = -\frac{e^{-x^2}}{\left(1+\frac{1}{z}\right)^2}\cdot\left[-\frac{1}{z^2}\cdot\frac{\partial z}{\partial y}\right],$$

将 $\frac{\partial z}{\partial y} = \frac{-e^{-y^2}}{1+\frac{1}{z}}$ 代入上式中得

$$\frac{\partial^2 z}{\partial x\partial y} = \frac{-ze^{-(x^2+y^2)}}{(1+z)^3}.$$

5. 求函数 $z = x^3 + y^3 - 3xy$ 在 $x^2 + y^2 \leqslant 4$ 上的最大值与最小值.

分析　多元函数求无条件极值和条件极值.

解　已知 $z = x^3 + y^3 - 3xy$，
解方程组

$$\begin{cases} f'_x(x,y) = 3x^2 - 3y = 0 \\ f'_y(x,y) = 3y^2 - 3x = 0 \end{cases}$$

得出驻点为 $(0,0)$ 和 $(1,1)$，对应的函数值为 $z(0,0) = 0, z(1,1) = -2$.

接下来是在 $x^2 + y^2 - 4 = 0$ 的条件下，求函数 $z = x^3 + y^3 - 3xy$ 的最值.

设拉格朗日函数为

$$F(x,y,\lambda) = x^3 + y^3 - 3xy + \lambda(x^2 + y^2 - 4),$$

解方程组
$$\begin{cases} F'_x(x,y,\lambda) = 3x^2 - 3y + 2\lambda x = 0 \\ F'_y(x,y,\lambda) = 3y^2 - 3x + 2\lambda y = 0 \\ F'_\lambda(x,y,\lambda) = x^2 + y^2 - 4 = 0 \end{cases}$$

消去 λ，解得两个驻点 $(\sqrt{2}, -\sqrt{2})$ 和 $(-\sqrt{2},\sqrt{2})$，对应的函数值为 $z(\sqrt{2}, -\sqrt{2}) = 6$，$z(-\sqrt{2},\sqrt{2}) = 6$.

比较上述驻点的函数有，函数 $z = x^3 + y^3 - 3xy$ 在 $x^2 + y^2 \leqslant 4$ 下的最小值为 $z(1,1) = -2$，最大值为 $z(\sqrt{2}, -\sqrt{2}) = z(-\sqrt{2},\sqrt{2}) = 6$.

6. 求表面积为 a^2 而体积最大的长方体的体积.

分析　条件极值问题.

解　设长方体的三棱的长分别为 x,y,z，则问题转化为在 $2(xy + yz + zx) = a^2$ 求体积 $V = xyz$ 的最大值.

设拉格朗日函数为

$$F(x,y,z,\lambda) = xyz + \lambda(2xy + 2yz + 2zx - a^2) = 0,$$

解方程组
$$\begin{cases} F'_x = yz + 2\lambda y + 2\lambda z = 0 \\ F'_y = xz + 2\lambda x + 2\lambda z = 0 \\ F'_z = xy + 2\lambda x + 2\lambda y = 0 \\ F'_\lambda = 2xy + 2yz + 2zx - a^2 = 0, \end{cases}$$

消去 λ，解得唯一的驻点 $(\frac{\sqrt{6}}{6}a, \frac{\sqrt{6}}{6}a, \frac{\sqrt{6}}{6}a)$，即为最大值点，因此体积 $V = xyz$ 的最大值为 $\frac{\sqrt{6}}{36}a^3$.

7．设 $u = f(x,y,z)$ 有连续的偏导数，$y = y(x)$ 和 $z = z(x)$ 分别由方程 $e^{xy} - y = 0$ 和 $e^z - xz = 0$ 所确定，求 $\frac{du}{dx}$.

分析　复合函数求导法则和隐函数求导法则.

解　有已知得 $\frac{du}{dx} = \frac{\partial f}{\partial x}\cdot 1 + \frac{\partial f}{\partial y}\cdot\frac{dy}{dx} + \frac{\partial f}{\partial z}\cdot\frac{dz}{dx}$，只需求出 $\frac{dy}{dx}$ 和 $\frac{dz}{dx}$.

设 $F(x,y) = e^{xy} - y$，$G(x,z) = e^z - xz$，则

$$F'_x = e^{xy}\cdot y,\ F'_y = e^{xy}\cdot x - 1,\quad G'_x = -z,\ G'_z = e^z - x,$$

从而，

$$\frac{dy}{dx} = -\frac{F'_x}{F'_y} = -\frac{e^{xy}\cdot y}{e^{xy}\cdot x - 1} = \frac{ye^{xy}}{1 - xe^{xy}} = \frac{y^2}{1 - xy},$$

$$\frac{dz}{dx} = -\frac{G'_x}{G'_z} = -\frac{-z}{e^z - x} = \frac{z}{e^z - x} = \frac{z}{xz - x},$$

将 $\frac{dy}{dx}$ 和 $\frac{dz}{dx}$ 代入 $\frac{du}{dx}$ 中得，

$$\frac{du}{dx} = \frac{\partial f}{\partial x} + \frac{y^2}{1 - xy}\frac{\partial f}{\partial y} + \frac{z}{xz - x}\frac{\partial f}{\partial z}.$$

四、自测题及答案

自测题

一、填空题（本大题共 10 题，每小题 3 分，共 30 分）

1．已知 $f(x + y, \frac{x}{y}) = 3x^2 + 5y^2$，则 $f(x,y) =$ ________.

2．函数 $f(x,y) = \sqrt{x^2 - 4} + \sqrt{4 - y^2}$ 的定义域为__________.

3．$\lim\limits_{\substack{x\to 0\\ y\to 0}} \frac{\sqrt{xy + 1} - 1}{\sin(xy)} =$ ________.

4．设函数 $z = z(x,y)$ 是由方程 $(z + y)^x = xy$ 确定，则 $\frac{\partial z}{\partial x}\Big|_{(1,2)} =$ ________.

5．设函数 $z = \arctan\frac{y}{x}$，则 $dz =$ ________.

6．设 $x^2y + 3x^4y^3 - 4 = 0$，则 $\frac{dy}{dx} =$ ________.

7. 设 $z=\ln(x^2+xy+y^2)$，则 $x\frac{\partial z}{\partial x}+y\frac{\partial z}{\partial y}=$ ________.

8. 设 $z=\arctan(xy)$，$y=e^x$，则 $\frac{dz}{dx}=$ ________.

9. 设方程 $\frac{x}{z}=\ln\frac{z}{y}$ 确定了函数 $z=f(x,y)$，则 $\frac{\partial z}{\partial x}=$ ________.

10. 设 $z=f(x^2+y^2)$，其中 f 是二阶可微的函数，则 $\frac{\partial^2 z}{\partial x\partial y}=$ ________.

二、选择题（本大题共 5 题，每小题 3 分，共 15 分）

1. 函数 $f(x,y)=\begin{cases}\frac{x^2y}{x^3-y^3} & (x,y)\neq(0,0)\\ 0 & \text{其它}\end{cases}$ 在（0，0）处（　）.

（A）连续，偏导数存在；　　（B）连续，偏导数不存在；

（C）不连续，偏导数存在；　　（D）不连续，偏导数不存在.

2. 设 $u=e^{-\frac{xz}{y^2}}$，则 $\frac{\partial u}{\partial z}=$（　）.

（A）$-e^{-\frac{xz}{y^2}}$；　（B）$-xe^{-\frac{xz}{y^2}}$；　（C）$-\frac{x}{y^2}e^{-\frac{xz}{y^2}}$；　（D）$\frac{x}{y^2}e^{-\frac{xz}{y^2}}$.

3. 二元函数 $z=f(x,y)(x_0,y_0)$ 可导（偏导数存在）与可微的关系是（　）.

（A）可导必可微；　　（B）可导一定不可微；

（C）可微不一定可导；　　（D）可微必可导.

4. 函数 $z=xy$，原点 $(0,0)$（　）.

（A）不是驻点；　　（B）是驻点但非极值点；

（C）是驻点且为极大值点；　　（D）是驻点且为极大值点.

5. 设 $x^3+y^3+z^3-14=3xyz$，求 $\frac{\partial z}{\partial x},\frac{\partial z}{\partial y}$ 在 $(1,2,-1)$ 处的值分别为（　）.

（A）3，5；　（B）5，3；　（C）0，5；　（D）3，0.

三、计算题（本大题共 2 题，每小题 10 分，共 20 分）

1. 求 $u=xy+xf(\frac{y}{x})$ 的一阶偏导数，其中 f 具有一阶连续导数.

2. 设 $z=f(x,y)$ 是由方程 $z-y-x+xe^{z-y-x}=0$ 所确定的二元函数，求 dz.

四、应用题（本题 10 分）

设某工厂生产甲、乙两种产品，当这两种产品的产量分别为 x 与 y（单位：吨）时总收益函数为（已扣除生产成本）$R(x,y)=15x+34y-x^2-2xy-4y^2-36$（单位：万元）. 已知生产甲种产品每吨需支付排污费用 1 万元，生产乙种产品每吨需支付排污费用 2 万元，

1. 在不限制排污费用支出的情况下，这两种产品的产量各为多少时总利润最大?

2. 当限制排污费用总量为 6 万元时，这两种产品的产量各为多少时总利润最大?

五、证明题（本题10分）

证明：若方程 $F(x,y,z)=0$ 的任意一个变量都是另外两个变量的隐函数，则

$$\frac{\partial z}{\partial x}\cdot\frac{\partial x}{\partial y}\cdot\frac{\partial y}{\partial z}=-1.$$

六、综合题（本题15分）

设 $f(x,y)=\int_0^{xy}e^{-t^2}dt$，求 $\frac{x}{y}\cdot\frac{\partial^2 f}{\partial x^2}-2\frac{\partial^2 f}{\partial x\partial y}+\frac{y}{x}\cdot\frac{\partial^2 f}{\partial y^2}$.

答案

一、1. $\frac{3x^2y^2+5x^2}{(y+1)^2}$；

2. $\{(x,y)\mid |x|\geqslant 2,|y|\leqslant 2\}$；

3. $\frac{1}{2}$；

4. $2(1-\ln 2)$；

5. $\frac{-ydx+xdy}{x^2+y^2}$；

6. $-\frac{2y+12x^2y^3}{x+9x^3y^2}$；

7. 2；8. $\frac{e^x+xe^x}{1+x^2e^{2x}}$；

9. $\frac{z}{z+x}$；

10. $4xyf''(x^2+y^2)$.

二、1. (C)；

2. (C)；

3. (D)；

4. (B)；

5. (A).

三、1. $\frac{\partial u}{\partial x}=y-\frac{y}{x}f'(\frac{y}{x})+f(\frac{y}{x})$，$\frac{\partial u}{\partial y}=x+f'(\frac{y}{x})$；

2. $\frac{1+(x-1)e^{z-y-x}}{1+xe^{z-y-x}}dx+dy$.

四、1. $L(4,3)=40$；

2. $L(2,2)=28$.

五、略. 提示：利用三元函数的偏导数求隐函数的导数.

六、$-2e^{-x^2y^2}$. 提示：利用积分上限求导公式.

第八章　二重积分

一、教学基本要求及内容提要

（一）教学基本要求

1. 理解二重积分的定义及其几何意义.

2. 理解二重积分的性质.

3. 掌握二重积分在直角坐标系和极坐标下的计算方法，选择适当的积分顺序并确定积分上下限，交换积分顺序.

4. 掌握利用二重积分求简单的图形的面积和体积.

5. 理解广义二重积分的定义并且能求简单的广义的二重积分.

（二）内容提要

1. 二重积分的概念

设函数$f(x,y)$是定义在有界闭区域D上有界的二元函数，将D任意分割成n个小区域

$$\Delta\sigma_1,\Delta\sigma_2,\cdots,\Delta\sigma_n,$$

并以$\Delta\sigma_i$和d_i分别表示第i个小区域的面积和直径，$d=\max\{d_1,d_2,\cdots,d_n\}$. 在每个小区域$\Delta\sigma_i(i=1,2,\cdots,n)$内任取一点$(x_i,y_i)$，并作和

$$\sum_{i=1}^{n}f(x_i,y_i)\Delta\sigma_i,$$

当$d\to 0$时，如果极限

$$\lim_{d\to 0}\sum_{i=1}^{n}f(x_i,y_i)\Delta\sigma_i$$

存在，则称此极限为函数$f(x,y)$在区域D中的**二重积分**，或者称$f(x,y)$在区域D上**可积**，记作$\iint\limits_D f(x,y)d\sigma$，即

$$\iint\limits_D f(x,y)d\sigma=\lim_{d\to 0}\sum_{i=1}^{n}f(x_i,y_i)\Delta\sigma_i.$$

其中$f(x,y)$称为**被积函数**，D称为**积分区域**，$d\sigma$称为**面积元素**，x与y称为**积分变量**，$\sum_{i=1}^{n}f(x_i,y_i)\Delta\sigma_i$称为**积分和**，$f(x,\ y)d\sigma$称为**被积表达式**.

2. **二重积分的几何意义** 当$f(x,y)$连续，且$f(x,y)\geq 0$时，$\iint\limits_D f(x,y)\mathrm{d}\sigma$表示曲顶柱体的体积

3. **二重积分的性质**

①如果在区域D上恒有$f(x,y)=1$，区域D的面积为S_D，则

$$\iint\limits_D d\sigma = S_D .$$

②被积函数中不为零的常数因子可以提到积分号外.

$$\iint\limits_D kf(x,y)d\sigma = k\iint\limits_D f(x,y)d\sigma \text{（} k \text{ 为常数）}.$$

③两个函数和（或差）的不定积分等于两个函数不定积分的和（或差）.

$$\iint\limits_D [k_1 f(x,y) \pm k_2 g(x,y)]d\sigma = k_1\iint\limits_D f(x,y)d\sigma \pm k_2\iint\limits_D g(x,y)d\sigma .$$

④**区域可加性** 如果积分区域D被一曲线分割成两个区域D_1和D_2（D_1和D_2除分界线外无公共点），则

$$\iint\limits_D f(x,y)d\sigma = \iint\limits_{D1} f(x,y)d\sigma + \iint\limits_{D2} f(x,y)d\sigma .$$

⑤**比较定理** 如果在区域D上总有$f(x,y)\leqslant g(x,y)$，则

$$\iint\limits_D f(x,y)d\sigma \leqslant \iint\limits_D g(x,y)d\sigma .$$

根据⑤可得 $\left|\iint\limits_D f(x,y)d\sigma\right| \leqslant \iint\limits_D |f(x,y)|\, d\sigma .$

⑥**估值性** 设M与m分别是函数$z=f(x,y)$在有界闭区域D上的最大值和最小值，S_D表示区域D的面积，则

$$mS_D \leqslant \iint\limits_D f(x,y)d\sigma \leqslant MS_D .$$

⑦**积分中值定理** 设函数$z=f(x,y)$在有界闭区域D上连续，S_D表示区域D的面积，则至少存在一点$(\xi,\eta)\in D$，使得

$$\iint\limits_D f(x,y)d\sigma = f(\xi,\eta)S_D .$$

4. **二重积分的计算**

（1）二重积分的直角坐标系下的计算

①**积分区域D为X型区域** $D=\{(x,y)\mid a\leqslant x\leqslant b,\varphi_1(x)\leqslant y\leqslant \varphi_2(x)\}$，

$$\iint\limits_D f(x,y)dxdy = \int_a^b [\int_{\varphi_1(x)}^{\varphi_2(x)} f(x,y)dy]dx .$$

②**积分区域D为Y型区域** $D=\{(x,y)\mid \psi_1(y)\leqslant x\leqslant \psi_2(y),c\leqslant y\leqslant d\}$，

$$\iint\limits_D f(x,y)dxdy = \int_c^d [\int_{\psi_1(y)}^{\psi_2(y)} f(x,y)dx]dy .$$

（2）二重积分的极坐标系下的计算

①极点在区域D之内，$D=\{(r,\theta)\mid 0\leqslant r\leqslant r(\theta),0\leqslant\theta\leqslant 2\pi\}$，

$$\iint_D f(r\cos\theta,r\sin\theta)rdrd\theta = \int_0^{2\pi}d\theta\int_0^{r(\theta)}f(r\cos\theta,r\sin\theta)rdr.$$

②极点在区域 D 之外，$D = \{(r,\theta) \mid r_1(\theta) \leqslant r \leqslant r_2(\theta),\alpha \leqslant \theta \leqslant \beta\}$，

$$\iint_D f(r\cos\theta,r\sin\theta)rdrd\theta = \int_\alpha^\beta d\theta\int_{r_1(\theta)}^{r_2(\theta)}f(r\cos\theta,r\sin\theta)rdr.$$

③极点在区域 D 的边界上，$D = \{(r,\theta) \mid 0 \leqslant r \leqslant r(\theta),\alpha \leqslant \theta \leqslant \beta\}$，

$$\iint_D f(r\cos\theta,r\sin\theta)rdrd\theta = \int_\alpha^\beta d\theta\int_0^{r(\theta)}f(r\cos\theta,r\sin\theta)rdr.$$

5. **广义二重积分**

广义二重积分的概念　设 D 是平面上一无界区域，函数 $f(x,y)$ 在 D 上有定义，用任意光滑或分段光滑曲线 C 在 D 中划出有界区域 D_C，若二重积分 $\iint_{D_C} f(x,y)d\sigma$ 存在，且当曲线 C 连续变动，使区域 D_C 以任意过程无限扩展而趋于区域 D 时，不论曲线 C 的形状如何，也不论曲线 C 的扩展过程如何，极限

$$\lim_{D_C\to D}\iint_{D_C} f(x,y)d\sigma$$

都存在且取相同的值 I，则称 I 为函数 $f(x,y)$ 在无界区域 D 上的**广义二重积分**，记为

$\iint_D f(x,y)d\sigma$，即

$$\iint_D f(x,y)d\sigma = \lim_{D_C\to D}\iint_{D_C} f(x,y)d\sigma = I,$$

这时也称 $\iint_D f(x,y)d\sigma$ **收敛**或称 $f(x,y)$ 在 D 上**广义可积**.

否则，称 $\iint_D f(x,y)d\sigma$ 发散.

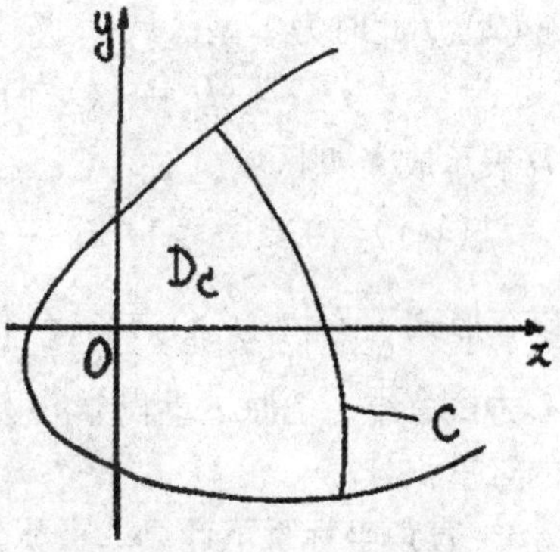

二、典型方法与范例

1. **二重积分的性质**

例 1　估计 $\iint_D xy(x+y)d\sigma$，其中 $D = \{(x,y) \mid 0 \leqslant x \leqslant 1,0 \leqslant y \leqslant 1\}$.

分析　利用估值性定理.

解　矩形区域 D 的面积为 1，又 $0 \leqslant x \leqslant 1,0 \leqslant y \leqslant 1$，所以 $0 \leqslant xy(x+y) \leqslant 2$，所以

$$0 \leqslant \iint_D xy(x+y)d\sigma \leqslant 2.$$

例 2　计算 $\lim\limits_{r\to 0}\dfrac{1}{\pi r^2}\iint_D e^{x^2-y^2}\cos(x+y)dxdy$，其中 $D = \{(x,y) \mid x^2+y^2 \leqslant r^2\}$.

分析　利用积分中值定理.

解　根据已知条件，由积分中值定理得，至少存在一点 $(\xi,\eta) \in D$，使得

$$\iint_D e^{x^2-y^2}\cos(x+y)dxdy = e^{\xi^2-\eta^2}\cos(\xi+\eta)\cdot\pi r^2,$$

于是有，

$$\lim_{r\to 0}\frac{1}{\pi r^2}\iint_D e^{x^2-y^2}\cos(x+y)dxdy = \lim_{r\to 0}e^{\xi^2-\eta^2}\cos(\xi+\eta)$$

$$= \lim_{\substack{\xi\to 0\\ \eta\to 0}}e^{\xi^2-\eta^2}\cos(\xi+\eta) = 1.$$

2. 交换累次积分顺序

例 3 改变下列累次积分的积分顺序

(1) $\int_{-1}^{0}dx\int_{x+1}^{\sqrt{1-x^2}}f(x,y)dy$　　(2) $\int_0^1 dy\int_{1-y}^{1+y^2}f(x,y)dx$

解 (1) D 此时为 X 型区域

$$D = \left\{(x,y)\ \middle|\ 1\leqslant x\leqslant 2,\ \frac{1}{x}\leqslant y\leqslant x\right\},$$

当 D 表示成 Y 型区域

$$D = \{(x,y)\ |0\leqslant y\leqslant 1,\ -\sqrt{1-y^2}\leqslant x\leqslant y-1\},$$

所以，原式 $\int_{-1}^{0}dx\int_{x+1}^{\sqrt{1-x^2}}f(x,y)dy = \int_0^1 dy\int_{-\sqrt{1-y^2}}^{y-1}f(x,y)dx$.

(2) D 此时为 Y 型区域

$$D = \{(x,y)\ |0\leqslant y\leqslant 1, 1-y\leqslant x\leqslant 1+y^2\},$$

当 D 表示成 X 型区域

$$D = \{(x,y)\ |0\leqslant x\leqslant 1,\ 1-x\leqslant y\leqslant 1\}\cup\{(x,y)\ |1\leqslant x\leqslant 2,\ \sqrt{1-x}\leqslant y\leqslant 1\},$$

所以，原式 $\int_0^1 dy\int_{1-y}^{1+y^2}f(x,y)dx = \int_0^1 dx\int_{1-x}^{1}f(x,y)dy + \int_1^2 dx\int_{\sqrt{1-x}}^{1}f(x,y)dy$.

方法总结： 把原二重积分的积分区域转换成另外一种积分区域，然后写出相应积分区域上的二重积分.

3. 直角坐标系下计算二重积分

例 4 计算 $\iint_D(3x+2y)dxdy$，其中 D 是由坐标轴与直线 $y+x=2$ 围成的.

分析 积分区域 D 为 X 型.

解 画出区域 D 的图形，由图形可知

$D = \{(x,y)\mid 0\leqslant x\leqslant 2, 0\leqslant y\leqslant 2-x\}$ 为 X 型区域，所以

$$\iint_D(3x+2y)dxdy = \int_0^2 dx\int_0^{2-x}(3x+2y)dy$$

$$= \int_0^2[3xy+y^2]\mid_0^{2-x}dx = \frac{20}{3}.$$

例 5 计算 $\iint_D ydxdy$，其中 D 是由直线 $y^2=2x, y=x-4$ 围成的.

分析 区域 D 为 Y 型.

解 画出区域 D 的图形，由图形可知

$$D = \left\{(x,y)\mid \frac{y^2}{2}\leqslant x\leqslant y+4,\ -2\leqslant y\leqslant 4\right\}\text{ 为 } Y \text{ 型区域，}$$

所以，

$$\iint_D y dxdy = \int_{-2}^{4} dy \int_{\frac{y^2}{2}}^{y+4} y dx$$

$$= \int_{-2}^{4} y(y+4-\frac{y^2}{2})dy = 18.$$

例 6　计算二重积分 $\iint_D e^{x+y}dxdy$，其中积分区域 $D = \{(x,y) \mid |x| + |y| \leqslant 1\}$.

分析　区域 D 既不是 X 型也不是 Y 型.

解　画出区域 D 的图形，积分区域 D 不是 X 型或 Y 型. 将区域 D 分成区域 D_1 和 D_2，其中

$$D_1 = \{(x,y) \mid -1 \leqslant x \leqslant 0, -x-1 \leqslant y \leqslant x+1\},$$

$$D_2 = \{(x,y) \mid 0 \leqslant x \leqslant 1, x-1 \leqslant y \leqslant -x+1\},$$

它们都是 X 型区域. 于是,

$$\iint_D x\mathrm{d}x\mathrm{d}y = \iint_{D1} e^{x+y}\mathrm{d}x\mathrm{d}y + \iint_{D2} e^{x+y}\mathrm{d}x\mathrm{d}y$$

$$= \int_{-1}^{0}\mathrm{d}x\int_{-x-1}^{x+1} e^{x+y}\mathrm{d}y + \int_{0}^{1}\mathrm{d}x\int_{x-1}^{-x+1} e^{x+y}\mathrm{d}y$$

$$= \int_{-1}^{0}(e^x \cdot e^y \mid_{-x-1}^{x+1})dx + \int_{0}^{1}(e^x \cdot e^y \mid_{x-1}^{-x+1})dx$$

$$= e - \frac{1}{e}.$$

例 7　计算 $I = \iint_D x^2 e^{-y^2} dxdy$，其中积分区域 D 是以 $(0,0), (1,1), (0,1)$ 为顶点的三角形闭区域.

分析　积分区域 D 是 $X-Y$ 型区域，但是根据被积函数的特点，采取先 x 后 y 的积分顺序.

解　将积分区域表示为 $D = \{(x,y) \mid 0 \leqslant y \leqslant 1, 0 \leqslant x \leqslant y\}$，则

$$I = \iint_D x^2 e^{-y^2} dxdy = \int_0^1 dy \int_0^y x^2 e^{-y^2} dx$$

$$= \int_0^1 \frac{y^3}{3} e^{-y^2} dy = -\frac{1}{6}\int_0^1 y^2 d(e^{-y^2})$$

$$= -\frac{1}{6}[y^2 e^{-y^2}\mid_0^1 - \int_0^1 e^{-y^2} d(y^2)] = \frac{1}{6}(1-2e^{-1}).$$

方法总结：首先确定二重积分的积分区域

（1）积分区域 $D = \{(x,y) \mid a \leqslant x \leqslant b, \varphi_1(x) \leqslant y \leqslant \varphi_2(x)\}$ 为 X 型，代入公式

$$\iint_D f(x,y)dxdy = \int_a^b [\int_{\varphi_1(x)}^{\varphi_2(x)} f(x,y)dy]dx.$$

（2）积分区域 $D = \{(x,y) \mid \psi_1(y) \leqslant x \leqslant \psi_2(y), c \leqslant y \leqslant d\}$ 为 Y 型，代入公式

$$\iint_D f(x,y)dxdy = \int_c^d [\int_{\psi_1(y)}^{\psi_2(y)} f(x,y)dx]dy.$$

（3）积分区域 D 是 $X-Y$ 型区域，根据被积函数的特点选择积分顺序.

(4) 区域 D 既不是 X 型也不是 Y 型，这时我们可以用平行于坐标轴的直线将此区域分成若干个除了边界点外无公共内点的 X 型区域和 Y 型区域来计算．显然根据二重积分积分区域可加性得，在这些小的 X 型区域或者 Y 型区域上的积分之和等于整个积分区域 D 上的积分．

4．**极坐标系下计算二重积分**

例 8 计算 $\iint\limits_D e^{x^2+y^2}d\sigma$ ，其中积分区域 D 是由 $x^2+y^2=9$ 闭区域．

分析 根据被积函数和积分区域的特点，选择极坐标计算此二重积分．

解 积分区域 D 在极坐标表示为 $D=\{(x,y)\mid 0\leqslant\theta\leqslant 2\pi,0\leqslant r\leqslant 3\}$ ，

$$\iint\limits_D e^{x^2+y^2}d\sigma=\int_0^{2\pi}d\theta\int_0^3 e^{r^2}rdr=\frac{1}{2}\times 2\pi\times e^{r^2}\Big|_0^3=\pi(e^9-1).$$

例 9 计算 $\iint\limits_D \ln(1+x^2+y^2)d\sigma$ ，其中积分区域 D 是由圆周 $x^2+y^2=4$ 与坐标轴所围成的第一象限内的闭区域．

分析 根据被积函数和积分区域的特点，选择极坐标计算此二重积分．

解 积分区域 D 在极坐标表示为 $D=\{(x,y)\mid 0\leqslant\theta\leqslant\frac{\pi}{2},0\leqslant r\leqslant 2\}$ ，

$$\begin{aligned}\iint\limits_D \ln(1+x^2+y^2)d\sigma&=\int_0^{\frac{\pi}{2}}d\theta\int_0^2\ln(1+r^2)rdr\\&=\frac{\pi}{2}\times\frac{1}{2}\times\int_0^2\ln(1+r^2)d(1+r^2)\\&=\frac{\pi}{4}\left[(1+r^2)\ln(1+r^2)\Big|_0^2-\int_0^2(1+r^2)\cdot\frac{2r}{1+r^2}dr\right]\\&=\frac{\pi}{4}(5\ln 5-4).\end{aligned}$$

方法总结： 积分区域为圆、圆环、扇形等，或被积函数形如 $f(x^2+y^2)$ 、$f(\frac{x}{y})$ 等，选择极坐标计算此二重积分，利用坐标变化把原二重积分转化成关于 r 和 θ 的累次积分．

5．**广义二重积分的计算**

例 10 计算二重积分 $\iint\limits_D e^x xydxdy$ ，其中 D 是以曲线 $y=\sqrt{x}$ 和 $y=\frac{1}{\sqrt{x}}$ 及 y 为边界的无界区域．

分析 此无界区域为 X 型区域．

解 画出区域 D 的图形，由图形可知

$D=\{(x,y)\mid 0\leqslant x\leqslant 1,\sqrt{x}\leqslant y\leqslant\frac{1}{\sqrt{x}}\}$ 为 X 型区域，所以

$$\begin{aligned}\iint\limits_D e^x xydxdy&=\int_0^1dx\int_{\sqrt{x}}^{\frac{1}{\sqrt{x}}}e^x xydy\\&=\frac{1}{2}\int_0^1 e^x(1-x^2)dx=\frac{1}{2}.\end{aligned}$$

6．**有关二重积分的综合题**

例 11 设 $f(x)$ 在 $[0,1]$ 上连续，并设 $\int_0^1 f(x)dx = A$，求 $\int_0^1 dx\int_x^1 f(x)f(y)dy$.

分析 由于 $\int_x^1 f(x)f(y)dy$ 不能直接积出，所以需改变积分次序.

解 令 $I = \int_0^1 dx\int_x^1 f(x)f(y)dy$，则

$$I = \int_0^1 dy\int_0^y f(x)f(y)dx = \int_0^1 dx\int_0^x f(x)f(y)dy,$$

$$2I = \int_0^1 dx\int_x^1 f(x)f(y)dy + \int_0^1 dx\int_0^x f(x)f(y)dy$$

$$= \int_0^1 dx\int_0^1 f(x)f(y)dy = \int_0^1 f(x)dx\int_0^1 f(y)dy = A^2,$$

所以，$I = \frac{A^2}{2}$.

例 12 设积分区域 $D = \{(x,y) \mid 1 \leqslant x^2 + y^2 \leqslant 4, x \geq 0, y \geq 0\}$，计算二重积分

$$\iint_D \frac{x\sin(\pi\sqrt{x^2+y^2})}{x+y}dxdy$$

分析 利用积分区域的对称性和被积函数的奇偶性.

解 积分区域 D 关于 $y = x$ 对称，则根据对称性可得

$$\iint_D \frac{x\sin(\pi\sqrt{x^2+y^2})}{x+y}dxdy = \iint_D \frac{y\sin(\pi\sqrt{x^2+y^2})}{x+y}dxdy.$$

从而，

$$2\iint_D \frac{x\sin(\pi\sqrt{x^2+y^2})}{x+y}dxdy = \iint_D \sin(\pi\sqrt{x^2+y^2})dxdy$$

$$= \int_0^{\frac{\pi}{2}} d\theta\int_1^2 r\sin\pi r dr$$

$$= \frac{1}{2\pi}\int_1^2 \pi r\sin\pi r d\pi r$$

$$= \frac{1}{2\pi}\int_\pi^{2\pi} t\sin t dt = -\frac{3}{2}.$$

故，

$$\iint_D \frac{x\sin(\pi\sqrt{x^2+y^2})}{x+y}dxdy = -\frac{3}{4}.$$

三、教材习题详解

习题八

(A)

1. 比较 $\iint\limits_D (x+y)^2 d\sigma$ 与 $\iint\limits_D (x+y)^3 d\sigma$ 的大小，其中 D 是由 x 轴、y 轴以及 $x+y=1$ 围成的三角形区域.

解 在区域 D 内 $(x+y)^2 \geq (x+y)^3$，由二重积分的保序性得，

$$\iint\limits_D (x+y)^3 d\sigma \leqslant \iint\limits_D (x+y)^2 d\sigma .$$

2. 利用二重积分的性质估计下列积分值

(1) $I = \iint\limits_D (x^2+4y^2+9)d\sigma$，其中 $D = \{(x,y) \mid x^2+y^2 \leqslant 4\}$；

(2) $I = \iint\limits_D \dfrac{d\sigma}{\sqrt{x^2+2xy+y^2+16}}$，其中 $D = \{(x,y) \mid 0 \leqslant x \leqslant 1, 0 \leqslant y \leqslant 2\}$.

解 (1) 由于在区域 $D = \{(x,y) \mid x^2+y^2 \leqslant 4\}$ 内，$9 \leqslant x^2+4y^2+9 \leqslant 25$，且 $S_D = 4\pi$，所以

$$36\pi = \iint\limits_D 9d\sigma \leqslant \iint\limits_D (x^2+4y^2+9)d\sigma \leqslant \iint\limits_D 25d\sigma = 100\pi.$$

(2) 由于在区域 $D = \{(x,y) \mid 0 \leqslant x \leqslant 1, 0 \leqslant y \leqslant 2\}$ 内，$\dfrac{1}{5} \leqslant \dfrac{1}{\sqrt{x^2+2xy+y^2+16}} \leqslant \dfrac{1}{4}$，且 $S_D = 2$，所以

$$\frac{2}{5} = \iint\limits_D \frac{1}{5}d\sigma \leqslant \iint\limits_D \frac{1}{\sqrt{x^2+2xy+y^2+16}}d\sigma \leqslant \iint\limits_D \frac{1}{4}d\sigma = \frac{1}{2}.$$

3. 将二重积分 $\iint\limits_D f(x,y)dxdy$ 按两种次序化为累次积分，积分区域 D 是由下列曲线或直线围成的：

(1) D 是由直线 $x=1, x=2, y=2, y=3$ 所围成的区域；

(2) D 是由 y 轴，$y=1, y=x$ 围成的区域；

(3) D 是由 x 轴，$y=\ln x, x=e$ 围成的区域；

(4) D 是以 $(0,0),(1,0),(0,1)$ 为顶点的三角形围成的区域；

(5) D 是由直线 $y=x$ 及抛物线 $y^2=4x$ 所围成的区域；

(6) D 是由 $y=x^2$，$y=4-x^2$ 围成的区域；

(7) D 是由 x 轴，圆 $x^2+y^2-2x=0$ 在第一象限的部分及直线 $x+y=2$ 围成的区域；

(8) D 是由直线 $y=x$，$x=2$ 及双曲线 $y=\dfrac{1}{x}(x>0)$ 所围成的区域；

(9) D 是由直线 $y=x^2$ 和 $y=1$ 所围成的区域；

(10) D 在第一象限且是由直线 $y=\dfrac{1}{2}x, y=2x$ 及 $xy=2$ 围成的区域.

解　(1) 当 D 表示成 X 型区域

$$D=\{(x,y)\mid 1\leqslant x\leqslant 2,\ 2\leqslant y\leqslant 3\},$$

$$\iint_D f(x,y)\,\mathrm{d}x\mathrm{d}y=\int_1^2 dx\int_2^3 f(x,y)\,dy.$$

当 D 表示成 Y 型区域

$$D=\{(x,y)\mid 1\leqslant x\leqslant 2,\ 2\leqslant y\leqslant 3\},$$

所以 $\iint_D f(x,y)\,\mathrm{d}x\mathrm{d}y=\int_2^3 dy\int_1^2 f(x,y)\,dx$.

(2) 当 D 表示成 X 型区域

$$D=\{(x,y)\mid 0\leqslant x\leqslant 1,\ x\leqslant y\leqslant 1\},$$

$$\iint_D f(x,y)\,\mathrm{d}x\mathrm{d}y=\int_0^1 dx\int_x^1 f(x,y)\,dy.$$

当 D 表示成 Y 型区域

$$D=\{(x,y)\mid 0\leqslant y\leqslant 1,0\leqslant x\leqslant y\},$$

所以 $\iint_D f(x,y)\,\mathrm{d}x\mathrm{d}y=\int_0^1 dy\int_0^y f(x,y)\,dx$.

(3) 当 D 表示成 X 型区域

$$D=\{(x,y)\mid 1\leqslant x\leqslant e,\ 0\leqslant y\leqslant \ln x\},$$

$$\iint_D f(x,y)\,\mathrm{d}x\mathrm{d}y=\int_1^e dx\int_0^{\ln x} f(x,y)\,dy.$$

当 D 表示成 Y 型区域

$$D=\{(x,y)\mid 0\leqslant y\leqslant 1,e^y\leqslant x\leqslant e\},$$

所以 $\iint_D f(x,y)\,\mathrm{d}x\mathrm{d}y=\int_0^1 dy\int_{e^y}^e f(x,y)\,dx$.

(4) 当 D 表示成 X 型区域

$$D=\{(x,y)\mid 0\leqslant x\leqslant 1,\ 0\leqslant y\leqslant 1-x\},$$

$$\iint_D f(x,y)\,\mathrm{d}x\mathrm{d}y=\int_0^1 dx\int_0^{1-x} f(x,y)\,dy.$$

当 D 表示成 Y 型区域

$$D=\{(x,y)\mid 0\leqslant y\leqslant 1,0\leqslant x\leqslant 1-y\},$$

所以 $\iint_D f(x,y)\,\mathrm{d}x\mathrm{d}y=\int_0^1 dy\int_0^{1-y} f(x,y)\,dx$.

(5) 当 D 表示成 X 型区域

$$D=\{(x,y)\mid 0\leqslant x\leqslant 4,\ x\leqslant y\leqslant 2\sqrt{x}\},$$

$$\iint_D f(x,y)\,\mathrm{d}x\mathrm{d}y=\int_0^4 dx\int_x^{2\sqrt{x}} f(x,y)\,dy.$$

当 D 表示成 Y 型区域

$$D=\left\{(x,y)\ \middle|\ 0\leqslant y\leqslant 4,\frac{y^2}{4}\leqslant x\leqslant y\right\},$$

$$\iint\limits_D f(x,y)\,\mathrm{d}x\mathrm{d}y = \int_0^4 dy\int_{\frac{y^2}{4}}^{y} f(x,y)\,dx .$$

（6）当 D 表示成 X 型区域

$$D = \{(x,y)\ |-\sqrt{2} \leqslant x \leqslant \sqrt{2},\ x^2 \leqslant y \leqslant 4 - x^2\},$$

$$\iint\limits_D f(x,y)\,\mathrm{d}x\mathrm{d}y = \int_{-\sqrt{2}}^{\sqrt{2}} dx\int_{x^2}^{4-x^2} f(x,y)\,dy .$$

当 D 表示成 Y 型区域

$$D = \{(x,y)\ |0 \leqslant y \leqslant 2, -\sqrt{y} \leqslant x \leqslant \sqrt{y}\} \cup \{(x,y)\ |2 \leqslant y \leqslant 4, -\sqrt{4-y} \leqslant x \leqslant \sqrt{4-y}\},$$

所以 $\iint\limits_D f(x,y)\,\mathrm{d}x\mathrm{d}y = \int_0^2 dy\int_{-\sqrt{y}}^{\sqrt{y}} f(x,y)\,dx + \int_2^4 dy\int_{-\sqrt{4-y}}^{\sqrt{4-y}} f(x,y)\,dx .$

（7）当 D 表示成 X 型区域

$$D = \{(x,y)\ |0 \leqslant x \leqslant 1,\ 0 \leqslant y \leqslant \sqrt{2x - x^2}\} \cup \{(x,y)\ |1 \leqslant x \leqslant 2,\ 0 \leqslant y \leqslant 2 - x\},$$

$$\iint\limits_D f(x,y)\,\mathrm{d}x\mathrm{d}y = \int_0^1 dx\int_0^{\sqrt{2x-x^2}} f(x,y)\,dy + \int_1^2 dx\int_0^{2-x} f(x,y)\,dy .$$

当 D 表示成 Y 型区域

$$D = \{(x,y)\ |0 \leqslant y \leqslant 1, 1 - \sqrt{1-y^2} \leqslant x \leqslant 2 - y\},$$

所以 $\iint\limits_D f(x,y)\,\mathrm{d}x\mathrm{d}y = \int_0^1 dy\int_{1-\sqrt{1-y^2}}^{2-y} f(x,y)\,dx .$

（8）当 D 表示成 X 型区域

$$D = \left\{(x,y)\ \middle|1 \leqslant x \leqslant 2,\ \frac{1}{x} \leqslant y \leqslant x\right\},$$

$$\iint\limits_D f(x,y)\,\mathrm{d}x\mathrm{d}y = \int_1^2 dx\int_{\frac{1}{x}}^{x} f(x,y)\,dy .$$

当 D 表示成 Y 型区域

$$D = \left\{(x,y)\ \middle|\frac{1}{2} \leqslant y \leqslant 1, \frac{1}{y} \leqslant x \leqslant 2\right\} \cup \{(x,y)\ |1 \leqslant y \leqslant 2, y \leqslant x \leqslant 2\},$$

所以 $\iint\limits_D f(x,y)\,\mathrm{d}x\mathrm{d}y = \int_{\frac{1}{2}}^1 dy\int_{\frac{1}{y}}^{2} f(x,y)\,dx + \int_1^2 dy\int_y^2 f(x,y)\,dx .$

（9）当 D 表示成 X 型区域

$$D = \{(x,y)\ |-1 \leqslant x \leqslant 1,\ x^2 \leqslant y \leqslant 1\},$$

$$\iint\limits_D f(x,y)\,\mathrm{d}x\mathrm{d}y = \int_{-1}^1 dx\int_{x^2}^1 f(x,y)\,dy .$$

当 D 表示成 Y 型区域

$$D = \{(x,y)\ |0 \leqslant y \leqslant 1,\ -\sqrt{y} \leqslant x \leqslant \sqrt{y}\},$$

所以 $\iint\limits_D f(x,y)\,\mathrm{d}x\mathrm{d}y = \int_0^1 dy\int_{-\sqrt{y}}^{\sqrt{y}} f(x,y)\,dx .$

（10）当 D 表示成 X 型区域

$$D = \left\{(x,y)\ \middle|0 \leqslant x \leqslant 1,\ \frac{x}{2} \leqslant y \leqslant 2x\right\} \cup \left\{(x,y)\ \middle|1 \leqslant x \leqslant 2,\ \frac{x}{2} \leqslant y \leqslant \frac{2}{x}\right\},$$

$$\iint_D f(x,y)\,dxdy = \int_0^1 dx\int_{\frac{x}{2}}^{2x} f(x,y)\,dy + \int_1^2 dx\int_{\frac{x}{2}}^{\frac{2}{x}} f(x,y)\,dy.$$

当 D 表示成 Y 型区域

$$D = \left\{(x,y)\ \middle|\ 0 \leqslant y \leqslant 1, \frac{y}{2} \leqslant x \leqslant 2y\right\} \cup \left\{(x,y)\ \middle|\ 1 \leqslant y \leqslant 2, \frac{y}{2} \leqslant x \leqslant \frac{2}{y}\right\},$$

所以 $\iint_D f(x,y)\,dxdy = \int_0^1 dy\int_{\frac{y}{2}}^{2y} f(x,y)\,dx + \int_1^2 dy\int_{\frac{y}{2}}^{\frac{2}{y}} f(x,y)\,dx$.

4. 交换下列累次积分的积分顺序

(1) $\int_0^1 dx\int_x^{2-x} f(x,y)\,dy$；

(2) $\int_0^1 dy\int_0^y f(x,y)\,dx$；

(3) $\int_0^1 dx\int_x^{1+\sqrt{1-x^2}} f(x,y)\,dy$；

(4) $\int_1^{2\sqrt{2}} dx\int_x^{x^2} f(x,y)\,dy + \int_{2\sqrt{2}}^8 dx\int_x^8 f(x,y)\,dy$;

(5) $\int_0^1 dx\int_0^{x^2} f(x,y)\,dy + \int_1^2 dx\int_0^{\sqrt{2x-x^2}} f(x,y)\,dy$；

(6) $\int_0^1 dy\int_{-\sqrt{y}}^{\sqrt{y}} f(x,y)\,dx + \int_1^4 dy\int_{-\sqrt{y}}^{2-y} f(x,y)\,dx$.

解　(1) D 为 X 型区域

$$D = \{(x,y)\ |0 \leqslant x \leqslant 1,\ x \leqslant y \leqslant 2-x\},$$

把 D 表示成 Y 型区域

$$D = \{(x,y)\ |0 \leqslant y \leqslant 1, 0 \leqslant x \leqslant y\} \cup \{(x,y)\ |1 \leqslant y \leqslant 2, 0 \leqslant x \leqslant 2-y\},$$

因此，$\iint_D f(x,y)\,dxdy = \int_0^1 dy\int_0^y f(x,y)\,dx + \int_1^2 dy\int_0^{2-y} f(x,y)\,dx$.

(2) D 为 Y 型区域

$$D = \{(x,y)\ |0 \leqslant y \leqslant 1, 0 \leqslant x \leqslant y\}$$

把 D 表示成 X 型区域

$$D = \{(x,y)\ |0 \leqslant x \leqslant 1,\ x \leqslant y \leqslant 1\},$$

因此，$\iint_D f(x,y)\,dxdy = \int_0^1 dx\int_x^1 f(x,y)\,dy$.

(3) D 为 X 型区域

$$D = \{(x,y)\ |0 \leqslant x \leqslant 1,\ x \leqslant y \leqslant 1+\sqrt{1-x^2}\},$$

把 D 表示成 Y 型区域

$$D = \{(x,y)\ |0 \leqslant y \leqslant 1, 0 \leqslant x \leqslant y\} \cup \{(x,y)\ |1 \leqslant y \leqslant 2, 0 \leqslant x \leqslant \sqrt{2y-y^2}\}$$

因此，$\iint_D f(x,y)\,dxdy = \int_0^1 dy\int_0^y f(x,y)\,dx + \int_1^2 dy\int_0^{\sqrt{2y-y^2}} f(x,y)\,dx$.

(4) D 为 X 型区域

$D=\{(x,y)\mid 1\leqslant x\leqslant 2\sqrt{2}, x\leqslant y\leqslant x^2\}\cup\{(x,y)\mid 2\sqrt{2}\leqslant x\leqslant 8, x\leqslant y\leqslant 8\}$.

把 D 表示成 Y 型区域

$$D=\{(x,y)\mid 1\leqslant y\leqslant 8,\sqrt{y}\leqslant x\leqslant y\},$$

因此，$\iint\limits_D f(x,y)\mathrm{d}x\mathrm{d}y=\int_1^8 dy\int_{\sqrt{y}}^{y} f(x,y)dx$.

(5) D 为 X 型区域

$D=\{(x,y)\mid 0\leqslant x\leqslant 1, 0\leqslant y\leqslant x^2\}\cup\{(x,y)\mid 1\leqslant x\leqslant 2, 0\leqslant y\leqslant\sqrt{2x-x^2}\}$.

把 D 表示成 Y 型区域

$$D=\{(x,y)\mid 0\leqslant y\leqslant 1,\sqrt{y}\leqslant x\leqslant 1+\sqrt{1-y^2}\},$$

因此，$\iint\limits_D f(x,y)\mathrm{d}x\mathrm{d}y=\int_0^1\mathrm{d}y\int_{\sqrt{y}}^{1+\sqrt{1-y^2}} f(x,y)\mathrm{d}x$.

(6) D 为 Y 型区域

$D=\{(x,y)\mid 0\leqslant y\leqslant 1,-\sqrt{y}\leqslant x\leqslant\sqrt{y}\}\cup\{(x,y)\mid 1\leqslant y\leqslant 4,-\sqrt{y}\leqslant x\leqslant 2-y\}$.

把 D 表示成 X 型区域

$$D=\{(x,y)\mid -2\leqslant x\leqslant 1, x^2\leqslant y\leqslant 2-x\},$$

因此，$\iint\limits_D f(x,y)\mathrm{d}x\mathrm{d}y=\int_{-2}^1 dx\int_{x^2}^{2-x} f(x,y)dy$.

5. 计算下列二重积分

(1) $\iint\limits_D (x^2-y^2)dxdy$，其中 D 是由直线 $y=x,y=2x$ 以及 $x=1$ 围成的;

(2) $\iint\limits_D xydxdy$，其中 D 是由曲线 $y^2=x$ 及直线 $y=x-2$ 围成的;

(3) $\iint\limits_D x^2ydxdy$，其中 D 为单位圆在第一象限的区域;;

(4) $\iint\limits_D e^{x+y}dxdy$，其中 D 是由直线 $x=1, y=1$, x 轴与 y 轴围成的;

(5) $\iint\limits_D xy^2dxdy$，其中 D 由曲线 $y^2=4x$ 与 $x=1$ 围成;

(6) $\iint\limits_D (x^2+y^2)dxdy$，其中 D 是由直线 $y=x+a,y=a,y=3a(a>0)$, $y=x$ 围成的;

(7) $\iint\limits_D xe^{xy}dxdy$，其中 D 是由直线 $x=1, y=1$, x 轴与 y 轴围成的;

(8) $\iint\limits_D \frac{\sin x}{x}dxdy$，其中 D 由曲线 $y=x, y=x^2$ 围成.

解 (1) 由 $D=\{(x,y)\mid 0\leqslant x\leqslant 1,x\leqslant y\leqslant 2x\}$ 为 X 型区域，所以

$$\iint\limits_D (x^2-y^2)dxdy=\int_0^1 dx\int_x^{2x}(x^2-y^2)dy$$

$$=\int_0^1\left(x^2y-\frac{1}{3}y^3\right)\Big|_x^{2x}dx=\int_0^1-\frac{4}{3}x^3dy=-\frac{1}{3}.$$

（2）由 $D=\{(x,y)\mid -1\leqslant y\leqslant 2,y^2\leqslant x\leqslant y+2\}$ 为 Y 型区域，所以

$$\iint_D xydxdy=\int_{-1}^{2}dy\int_{y^2}^{y+2}xydx$$

$$=\int_{-1}^{2}(\frac{1}{2}x^2y)\Big|_{y^2}^{y+2}dy=\int_{-1}^{2}[-\frac{1}{2}y^5+\frac{1}{2}y^3+2y^2+2y]dy=5\frac{5}{8}$$

（3）由 $D=\{(x,y)\mid 0\leqslant x\leqslant 1,0\leqslant y\leqslant\sqrt{1-x^2}\}$ 为 $X-Y$ 型区域，所以

$$\iint_D x^2ydxdy=\int_0^1dx\int_0^{\sqrt{1-x^2}}x^2ydy$$

$$=\int_0^1(\frac{1}{2}x^2y^2)\Big|_0^{\sqrt{1-x^2}}dx=\frac{1}{15}.$$

（4）由 $D=\{(x,y)\mid 0\leqslant x\leqslant 1,0\leqslant y\leqslant 1\}$ 为 $X-Y$ 型区域，所以

$$\iint_D e^{x+y}dxdy=\int_0^1dx\int_0^1e^{x+y}dy$$

$$=\int_0^1(e^{x+y})\big|_0^1dx=\int_0^1[e^{x+1}-e^x]dx=(e-1)^2$$

（5）由 $D=\{(x,y)\mid 0\leqslant x\leqslant 1,-2\sqrt{x}\leqslant y\leqslant 2\sqrt{x}\}$ 为 $X-Y$ 型区域，所以

$$\iint_D xy^2dxdy=\int_0^1dx\int_{-2\sqrt{x}}^{2\sqrt{x}}xy^2dy$$

$$=\int_0^1(\frac{1}{3}xy^3)\Big|_{-2\sqrt{x}}^{2\sqrt{x}}dx=\int_0^1\frac{16}{3}x^{\frac{5}{2}}dx=\frac{32}{21}$$

（6）由 $D=\{(x,y)\mid a\leqslant y\leqslant 3a,y-a\leqslant x\leqslant y\}$ 为 Y 型区域，所以

$$\iint_D(x^2+y^2)dxdy=\int_a^{3a}dy\int_{y-a}^{y}(x^2+y^2)dx$$

$$=\int_a^{3a}(\frac{1}{3}x^3+xy^2)\big|_{y-a}^{y}dy$$

$$=\int_a^{3a}[\frac{4}{3}y^3-\frac{1}{3}(y-a)(4y^2-2ay+a^2)]dy=14a^4$$

（7）由 $D=\{(x,y)\mid 0\leqslant x\leqslant 1,0\leqslant y\leqslant 1\}$ 为 $X-Y$ 型区域，所以

$$\iint_D xe^{xy}dxdy=\int_0^1dy\int_0^1xe^{xy}dx$$

$$=\int_0^1(e^{xy})\Big|_0^1dy==e-2.$$

（8）由 $D=\{(x,y)\mid 0\leqslant x\leqslant 1,x^2\leqslant y\leqslant x\}$ 为 $X-Y$ 型区域，所以

$$=\int_0^1(\frac{\sin x}{x}y)\Big|_{x^2}^{x}dx=\int_0^1[\frac{\sin x}{x}(x-x^2)]dx=1-\sin 1$$

6. 画出积分区域草图，并把下列二重积分表示为极坐标形式的累次积分：

（1）$\iint_D f(x^2+y^2)dxdy$，其中 D 是由曲线 $x^2+y^2=4$ 及坐标轴围成的在第一象限内的区域；

（2）$\iint_D f(x,y)dxdy$，其中 $D=\{(x,y)\mid x^2+y^2\leqslant 4\}$；

(3) $\iint\limits_D f(\sqrt{x^2+y^2})\mathrm{d}x\mathrm{d}y$，其中 D 由不等式 $x \leqslant x^2+y^2 \leqslant 2x$ 及 $y \geq 0$ 确定的区域；

(4) $\iint\limits_D f(\sqrt{x^2+y^2})dxdy$，其中 $D=\{(x,y) \mid x^2+y^2 \leqslant 2ax\}, a>0$；

(5) $\iint\limits_D f(\frac{y}{x})dxdy$，其中 $D=\{(x,y) \mid x^2+y^2 \leqslant 2Ry\}, R>0$；

(6) $\iint\limits_D f(\sqrt{x^2+y^2})dxdy$，其中 $D=\{(x,y) \mid a^2 \leqslant x^2+y^2 \leqslant b^2\}, 0<a<b$.

解 (1) 由 $D=\{(r,\theta) \mid 0 \leqslant \theta \leqslant \frac{\pi}{2}, 0 \leqslant r \leqslant 2\}$，所以

$$\iint\limits_D f(x^2+y^2)dxdy=\int_0^{\frac{\pi}{2}}d\theta\int_0^2 f(r^2)rdr.$$

(2) 由 $D=\{(r,\theta) \mid 0 \leqslant \theta \leqslant 2\pi, 0 \leqslant r \leqslant 2\}$，所以

$$\iint\limits_D f(x,y)dxdy=\int_0^{2\pi}d\theta\int_0^2 f(r\cos\theta, r\sin\theta)rdr.$$

(3) 由 $D=\{(r,\theta) \mid 0 \leqslant \theta \leqslant \frac{\pi}{2}, \cos\theta \leqslant r \leqslant 2\cos\theta\}$，所以

$$\iint\limits_D f(\sqrt{x^2+y^2})dxdy=\int_0^{\pi/2}d\theta\int_{\cos\theta}^{2\cos\theta} f(r)r\mathrm{d}r.$$

(4) 由 $D=\{(r,\theta) \mid -\frac{\pi}{2} \leqslant \theta \leqslant \frac{\pi}{2}, 0 \leqslant r \leqslant 2a\cos\theta\}$，所以

$$\iint\limits_D f(\sqrt{x^2+y^2})dxdy=\int_{-\pi/2}^{\pi/2}d\theta\int_0^{2a\cos\theta} f(r)r\mathrm{d}r.$$

(5) 由 $D=\{(r,\theta) \mid 0 \leqslant \theta \leqslant \pi, 0 \leqslant r \leqslant 2R\sin\theta\}$，所以

$$\iint\limits_D f(\frac{y}{x})dxdy=\int_0^{\pi}d\theta\int_0^{2R\sin\theta} f(\tan\theta)r\mathrm{d}r.$$

(6) 由 $D=\{(r,\theta) \mid 0 \leqslant \theta \leqslant 2\pi, a \leqslant r \leqslant b\}$，所以

$$\iint\limits_D f(\sqrt{x^2+y^2})dxdy=\int_0^{2\pi}d\theta\int_a^b f(r)r\mathrm{d}r.$$

7. 在极坐标系中计算下列二重积分：

(1) $\iint\limits_D e^{-(x^2+y^2)}d\sigma$，其中 D 是由圆周 $x^2+y^2=1$ 和 $x^2+y^2=4$ 围成的环形区域；

(2) $\iint\limits_D \frac{\sin\sqrt{x^2+y^2}}{\sqrt{x^2+y^2}}d\sigma$，其中 D 为圆环 $\frac{\pi^2}{9} \leqslant x^2+y^2 \leqslant \pi^2$；

(3) $\iint\limits_D \ln(1+x^2+y^2)d\sigma$，其中 D 是由圆周 $x^2+y^2=1$ 及坐标轴所围成的的第一象限内的区域；

(4) $\iint\limits_D \sqrt{R^2-x^2-y^2}d\sigma$，其中 D 为圆域 $x^2+y^2 \leqslant Rx$；

(5) $\iint\limits_D \sqrt{x^2+y^2}d\sigma$，其中 D 由圆周 $x^2+y^2 \leqslant 2x$ 围成的区域；

(6) $\iint\limits_D \arctan\frac{y}{x}dxdy$，其中 D 为由不等式 $1\leqslant x^2+y^2\leqslant 4, y\geq 0$ 及 $y\leqslant x$ 所决定的区域.

解 (1) 由 $D=\{(r,\theta)\mid 0\leqslant\theta\leqslant 2\pi, 1\leqslant r\leqslant 2\}$，所以

$$\iint\limits_D e^{-(x^2+y^2)}dxdy=\int_0^{2\pi}d\theta\int_1^2 e^{-r^2}r\mathrm{d}r=\pi(e^{-1}-e^{-4}).$$

(2) 由 $D=\{(r,\theta)\mid 0\leqslant\theta\leqslant 2\pi,\frac{\pi}{3}\leqslant r\leqslant\pi\}$，所以

$$\iint\limits_D \frac{\sin\sqrt{x^2+y^2}}{\sqrt{x^2+y^2}}d\sigma=\int_0^{2\pi}d\theta\int_{\frac{\pi}{3}}^{\pi}\frac{\sin r}{r}\cdot r\mathrm{d}r=2\pi\int_{\frac{\pi}{3}}^{\pi}\sin r\mathrm{d}r=3\pi.$$

(3) 由 $D=\{(r,\theta)\mid 0\leqslant\theta\leqslant\frac{\pi}{2},0\leqslant r\leqslant 1\}$，所以

$$\iint\limits_D \ln(1+x^2+y^2)d\sigma=\int_0^{\frac{\pi}{2}}d\theta\int_0^1\ln(1+r^2)\cdot r\mathrm{d}r=\frac{\pi}{2}\int_0^1\ln(1+r^2)\cdot r\mathrm{d}r=\frac{\pi}{4}(2\ln 2-1).$$

(4) 由 $D=\{(r,\theta)\mid -\frac{\pi}{2}\leqslant\theta\leqslant\frac{\pi}{2},0\leqslant r\leqslant R\cos\theta\}$，所以

$$\iint\limits_D \sqrt{R^2-x^2-y^2}d\sigma=\int_{-\frac{\pi}{2}}^{\frac{\pi}{2}}d\theta\int_0^{R\cos\theta}\sqrt{R^2-r^2}\cdot r\mathrm{d}r$$

$$=\int_{-\frac{\pi}{2}}^{\frac{\pi}{2}}[\frac{1}{3}R^3-\frac{1}{3}R^3\sin^3\theta]d\theta=\frac{\pi}{3}R^3.$$

(5) 由 $D=\{(r,\theta)\mid -\frac{\pi}{2}\leqslant\theta\leqslant\frac{\pi}{2},0\leqslant r\leqslant 2\cos\theta\}$，所以

$$\iint\limits_D \sqrt{x^2+y^2}d\sigma=\int_{-\frac{\pi}{2}}^{\frac{\pi}{2}}d\theta\int_0^{2\cos\theta}r\cdot r\mathrm{d}r=\int_{-\frac{\pi}{2}}^{\frac{\pi}{2}}\frac{1}{3}r^3\Big|_0^{2\cos\theta}d\theta=\frac{32}{9}.$$

(6) 由 $D=\{(r,\theta)\mid 0\leqslant\theta\leqslant\frac{\pi}{4},1\leqslant r\leqslant 2\}$，所以

$$\iint\limits_D \arctan\frac{y}{x}d\sigma=\int_0^{\frac{\pi}{4}}d\theta\int_1^2\theta\cdot r\mathrm{d}r=\int_0^{\frac{\pi}{4}}\theta d\theta\int_1^2 r\mathrm{d}r=\frac{3}{64}\pi^2.$$

8. 选择适当的坐标系计算下列二重积分

(1) $\iint\limits_D (x^2+y^2-x)dxdy$，其中 D 是由直线 $y=2, y=x, y=2x$ 所围成的区域；

(2) $\iint\limits_D \frac{x+y}{x^2+y^2}dxdy$，其中 D 是由 $(x-1)^2+y^2=1$ 与 x 轴所围成的在第一象限的区域；

(3) $\iint\limits_D xy^2dxdy$，其中 D 由 $x^2+y^2\leqslant 4$ 与 $x\geq 0$ 围成的区域；

(4) $\iint\limits_D xdxdy$，其中 D 为由不等式 $x^2+y^2\geq 2$ 和 $x^2+y^2\leqslant 2x$ 所决定的区域；

(5) $\iint\limits_D x\sqrt{y}dxdy$，其中 D 由两条抛物线 $y=\sqrt{x}, y=x^2$ 围成的区域；

(6) $\iint\limits_D ydxdy$，其中 D 是圆 $x=-\sqrt{2y-y^2}$ 及直线 $y=0, y=2, x=-2$ 围成的区域；

(7) $\iint\limits_D (\frac{y}{x})^2 dxdy$，其中 D 是由直线 $y=2, y=x, xy=1$ 所围成的区域；

(8) $\iint\limits_D e^{y^2} dxdy$，其中 D 是由 y 轴及直线 $y=2, x=2y$ 所围成的区域；

(9) $\iint\limits_D \frac{1}{(1+x^2+y^2)^2} dxdy$，其中 $D=\{(x,y) \mid 1 \leqslant x^2+y^2 \leqslant 4\}$；

(10) $\iint\limits_D \sqrt{|y-x^2|} dxdy$，其中 $D=\{(x,y) \mid -1 \leqslant x \leqslant 1, 0 \leqslant y \leqslant 2\}$.

解 (1) 由 $D=\{(x,y) \mid 0 \leqslant y \leqslant 2, \frac{y}{2} \leqslant x \leqslant y\}$ 为 Y 型区域，所以

$$\iint\limits_D (x^2+y^2-x)dxdy = \int_0^2 dy \int_{\frac{y}{2}}^{y} (x^2+y^2-x)dx$$

$$= \int_0^2 (\frac{1}{3}x^3 - \frac{1}{2}x^2 + y^2 x)\Big|_{\frac{y}{2}}^{y} dx = \frac{13}{6}.$$

(2) 由 $D=\{(r,\theta) \mid 0 \leqslant \theta \leqslant \frac{\pi}{2}, 0 \leqslant r \leqslant 2\cos\theta\}$，所以

$$\iint\limits_D \frac{x+y}{x^2+y^2} dxdy = \int_0^{\frac{\pi}{2}} d\theta \int_0^{2\cos\theta} \frac{r\cos\theta + r\sin\theta}{r^2} \cdot rdr$$

$$= \int_0^{\frac{\pi}{2}} [r\cos\theta + r\sin\theta]\Big|_0^{2\cos\theta} d\theta = \frac{\pi}{2} + 1.$$

(3) 由 $D=\{(r,\theta) \mid -\frac{\pi}{2} \leqslant \theta \leqslant \frac{\pi}{2}, 0 \leqslant r \leqslant 2\}$，所以

$$\iint\limits_D xy^2 dxdy = \int_{-\frac{\pi}{2}}^{\frac{\pi}{2}} d\theta \int_0^2 r\cos\theta r^2 \sin^2\theta \cdot rdr$$

$$= \int_{-\frac{\pi}{2}}^{\frac{\pi}{2}} [\frac{1}{5}r^5 \cos\theta \sin^2\theta]\Big|_0^2 d\theta = \frac{64}{15}.$$

(4) 由 $D=\{(r,\theta) \mid -\frac{\pi}{4} \leqslant \theta \leqslant \frac{\pi}{4}, \sqrt{2} \leqslant r \leqslant 2\cos\theta\}$，所以

$$\iint\limits_D xdxdy = \int_{-\frac{\pi}{4}}^{\frac{\pi}{4}} d\theta \int_{\sqrt{2}}^{2\cos\theta} r\cos\theta \cdot rdr$$

$$= \int_{-\frac{\pi}{4}}^{\frac{\pi}{4}} [\frac{1}{3}r^3 \cos\theta]\Big|_{\sqrt{2}}^{2\cos\theta} d\theta = \frac{\pi}{2}.$$

(5) 由 $D=\{(x,y) \mid 0 \leqslant x \leqslant 1, x^2 \leqslant y \leqslant \sqrt{x}\}$ 为 X 型区域，所以

$$\iint\limits_D x\sqrt{y} dxdy = \int_0^1 dx \int_{x^2}^{\sqrt{x}} x\sqrt{y} dy$$

$$= \int_0^1 (\frac{2}{3}xy^{\frac{3}{2}})\Big|_{x^2}^{\sqrt{x}} dx = \frac{6}{55}.$$

(6) 由 $D=\{(x,y) \mid 0 \leqslant y \leqslant 2, -2 \leqslant x \leqslant -\sqrt{2y-y^2}\}$ 为 Y 型区域，所以

$$\iint\limits_D ydxdy = \int_0^2 dy \int_{-2}^{-\sqrt{2y-y^2}} ydx$$

$$= \int_0^2 (xy) \Big|_{-2}^{-\sqrt{2y-y^2}} dy = 4 - \frac{\pi}{2}.$$

（7）由 $D = \{(x,y) \mid 1 \leqslant y \leqslant 2, \frac{1}{y} \leqslant x \leqslant y\}$ 为 Y 型区域，所以

$$\iint_D \left(\frac{y}{x}\right)^2 dxdy = \int_1^2 dy \int_{\frac{1}{y}}^{y} \left(\frac{y}{x}\right)^2 dx$$
$$= \int_1^2 \left(-\frac{y^2}{x}\right) \Big|_{\frac{1}{y}}^{y} dy = \frac{9}{4}.$$

（8）由 $D = \{(x,y) \mid 0 \leqslant y \leqslant 2, 0 \leqslant x \leqslant 2y\}$ 为 $X-Y$ 型区域，所以

$$\iint_D e^{y^2} dxdy = \int_0^2 dy \int_0^{2y} e^{y^2} dx$$
$$= \int_0^2 (e^{y^2} x) \Big|_0^{2y} dy = e^4 - 1.$$

（9）由 $D = \{(r,\theta) \mid 0 \leqslant \theta \leqslant 2\pi, 1 \leqslant r \leqslant 2\}$，所以

$$\iint_D \frac{1}{(1+x^2+y^2)^2} dxdy = \int_0^{2\pi} d\theta \int_1^2 \frac{1}{(1+r^2)^2} \cdot r\mathrm{d}r$$
$$= 2\pi \left[-\frac{1}{2} \frac{1}{1+r^2}\right] \Big|_1^2 = \frac{3\pi}{10}.$$

（10）由 $D = \{(x,y) \mid -1 \leqslant x \leqslant 1, 0 \leqslant y \leqslant x^2\} \cup \{(x,y) \mid -1 \leqslant x \leqslant 1, x^2 \leqslant y \leqslant 2\}$ 为 X 型区域，所以

$$\iint_D \sqrt{|y - x^2|} dxdy = \int_{-1}^1 dx \int_0^{x^2} \sqrt{x^2 - y} dy + \int_{-1}^1 dx \int_{x^2}^2 \sqrt{y - x^2} dy$$
$$= \int_{-1}^1 \left(-\frac{2}{3}(x^2 - y)^{\frac{3}{2}}\right) \Big|_0^{x^2} dx + \int_{-1}^1 \left(\frac{2}{3}(y - x^2)^{\frac{3}{2}}\right) \Big|_{x^2}^2 dx = \frac{20}{9}.$$

9．利用二重积分求下列的图形体积：

（1）$z = x + y, z = xy, x + y = 1, x = 0, y = 0$；

（2）$z = y^2, x^2 + y^2 = a^2 (a > 0), z = 0$.

解　（1）$V = \iint_D (x + y - xy) dxdy = \int_0^1 dx \int_0^{1-x} (x + y - xy) dy$

$$= \int_0^1 \left[x(1-x) + \frac{1}{2}(1-x)^3\right] dx$$
$$= \frac{7}{24}.$$

（2）$V = \iint_D y^2 dxdy = \int_0^{2\pi} d\theta \int_0^a r^2 \sin^2\theta \cdot r dr = \int_0^{2\pi} \sin^2\theta d\theta \cdot \int_0^a r^3 dr = \frac{\pi}{4} a^4.$

10．利用二重积分求下列的图形面积：

（1）$y^2 = 2x + 1, y^2 = -4x + 4$；

（2）$y = x^2, x = y^2$.

解　（1）$S = \int_{-\sqrt{2}}^{\sqrt{2}} dy \int_{\frac{y^2-1}{2}}^{\frac{4-y^2}{4}} 1 dx = \int_{-\sqrt{2}}^{\sqrt{2}} \frac{6 - 3y^2}{4} dy = 2\sqrt{2}.$

（2）$S = \int_0^1 dx \int_{x^2}^{\sqrt{x}} 1 dy = \int_0^1 [\sqrt{x} - x^2] dx = \frac{1}{3}.$

11．计算下列二重积分

(1) $\iint\limits_D \frac{1}{2\pi}e^{-(\frac{x^2}{2}+\frac{y^2}{2})}dxdy$，其中 $D=\{(x,y)\mid 0\leqslant y<+\infty,0\leqslant x\leqslant+\infty\}$；

(2) $\iint\limits_D xe^{-y^2}dxdy$，其中 D 是由曲线 $y=9x^2$ 和 $y=4x^2$ 围成的属于第一象限的无界区域.

解 (1) $\iint\limits_D \frac{1}{2\pi}e^{-(\frac{x^2}{2}+\frac{y^2}{2})}dxdy=\int_0^{+\infty}dx\int_0^{+\infty}\frac{1}{2\pi}e^{-(\frac{x^2}{2}+\frac{y^2}{2})}dy$

$$=\frac{1}{2\pi}\int_0^{+\infty}e^{-\frac{x^2}{2}}dx\cdot\int_0^{+\infty}e^{-\frac{y^2}{2}}dy$$

$$=\frac{1}{2\pi}\left(\int_0^{+\infty}e^{-\frac{x^2}{2}}dx\right)^2=\frac{1}{2\pi}\left(\frac{1}{2}\int_{-\infty}^{+\infty}e^{-\frac{x^2}{2}}dx\right)^2$$

$$=\frac{1}{8\pi}\left(\int_{-\infty}^{+\infty}e^{-\frac{x^2}{2}}dx\right)^2=\frac{1}{8\pi}\cdot(\sqrt{2})^2\left(\int_{-\infty}^{+\infty}e^{-u^2}du\right)^2$$

$$=\frac{1}{4\pi}(\sqrt{\pi})^2=\frac{1}{4}.$$

(2) $\iint\limits_D xe^{-y^2}dxdy=\iint\limits_D xe^{-y^2}dxdy=\lim\limits_{c\to+\infty}\iint\limits_{D_c} xe^{-y^2}dxdy=\lim\limits_{c\to+\infty}\int_0^c dy\int_{\frac{\sqrt{y}}{3}}^{\frac{\sqrt{y}}{2}}xe^{-y^2}dx$

$$=\frac{1}{2}\lim_{c\to+\infty}\int_0^c\left(\frac{y}{4}-\frac{y}{9}\right)e^{-y^2}dy=\frac{5}{144}.$$

12．将二次积分 $\int_{-1}^{1}\mathrm{d}y\int_0^{\sqrt{1-y^2}}x^2f(x^2+y^2)\mathrm{d}x$ 化为定积分.

解 $\int_{-1}^{1}\mathrm{d}y\int_0^{\sqrt{1-y^2}}x^2f(x^2+y^2)\mathrm{d}x=\int_{-\frac{\pi}{2}}^{\frac{\pi}{2}}d\theta\int_0^1 r^2\cos^2\theta f(r^2)\cdot rdr$

$$=\int_{-\frac{\pi}{2}}^{\frac{\pi}{2}}\cos^2\theta d\theta\int_0^1 r^3f(r^2)dr$$

$$=\frac{\pi}{2}\int_0^1 r^3f(r^2)dr.$$

13．证明：$\int_0^a\mathrm{d}y\int_0^y f(x)\mathrm{d}x=\int_0^a(a-x)f(x)\mathrm{d}x$.

证明 $\int_0^a dy\int_0^y f(x)dx=\int_0^a dx\int_x^a f(x)dy=\int_0^a f(x)[a-x]dx$.

(B)

1．计算二重积分 $\iint\limits_D xdxdy$，其中 D 是以 $O(0,0)$，$A(1,2)$，$B(2,1)$ 为顶点的三角形的区域.

分析 把区域 D 表示出来，然后再求二重积分.

解 由已知可得，线段 OA,OB,AB 的方程分别为 $y=2x,y=\frac{1}{2}x,y=3-x$，于是

$$D=\{(x,y)\mid 0\leqslant x\leqslant 1,0\leqslant y\leqslant 2x\}\cup\{(x,y)\mid 1\leqslant x\leqslant 2,\frac{1}{2}x\leqslant y\leqslant 3-x\},$$

因此，

$$\iint_D x dx dy = \int_0^1 dx \int_0^{2x} x dy + \int_1^2 dx \int_{\frac{1}{2}x}^{3-x} x dy$$

$$= \int_0^1 xy \Big|_0^{2x} dx + \int_1^2 xy \Big|_{\frac{1}{2}x}^{3-x} dx = \frac{5}{3}.$$

2. 计算二重积分 $\iint_D y[1 + xe^{\frac{1}{2}(x^2+y^2)} dxdy$，其中 D 是由 x 轴和直线 $y = x, x = -1$ 及 $x = 1$ 围成的.

分析　把区域 D 表示出来，然后再求二重积分.

解　由已知可得，

$$D = \{(x,y) \mid -1 \leqslant x \leqslant 0, x \leqslant y \leqslant 0\} \cup \{(x,y) \mid 0 \leqslant x \leqslant 1, 0 \leqslant y \leqslant x\},$$

因此，

$$\iint_D y[1 + xe^{\frac{1}{2}(x^2+y^2)}] dxdy = \iint_D y dxdy + \iint_D xye^{\frac{1}{2}(x^2+y^2)} dxdy$$

$$= \int_{-1}^0 dx \int_x^0 y dy + \int_0^1 dx \int_0^x y dy$$

$$+ \int_{-1}^0 x dx \int_x^0 ye^{\frac{1}{2}(x^2+y^2)} dy + \int_0^1 x dx \int_0^x ye^{\frac{1}{2}(x^2+y^2)} dy$$

$$= 1 + e - 2e^{\frac{1}{2}}.$$

3. 计算 $\iint_D | x^2 + y^2 - 1 | dxdy$，其中 $D = \{(x,y) \mid 0 \leqslant x \leqslant 1, 0 \leqslant y \leqslant 1\}$.

分析　把被积函数中的绝对值去掉，然后再求二重积分.

解　由已知可得，

$$D = \{(x,y) \mid 0 \leqslant x \leqslant 1, 0 \leqslant y \leqslant \sqrt{1-x^2}\} \cup \{(x,y) \mid 0 \leqslant x \leqslant 1, \sqrt{1-x^2} \leqslant y \leqslant 1\}$$

$$\iint_D | x^2 + y^2 - 1 | dxdy = \int_0^1 dx \int_0^{\sqrt{1-x^2}} (1 - x^2 - y^2) dy + \int_0^1 dx \int_{\sqrt{1-x^2}}^1 (x^2 + y^2 - 1) dy$$

$$= \int_0^1 \frac{2}{3}(1 - x^2)^{\frac{3}{2}} dx + \int_0^1 [\frac{1}{3} + \frac{2}{3}(1 - x^2)^{\frac{3}{2}}] dx$$

$$= \frac{1}{3} + \frac{\pi}{4}$$

4. 计算 $\iint_D \frac{\sqrt{x^2 + y^2}}{\sqrt{4a^2 - x^2 - y^2}} dxdy$，其中 D 是由 $y = -a + \sqrt{a^2 - x^2}(a > 0)$ 和 $y = -x$ 围成的.

分析　在极坐标系下求二重积分.

解　由已知可得，$D = \{(r,\theta) \mid -\frac{\pi}{4} \leqslant \theta \leqslant 0, 0 \leqslant r \leqslant -2a\sin\theta\}$，所以

$$\iint_D \frac{\sqrt{x^2 + y^2}}{\sqrt{4a^2 - x^2 - y^2}} dxdy = \int_{-\frac{\pi}{4}}^0 d\theta \int_0^{-2a\cos\theta} \frac{r}{\sqrt{4a^2 - r^2}} \cdot r dr$$

$$\underline{\underline{r = 2a\sin u}}\ 4a^2 \int_{-\frac{\pi}{4}}^0 d\theta \int_0^{-\theta} \sin^2 u du = a^2(\frac{\pi^2}{16} - \frac{1}{2}).$$

5. 设函数 $f(x)$ 在 $[0,a]$ 上连续，证明：

$$2\left[\int_0^a f(x)dx\int_x^a f(y)dy\right]=\left[\int_0^a f(x)dx\right]^2.$$

分析　用直线 $y=x$ 将区域 $D=\{(x,y)\mid 0\leqslant x\leqslant a,0\leqslant y\leqslant a\}$ 分成两部分，利用二重积分的值与积分变量的选取无关和积分换序进行讨论.

证明　由于

$\{(x,y)\mid 0\leqslant x\leqslant a,0\leqslant y\leqslant a\}$

$=\{(x,y)\mid 0\leqslant x\leqslant a,x\leqslant y\leqslant a\}\cup\{(x,y)\mid 0\leqslant y\leqslant a,y\leqslant x\leqslant a\}$,

所以,

$$\begin{aligned}2\left[\int_0^a f(x)dx\int_x^a f(y)dy\right]&=\int_0^a f(x)dx\int_x^a f(y)dy+\int_0^a f(x)dx\int_x^a f(y)dy\\&=\int_0^a f(x)dx\int_x^a f(y)dy+\int_0^a f(y)dy\int_y^a f(x)dx\\&=\int_0^a\int_x^a f(x)f(y)dxdy+\int_0^a\int_y^a f(y)f(x)dxdy\\&=\int_0^a\int_0^a f(x)f(y)dxdy\\&=\left[\int_0^a f(x)dx\right]^2.\end{aligned}$$

6. 计算二重积分 $\iint\limits_D(\sqrt{x^2+y^2}+y)dxdy$，其中 D 是由直线 $x^2+y^2=4$ 和 $(x+1)^2+y^2=1$ 围成的.

分析　在极坐标系下求二重积分.

证明　由于

由已知可得, $D=\{(r,\theta)\mid 0\leqslant\theta\leqslant 2\pi,\ -2\sin\theta\leqslant r\leqslant 2\}$，所以

$$\begin{aligned}\iint\limits_D(\sqrt{x^2+y^2}+y)dxdy&=\int_0^{2\pi}d\theta\int_{-2\sin\theta}^{2}[r+r\sin\theta]\cdot rdr\\&=\int_0^{2\pi}(1+\sin\theta)d\theta\int_{-2\sin\theta}^{2}r^2du=\frac{32\pi}{3}.\end{aligned}$$

7. 求证: $\iint\limits_D f(x+y)dxdy=\int_{-2a}^{2a}(2a-|t|)f(t)dt$，其中

$D=\{(x,y)\mid |x|\leqslant a,|y|\leqslant a\}$.

分析　(1) 将给定二重积分化为累次积分；(2) 作适当的变量替换；(3) 交换积分次序.

证明　$\iint\limits_D f(x+y)dxdy=\int_{-a}^{a}\int_{-a}^{a}f(x+y)dxdy$

$$\underline{\underline{t=x+y}}\int_{-a}^{a}\int_{-a+y}^{a+y}f(t)dtdy$$

$$\underline{\underline{积分换序}}\int_{-2a}^{0}dt\int_{-a}^{a+t}f(t)dy+\int_0^{2a}dt\int_{t-a}^{a}f(t)dy$$

$$=\int_{-2a}^{0}f(t)(2a+t)dt+\int_0^{2a}f(t)(2a-t)dt$$

$$=\int_{-2a}^{2a}(2a-|t|)f(t)dt.$$

8. 证明：$\int_0^a dy\int_0^y e^{a-x}f(x)\,dx = \int_0^a xe^x f(a-x)\,dx$.

分析　交换积分次序和作适当的变量替换.

证明　$\int_0^a dy\int_0^y e^{a-x}f(x)dx = \int_0^a dx\int_x^a e^{a-x}f(x)dy$

$$= \int_0^a e^{a-x}f(x)(a-x)dx$$

$$\underline{\underline{t=a-x}}\ -\int_a^0 e^t f(a-t)tdt$$

$$= \int_0^a xe^x f(a-x)\,dx.$$

9. 设函数$f(x)$可导，$f(0)=1$，令$F(s)=\iint\limits_{x^2+y^2\leqslant s^2} f(x^2+y^2)dxdy\,(s\geq 0)$，求$F''_{ss}(0)$.

分析　把二重积分化成极坐标系下的累次积分，然后积分上限函数求导.

解　$F(s) = \iint\limits_{x^2+y^2\leqslant s^2} f(x^2+y^2)dxdy$

$$= \int_0^{2\pi}d\theta\int_0^s f(r^2)\cdot r\mathrm{d}r$$

$$= 2\pi\int_0^s f(r^2)r\mathrm{d}r$$

从而，
$$F''_{ss}(s) = 2\pi[f(s^2)+2s^2f(s^2)]$$
$$F''_{ss}(0) = 2\pi.$$

10. 计算二重积分$\int_0^1\int_0^1 f''(a+x+y)\,dxdy$，其中$f$二阶连续可微.

分析　分部积分公式.

解　$\int_0^1 dy\int_0^1 f''(a+x+y)\,dx = \int_0^1 f'(a+x+y)\Big|_0^1 dy$

$$= \int_0^1[f'(a+1+y)-f'(a+y)]dy$$

11. 计算$\int_0^1\int_0^1 f''_{xy}(x,y)dxdy$，其中$f(x,y)$具有二阶连续偏导数.

分析　分部积分公式.

解　$\int_0^1\int_0^1 f''_{xy}(x,y)dxdy = \int_0^1 f'_x(x,y)\,|_0^1dx$

$$= \int_0^1[f'_x(x,1)-f'_x(x,0)]dx$$
$$= [f(x,1)-f(x,0)]\,|_0^1$$
$$= f(1,1)+f(0,0)-f(1,0)-f(0,1).$$

四、自测题及答案

自测题

一、填空题（本大题共10题，每小题3分，共30分）

1. $\int_0^2 dx\int_x^2 e^{-y^2}dy=$ ________ .

2. 设 D 为由 $y=x+1, y=0, x=1$ 所围成的区域，函数

$$f(x,y)=\begin{cases}1, 0\leqslant x\leqslant 1, y\leqslant x+1,\\ -1, -1\leqslant x\leqslant 0, y\leqslant x+1,\end{cases}$$

则 $\iint\limits_{D} f(x,y)dxdy=$ ________ .

3. 设 $I=\int_0^1 dy\int_0^y f(x,y)dx$，交换积分次序后 $I=$ ________ .

4. 设 D 是 xOy 平面上以 $(1,1),(-1,1)$ 和 $(-1,-1)$ 为顶点的三角形区域，则 $I=\iint\limits_{D} xydxdy=$ ________ .

5. 设 D 是以原点为圆心，半径为 r 的圆域，则 $\lim\limits_{r\to 0}\dfrac{1}{\pi r^2}\iint\limits_{D} e^{x^2}\cos ydxdy=$ ________ .

6. 设 $D=\{(x,y)\mid 1\leqslant x^2+y^2\leqslant 4, y\geq 0\}$，则 $\iint\limits_{D}(x^2+y^2)^2dxdy=$ ________ .

7. $\int_1^2 dx\int_{\sqrt{x}}^{x}\sin\dfrac{\pi x}{2y}dy+\int_2^4 dx\int_{\sqrt{x}}^{2}\sin\dfrac{\pi x}{2y}dy=$ ________ .

8. 设 D 为由 $x^2+y^2=1, x=0, y=0$ 所围成的区域在第一象限部分，则积分 $I=\iint\limits_{D}\dfrac{1-x^2-y^2}{1+x^2+y^2}dxdy=$ ________ .

9. 设 D 为由 $y=x, xy=1, x=2$ 所围成的区域，则 $I=\iint\limits_{D}\dfrac{x^2}{y^2}dxdy=$ ________ .

10. $\int_0^1 dx\int_{x^2}^1\dfrac{xy}{\sqrt{1+y^3}}dy=$ ________ .

二、计算题（本大题共5题，每小题10分，共50分）

1. 试求 $I=\int_1^2 dx\int_{x-1}^1\sin y^2 dy$.

2. 设 $f(x,y)=\begin{cases}x^2y, 1\leqslant x\leqslant 2, 0\leqslant y\leqslant x,\\ 0,\end{cases}$，求 $\iint\limits_{D} f(x,y)dxdy$，其中 $D=\{(x,y)\mid x^2+y^2\geq 2x\}$.

3. 计算积分 $I=\iint\limits_{D}(x^2+y^2)dxdy$，其中 D 为圆域 $x^2+y^2\leqslant 4x$ 和 $x^2+y^2\geq 2x$ 所围成的区域.

4. 计算积分 $I=\iint\limits_{D}\mid y-x^2\mid dxdy$，其中 $D=\{(x,y)\mid -1\leqslant x\leqslant 1, 0\leqslant y\leqslant 1\}$.

5. 计算积分 $I=\int_0^{\frac{R}{\sqrt{2}}}e^{-y^2}dy\int_0^y e^{-x^2}dx+\int_{\frac{R}{\sqrt{2}}}^{R}e^{-y^2}dy\int_0^{\sqrt{R^2-y^2}}e^{-x^2}dx$.

三、应用题（本大题共2题，每小题10分，共20分）

1. 设 $f(x)=\int_{x^2}^1 e^{-t^2}dt$，求 $I=\int_0^1 xf(x)dx$.

2. 设 $f(x)$ 为闭区间 $[a,b]$ 上的连续函数，证明：$\left[\int_a^b f(x)dx\right]^2\leqslant(b-a)\int_a^b f^2(x)dx$.

答案

一、1. $\frac{1}{2}(1-e^{-4})$；

2. 1；

3. $\int_0^1 dx\int_x^1 f(x,y)dy$；

4. 0；

5. 1；

6. $\frac{63\pi}{6}$；

7. $\frac{4}{\pi^3}(\pi+2)$；

8. $\frac{\pi}{2}(\ln 2-\frac{1}{2})$；

9. $\frac{9}{4}$；

10. $\frac{1}{3}(\sqrt{2}-1)$.

二、1. $\frac{1}{2}(1-\cos 1)$；

2. $\frac{49}{20}$；

3. $\frac{45\pi}{2}$；

4. $\frac{11}{15}$；

5. $\frac{\pi}{8}(1-e^{-R^2})$.

三、1. $\frac{1}{4}(1-e^{-1})$；

2. 略．提示：利用不等式 $2f(x)f(y)\leqslant f^2(x)+f^2(y)$.

第九章　无穷级数

一、教学基本要求与内容提要

（一）教学基本要求

1. 理解常数项无穷级数的收敛、发散及收敛级数的和等基本概念，能够利用常数项级数收敛的定义判断级数的敛散性，熟悉几何级数、调和级数及 p - 级数的敛散性.

2. 掌握常数项无穷级数的基本性质，注意常数项无穷级数收敛的必要条件在判别级数收敛、发散时的重要性.

3. 掌握正项级数收敛的充要条件，掌握正项级数的比较判别法、比值判别法和根值判别法，并且熟练的应用.

4. 掌握交错级数的莱布尼茨判别法.

5. 理解任意项级数的绝对收敛和条件收敛的概念，会判别任意项级数的敛散性.

6. 掌握幂级数的收敛半径、收敛区间、收敛域的求法.

7. 理解幂级数和函数的性质，会求一些简单的幂级数的和函数，利用幂级数的和函数求常数项级数的和.

8. 了解函数幂级数的展开方法，并且掌握常用函数的幂级数的展开式.

（二）内容提要

1. 常数项无穷级数

(1) 常数项无穷级数的概念

设给定数列 $\{u_n\}$：$u_1,u_2,u_3,\cdots u_n,\cdots$，

则
$$u_1+u_2+u_3+\cdots+u_n+\cdots.$$

称为（常数项）无穷级数，简称（常数项）级数，记为 $\sum\limits_{n=1}^{\infty}u_n$. 即

$$\sum_{n=1}^{\infty}u_n=u_1+u_2+u_3+\cdots+u_n+\cdots,$$

其中 u_n 叫做级数的通项或一般项. 级数前 n 项之和 $u_1+u_2+\cdots+u_n$ 称为级数的部分和，记作 S_n，即

$$S_n=u_1+u_2+u_3+\cdots+u_n.$$

由部分和构成一个新的数列：

$$S_1=u_1,S_2=u_1+u_2,S_3=u_1+u_2+u_3,\cdots,S_n=u_1+u_2+u_3+\cdots+u_n,\cdots$$

称为级数 $\sum\limits_{n=1}^{\infty}u_n$ 的**部分和数列**.

如果级数 $\sum\limits_{n=1}^{\infty}u_n$ 的部分和数列 $\{S_n\}$ 有极限 S，即 $\lim\limits_{n\to\infty}S_n=S$，则称级数 $\sum\limits_{n=1}^{\infty}u_n$ **收敛**，这时极限 S 称为这个级数的和，记为 $\sum\limits_{n=1}^{\infty}u_n=S$. 如果 $\{S_n\}$ 没有极限，则称级数 $\sum\limits_{n=1}^{\infty}u_n$ **发散**.

(2) 常数项无穷级数的性质

①**级数收敛的必要条件**　如果级数 $\sum\limits_{n=1}^{\infty}u_n$ 收敛，则它的一般项 u_n 趋于零，即 $\lim\limits_{n\to\infty}u_n=0$.

②若级数 $\sum\limits_{n=1}^{\infty}u_n$ 收敛于 S，则它的每一项同乘以一个不为零的常数 k 得到的级数 $\sum\limits_{n=1}^{\infty}ku_n$ 也收敛，且其和为 $k\ S$.

③若级数 $\sum\limits_{n=1}^{\infty}u_n\sum\limits_{n=1}^{\infty}v_n$ 均收敛，且和分别为 S 和 W，则级数

$$\sum_{n=1}^{\infty}(u_n\pm v_n)=(u_1\pm v_1)+(u_2\pm v_2)+\cdots+(u_n\pm v_n)+\cdots$$

也收敛，其和为 $S\pm W$.

④如果 $\sum\limits_{n=1}^{\infty}u_n$ 收敛，而 $\sum\limits_{n=1}^{\infty}v_n$ 发散，则 $\sum\limits_{n=1}^{\infty}(u_n\pm v_n)$ 发散.

⑤对于收敛级数 $\sum\limits_{n=1}^{\infty}u_n\sum\limits_{n=1}^{\infty}v_n$，以及任意常数 a,b，$\sum\limits_{n=1}^{\infty}(au_n\pm bv_n)$ 也收敛，且有

$$\sum_{n=1}^{\infty}(au_n\pm bv_n)=a\sum_{n=1}^{\infty}u_n\pm b\sum_{n=1}^{\infty}v_n.$$

⑥在级数中加上、去掉或者改变有限项，不改变级数的敛散性.

⑦如果一个级数收敛，则对该级数的项任意加括号后所成的级数也收敛，且与原级数有相同的和.

2. 正项级数

(1) 正项级数的概念

如果级数 $\sum\limits_{n=1}^{\infty}u_n$ 满足条件 $u_n\geq 0\ (n=1,2,\cdots)$，则称该级数为正项级数.

(2) 正项级数收敛和发散的充要条件

①正项级数 $\sum\limits_{n=1}^{\infty}u_n$ 收敛的充分必要条件是它的部分和数列 $\{S_n\}$ 有上界.

②正项级数 $\sum\limits_{n=1}^{\infty}u_n$ 发散的充分必要条件是它的部分和数列 $\{S_n\}$ 无上界.

(3) 正项级数敛散性的判别方法

①**比较判别法**　如果正项级数 $\sum\limits_{n=1}^{\infty}u_n$ 和 $\sum\limits_{n=1}^{\infty}v_n$ 满足

$$u_n \leqslant v_n (n = 1, 2, 3, \cdots),$$

则有

1）如果级数 $\sum_{n=1}^{\infty} v_n$ 收敛，则级数 $\sum_{n=1}^{\infty} u_n$ 也收敛；

2）如果级数 $\sum_{n=1}^{\infty} u_n$ 发散，则级数 $\sum_{n=1}^{\infty} v_n$ 也发散.

②比较判别法的推广 设 $\sum_{n=1}^{\infty} u_n$ 和 $\sum_{n=1}^{\infty} v_n$ 为正项级数，且存在常数 $\mu > 0$ 和自然数 N，使当 $n > N$ 时，有

$$u_n \leqslant \mu v_n,$$

则有

1）如果级数 $\sum_{n=1}^{\infty} v_n$ 收敛，则级数 $\sum_{n=1}^{\infty} u_n$ 也收敛；

2）如果级数 $\sum_{n=1}^{\infty} u_n$ 发散，则级数 $\sum_{n=1}^{\infty} v_n$ 也发散.

③比较判别法的极限形式 设 $\sum_{n=1}^{\infty} u_n$ 和 $\sum_{n=1}^{\infty} v_n$ 是正项级数，且

$$\lim_{n \to \infty} \frac{u_n}{v_n} = A,$$

则有

1）若 $0 \leqslant A < +\infty$，且 $\sum_{n=1}^{\infty} v_n$ 收敛，则 $\sum_{n=1}^{\infty} u_n$ 收敛；

2）若 $0 < A \leqslant +\infty$，且 $\sum_{n=1}^{\infty} v_n$ 发散，则 $\sum_{n=1}^{\infty} u_n$ 发散.

④比值判别法，达朗贝尔判别法 设 $\sum_{n=1}^{\infty} u_n$ 为正项级数，且

$$\lim_{n \to \infty} \frac{u_{n+1}}{u_n} = l,$$

则有

1）若 $l < 1$，则级数 $\sum_{n=1}^{\infty} u_n$ 收敛；

2）若 $l > 1$，则级数 $\sum_{n=1}^{\infty} u_n$ 发散.

⑤根式判别法，柯西判别法 设 $\sum_{n=1}^{\infty} u_n$ 为正项级数，如果

$$\lim_{n \to \infty} \sqrt[n]{u_n} = l,$$

则有

1）若 $l < 1$，则级数 $\sum_{n=1}^{\infty} u_n$ 收敛；

2）若 $l > 1$，则级数 $\sum_{n=1}^{\infty} u_n$ 发散.

3. **交错级数**

(1) **交错级数的概念**　正负项相间的级数称为**交错级数**. 即

$$\sum_{n=1}^{\infty}(-1)^{n-1}u_n = u_1 - u_2 + u_3 - u_4 + \cdots + (-1)^{n-1}u_n + \cdots,$$

或

$$\sum_{n=1}^{\infty}(-1)^{n}u_n = -u_1 + u_2 - u_3 + \cdots + (-1)^{n}u_n + \cdots,$$

其中 $u_n > 0$，$n = 1,2,\cdots$.

(2) **交错级数收敛的判别方法（莱布尼茨判别法）**　如果交错级数

$$\sum_{n=1}^{\infty}(-1)^{n-1}u_n = u_1 - u_2 + u_3 - u_4 + \cdots + (-1)^{n-1}u_n + \cdots$$

满足条件：

① $u_n \geq u_{n+1}(n = 1,2,\cdots)$，

② $\lim\limits_{n\to\infty}u_n = 0$，

则级数 $\sum\limits_{n=1}^{\infty}(-1)^{n-1}u_n$ **收敛**，且和 $S \leqslant u_1$.

4. **任意项级数**

(1) **任意项级数的概念**

所有项的符号不完全相同的常数项级数 $\sum\limits_{n=1}^{\infty}u_n$，称为**任意项级数**.

(2) **绝对收敛和条件收敛**

如果级数 $\sum\limits_{n=1}^{\infty}|u_n|$ 收敛，则称级数 $\sum\limits_{n=1}^{\infty}u_n$ 为**绝对收敛**；如果级数 $\sum\limits_{n=1}^{\infty}|u_n|$ 发散，而 $\sum\limits_{n=1}^{\infty}u_n$ 收敛，则称级数 $\sum\limits_{n=1}^{\infty}u_n$ 为**条件收敛**.

(3) **绝对收敛级数的性质**

如果正项级数 $\sum\limits_{n=1}^{\infty}|u_n|$ 收敛，则级数 $\sum\limits_{n=1}^{\infty}u_n$ 也收敛.

(4) **任意项级数的敛散性的判别步骤**

①检查 $\lim\limits_{n\to\infty}u_n = 0$ 是否成立，若不成立，则该级数发散；若成立，转入下一步.

②对于保号级数，可采用正项级数敛散性判别法判别；对于任意项级数，首先利用正项级数判别法，判别级数 $\sum\limits_{n=1}^{\infty}|u_n|$ 的敛散性. 若 $\sum\limits_{n=1}^{\infty}|u_n|$ 收敛，则 $\sum\limits_{n=1}^{\infty}u_n$ 绝对收敛；若 $\sum\limits_{n=1}^{\infty}|u_n|$ 发散，则转入下一步.

③若 $\sum\limits_{n=1}^{\infty}|u_n|$ 发散，且此结论是由比值判别法或根式判别法得出的，则 $\sum\limits_{n=1}^{\infty}u_n$ 发散；若 $\sum\limits_{n=1}^{\infty}|u_n|$ 发散不是上述方法得出的，则需直接判别 $\sum\limits_{n=1}^{\infty}u_n$ 的敛散性，若收敛则为条件收敛.

5. **函数项级数**

(1) 函数项级数的概念 设 $u_1(x), u_2(x), u_3(x), \cdots, u_n(x), \cdots$ 是定义在区间 I 上的函数序列则称由这函数列构成的表达式

$$\sum_{n=1}^{\infty} u_n(x) = u_1(x) + u_2(x) + u_3(x) + \cdots + u_n(x) + \cdots$$

为定义在 I 上的**函数项无穷级数**，简称**函数项级数**或**函数级数**.

对于每一个确定的值 $x_0 \in I$，函数项级数 $\sum\limits_{n=1}^{\infty} u_n(x)$ 成为常数项级数

$$u_1(x_0) + u_2(x_0) + u_3(x_0) + \cdots + u_n(x_0) + \cdots.$$

如果该常数项级数收敛，就称点 x_0 是函数项级数（9.7）的**收敛点**；如果该常数项级数发散，就称点 x_0 是**发散点**. 函数项级数（9.7）的收敛点的全体称为**收敛域**，发散点的全体称为**发散域**.

(2) 和函数的概念

对应于收敛域内的任意一个常数 x，函数项级数

$$\sum_{n=1}^{\infty} u_n(x) = u_1(x) + u_2(x) + u_3(x) + \cdots + u_n(x) + \cdots$$

成为一个收敛的常数项级数，因而有一确定的和 s. 这样，在收敛域上，函数项级数

$$\sum_{n=1}^{\infty} u_n(x) = u_1(x) + u_2(x) + u_3(x) + \cdots + u_n(x) + \cdots$$

的和是 x 的函数 $S(x)$，通常称 $S(x)$ 为函数项级数（9. 7）的和函数，这函数的定义域就是级数的收敛域，并写成

$$S(x) = u_1(x) + u_2(x) + u_3(x) + \cdots + u_n(x) + \cdots \ (x\text{属于收敛域}).$$

(3) 幂级数的概念

形如

$$\sum_{n=0}^{\infty} a_n (x - x_0)^n = a_0 + a_1(x - x_0) + a_2 (x - x_0)^2 + \cdots + a_n (x - x_0)^n + \cdots$$

的级数称为 $x - x_0$ 的幂级数，其中，a_0，a_1，a_2，$\cdots$，a_n，$\cdots$ 均为常数，称为**幂级数的系数**.

当 $x_0 = 0$ 时，上述级数成为

$$\sum_{n=0}^{\infty} a_n x^n = a_0 + a_1 x + a_2 x^2 + \cdots + a_n x^n + \cdots$$

称为 x 的**幂级数**，它的每一项都是 x 的幂函数.

(4) 幂级数的性质

阿贝尔定理 如果幂级数 $\sum\limits_{n=0}^{\infty} a_n x^n$ 在 $x_0 \neq 0$ 处收敛，则在满足不等式 $|x| < |x_0|$ 的一切点 x 处绝对收敛；如果幂级数 $\sum\limits_{n=0}^{\infty} a_n x^n$ 在 x_0 处发散，则在满足不等式 $|x| > |x_0|$ 的一切点 x 处发散.

(5) 幂级数的收敛半径与收敛区间

如果幂级数 $\sum\limits_{n=0}^{\infty} a_n x^n$ 不是仅在 $x = 0$ 一点收敛，也不是在整个数轴上收敛，则必有一个

完全确定 R 存在，它具有下列性质：

①当 $|x| < R$ 时，幂级数绝对收敛；

②当 $|x| > R$ 时，幂级数发散.

当 $x = R$ 与 $x = -R$ 时，幂级数可能收敛也可能发散．此时我们称这个 R 为幂级数的**收敛半径**，称 $(-R, R)$ 为幂级数的**收敛区间**.

(6) 幂级数的收敛半径的计算

设幂级数 $\sum_{n=0}^{\infty} a_n x^n$ 满足

$$\lim_{n\to\infty}\left|\frac{a_{n+1}}{a_n}\right| = \rho \text{ 或 } \lim_{n\to\infty}\sqrt[n]{|a_n|} = \rho,$$

则有

①若 $0 < \rho < +\infty$，则 $R = \frac{1}{\rho}$；

②若 $\rho = 0$，则 $R = +\infty$；

③若 $\rho = +\infty$，则 $R = 0$.

(7) 确定幂级数收敛域的步骤

①计算 $\lim_{n\to\infty}\left|\frac{a_{n+1}}{a_n}\right| = \rho$ 或 $\lim_{n\to\infty}\sqrt[n]{|a_n|} = \rho$，$R = \frac{1}{\rho}$；

②讨论级数 $\sum_{n=0}^{\infty} a_n R^n$ 与级数 $\sum_{n=0}^{\infty} a_n (-R)^n$ 的敛散性；

③写出幂级数的收敛域.

(8) 幂级数和函数的性质

设幂级数 $\sum_{n=0}^{\infty} a_n x^n$ 的收敛半径为 $R > 0$，和函数为 $S(x)$，则有

①和函数 $S(x)$ 在 $(-R, R)$ 内连续；如果幂级数 $\sum_{n=0}^{\infty} a_n x^n$ 在 $x = R$（$x = -R$）处收敛，则 $S(x)$ 在 $x = R$ 处左连续（在 $x = -R$ 处右连续）.

②和函数 $S(x)$ 在 $(-R, R)$ 内可导，且有逐项求导公式：

$$S'(x) = \left(\sum_{n=0}^{\infty} a_n x^n\right)' = \sum_{n=0}^{\infty} (a_n x^n)' = \sum_{n=0}^{\infty} n a_n x^{n-1},\ x \in (-R, R).$$

③函数 $S(x)$ 在 $(-R, R)$ 内可积，且有逐项积分公式：

$$\int_0^x S(t)\,dt = \int_0^x \left(\sum_{n=0}^{\infty} a_n t^n\right) dt = \sum_{n=0}^{\infty}\int_0^x a_n t^n dt = \sum_{n=0}^{\infty}\frac{a_n}{n+1}x^{n+1},\ x \in (-R, R).$$

④幂级数 $\sum_{n=0}^{\infty} a_n x^n$，$\sum_{n=1}^{\infty} n a_n x^{n-1}$ 和 $\sum_{n=0}^{\infty}\frac{a_n}{n+1}x^{n+1}$ 有相同的收敛半径.

6. 泰勒级数

(1) 泰勒级数和麦克劳林级数的概念

若函数 $f(x)$ 可以写成

$$f(x) = \sum_{n=0}^{\infty}\frac{f^{(n)}(x_0)}{n!}(x - x_0)^n,$$

上式称为函数 $f(x)$ 的泰勒级数.

特别地，当 $x_0=0$ 时，称 $f(x)=\sum_{n=0}^{\infty}\frac{f^{(n)}(0)}{n!}x^n$ 为函数 $f(x)$ 的麦克劳林级数.

(2) 函数展开泰勒级数的充要条件

设 $f(x)$ 在点 x_0 的某邻域内具有任意阶导数，则在点 x_0 的某邻域内

$$f(x)=\sum_{n=0}^{\infty}\frac{f^{(n)}(x_0)}{n!}(x-x_0)^n$$

充分必要条件是对该邻域内任意一点 x，有

$$\lim_{n\to\infty}R_n(x)=0,$$

其中 $R_n(x)$ 为拉格朗日型余项 $R_n(x)=\frac{f^{(n+1)}(\xi)}{(n+1)!}(x-x_0)^{n+1}$（$\xi$ 在 x_0 与 x 之间）.

(3) 常用函数的幂级数展开式

① $e^x=\sum_{n=0}^{\infty}\frac{x^n}{n!}=1+x+\frac{x^2}{2!}+\cdots+\frac{x^n}{n!}+\cdots,\ x\in(-\infty,+\infty)$；

② $\frac{1}{1+x}=\sum_{n=0}^{\infty}(-1)^n x^n=1-x+x^2-\cdots+(-1)^n x^n+\cdots,\ x\in(-1,1)$；

③ $\frac{1}{1-x}=\sum_{n=0}^{\infty}x^n=1+x+x^2+x^3+\cdots+x^n+\cdots,\quad x\in(-1,1)$；

④ $\sin x=x-\frac{x^3}{3!}+\frac{x^5}{5!}-\cdots+(-1)^n\frac{x^{2n+1}}{(2n+1)!}+\cdots,\ x\in(-\infty,+\infty)$；

⑤ $\cos x=1-\frac{1}{2!}x^2+\frac{1}{4!}x^4-\cdots+(-1)^n\frac{1}{(2n)!}x^{2n}+\cdots,\ (-\infty<x<+\infty)$；

⑥ $(1+x)^{\alpha}=1+\alpha x+\frac{\alpha(\alpha-1)}{2!}x^2+\cdots+\frac{\alpha(\alpha-1)\cdots(\alpha-n+1)}{n!}x^n+\cdots$

$$=1+\sum_{n=1}^{\infty}\frac{\alpha(\alpha-1)\cdots(\alpha-n+1)}{n!}x^n,\qquad x\in(-1,1).$$

二、典型方法与范例

1. 利用级数概念和性质判别常数项无穷级数的敛散性

例 1　判别下列级数的敛散性

(1) $\sum_{n=1}^{\infty}\frac{n^n}{\left(n+\frac{1}{n}\right)^n}$；　(2) $\sum_{n=1}^{\infty}\ln\left(1-\frac{1}{n^2}\right)$；　(3) $\sum_{n=1}^{\infty}\frac{2+(-1)^n}{2^n}$.

分析　根据敛散性的定义，级数收敛的必要条件及收敛级数的性质.

解　(1) 因为

$$\lim_{n\to\infty}u_n=\lim_{n\to\infty}\frac{n^n}{\left(n+\frac{1}{n}\right)^n}=\lim_{n\to\infty}\frac{1}{\left[\left(1+\frac{1}{n^2}\right)^{n^2}\right]^{\frac{1}{n}}}=\frac{1}{e^0}=1\neq 0,$$

由级数收敛的必要条件知，$\sum_{n=1}^{\infty}\frac{n^{n+\frac{1}{n}}}{\left(n+\frac{1}{n}\right)^n}$ 发散.

(2) 由 $u_n = \ln(1-\frac{1}{n^2}) = \ln(n+1) + \ln(n-1) - 2\ln n$，由定义知，

$$S_n = \sum_{k=2}^{n}\ln(1-\frac{1}{k^2}) = -\ln 2 + \ln(n+1) - \ln n = \ln(1+\frac{1}{n}) - \ln 2,$$

$$\lim_{n\to\infty} S_n = -\ln 2,$$

所以，$\sum\limits_{n=1}^{\infty}\ln(1-\frac{1}{n^2})$ 收敛.

(3) $u_n = \frac{2+(-1)^n}{2^n} = 2\times(\frac{1}{2})^n + (-\frac{1}{2})^n$，由于级数 $\sum\limits_{n=1}^{\infty}2\times(\frac{1}{2})^n$ 与级数 $\sum\limits_{n=1}^{\infty}(-\frac{1}{2})^n$ 都是收敛的几何级数，所以，由收敛级数的性质知，$\sum\limits_{n=1}^{\infty}\frac{2+(-1)^n}{2^n}$ 收敛.

2. 利用比较判别法及其极限形式判别正项级数的敛散性

例 2　判别下列正项级数的敛散性

(1) $\sum\limits_{n=1}^{\infty}\frac{1}{na+b}(a>0,b>0)$；　　(2) $\sum\limits_{n=1}^{\infty}\frac{1}{(n+1)(n+4)}$；

(3) $\sum\limits_{n=1}^{\infty}\sin\frac{\pi}{2^n}$；　　(4) $\sum\limits_{n=1}^{\infty}\frac{1}{\sqrt{n}}\sin\frac{2}{\sqrt{n}}$.

解　(1) $\lim\limits_{n\to\infty}\frac{\frac{1}{na+b}}{\frac{1}{n}} = \lim\limits_{n\to\infty}\frac{n}{na+b} = \frac{1}{a} > 0$，而 $\sum\limits_{n=1}^{\infty}\frac{1}{n}$ 发散，所以 $\sum\limits_{n=1}^{\infty}\frac{1}{na+b}(a>0,b>0)$ 发散.

(2) $\lim\limits_{n\to\infty}\frac{\frac{1}{(n+1)(n+4)}}{\frac{1}{n^2}} = 1$，而 $\sum\limits_{n=1}^{\infty}\frac{1}{n^2}$ 收敛，所以 $\sum\limits_{n=1}^{\infty}\frac{1}{(n+1)(n+4)}$ 收敛.

(3) $\lim\limits_{n\to\infty}\frac{\sin\frac{\pi}{2^n}}{\frac{\pi}{2^n}} = 1$，而 $\sum\limits_{n=1}^{\infty}\frac{\pi}{2^n}$ 收敛，所以 $\sum\limits_{n=1}^{\infty}\sin\frac{\pi}{2^n}$ 收敛.

(4) $\lim\limits_{n\to\infty}\frac{\frac{1}{\sqrt{n}}\sin\frac{2}{\sqrt{n}}}{\frac{2}{n}} = 1$，而 $\sum\limits_{n=1}^{\infty}\frac{2}{n}$ 发散，所以 $\sum\limits_{n=1}^{\infty}\frac{1}{\sqrt{n}}\sin\frac{2}{\sqrt{n}}$ 发散.

方法总结：对于正项级数，利用比较判别法判别级数的敛散性时，首先需要对级数的一般项 u_n 的表达式进行估计，然后根据此估计或将 u_n 放大为另一收敛级数的一般项，或将 u_n 缩小为另一发散的级数的一般项，一般常以几何级数、p - 级数作为比较用的级数；利用比较判别法的极限形式判别级数的敛散性时，常要找到一般项 u_n 的等价无穷小.

3. 利用比值判别法和根值判别法判别正项级数的敛散性

例 3　判别下列正项级数的敛散性

(1) $\sum\limits_{n=1}^{\infty}\dfrac{3^n}{n\cdot 2^n}$；(2) $\sum\limits_{n=1}^{\infty}\dfrac{1}{2^{2n-1}(2n-1)}$；(3) $\sum\limits_{n=1}^{\infty}\left(\dfrac{n}{2n+1}\right)^n$；(4) $\sum\limits_{n=1}^{\infty}\left(\dfrac{n}{3n-1}\right)^{2n-1}$.

解 (1) $\lim\limits_{n\to\infty}\dfrac{u_{n+1}}{u_n}=\lim\limits_{n\to\infty}\dfrac{\dfrac{3^{n+1}}{(n+1)\cdot 2^{n+1}}}{\dfrac{3^n}{n\cdot 2^n}}=\lim\limits_{n\to\infty}\dfrac{3n}{2(n+1)}=\dfrac{3}{2}>1$, 所以 $\sum\limits_{n=1}^{\infty}\dfrac{3^n}{n\cdot 2^n}$ 发散.

(2) $\lim\limits_{n\to\infty}\dfrac{u_{n+1}}{u_n}=\lim\limits_{n\to\infty}\dfrac{\dfrac{1}{2^{2n+1}(2n+1)}}{\dfrac{1}{2^{2n-1}(2n-1)}}=\dfrac{1}{4}<1$, 所以 $\sum\limits_{n=1}^{\infty}\dfrac{1}{2^{2n-1}(2n-1)}$ 收敛.

(3) $\lim\limits_{n\to\infty}\sqrt[n]{u_n}=\lim\limits_{n\to\infty}\sqrt[n]{\left(\dfrac{n}{2n+1}\right)^n}=\dfrac{1}{2}<1$, 所以 $\sum\limits_{n=1}^{\infty}\dfrac{1}{2^{2n-1}(2n-1)}$ 收敛.

(4) $\lim\limits_{n\to\infty}\sqrt[n]{u_n}=\lim\limits_{n\to\infty}\sqrt[n]{\left(\dfrac{n}{3n-1}\right)^{2n-1}}=\lim\limits_{n\to\infty}\left(\dfrac{n}{3n-1}\right)^{\frac{2n-1}{n}}=\dfrac{1}{9}<1$, 所以 $\sum\limits_{n=1}^{\infty}\left(\dfrac{n}{3n-1}\right)^{2n-1}$ 收敛.

方法总结：对于正项级数，级数的一般项 u_n 中出现连乘积、阶乘形式，利用比值判别法判别级数的敛散性时；级数的一般项 u_n 中出现指数函数，利用根值判别法来判别级数的敛散性.

4. 任意项级数的敛散性的判别

例 4 判别下列任意项级数的敛散性

(1) $\sum\limits_{n=1}^{\infty}(-1)^n\left(1-\cos\dfrac{a}{n}\right)$（$a$ 为正常数）；(2) $\sum\limits_{n=1}^{\infty}\sin(\pi\sqrt{n^2+a^2})$.

解 (1) $|u_n|=\left|1-\cos\dfrac{a}{n}\right|=\left|2\sin^2\dfrac{a}{2n}\right|=2\sin^2\dfrac{a}{2n}<2\times\left(\dfrac{a}{2n}\right)^2$，而级数

$$\sum_{n=1}^{\infty}2\times\left(\frac{a}{2n}\right)^2=\frac{a^2}{2}\sum_{n=1}^{\infty}\frac{1}{n^2}$$

收敛，所以 $\sum\limits_{n=1}^{\infty}|u_n|$ 收敛，从而原级数 $\sum\limits_{n=1}^{\infty}(-1)^n\left(1-\cos\dfrac{a}{n}\right)$ 绝对收敛.

(2) 因为 $u_n=\sin(\pi\sqrt{n^2+a^2})=\sin[n\pi+\pi(\sqrt{n^2+a^2}-n)]=(-1)^n\sin\dfrac{\pi a^2}{\sqrt{n^2+a^2}+n}$,

级数 $\sum\limits_{n=1}^{\infty}\sin(\pi\sqrt{n^2+a^2})$ 为交错级数. 因为 $\lim\limits_{n\to\infty}\dfrac{|u_n|}{\dfrac{1}{n}}=\dfrac{\pi}{2}a^2$, 而级数 $\sum\limits_{n=1}^{\infty}\dfrac{1}{n}$ 发散，所以原级数不是绝对收敛.

因为 $\sin\dfrac{\pi a^2}{\sqrt{n^2+a^2}+n}>\sin\dfrac{\pi a^2}{\sqrt{(n+1)^2+a^2}+n+1}$, 且 $\lim\limits_{n\to\infty}\sin\dfrac{\pi a^2}{\sqrt{n^2+a^2}+n}=0$, 由莱布尼茨判别法知原级数为条件收敛.

方法总结：判别任意项级数的步骤

(1) 检查 $\lim\limits_{n\to\infty}u_n=0$ 是否成立，若不成立，则该级数发散；若成立，转入下一步；

（2）对保号级数，可采用正项级数收敛性判别法判别；对于交错级数，可考虑用莱布尼茨判别法判别；

（3）对于任意项级数，首先利用正项级数判别法，判别级数 $\sum_{n=1}^{\infty}|u_n|$ 的敛散性.

若 $\sum_{n=1}^{\infty}|u_n|$ 收敛，则 $\sum_{n=1}^{\infty}u_n$ 绝对收敛；若 $\sum_{n=1}^{\infty}|u_n|$ 发散，则转入下一步；

（4）若 $\sum_{n=1}^{\infty}|u_n|$ 发散，且此结论是由比值判别法或根式判别法得出的，则 $\sum_{n=1}^{\infty}u_n$ 发散；若 $\sum_{n=1}^{\infty}|u_n|$ 发散不是上述方法得出的，则需直接判别 $\sum_{n=1}^{\infty}u_n$ 的敛散性，若收敛则为条件收敛.

5. 幂级数的收敛半径、收敛区间、收敛域的计算

例5　求下列级数的收敛半径、收敛区间和收敛域

（1）$\sum_{n=0}^{\infty}\frac{x^n}{\sqrt{n+1}}$；（2）$\sum_{n=1}^{\infty}\frac{(x-2)^{2n}}{4^n\cdot n}$.

解　（1）$\rho=\lim_{n\to\infty}\left|\frac{a_{n+1}}{a_n}\right|=\lim_{n\to\infty}\frac{\sqrt{n+1}}{\sqrt{n+2}}=1$.

当 $x=1$ 时，级数为 $\sum_{n=1}^{\infty}\frac{1}{\sqrt{n+1}}$ 发散；

当 $x=-1$ 时，交错级数 $\sum_{n=1}^{\infty}\frac{(-1)^n}{\sqrt{n+1}}$ 收敛. 故收敛域是 $[-1,1)$.

（2）令 $t=(x-2)^2$，幂级数变形为 $\sum_{n=1}^{\infty}\frac{t^n}{4^n\cdot n}$，

$$\rho=\lim_{n\to\infty}\left|\frac{a_{n+1}}{a_n}\right|=\lim_{n\to\infty}\frac{4^n\cdot n}{4^{n+1}\cdot(n+1)}=\lim_{n\to\infty}\frac{n}{4(n+1)}=\frac{1}{4}.$$

所以，$R=4$.

当 $t=-4$ 时，级数为 $\sum_{n=1}^{\infty}(-1)^n\frac{1}{n}$ 收敛；

当 $t=4$ 时，级数为 $\sum_{n=1}^{\infty}\frac{1}{n}$ 发散. 故 $\sum_{n=1}^{\infty}\frac{t^n}{2^n\cdot n}$ 的收敛域是 $[-4,4)$.

那么，$\sum_{n=1}^{\infty}\frac{(x-2)^{2n}}{4^n\cdot n}$ 的收敛域为 $(0,4)$.

方法总结： 求级数的收敛半径、收敛区间和收敛域的步骤

（1）计算 $\lim_{n\to\infty}\left|\frac{a_{n+1}}{a_n}\right|=\rho$ 或 $\lim_{n\to\infty}\sqrt[n]{|a_n|}=\rho$；

（2）$R=\frac{1}{\rho}$，讨论级数 $\sum_{n=0}^{\infty}a_nR^n$ 与级数 $\sum_{n=0}^{\infty}a_n(-R)^n$ 的敛散性；

（3）写出幂级数的收敛域.

6. 求幂级数的和函数

例6　求下列幂级数的和函数

(1) $\sum_{n=1}^{\infty}\frac{x^n}{n(n+1)}$；　　(2) $\sum_{n=1}^{\infty}n(x-1)^{n-1}$.

解　(1) 易求 $\sum_{n=0}^{\infty}\frac{x^n}{n(n+1)}$ 的收敛域为 $[-1,1]$，当 $x\neq0$ 时，设 $S(x)=\sum_{n=0}^{\infty}\frac{x^n}{n(n+1)}$，因为，$[xS(x)]''=\sum_{n=1}^{\infty}\left(\frac{x^{n+1}}{n(n+1)}\right)''=\sum_{n=1}^{\infty}x^{n-1}=\frac{1}{1-x},x\in[-1,0)\cup(0,1)$. 所以，

$$[xS(x)]'=\int_0^x\frac{1}{1-t}\,dt=-\ln(1-x),$$

$$xS(x)=-\int_0^x\ln(1-t)\,dt=(1-x)\ln(1-x)+x,$$

所以，

$$S(x)=\frac{(1-x)\ln(1-x)+x}{x},x\in[-1,0)\cup(0,1),$$

$$S(1)=\lim_{x\to1^-}\frac{(1-x)\ln(1-x)+x}{x}=1,$$

故，

$$S(x)=\begin{cases}\frac{(1-x)\ln(1-x)+x}{x},x\in[-1,0)\cup(0,1)\\ 0,x=0,\\ 1,x=1.\end{cases}$$

(2) 易求 $\sum_{n=1}^{\infty}n(x-1)^{n-1}$ 的收敛域为 $(0,2)$，设 $x-1=t,S(t)=\sum_{n=1}^{\infty}nt^{n-1}$，则，

$$\int_0^t S(m)\,dm=\sum_{n=1}^{\infty}t^n=\frac{t}{1-t},|t|<1.$$

所以，

$$S(t)=\left(\frac{t}{1-t}\right)'=\frac{1}{(1-t)^2},|t|<1.$$

从而，

$$\sum_{n=1}^{\infty}n(x-1)^{n-1}=S(x-1)=\frac{1}{(2-x)^2},0<x<2.$$

例7　求幂级数 $\sum_{n=0}^{\infty}(n+1)(n+3)x^n$ 的和函数.

解　易求 $\sum_{n=0}^{\infty}(n+1)(n+3)x^n$ 的收敛域为 $(-1,1)$. 令 $S_n=\sum_{n=0}^{\infty}(n+1)(n+3)x^n$，则

$$\begin{aligned}S_n&=\sum_{n=0}^{\infty}(n+1)(n+3)x^n\\&=\sum_{n=0}^{\infty}(n+1)x^n+\sum_{n=0}^{\infty}(n+1)(n+2)x^n\\&=\left(\sum_{n=0}^{\infty}x^{n+2}\right)''+\left(\sum_{n=0}^{\infty}x^{n+1}\right)'\\&=\left(\frac{x^2}{1-x}\right)''+\left(\frac{x}{1-x}\right)'=\frac{3-x}{(1-x)^3}.\end{aligned}$$

方法总结: 幂级数和函数的求法（“先导后积”或“先积后导”），即当幂级数的一般项形如 $\frac{x^n}{n}$ 时，可用先求导后求积分的方法求其和函数；当幂级数的一般项形如 $(2n+1)x^{2n}$、nx^{n-1} 等形式，可用先求积分后求导的方法求其和函数，另外和函数的后边必须注明收敛域.

7. 函数展开幂级数

例 8　求下列函数展开为幂级数

(1) $f(x)=\frac{x}{2+x-x^2}$；　　(2) $f(x)=x\arctan x-\ln\sqrt{1+x^2}$.

解　(1) $f(x)=\frac{x}{2+x-x^2}=\frac{x}{3}(\frac{1}{1+x}+\frac{1}{2-x})$

$$=\frac{x}{3}(\frac{1}{1+x}+\frac{1}{2}\frac{1}{1-\frac{x}{2}})=\frac{x}{3}[\sum_{n=0}^{\infty}(-1)^n x^n+\sum_{n=0}^{\infty}\frac{1}{2}(\frac{x}{2})^n]$$

$$=\sum_{n=0}^{\infty}\frac{1}{3}[(-1)^n+\frac{1}{2^{n+1}}]x^{n+1}, x\in(-1,1).$$

(2) $f(x)=x\arctan x-\ln\sqrt{1+x^2}=\int_0^x \arctan x dx$，而

$$\arctan x=\int_0^x\frac{1}{1+x^2}dx=\int_0^x\sum_{n=0}^{\infty}(-1)^n x^{2n}dx=\sum_{n=0}^{\infty}(-1)^n\frac{1}{2n+1}x^{2n+1}, x\in[-1,1],$$

所以 $f(x)=\int_0^x\sum_{n=0}^{\infty}(-1)^n\frac{1}{2n+1}x^{2n+1}dx=\sum_{n=0}^{\infty}(-1)^n\frac{1}{(2n+1)(2n+2)}x^{2n+2}, x\in[-1,1].$

方法总结: 一般的情况下，只有少数简单的函数其幂级数的展开式能利用直接法得到它的麦克劳林展开式. 大多数的函数采用间接展开法.

8. 综合题

例 9　设数项级数 $\sum_{n=1}^{\infty}a_n$ 及 $\sum_{n=1}^{\infty}b_n$ 都收敛，且满足关系式 $a_n\leqslant c_n\leqslant b_n(n=1,2,\cdots)$，证明级数 $\sum_{n=1}^{\infty}c_n$ 收敛，又假定级数 $\sum_{n=1}^{\infty}a_n$ 与 $\sum_{n=1}^{\infty}b_n$ 均发散，那么级数 $\sum_{n=1}^{\infty}c_n$ 的收敛性如何?

分析　利用正项级数的比较判别法.

证　令 $u_n=b_n-a_n, v_n=c_n-a_n$，则 $u_n\geq 0, v_n\geq 0$. 因为 $0\leqslant v_n\leqslant u_n$，而 $\sum_{n=1}^{\infty}u_n$ 收敛，故 $\sum_{n=1}^{\infty}v_n$ 收敛，即有 $\sum_{n=1}^{\infty}c_n=\sum_{n=1}^{\infty}(a_n+v_n)$ 收敛.

当级数 $\sum_{n=1}^{\infty}a_n$ 与 $\sum_{n=1}^{\infty}b_n$ 均发散，级数 $\sum_{n=1}^{\infty}c_n$ 的敛散性不定. 例如，

$$\sum_{n=1}^{\infty}a_n=-1-1-1-\cdots-1\cdots,$$

$$\sum_{n=1}^{\infty}c_n=1+\frac{1}{2^2}+\cdots+\frac{1}{n^2}\cdots, \sum_{n=1}^{\infty}c_n'=1+\frac{1}{\sqrt{2}}+\cdots+\frac{1}{\sqrt{n}}\cdots$$

$$\sum_{n=1}^{\infty} b_n = 1 + 1 + 1 + \cdots + 1\cdots,$$

满足 $a_n \leqslant c_n \leqslant b_n (n = 1,2,\cdots)$，级数 $\sum_{n=1}^{\infty} a_n$ 与 $\sum_{n=1}^{\infty} b_n$ 均发散，但级数 $\sum_{n=1}^{\infty} c_n$ 收敛，级数 $\sum_{n=1}^{\infty} c_n{}'$ 发散.

三、教材习题详解

习题九

(A)

1. 写出下列级数的一般项

(1) $\frac{1}{2} + \frac{1}{4} + \frac{1}{6} + \cdots$；

(2) $\frac{1}{2} + \frac{2}{5} + \frac{3}{10} + \frac{4}{17} + \cdots$；

(3) $-\frac{3}{1} + \frac{5}{4} - \frac{7}{9} + \frac{9}{16} - \frac{11}{25} + \frac{13}{36} - \cdots$；

(4) $\frac{\sqrt{x}}{2} + \frac{x}{2\cdot 4} + \frac{x\sqrt{x}}{2\cdot 4\cdot 6} + \frac{x^2}{2\cdot 4\cdot 6\cdot 8} + \cdots (x > 0)$.

解 (1) $u_n = \frac{1}{2n}(n = 1, 2,\cdots)$；

(2) $u_n = \frac{n}{n^2+1}\ (n = 1, 2,\cdots)$；

(3) $u_n = (-1)^n \frac{(2n+1)}{n^2}(n = 1, 2,\cdots)$；

(4) $u_n = \frac{x^{\frac{n}{2}}}{2^n n!}(n = 1, 2,\cdots)$.

2. 若级数 $\sum_{n=1}^{\infty} u_n$ 与 $\sum_{n=1}^{\infty} v_n$ 都发散时，级数 $\sum_{n=1}^{\infty}(u_n \pm v_n)$ 的收敛性如何？若其中一个收敛，一个发散，那么，级数 $\sum_{n=1}^{\infty}(u_n \pm v_n)$ 收敛性又如何？

解 (1) 若级数 $\sum_{n=1}^{\infty} u_n$ 与 $\sum_{n=1}^{\infty} v_n$ 都发散时，级数 $\sum_{n=1}^{\infty}(u_n \pm v_n)$ 的收敛性不能确定. 例如，如果 $u_n = (-1)^n(n = 1, 2,\cdots)$，$v_n = 1^n(n = 1, 2,\cdots)$ 都发散，而级数 $\sum_{n=1}^{\infty}(u_n + v_n)$ 收敛. 如果 $u_n = v_n = 1^n(n = 1, 2,\cdots)$ 都发散，而级数 $\sum_{n=1}^{\infty}(u_n + v_n)$ 发散.

(2) 若其中一个收敛，一个发散，那么，级数 $\sum_{n=1}^{\infty}(u_n \pm v_n)$ 一定发散.

反证法　如果级数 $\sum_{n=1}^{\infty}(u_n \pm v_n)$ 和级数 $\sum_{n=1}^{\infty} u_n$ 收敛都收敛，根据级数的性质得，级

数 $\sum_{n=1}^{\infty} v_n$ 一定收敛，与已知矛盾.

3. 判断下列级数是否收敛，若收敛，求其和.

(1) $\sum_{n=1}^{\infty} \frac{1}{(3n-2)\cdot(3n+1)}$；　　(2) $\sum_{n=1}^{\infty} (\sqrt{n+1}-\sqrt{n})$；

(3) $\sum_{n=1}^{\infty} \ln\frac{n+3}{n+4}$；　　(4) $\sum_{n=1}^{\infty} \frac{1}{n(n+1)}$.

解　(1) $S_n = \frac{1}{1\cdot 4} + \frac{1}{4\cdot 7} + \cdots + \frac{1}{(3n-2)\cdot(3n+1)}$

$$= \frac{1}{3}\left[\left(\frac{1}{1}-\frac{1}{4}\right) + \left(\frac{1}{4}-\frac{1}{7}\right) + \cdots + \left(\frac{1}{3n-2}-\frac{1}{3n+1}\right)\right]$$

$$= \frac{1}{3}\left(1-\frac{1}{3n+1}\right),$$

$$\lim_{n\to\infty} S_n = \frac{1}{3}.$$

于是，级数收敛，且 $\sum_{n=1}^{\infty} \frac{1}{(3n-2)\cdot(3n+1)} = \frac{1}{3}$.

(2) $S_n = (\sqrt{2}-1) + (\sqrt{3}-\sqrt{2}) + \cdots + (\sqrt{n+1}-\sqrt{n}) = \sqrt{n+1}-1$,

$\lim_{n\to\infty} S_n = +\infty$.

于是，级数 $\sum_{n=1}^{\infty} (\sqrt{n+1}-\sqrt{n})$ 发散.

(3) $S_n = (\ln4-\ln5) + (\ln5-\ln6) + \cdots + [\ln(n+3)-\ln(n+4)] = \ln4-\ln(n+4)$,

$\lim_{n\to\infty} S_n = -\infty$.

于是，级数 $\sum_{n=1}^{\infty} \ln\frac{n+3}{n+4}$ 发散.

(4) $S_n = \frac{1}{1\cdot 2} + \frac{1}{2\cdot 3} + \cdots + \frac{1}{n\cdot(n+1)}$

$$= \left[\left(\frac{1}{1}-\frac{1}{2}\right) + \left(\frac{1}{2}-\frac{1}{3}\right) + \cdots + \left(\frac{1}{n}-\frac{1}{n+1}\right)\right]$$

$$= 1-\frac{1}{n+1},$$

$$\lim_{n\to\infty} S_n = 1.$$

于是，级数收敛，且 $\sum_{n=1}^{\infty} \frac{1}{n(n+1)} = 1$.

4. 利用无穷级数的性质判别下列级数的敛散性

(1) $2 + \frac{1}{5} + \sum_{n=1}^{\infty} \frac{1}{4^n}$；

(2) $\sum_{n=1}^{\infty} \frac{n}{n+1}$；

(3) $\sin\frac{\pi}{6} + \sin\frac{2\pi}{6} + \cdots + \sin\frac{n\pi}{6} + \cdots$；

(4) $(\sin 1+1)+(\sin^2 1+\frac{1}{2})+(\sin^3 1+\frac{1}{3})+\cdots$;

(5) $\sum\limits_{n=10}^{\infty}(-1)^{n-1}\cdot\frac{6^{n-1}}{7^{n-1}}$;

(6) $\frac{1}{3}+\frac{3}{5}+\frac{5}{7}+\frac{7}{9}+\cdots+\frac{2n-1}{2n+1}+\cdots$;

(7) $(\frac{1}{3}+\frac{6}{7})+(\frac{1}{3^2}+\frac{6^2}{7^2})+(\frac{1}{3^3}+\frac{6^3}{7^3})+\cdots$;

(8) $\frac{1}{1+\frac{1}{1}}+\frac{1}{(1+\frac{1}{2})^2}+\frac{1}{(1+\frac{1}{3})^3}+\cdots+\frac{1}{(1+\frac{1}{n})^n}+\cdots$.

解(1) 由于 $\sum\limits_{n=1}^{\infty}\frac{1}{4^n}$ 收敛，所以 $2+\frac{1}{5}+\sum\limits_{n=1}^{\infty}\frac{1}{4^n}$ 收敛.

(2) 由于 $\lim\limits_{n\to\infty}\frac{n}{n+1}=1\neq 0$，所以 $\sum\limits_{n=1}^{\infty}\frac{n}{n+1}$ 发散.

(3) 由于 $\lim\limits_{n\to\infty}\sin\frac{n\pi}{6}\neq 0$, 级数 $\sin\frac{\pi}{6}+\sin\frac{2\pi}{6}+\cdots+\sin\frac{n\pi}{6}+\cdots$ 发散.

(4) 由于级数 $\sin 1+\sin^2 1+\sin^3 1+\cdots$ 为等比级数，且 $|q|=|\sin 1|<1$，级数 $\sin 1+\sin^2 1+\sin^3 1+\cdots$ 收敛，而 $\sum\limits_{n=1}^{\infty}\frac{1}{n}$ 发散，所以 $(\sin 1+1)+(\sin^2 1+\frac{1}{2})+(\sin^3 1+\frac{1}{3})+\cdots$ 发散.

(5) 由于级数 $\sum\limits_{n=1}^{\infty}(-1)^{n-1}\cdot\frac{6^{n-1}}{7^{n-1}}$ 为等比级数，且 $|q|=\left|-\frac{6}{7}\right|<1$，所以级数 $\sum\limits_{n=1}^{\infty}(-1)^{n-1}\cdot\frac{6^{n-1}}{7^{n-1}}$ 收敛，从而 $\sum\limits_{n=10}^{\infty}(-1)^{n-1}\cdot\frac{6^{n-1}}{7^{n-1}}$ 收敛.

(6) 由于 $\lim\limits_{n\to\infty}\frac{2n-1}{2n+1}=1\neq 0$，所以 $\sum\limits_{n=1}^{\infty}\frac{2n-1}{2n+1}$ 发散.

(7) 由于级数 $\sum\limits_{n=1}^{\infty}\frac{1}{3^n}$ 和 $\sum\limits_{n=1}^{\infty}\frac{6^n}{7^n}$ 为等比级数，且都收敛，所以级数 $(\frac{1}{3}+\frac{6}{7})+(\frac{1}{3^2}+\frac{6^2}{7^2})+(\frac{1}{3^3}+\frac{6^3}{7^3})+\cdots$ 收敛.

(8) 由于 $\lim\limits_{n\to\infty}\frac{1}{(1+\frac{1}{n})^n}=\frac{1}{e}\neq 0$, 级数 $\frac{1}{1+\frac{1}{1}}+\frac{1}{(1+\frac{1}{2})^2}+\frac{1}{(1+\frac{1}{3})^3}+\cdots+\frac{1}{(1+\frac{1}{n})^n}+\cdots$ 发散.

5. 利用正项级数比较判别法或其极限形式，判别下列级数的敛散性

(1) $\frac{1}{2\cdot 5}+\frac{1}{3\cdot 6}+\frac{1}{4\cdot 7}+\cdots\frac{1}{(n+1)\cdot(n+4)}+\cdots$;

(2) $\frac{(\sin 2)^2}{6}+\frac{(\sin 4)^2}{6^2}+\cdots+\frac{(\sin 2n)^2}{6^n}+\cdots$;

(3) $\frac{1}{1}+\frac{1}{3^2}+\frac{1}{5^2}+\cdots+\frac{1}{(2n-1)^2}+\cdots$;

(4) $\sin\frac{\pi}{2}+\sin\frac{\pi}{4}+\sin\frac{\pi}{8}+\cdots+\sin\frac{\pi}{2^n}+\cdots$；

(5) $\sum_{n=1}^{\infty}\sin\frac{1}{\sqrt{n}}$；　　(6) $\sum_{n=1}^{\infty}\ln(1+\frac{1}{n})$；

(7) $\sum_{n=1}^{\infty}\frac{6^n-5^n}{7^n-6^n}$；　　(8) $\sum_{n=1}^{\infty}\frac{3^n}{1+e^n}$；

(9) $\sum_{n=3}^{\infty}\frac{n+1}{n^3+1}$；　　(10) $\sum_{n=1}^{\infty}\frac{n}{2n(n+1)}$.

解　(1) 因为当 $n\geqslant 1$ 时，$\frac{1}{(n+1)\cdot(n+4)}\leqslant\frac{1}{n^2}$，而级数 $\sum_{n=1}^{\infty}\frac{1}{n^2}$ 收敛，所以级数

$$\frac{1}{2\cdot 5}+\frac{1}{3\cdot 6}+\frac{1}{4\cdot 7}+\cdots\frac{1}{(n+1)\cdot(n+4)}+\cdots$$

收敛.

(2) 因为当 $n\geqslant 1$ 时，$\frac{(\sin 2n)^2}{6^n}\leqslant\frac{1}{6^n}$，而级数 $\sum_{n=1}^{\infty}\frac{1}{6^n}$ 收敛，所以级数

$$\frac{(\sin 2)^2}{6}+\frac{(\sin 4)^2}{6^2}+\cdots+\frac{(\sin 2n)^2}{6^n}+\cdots$$

收敛.

(3) 由于

$$\lim_{n\to\infty}\frac{\frac{1}{(2n-1)^2}}{\frac{1}{(2n)^2}}=1,$$

而级数 $\sum_{n=1}^{\infty}\frac{1}{(2n)^2}$ 为收敛的 p - 级数（$p=2>1$），所以级数

$$\frac{1}{1}+\frac{1}{3^2}+\frac{1}{5^2}+\cdots+\frac{1}{(2n-1)^2}+\cdots$$

收敛.

(4) 由于

$$\lim_{n\to\infty}\frac{\sin\frac{\pi}{2^n}}{\frac{\pi}{2^n}}=1,$$

而级数 $\sum_{n=1}^{\infty}\frac{\pi}{2^n}$ 为收敛的等比级数，所以级数 $\sin\frac{\pi}{2}+\sin\frac{\pi}{4}+\sin\frac{\pi}{8}+\cdots+\sin\frac{\pi}{2^n}+\cdots$ 收敛.

(5) 由于

$$\lim_{n\to\infty}\frac{\sin\frac{1}{\sqrt{n}}}{\frac{1}{\sqrt{n}}}=1,$$

而级数 $\sum_{n=1}^{\infty}\frac{1}{\sqrt{n}}$ 为发散的 p - 级数（$p=\frac{1}{2}<1$），所以级数 $\sum_{n=1}^{\infty}\sin\frac{1}{\sqrt{n}}$ 发散.

（6）由于

$$\lim_{n\to\infty}\frac{\ln(1+\frac{1}{n})}{\frac{1}{n}}=1,$$

而等比级数 $\sum_{n=1}^{\infty}\frac{1}{n}$ 发散，所以级数 $\sum_{n=1}^{\infty}\ln(1+\frac{1}{n})$ 发散.

（7）由于

$$\lim_{n\to\infty}\frac{\frac{6^n-5^n}{7^n-6^n}}{(\frac{6}{7})^n}=1,$$

而等比级数 $\sum_{n=1}^{\infty}(\frac{6}{7})^n$ 收敛，所以级数 $\sum_{n=1}^{\infty}\frac{6^n-5^n}{7^n-6^n}$ 收敛.

（8）由于

$$\lim_{n\to\infty}\frac{3^n}{1+e^n}=\lim_{n\to\infty}\frac{1}{\left(\frac{1}{3}\right)^n+\left(\frac{e}{3}\right)^n}=\infty\neq 0,$$

所以级数 $\sum_{n=1}^{\infty}\frac{3^n}{1+e^n}$ 发散.

（9）由于

$$\lim_{n\to\infty}\frac{\frac{1+n}{1+n^3}}{\frac{1}{n^2}}=1,$$

而级数 $\sum_{n=1}^{\infty}\frac{1}{n^2}$ 为收敛级数，所以级数 $\sum_{n=3}^{\infty}\frac{n+1}{n^3+1}$ 收敛.

（10）由于

$$\lim_{n\to\infty}\frac{\frac{n}{2^n(n+1)}}{\frac{1}{2^n}}=1,$$

而级数 $\sum_{n=1}^{\infty}\frac{1}{2^n}$ 为收敛的等比级数，所以级数 $\sum_{n=1}^{\infty}\frac{n}{2^n(n+1)}$ 收敛.

6. 利用比值判别法或根值判别法判别下列级数的敛散性

（1）$1+\frac{4}{3^2}+\frac{5}{3^3}+\cdots+\frac{n+2}{3^n}+\cdots$；（2）$\sum_{n=1}^{\infty}(\frac{n}{5n+2})^n$；

（3）$3+\frac{3^2\cdot 2!}{2^2}+\frac{3^3\cdot 3!}{3^3}+\cdots+\frac{3^n\cdot n!}{n^n}+\cdots$；（4）$\sum_{n=1}^{\infty}(1+\frac{1}{n})^{n^2}$；

（5）$\sum_{n=1}^{\infty}\frac{(n!)^2}{(3n)!}$；（6）$\sum_{n=1}^{\infty}\frac{(\frac{n+2}{n})^{n^2}}{2^n}$；

(7) $\sum_{n=1}^{\infty} \frac{\ln n}{\sqrt{n}2^n}$;　　(8) $\sum_{n=1}^{\infty} \left(\frac{n}{2n+1}\right)^n$;

(9) $\sum_{n=1}^{\infty} \frac{n^n}{n!}$;

(10) $\sum_{n=1}^{\infty} \frac{a^n}{n^s}(s>0,\ a>0)$.

解　(1) 由于

$$\lim_{n\to\infty} \frac{\frac{n+3}{3^{n+1}}}{\frac{n+2}{3^n}} = \frac{1}{3} < 1,$$

所以级数 $1+\frac{4}{3^2}+\frac{5}{3^3}+\cdots+\frac{n+2}{3^n}+\cdots$ 收敛.

(2) 由于

$$\lim_{n\to\infty} \sqrt[n]{\left(\frac{n}{5n+2}\right)^n} = \frac{1}{5} < 1,$$

所以级数 $\sum_{n=1}^{\infty} \left(\frac{n}{5n+2}\right)^n$ 收敛.

(3) 由于

$$\lim_{n\to\infty} \frac{\frac{3^{n+1}\cdot(n+1)!}{(n+1)^{n+1}}}{\frac{3^n\cdot n!}{n^n}} = \frac{3}{e} > 1,$$

所以级数 $3+\frac{3^2\cdot 2!}{2^2}+\frac{3^3\cdot 3!}{3^3}+\cdots+\frac{3^n\cdot n!}{n^n}+\cdots$ 发散.

(4) 由于

$$\lim_{n\to\infty} \sqrt[n]{\left(1+\frac{1}{n}\right)^{n^2}} = e > 1,$$

所以级数 $\sum_{n=1}^{\infty} \left(1+\frac{1}{n}\right)^{n^2}$ 发散.

(5) 由于

$$\lim_{n\to\infty} \frac{\frac{[(n+1)!]^2}{[3(n+1)!]}}{\frac{(n!)^2}{(3n)!}} = 0 < 1,$$

所以级数 $\sum_{n=1}^{\infty} \frac{(n!)^2}{(3n)!}$ 收敛.

(6) 由于

$$\lim_{n\to\infty} \sqrt[n]{\frac{\left(\frac{n+2}{n}\right)^{n^2}}{2^n}} = \frac{e^2}{2} > 1,$$

所以级数 $\sum_{n=1}^{\infty}\frac{(\frac{n+2}{n})^{n^2}}{2^n}$ 发散.

（7）由于

$$\lim_{n\to\infty}\frac{\frac{\ln(n+1)}{\sqrt{n+1}2^{n+1}}}{\frac{\ln n}{\sqrt{n}2^n}}=\frac{1}{2}<1,$$

所以级数 $\sum_{n=1}^{\infty}\frac{\ln n}{\sqrt{n}2^n}$ 收敛.

（8）由于

$$\lim_{n\to\infty}\sqrt[n]{(\frac{n}{2n+1})^n}=\frac{1}{2}<1,$$

所以级数 $\sum_{n=1}^{\infty}(\frac{n}{2n+1})^n$ 收敛.

（9）由于

$$\lim_{n\to\infty}\frac{\frac{(n+1)^{n+1}}{(n+1)!}}{\frac{n^n}{n!}}=e>1,$$

所以级数 $\sum_{n=1}^{\infty}\frac{n^n}{n!}$ 发散.

（10）由于

$$\lim_{n\to\infty}\frac{a^{n+1}}{(n+1)^s}\cdot\frac{n^s}{a^n}=a,$$

所以

①当 $a>1$ 时，发散；

②当 $a<1$ 时，收敛；

③当 $a=1$，当 $s>1$ 时，收敛；当 $a=1$，当 $s\leqslant 1$ 时，发散.

7. 判别下列级数是绝对收敛、条件收敛，还是发散？

（1）$\sin\frac{1}{1^2}-\sin\frac{1}{2^2}+\sin\frac{1}{3^2}-\sin\frac{1}{4^2}+\cdots$；　（2）$1-\frac{1}{\sqrt{2}}+\frac{1}{\sqrt{3}}-\frac{1}{\sqrt{4}}+\cdots$；

（3）$\frac{1}{\pi^2}\sin\frac{\pi}{2}-\frac{1}{\pi^3}\sin\frac{\pi}{3}+\frac{1}{\pi^4}\sin\frac{\pi}{4}-\cdots$；　（4）$\frac{1}{\ln 2}-\frac{1}{\ln 3}+\frac{1}{\ln 4}-\frac{1}{\ln 5}+\cdots$；

（5）$\sum_{n=1}^{\infty}(-1)^{n-1}\frac{1}{\sqrt[3]{n}}$；　（6）$\sum_{n=1}^{\infty}(-1)^n\frac{2n}{2n+1}$；

（7）$\sum_{n=1}^{\infty}(-1)^{n-1}\frac{1}{n8^n}$；　（8）$\sum_{n=2}^{\infty}(-1)^n\frac{e^n}{n^2}$；

（9）$\sum_{n=1}^{\infty}(-1)^{n-1}\sin\frac{1}{n^3}$；　（10）$\sum_{n=1}^{\infty}\frac{1}{n^2}\sin\frac{n^2+1}{n}$.

解　（1）由于

$$\left|(-1)^{n-1}\sin\frac{1}{n^2}\right|\leqslant\frac{1}{n^2},$$

且级数 $\sum_{n=1}^{\infty}\frac{1}{n^2}$ 收敛，所以级数 $\sum_{n=1}^{\infty}(-1)^{n-1}\sin\frac{1}{n^2}$ 绝对收敛.

(2) 由于级数 $\sum_{n=1}^{\infty}\frac{1}{n^{\frac{1}{2}}}$ 发散，所以 $\sum_{n=1}^{\infty}\left|\frac{(-1)^{n-1}}{\sqrt{n}}\right|$ 发散. 另一方面，

$$u_n=\frac{1}{\sqrt{n}}>\frac{1}{\sqrt{n+1}}=u_{n+1}(n=1,2,\cdots),$$

及 $\lim\limits_{n\to\infty}\frac{1}{\sqrt{n}}=0$，由莱布尼茨判别法可知，级数 $\sum_{n=1}^{\infty}\frac{(-1)^{n-1}}{\sqrt{n}}$ 是条件收敛的.

(3) 由于

$$\left|(-1)^{n+1}\frac{1}{\pi^{n+1}}\sin\frac{\pi}{n+1}\right|\leqslant\left(\frac{1}{\pi}\right)^{n+1},$$

且级数 $\sum_{n=1}^{\infty}\left(\frac{1}{\pi}\right)^{n+1}$ 收敛，所以级数 $\sum_{n=1}^{\infty}(-1)^{n+1}\frac{1}{\pi^{n+1}}\sin\frac{\pi}{n+1}$ 绝对收敛.

(4) 由于 $\lim\limits_{n\to\infty}\dfrac{\frac{1}{\ln(n+1)}}{\frac{1}{n+1}}=\infty>1$，且 $\sum_{n=1}^{\infty}\frac{1}{n+1}$ 发散

所以 $\sum_{n=1}^{\infty}\left|\frac{(-1)^{n-1}}{\sqrt{n}}\right|$ 发散. 另一方面，

$$u_n=\frac{1}{\ln(n+1)}>\frac{1}{\ln(n+2)}=u_{n+1}(n=1,2,\cdots),$$

及 $\lim\limits_{n\to\infty}\frac{1}{\ln(n+1)}=0$，由莱布尼茨判别法可知，级数 $\sum_{n=1}^{\infty}\frac{(-1)^{n-1}}{\ln(n+1)}$ 是条件收敛的.

(5) 由于级数 $\sum_{n=1}^{\infty}\frac{1}{n^{\frac{1}{3}}}$ 发散，所以 $\sum_{n=1}^{\infty}\left|\frac{(-1)^{n-1}}{\sqrt[3]{n}}\right|$ 发散. 另一方面，

$$u_n=\frac{1}{\sqrt[3]{n}}>\frac{1}{\sqrt[3]{n+1}}=u_{n+1}(n=1,2,\cdots),$$

及 $\lim\limits_{n\to\infty}\frac{1}{\sqrt[3]{n}}=0$，由莱布尼茨判别法可知，级数 $\sum_{n=1}^{\infty}\frac{(-1)^{n-1}}{\sqrt[3]{n}}$ 是条件收敛的.

(6) 由于

$$\lim_{n\to\infty}(-1)^n\frac{2n}{2n+1},$$

不存在，从而级数 $\sum_{n=1}^{\infty}(-1)^n\frac{2n}{2n+1}$ 发散.

(7) 由于

$$\lim_{n\to\infty}\frac{\frac{1}{n8^n}}{\frac{1}{8^n}}=0,$$

且级数 $\sum_{n=1}^{\infty}\frac{1}{8^n}$ 收敛，从而级数 $\sum_{n=1}^{\infty}\frac{1}{n8^n}$ 收敛，所以级数 $\sum_{n=1}^{\infty}(-1)^{n-1}\frac{1}{n8^n}$ 绝对收敛.

（8）由于

$$\lim_{n\to\infty}\frac{\frac{e^{n+1}}{(n+1)^2}}{\frac{e^n}{n^2}}=e>1,$$

所以级数 $\sum_{n=2}^{\infty}\frac{e^n}{n^2}$ 发散，所以级数 $\sum_{n=2}^{\infty}(-1)^n\frac{e^n}{n^2}$ 发散.

（9）由于

$$\left|(-1)^{n-1}\sin\frac{1}{n^3}\right|\leqslant\frac{1}{n^3},$$

且级数 $\sum_{n=1}^{\infty}\frac{1}{n^3}$ 收敛，所以级数 $\sum_{n=1}^{\infty}(-1)^{n-1}\sin\frac{1}{n^3}$ 绝对收敛.

（10）由于

$$\left|\frac{1}{n^2}\sin\frac{n^2+1}{n}\right|\leqslant\frac{1}{n^2},$$

且级数 $\sum_{n=1}^{\infty}\frac{1}{n^2}$ 收敛，所以级数 $\sum_{n=1}^{\infty}\frac{1}{n^2}\sin\frac{n^2+1}{n}$ 绝对收敛.

8. 求下列幂级数的收敛域

（1）$x+2x^2+3x^3+\cdots$；

（2）$-\frac{x}{1}+\frac{x^2}{2^2}-\frac{x^3}{3^2}+\frac{x^4}{4^2}-\cdots$；

（3）$\frac{x}{2}+\frac{x^2}{2\cdot4}+\frac{x^3}{2\cdot4\cdot6}+\cdots$；

（4）$\frac{2}{1^2+1}x+\frac{2^2}{2^2+1}x^2+\frac{2^3}{3^2+1}x^3+\cdots$；

（5）$\sum_{n=1}^{\infty}\frac{x^{n-1}}{3^{n-1}n}$；

（6）$\sum_{n=1}^{\infty}(-1)^{\frac{n(n-1)}{2}}\frac{n^2}{2^n}x^n$；

（7）$\sum_{n=1}^{\infty}(-1)^{n+1}\frac{x^{2n-1}}{(2n-1)!}$；

（8）$\sum_{n=0}^{\infty}\frac{1}{1+n^2}(3x)^n$；

（9）$\sum_{n=1}^{\infty}\frac{(x-5)^n}{\sqrt{n}}$；

（10）$\sum_{n=1}^{\infty}\frac{1}{n(n+1)}(2x-1)^n$.

解　（1）由于 $\rho=\lim_{n\to\infty}\left|\frac{a_{n+1}}{a_n}\right|=\lim_{n\to\infty}\frac{n}{n+1}=1$.

当 $x=1$ 时，级数为 $\sum_{n=1}^{\infty}n$ 发散；

当 $x=-1$ 时，级数为 $\sum_{n=1}^{\infty}(-1)^n n$ 发散. 故收敛域是 $(-1,1)$.

（2）由于

$$\rho=\lim_{n\to\infty}\left|\frac{a_{n+1}}{a_n}\right|=\lim_{n\to\infty}\frac{n^2}{(n+1)^2}=1,$$

当 $x=-1$ 时，级数为 $\sum_{n=1}^{\infty}\frac{1}{n^2}$ 收敛；

当 $x=1$ 时，级数为 $\sum_{n=0}^{\infty}\frac{(-1)^n}{n^2}$ 收敛，从而收敛域为 $[-1,1]$.

（3）由于

$$\rho=\lim_{n\to\infty}\left|\frac{a_{n+1}}{a_n}\right|=\lim_{n\to\infty}\frac{2n!}{[2(n+1)]!}=0,$$

所以，收敛域为 $(-\infty,+\infty)$.

（4）由于

$$\rho=\lim_{n\to\infty}\left|\frac{a_{n+1}}{a_n}\right|=\lim_{n\to\infty}\frac{2^n\cdot[n^2+1]}{[(n+1)^2+1]\cdot 2^{n-1}}=2,$$

当 $x=-\frac{1}{2}$ 时，级数为 $\sum_{n=1}^{\infty}\frac{(-1)^n}{n^2+1}$ 收敛；

当 $x=\frac{1}{2}$ 时，级数为 $\sum_{n=1}^{\infty}\frac{1}{n^2+1}$ 收敛，从而收敛域为 $[-\frac{1}{2},\frac{1}{2}]$.

（5）由于

$$\rho=\lim_{n\to\infty}\left|\frac{a_{n+1}}{a_n}\right|=\lim_{n\to\infty}\frac{3^{n-1}n}{3^n(n+1)}=\frac{1}{3},$$

当 $x=3$ 时，级数为 $\sum_{n=1}^{\infty}\frac{1}{n}$ 发散；

当 $x=-3$ 时，级数为 $\sum_{n=1}^{\infty}(-1)^{n-1}\frac{1}{n}$ 收敛，从而收敛域为 $[-3,3)$.

（6）由于

$$\rho=\lim_{n\to\infty}\left|\frac{a_{n+1}}{a_n}\right|=\lim_{n\to\infty}\frac{(n+1)^2 2^n}{2^{n+1}n^2}=\frac{1}{2},$$

当 $x=2$ 时，级数为 $\sum_{n=1}^{\infty}(-1)^{\frac{n(n-1)}{2}}n^2$ 发散；当 $x=-2$ 时，级数为 $\sum_{n=1}^{\infty}(-1)^{\frac{n(n-1)+2n}{2}}n^2$ 发散，从而收敛域为 $(-2,2)$.

（7）因为

$$\lim_{n\to\infty}\left|\frac{(-1)^{n+2}\frac{x^{2n+1}}{(2n+1)!}}{(-1)^{n+1}\frac{x^{2n-1}}{(2n-1)!}}\right|=x^2\cdot 0=0<1,$$

所以 $x\in(-\infty,+\infty)$，级数 $\sum_{n=1}^{\infty}(-1)^{n+1}\frac{x^{2n-1}}{(2n-1)!}$ 都是绝对收敛，从而收敛域为 $(-\infty,+\infty)$.

（8）由于

$$\rho=\lim_{n\to\infty}\left|\frac{a_{n+1}}{a_n}\right|=\lim_{n\to\infty}\frac{\frac{1}{1+(n+1)^2}3^{n+1}}{\frac{1}{1+n^2}3^n}=3,$$

当 $x=-\frac{1}{3}$ 时，级数为 $\sum_{n=1}^{\infty}\frac{(-1)^n}{n^2+1}$ 收敛；

当 $x=\frac{1}{3}$ 时，级数为 $\sum_{n=1}^{\infty}\frac{1}{n^2+1}$ 收敛，从而收敛域为 $[-\frac{1}{3},\frac{1}{3}]$.

(9) 令 $t = x - 5$，幂级数变形为 $\sum_{n=1}^{\infty} \frac{t^n}{\sqrt{n}}$，

$$\rho = \lim_{n\to\infty}\left|\frac{a_{n+1}}{a_n}\right| = \lim_{n\to\infty}\frac{\sqrt{n}}{\sqrt{n+1}} = 1 .$$

所以, $R = 1$.

当 $t = -1$ 时, 级数为 $\sum_{n=1}^{\infty}(-1)^n \frac{1}{\sqrt{n}}$ 收敛;

当 $t = 1$ 时, 级数为 $\sum_{n=1}^{\infty}\frac{1}{\sqrt{n}}$ 发散. 故 $\sum_{n=1}^{\infty}\frac{t^n}{2^n \cdot n}$ 的收敛域是 $[-1,1)$.

那么, $\sum_{n=1}^{\infty}\frac{(x-5)^n}{\sqrt{n}}$ 的收敛域为 $[4,6)$.

(10) 令 $t = 2x - 1$，幂级数变形为 $\sum_{n=1}^{\infty}\frac{t^n}{n(n+1)}$，

$$\rho = \lim_{n\to\infty}\left|\frac{a_{n+1}}{a_n}\right| = \lim_{n\to\infty}\frac{n(n+1)}{(n+1)(n+2)} = 1 .$$

所以, $R = 1$.

当 $t = -1$ 时, 级数为 $\sum_{n=1}^{\infty}(-1)^n\frac{1}{n(n+1)}$ 收敛;

当 $t = 1$ 时, 级数为 $\sum_{n=1}^{\infty}\frac{1}{n(n+1)}$ 收敛. 故 $\sum_{n=1}^{\infty}\frac{t^n}{2^n \cdot n}$ 的收敛域是 $[-1,1]$.

那么, $\sum_{n=1}^{\infty}\frac{1}{n(n+1)}(2x-1)^n$ 的收敛域为 $[0,1]$.

9. 利用逐项求导或逐项积分，求下列级数在收敛区间内的和函数

(1) $1 + 2x + 3x^2 + 4x^3 + \cdots$;

(2) $\sum_{n=1}^{\infty}(-1)^{n-1}nx^{n-1}$;

(3) $\sum_{n=1}^{\infty}\frac{x^{4n+1}}{4n+1}$;

(4) $x + \frac{x^3}{3} + \frac{x^5}{5} + \cdots$，并求 $\sum_{n=1}^{\infty}\frac{1}{(2n-1)2^n}$ 的和;

解　(1) 首先，该级数的收敛半径 $R = 1$，收敛域为 $(-1,1)$.

又由于
$$S(x) = \sum_{n=1}^{\infty} nx^{n-1},$$

两边从 0 到 x 积分，得

$$\int_0^x S(t)dt = \sum_{n=1}^{\infty} x^n = \frac{x}{1-x}$$

两边对 x 求导，得

$$S(x) = \frac{1}{(x-1)^2}, \qquad |x| < 1 .$$

(2) 首先，该级数的收敛半径 $R = 1$，收敛域为 $(-1,1)$.

又由于
$$S(x) = \sum_{n=1}^{\infty} (-1)^{n-1} n x^{n-1},$$
两边从 0 到 x 积分，得
$$\int_0^x S(t)\,dt = \sum_{n=1}^{\infty} (-x)^n = \frac{-x}{1+x}$$
两边对 x 求导，得
$$S(x) = -\frac{1}{(x+1)^2}, \qquad |x| < 1.$$

(3) 首先，该级数的收敛半径 $R = 1$，收敛域为 $(-1,1)$.

又由于
$$S(x) = \sum_{n=1}^{\infty} \frac{x^{4n+1}}{4n+1},$$
两边对 x 求导，得
$$S'(x) = \sum_{n=1}^{\infty} x^{4n} = \frac{x^4}{1-x^4}, \qquad |x| < 1,$$
两边从 0 到 x 积分，得
$$S(x) = \frac{1}{4}\ln\frac{1+x}{1-x} + \frac{1}{2}\arctan x - x, \ |x| < 1.$$

(4) 首先，该级数的收敛半径 $R = 1$，收敛域为 $(-1,1)$.

又由于
$$S(x) = \sum_{n=1}^{\infty} \frac{x^{2n-1}}{2n-1},$$
两边对 x 求导，得
$$S'(x) = \sum_{n=1}^{\infty} x^{2n-2} = \frac{1}{1-x^2}, \qquad |x| < 1,$$
两边从 0 到 x 积分，得
$$S(x) = \frac{1}{2}\ln\frac{1+x}{1-x}, \ |x| < 1.$$
于是，
$$\sum_{n=1}^{\infty} \frac{1}{(2n-1)2^n} = \sum_{n=1}^{\infty} \frac{\left(\pm\frac{1}{\sqrt{2}}\right)^{2n}}{(2n-1)} = \left(\pm\frac{1}{\sqrt{2}}\right) \cdot \sum_{n=1}^{\infty} \frac{\left(\pm\frac{1}{\sqrt{2}}\right)^{2n-1}}{(2n-1)} = \frac{\sqrt{2}}{2}\ln(1+\sqrt{2}).$$

10. 将下列函数展开成麦克劳林级数，并求其收敛域

(1) $f(x) = x^3 e^{-x}$；　　(2) $f(x) = a^x$ ($a > 0$, 且 $a \neq 1$)；

(3) $f(x) = \sin^2 x$；　　(4) $f(x) = \dfrac{1}{x^2 + 3x + 2}$.

解　(1) 因为
$$e^t = \sum_{n=0}^{\infty} \frac{t^n}{n!} = 1 + t + \frac{t^2}{2!} + \cdots + \frac{t^n}{n!} + \cdots \quad (-\infty < t < +\infty),$$
将 t 换成 $-x$，得
$$e^{-x} = \sum_{n=0}^{\infty} (-1)^n \frac{1}{n!} x^n$$
因此，

$$f(x)=x^3e^{-x}=\sum_{n=0}^{\infty}(-1)^n\frac{x^{n+3}}{n!}\quad x\in(-\infty,+\infty).$$

（2）因为

$$e^t=\sum_{n=0}^{\infty}\frac{t^n}{n!}=1+t+\frac{t^2}{2!}+\cdots+\frac{t^n}{n!}+\cdots\quad(-\infty<t<+\infty),$$

将 t 换成 $\ln a\cdot x$，得

$$a^x=e^{\ln a\cdot x}=\sum_{n=0}^{\infty}\frac{1}{n!}(\ln a\cdot x)^n$$

因此，

$$a^x=e^{x\ln a}=\sum_{n=0}^{\infty}\frac{(x\ln a)^n}{n!}\quad x\in(-\infty,+\infty).$$

（3）由 $f(x)=\sin^2x=\dfrac{1-\cos2x}{2}=\dfrac{1}{2}-\dfrac{\cos2x}{2}$，可知

$$\cos x=1-\frac{1}{2!}x^2+\frac{1}{4!}x^4-\cdots+(-1)^n\frac{1}{(2n)!}x^{2n}+\cdots,\ (-\infty<x<+\infty);$$

所以，

$$f(x)=\frac{1}{2}-\frac{1}{2}\left[1-\frac{1}{2!}(2x)^2+\frac{1}{4!}(2x)^4-\cdots+(-1)^n\frac{1}{(2n)!}(2x)^{2n}+\cdots\right]$$
$$=\sum_{n=1}^{\infty}(-1)^{n+1}\frac{2^{2n-1}}{(2n)!}x^{2n},\quad x\in(-\infty,+\infty).$$

（4）由

$$\frac{1}{x^2+3x+2}=\frac{1}{x+1}-\frac{1}{2(\frac{x}{2}+1)},$$

$$\frac{1}{1+x}=\sum_{n=0}^{\infty}(-1)^nx^n=1-x+x^2-\cdots+(-1)^nx^n+\cdots,x\in(-1,1);$$

于是，

$$\frac{1}{\frac{x}{2}+1}=1-\frac{x}{2}+\left(\frac{x}{2}\right)^2-\cdots+(-1)^n\left(\frac{x}{2}\right)^n+\cdots$$

因此，$\dfrac{1}{x^2+3x+2}=\sum_{n=0}^{\infty}(-1)^n\left(1-\dfrac{1}{2^{n+1}}\right)x^n\quad -1<x<1.$

（B）

1．判别下列级数的敛散性

（1）$\dfrac{3}{4}+2\left(\dfrac{3}{4}\right)^2+3\left(\dfrac{3}{4}\right)^3+4\left(\dfrac{3}{4}\right)^4+\cdots$；

（2）$\sum_{n=1}^{\infty}(n+1)^n\sin\dfrac{\pi}{2^n}$；

（3）$(1-\sin1)+\left(\dfrac{1}{2}-\sin\dfrac{1}{2}\right)+\cdots+\left(\dfrac{1}{n}+(-1)^n\sin\dfrac{1}{n}\right)+\cdots$；

（4）$\ln\left(1+\dfrac{2}{1^2}\right)+\ln\left(1+\dfrac{2}{2^2}\right)+\ln\left(1+\dfrac{2}{3^2}\right)+\cdots$；

(5) $2\cdot\sin\frac{\pi}{3}+2^2\cdot\sin\frac{\pi}{3^2}+\cdots+2^n\cdot\sin\frac{\pi}{3^n}+\cdots$;

(6) $\sum_{n=1}^{\infty}\frac{n\cos^2\frac{n\pi}{3}}{2^n}$.

解　(1) 由于

$$\lim_{n\to\infty}\frac{(n+1)\left(\frac{3}{4}\right)^{n+1}}{n\left(\frac{3}{4}\right)^n}=\frac{3}{4}<1,$$

所以，级数 $\frac{3}{4}+2\left(\frac{3}{4}\right)^2+3\left(\frac{3}{4}\right)^3+4\left(\frac{3}{4}\right)^4+\cdots$ 收敛.

(2) 由于

$$\lim_{n\to\infty}(n+1)^n\sin\frac{\pi}{2^n}=\lim_{n\to\infty}(n+1)^n\frac{\pi}{2^n}=\lim_{n\to\infty}\pi\left(\frac{n+1}{2}\right)^n=\infty\neq0,$$

所以，级数 $\sum_{n=1}^{\infty}(n+1)^n\sin\frac{\pi}{2^n}$ 发散.

(3) 由于级数 $\sum_{n=1}^{\infty}\frac{1}{n}$ 发散，且级数 $\sum_{n=1}^{\infty}(-1)^{n-1}\sin\frac{1}{n}$ 收敛，所以，级数 $(1-\sin1)+\left(\frac{1}{2}-\sin\frac{1}{2}\right)+\cdots+\left(\frac{1}{n}-\sin\frac{1}{n}\right)+\cdots$ 发散.

(4) 由于

$$\lim_{n\to\infty}\frac{\ln\left(1+\frac{2}{n^2}\right)}{\frac{2}{n^2}}=1,$$

且级数 $\sum_{n=1}^{\infty}\frac{2}{n^2}$ 收敛，所以，级数 $\ln\left(1+\frac{2}{1^2}\right)+\ln\left(1+\frac{2}{2^2}\right)+\ln\left(1+\frac{2}{3^2}\right)+\cdots$ 收敛.

(5) 由于

$2^n\sin\frac{\pi}{3^n}\leqslant\left(\frac{2}{3}\right)^n$ 且级数 $\sum_{n=1}^{\infty}\left(\frac{2}{3}\right)^n$ 收敛。

所以 $2\cdot\sin\frac{\pi}{3}+2^2\cdot\sin\frac{\pi}{3^2}+\cdots+2^n\cdot\sin\frac{\pi}{3^n}+\cdots$ 收敛.

(6) 由于

$$\left|\frac{n\cos^2\frac{n\pi}{3}}{2^n}\right|\leqslant\frac{n}{2^n},n\geq1,$$

且级数 $\sum_{n=1}^{\infty}\frac{n}{2^n}$ 根据比值判别法得收敛，

所以，根据比较判别法得，级数 $\sum_{n=1}^{\infty}\frac{n\cos^2\frac{n\pi}{3}}{2^n}$ 收敛.

2. 设级数 $\sum_{n=1}^{\infty}|a_n|$ 收敛，且 $\lim_{n\to\infty}b_n=1$，证明级数 $\sum_{n=1}^{\infty}a_nb_n$ 绝对收敛.

分析 利用比较判别法证明.

证 因为 $\lim_{n\to\infty}b_n=1$，所以数列 $\{b_n\}$ 有界，即存在 $M>0$，使得对任意的 n，有

$$|b_n|\leqslant M,$$

于是 $|a_nb_n|\leqslant M|a_n|$，又级数 $\sum_{n=1}^{\infty}|a_n|$ 收敛，由比较判敛法知 $\sum_{n=1}^{\infty}|a_nb_n|$ 收敛，故级数 $\sum_{n=1}^{\infty}a_nb_n$ 绝对收敛.

3. 设级数 $\sum_{n=1}^{\infty}a_n^{\ 2}$ 及 $\sum_{n=1}^{\infty}b_n^{\ 2}$ 都收敛,证明 $\sum_{n=1}^{\infty}(a_n-b_n)^2$ 也收敛.

分析 利用不等式 $|ab|\leqslant\frac{1}{2}(a^2+b^2)$.

证 因为 $(a_n-b_n)^2\leqslant 2(a_n^{\ 2}+b_n^{\ 2}),n\geq 1$,

又级数 $\sum_{n=1}^{\infty}a_n^{\ 2}\sum_{n=1}^{\infty}b_n^{\ 2}$ 都收敛,由比较判敛法知 $\sum_{n=1}^{\infty}(a_n-b_n)^2$ 也收敛.

4. 求下列级数的收敛域:

(1) $\sum_{n=1}^{\infty}(-1)^n\frac{2^n}{\sqrt{n}}x^n$； (2) $\sum_{n=1}^{\infty}10^{2n}(2x-3)^{2n-1}$；

(3) $\sum_{n=1}^{\infty}(-nx)^n$； (4) $\sum_{n=1}^{\infty}\frac{1}{2^n\cdot n}(x+1)^n$.

解 (1) 由于

$$\rho=\lim_{n\to\infty}\left|\frac{a_{n+1}}{a_n}\right|=\lim_{n\to\infty}\frac{\frac{2^{n+1}}{\sqrt{n+1}}}{\frac{2^n}{\sqrt{n}}}=2,$$

当 $x=\frac{1}{2}$ 时，级数为 $\sum_{n=1}^{\infty}(-1)^n\frac{1}{\sqrt{n}}$ 收敛；

当 $x=-\frac{1}{2}$ 时，级数为 $\sum_{n=1}^{\infty}\frac{1}{\sqrt{n}}$ 发散，从而收敛域为 $(-\frac{1}{2},\frac{1}{2}]$.

(2) 因为

$$\lim_{n\to\infty}\left|\frac{10^{2n+2}(2x-3)^{2n+1}}{10^{2n}(2x-3)^{2n-1}}\right|=10^2(2x-3)^2<1,$$

所以, $x\in(1.45,1.55)$，级数 $\sum_{n=1}^{\infty}10^{2n}(2x-3)^{2n-1}$ 都是绝对收敛，从而收敛域为

$$x\in(1.45,1.55).$$

(3) 由于

$$\rho=\lim_{n\to\infty}\left|\frac{a_{n+1}}{a_n}\right|=\lim_{n\to\infty}\frac{(n+1)^{n+1}}{n^n}=\infty,$$

从而，级数 $\sum_{n=1}^{\infty}(-nx)^n$ 收敛域为 $\{0\}$.

(4) 令 $t = x + 1$，幂级数变形为 $\sum_{n=1}^{\infty} \frac{1}{2^n \cdot n} t^n$，

$$\rho = \lim_{n \to \infty} \left| \frac{a_{n+1}}{a_n} \right| = \lim_{n \to \infty} \frac{\frac{1}{2^{n+1} \cdot (n+1)}}{\frac{1}{2^n \cdot n}} = \frac{1}{2}.$$

所以, $R = 2$.

当 $t = -2$ 时, 级数为 $\sum_{n=1}^{\infty} (-1)^n \frac{1}{n}$ 收敛;

当 $t = 2$ 时, 级数为 $\sum_{n=1}^{\infty} \frac{1}{n}$ 发散. 故 $\sum_{n=1}^{\infty} \frac{t^n}{2^n \cdot n}$ 的收敛域是 $[-2,2)$，

因此，级数 $\sum_{n=1}^{\infty} \frac{1}{2^n \cdot n} (x+1)^n$ 收敛域为 $[-3,1)$.

5. 求级数 $\sum_{n=1}^{\infty} \frac{x^n}{3^n \cdot n}$ 的收敛域及和函数；并求常数项级数 $\sum_{n=1}^{\infty} \frac{(-1)^n}{n \cdot 3^n}$ 的和.

分析　求和函数是先求导然后积分.

解　首先，该级数的收敛半径 $R = \frac{1}{3}$，收敛域为 $[-3,3)$.

又由于 $S(x) = \sum_{n=1}^{\infty} \frac{x^n}{3^n \cdot n}$，

两边对 x 求导，得

$$S'(x) = \sum_{n=1}^{\infty} \frac{1}{3} \left(\frac{x}{3}\right)^{n-1} = \frac{1}{3-x}, \qquad x \in [-3,3),$$

两边从 0 到 x 积分，得

$$S(x) = \ln \frac{3}{3-x}, x \in [-3,3).$$

于是,

$$\sum_{n=1}^{\infty} \frac{(-1)^n}{n \cdot 3^n} = S(-1) = \ln \frac{3}{4}.$$

6. 设函数 $f(x) = \begin{cases} \frac{1+x^2}{x} \arctan x, -1 \leqslant x < 0 \text{或} 0 < x \leqslant 1, \\ 1, x = 0, \end{cases}$ 试将 $f(x)$ 展成 x 的幂函数.

分析　利用 $(\arctan x)' = \frac{1}{1+x^2} = \sum_{n=1}^{\infty} (-1)^n x^{2n}, |x| < 1.$

解　由于 $(\arctan x)' = \frac{1}{1+x^2} = \sum_{n=1}^{\infty} (-1)^n x^{2n}, |x| < 1,$

从而, $\arctan x = \int_0^x \frac{dt}{1+t^2}$

$$= x - \frac{1}{3}x^3 + \frac{1}{5}x^5 - \cdots + \frac{(-1)^n}{2n+1} x^{2n+1} + \cdots, x \in (-1, 1),$$

由于 arctan$x$ 在 $x=\pm1$ 点连续，且 $\sum\limits_{n=0}^{\infty}\frac{(-1)^n}{2n+1}x^{2n+1}$ 在 $x=\pm1$ 点收敛，有

$$\arctan x=\sum_{n=0}^{\infty}\frac{(-1)^n}{2n+1}x^{2n+1},\quad x\in[-1,1].$$

于是，$\frac{1+x^2}{x}\arctan x=1+\sum\limits_{n=1}^{\infty}(-1)^n\frac{2}{1-4n^2}x^{2n},\quad x\in[-1,1]$，

所以，$f(x)=1+\sum\limits_{n=1}^{\infty}(-1)^n\frac{2}{1-4n^2}x^{2n},\quad x\in[-1,1]$.

7. 讨论下列交错级数的敛散性：

(1) $1-\frac{1}{\sqrt{2}}+\frac{1}{\sqrt{3}}-\frac{1}{\sqrt{4}}+\cdots$；　(2) $1-\frac{1}{2!}+\frac{1}{3!}-\frac{1}{4!}+\cdots$；

(3) $1-\frac{2}{3}+\frac{3}{5}-\frac{4}{7}+\cdots$；　(4) $\sum\limits_{n=1}^{\infty}(-1)^{n-1}\frac{n}{3^{n-1}}$.

分析　先判别绝对值级数的敛散性，然后判别交错级数的敛散性.

解　(1) 由于级数 $\sum\limits_{n=1}^{\infty}\frac{1}{\sqrt{n}}$ 发散，又由于 $u_n=\frac{1}{\sqrt{n}}>u_{n+1}=\frac{1}{\sqrt{n+1}}(n=1,2,\cdots)$，及 $\lim\limits_{n\to\infty}\frac{1}{\sqrt{n}}=0$，由莱布尼茨判别法知，级数 $\sum\limits_{n=1}^{\infty}(-1)^n\frac{1}{\sqrt{n}}$ 条件收敛.

(2) 由于 $\lim\limits_{n\to\infty}\dfrac{\frac{1}{(n+1)!}}{\frac{1}{n!}}=0<1$，由比值判别法知，级数 $\sum\limits_{n=1}^{\infty}(-1)^n\frac{1}{n!}$ 绝对收敛.

(3) 由于 $\lim\limits_{n\to\infty}(-1)^{n-1}\frac{n}{2n-1}\neq0$，级数 $\sum\limits_{n=1}^{\infty}(-1)^{n-1}\frac{n}{2n-1}$ 发散.

(4) 由于 $\lim\limits_{n\to\infty}\dfrac{\frac{n+1}{3^n}}{\frac{n}{3^{n-1}}}=\frac{1}{3}<1$，由比值判别法知，级数 $\sum\limits_{n=1}^{\infty}(-1)^{n-1}\frac{n}{3^{n-1}}$ 绝对收敛.

8. 讨论级数 $\sum\limits_{n=1}^{\infty}\int_0^{\frac{1}{n}}\frac{x}{1+x^2}dx$ 的敛散性.

分析　利用比较判别法判别.

解　由于 $\int_0^{\frac{1}{n}}\frac{x}{1+x^2}dx=\frac{1}{2}\ln(1+\frac{1}{n^2})$，又

$$\lim_{n\to\infty}\frac{\ln(1+\frac{1}{n^2})}{\frac{1}{n^2}}=1,$$

且级数 $\sum\limits_{n=1}^{\infty}\frac{1}{n^2}$ 收敛，由比较判别法的极限形式得，$\sum\limits_{n=1}^{\infty}\int_0^{\frac{1}{n}}\frac{x}{1+x^2}dx$ 收敛.

9. 设 $f(x)=\sum\limits_{n=1}^{\infty}(-1)^n\frac{x^{2n}}{2n}$，

（1）求$f(x)$的初等函数表达式；

（2）求$f(x)$的极值.

分析　利用级数求和把$f(x)$表达式求出，然后求极值.

解　首先，该级数的收敛半径$R=1$，收敛域为$[-1,1]$.
又由于

$$f(x)=\sum_{n=1}^{\infty}(-1)^n\frac{x^{2n}}{2n},$$

两边对x求导，得

$$f'(x)=\sum_{n=1}^{\infty}(-1)^n x^{2n-1}=\frac{-x}{1+x^2},\qquad [-1,1],$$

两边从0到x积分，得

$$f(x)=-\frac{1}{2}\ln(1+x^2),[-1,1].$$

于是求导数得，$f'(x)=-\frac{1}{2}\frac{2x}{1+x^2}=0$，得到驻点为$x=0$，

又$f'(x)<0,x\in(0,1]$，$f'(x)>0,x\in[-1,0)$，所以$x=0$为极大值点，极大值为$f(0)=0$.

四、自测题及答案

自测题

一、填空题（本大题共10题，每小题3分，共30分）

1. 若级数$\sum_{n=1}^{\infty}a_n$的前n项的和$S_n=\frac{1}{2}-\frac{1}{2(2n+1)}$，$a_n=$______，$\sum_{n=1}^{\infty}a_n=$______.

2. 已知级数$\sum_{n=1}^{\infty}(-1)^{n-1}a_n=2$，$\sum_{n=1}^{\infty}a_{2n-1}=5$，则$\sum_{n=1}^{\infty}a_n=$________.

3. 级数$\sum_{n=0}^{\infty}\frac{(x-3)^n}{n^2}$的收敛区间为________.

4. 级数$\sum_{n=0}^{\infty}\frac{(2x+3)^n}{2n-3}$的收敛区间为________.

5. 级数$\sum_{n=0}^{\infty}\frac{(nx)^n}{n!}$的收敛半径为________.

6. 幂级数$\sum_{n=1}^{\infty}\frac{(-1)^n5^n}{3^n\cdot n^2}x^n$的收敛域为________.

7. 级数$\sum_{n=0}^{\infty}\frac{n^2}{n!}x^n$的和函数为________.

8. 已知$e^x=\sum_{n=0}^{\infty}\frac{1}{n!}x^n$，则$\sum_{n=2}^{\infty}\frac{n-1}{n!}$的和为________.

9. 若级数$\sum_{n=1}^{\infty}a_n$收敛于S，则级数$\sum_{n=1}^{\infty}(a_n+a_{n+1})$收敛于________.

10. 若级数$\sum_{n=1}^{\infty}(a_n+2)^2$收敛，则$\lim_{n\to\infty}a_n=$________.

二、选择题（本大题共5题，每小题3分，共15分）

1. 若级数 $\sum_{n=1}^{\infty} a_n$ 与 $\sum_{n=1}^{\infty} b_n$ 均发散，则（　）.

（A）$\sum_{n=1}^{\infty}(a_n + b_n)$ 必发散；　（B）$\sum_{n=1}^{\infty}(a_n \cdot b_n)$ 必发散；

（C）$\sum_{n=1}^{\infty}(|a_n|+|b_n|)$ 必发散；　（D）$\sum_{n=1}^{\infty}(a_n^2 + b_n^2)$ 必发散.

2. 下列命题中，正确的个数为（　）.

a. 若 $\lim_{n\to\infty} a_n = 0$，则 $\sum_{n=1}^{\infty} a_n$ 收敛.

b. 若 $\sum_{n=1}^{\infty} a_n$ 发散，则 $\sum_{n=100}^{\infty} a_n$ 收敛.

c. 若 $\sum_{n=1}^{\infty} a_n$ 收敛，$\sum_{n=1}^{\infty} b_n$ 发散，则 $\sum_{n=1}^{\infty}(a_n + b_n)$ 发散.

d. 若 $\sum_{n=1}^{\infty} a_n = S$，则 $\sum_{n=1}^{\infty} 2a_n = 2S$.

e. 若 $\sum_{n=1}^{\infty} a_n$ 收敛，则 $\sum_{n=1}^{\infty} |a_n|$ 也收敛.

（A）1；　（B）2；　（C）3；　（D）4.

3. 下列级数中发散的是（　）.

（A）$\sum_{n=1}^{\infty}(\sqrt{n+2} - 2\sqrt{n+1} + \sqrt{n})$；　（B）$\sum_{n=1}^{\infty} \frac{n^2 + 2^n}{n^2 \cdot 2^n}$；

（C）$\sum_{n=1}^{\infty}(\sqrt{n+1} - \sqrt{n}) \cdot \ln \frac{n-1}{n+1}$；　（D）$\sum_{n=1}^{\infty} \frac{3^n \cdot n!}{n^n}$.

4. 下列级数中收敛的是（　）.

（A）$\sum_{n=1}^{\infty} \frac{(n!)^2}{2n^2}$；　（B）$\sum_{n=1}^{\infty} \frac{4^n \cdot n!}{n^n}$；

（C）$\sum_{n=1}^{\infty} \frac{1}{\pi^n} \sin \frac{\pi}{n}$；　（D）$\sum_{n=1}^{\infty} \frac{n+1}{n(n+2)}$.

5. 下列级数中条件收敛的是（　）.

（A）$\sum_{n=1}^{\infty} (-1)^n \frac{n}{n+1}$；　（B）$\sum_{n=1}^{\infty} (-1)^n \frac{1}{\sqrt{n}}$；

（C）$\sum_{n=1}^{\infty} (-1)^n \frac{1}{\sqrt{n^3}}$；　（D）$\sum_{n=1}^{\infty} \sin \frac{\pi}{n^2}$.

三、计算题（本大题共2题，每小题10分，共20分）

1. 求级数 $\sum_{n=1}^{\infty} \frac{(-1)^n}{n \cdot 4^n} x^{2n-1}$ 的收敛半径.

2. 将函数 $f(x) = \frac{1}{1+x}$ 展开为 $x-3$ 的幂级数，并指出其收敛区间.

四、证明题（本大题共 2 题，每小题 10 分，共 20 分）

1. 设 $a_n > 0$，且 $\{na_n\}$ 有界，则级数 $\sum_{n=1}^{\infty} a_n^2$ 收敛.

2. 若 $\lim_{n\to\infty} n^2 a_n = c(c > 0)$，则级数 $\sum_{n=1}^{\infty} a_n$ 收敛.

五、综合题（本题 15 分）

将函数 $f(x) = \frac{d}{dx}(\frac{e^x - 1}{x})$ 展开为幂级数，并且由此证明 $\sum_{n=1}^{\infty} \frac{n}{(n+1)!} = 1$.

答案

一、1. $\frac{1}{(2n-1)(2n+1)}, \frac{1}{2}$；

2. 8；

3. $[2,4]$；

4. $[-2,1)$；

5. e^{-1}；

6. $[-\frac{3}{5}, \frac{3}{5}]$；

7. $x^2e^x + xe^x + 1$；

8. 1；

9. $2S - a_1$；

10. -2.

二、1. (C)；

2. (B)；

3. (D)；

4. (C)；

5. (B).

三、1. 2；

2. $\frac{1}{4}\sum_{n=0}^{\infty} \frac{(-1)^n (x-3)^n}{4^n}, (-1,1)$.

四、1. 略. 提示：利用比较判别法.

2. 略. 提示：利用比较判别极限形式.

五、$\sum_{n=0}^{\infty} \frac{n}{(n+1)!} x^{n-1}, x \in (-\infty, +\infty)$. 提示：利用 e^x 的幂级数的展开式.

第十章　微分方程与差分方程

一、教学基本要求与内容提要

（一）教学基本要求

1. 了解微分方程与差分方程的基本概念；

2. 掌握一些基本的一阶微分方程（可分离变量微分方程、齐次微分方程及一阶线性微分方程）的求解方法；

3. 掌握一阶常系数齐次线性差分方程和一些简单的一阶常系数非齐次线性差分方程的求解方法；

4. 了解二阶线性微分方程和差分方程解的结构，会求解二阶常系数齐次线性微分方程和差分方程，会求解一些简单的二阶常系数非齐次线性微分方程和差分方程；

5. 会通过建立微分方程和差分方程模型，解决一些简单的经济问题.

（二）内容提要

1. 微分方程的基本概念

含有自变量、未知函数以及未知函数的导数（或微分）的函数方程称为**微分方程**. 未知函数为一元函数的微分方程称为**常微分方程**，简称为**微分方程**. 未知函数为多元函数，从而出现偏导数的微分方程称为**偏微分方程**.

微分方程中导数的最高阶数称为**微分方程的阶**.

代入微分方程中会使得微分方程成为恒等式的函数称为微分方程的**解**. 如果微分方程的解中含有的任意常数的个数与微分方程的阶数相同，则称此解为微分方程的**通解**，在通解中给任意常数一组确定值而得到的解，称为微分方程的**特解**.

为得到微分方程的特解而对微分方程给定的附加条件称为**定解条件**. 一般地，确定 n 阶微分方程的某个特解应有 n 个定解条件，常见形式为

$$y(x_0) = y_0, y'(x_0) = y_1, \cdots, y^{(n-1)}(x_0) = y_{n-1},$$

称为**初始条件**.

求微分方程满足某个定解条件或初始条件的特解的问题，称为微分方程的**定解问题**或**初值问题**.

2. **一阶微分方程**

(1) **可分离变量微分方程**

形如

$$f(y)dy = g(x)dx$$

的一阶微分方程称为**可分离变量微分方程**.

将可分离变量微分方程分离变量后两边同时积分，即可得到方程的通解.

(2) **齐次微分方程**

形如

$$\frac{dy}{dx} = f(\frac{y}{x})$$

的一阶微分方程称为**齐次微分方程**，简称为**齐次方程**.

求解齐次方程的常用方法是变量替换法. 通过变量替换 $u = \frac{y}{x}$ 将其化为可分离变量微分方程，利用可分离变量微分方程的求解方法求出通解后将 $u = \frac{y}{x}$ 回代，即得原齐次方程的通解.

(3) **一阶线性微分方程**

形如

$$\frac{dy}{dx} + P(x)y = Q(x) \tag{10.1}$$

的微分方程称为**一阶线性微分方程**. 如果 $Q(x) \equiv 0$，则称方程

$$\frac{dy}{dx} + P(x)y = 0 \tag{10.2}$$

为**一阶齐次线性微分方程**，如果 $Q(x)$ 不恒等于零，则称方程 (10.1) 为**一阶非齐次线性微分方程**，也称方程 (10.2) 为方程 (10.1) **对应的齐次方程**.

一阶齐次线性微分方程即为可分离变量微分方程，其通解为

$$y = Ce^{-\int P(x)dx} \quad (C\text{ 为任意常数}).$$

一阶非齐次线性微分方程的通解公式为

$$y = e^{-\int P(x)dx}\left[\int Q(x)e^{\int P(x)dx}dx + C\right] \quad (C\text{ 为任意常数}).$$

3. **二阶常系数线性微分方程**

二阶常系数线性微分方程的一般形式为

$$y'' + ay' + by = f(x), \tag{10.3}$$

及

$$y'' + ay' + by = 0, \tag{10.4}$$

其中 a,b 为已知常数，$f(x)$ 为已知函数，$f(x) \neq 0$，方程 (10.3) 称为**二阶常系数非齐次线性微分方程**，方程 (10.4) 称为**二阶常系数齐次线性微分方程**，也称为方程 (10.3) **对应的齐次方程**.

4. **二阶常系数齐次线性微分方程的通解**

设 $y_1(x), y_2(x)$ 是定义在 (a,b) 内的两个函数，如果存在非零常数 k，使得 $y_1(x) \equiv$

$ky_2(x)$，则称 $y_1(x), y_2(x)$ **线性相关**，否则，称 $y_1(x), y_2(x)$ **线性无关**.

设 $y_1(x), y_2(x)$ 是方程（10.4）的两个线性无关解，则

$$y_c(x) = C_1 y_1(x) + C_2 y_2(x)$$

是方程（10.4）的通解，其中 C_1, C_2 为任意常数.

方程

$$\lambda^2 + a\lambda + b = 0$$

称为方程（10.4）的**特征方程**，特征方程的根 λ_1, λ_2 称为方程（10.4）的**特征根**或**特征值**.

（1）特征根为相异实根 $\lambda_1 \neq \lambda_2$ 时，方程（10.4）的通解为

$$y_c(x) = C_1 e^{\lambda_1 x} + C_2 e^{\lambda_2 x} \quad (C_1, C_2 \text{ 为任意常数}).$$

（2）特征根为重根 $\lambda_1 = \lambda_2 = \lambda$ 时，方程（10.4）的通解为

$$y_c(x) = (C_1 + C_2 x) e^{\lambda x} \quad (C_1, C_2 \text{ 为任意常数}).$$

（3）特征根为共轭复根 $\lambda_1 = \alpha + i\beta$，$\lambda_2 = \alpha - i\beta$ 时，方程（10.4）的通解为

$$y_c(x) = (C_1 \cos\beta x + C_2 \sin\beta x) e^{\alpha x} \quad (C_1, C_2 \text{ 为任意常数}).$$

5. 二阶常系数非齐次线性微分方程的通解

如果 $y_*(x)$ 是非齐次线性微分方程（10.3）的一个特解，$y_c(x)$ 是对应的齐次线性微分方程（10.4）的通解，则

$$y(x) = y_*(x) + y_c(x)$$

是非齐次线性微分方程（10. 3）的通解.

函数 $f(x)$ 的常见形式及特解形式列表如下：

$f(x)$ 的形式	特征根的情形	待定特解 $y_*(x)$ 的形式
m 次多项式 $P_m(x) = a_0 + a_1 x + \cdots + a_m x^m$	零不是特征根	m 次多项式 $Q_m(x) = b_0 + b_1 x + \cdots + b_m x^m$
	零是单特征根	$xQ_m(x)$
	零是重特征根	$x^2 Q_m(x)$
$P_m(x) e^{\lambda x}$	λ 不是特征根	$Q_m(x) e^{\lambda x}$
	λ 是单特征根	$xQ_m(x) e^{\lambda x}$
	λ 是重特征根	$x^2 Q_m(x) e^{\lambda x}$
$(M\cos\omega x + N\sin\omega x) e^{\lambda x}$	$\lambda \pm i\omega$ 不是特征根	$(A\cos\omega x + B\sin\omega x) e^{\lambda x}$
	$\lambda \pm i\omega$ 是特征根	$x(A\cos\omega x + B\sin\omega x) e^{\lambda x}$
$[P_m(x)\cos\omega x + P_n(x)\sin\omega x] e^{\lambda x}$	$\lambda \pm i\omega$ 不是特征根	$[Q_k(x)\cos\omega x + R_k(x)\sin\omega x] e^{\lambda x}$，其中 $Q_k(x), R_k(x)$ 是 k 次多项式，$k = \max\{m, n\}$
	$\lambda \pm i\omega$ 是特征根	$x[Q_k(x)\cos\omega x + R_k(x)\sin\omega x] e^{\lambda x}$，其中 $k = \max\{m, n\}$

关于二阶常系数线性微分方程的几个重要结论：

（1）非齐次线性方程解的叠加原理：如果 $y_1(x)$ 和 $y_2(x)$ 分别为二阶常系数非齐次线性微分方程

$$y'' + ay' + by = f_1(x) \text{ 和 } y'' + ay' + by = f_2(x)$$

的解，则 $y_1(x) + y_2(x)$ 是二阶常系数非齐次线性微分方程

$$y'' + ay' + by = f_1(x) + f_2(x)$$

的解.

(2) 如果 $y_1(x), y_2(x)$ 是非齐次线性微分方程

$$y'' + ay' + by = f(x)$$

的两个解，则 $y_1(x) - y_2(x)$ 是对应的齐次线性微分方程

$$y'' + ay' + by = 0$$

的解.

6. 差分方程的基本概念

函数 $y_t = f(t)$ 在 t 时刻的**一阶差分**定义为

$$\Delta y_t = y_{t+1} - y_t = f(t+1) - f(t), t = 0, \pm 1, \pm 2, \cdots.$$

函数 $y_t = f(t)$ 在 t 时刻的二阶差分定义为

$$\Delta^2 y_t = \Delta y_{t+1} - \Delta y_t = (y_{t+2} - y_{t+1}) - (y_{t+1} - y_t) = y_{t+2} - 2y_{t+1} + y_t$$

一般地，k 阶差分定义为

$$\Delta^k y_t = \Delta^{k-1} y_{t+1} - \Delta^{k-1} y_t = \sum_{i=0}^{k} (-1)^i C_k^i y_{n+k-i}, k = 1, 2, \cdots.$$

含有自变量 t 及两个或两个以上函数值 y_t，y_{t+1}，…的函数方程称为**常差分方程**，简称为**差分方程**. 出现在差分方程中未知函数下标的最大差数称为**差分方程的阶**.

n 阶差分方程的一般形式为

$$F(t, y_t, y_{t+1}, \cdots, y_{t+n}) = 0, \qquad (10.5)$$

其中 $F(t, y_t, y_{t+1}, \cdots, y_{t+n})$ 为 $t, y_t, y_{t+1}, \cdots, y_{t+n}$ 的已知函数，且 y_t 与 y_{t+n} 必须出现在式中.

如果将已知函数 $y_t = \varphi(t)$ 代入方程（10.5），使其对 $t = 0, 1, 2, \cdots$ 恒成立，则称 $y_t = \varphi(t)$ 为方程（10.5）的**解**. 如果解中含有 n 个独立的任意常数 $C_1, C_2, \cdots, C_n$，则称为方程（10.5）的**通解**. 在通解中给任意常数 $C_1, C_2, \cdots, C_n$ 一组确定的值而得到的解称为方程（10.5）的**特解**.

确定特解的条件称为**定解条件**. 对 n 阶差分方程，由于其通解中含有 n 个任意常数，为了确定这 n 个任意常数，应有 n 个条件，常见的定解条件是**初始条件**：

$$y_0 = a_0, y_1 = a_1, \cdots, y_{n-1} = a_{n-1},$$

其中 $a_0, a_1, \cdots, a_{n-1}$ 为 n 个已知常数.

7. 常系数线性差分方程

形如

$$y_{t+n} + a_1(t) y_{t+n-1} + \cdots + a_{n-1}(t) y_{t+1} + a_n(t) y_t = f(t) \qquad (10.6)$$

和

$$y_{t+n} + a_1(t) y_{t+n-1} + \cdots + a_{n-1}(t) y_{t+1} + a_n(t) y_t = 0 \qquad (10.7)$$

的差分方程，分别称为 **n 阶非齐次线性差分方程**和 **n 阶齐次线性差分方程**，也称方程(10.7)为方程(10.6)**对应的齐次方程**，其中 $a_1(t), \cdots, a_{n-1}(t), a_n(t)$ 和 $f(t)$ 为 t 的已知函数，且 $a_n(t) \neq 0$.

如果 $a_1(t) = a_1, \cdots, a_{n-1}(t) = a_{n-1}, a_n(t) = a_n \neq 0$ 均为常数，则

$$y_{t+n} + a_1 y_{t+n-1} + \cdots + a_{n-1} y_{t+1} + a_n y_t = f(t) \tag{10.8}$$

和

$$y_{t+n} + a_1 y_{t+n-1} + \cdots + a_{n-1} y_{t+1} + a_n y_t = 0 \tag{10.9}$$

分别称为 n **阶常系数非齐次线性差分方程**和 n **阶常系数齐次线性差分方程**，也称方程（10.9）为方程(10.8) **对应的齐次方程**.

8. 一阶常系数齐次线性差分方程的通解

一阶常系数齐次线性差分方程的一般形式为

$$y_{t+1} + a y_t = 0, t = 0,1,2,\cdots, \tag{10.10}$$

其通解为

$$y_t = C(-a)^t, t = 0,1,2,\cdots,$$

其中初值 $y_0 = C$.

9. 一阶常系数非齐次线性差分方程的通解

一阶常系数非齐次线性差分方程的一般形式为

$$y_{t+1} + a y_t = f(t), t = 0,1,2,\cdots, \tag{10.11}$$

其通解 $y(t)$ 等于方程（10.11）的一个特解 $y_*(t)$ 与对应的齐次线性差分方程（10.10）的通解 $y_e(t)$ 之和，即

$$y(t) = y_*(t) + y_e(t).$$

函数 $f(t)$ 的常见形式及特解形式列表如下：

$f(t)$ 的形式	系数 a 的取值	待定特解 $y_*(t)$ 的形式
m 次多项式 $P_m(t) = a_0 + a_1 t + \cdots + a_m t^m$	$a \neq -1$	m 次多项式 $Q_m(t) = b_0 + b_1 t + \cdots + b_m t^m$
	$a = -1$	$tQ_m(t)$
$P_m(t)b^t$ ($b \neq 1$)	$a \neq -b$	$Q_m(t)b^t$
	$a = -b$	$tQ_m(t)b^t$

10. 二阶常系数齐次线性差分方程的通解

二阶常系数齐次线性差分方程的一般形式为

$$y_{t+2} + a y_{t+1} + b y_t = 0, t = 0,1,2,\cdots. \tag{10.12}$$

方程

$$\lambda^2 + a\lambda + b = 0$$

称为方程（10. 12）的**特征方程**，特征方程的根称为方程（10.12）的**特征根**或**特征值**.

（1）特征方程有两个相异实根 $\lambda_1 \neq \lambda_2$ 时，方程（10.12）的通解为

$$y_e(t) = C_1\lambda_1^t + C_2\lambda_2^t \text{（}C_1, C_2\text{ 为任意常数）；}$$

（2）特征方程有两个相同实根 $\lambda_1 = \lambda_2 = \lambda$ 时，方程（10.12）的通解为

$$y_e(t) = (C_1 + C_2 t)\lambda^t \text{（}C_1, C_2\text{ 为任意常数）；}$$

（3）特征方程有两个共轭复根 $\lambda_1 = a_1 + b_1 i, \lambda_2 = a_2 - b_2 i$ 时，方程（10.12）的通解为

$$y_e(t) = r^t(C_1\cos\beta t + C_2\sin\beta t) \text{（}C_1, C_2\text{ 为任意常数），}$$

其中 $r=\sqrt{b}$, $\tan\beta=-\dfrac{1}{a}\sqrt{4b-a^2}$, $\beta\in(0,\pi)$ 或者 $r=\sqrt{a_1^2+b_1^2}$, $\tan\beta=\dfrac{b_1}{a_1}$, $\beta\in(0,\pi)$.

11. **二阶常系数非齐次线性差分方程的通解**

二阶常系数非齐次线性差分方程的一般形式为

$$y_{t+2}+ay_{t+1}+by_t=f(t),t=0,1,2,\cdots, \tag{10.13}$$

其通解 $y(t)$ 等于非齐次线性差分方程（10. 13）的一个特解 $y_*(t)$ 与对应的齐次线性差分方程（10.12）的通解 $y_e(t)$ 之和，即

$$y(t)=y_*(t)+y_e(t).$$

函数 $f(t)$ 的常见形式及特解形式列表如下：

$f(t)$ 的形式	定特解的条件	待定特解 $y_*(t)$ 的形式
m 次多项式 $P_m(t)=a_0+a_1t+\cdots+a_mt^m$	$a+b+1\neq0$	m 次多项式 $Q_m(t)=b_0+b_1t+\cdots+b_mt^m$
	$a+b+1=0$ 且 $a\neq-2$	$tQ_m(t)$
	$a=-2,b=1$	$t^2Q_m(t)$
cd^t	d 不是特征根	Ad^t
	d 是单特征根	Atd^t
	d 是重特征根	At^2d^t
$a_1\cos\beta t+a_2\sin\beta t$，$a_1,a_2$ 不同时为零	$\cos\beta+i\sin\beta$ 不是特征根	$A\cos\beta t+B\sin\beta t$
	$\cos\beta+i\sin\beta$ 是单特征根	$t(A\cos\beta t+B\sin\beta t)$
	$\cos\beta+i\sin\beta$ 是重特征根	$t^2(A\cos\beta t+B\sin\beta t)$

二、典型方法与范例

1. 微分方程的基本概念

例 1 验证函数 $y=\sqrt{x}\left(C+\int\dfrac{e^{-x}}{\sqrt{x}}dx\right)$（$C$ 为任意常数）是否为方程 $2xy'-y=2xe^{-x}$ 的通解.

分析 一阶微分方程的通解中必须含有一个任意常数，此外将 $y=\sqrt{x}\left(C+\int\dfrac{e^{-x}}{\sqrt{x}}dx\right)$ 代入方程中考查方程是否能成为恒等式.

解 由于

$$y'=\frac{1}{2\sqrt{x}}\left(C+\int\frac{e^{-x}}{\sqrt{x}}dx\right)+\sqrt{x}\,\frac{e^{-x}}{\sqrt{x}}$$
$$=\frac{1}{2\sqrt{x}}\left(C+\int\frac{e^{-x}}{\sqrt{x}}dx\right)+e^{-x},$$

$$2xy' - y = \frac{2x}{2\sqrt{x}}\left(C + \int \frac{e^{-x}}{\sqrt{x}}dx\right) + 2xe^{-x} - \sqrt{x}C - \sqrt{x}\int \frac{e^{-x}}{\sqrt{x}}dx$$
$$= 2xe^{-x},$$

从而知 $y = \sqrt{x}\left(C + \int \frac{e^{-x}}{\sqrt{x}}dx\right)$ 是方程 $2xy' - y = 2xe^{-x}$ 的解，而式中含有一个任意常数 C，故所给函数为方程的通解.

例 2 验证 $y = \sin(x + C)$（C 为任意常数）是微分方程 $y'^2 + y^2 - 1 = 0$ 的通解，并验证 $y = \pm 1$ 也是解.

解 因为 $y = \sin(x + C)$，$y' = \cos(x + C)$，所以

$$y'^2 + y^2 - 1 = \cos^2(x + C) + \sin^2(x + C) - 1 = 0,$$

即 $y = \sin(x + C)$ 是微分方程 $y'^2 + y^2 - 1 = 0$ 的解，又因为解中含有一个任意常数 C，故所给函数为方程的通解.

当 $y = \pm 1$ 时，$y' = 0$，所以 $y = \pm 1$ 满足微分方程 $y'^2 + y^2 - 1 = 0$，因此 $y = \pm 1$ 也是方程的解.

例 3 试求微分方程 $x^2y'' + 6xy' + 4y = 0$ 的形如 $y = x^\lambda$ 的解.

分析 将 $y = x^\lambda$ 代入方程 $x^2y'' + 6xy' + 4y = 0$ 中，可得关于 λ 的方程，从而得到 λ 的取值.

解 将 $y = x^\lambda$ 代入 $x^2y'' + 6xy' + 4y = 0$ 得

$$\lambda(\lambda - 1)x^\lambda + 6\lambda x^\lambda + 4x^\lambda = x^\lambda(\lambda^2 + 5\lambda + 4) = 0,$$

因为 $x^\lambda \neq 0$，消去 x^λ 得 $\lambda^2 + 5\lambda + 4 = 0$，解得 $\lambda = -1, \lambda = -4$，于是得到方程的两个解 $y = x^{-1}, y = x^{-4}$.

方法总结：将函数代入微分方程中是否能使等式成立，即可知函数是否为微分方程的解，若为通解，则在解中必须含有与微分方程的阶数相同个数的任意常数.

2. 一阶微分方程的求解

例 4 求微分方程 $x^2ydx = (1 - y^2 + x^2 - x^2y^2)dy$ 的通解.

分析 将方程化为 $x^2ydx = (1 - y^2)(1 + x^2)dy$，即为可分离变量微分方程.

解 将所给方程化为

$$x^2ydx = (1 - y^2)(1 + x^2)dy,$$

分离变量得

$$\frac{x^2}{1 + x^2}dx = \frac{1 - y^2}{y}dy,$$

两边积分得通解为

$$x - \arctan x = \ln|y| - \frac{1}{2}y^2 + C\ (C\text{ 为任意常数}).$$

例 5 求微分方程 $y' = 1 + x + y^2 + xy^2$ 的通解及满足 $y(0) = 0$ 的特解.

分析 将方程化为 $y' = (1 + x)(1 + y^2)$，即为可分离变量微分方程.

解 将所给方程化为

$$y' = (1 + x)(1 + y^2),$$

分离变量得

$$\frac{1}{1+y^2}dy=(1+x)dx,$$

两边积分得通解为

$$\arctan y=x+\frac{1}{2}x^2+C\ (C\text{ 为任意常数}).$$

又由 $y(0)=0$，得 $C=0$，故特解为

$$\arctan y=x+\frac{1}{2}x^2.$$

例 6　求微分方程 $(x-y\cos\frac{y}{x})dx+x\cos\frac{y}{x}dy=0$ 的通解.

分析　将方程化为 $\frac{dy}{dx}=\frac{\frac{y}{x}\cos\frac{y}{x}-1}{\cos\frac{y}{x}}$，即为齐次微分方程.

解　将所给方程化为

$$\frac{dy}{dx}=\frac{\frac{y}{x}\cos\frac{y}{x}-1}{\cos\frac{y}{x}}.$$

令 $u=\frac{y}{x}$，则方程变为

$$\cos u du=-\frac{1}{x}dx,$$

两边积分得

$$\sin u=C-\ln|x|\ (C\text{ 为任意常数}).$$

将 $u=\frac{y}{x}$ 回代即得原方程的通解为

$$\sin\frac{y}{x}=C-\ln|x|\ (C\text{ 为任意常数}).$$

例 7　求微分方程 $(1+2e^{\frac{x}{y}})dx+2e^{\frac{x}{y}}\left(1-\frac{x}{y}\right)dy=0$ 的通解.

分析　若将 x 看成因变量，y 看成自变量，则原方程为齐次微分方程.

解　原方程可写成

$$(1+2e^{\frac{x}{y}})\frac{dx}{dy}+2e^{\frac{x}{y}}\left(1-\frac{x}{y}\right)=0.$$

令 $u=\frac{x}{y}$，则原方程变为

$$(u+y\frac{du}{dy})(1+2e^u)+2e^u(1-u)=0,$$

整理并分离变量得

$$\frac{1+2e^u}{u+2e^u}du+\frac{dy}{y}=0,$$

两边积分整理得

$$y(u+2e^{u})=C\ (C\ 为任意常数).$$

将 $u=\dfrac{x}{y}$ 回代即得原方程的通解为

$$x+2ye^{\frac{x}{y}}=C\ (C\ 为任意常数).$$

例 8 求微分方程 $xdy+(y-xe^{-x})dx=0$ 的通解.

分析 将方程整理为 $y'+\dfrac{1}{x}y=e^{-x}$，即为一阶非齐次线性微分方程.

解 原方程整理为 $y'+\dfrac{1}{x}y=e^{-x}$，对应的齐次方程为 $y'+\dfrac{1}{x}y=0$，分离变量得

$$\frac{dy}{y}=-\frac{dx}{x},$$

两边积分得

$$y=\frac{C}{x}.$$

令原方程的通解为 $y=\dfrac{C(x)}{x}$，代入方程得

$$C'(x)=xe^{-x},$$

积分得

$$C(x)=-(x+1)e^{-x}+C,$$

因此原方程的通解为 $y=-(1+\dfrac{1}{x})e^{-x}+\dfrac{C}{x}$($C$ 为任意常数).

例 9 求微分方程 $y'=\dfrac{1}{x\cos y+\sin 2y}$ 的通解.

分析 若将 x 看成因变量，y 看成自变量，则原方程为一阶非齐次线性微分方程.

解 将 x 看成因变量，y 看成自变量，原方程可写成

$$\frac{dx}{dy}-x\cos y=\sin 2y,$$

则通解为

$$\begin{aligned}x&=e^{-\int(-\cos y)dy}\left[\int\sin 2y\quad e^{\int(-\cos y)dy}dy+C\right]\\&=e^{\sin y}\left(2\int\sin y\cos y\quad e^{-\sin y}dy+C\right)\\&=e^{\sin y}\left(-2\int\sin y\,de^{-\sin y}+C\right)\\&=e^{\sin y}\left[-2(\sin y\quad e^{-\sin y}+e^{-\sin y})+C\right]\\&=-2(\sin y+1)+Ce^{\sin y},\end{aligned}$$

其中 C 为任意常数.

例 10 设 $f(x)=\sin x+\int_0^x e^t f(x-t)dt$，其中 $f(x)$ 连续，求满足条件的 $f(x)$.

分析 在积分 $\int_0^x e^t f(x-t)dt$ 中含有 x，首先经过变量替换 $u=x-t$ 可将 x 从被积函数中提出，再利用变限积分函数求导法则将上述积分方程转化为 $f(x)$ 所满足的微分方程，还

要注意$f(x)$满足的初值条件.

解 设$u = x - t$，则

$$\int_0^x e^t f(x-t)\,dt = -\int_x^0 e^{x-u} f(u)\,du = e^x \int_0^x e^{-u} f(u)\,du,$$

于是有

$$e^{-x} f(x) = e^{-x}\sin x + \int_0^x e^{-u} f(u)\,du.$$

两边关于x求导得

$$e^{-x} f'(x) - e^{-x} f(x) = e^{-x}\cos x - e^{-x}\sin x + e^{-x} f(x),$$

即得方程

$$f'(x) - 2f(x) = \cos x - \sin x,$$

此为$f(x)$的一阶非齐次线性微分方程，其通解为

$$\begin{aligned} f(x) &= e^{\int 2dx}\left[\int(\cos x - \sin x)\quad e^{-\int 2dx}dx + C\right] \\ &= e^{2x}\left[\int(\cos x - \sin x)\quad e^{-2x}dx + C\right] \\ &= e^{2x}\left[\frac{1}{5}e^{-2x}(3\sin x - \cos x) + C\right] \\ &= \frac{3}{5}\sin x - \frac{1}{5}\cos x + Ce^{2x}. \end{aligned}$$

又由已知条件可得$f(0) = 0$，代入上式得$C = \frac{1}{5}$，故

$$f(x) = \frac{3}{5}\sin x - \frac{1}{5}\cos x + \frac{1}{5}e^{2x}.$$

例 11 设$f(x)$可导，且$\int_0^1 f(ux)\,du = \frac{1}{2}f(x) + 1$，求$f(x)$.

分析 首先经过变量替换$ux = t$可将x从被积函数中提出，再利用变限积分函数求导法则将上述积分方程转化为$f(x)$所满足的微分方程.

解 设$ux = t$，则

$$\int_0^1 f(ux)\,du = \frac{1}{x}\int_0^x f(t)\,dt,$$

于是有

$$\int_0^x f(t)\,dt = \frac{1}{2}xf(x) + x.$$

两边关于x求导得

$$f'(x) - \frac{f(x)}{x} = -\frac{2}{x},$$

此为$f(x)$的一阶非齐次线性微分方程，求解得

$$f(x) = Cx + 2.$$

例 12 设函数$f(t)$在$[0, +\infty)$上连续，且满足方程

$$f(t) = e^{4\pi t^2} + \iint\limits_{x^2+y^2\leqslant 4t^2} f\left(\frac{1}{2}\sqrt{x^2+y^2}\right)dxdy,$$

求$f(t)$.

分析 将二重积分化为累次积分，从而建立$f(t)$所满足的方程，由方程求出$f(t)$.

解 将二重积分变成极坐标系下的累次积分得

$$f(t)=e^{4\pi t^2}+\iint\limits_{x^2+y^2\leqslant 4t^2} f\left(\frac{1}{2}\sqrt{x^2+y^2}\right)dxdy$$
$$=e^{4\pi t^2}+\int_0^{2\pi}d\theta\int_0^{2t}f\left(\frac{r}{2}\right)rdr$$
$$=e^{4\pi t^2}+2\pi\int_0^{2t}f\left(\frac{r}{2}\right)rdr,$$

两边关于t求导得

$$f'(t)=8\pi te^{4\pi t^2}+8\pi tf(t),$$

即

$$f'(t)-8\pi tf(t)=8\pi te^{4\pi t^2}.$$

此为一阶非齐次线性微分方程，求解得

$$f(t)=(4\pi t^2+C)e^{4\pi t^2},$$

由已知条件可得$f(0)=1$，故$C=1$，于是得

$$f(t)=(4\pi t^2+1)e^{4\pi t^2}.$$

例 13 在xOy坐标平面上，连续曲线L过点$M(1,0)$，其上任意点$P(x,y)$（$x\neq 0$）处的切线的斜率与直线OP的斜率之差等于ax（常数$a>0$）.

（1）求曲线L的方程；

（2）当曲线L与直线$y=ax$所围成的平面图形的面积为$\frac{8}{3}$时，确定a的值.

分析 利用导数的几何意义构造所求函数所满足的微分方程，由方程容易求出满足条件的曲线方程.

解 （1）设曲线L的方程为$y=f(x)$，由题意得

$$f'(x)-\frac{f(x)}{x}=ax.$$

此为一阶非齐次线性微分方程，求解得

$$f(x)=x(ax+C).$$

因曲线L过点$M(1,0)$，即$f(1)=0$，代入上式可得$C=-a$，故曲线L的方程为

$$y=ax(x-1).$$

（2）曲线$y=ax(x-1)$与直线$y=ax$所围成的平面图形的面积为

$$S=\int_0^2[ax-ax(x-1)]dx=\frac{4}{3}a,$$

因$S=\frac{8}{3}$，可得$a=2$.

例 14 一条曲线通过点$(2,3)$，其上任意点处的切线夹在两坐标轴之间的线段均被切点平分，求此曲线的方程.

分析 首先求出点(x_0,y_0)处的切线与坐标轴的交点坐标，再由它们与(x_0,y_0)的关系建立所求函数所满足的微分方程，由方程容易求出满足条件的曲线方程.

解　设所求曲线方程为 $y=f(x)$，其上任意一点为 (x_0,y_0)，则曲线上点 (x_0,y_0) 处的切线方程为

$$y=f'(x_0)(x-x_0)+y_0,$$

切线与 y 轴, x 轴的交点分别为 $(0,y_0-x_0f'(x_0))$, $\left(x_0-\frac{y_0}{f'(x_0)},0\right)$. 又 (x_0,y_0) 为切线夹在两坐标轴之间线段的中点，因此有

$$y_0=\frac{1}{2}(y_0-x_0f'(x_0))\text{ 且 }x_0=\frac{1}{2}\left(x_0-\frac{y_0}{f'(x_0)}\right),$$

整理得 x_0,y_0 满足方程

$$xy'+y=0,$$

解得

$$xy=C.$$

又曲线通过点 $(2,3)$，从而有 $C=6$，故满足条件的曲线方程为

$$xy=6.$$

方法总结：求解一阶微分方程，首先分析方程的类型，如可分离变量微分方程、齐次微分方程和一阶线性微分方程，再根据方程的类型选择求解的方法.

（1）可分离变量微分方程的标准形式及求解方法：

可分离变量微分方程的标准形式为

$$f(y)dy=g(x)dx.$$

形如

$$\frac{dy}{dx}=f(x)g(y)$$

或

$$M_1(x)N_1(y)dx+M_2(x)N_2(y)dy=0$$

的一阶微分方程经过整理为

$$\frac{dy}{g(y)}=f(x)dx$$

或

$$\frac{N_2(y)}{N_1(y)}dy=-\frac{M_1(x)}{M_2(x)}dx$$

后，即为可分离变量微分方程，即当 $\frac{dy}{dx}$ 表示为仅含 x 和仅含 y 的两个函数乘积，或者微分 dx,dy 前面的项均可分解为仅含 x 和仅含 y 的函数乘积时，该方程即为一阶可分离变量微分方程.

将上述微分方程分离变量后两边同时积分，即可得到方程的通解.

（2）齐次微分方程的标准形式及求解方法：

齐次微分方程的标准形式为

$$\frac{dy}{dx}=f\left(\frac{y}{x}\right).\tag{10.14}$$

求解齐次方程的常用方法是变量替换法. 通过变量替换 $u=\frac{y}{x},\frac{dy}{dx}=u+x\frac{du}{dx}$，将

(10.14) 化为可分离变量微分方程

$$u + x\frac{du}{dx} = f(u),$$

分离变量并积分得

$$\int \frac{1}{f(u) - u}du = \int \frac{1}{x}dx + C.$$

求出上式中的原函数后将 $u = \frac{y}{x}$ 回代，即得原齐次方程 (10.14) 的通解.

(3) 一阶线性微分方程的标准形式及求解方法：

一阶齐次线性微分方程的标准形式为

$$\frac{dy}{dx} + P(x)y = 0. \qquad (10.15)$$

一阶齐次线性微分方程即为可分离变量微分方程. 将其分离变量积分得其通解为

$$y = Ce^{-\int P(x)dx}\ (C\text{ 为任意常数}).$$

一阶非齐次线性微分方程的标准形式为

$$\frac{dy}{dx} + P(x)y = Q(x). \qquad (10.16)$$

一阶非齐次线性微分方程的求解方法有

①公式法：

利用通解公式

$$y = e^{-\int P(x)dx}\left[\int Q(x)e^{\int P(x)dx}dx + C\right]$$

求解；

②常数变易法：

首先求出对应齐次线性微分方程 (10.15) 的通解为 $y = Ce^{-\int P(x)dx}$，然后将齐次线性微分方程 (10.15) 通解中的任意常数 C 换成函数 $C(x)$，即令

$$y = C(x)e^{-\int P(x)dx}, \qquad (10.17)$$

将 (10.17) 代入方程(10.16) 得到 $C'(x)$ 所满足的方程，积分解出函数 $C(x)$，将 $C(x)$ 代入 (10.17) 即得方程 (10.16) 的通解.

如果一阶微分方程不能化成已知类型的方程，可以考虑将因变量和自变量互换，即将自变量看成未知函数，将未知函数看成自变量. 如果将因变量和自变量互换后为已知类型的一阶微分方程，即可选择相应的求解方法.

3. 二阶线性微分方程解的结构与通解

例 15 设 $f_1(x)$, $f_2(x)$ 构成二阶常系数线性微分方程 $y'' + py' + qy = 0$ 的两个特解，C_1，C_2 为两个任意常数，则 $C_1f_1(x) + C_2f_2(x)$ 是该方程通解的充分条件是（　）.

(A) $f_1(x)f'_2(x) - f_2(x)f'_1(x) = 0$；　　(B) $f_1(x)f'_2(x) + f_2(x)f'_1(x) = 0$；

(C) $f_1(x)f'_2(x) - f_2(x)f'_1(x) \neq 0$；　　(D) $f_1(x)f'_2(x) + f_2(x)f'_1(x) \neq 0$.

分析　$C_1f_1(x) + C_2f_2(x)$ 是二阶常系数齐次线性微分方程的通解的充分必要条件为 $f_1(x)$ 与 $f_2(x)$ 线性无关，利用函数线性无关的定义选择选项.

解　由 $C_1f_1(x)+C_2f_2(x)$ 是二阶常系数齐次线性微分方程的通解的充分必要条件为 $f_1(x)$ 与 $f_2(x)$ 线性无关，即对任意非零常数 C, $\frac{f_1(x)}{f_2(x)}\neq C$，亦即有

$$\left(\frac{f_1(x)}{f_2(x)}\right)'=\frac{f'_1(x)f_2(x)-f_1(x)f'_2(x)}{f_2^2(x)}\neq 0,$$

从而有

$$f'_1(x)f_2(x)-f_1(x)f'_2(x)\neq 0.$$

因此，由选项（C）可以推出 $C_1f_1(x)+C_2f_2(x)$ 是该方程通解的结论，故选（C）.

例 16　证明：$y=C_1e^x+C_2x^2e^x+xe^{2x}$（$C_1,C_2$ 为任意常数）是微分方程

$$xy''-(2x+1)y'+(x+1)y=(x^2+x-1)e^{2x}$$

的通解.

分析　由于二阶非齐次线性微分方程的通解为非齐次方程的特解与对应齐次方程的通解之和，而 $C_1f_1(x)+C_2f_2(x)$ 是二阶线性微分方程的通解的充分必要条件为 $f_1(x)$ 与 $f_2(x)$ 线性无关，故只需证明 $y_1=e^x, y_2=x^2e^x$ 是齐次方程的两个解，且线性无关，$y=xe^{2x}$ 是非齐次方程的解.

证明　设 $y_1=e^x, y_2=x^2e^x$，则

$$y'_1=e^x, y''_1=e^x, y'_2=(x^2+2x)e^x, y''_2=(x^2+4x+2)e^x,$$

满足方程

$$xy''-(2x+1)y'+(x+1)y=0,$$

且 $\frac{y_2}{y_1}=x^2\neq$ 常数，故 $y_1=e^x, y_2=x^2e^x$ 线性无关，因此齐次方程通解为

$$y=C_1e^x+C_2x^2e^x.$$

又 $y=xe^{2x}$, $y'=(2x+1)e^{2x}$, $y''=4(x+1)e^{2x}$, 满足方程

$$xy''-(2x+1)y'+(x+1)y=(x^2+x-1)e^{2x},$$

故 $y=xe^{2x}$ 是非齐次方程的特解，因此 $y=C_1e^x+C_2x^2e^x+xe^{2x}$（$C_1,C_2$ 为任意常数）是微分方程

$$xy''-(2x+1)y'+(x+1)y=(x^2+x-1)e^{2x}$$

的通解.

例 17　设 y_1,y_2,y_3 是 $y''+a(x)y'+b(x)y=f(x)$ 的三个不同的解，且 $\frac{y_2-y_1}{y_3-y_1}\neq$ 常数，证明：$y=C_1(y_2-y_1)+C_2(y_3-y_1)+y_1$ 是该方程的通解.

分析　利用非齐次线性微分方程的解的差是对应齐次方程的解.

证明　因 y_1,y_2,y_3 是非齐次方程 $y''+a(x)y'+b(x)y=f(x)$ 的解，故 y_2-y_1, y_3-y_1 是对应齐次方程的解，且 $\frac{y_2-y_1}{y_3-y_1}\neq$ 常数，因此 y_2-y_1, y_3-y_1 线性无关，所以 $y=C_1(y_2-y_1)+C_2(y_3-y_1)$ 为对应齐次方程的通解．又 y_1 是非齐次方程的特解，故 $y=C_1(y_2-y_1)+C_2(y_3-y_1)+y_1$ 是非齐次方程的通解.

例 18　求微分方程 $y''-7y'+12y=0$ 的通解.

分析　注意到方程的特征根为相异实根.

解 特征方程为

$$\lambda^2 - 7\lambda + 12 = 0,$$

特征根为 $\lambda_1 = 3, \lambda_2 = 4$，所以方程的通解为

$$y_c(x) = C_1e^{3x} + C_2e^{4x}\ (C_1, C_2 \text{ 为任意常数}).$$

例 19 求微分方程 $4y'' - 12y' + 9y = 0$ 的通解.

分析 注意到方程的特征根为重根.

解 特征方程为

$$4\lambda^2 - 12\lambda + 9 = 0,$$

特征根为 $\lambda_1 = \lambda_2 = \frac{3}{2}$，所以方程的通解为

$$y_c(x) = (C_1 + C_2x)e^{\frac{3}{2}x}\ (C_1, C_2 \text{ 为任意常数}).$$

例 20 求微分方程 $y'' + 2y' + 2y = 0$ 的通解.

分析 注意到方程的特征根为共轭复根.

解 特征方程为

$$\lambda^2 + 2\lambda + 2 = 0,$$

特征根为 $\lambda_1 = -1 + \sqrt{2}i, \lambda_2 = -1 - \sqrt{2}i$，所以方程的通解为

$$y_c(x) = (C_1\cos\sqrt{2}x + C_2\sin\sqrt{2}x)e^{-x}\ (C_1, C_2 \text{ 为任意常数}).$$

例 21 求微分方程 $y'' - 3y' + 2y = x^2 - x + 2$ 的通解.

分析 注意到 $\lambda = 0$ 不是对应齐次方程的特征根.

解 方程对应的齐次方程为 $y'' - 3y' + 2y = 0$，其特征方程为 $\lambda^2 - 3\lambda + 2 = 0$，特征根为 $\lambda_1 = 1, \lambda_2 = 2$，因此齐次方程的通解为

$$y_c(x) = C_1e^x + C_2e^{2x}.$$

因为 $f(x) = x^2 - x + 2$，而 $\lambda = 0$ 不是对应齐次方程的特征根，故设方程的特解为

$$y_*(x) = Ax^2 + Bx + C,$$

将其代入原方程可得

$$A = \frac{1}{2}, B = 1, C = 2,$$

即方程的特解为

$$y_*(x) = \frac{1}{2}x^2 + x + 2,$$

因此方程的通解为

$$y = y_c(x) + y_*(x) = C_1e^x + C_2e^{2x} + \frac{1}{2}x^2 + x + 2\ (C_1, C_2 \text{ 为任意常数}).$$

例 22 求微分方程 $y'' + 2y' + y = xe^{-x}$ 的通解.

分析 注意到 $\lambda = -1$ 是对应齐次方程的重特征根.

解 方程对应的齐次方程为 $y'' + 2y' + y = 0$，其特征方程为 $\lambda^2 + 2\lambda + 1 = 0$，特征根为 $\lambda_1 = \lambda_2 = -1$，因此齐次方程的通解为

$$y_c(x) = (C_1 + C_2x)e^{-x}.$$

因为 $f(x) = xe^{-x}$，而 $\lambda = -1$ 是对应齐次方程的重特征根，故设方程的特解为

$$y_*(x) = x^2(Ax + B)e^{-x},$$

将其代入原方程可得

$$A = \frac{1}{6}, B = 0,$$

即方程的特解为

$$y_*(x) = \frac{1}{6}x^3 e^{-x},$$

因此方程的通解为

$$y = y_c(x) + y_*(x) = e^{-x}(C_1 + C_2 x) + \frac{1}{6}x^3 e^{-x}\ (C_1, C_2 \text{ 为任意常数}).$$

例 23　求微分方程 $y'' - 2y' + 2y = e^x \sin x$ 满足 $y(0) = 1, y'(0) = 0$ 的特解.

分析　注意到 $\lambda = 1 + i$ 是对应齐次方程的单特征根.

解　方程对应的齐次方程为 $y'' - 2y' + 2y = 0$，其特征方程为 $\lambda^2 - 2\lambda + 2 = 0$，特征根为 $\lambda_1 = 1 + i$, $\lambda_2 = 1 - i$，因此齐次方程的通解为

$$y_c(x) = (C_1 \cos x + C_2 \sin x)e^x.$$

因为 $f(x) = e^x \sin x$，而 $\lambda = 1 + i$ 是对应齐次方程的单特征根，故设方程的特解为

$$y_*(x) = x(A\cos x + B\sin x)e^x,$$

将其代入原方程可得

$$A = -\frac{1}{2}, B = 0,$$

即方程的特解为

$$y_*(x) = -\frac{1}{2}xe^x \cos x,$$

因此方程的通解为

$$y = y_c(x) + y_*(x) = (C_1 \cos x + C_2 \sin x)e^x - \frac{1}{2}xe^x \cos x\ (C_1, C_2 \text{ 为任意常数}).$$

又由 $y(0) = 1, y'(0) = 0$，得 $C_1 = 1, C_2 = -\frac{1}{2}$，因此方程满足 $y(0) = 1, y'(0) = 0$ 的特解为

$$y = \left(\cos x - \frac{1}{2}\sin x\right)e^x - \frac{1}{2}xe^x \cos x.$$

例 24　求微分方程 $y'' + y = x + \cos x$ 的通解.

分析 注意到方程的非齐次项的形式是 $x + \cos x$，因此需要用叠加原理来求非齐次方程的特解.

解　方程对应的齐次方程为 $y'' + y = 0$，其特征方程为 $\lambda^2 + 1 = 0$，特征根为 $\lambda_1 = i, \lambda_2 = -i$，因此齐次方程的通解为

$$y_c(x) = C_1 \cos x + C_2 \sin x.$$

先求 $y'' + y = x$ 的特解. 因为 $f(x) = x$，而 $\lambda = 0$ 不是对应齐次方程的特征根，故设方程的特解为

$$y_1(x) = A_1 x + B_1,$$

将其代入方程 $y''+y=x$ 中，可得

$$A_1=1, B_1=0,$$

即方程的特解为

$$y_1(x)=x.$$

再求 $y''+y=\cos x$ 的特解. 因为 $f(x)=\cos x$，而 $\lambda=i$ 是对应齐次方程的单特征根，故设方程的特解为

$$y_2(x)=x(A_2\cos x+B_2\sin x),$$

将其代入方程 $y''+y=\cos x$ 中，可得

$$A_2=0, B_2=\frac{1}{2},$$

即方程的特解为

$$y_2(x)=\frac{1}{2}x\sin x,$$

于是由叠加原理得原方程的特解为

$$y_*(x)=y_1(x)+y_2(x)=x+\frac{1}{2}x\sin x,$$

因此原方程的通解为

$$y=y_c(x)+y_*(x)=C_1\cos x+C_2\sin x+x+\frac{1}{2}x\sin x \ (C_1, C_2 \text{ 为任意常数}).$$

例 25 设连续函数 $f(x)$ 满足

$$f(x)=\sin x-\int_0^x(x-t)f(t)dt,$$

求 $f(x)$.

分析 首先将 x 从被积函数中提出，再利用变限积分函数求导法则将上述积分方程转化为 $f(x)$ 所满足的微分方程，还要注意 $f(x)$ 满足的初值条件.

解 把方程变形为

$$f(x)=\sin x-x\int_0^x f(t)dt+\int_0^x tf(t)dt, \tag{10.18}$$

将方程两边关于 x 求导得

$$f'(x)=\cos x-\int_0^x f(t)dt, \tag{10.19}$$

再求导一次得

$$f''(x)+f(x)=-\sin x. \tag{10.20}$$

由式（10.18）和（10.19）可得 $f(0)=0, f'(0)=1$.

方程（10.20）对应的齐次方程为 $f''(x)+f(x)=0$，其特征方程为 $\lambda^2+1=0$，特征根为 $\lambda_1=i$，$\lambda_2=-i$，因此齐次方程的通解为

$$f_c(x)=C_1\cos x+C_2\sin x.$$

因为非齐次方程（10. 20）的非齐次项为 $-\sin x$，而 $\lambda=i$ 是对应齐次方程的单特征根，故设方程（10.20）的特解为

$$f_*(x)=x(A\cos x+B\sin x),$$

将其代入方程（10.20）可得

$$A=\frac{1}{2},B=0,$$

即方程（10.20）的特解为

$$f_*(x)=\frac{1}{2}x\cos x,$$

因此方程（10.20）的通解为

$$f(x)=C_1\cos x+C_2\sin x+\frac{1}{2}x\cos x\ (C_1,C_2\text{ 为任意常数}).$$

又由 $f(0)=0,f'(0)=1$，得 $C_1=0,C_2=\frac{1}{2}$，故所求函数为

$$f(x)=\frac{1}{2}(\sin x+x\cos x).$$

例 26 设 $f(u)$ 具有二阶连续导函数，且 $z=f(\sqrt{x^2+y^2})$ 满足微分方程

$$\frac{\partial^2 z}{\partial x^2}+\frac{\partial^2 z}{\partial y^2}-\frac{1}{y}\frac{\partial z}{\partial y}-4z=0,$$

求 $f(u)$ 所满足的微分方程，并由此求出 $f(u)$.

分析 利用复合函数微分法将上述偏微分方程转化为 $f(u)$ 的常微分方程.

解 由于

$$\frac{\partial z}{\partial x}=f'(\sqrt{x^2+y^2})\frac{x}{\sqrt{x^2+y^2}},\quad \frac{\partial z}{\partial y}=f'(\sqrt{x^2+y^2})\frac{y}{\sqrt{x^2+y^2}},$$

$$\frac{\partial^2 z}{\partial x^2}=f'(\sqrt{x^2+y^2})\frac{y^2}{(\sqrt{x^2+y^2})^3}+f''(\sqrt{x^2+y^2})\frac{x^2}{x^2+y^2},$$

$$\frac{\partial^2 z}{\partial y^2}=f'(\sqrt{x^2+y^2})\frac{x^2}{(\sqrt{x^2+y^2})^3}+f''(\sqrt{x^2+y^2})\frac{y^2}{x^2+y^2},$$

因此

$$\frac{\partial^2 z}{\partial x^2}+\frac{\partial^2 z}{\partial y^2}-\frac{1}{y}\frac{\partial z}{\partial y}-4z=f''(\sqrt{x^2+y^2})-4f(\sqrt{x^2+y^2}).$$

令 $\sqrt{x^2+y^2}=u$，则 $f(u)$ 满足微分方程

$$f''(u)-4f(u)=0.$$

这是二阶常系数齐次线性微分方程，它的特征方程为 $\lambda^2-4=0$，特征根为 $\lambda_1=2,\lambda_2=-2$，因此

$$f(u)=C_1e^{2u}+C_2e^{-2u}\ (C_1,C_2\text{ 为任意常数}).$$

例 27 （1）验证

$$f(x)=1+\frac{x^3}{3!}+\frac{x^6}{6!}+\cdots+\frac{x^{3n}}{(3n)!}+\cdots,\quad x\in(-\infty,+\infty)$$

满足方程 $y''+y'+y=e^x$；

（2）由微分方程求出级数 $\sum_{n=0}^{\infty}\frac{x^{3n}}{(3n)!}$ 的和函数 $f(x)$.

分析 利用幂级数在其收敛区间内逐次求导公式来验证，在求和函数时，要注意和函数的初值条件.

解 （1）由幂级数在收敛区间内可以逐次求导得

$$f'(x)=\sum_{n=1}^{\infty}\frac{x^{3n-1}}{(3n-1)!},\quad f''(x)=\sum_{n=1}^{\infty}\frac{x^{3n-2}}{(3n-2)!},$$

因此

$$\begin{aligned}f''(x)+f'(x)+f(x)&=\sum_{n=0}^{\infty}\frac{x^{3n}}{(3n)!}+\sum_{n=1}^{\infty}\frac{x^{3n-1}}{(3n-1)!}+\sum_{n=1}^{\infty}\frac{x^{3n-2}}{(3n-2)!}\\&=1+\sum_{n=1}^{\infty}\left[\frac{x^{3n-2}}{(3n-2)!}+\frac{x^{3n-1}}{(3n-1)!}+\frac{x^{3n}}{(3n)!}\right].\end{aligned}$$

注意到 $\sum_{n=1}^{\infty}\left[\frac{x^{3n-2}}{(3n-2)!}+\frac{x^{3n-1}}{(3n-1)!}+\frac{x^{3n}}{(3n)!}\right]$ 是 $\sum_{n=1}^{\infty}\frac{x^n}{n!}$ 的一种加括号级数，而级数 $\sum_{n=1}^{\infty}\frac{x^n}{n!}$ 在 $(-\infty,+\infty)$ 内收敛，根据收敛级数加括号后仍然收敛于同一个和可得

$$\sum_{n=1}^{\infty}\left[\frac{x^{3n-2}}{(3n-2)!}+\frac{x^{3n-1}}{(3n-1)!}+\frac{x^{3n}}{(3n)!}\right]=\sum_{n=1}^{\infty}\frac{x^n}{n!},$$

因此，由 $\sum_{n=0}^{\infty}\frac{x^n}{n!}=e^x$ 可得

$$f''(x)+f'(x)+f(x)=1+\sum_{n=1}^{\infty}\frac{x^n}{n!}=\sum_{n=0}^{\infty}\frac{x^n}{n!}=e^x,$$

即 $f(x)=\sum_{n=0}^{\infty}\frac{x^{3n}}{(3n)!}$ 满足方程

$$y''+y'+y=e^x.$$

（2）方程 $y''+y'+y=e^x$ 对应的齐次方程为 $y''+y'+y=0$，其特征方程为 $\lambda^2+\lambda+1=0$，特征根为 $\lambda_1=-\frac{1}{2}+\frac{\sqrt{3}}{2}i$，$\lambda_2=-\frac{1}{2}-\frac{\sqrt{3}}{2}i$，因此齐次方程的通解为

$$y_c(x)=\left(C_1\cos\frac{\sqrt{3}}{2}x+C_2\sin\frac{\sqrt{3}}{2}x\right)e^{-\frac{1}{2}x}.$$

因为方程的非齐次项为 e^x，而 $\lambda=1$ 不是对应齐次方程的特征根，故设方程的特解为

$$y_*(x)=Ae^x,$$

将其代入原方程可得 $A=\frac{1}{3}$，即方程的特解为 $y=\frac{1}{3}e^x$，因此方程的通解为

$$y=y_c(x)+y_*(x)=\left(C_1\cos\frac{\sqrt{3}}{2}x+C_2\sin\frac{\sqrt{3}}{2}x\right)e^{-\frac{1}{2}x}+\frac{1}{3}e^x\ (C_1,C_2\text{ 为任意常数}).$$

由于级数 $\sum_{n=0}^{\infty}\frac{x^{3n}}{(3n)!}$ 的和函数 $f(x)$ 满足 $f(0)=1$，$f'(0)=0$，代入通解中得 $C_1=\frac{2}{3}$，$C_2=0$，因此所求的和函数为

$$\sum_{n=0}^{\infty}\frac{x^{3n}}{(3n)!}=f(x)=\frac{2}{3}e^{-\frac{1}{2}x}\cos\frac{\sqrt{3}}{2}x+\frac{1}{3}e^x.$$

方法总结：有关线性微分方程解的结构的理论是求解线性微分方程的重要内容之一，主要包括：

（1）齐次方程的解的线性组合仍为齐次方程的解；

（2）齐次方程的两个线性无关的解的任意线性组合即为齐次方程的通解；

（3）非齐次方程的解与对应齐次方程的解之和为非齐次方程的解；

（4）非齐次方程的两个解之差为对应齐次方程的解；

（5）齐次方程的通解与非齐次方程的特解之和即为非齐次方程的通解；

（6）非齐次项为 $f_1(x)+f_2(x)$ 的非齐次方程的特解由分别对应非齐次项为 $f_1(x),f_2(x)$ 的两个非齐次方程的特解之和构成，即叠加原理.

对于二阶常系数齐次线性微分方程，根据其特征根的形式可得方程的通解. 对于二阶常系数非齐次线性微分方程，先求对应齐次方程的通解，再根据非齐次项的特殊形式，用待定系数法求一个特解，对应齐次方程的通解与非齐次方程的特解之和即为非齐次方程的通解.

利用求解微分方程的方法可以求解满足微分关系式、积分关系式中的未知函数，也可以求幂级数的和函数.

4. 差分方程的基本概念

例 28　求下列函数的差分：

(1) $y_t = 2t^3 - t^2$, 求 $\Delta^2 y_t$；

(2) $y_t = \ln(1+t) + 2^t$, 求 $\Delta^3 y_t$.

分析　利用 k 阶差分公式

$$\Delta^k y_t = \Delta^{k-1} y_{t+1} - \Delta^{k-1} y_t = \sum_{i=0}^{k} (-1)^i C_k^i y_{n+k-i}, k = 1,2,\cdots.$$

解　(1)
$$\begin{aligned}\Delta^2 y_t &= y_{t+2} - 2y_{t+1} + y_t \\ &= 2(t+2)^3 - (t+2)^2 - 4(t+1)^3 + 2(t+1)^2 + 2t^3 - t^2 \\ &= 12t + 10;\end{aligned}$$

(2)
$$\begin{aligned}\Delta^3 y_t &= y_{t+3} - 3y_{t+2} + 3y_{t+1} - y_t \\ &= \ln(4+t) + 2^{t+3} - 3\ln(3+t) - 3\cdot 2^{t+2} + 3\ln(2+t) + 3\cdot 2^{t+1} - \ln(1+t) - 2^t \\ &= \ln\frac{(4+t)(2+t)^3}{(3+t)^3(1+t)} + 2^t.\end{aligned}$$

例 29　证明下列一阶差分的运算法则：

(1) $\Delta(u_t v_t) = u_{t+1}\Delta v_t + v_t \Delta u_t$；　　(2) $\Delta\left(\frac{u_t}{v_t}\right) = \frac{v_t\Delta u_t - u_t\Delta v_t}{v_t v_{t+1}}$.

分析　直接由差分的定义推导.

证明　（1）由一阶差分的定义可得

$$\begin{aligned}\Delta(u_t v_t) &= u_{t+1}v_{t+1} - u_t v_t \\ &= u_{t+1}v_{t+1} - u_{t+1}v_t + u_{t+1}v_t - u_t v_t \\ &= u_{t+1}(v_{t+1} - v_t) + v_t(u_{t+1} - u_t) \\ &= u_{t+1}\Delta v_t + v_t \Delta u_t\end{aligned}$$

（2）由一阶差分的定义可得

$$\begin{aligned}\Delta\left(\frac{u_t}{v_t}\right) &= \frac{u_{t+1}}{v_{t+1}} - \frac{u_t}{v_t} \\ &= \frac{u_{t+1}v_t - u_t v_{t+1}}{v_t v_{t+1}}\end{aligned}$$

$$= \frac{u_{t+1}v_t - u_tv_t + u_tv_t - u_tv_{t+1}}{v_tv_{t+1}}$$

$$= \frac{v_t(u_{t+1} - u_t) - u_t(v_{t+1} - v_t)}{v_tv_{t+1}} = \frac{v_t\Delta u_t - u_t\Delta v_t}{v_tv_{t+1}}.$$

例 30 某公司每年的工资总额在比上一年增加 20% 的基础上再追加 2 百万元. 若以 W_t 表示第 t 年的工资总额（单位：百万元），则 W_t 满足的差分方程为________.

分析 W_{t-1} 表示第 $t-1$ 年的工资总额，即第 t 年的上一年的工资总额.

解 由题设条件知，第 t 年的工资总额 W_t 为两部分之和，一部分为上一年工资总额 W_{t-1} 的 120%，另一部分为固定追加额 2 百万元，故可得 W_t 满足的差分方程为

$$W_t = 1.2W_{t-1} + 2.$$

例 31 证明：函数 $y_t = \frac{C}{1+Ct}$ 是方程 $(1+y_t)y_{t+1} = y_t$ 的通解，并求该方程满足 $y_0 = -4$ 的特解，其中 C 为任意常数.

分析 直接将 $y_t = \frac{C}{1+Ct}$ 代入方程.

解 由于 $y_t = \frac{C}{1+Ct}$，因此

$$1 + y_t = 1 + \frac{C}{1+Ct} = \frac{1+Ct+C}{1+Ct}, \quad y_{t+1} = \frac{C}{1+C(t+1)} = \frac{C}{1+Ct+C},$$

$$(1+y_t)y_{t+1} = \frac{C}{1+Ct} = y_t.$$

又由于 $(1+y_t)y_{t+1} = y_t$ 是一阶差分方程，所以 $y_t = \frac{C}{1+Ct}$ 是方程的通解.

将 $y_0 = -4$ 代入通解中可得 $C = -4$，故所求特解为 $y_t = \frac{-4}{1-4t}$.

方法总结： 差分方程中的未知函数是以整数为自变量的函数，差分的定义公式是差分方程运算的基础. 差分方程的基本概念与微分方程中的相应概念相似，另外差分还具有与微分相似的运算性质.

5. 一阶常系数非齐次线性差分方程的求解

例 32 下列哪种函数可能是差分方程 $y_{t+1} - y_t = t^2 - 1$ 的特解（　）.

(A) $y_*(t) = At^2 + B$；　　(B) $y_*(t) = At^3 + Bt^2$；

(C) $y_*(t) = At^3 + Bt^2 + Ct$；　　(D) $y_*(t) = At^2 + Bt + C$.

分析 $y_{t+1} - y_t = t^2 - 1$ 是一阶常系数非齐次线性差分方程，其中 $a = -1$.

解 由于 $y_{t+1} - y_t = t^2 - 1$ 是一阶常系数非齐次线性差分方程，非齐次项 $f(t) = t^2 - 1$ 为 t 的二次多项式，又由于 $a = -1$，因此方程具有形式为 $y_*(t) = t(At^2 + Bt + C)$ 的特解，故选（C）.

例 33 求差分方程 $y_{t+1} + 4y_t = 2t^2 + t - 1$ 满足 $y_0 = 1$ 的特解.

分析 注意到非齐次项为 $f(t) = 2t^2 + t - 1$，而 $a \neq -1$.

解 方程对应齐次方程为 $y_{t+1} + 4y_t = 0$，因此齐次方程的的通解为

$$y_c(t) = C \cdot (-4)^t.$$

因为$f(t)=2t^2+t-1$，而$a\neq-1$，故设方程的特解为

$$y_*(t)=At^2+Bt+C,$$

将其代入原方程可得

$$A=\frac{2}{5},B=\frac{1}{25},C=-\frac{36}{125},$$

即方程的特解为

$$y_*(t)=\frac{2}{5}t^2+\frac{1}{25}t-\frac{36}{125},$$

因此方程的通解为

$$y_t=y_e(t)+y_*(t)=C\cdot(-4)^t+\frac{2}{5}t^2+\frac{1}{25}t-\frac{36}{125}\text{（}C\text{ 为任意常数）}.$$

又由$y_0=1$，得$C=\frac{161}{125}$，因此方程满足$y_0=1$的特解为

$$y_t=\frac{161}{125}\cdot(-4)^t+\frac{2}{5}t^2+\frac{1}{25}t-\frac{36}{125}.$$

例34　求差分方程$y_{t+1}-y_t=2t^2$的通解.

分析　注意到非齐次项为$f(t)=2t^2$，而$a=-1$.

解　方程对应齐次方程为$y_{t+1}-y_t=0$，因此齐次方程的通解为

$$y_e(t)=C\cdot1^t=C.$$

因为$f(t)=2t^2$，而$a=-1$，故设方程的特解为

$$y_*(t)=t(At^2+Bt+C),$$

将其代入原方程可得

$$A=\frac{2}{3},B=-1,C=\frac{1}{3},$$

即方程的特解为

$$y_*(t)=\frac{2}{3}t^3-t^2+\frac{1}{3}t,$$

因此方程的通解为

$$y_t=y_e(t)+y_*(t)=C+\frac{2}{3}t^3-t^2+\frac{1}{3}t\text{（}C\text{ 为任意常数）}.$$

例35　求差分方程$y_{t+1}-y_t=t\,2^t$的通解.

分析　注意到非齐次项为$f(t)=t\,2^t$，而$a\neq-2$.

解　方程对应齐次方程为$y_{t+1}-y_t=0$，因此齐次方程的的通解为

$$y_e(t)=C\cdot1^t=C.$$

因为$f(t)=t\,2^t$，而$a\neq-2$，故设方程的特解为

$$y_*(t)=2^t(At+B),$$

将其代入原方程可得

$$A=1,B=-2,$$

即方程的特解为

$$y_*(t)=2^t(t-2),$$

因此方程的通解为

$$y_t = y_e(t) + y_*(t) = C + 2^t(t-2)\ (C\text{为任意常数}).$$

例 36 求差分方程 $y_{t+1} - 2y_t = t2^t$ 的通解.

分析 注意到非齐次项为 $f(t) = t2^t$，而 $a = -2$.

解 方程对应齐次方程为 $y_{t+1} - 2y_t = 0$，因此齐次方程的的通解为

$$y_e(t) = C \cdot 2^t.$$

因为 $f(t) = t2^t$，而 $a = -2$，故设方程的特解为

$$y_*(t) = 2^t \cdot t(At + B),$$

将其代入原方程可得

$$A = \frac{1}{4}, B = -\frac{1}{4},$$

即方程的特解为

$$y_*(t) = 2^t \cdot \frac{1}{4}(t^2 - t) = 2^{t-2}(t^2 - t),$$

因此方程的通解为

$$y_t = y_e(t) + y_*(t) = C \cdot 2^t + 2^{t-2}(t^2 - t)\ (C\text{为任意常数}).$$

例 37 求差分方程 $y_{t+1} - y_t = (t+1)3^t + \frac{1}{3}$ 的通解.

分析 注意到方程的非齐次项的形式是 $(t+1)3^t + \frac{1}{3}$，因此需要用叠加原理来求非齐次方程的特解.

解 方程对应齐次方程为 $y_{t+1} - y_t = 0$，因此齐次方程的的通解为

$$y_e(t) = C \cdot 1^t = C.$$

先求 $y_{t+1} - y_t = (t+1)3^t$ 的特解. 因为 $f(t) = (t+1)3^t$，而 $a \neq -3$，故设方程的特解为

$$y_*(t) = 3^t \cdot (A_1 t + B_1),$$

将其代入方程 $y_{t+1} - y_t = (t+1)3^t$ 中，可得

$$A_1 = \frac{1}{2}, B_1 = -\frac{1}{4},$$

即方程的特解为

$$y_*(t) = 3^t \cdot \left(\frac{1}{2}t - \frac{1}{4}\right) = 3^t \cdot \frac{1}{4}(2t - 1).$$

再求 $y_{t+1} - y_t = \frac{1}{3}$ 的特解. 因为 $f(t) = \frac{1}{3}$，而 $a = -1$，故设方程的特解为

$$y_*(t) = A_2 t,$$

将其代入方程 $y_{t+1} - y_t = \frac{1}{3}$ 中，可得

$$A_2 = \frac{1}{3},$$

即方程的特解为

$$y_*(t) = \frac{1}{3}t,$$

于是由叠加原理得原方程的特解为

$$y_*(t) = 3^t \cdot \frac{1}{4}(2t-1) + \frac{1}{3}t,$$

因此原方程的通解为

$$y_t = C + 3^t \cdot \frac{1}{4}(2t-1) + \frac{1}{3}t \ (C\text{ 为任意常数}).$$

方法总结：求解一阶常系数非齐次线性差分方程的通解，首先求出对应齐次方程的通解，再根据非齐次项的形式，利用待定系数法求出非齐次方程的一个特解，对应齐次方程的通解与非齐次方程的特解之和即为非齐次方程的通解.

6. 二阶线性差分方程解的结构与通解

例 38　已知 $y_t = C_1 2^t + C_2 3^t$ 是某个常系数齐次线性差分方程的通解，求出满足条件的方程.

分析　由于通解中含有两个任意常数，所以方程为二阶差分方程，按照二阶常系数齐次线性差分方程的通解与特征根的关系构造方程.

解　由于通解中含有两个任意常数，所以方程为二阶差分方程. 由二阶常系数齐次线性差分方程的通解结构可知，$\lambda_1 = 2, \lambda_2 = 3$ 是特征方程的两个实根，故特征方程为

$$\lambda^2 - 5\lambda + 6 = 0,$$

因此对应的齐次方程即为

$$y_{t+2} - 5y_{t+1} + 6y_t = 0.$$

例 39　求差分方程 $y_{t+2} - y_{t+1} + 2y_t = 0$ 的通解.

分析　注意到方程的特征根为共轭复根.

解　特征方程为

$$\lambda^2 - \lambda + 2 = 0,$$

特征根为 $\lambda_1 = \frac{1}{2} + \frac{\sqrt{7}}{2}i, \lambda_2 = \frac{1}{2} - \frac{\sqrt{7}}{2}i$，所以方程的通解为

$$y_e(t) = (\sqrt{2})^t (C_1 \cos\beta t + C_2 \sin\beta t),$$

其中 $\beta = \arctan\sqrt{7}$（C_1, C_2 为任意常数）.

例 40　求差分方程 $y_{t+2} - (a+b)y_{t+1} + aby_t = 0$（$a, b$ 为常数）的通解.

分析　方程的特征根为 $\lambda_1 = a, \lambda_2 = b$，需要对 a 与 b 的关系进行讨论.

解　特征方程为

$$\lambda^2 (a+b)\lambda + ab = 0,$$

特征根为 $\lambda_1 = a, \lambda_2 = b$，则当 $a \neq b$ 时，方程的通解为

$$y_e(t) = C_1 a^t + C_2 b^t \ (C_1, C_2\text{ 为任意常数});$$

当 $a = b$ 时，方程的通解为

$$y_e(t) = (C_1 + C_2 t)a^t \ (C_1, C_2\text{ 为任意常数}).$$

例 41　求差分方程 $y_{t+2} - 4y_{t+1} + 4y_t = t + 2$ 的通解.

分析　注意到 $a + b + 1 \neq 0$.

解 方程对应的齐次方程为 $y_{t+2}-4y_{t+1}+4y_t=0$，其特征方程为 $\lambda^2-4\lambda+4=0$，特征根为 $\lambda_1=\lambda_2=2$，因此齐次方程的通解为

$$y_e(t)=(C_1+C_2t)2^t.$$

因为 $f(t)=t+2$，而 $a+b+1\neq 0$，故设方程的特解为

$$y_*(t)=At+B,$$

将其代入原方程可得

$$A=1,B=4,$$

即方程的特解为

$$y_*(t)=t+4,$$

因此方程的通解为

$$y_t=y_e(t)+y_*(t)=(C_1+C_2t)2^t+t+4\ (C_1,C_2\text{为任意常数}).$$

例 42 求差分方程 $y_{t+2}+y_{t+1}-2y_t=12$ 满足 $y_0=0,y_1=0$ 的特解.

分析 注意到 $a+b+1=0$.

解 方程对应的齐次方程为 $y_{t+2}+y_{t+1}-2y_t=0$，其特征方程为 $\lambda^2+\lambda-2=0$，特征根为 $\lambda_1=1,\lambda_2=-2$，因此齐次方程的通解为

$$y_e(t)=C_1+C_2(-2)^t.$$

因为 $f(t)=12$，而 $a+b+1=0$，故设方程的特解为

$$y_*(t)=At,$$

将其代入原方程可得

$$A=4,$$

即方程的特解为

$$y_*(t)=4t,$$

因此方程的通解为

$$y_t=y_e(t)+y_*(t)=C_1+C_2(-2)^t+4t\ (C_1,C_2\text{为任意常数}).$$

又由 $y_0=0,y_1=0$，得 $C_1=-\dfrac{4}{3},C_2=\dfrac{4}{3}$，因此方程满足 $y_0=0,y_1=0$ 的特解为

$$y_t=-\frac{4}{3}+\frac{4}{3}(-2)^t+4t.$$

方法总结： 对于二阶常系数齐次线性差分方程，根据其特征根的形式可得方程的通解. 对于二阶常系数非齐次线性差分方程，先求对应齐次方程的通解，再根据非齐次项的特殊形式，用待定系数法求一个特解，对应齐次方程的通解与非齐次方程的特解之和即为非齐次方程的通解.

7. 微分方程与差分方程的经济应用

例 43 已知某商品的需求对价格的弹性为 $\eta=p(\ln p+1)$，且当 $p=1$ 时需求量 $Q=1$.

（1）求商品对价格的需求函数；

（2）当价格 $p\to+\infty$ 时，需求是否趋于稳定？

分析 由需求对价格的弹性 $\eta=-p\dfrac{Q'(p)}{Q(p)}$ 构造方程.

解 （1）由 $\eta=-p\dfrac{Q'(p)}{Q(p)}=p(\ln p+1)$ 得

$$\frac{dQ}{dp} = -Q(\ln p + 1),$$

$$\frac{dQ}{Q} = -(\ln p + 1)dp.$$

这是一阶可分离变量微分方程，积分得

$$\ln Q = \ln C - p\ln p,$$

$$Q = Cp^{-p}.$$

又由 $Q(1) = 1$，得 $C = 1$，故

$$Q = p^{-p}.$$

（2）因为

$$\lim_{p\to+\infty} Q(p) = \lim_{p\to+\infty} p^{-p} = 0,$$

所以当价格 $p \to +\infty$ 时，需求趋于稳定.

例 44 已知某商品的需求量 D 和供给量 S 都是价格 p 的函数：

$$D = D(p) = \frac{a}{p^2},\quad S = S(p) = bp,$$

其中 $a > 0, b > 0$ 为常数，价格 p 是时间 t 的函数且满足方程

$$\frac{dp}{dt} = k[D(p) - S(p)]\ (k \text{ 是正常数}).$$

假设当 $t = 0$ 时价格为 1，求

（1）需求量等于供给量的均衡价格 p_e；

（2）价格函数 $p(t)$；

（3）$\lim\limits_{t\to\infty} p(t)$.

分析 将 $D(p), S(p)$ 代入 $\frac{dp}{dt} = k[D(p) - S(p)]$ 中可得 $p(t)$ 满足的微分方程.

解 （1）当需求量 D 等于供给量 S 时，有

$$\frac{a}{p^2} = bp,$$

解得均衡价格为

$$p_e = \sqrt[3]{\frac{a}{b}}.$$

（2）将 $D = D(p) = \frac{a}{p^2}$，$S = S(p) = bp$ 代入 $\frac{dp}{dt} = k[D(p) - S(p)]$ 中得

$$\frac{dp}{dt} = k\left(\frac{a}{p^2} - bp\right),$$

$$\frac{p^2 dp}{a - bp^3} = kdt.$$

这是一阶可分离变量微分方程，积分得

$$-\frac{1}{3b}\ln|a - bp^3| = kt + C_1,$$

解得

$$p^3 = \frac{a}{b} - \frac{C}{b}e^{-3kbt},$$

其中 $C = \pm e^{-3bC_1}$. 由 $p(0) = 1$ 可得 $C = a - b$, 于是得到价格函数为

$$p = \left[\frac{a}{b} + \left(1 - \frac{a}{b}\right)e^{-3kbt}\right]^{\frac{1}{3}}$$

或

$$p = [p_e^3 + (1 - p_e^3)e^{-3kbt}]^{\frac{1}{3}}.$$

(3) $\lim\limits_{t\to\infty}p = \lim\limits_{t\to\infty}[p_e^3 + (1 - p_e^3)e^{-3kbt}]^{\frac{1}{3}} = p_e$.

例45 在讨论供需关系时，某商品的需求量 D_n、供给量 S_n 和价格 p_n 均为时间 n 的函数，n 取非负整数值，传统的基本动态供需均衡模型为

$$\begin{cases} D_n = a + bp_n, \\ S_n = a_1 + b_1p_{n-1}, \\ D_n = S_n, \end{cases}$$

其中 a, a_1, b_1 为正的常数，且 $a > a_1$, b 为负的常数. 模型表明，现期需求量依赖于同期价格，现期供给量依赖于前期价格. 试求价格 p_n 满足的动态供需模型的差分方程，并由它的通解讨论价格相对时间 n 的稳定性.

分析 由 $D_n = S_n$ 可以直接得到 p_n 满足的差分方程.

解 由动态供需模型 $D_n = S_n$ 可得

$$a + bp_n = a_1 + b_1p_{n-1},$$

从而 p_n 满足的差分方程为

$$p_{n+1} - \frac{b_1}{b}p_n = \frac{a_1 - a}{b}.$$

该方程的通解为

$$p_n = C\left(\frac{b_1}{b}\right)^n + \frac{a - a_1}{b_1 - b}.$$

记 $p_e = \dfrac{a - a_1}{b_1 - b}$，称之为均衡价格. 若记 p_0 为初始价格，则

$$p_n = (p_0 - p_e)\left(\frac{b_1}{b}\right)^n + p_e.$$

当 $|b| > b_1$ 时，$\lim\limits_{n\to\infty}p_n = p_e$，说明 p_n 稳定，趋于均衡价格 p_e；当 $|b| < b_1$ 时，$\lim\limits_{n\to\infty}p_n = \infty$，说明 p_n 不稳定.

例46 已知某人欠有债务25 000元，月利率为1%，计划在12个月内采用每月等额付款的方式还清债务，问他每月应付多少钱？记 a_n 为第 n 个月付款后还剩余的债务额，求 a_n 满足的差分方程.

分析 当月还款后剩余债务 = 上月剩余债务 − 当月还款额，并注意上月剩余债务中包含利息.

解 设 b 为每月还款额，依题意得 a_n 满足的差分方程为

$$a_{n+1} = (1 + 0.01)a_n - b$$
$$= 1.01a_n - b,$$

且

$$a_0 = 25\ 000, a_{12} = 0.$$

该方程的通解为

$$a_n = C \cdot 1.01^n + 100b.$$

由 $a_0 = 25\ 000, a_{12} = 0$ 可得

$$b = \frac{250 \cdot 1.01^{12}}{1.01^{12} - 1} \approx 2\ 221.22,\ C = \frac{25\ 000}{1 - 1.01^{12}} \approx -19\ 722,$$

因此他每月应付 2 221.22 元，12 个月可还清债务.

方法总结：求解微分方程与差分方程的应用问题，主要是根据题意从实际问题出发建立微分方程或差分方程，然后求解. 注意微分方程中涉及的导数的意义为一个变量关于另一个变量的变化率，差分方程中涉及的函数都是以非负整数为自变量的函数.

三、教材习题详解

习题十

(A)

1．指出下列各题中的函数是否为所给微分方程的解：

(1) $y'' + y = 0, y = 3\sin x - 4\cos x$；

(2) $y'' - 2y' + y = 0, y = x^2 e^x$；

(3) $y'' - 7y' + 12y = 0, y = C_1 e^{3x} + C_2 e^{4x}$；

(4) $y'' - (\lambda_1 + \lambda_2)y' + \lambda_1\lambda_2 y = 0, y = C_1 e^{\lambda_1 x} + C_2 e^{\lambda_2 x}$.

解　(1) 由于

$$y' = 3\cos x + 4\sin x,$$
$$y'' = -3\sin 3x + 4\cos x,$$

从而 $y'' + y = 0$，故所给函数是方程的解.

(2) 由于

$$y' = 2xe^x + x^2 e^x = xe^x(2 + x),$$
$$y'' = 2e^x + 2xe^x + 2xe^x + x^2 e^x$$
$$= e^x(2 + 4x + x^2),$$

从而 $y'' - 2y' + y = 2e_x \neq 0$，故所给函数不是方程的解.

(3) 由于

$$y' = 3C_1 e^{3x} + 4C_2 e^{4x},$$
$$y'' = 9C_1 e^{3x} + 16C_2 e^{4x},$$

从而 $y'' - 7y' + 12y = 0$，故所给函数是方程的解.

(4) 由于

$$y' = C_1\lambda_1 e^{\lambda_1 x} + C_2\lambda_2 e^{\lambda_2 x},$$

$$y'' = C_1\lambda_1^2 e^{\lambda_1 x} + C_2\lambda_2^2 e^{\lambda_2 x},$$

从而 $y'' - (\lambda_1 + \lambda_2)y' + \lambda_1\lambda_2 y = 0$，故所给函数是方程的解.

2. 求下列微分方程的通解或满足给定初始条件的特解：

(1) $xy' - y\ln y = 0$；

(2) $\sqrt{1 - x^2}y' = \sqrt{1 - y^2}$；

(3) $ydx + (x^2 - 4x)dy = 0$；

(4) $y' = e^{2x-y}, y(0) = 0$；

(5) $xydx + \sqrt{1 + x^2}dy = 0, y(0) = 1$；

(6) $yy' + xe^y = 0, y(1) = 0$.

解 (1) 将所给方程分离变量得

$$\frac{dy}{y\ln y} = \frac{dx}{x},$$

两边积分得

$$\ln|\ln y| = \ln|x| + \ln|C|,$$

整理得通解为

$$y = e^{Cx} \text{（}C\text{ 为任意常数）}.$$

(2) 将所给方程分离变量得

$$\frac{dy}{\sqrt{1 - y^2}} = \frac{dx}{\sqrt{1 - x^2}},$$

两边积分得通解为

$$\arcsin y = \arcsin x + C \text{（}C\text{ 为任意常数）}.$$

(3) 将所给方程分离变量得

$$\frac{1}{y}dy = \frac{dx}{4x - x^2},$$

两边积分得

$$\int \frac{1}{y}dy = \int \frac{dx}{x(4 - x)} = \frac{1}{4}\int\left(\frac{1}{x} + \frac{1}{4 - x}\right)dx,$$

$$\ln|y| = \frac{1}{4}\ln\left(\frac{x}{4 - x}\right) + \frac{1}{4}\ln|C_1|,$$

$$y = \left(C_1\frac{x}{4 - x}\right)^{\frac{1}{4}},$$

整理得通解为

$$(x - 4)y^4 = Cx,$$

其中 C_1，$C = -C_1$ 为任意常数.

(4) 将所给方程分离变量得

$$e^y dy = e^{2x}dx,$$

两边积分得通解为

$$e^y = \frac{1}{2}e^{2x} + C\ (C\text{为任意常数}).$$

又由 $y(0) = 0$，得 $C = \frac{1}{2}$，故特解为

$$e^y = \frac{1}{2}(e^{2x} + 1).$$

（5）将所给方程分离变量得

$$-\frac{1}{y}dy = \frac{x}{\sqrt{1+x^2}}dx$$

两边积分得

$$-\ln|y| = \sqrt{1+x^2} + \ln|C|,$$

整理得通解为

$$y = \frac{1}{Ce^{\sqrt{1+x^2}}}\ (C\text{为任意常数}).$$

又由 $y(0) = 1$，得 $C = \frac{1}{e}$，故特解为

$$y = e^{1-\sqrt{1+x^2}}.$$

（6）将所给方程分离变量得

$$-ye^{-y}dy = xdx,$$

两边积分得通解为

$$(y+1)e^{-y} = \frac{x^2}{2} + C\ (C\text{为任意常数}).$$

又由 $y(1) = 0$，得 $C = \frac{1}{2}$，故特解为

$$(y+1)e^{-y} = \frac{1}{2}(x^2+1).$$

3．求下列微分方程的通解或满足给定初始条件的特解：

(1) $xy' - y - \sqrt{y^2 - x^2} = 0$；

(2) $x\frac{dy}{dx} = y\ln\frac{y}{x}$；

(3) $(x^2 + y^2)dx - xydy = 0$；

(4) $y' = \frac{x}{y} + \frac{y}{x}, y(1) = 2$；

(5) $(y + xe^{\frac{y}{x}})dx = xdy, y(1) = 0$；

(6) $(y^2 - 3x^2)dy + 2xydx = 0, y(0) = 1$.

解　（1）将所给方程化为

$$\frac{dy}{dx}=\frac{y}{x}-\sqrt{\left(\frac{y}{x}\right)^2-1}.$$

令 $u=\frac{y}{x}$，则方程变为

$$x\frac{du}{dx}=-\sqrt{u^2-1},$$

$$-\frac{1}{\sqrt{u^2-1}}du=\frac{1}{x}dx,$$

两边积分得

$$\ln\left|u+\sqrt{u^2-1}\right|=\ln|x|+\ln|C|,$$

即

$$u+\sqrt{u^2-1}=Cx\ (C\ 为任意常数).$$

将 $u=\frac{y}{x}$ 回代即得原方程的通解为

$$y+\sqrt{y^2-x^2}=Cx^2\ (C\ 为任意常数).$$

（2）将所给方程化为

$$\frac{dy}{dx}=\frac{y}{x}\ln\frac{y}{x}.$$

令 $u=\frac{y}{x}$，则方程变为

$$u+x\frac{du}{dx}=u\ln u,$$

$$\frac{du}{u(\ln u-1)}=\frac{dx}{x},$$

两边积分得

$$\ln u=Cx+1\ (C\ 为任意常数).$$

将 $u=\frac{y}{x}$ 回代即得原方程的通解为

$$\ln\frac{y}{x}=Cx+1\ (C\ 为任意常数).$$

（3）将所给方程化为

$$\frac{dy}{dx}=\frac{y}{x}+\frac{x}{y}.$$

令 $u=\frac{y}{x}$，则方程变为

$$x\frac{du}{dx}=\frac{1}{u},$$

$$udu=\frac{1}{x}dx,$$

两边积分得

$$\frac{1}{2}u^2 = \ln|x| + \frac{1}{2}C,$$

$$u^2 = 2\ln|x| + C\ (C\text{为任意常数}).$$

将 $u = \frac{y}{x}$ 回代即得原方程的通解为

$$y^2 = x^2(2\ln|x| + C)\ (C\text{为任意常数}).$$

（4）将所给方程化为

$$\frac{dy}{dx} = \frac{x}{y} + \frac{y}{x}.$$

令 $u = \frac{y}{x}$，则方程变为

$$x\frac{du}{dx} = \frac{1}{u},$$

$$udu = \frac{1}{x}dx,$$

两边积分得

$$\frac{1}{2}u^2 = \ln|x| + \frac{1}{2}C,$$

$$u^2 = 2\ln|x| + C\ (C\text{为任意常数}).$$

将 $u = \frac{y}{x}$ 回代即得原方程的通解为

$$y^2 = x^2(2\ln|x| + C)\ (C\text{为任意常数}).$$

又由 $y(1) = 2$，得 $C = 4$，故特解为

$$y^2 = 2x^2(\ln|x| + 2).$$

（5）将所给方程化为

$$\frac{dy}{dx} = \frac{y}{x} + e^{\frac{y}{x}}.$$

令 $u = \frac{y}{x}$，则方程变为

$$x\frac{du}{dx} = e^u,$$

$$e^{-u}du = \frac{1}{x}dx,$$

两边积分得

$$e^{-u} = -\ln|x| + C,$$

$$u = -\ln(C - \ln|x|)\ (C\text{为任意常数}).$$

将 $u = \frac{y}{x}$ 回代即得原方程的通解为

$$y = -x\ln(C - \ln|x|)\ (C\text{为任意常数}).$$

又由 $y(1) = 0$，得 $C = 1$，故特解为

$$y = -x\ln(1 - \ln|x|).$$

（6）**分析** 若将 x 看成因变量，y 看成自变量，则原方程为齐次微分方程.将所给方程化为

$$\frac{dx}{dy}=\frac{3x}{2y}-\frac{y}{2x}.$$

令 $u=\frac{x}{y}$，则方程变为

$$y\frac{du}{dy}=\frac{u^2-1}{2u},$$

$$\frac{2u}{u^2-1}du=\frac{1}{y}dy,$$

两边积分得

$$\ln|u^2-1|=\ln|y|+\ln|C|,$$

$$u^2=Cy+1\ (C\text{ 为任意常数}).$$

将 $u=\frac{x}{y}$ 回代即得原方程的通解为

$$x^2=y^2(Cy+1)\ (C\text{ 为任意常数}).$$

又由 $y(0)=1$，得 $C=-1$，故特解为

$$y^3=y^2-x^2.$$

4. 求下列微分方程的通解或满足给定初始条件的特解：

(1) $y'+y=e^{-x}$；

(2) $xy'+y=x^2+3x+2$；

(3) $y'-\frac{2}{1+x}y=(x+1)^3$；

(4) $(x^2+1)\frac{dy}{dx}+2xy=4x^2$；

(5) $x\frac{dy}{dx}-2y=x^3e^x, y(1)=0$；

(6) $xy'+y=3, y(1)=0$；

(7) $y'-y\tan x=\sec x, y(0)=0$；

(8) $y'-\frac{y}{x}=-\frac{\ln x^2}{x}, y(1)=1$.

解 （1）由所给方程知 $P(x)=1, Q(x)=e^{-x}$，将其代入通解公式得

$$\begin{aligned} y &= e^{-\int P(x)dx}\left[\int Q(x)e^{\int P(x)dx}dx+C\right] \\ &= e^{-\int dx}\left(\int e^{-x}e^{\int dx}dx+C\right) \\ &= e^{-x}\left(\int dx+C\right) \\ &= e^{-x}(x+C), \end{aligned}$$

其中 C 为任意常数.

（2）原方程整理为 $y'+\frac{1}{x}y=x+3+\frac{2}{x}$，对应的齐次方程为 $y'+\frac{1}{x}y=0$，分离变量

得

$$\frac{dy}{y}=-\frac{dx}{x},$$

两边积分得

$$y=\frac{C}{x}.$$

令原方程的通解为 $y=\frac{C(x)}{x}$，代入方程得

$$C'(x)=x^2+3x+2,$$

积分得

$$C(x)=\frac{x^3}{3}+\frac{3}{2}x^2+2x+C,$$

因此原方程的通解为

$$y=\frac{x^2}{3}+\frac{3}{2}x+2+\frac{C}{x}\,(C\text{ 为任意常数}).$$

（3）由所给方程知 $P(x)=-\frac{2}{1+x},Q(x)=(x+1)^3$，将其代入通解公式得

$$\begin{aligned}y&=e^{-\int P(x)dx}\left[\int Q(x)e^{\int P(x)dx}dx+C\right]\\&=e^{\int\frac{2}{1+x}dx}\left[\int(x+1)^3e^{-\int\frac{2}{1+x}dx}dx+C\right]\\&=(x+1)^2\left[\int(x+1)dx+C\right]\\&=(x+1)^2\left[\frac{1}{2}(x+1)^2+C\right]\\&=\frac{1}{2}(x+1)^4+C(x+1)^2,\end{aligned}$$

其中 C 为任意常数.

（4）由所给方程知 $p(x)=\frac{2x}{x^2+1},Q(x)=\frac{4x^2}{x^2+1}$，将其代入通解公式得

$$\begin{aligned}y&=e^{-\int P(x)dx}\left[\int Q(x)e^{\int P(x)dx}dx+C\right]\\&=e^{-\int\frac{2x}{x2+1}dx}\left(\int\frac{4x^2}{x^2+1}e^{\int\frac{2x}{x2+1}dx}dx+C\right)\\&=\frac{1}{x^2+1}\left(\int4x^2dx+C\right)\\&=\frac{1}{x^2+1}\left(\frac{4}{3}x^3+C\right)\\&=\frac{4x^3+3C}{3(x^2+1)},\end{aligned}$$

其中 C 为任意常数.

（5）原方程整理为 $\frac{dy}{dx}-\frac{2}{x}y=x^2e^x$，对应的齐次方程为 $\frac{dy}{dx}-\frac{2}{x}y=0$，分离变量得

$$\frac{1}{y}dy = \frac{2}{x}dx,$$

两边积分得

$$y = Cx^2.$$

令原方程的通解为 $y = C(x)x^2$，代入方程得

$$C'(x) = e^x,$$

积分得

$$C(x) = e^x + C,$$

因此原方程的通解为

$$y = x^2(e^x + C)\ (C\text{ 为任意常数}).$$

又由 $y(1) = 0$，得 $C = -e$，故特解为

$$y = x^2(e^x - e).$$

（6）原方程整理为 $y' + \frac{y}{x} = \frac{3}{x}$，对应的齐次方程为 $y' + \frac{y}{x} = 0$，分离变量得

$$\frac{dy}{y} = -\frac{dx}{x},$$

两边积分得

$$y = \frac{C}{x}.$$

令原方程的通解为 $y = \frac{C(x)}{x}$，代入方程得

$$C'(x) = 3,$$

积分得

$$C(x) = 3x + C,$$

因此原方程的通解为

$$y = 3 + \frac{C}{x}\ (C\text{ 为任意常数}).$$

又由 $y(1) = 0$，得 $C = -3$，故特解为

$$y = 3 - \frac{3}{x}.$$

（7）由所给方程知 $P(x) = -\tan x, Q(x) = \sec x$，将其代入通解公式得

$$\begin{aligned} y &= e^{-\int P(x)dx}\left[\int Q(x)e^{\int P(x)dx}dx + C\right] \\ &= e^{\int \tan x dx}\left(\int \sec x e^{-\int \tan x dx}dx + C\right) \\ &= \frac{1}{\cos x}\left(\int \frac{1}{\cos x}\cos x dx + C\right) \\ &= \frac{1}{\cos x}(x + C), \end{aligned}$$

其中 C 为任意常数. 又由 $y(0) = 0$，得 $C = 0$，故特解为

$$y = \frac{x}{\cos x}.$$

（8）由所给方程知 $P(x)=-\dfrac{1}{x},Q(x)=-\dfrac{\ln x^2}{x}$，将其代入通解公式得

$$\begin{aligned} y &= e^{-\int P(x)dx}\left[\int Q(x)e^{\int P(x)dx}dx+C\right] \\ &= e^{\int\frac{1}{x}dx}\left(-\int\frac{\ln x^2}{x}e^{-\int\frac{1}{x}dx}dx+C\right) \\ &= x\left(-2\int\frac{\ln|x|}{x^2}dx+C\right) \\ &= 2(\ln|x|+1)+Cx, \end{aligned}$$

其中 C 为任意常数. 又由 $y(1)=1$，得 $C=-1$，故特解为

$$y=2\ln|x|-x+2.$$

5. 求下列微分方程的通解或满足给定初始条件的特解：

(1) $y''-4y'+3y=0$；

(2) $y''-4y'+4y=0$；

(3) $y''-4y'+13y=0$；

(4) $y''-5y'+6y=0,y(0)=\dfrac{1}{2},y'(0)=1$；

(5) $y''+y'-2y=0,y(0)=3,y'(0)=0$；

(6) $y''+25y=0,y(0)=2,y'(0)=5$.

解　（1）特征方程为

$$\lambda^2-4\lambda+3=0,$$

特征根为 $\lambda_1=1,\lambda_2=3$，所以方程的通解为

$$y_c(x)=C_1e^x+C_2e^{3x}\ (C_1,C_2\text{ 为任意常数}).$$

（2）特征方程为

$$\lambda^2-4\lambda+4=0,$$

特征根为 $\lambda_1=\lambda_2=2$，所以方程的通解为

$$y_c(x)=(C_1+C_2x)e^{2x}\ (C_1,C_2\text{ 为任意常数}).$$

（3）特征方程为

$$\lambda^2-4\lambda+13=0,$$

特征根为 $\lambda_1=2+3i,\lambda_2=2-3i$，所以方程的通解为

$$y_c(x)=e^{2x}(C_1\cos3x+C_2\sin3x)\ (C_1,C_2\text{ 为任意常数}).$$

（4）特征方程为

$$\lambda^2-5\lambda+6=0,$$

特征根为 $\lambda_1=2,\lambda_2=3$，所以方程的通解为

$$y_c(x)=C_1e^{2x}+C_2e^{3x}\ (C_1,C_2\text{ 为任意常数}).$$

又由 $y(0)=\dfrac{1}{2},y'(0)=1$，得 $C_1=\dfrac{1}{2},C_2=0$，故特解为

$$y=\frac{1}{2}e^{2x}.$$

（5）特征方程为

$$\lambda^2 + \lambda - 2 = 0,$$

特征根为 $\lambda_1 = -2, \lambda_2 = 1$，所以方程的通解为

$$y_c(x) = C_1 e^{-2x} + C_2 e^x \ (C_1, C_2 \text{ 为任意常数}).$$

又由 $y(0) = 3, y'(0) = 0$，得 $C_1 = 1, C_2 = 2$，故特解为

$$y = e^{-2x} + 2e^x.$$

（6）特征方程为

$$\lambda^2 + 25 = 0,$$

特征根为 $\lambda_1 = 5i, \lambda_2 = -5i$，所以方程的通解为

$$y_c(x) = C_1 \cos 5x + C_2 \sin 5x \ (C_1, C_2 \text{ 为任意常数}).$$

又由 $y(0) = 2, y'(0) = 5$，得 $C_1 = 2, C_2 = 1$，故特解为

$$y_c(x) = 2\cos 5x + \sin 5x.$$

6. 求下列微分方程的通解或满足给定初始条件的特解：

(1) $y'' - 2y' - 3y = 2x + 1$；

(2) $y'' + 2y' - 3y = e^{2x}$；

(3) $y'' + 4y = 8\sin 2x$；

(4) $y'' + 3y' + 2y = 3xe^{-x}$；

(5) $y'' + 4y = 8x, y(0) = 0, y'(0) = 4$；

(6) $y'' - 5y' + 6y = 3e^x, y(0) = 1, y'(0) = 1$；

(7) $y'' - y = 4xe^x, y(0) = 0, y'(0) = 1$；

(8) $y'' - 6y' + 25y = 2\sin x + 3\cos x, y(0) = \frac{1}{2}, y'(0) = 1$.

解 （1）方程对应的齐次方程为 $y'' - 2y' - 3y = 0$，其特征方程为 $\lambda^2 - 2\lambda - 3 = 0$，特征根为 $\lambda_1 = 3, \lambda_2 = -1$，因此齐次方程的通解为

$$y_c(x) = C_1 e^{3x} + C_2 e^{-x}.$$

因为 $f(x) = 2x + 1$，而 $\lambda = 0$ 不是对应齐次方程的特征根，故设方程的特解为

$$y_*(x) = Ax + B,$$

将其代入原方程可得

$$A = -\frac{2}{3}, B = \frac{1}{9},$$

即方程的特解为

$$y_*(x) = -\frac{2}{3}x + \frac{1}{9},$$

因此方程的通解为

$$y = y_c(x) + y_*(x) = C_1 e^{3x} + C_2 e^{-x} - \frac{2}{3}x + \frac{1}{9} \ (C_1, C_2 \text{ 为任意常数}).$$

（2）方程对应的齐次方程为 $y'' + 2y' - 3y = 0$，其特征方程为 $\lambda^2 + 2\lambda - 3 = 0$，特征根为 $\lambda_1 = 1, \lambda_2 = -3$，因此齐次方程的通解为

$$y_c(x) = C_1 e^x + C_2 e^{-3x}.$$

因为 $f(x) = e^{2x}$，而 $\lambda = 2$ 不是对应齐次方程的特征根，故设方程的特解为

$$y_*(x)=Ae^{2x},$$

将其代入原方程可得

$$A=\frac{1}{5},$$

即方程的特解为

$$y_*(x)=\frac{1}{5}e^{2x},$$

因此方程的通解为

$$y=y_c(x)+y_*(x)=C_1e^{x}+C_2e^{-3x}+\frac{1}{5}e^{2x}\ (C_1,C_2\text{ 为任意常数}).$$

（3）方程对应的齐次方程为 $y''+4y=0$，其特征方程为 $\lambda^2+4=0$，特征根为 $\lambda_1=2i$，$\lambda_2=-2i$，因此齐次方程的通解为

$$y_c(x)=C_1\cos2x+C_2\sin2x.$$

因为 $f(x)=8\sin2x$，而 $\lambda=2i$ 是对应齐次方程的单特征根，故设方程的特解为

$$y_*(x)=x(A\cos2x+B\sin2x),$$

将其代入原方程可得

$$A=-2,B=0,$$

即方程的特解为

$$y_*(x)=-2x\cos2x,$$

因此方程的通解为

$$y=y_c(x)+y_*(x)=C_1\cos2x+C_2\sin2x-2x\cos2x\ (C_1,C_2\text{ 为任意常数}).$$

（4）方程对应的齐次方程为 $y''+3y'+2y=0$，其特征方程为 $\lambda^2+3\lambda+2=0$，特征根为 $\lambda_1=-2,\lambda_2=-1$，因此齐次方程的通解为

$$y_c(x)=C_1e^{-2x}+C_2e^{-x}.$$

因为 $f(x)=3xe^{-x}$，而 $\lambda=-1$ 是对应齐次方程的单特征根，故设方程的特解为

$$y_*(x)=x(Ax+B)e^{-x},$$

将其代入原方程可得

$$A=\frac{3}{2},B=-3,$$

即方程的特解为

$$y_*(x)=(\frac{3}{2}x^2-3x)e^{-x},$$

因此方程的通解为

$$y=y_c(x)+y_*(x)=C_1e^{-2x}+C_2e^{-x}+(\frac{3}{2}x^2-3x)e^{-x}\ (C_1,C_2\text{ 为任意常数}).$$

（5）方程对应的齐次方程为 $y''+4y=0$，其特征方程为 $\lambda^2+4=0$，特征根为 $\lambda_1=2i$，$\lambda_2=-2i$，因此齐次方程的通解为

$$y_c(x)=C_1\cos2x+C_2\sin2x.$$

因为 $f(x)=8x$，而 $\lambda=0$ 不是对应齐次方程的特征根，故设方程的特解为

$$y_*(x)=Ax+B,$$

将其代入原方程可得

$$A = 2, B = 0,$$

即方程的特解为

$$y_*(x) = 2x,$$

因此方程的通解为

$$y = y_c(x) + y_*(x) = C_1\cos 2x + C_2\sin 2x + 2x \text{（}C_1, C_2\text{ 为任意常数）}.$$

又由 $y(0) = 0, y'(0) = 4$，得 $C_1 = 0, C_2 = 1$，因此方程满足 $y(0) = 0, y'(0) = 4$ 的特解为

$$y = \sin 2x + 2x.$$

（6）方程对应的齐次方程为 $y'' - 5y' + 6y = 0$，其特征方程为 $\lambda^2 - 5\lambda + 6 = 0$，特征根为 $\lambda_1 = 2, \lambda_2 = 3$，因此齐次方程的通解为

$$y_c(x) = C_1e^{2x} + C_2e^{3x}.$$

因为 $f(x) = 3e^x$，而 $\lambda = 1$ 不是对应齐次方程的特征根，故设方程的特解为

$$y_*(x) = Ae^x,$$

将其代入原方程可得

$$A = \frac{3}{2},$$

即方程的特解为

$$y_*(x) = \frac{3}{2}e^x,$$

因此方程的通解为

$$y = y_c(x) + y_*(x) = C_1e^{2x} + C_2e^{3x} + \frac{3}{2}e^x \text{（}C_1, C_2\text{ 为任意常数）}.$$

又由 $y(0) = 1, y'(0) = 1$，得 $C_1 = -1, C_2 = \frac{1}{2}$，因此方程满足 $y(0) = 1, y'(0) = 1$ 的特解为

$$y = -e^{2x} + \frac{1}{2}e^{3x} + \frac{3}{2}e^x.$$

（7）方程对应的齐次方程为 $y'' - y = 0$，其特征方程为 $\lambda^2 - 1 = 0$，特征根为 $\lambda_1 = 1$，$\lambda_2 = -1$，因此齐次方程的通解为

$$y_c(x) = C_1e^x + C_2e^{-x}.$$

因为 $f(x) = 4xe^x$，而 $\lambda = 1$ 是对应齐次方程的单特征根，故设方程的特解为

$$y_*(x) = x(Ax + B)e^x,$$

将其代入原方程可得

$$A = 1, B = -1,$$

即方程的特解为

$$y_*(x) = (x^2 - x)e^x,$$

因此方程的通解为

$$y = y_c(x) + y_*(x) = C_1e^x + C_2e^{-x} + (x^2 - x)e^x \text{（}C_1, C_2\text{ 为任意常数）}.$$

又由 $y(0) = 0, y'(0) = 1$，得 $C_1 = 1, C_2 = -1$，因此方程满足 $y(0) = 0, y'(0) = 1$ 的特解

为

$$y = e^x - e^{-x} + (x^2 - x)e^x .$$

（8）方程对应的齐次方程为 $y'' - 6y' + 25y = 0$，其特征方程为 $\lambda^2 - 6\lambda + 25 = 0$，特征根为 $\lambda_1 = 3 + 4i, \lambda_2 = 3 - 4i$，因此齐次方程的通解为

$$y_c(x) = (C_1\cos4x + C_2\sin4x)e^{3x} .$$

因为 $f(x) = 2\sin x + 3\cos x$，而 $\lambda = 1$ 是对应齐次方程的单特征根，故设方程的特解为

$$y_*(x) = A\cos x + B\sin x ,$$

将其代入原方程可得

$$A = \frac{7}{51}, B = \frac{5}{102} ,$$

即方程的特解为

$$y_*(x) = \frac{7}{51}\cos x + \frac{5}{102}\sin x ,$$

因此方程的通解为

$$y = y_c(x) + y_*(x) = (C_1\cos4x + C_2\sin4x)e^{3x} + \frac{7}{51}\cos x + \frac{5}{102}\sin x$$

（C_1, C_2 为任意常数）.

又由 $y(0) = \frac{1}{2}, y'(0) = 1$，得 $C_1 = \frac{37}{102}, C_2 = -\frac{7}{204}$，因此方程满足 $y(0) = \frac{1}{2}, y'(0) = 1$ 的特解为

$$y = (\frac{37}{102}\cos4x - \frac{7}{204}\sin4x)e^{3x} + \frac{7}{51}\cos x + \frac{5}{102}\sin x .$$

7．求下列差分方程的通解或满足给定初始条件的特解：

（1）$y_{t+1} - 5y_t = 8$；

（2）$y_{t+1} + 2y_t = t + 3$；

（3）$y_{t+1} + y_t = 3^t$；

（4）$2y_{t+1} - y_t = t^2 + 2, y_0 = 4$；

（5）$y_{t+1} + 2y_t = 2^t, y_0 = \frac{4}{3}$；

（6）$y_{t+1} - y_t = 2^t - 1, y_0 = 5$.

解　（1）方程对应齐次方程为 $y_{t+1} - 5y_t = 0$，因此齐次方程的的通解为

$$y_e(t) = C \cdot 5^t .$$

因为 $f(t) = 8$，而 $a \neq -1$，故设方程的特解为

$$y_*(t) = A ,$$

将其代入原方程可得

$$A = -2 ,$$

即方程的特解为

$$y_*(t) = -2 ,$$

因此方程的通解为

$$y_t = y_e(t) + y_*(t) = C \cdot 5^t - 2 \text{（} C \text{ 为任意常数）}.$$

（2）方程对应的齐次方程为 $y_{t+1}+2y_t=0$，因此齐次方程的通解为

$$y_e(t)=C\cdot(-2)^t.$$

因为 $f(t)=t+3$，而 $a\neq-1$，故设方程的特解为

$$y_*(t)=At+B,$$

将其代入原方程可得

$$A=\frac{1}{3},B=\frac{8}{9},$$

即方程的特解为

$$y_*(t)=\frac{1}{3}t+\frac{8}{9},$$

因此方程的通解为

$$y_t=y_e(t)+y_*(t)=C\cdot(-2)^t+\frac{1}{3}t+\frac{8}{9}\ (C\text{为任意常数}).$$

（3）方程对应的齐次方程为 $y_{t+1}+y_t=0$，因此齐次方程的通解为

$$y_e(t)=C\cdot(-1)^t.$$

因为 $f(t)=3^t$，而 $a\neq-3$，故设方程的特解为

$$y_*(t)=A3^t,$$

将其代入原方程可得

$$A=\frac{1}{4},$$

即方程的特解为

$$y_*(t)=\frac{1}{4}3^t,$$

因此方程的通解为

$$y_t=y_e(t)+y_*(t)=C\cdot(-1)^t+\frac{3^t}{4}\ (C\text{为任意常数}).$$

（4）原方程可化成 $y_{t+1}-\frac{1}{2}y_t=\frac{1}{2}t^2+1$，对应的齐次方程为 $y_{t+1}-\frac{1}{2}y_t=0$，因此齐次方程的通解为

$$y_e(t)=C\cdot\left(\frac{1}{2}\right)^t.$$

因为 $f(t)=\frac{1}{2}t^2+1$，而 $a\neq-1$，故设方程的特解为

$$y_*(t)=At^2+Bt+C,$$

将其代入原方程可得

$$A=1,B=-4,C=8,$$

即方程的特解为

$$y_*(t)=t^2-4t+8,$$

因此方程的通解为

$$y_t=y_e(t)+y_*(t)=C\cdot\left(\frac{1}{2}\right)^t+t^2-4t+8\ (C\text{为任意常数}).$$

又由 $y_0=4$，得 $C=-4$，因此方程满足 $y_0=4$ 的特解为

$$y_t=-4\cdot\left(\frac{1}{2}\right)^t+t^2-4t+8.$$

（5）方程对应的齐次方程为 $y_{t+1}+2y_t=0$，因此齐次方程的通解为

$$y_e(t)=C\cdot(-2)^t.$$

因为 $f(t)=2^t$，而 $a\neq-2$，故设方程的特解为

$$y_*(t)=A2^t,$$

将其代入原方程可得

$$A=\frac{1}{4},$$

即方程的特解为

$$y_*(t)=2^{t-2},$$

因此方程的通解为

$$y_t=y_e(t)+y_*(t)=C\cdot(-2)^t+2^{t-2}\ (C\text{为任意常数}).$$

又由 $y_0=\frac{4}{3}$，得 $C=\frac{13}{12}$，因此方程满足 $y_0=\frac{4}{3}$ 的特解为

$$y_t=\frac{13}{12}(-2)^t+2^{t-2}.$$

（6）**分析** 注意到方程的非齐次项的形式是 2^t-1，因此需要用叠加原理来求非齐次方程的特解.

方程对应的齐次方程为 $y_{t+1}-y_t=0$，因此齐次方程的通解为

$$y_e(t)=C.$$

先求 $y_{t+1}-y_t=2^t$ 的特解. 因为 $f(t)=2^t$，而 $a\neq-2$，故设方程的特解为

$$y_1(t)=A_12^t,$$

将其代入方程 $y_{t+1}-y_t=2^t$ 中，可得

$$A_1=1,$$

即方程的特解为

$$y_1(t)=2^t.$$

再求 $y_{t+1}-y_t=-1$ 的特解. 因为 $f(t)=-1$，而 $a=-1$，故设方程的特解为

$$y_2(t)=A_2t,$$

将其代入方程 $y_{t+1}-y_t=-1$ 中，可得

$$A_2=-1,$$

即方程的特解为

$$y_2(t)=-t,$$

于是由叠加原理得原方程的特解为

$$y_*(x)=y_1(x)+y_2(x)=2^t-t,$$

因此原方程的通解为

$$y_t=y_e(t)+y_*(t)=C+2^t-t\ (C\text{为任意常数}).$$

又由 $y_0=5$，得 $C=4$，因此方程满足 $y_0=5$ 的特解为

$$y_t = 2^t - t + 4.$$

8. 求下列差分方程的通解或满足给定初始条件的特解：

(1) $y_{t+2} - 7y_{t+1} + 12y_t = 0$；

(2) $y_{t+2} - y_{t+1} - y_t = 0$；

(3) $y_{t+2} - 6y_{t+1} + 9y_t = 0$；

(4) $y_{t+2} - 4y_{t+1} + 4y_t = 2^t$；

(5) $y_{t+2} - y_{t+1} - 6y_t = 3^t(2t+1)$；

(6) $y_{t+2} - 2y_{t+1} + 2y_t = 0, y_0 = 2, y_1 = 2$.

解 (1) 特征方程为

$$\lambda^2 - 7\lambda + 12 = 0,$$

特征根为 $\lambda_1 = 3, \lambda_2 = 4$，所以方程的通解为

$$y_e(t) = C_1 3^t + C_2 4^t \text{（}C_1, C_2\text{ 为任意常数）}.$$

(2) 特征方程为

$$\lambda^2 - \lambda - 1 = 0,$$

特征根为 $\lambda_1 = \frac{1-\sqrt{5}}{2}, \lambda_2 = \frac{1+\sqrt{5}}{2}$，所以方程的通解为

$$y_e(t) = C_1\left(\frac{1-\sqrt{5}}{2}\right)^t + C_2\left(\frac{1+\sqrt{5}}{2}\right)^t \text{（}C_1, C_2\text{ 为任意常数）}.$$

(3) 特征方程为

$$\lambda^2 - 6\lambda + 9 = 0,$$

特征根为 $\lambda_1 = \lambda_2 = 3$，所以方程的通解为

$$y_e(t) = (C_1 + C_2 t)\, 3^t \text{（}C_1, C_2\text{ 为任意常数）}.$$

(4) 方程对应的齐次方程为 $y_{t+2} - 4y_{t+1} + 4y_t = 0$，其特征方程为 $\lambda^2 - 4\lambda + 4 = 0$，特征根为 $\lambda_1 = \lambda_2 = 2$，因此齐次方程的通解为

$$y_e(t) = (C_1 + C_2 t)2^t.$$

因为 $f(t) = 2^t$，而 $d = 2$ 是对应齐次方程的重特征根，故设方程的特解为

$$y_*(t) = At^2 2^t,$$

将其代入原方程可得

$$A = \frac{1}{8},$$

即方程的特解为

$$y_*(t) = \frac{1}{8}t^2 2^t,$$

因此方程的通解为

$$y_t = y_e(t) + y_*(t) = (C_1 + C_2 t)2^t + \frac{1}{8}t^2 2^t \text{（}C_1, C_2\text{ 为任意常数）}.$$

(5) 方程对应的齐次方程为 $y_{t+2} - y_{t+1} - 6y_t = 0$，其特征方程为 $\lambda^2 - \lambda - 6 = 0$，特征根为 $\lambda_1 = -2, \lambda_2 = 3$，因此齐次方程的通解为

$$y_e(t) = C_1(-2)^t + C_2 3^t.$$

因为$f(t)=3^t(2t+1)$，而$d=3$是对应齐次方程的单特征根，故设方程的特解为

$$y_*(t)=t(At+B)\ 3^t,$$

将其代入原方程可得

$$A=\frac{1}{15},B=-\frac{18}{225},$$

即方程的特解为

$$y_*(t)=\frac{1}{15}(t^2-\frac{18}{15}t)\ 3^t,$$

因此方程的通解为

$$y_t=y_e(t)+y_*(t)=C_1(-2)^t+C_2 3^t+\frac{1}{15}(t^2-\frac{18}{15}t)\ 3^t\ (C_1,C_2\text{ 为任意常数}).$$

（6）特征方程为

$$\lambda^2-2\lambda+2=0,$$

特征根为$\lambda_1=1+i,\lambda_2=1-i$，所以方程的通解为

$$y_e(t)=(\sqrt{2})^t(C_1\cos\frac{\pi}{4}t+C_2\sin\frac{\pi}{4}t)\ (C_1,C_2\text{ 为任意常数}).$$

又由$y_0=2,y_1=2$，得$C_1=2,C_2=0$，因此方程满足$y_0=2,y_1=2$的特解为

$$y_t=(\sqrt{2})^t\ 2\cos\frac{\pi}{4}t.$$

(B)

1. 求下列微分方程的通解：

(1) $\sin x\cos^2 y dx+\cos^2 x dy=0$；

(2) $y'+2xy=e^{-x^2}x\sin x$；

(3) $y''-2y'+5y=e^x\sin 2x$；

(4) $y''+4y=x\cos x$；

(5) $y''+y=e^x+\cos x$；

(6) $y''-y=\sin^2 x$.

解　（1）将所给方程分离变量得

$$-\frac{\sin x}{\cos^2 x}dx=\frac{1}{\cos^2 y}dy,$$

两边积分得

$$-\frac{1}{\cos x}+C=\tan y,$$

整理得通解为

$$\tan y+\sec x=C\ (C\text{ 为任意常数}).$$

（2）由所给方程知$P(x)=2x,Q(x)=x\sin xe^{-x^2}$，将其代入通解公式得

$$y=e^{-\int P(x)dx}\left[\int Q(x)e^{\int P(x)dx}dx+C\right]$$

$$= e^{-\int 2xdx}\left(\int x\sin x e^{-x^2} e^{\int 2xdx}dx + C\right)$$

$$= e^{-x^2}\left(\int x\sin x dx + C\right)$$

$$= e^{-x^2}\left(\int \cos x dx - x\cos x + C\right)$$

$$= e^{-x^2}(\sin x - x\cos x + C),$$

其中 C 为任意常数.

（3）方程对应的齐次方程为 $y'' - 2y' + 5y = 0$，其特征方程为 $\lambda^2 - 2\lambda + 5 = 0$，特征根为 $\lambda_1 = 1 + 2i, \lambda_2 = 1 - 2i$，因此齐次方程的通解为

$$y_c(x) = (C_1\cos 2x + C_2\sin 2x)e^x.$$

因为 $f(x) = e^x\sin 2x$，而 $\lambda = 1 + 2i$ 是对应齐次方程的单特征根，故设方程的特解为

$$y_*(x) = x(A\cos 2x + B\sin 2x)e^x,$$

将其代入原方程可得

$$A = -\frac{1}{4}, B = 0,$$

即方程的特解为

$$y_*(x) = -\frac{1}{4}xe^x\cos 2x,$$

因此方程的通解为

$$y = y_c(x) + y_*(x) = (C_1\cos 2x + C_2\sin 2x)e^x - \frac{1}{4}xe^x\cos 2x$$

（C_1, C_2 为任意常数）.

（4）方程对应的齐次方程为 $y'' + 4y = 0$，其特征方程为 $\lambda^2 + 4 = 0$，特征根为 $\lambda_1 = 2i$，$\lambda_2 = -2i$，因此齐次方程的通解为

$$y_c(x) = C_1\cos 2x + C_2\sin 2x.$$

因为 $f(x) = x\cos x$，而 $\lambda = i$ 不是对应齐次方程的特征根，故设方程的特解为

$$y_*(x) = (A_1x + B_1)\cos x + (A_2x + B_2)\sin x,$$

将其代入原方程可得

$$A_1 = \frac{1}{3}, B_1 = 0\ A_2 = 0, B_2 = \frac{2}{9},$$

即方程的特解为

$$y_*(x) = \frac{1}{3}x\cos x + \frac{2}{9}\sin x,$$

因此方程的通解为

$$y = y_c(x) + y_*(x) = C_1\cos 2x + C_2\sin 2x + \frac{1}{3}x\cos x + \frac{2}{9}\sin x$$

（C_1, C_2 为任意常数）.

（5）**分析** 注意到方程的非齐次项的形式是 $e^x + \cos x$，因此需要用叠加原理来求非齐次方程的特解.

方程对应的齐次方程为 $y'' + y = 0$，其特征方程为 $\lambda^2 + 1 = 0$，特征根为 $\lambda_1 = i, \lambda_2 = -i$

，因此齐次方程的通解为

$$y_c(x) = C_1\cos x + C_2\sin x .$$

先求 $y'' + y = e^x$ 的特解．因为$f(x) = e^x$，而 $\lambda = 1$ 不是对应齐次方程的特征根，故设方程的特解为

$$y_1(x) = A_1e^x ,$$

将其代入方程 $y'' + y = e^x$ 中，可得

$$A_1 = \frac{1}{2},$$

即方程的特解为

$$y_1(x) = \frac{1}{2}e^x .$$

再求 $y'' + y = \cos x$ 的特解．因为$f(x) = \cos x$，而 $\lambda = i$ 是对应齐次方程的单特征根，故设方程的特解为

$$y_2(x) = x(A_2\cos x + B_2\sin x),$$

将其代入方程 $y'' + y = \cos x$ 中，可得

$$A_2 = -\frac{1}{2}, B_2 = 0 ,$$

即方程的特解为

$$y_2(x) = -\frac{1}{2}x\cos x ,$$

于是由叠加原理得原方程的特解为

$$y_*(x) = y_1(x) + y_2(x) = \frac{1}{2}e^x - \frac{1}{2}x\cos x ,$$

因此原方程的通解为

$$y = y_c(x) + y_*(x) = C_1\cos x + C_2\sin x + \frac{1}{2}e^x - \frac{1}{2}x\cos x\ (C_1, C_2 \text{ 为任意常数}).$$

（6）**分析** 注意到方程的非齐次项的形式是 $\sin^2 x = \frac{1}{2} - \frac{1}{2}\cos 2x$，因此需要用叠加原理来求非齐次方程的特解．

原方程可化成 $y'' - y = \sin^2 x = \frac{1}{2} - \frac{1}{2}\cos 2x$，对应的齐次方程为 $y'' - y = 0$，其特征方程为 $\lambda^2 - 1 = 0$，特征根为 $\lambda_1 = 1, \lambda_2 = -1$，因此齐次方程的通解为

$$y_c(x) = C_1e^x + C_2e^{-x}.$$

先求 $y'' - y = \frac{1}{2}$ 的特解．因为$f(x) = \frac{1}{2}$，而 $\lambda = 0$ 不是对应齐次方程的特征根，故设方程的特解为

$$y_1(x) = A_1 ,$$

将其代入方程 $y'' - y = \frac{1}{2}$ 中，可得

$$A_1 = -\frac{1}{2},$$

即方程的特解为

$$y_1(x) = -\frac{1}{2}.$$

再求 $y''-y=-\frac{1}{2}\cos 2x$ 的特解. 因为 $f(x)=-\frac{1}{2}\cos 2x$，而 $\lambda=2i$ 不是对应齐次方程的特征根，故设方程的特解为

$$y_2(x) = A_2\cos 2x + B_2\sin 2x,$$

将其代入方程 $y''-y=-\frac{1}{2}\cos 2x$ 中，可得

$$A_2 = \frac{1}{10}, B_2 = 0,$$

即方程的特解为

$$y_2(x) = \frac{1}{10}\cos 2x,$$

于是由叠加原理得原方程的特解为

$$y_*(x) = y_1(x) + y_2(x) = \frac{1}{10}\cos 2x - \frac{1}{2},$$

因此原方程的通解为

$$y = y_c(x) + y_*(x) = C_1e^x + C_2e^{-x} + \frac{1}{10}\cos 2x - \frac{1}{2}\ (C_1, C_2 \text{ 为任意常数}).$$

2. 求下列微分方程满足给定条件的特解：

(1) $(xy-x^2)dy = y^2dx, y(1)=1$;

(2) $y'-y=\cos x-\sin x$，当 $x\to+\infty$ 时，y 有界；

(3) $y'-2y=\varphi(x)$，其中 $\varphi(x)=\begin{cases}2, x<1,\\0, x>1,\end{cases}$ $y=y(x)$ 在 $(-\infty,+\infty)$ 内连续，在 $(-\infty,1),(1,+\infty)$ 内都满足方程，且满足 $y(0)=0$；

(4) $y''-3y'+2y=4+2e^{-x}, \lim\limits_{x\to+\infty}y(x)=2$；

(5) $y''-3y'+2y=2e^{-x}$，$y(x)$ 在 (0, 1) 处的切线与曲线 $y=x^2-x+1$ 在该点的切线重合.

解 (1) 分析 若将 x 看成因变量，y 看成自变量，则原方程为一阶齐次线性微分方程.

将所给方程化为

$$\frac{dx}{dy} = \frac{x}{y} - \left(\frac{x}{y}\right)^2.$$

令 $u=\frac{x}{y}$，则方程变为

$$y\frac{du}{dy} = -u^2,$$

$$\frac{1}{y}dy = -\frac{1}{u^2}du,$$

两边积分得

$$C+\ln|y|=\frac{1}{u}\quad(C\text{ 为任意常数}).$$

将 $u=\frac{x}{y}$ 回代即得原方程的通解为

$$y=x\ln|y|+Cx\ (C\text{ 为任意常数}).$$

又由 $y(1)=1$，得 $C=1$，故特解为

$$y=x\ln|y|+x.$$

（2）由所给方程知 $P(x)=-1,Q(x)=\cos x-\sin x$，将其代入通解公式得

$$\begin{aligned}y&=e^{-\int P(x)dx}\left[\int Q(x)e^{\int P(x)dx}dx+C\right]\\&=e^{\int dx}\left[\int(\cos x-\sin x)e^{-\int dx}dx+C\right]\\&=e^{x}\left(\int e^{-x}\cos xdx-\int e^{-x}\sin xdx+C\right)\\&=e^{x}\left[\frac{1}{2}e^{-x}(\sin x-\cos x)+\frac{1}{2}e^{-x}(\sin x+\cos x)+C\right]\\&=\sin x+Ce^{x},\end{aligned}$$

其中 C 为任意常数．又由 $x\to+\infty$ 时 y 有界，得 $C=0$，故特解为

$$y=\sin x.$$

（3）**分析**　因为在 $x<1$ 和 $x>1$ 两种情况下 $\varphi(x)$ 的表达式不同，所以应分别求 $x<1$ 和 $x>1$ 两种情况下微分方程 $y'-2y=\varphi(x)$ 的通解．由初始条件 $y(0)=0$ 可求出 $x<1$ 时的特解，再根据通解函数在 $(-\infty,+\infty)$ 内连续的要求，令通解函数在 $x=1$ 处的左右极限相等，求出 $x>1$ 时的特解．

当 $x<1$ 时，原方程为 $y'-2y=2$，容易求得其通解为

$$y=C_1e^{2x}-1.$$

又由 $y(0)=0$，得 $C_1=1$，所以 $y=e^{2x}-1$．

当 $x>1$ 时，原方程为 $y'-2y=0$，容易求得其通解为

$$y=C_2e^{2x}.$$

由于函数 $y=y(x)$ 在 $x=1$ 处连续，因此 $\lim\limits_{x\to1^-}y=\lim\limits_{x\to1^+}y$，即

$$\lim_{x\to1^-}(e^{2x}-1)=\lim_{x\to1^+}C_2e^{2x},$$

故

$$C_2=1-e^{-2},$$

所以 $x>1$ 时的特解为

$$y=(1-e^{-2})e^{2x}.$$

综上所述，满足要求的函数为

$$y=\begin{cases}e^{2x}-1, & x\leqslant1,\\(1-e^{-2})e^{2x}, & x>1.\end{cases}$$

（4）**分析**　注意到方程的非齐次项的形式是 $4+2e^{-x}$，因此需要用叠加原理来求非齐次方程的特解．

方程对应的齐次方程为 $y''-3y'+2y=0$，其特征方程为 $\lambda^2-3\lambda+2=0$，特征根为 $\lambda_1=1,\lambda_2=2$，因此齐次方程的通解为

$$y_c(x)=C_1e^x+C_2e^{2x}.$$

先求 $y''-3y'+2y=4$ 的特解．因为 $f(x)=4$，而 $\lambda=0$ 不是对应齐次方程的特征根，故设方程的特解为

$$y_1(x)=A_1,$$

将其代入方程 $y''-3y'+2y=4$ 中，可得

$$A_1=2,$$

即方程的特解为

$$y_1(x)=2.$$

再求 $y''-3y'+2y=2e^{-x}$ 的特解．因为 $f(x)=2e^{-x}$，而 $\lambda=-1$ 不是对应齐次方程的特征根，故设方程的特解为

$$y_2(x)=A_2e^{-x},$$

将其代入方程 $y''-3y'+2y=2e^{-x}$ 中，可得

$$A_2=\frac{1}{3},$$

即方程的特解为

$$y_2(x)=\frac{1}{3}e^{-x},$$

于是由叠加原理得原方程的特解为

$$y_*(x)=y_1(x)+y_2(x)=2+\frac{1}{3}e^{-x},$$

因此原方程的通解为

$$y=y_c(x)+y_*(x)=C_1e^x+C_2e^{2x}+2+\frac{1}{3}e^{-x}\ (C_1,C_2\text{ 为任意常数}).$$

又由 $\lim\limits_{x\to+\infty}y(x)=2$，得 $C_1=C_2=0$，故特解为

$$y=2+\frac{1}{3}e^{-x}.$$

（5）由2（4）的计算过程可得方程 $y''-3y'+2y=2e^{-x}$ 的通解为

$$y(x)=y_*(x)+y_c(x)=C_1e^x+C_2e^{2x}+\frac{1}{3}e^{-x}\ (C_1,C_2\text{ 为任意常数}).$$

因为 $y(x)$ 在（0，1）处的切线与曲线 $y=x^2-x+1$ 在该点的切线重合，且曲线 $y=x^2-x+1$ 在（0，1）处切线的斜率为 -1，故 $y(x)$ 满足 $y(0)=1$，$y'(0)=-1$．由 $y(0)=1$，$y'(0)=-1$ 可得 $C_1=2,C_2=-\frac{4}{3}$，故特解为

$$y(x)=2e^x-\frac{4}{3}e^{2x}+\frac{1}{3}e^{-x}.$$

3．设函数 $f(x)$ 二阶可微，且满足下面的方程，求 $f(x)$ 的表达式：

(1) $f(x)=\int_0^{2x}f(\frac{t}{2})dt+\ln 2$；

(2) $f(x) = \cos 2x + \int_0^x f(t)\sin t dt$；

(3) $f(x) = e^x - \int_0^x (x-t)f(t)dt$.

解 (1) 两边关于 x 求导得

$$f'(x) = 2f(x),$$

此为 $f(x)$ 的一阶可分离变量微分方程，求解得

$$f(x) = Ce^{2x}.$$

又由已知条件可得 $f(0) = \ln 2$，代入上式得 $C = \ln 2$，故

$$f(x) = e^{2x}\ln 2.$$

(2) 两边关于 x 求导得

$$f'(x) = -2\sin 2x + f(x)\sin x,$$

$$f'(x) - f(x)\sin x = -2\sin 2x.$$

此为 $f(x)$ 的一阶非齐次线性微分方程，将 $P(x) = -\sin x$，$Q(x) = -2\sin 2x$ 代入通解公式得

$$\begin{aligned} y &= e^{-\int P(x)dx}\left[\int Q(x)e^{\int P(x)dx}dx + C\right] \\ &= e^{\int \sin x dx}\left(-2\int \sin 2x e^{-\int \sin x dx}dx + C\right) \\ &= e^{-\cos x}\left(-4\int \sin x\cos x e^{\cos x}dx + C\right) \\ &= e^{-\cos x}\left(4\int \cos x d e^{\cos x} + C\right) \\ &= e^{-\cos x}[4(\cos x - 1) + C], \end{aligned}$$

又由已知条件可得 $f(0) = 1$，代入上式得 $C = e$，故

$$f(x) = 4(\cos x - 1) + e^{-\cos x}.$$

(3) 把方程变形为

$$f(x) = e^x - x\int_0^x f(t)dt + \int_0^x tf(t)dt, \tag{10.21}$$

将方程两边关于 x 求导得

$$f'(x) = e^x - \int_0^x f(t)dt, \tag{10.22}$$

再求导一次得

$$f''(x) + f(x) = e^x. \tag{10.23}$$

由式 (10.21) 和(10.22) 可得 $f(0) = 1, f'(0) = 1$.

方程 (10.23) 对应的齐次方程为 $f''(x) + f(x) = 0$，其特征方程为 $\lambda^2 + 1 = 0$，特征根为 $\lambda_1 = i, \lambda_2 = -i$，因此齐次方程的通解为

$$f_c(x) = C_1\cos x + C_2\sin x.$$

因为非齐次方程 (10.23) 的非齐次项为 e^x，而 $\lambda = 1$ 是对应齐次方程的单特征根，故设方程 (10.23) 的特解为

$$f_*(x) = Ae^x,$$

将其代入方程 (10.23) 可得

$$A = \frac{1}{2},$$

即方程（10.23）的特解为

$$f_*(x) = \frac{1}{2}e^x,$$

因此方程（10.23）的通解为

$$f(x) = C_1\cos x + C_2\sin x + \frac{1}{2}e^x \text{（}C_1, C_2 \text{为任意常数）}.$$

又由 $f(0) = 1, f'(0) = 1$，得 $C_1 = \frac{1}{2}$，$C_2 = \frac{1}{2}$，故所求函数为

$$f(x) = \frac{1}{2}(\cos x + \sin x + e^x).$$

4. 求满足下列条件的微分方程，并给出通解：

（1）未知方程为二阶常系数非齐次线性方程，且有三个特解 $y_1 = xe^x + e^{2x}$，$y_2 = xe^x + e^{-x}$，$y_3 = xe^x + e^{2x} - e^{-x}$；

（2）未知方程为二阶常系数非齐次线性方程，且有两个特解 $y_1 = \cos 2x - \frac{1}{4}x\cos 2x$，$y_2 = \sin 2x - \frac{1}{4}x\cos 2x$；

（3）未知方程 $y'' + \alpha y' + \beta y = \gamma e^x$ 有特解 $y = 2e^{2x} + (1+x)e^x$.

解　（1）由于 y_1, y_3 是非齐次线性微分方程的解，所以 $y_1 - y_3 = e^{-x}$ 是齐次线性微分方程的解，同理 $y_1 - y_2 = e^{2x} - e^{-x}$ 也是齐次方程的解，从而 $(y_1 - y_3) + (y_1 - y_2) = e^{2x}$ 是齐次方程的解．而 $\frac{e^{-x}}{e^{2x}} \neq$ 常数，故齐次方程的特征根为 $\lambda_1 = -1$，$\lambda_2 = 2$，特征方程为 $\lambda^2 - \lambda - 2 = 0$，对应的齐次方程为

$$y'' - y' - 2y = 0.$$

设所求方程为

$$y'' - y' - 2y = f(x).$$

由于 $y_1 - y_3 = e^{-x}$ 是齐次方程的解，$y_3 - y_1 = -e^{-x}$ 也是齐次方程的解，则 $y_2 + (y_3 - y_1) = xe^x$ 是非齐次方程的解，代入 $y'' - y' - 2y = f(x)$ 中得

$$f(x) = (1-2x)e^x,$$

故所求微分方程为

$$y'' - y' - 2y = (1-2x)e^x,$$

方程的通解为

$$\begin{aligned} y &= C_1e^{-x} + C'_2e^{2x} + xe^x + e^{2x} \\ &= C_1e^{-x} + C_2e^{2x} + xe^x, \end{aligned}$$

其中 $C_1, C'_2, C_2 = C'_2 + 1$ 为任意常数.

（2）设所求方程为

$$y'' + py' + qy = f(x). \tag{10.24}$$

由于 y_1, y_2 是非齐次线性微分方程（10.24）的解，所以 $y_1 - y_2 = \cos 2x - \sin 2x$ 是对应齐

次方程

$$y'' + py' + qy = 0 \tag{10.25}$$

的解. 而

$$(y_1 - y_2)' = -2(\sin 2x + \cos 2x),$$

$$(y_1 - y_2)'' = 4(\sin 2x - \cos 2x),$$

代入方程（10.25）中得

$$(4 - 2p - q)\sin 2x + (-4 - 2p + q)\cos 2x = 0,$$

于是

$$\begin{cases} 4 - 2p - q = 0, \\ -4 - 2p + q = 0, \end{cases}$$

解得 $p = 0, q = 4$. 又由 $y_1 = \cos 2x - \frac{1}{4}x\cos 2x$ 是方程（10.24）的解,将其代入(10.24）得

$$f(x) = \sin 2x,$$

即所求方程为

$$y'' + 4y = \sin 2x,$$

其通解为

$$\begin{aligned} y &= C'_1\cos 2x + C_2\sin 2x + \cos 2x - \frac{1}{4}x\cos 2x \\ &= (C'_1 + 1)\cos 2x + C_2\sin 2x - \frac{1}{4}x\cos 2x \\ &= C_1\cos 2x + C_2\sin 2x - \frac{1}{4}x\cos 2x, \end{aligned}$$

其中 $C'_1, C_1 = C'_1 + 1, C_2$ 为任意常数.

（3）因为

$$y' = 4e^{2x} + (2 + x)e^x,\ y'' = 8e^{2x} + (3 + x)e^x,$$

将 y', y'' 及 y 代入方程得

$$(8 + 4\alpha + 2\beta)e^{2x} + (1 + \alpha + \beta)xe^x + (3 + 2\alpha + \beta)e^x = \gamma e^x,$$

比较两端得

$$\begin{cases} 8 + 4\alpha + 2\beta = 0, \\ 1 + \alpha + \beta = 0, \\ 3 + 2\alpha + \beta = \gamma, \end{cases}$$

解得 $\alpha = -3, \beta = 2, \gamma = -1$, 故所求微分方程为

$$y'' - 3y' + 2y = -e^x.$$

上述方程对应的齐次方程为

$$y'' - 3y' + 2y = 0,$$

特征方程为 $\lambda^2 - 3\lambda + 2 = 0$，特征根为 $\lambda_1 = 1$，$\lambda_2 = 2$，因此齐次方程的通解为

$$y_c(x) = C_1e^x + C_2e^{2x}.$$

故所求方程的通解为

$$y = C_1e^x + C_2e^{2x} + 2e^{2x} + (1 + x)e^x$$

$$= C'_1e^x + C'_2e^{2x} + xe^x,$$

其中 $C_1, C_2, C'_1 = C_1 + 1, C'_2 = C_2 + 2$ 为任意常数.

5. 设有连接点 $O(0,0)$ 和 $A(1,1)$ 的一段向上凸的曲线弧 OA,对于 OA 上任一点 $P(x,y)$，曲线弧 OP 与直线段 OP 所围成的图形的面积为 x^2，求曲线弧 OA 的方程.

解 设曲线弧 OA 的方程为 $y = f(x)$，如图 10.1，阴影部分的面积为

$$S = \int_0^x f(t)dt - \frac{1}{2}xf(x) = x^2.$$

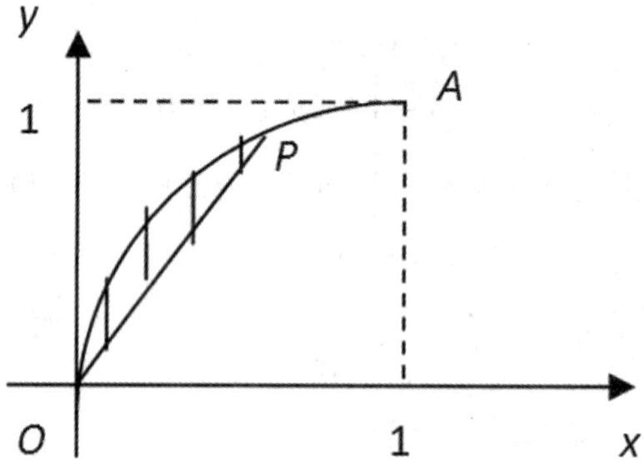

图 10.1

将方程两边关于 x 求导，并化简整理得

$$f'(x) - \frac{f(x)}{x} = -4.$$

将 $P(x) = -\frac{1}{x}$，$Q(x) = -4$ 代入通解公式得

$$f(x) = e^{\int \frac{1}{x}dx}\left(-\int 4e^{-\int \frac{1}{x}dx}dx + C\right)$$

$$= x(-4\ln x + C).$$

又由 $A(1,1)$ 在曲线弧上，即 $f(1) = 1$，得 $C = 1$，故所求曲线弧 OA 的方程为

$$y = x(1 - 4\ln x).$$

6. 设曲线 L 上位于 xOy 平面第 I 象限内任意一点 M 处的切线总与 y 轴相交，交点为 A，已知 $|\overline{MA}| = |\overline{OA}|$，且曲线 L 过点 $\left(\frac{3}{2}, \frac{3}{2}\right)$，求曲线 L 的方程.

解 设曲线 L 的方程为 $y = f(x)$，点 M 的坐标为 (x,y)，则曲线 L 在点 M 处的切线方程为

$$Y - y = y'(X - x).$$

令 $X = 0$，得 $Y = y - xy'$，即点 A 的坐标为 $(0, y - xy')$，因此

$$|\overline{MA}| = \sqrt{x^2 + x^2y'^2},$$

$$|\overline{OA}| = |y - xy'|.$$

由 $|\overline{MA}|=|\overline{OA}|$ 得

$$2xyy'=y^2-x^2,$$

上式即为函数 $y=f(x)$ 满足的一阶齐次微分方程，解得其通解为

$$x^2+y^2=Cx.$$

又由曲线 L 过点 $(\frac{3}{2},\frac{3}{2})$，即 $y\left(\frac{3}{2}\right)=\frac{3}{2}$，得 $C=3$，则特解为

$$x^2+y^2=3x.$$

由于曲线 L 在第Ⅰ象限，故曲线 L 的方程为

$$y=\sqrt{3x-x^2}\ (0<x<3).$$

7. 设函数 $y=f(x)$ 在 $(1,+\infty)$ 内连续，若曲线 $y=f(x)$，直线 $x=1,x=t(t>1)$ 与 x 轴所围平面图形绕 x 轴旋转一周而成的旋转体的体积为 $V(t)=\frac{\pi}{3}[t^2f(t)-f(1)]$，又知 $f(2)=\frac{2}{9}$，求 $f(x)$.

解　由题设条件得

$$\pi\int_1^t f^2(x)dx=\frac{\pi}{3}[t^2f(t)-f(1)],$$

即

$$3\int_1^t f^2(x)dx=t^2f(t)-f(1).$$

将方程两边关于 t 求导得

$$3f^2(t)=2tf(t)+t^2f'(t),$$

即函数 $y=f(x)$ 满足方程

$$x^2y'=3y^2-2xy.$$

此为一阶齐次微分方程，解得其通解为

$$y-x=Cx^3y\ (C\ 为任意常数).$$

又由 $y(2)=\frac{2}{9}$，得 $C=-1$，故 $y=f(x)=\frac{x}{x^3+1}$.

8. 设 $y(x)=\sum\limits_{n=0}^{\infty}\frac{(2x)^{2n}}{(2n)!}$，证明：$y(x)$ 满足方程 $y''-4y=0$，并求和函数 $y(x)$.

解　由幂级数在收敛区间内可以逐次求导及

$$y(x)=\sum_{n=0}^{\infty}\frac{(2x)^{2n}}{(2n)!}=1+\frac{(2x)^2}{2!}+\frac{(2x)^4}{4!}+\frac{(2x)^6}{6!}+\cdots,$$

可得

$$y'(x)=4x+2\frac{(2x)^3}{3!}+2\frac{(2x)^5}{5!}+2\frac{(2x)^7}{7!}+\cdots,$$

$$y''(x)=4+4\frac{(2x)^2}{2!}+4\frac{(2x)^4}{4!}+4\frac{(2x)^6}{6!}+\cdots,$$

显然 $y(x)$ 满足方程 $y''-4y=0$.

微分方程 $y''-4y=0$ 的特征方程为

$$\lambda^2-4=0,$$

特征根为 $\lambda_1 = 2, \lambda_2 = -2$，所以方程的通解为

$$y_c(x) = C_1e^{2x} + C_2e^{-2x}\ (C_1, C_2 \text{ 为任意常数}).$$

又由 $y(0) = 1$，$y'(0) = 0$，得 $C_1 = \dfrac{1}{2}, C_2 = \dfrac{1}{2}$，故 $y(x) = \sum\limits_{n=0}^{\infty} \dfrac{(2x)^{2n}}{(2n)!}$ 的和函数为

$$y(x) = \frac{1}{2}e^{2x} + \frac{1}{2}e^{-2x}.$$

四、自测题及答案

自测题

一、填空题（本大题共 10 题，每小题 3 分，共 30 分）

1. 微分方程 $(e^{x+y} - e^x)dx + (e^{x+y} + e^y)dy = 0$ 的通解为______________.

2. 微分方程 $3e^x\tan y dx + (1 + e^y)\sec^2 y dy = 0$ 满足 $y(0) = \dfrac{\pi}{4}$ 的特解为______________.

3. 微分方程 $y' = \dfrac{x - y}{x + y}$ 的通解为______________.

4. 微分方程 $xy' = y(1 - \ln x + \ln y)$ 的通解为______________

5. 微分方程 $xy' + y = x^2 + 3x + 2$ 的通解为______________.

6. 微分方程 $y' = \dfrac{y}{x + y^3}$ 的通解为______________.

7. 微分方程 $4y'' + 4y' + y = 0$ 的通解为______________.

8. 微分方程 $y'' - 2y' + 10y = 0$ 满足 $y\left(\dfrac{\pi}{6}\right) = 0, y'\left(\dfrac{\pi}{6}\right) = e^{\frac{\pi}{6}}$ 的特解为______________.

9. 差分方程 $y_{t+2} + 4y_t = 0$ 的通解为______________.

10. 已知 $y_t = C_1 + C_2(-2)^t + 3t$ 是某常系数非齐次线性差分方程的通解，则该差分方程为______________.

二、计算题（本大题共 5 题，每小题 10 分，共 50 分）

1. 设 $f(x) = \int_0^{3x} f\left(\dfrac{t}{3}\right)dt + e^{2x}$，其中 $f(x)$ 连续，求满足条件的 $f(x)$；

2. 设 $f(x)$ 可导，且 $\int_0^1 f(tx)dt = f(x) + x\sin x$，求 $f(x)$；

3. 求微分方程 $y'' - 3y' - 4y = (10x - 7)e^{-x} + 34\sin x$ 的通解；

4. 设连续函数 $f(x)$ 满足

$$f(x) = x\sin x - \int_0^x (x - t)f(t)dt,$$

求 $f(x)$；

5. 求差分方程 $y_{t+1} - y_t = 3^t - 2$ 的通解.

三、应用题（本大题共 2 题，每小题 10 分，共 20 分）

1. 设 $y = f(x)$ 是第一象限内连接点 $A(0,1), B(1,0)$ 的一段连续曲线，$M(x,y)$ 为该曲

线上的任意一点，点 C 为 M 在 x 轴上的投影，O 为坐标原点，若梯形 $OCMA$ 的面积与曲边三角形 CBM 的面积之和为 $\frac{x^3}{6}+\frac{1}{3}$，求 $f(x)$ 的表达式.

2. 已知生产某种产品的总成本 C 由可变成本与固定成本两部分构成. 假设可变成本 y 是产量 x 的函数，且 y 关于 x 的变化率为 $\frac{x^3+y^3}{2xy}$，固定成本为1，当产量为1个单位时，可变成本为3. 求总成本函数 $C=C(x)$.

答案

一、1. $(e^x+1)(e^y-1)=C$（C 为任意常数）；

2. $\tan y=8(1+e^x)^{-3}$；

3. $y^2+2xy-x^2=C$（C 为任意常数）；

4. $\ln\frac{y}{x}=Cx$（C 为任意常数）；

5. $y=\frac{x^3}{3}+\frac{3}{2}x+2+\frac{C}{x}$（$C$ 为任意常数）；

6. $x=Cy+\frac{1}{2}y^3$（C 为任意常数）；

7. $y=(C_1+C_2x)e^{-\frac{1}{2}x}$（$C_1,C_2$ 为任意常数）；

8. $y=-\frac{1}{3}e^x\cos 3x$；

9. $y_t=2^t(C_1\cos\frac{\pi}{2}t+C_2\sin\frac{\pi}{2}t)$（$C_1,C_2$ 为任意常数）；

10. $y_{t+2}+y_{t+1}-2y_t=9$.

二、1. $f(x)=3e^{3x}-2e^{2x}$；

2. $f(x)=\cos x-x\sin x+C$（C 为任意常数）；

3. $y=C_1e^{4x}+C_2e^{-x}+x(1-x)e^{-x}+3\cos x-5\sin x$（$C_1,C_2$ 为任意常数）. 提示：利用叠加原理求特解；

4. $f(x)=\frac{1}{4}x^2\cos x+\frac{3}{4}x\sin x$；

5. $y_t=C+\frac{3^t}{2}-2t$（C 为任意常数）. 提示：利用叠加原理求特解.

三、1. $f(x)=(x-1)^2,\ 0\leqslant x\leqslant 1$；

2. $C(x)=1+\sqrt{x^2+8x}$.